Melvin Konner

Die unvollkommene Gattung

Biologische Grundlagen
und die Natur des Menschen

Aus dem Englischen
von Tony Westermayr

Springer Basel AG

Die Originalausgabe erschien 1982 unter dem Titel:
‹The Tangled Wing›
© 1982 Melvin Konner

CIP-*Kurztitelaufnahme der Deutschen Bibliothek*

Konner, Melvin:
Die unvollkommene Gattung : biolog. Grundlagen
u. d. Natur d. Menschen / Melvin Konner. Aus. d.
Amerikan. von Tony Westermayr. –

    Einheitssacht.: The tangled wing ⟨dt.⟩
    ISBN 978-3-0348-6750-4

© 1984 Springer Basel AG
Ursprünglich erschienen bei deutschsprachigen Ausgabe: Birkhauser Verlag, Basel 1984
Softcover reprint of the hardcover 1st edition 1984
Umschlaggestaltung: Bruckmann & Partner, Basel
ISBN 978-3-0348-6750-4   ISBN 978-3-0348-6749-8 (eBook)
DOI 10.1007/978-3-0348-6749-8

Für Irven DeVore und Herbert Perluck,
und zum Gedenken an Gerald Henderson

Alle Bibeln oder heiligen Schriften sind Ursache folgender Irrtümer gewesen:

1. Daß der Mensch zwei reale Existenzprinzipien habe: will sagen: einen Körper und eine Seele.
2. Daß Energie, das Böse genannt, allein vom Körper sei: und daß Vernunft, das Gute genannt, allein von der Seele.
3. Daß Gott den Menschen in Ewigkeit martern werde, weil er dieser Energie gefolgt sei.

Aber die Folgenden sind im Gegensatze dazu wahr:

1. Der Mensch hat keinen Körper unterschieden von seiner Seele; denn besagter Körper ist ein Teil der Seele, erkannt von den fünf Sinnen, den Haupteinlässen der Seele in dieser Zeit.
2. Energie ist das einzige Leben und ist vom Körper; und Vernunft ist die gebundene oder äußere Umgrenzung von Energie.
3. Energie ist ewige Wonne.

William Blake
‹Die Hochzeit von Himmel und Hölle›
1790

Inhalt

4. *Teil*
Menschliche Natur und die Zukunft des Menschen

5. *Teil*
Die gefesselte Schwinge

Dank

Mancher Autor, den Bleistiftstummel in der Hand, über lange Druckfah-
nen gebeugt, muß, wie ich, an die ersten Sätze des Don Quichotte
gedacht haben: ‹Müßiger Leser! Ohne Eidschwur kannst du mir glauben,
daß ich wünschte, dieses Buch, als der Sohn meines Geistes, wäre das
schönste, stattlichste und geistreichste, das sich erdenken ließe. Allein,
ich konnte nicht gegen das Gesetz der Natur aufkommen, in der ein jedes
Ding seinesgleichen erzeugt.› Wenn so etwas von Cervantes' Geistessohn
gesagt werden kann, was kann man von seinem eigenen behaupten?

Nicht mehr, als daß man sein Bestes gegeben hat. Und doch mag,
wenn die Wahrheit denn an den Tag soll, dieses ‹Beste› ebensosehr
anderen wie einem selbst zu verdanken sein. Für generöse Gespräche, die
bei der Entwicklung meiner Vorstellung von der menschlichen Natur
und damit vom Thema dieses Buches entscheidende Wichtigkeit erlangten, danke ich Rabbi Bernard L. Berzon, Nicholas G. Blurton Jones, T.
Berry Brazelton, Stephan Chorover, Victor Denenberg, Nancy DeVore,
Howard Eichenbaum, Marjorie Elias, Pamela English, Robin Fox, Je-
rome Kagan, Marc Kaminsky, Larry Konner, Jane Lancaster, Richard
Lee, Miguel Leibovich, Robert L. Liebman, Kopela Maswe, Myrtle
McGraw, Richard Morris, Walle Nauta, Penelope Naylor, !Xoma N!aiba,
Paul Pavel, John Pfeiffer, Leonard Rosenblum, Alice Rossi, Laura Smith,
Stefan Stein, Charles Super, Lionel Tiger, Robert Trivers, Dora Venit,
Eric Wanner, Beatrice Whiting, John Whiting, E. O. Wilson, Richard
Wurtman und Paul Yakovlev.

Obschon keiner der Nachstehenden dieses Vorhaben direkt unterstützt hat, wurden doch andere, ihm dienliche Aspekte meiner Arbeit
gefördert, wofür ich dankbar bin: National Science Foundation (1969–
71, 1979–82), National Institute of Mental Health (1969–71, 1979–81),
Foundations Fund for Research in Psychiatry (1973–75), Harry Frank
Guggenheim Foundation (1975–77) und Social Science Research Council
(1979–80).

Ich danke den Verwaltungen und dem Personal des Department
of Anthropology im Peadbody Museum of Archeology and Ethnology
und der Tozzer Library der Universität Harvard dafür, daß sie mir Räume
zur Verfügung gestellt und mich auf andere Weise unterstützt haben.

Jerome und Edna Shostak boten die Gastfreundschaft ihres Hauses in New York City, George und Anne Twitchell die ihrer Farm in Vermont, wo Teile des Buches geschrieben wurden.

Alex Gold war der erste, der an diesen Versuch glaubte und mir Mut zusprach. Meine Agentin Elaine Markson war eine weitere frühe und großzügige Stütze. Marian Wood, Executive Editor bei Holt, Rinehart and Winston, unterzog das Manuskript zweimal einer überaus gründlichen Prüfung; ihre detaillierten Anmerkungen verbesserten seinen stilistischen und geistigen Zusammenhang beträchtlich. Jill Weinstein hat in großartiger Weise die Korrekturen bewältigt und das Buch durch den Entstehungsprozeß geleitet.

Sieben Jahre lang waren meine Vorexamensstudenten und Absolventen eine Quelle der Anregung und Kritik, die mir sehr geholfen hat. Sie werden vieles von dem, was in diesem Buch steht, als Material erkennen, das ihnen in gröberer Form vermittelt wurde, und ich bin ihnen dankbar dafür, daß sie für so viele Verfeinerungen gesorgt haben. Zwei von ihnen, Robert Sapolsky und Michael Elias, ragten aus dieser Gruppe heraus und sind Kollegen geworden. Aus diesem Grund bat ich sie, das Manuskript zu lesen und im einzelnen dazu Stellung zu nehmen. Die Verbesserungen, die sich daraus ergeben haben, sind zahlreich.

Seinen Eltern zu danken, scheint üblich zu sein, aber mir ist ernst damit. Die meinen überwanden sowohl äußere Hindernisse als auch Geldknappheit, um mir den Wunsch nach und die Gelegenheit zu einer lebenslangen Hingabe an das Lernen zu vermitteln; dieses Geschenk kann nie vergolten werden.

Marjorie Shostak ist der eine Mensch, von dem man sagen kann, ohne ihn wäre dieses Buch nie geschrieben worden. Ihre Kameradschaft, Unterstützung, freundschaftliche Kritik und geistige Anregung waren von Anfang an nicht wegzudenken.

Dieses Buch ist Irven DeVore und Herbert Perluck und dem Gedenken an Gerald Henderson gewidmet. Diesen Lehrern und Freunden schuldet es seine Hauptideen, seine ethische und ästhetische Richtung und den alles leitenden Blick. Mit einem Gefühl der Dankbarkeit und Zuneigung habe ich versucht, mit meinem Leben ihren Erwartungen zu entsprechen. Sie und andere, die oben genannt wurden, sind die Kräfte hinter dem, was in diesem Buch das Beste sein mag. Trotz eines ganz wehmütigen Bedauerns muß ich einräumen, daß sie nicht aufgefordert werden dürfen, die Last seiner unbezweifelbaren Fehler und Torheiten mitzutragen.

Eine einleitende Anfrage

Drittens muß man sich daran erinnern, daß all unsere psycho-
logischen Vorläufigkeiten einmal auf den Boden organischer
Träger gestellt werden sollen.
Sigmund Freud
‹Zur Einführung des Narzißmus›

Warum wir sind, was wir sind, warum wir tun, was wir tun, warum wir
fühlen, was wir fühlen; diese Fragen beschäftigten Philosophen und
Theologen, Mediziner und Medizinmänner, Schauspieler, Diplomaten,
Dichter und natürlich Wissenschaftler schon seit dem Aufdämmern des
menschlichen Denkens. Vom Psychogefasel der nächtlichen Fernsehsen-
dungen bis zu den nüchternen Überlegungen der Sonntagsbeilagen werden wir überschwemmt von einer unaufhörlichen Fülle an Rat und
Erklärung. Manches davon versucht sich als Wissenschaft auszugeben;
beispielsweise teilt man uns mit, wenn wir das schmerzhafte Erlebnis
unserer eigenen Geburt noch einmal durchmachten, könnten wir die
Schaltungen in unserem Gehirn verändern und so glücklich werden.
Manches gibt sich mit Erklärungen nicht ab, sondern ermahnt lediglich:
Steuere dich selbst, suche deinen Vorteil, bleibe Sieger durch Einschüch-
terung – sei erfolgreich. Diese Ratschläge sind unserer Zeit, Kultur und
Natur so wesensverwandt, daß denjenigen, die sie erteilen, bestimmt zu
sein scheint, die eigenen Wege mit Gold gepflastert zu finden; das Leben
eifert der Kunst nach, und sie fahren die Ernte ihrer eigenen Rezepturen
ein.
   Manches von dem, was wir lesen, ist in der Tat Wissenschaft.
Zwar ist es schwer zu verstehen, aber wir wissen, daß es Maßgeblichkeit
besitzt, also rätseln wir uns hindurch und nehmen es wie übel-
schmeckende Medizin zu uns. Und wie bei vielerlei Medizin können wir
nicht genau sagen, ob es hilft. Vor unseren Augen wird irgendein Bruchteil menschlichen Verhaltens, ob normal oder nicht, analysiert; wir hören
das Neueste darüber. Für kurze Zeit fällt ein Lichtstrahl darauf, und wir
sehen es deutlich. Aber sehr oft ist die Schwierigkeit, das, was wir eben
gelernt haben, in ein umfassenderes Bild von uns selbst, von menschlichem Handeln, aufzunehmen, so groß, daß das neue Wissen verblaßt,
bevor wir es gebrauchen können.
   Nach dem alten Gemeinplatz erfahren Wissenschaftler immer
mehr über immer weniger, bis sie über nichts alles wissen. Das ist zwar

belustigend, aber nicht das Problem. Das Problem ist, daß wir immer mehr über immer mehr wissen. Auch wenn wir nie alles über alles wissen werden, wird die Zeit kommen, zu der wir so viel über so viele Dinge wissen, daß kein einzelner Mensch noch Hoffnung haben kann, alle wesentlichen Dinge über meinetwegen Gewalt oder Angst zu erfassen, die notwendig sind, um eine einzige weise Entscheidung zu treffen. Wissen wird kollektiv im ärmsten Sinn, und Wissenschaftler werden zu Männern und Frauen in einer Menschenmenge, die einander suchen, jeder in der Hand ein Einzelteil von einem sehr teuren Radiogerät.

Immer wieder muß jemand sagen: Jetzt ist die Zeit da, einzuhalten und zu überblicken, was wir wissen. Ohne solche Pausen ist die Epistomologie – die Lehre vom Wissen – ein Ausverkaufsgeschoß, wo Käufer drängeln und schreien und ein Kleidungsstück an sich reißen, das paßt und zur Zeit in Mode ist. Nichts von dem Wissen, das wir über Verhalten gewonnen haben oder noch gewinnen werden, nützt uns etwas, wenn wir es stückweise bekommen, wenn es uns nicht auf irgendeine Weise gelingt, daraus etwas Ganzes zu machen. Wissenschaftler, einschließlich derjenigen, die sich der Öffentlichkeit am beredtesten darstellen können, erklären ständig: ‹Wir müssen mehr wissen.› Das ist freilich wahr, aber die stille Überzeugung, daß uns schon dies an sich retten wird, ist falsch. Wissen ordnet sich nicht automatisch in menschliche Begriffe, und wenn das für die Wissenschaft im allgemeinen gilt, dann umsomehr für die Wissenschaften des menschlichen Verhaltens. Verblüffender noch, und im Gegensatz zu den Alltagsmeinungen der meisten Wissenschaftler, häuft Wissen sich nicht einmal immer im schlichtesten additiven Sinn an. Vor einigen Jahren kam ein Kollege von mir von einer Tagung über Informationsretrieval (Wiedergewinnung) zurück, wo einer der Vortragsredner behauptete (und sich dabei natürlich auf Berechnungen stützte), bei manchen von Wissenschaftlern der Vergangenheit zutage geförderten Erkenntnissen käme es billiger, sie neu zu entdecken, statt die Information zurückzuholen. Man könnte sich denken, daß auf dieses Argument hin sich viele tote Wissenschaftler im Grab herumgedreht haben: Bei manchen war die Arbeit, der sie ihr Leben gewidmet hatten, nicht nur querköpfig – darauf waren sie vorbereitet –, sie wurde, selbst wenn richtig, nicht einmal in den Bestand menschlichen Wissens aufgenommen.

Für diejenigen von uns, die nicht der Überzeugung anhängen, aneinandergereihte Wissensbrocken führten zur Weisheit, wird die Darstellung der Brocken zu einer eigenen Herausforderung, abseits von jener, sie an den Tag zu befördern. Betrifft das fragliche Wissen Verhalten, zumal menschliches Verhalten, dann muß das Bild, das sich herausschält, ein menschliches Gesicht tragen. Wenn es das nicht tut, leert sich das Gehirn, sobald wir es betrachten, ohne Rücksicht darauf, wie genau oder richtig es sein mag. Die Aufgabe ist also eigentlich eine doppelte:

Erstens geht es um die Einschätzung dessen, was wir wissen, um das Zusammensetzen der Teilstücke, zweitens um die Kenntlichmachung eines menschlichen Gesichts dieses Wissens.

Vor einiger Zeit wurde ich von Dick Gilling, dem Produzenten ausgezeichneter Wissenschaftssendungen des BBC-Fernsehens, vor einer Kamera befragt. Meine Beteiligung schien ausgelöst worden zu sein durch eine Welle der Begeisterung für ein neues Fach mit dem Namen ‹Soziobiologie› und nicht durch irgendein Verdienst oder Fehlverhalten meinerseits. Er machte eine Sendereihe, die damals optimistisch ‹The Human Futures› hieß (Zukunftsmöglichkeiten der Menschheit) – obwohl vielleicht durch die Pluralform des unbestimmten Wortes, die an Spekulation in Schweinen und Sojabohnen denken ließ (im Englischen sind ‹Futures› Terminwarengeschäfte), nicht eben tiefste Zuversicht angedeutet werden sollte.

Wir unterhielten uns freimütig über die Familie bei den !Kung San, Jägern und Sammlern der afrikanischen Kalahariwüste. Ich versuchte in die Kamera zu blicken, statt Gilling anzusehen. Ich sollte etwas offenbaren über die biologischen Grenzen der natürlich vorkommenden Abart menschlichen Verhaltens, eines der Themen, über das mir Wissen zu verschaffen ich bezahlt werde. Die Hauptfrage war: Wann und wie wird die künftige Sozialforschung an diese oder jene biologische Sperrmauer stoßen? Ich saß unbehaglich auf einem harten Stuhl in einem provisorischen Studio im Museum für Vergleichende Zoologie von Harvard, umgeben von fremdartigem Gerät. Vier oder fünf skeptische, einschüchternd wirkende Fachleute waren in der Nähe, arbeiteten und hörten zu.

«Wir sind fast fertig», sagte Gilling. (Seine Bemerkungen und Fragen sollten herausgeschnitten werden.) Er machte eine Pause und blickte auf ein Stück Papier in seiner Hand. Das Licht tat meinen Augen ein bißchen weh. Ich fühlte mich gar nicht wohl. «Was», so fuhr er fort, «können Sie für die Verhinderung künftigen globalen Konflikts empfehlen?»

Es gab eine lange Pause. Ich glaube, daß ich einen Brummlaut ausstieß, bevor ich zu lachen anfing.

«Schnitt», sagte er.

Ja, dachte ich, als ich mich bemühte, mit dem Lachen aufzuhören. Ja, gewiß. Allerdings. *Schnitt.*

Gilling war sehr gutmütig.

«Das brauchen Sie nicht zu beantworten», sagte er.

«Sie haben nichts davon erwähnt, daß es solche Fragen geben würde.»

«Wir können sie übergehen», sagte er bedauernd.

«Na ja, wenn Sie mir ein paar Minuten Zeit zum Nachdenken

geben, fällt mir vielleicht etwas ein, das nicht vollkommen lächerlich klingt.»

Was ich nach einer Minute Nachdenken daherbrachte, war dies: Wenn wir menschliche Gewalttätigkeit jemals in den Griff bekommen wollen, müssen wir zuerst einsehen, daß die Menschen eine natürliche, biologische Neigung haben, als Einzelpersonen und als Gruppen in bestimmten Situationen mit Gewalt zu reagieren. Wenn wir die Einzelheiten dieser Reaktion und ihre Determinanten verstehen könnten, wären wir vielleicht auf dem Weg zu der Hoffnung, sie verhindern zu können. Gibt es beispielsweise, wie jetzt klar nachgewiesen zu sein scheint, biologische Gründe dafür, warum Frauen wie andere Primatenweibchen eine schwächere Aggressionstendenz haben als Männer, dann besteht die Möglichkeit, daß eine generelle prozentuale Zunahme der Frauen in einflußreichen Stellungen dazu führen könnte, politische Systeme gegen Gewalttätigkeit abzuschirmen.

«War das mehr oder weniger das, was Sie wollten?» fragte ich.

Das war es. Aber im Rückblick war es ganz und gar nicht das, was ich gewollt hatte. Als ich ging, dachte ich an die vielen anderen Dinge, die ich hätte hinzufügen sollen. So ist es ein ernsthaftes Versäumnis, in einem solchen Zusammenhang nicht auf das Bevölkerungswachstum hinzuweisen, weil das vielleicht die größte Bedrohung für den künftigen Weltfrieden ist. In der Gewichtigkeit gleich dahinter kommt die kraß ungerechte Verteilung von Reichtum und Macht auf dem Planeten. Wir hatten über die San-Wildbeuter gesprochen. Sie stellen ein gutes Beispiel dar: Unter ihnen erhöht die Ansammlung von Besitz durch einige die Wahrscheinlichkeit von Gewalttaten; Teilen des Besitzes mit anderen verringert sie entsprechend. Über diese Probleme hinaus hätte ich außerdem jene unübersehbare historische Fortdauer des Stammessystems bis ins 20. Jahrhundert erwähnen können, die wir Nationalismus nennen – aber das ist eher ein Synonym für globalen Konflikt als eine Erklärung dafür.

Wäre die Zeit geblieben, die Frage auf der Ebene der Individualphysiologie zu besprechen, so hätte man auf eine Fülle von bedeutsamen Determinanten hinweisen können. Unterstellt man etwa die Prozeduren, durch die in jeder bekannten Gesellschaft Menschen (in der Regel) an die Macht gelangen, und unterstellt man die klar nachgewiesene individuelle Variation (aus genetischen und anderen Ursachen) in der Neigung zu aggressivem Wettbewerb, dann kann kaum angenommen werden, daß die am wenigsten aggressiven, habgierigen und wetteifernden Gene schließlich darüber entscheiden, wie die militärische Macht dieser Bevölkerung eingesetzt wird. Und wir hätten in Begriffen dessen, was man heute über Verhaltensphysiologie weiß, die besondere Bedeutung der Tatsache erkunden können, daß die meisten Leute, die den Lauf der Welt steuern – ihre Politik und ihre Streitkräfte –, das mit einem chronischen Mangel an Schlaf tun; während ihre persönliche Gesundheit rascher verfällt als bei ihren Altersgenossen in anderen Lebensbereichen; und das unter Bedingungen, die von einer unnatürlich hohen Dichte gesellschaftlicher Wechselwirkung (vor allem mit Fremden), von pausenloser höchster Belastung und von Angst bestimmt werden – von Angst vor dem Verlust von Einfluß bis zur Angst vor Attentaten. Diese und andere Eigenheiten ihres persönlichen biologischen Daseins sind nicht ohne bekannte Auswirkungen auf die biologische Neigung zu Gewalt und Drohung mit Gewalt.

Soviel zu meinen verspäteten Überlegungen, die ihren wortreichen Weg in Gillings Film auch dann nicht gefunden hätten, wenn sie rechtzeitiger gekommen wären. Wir ziehen schlichte, klare Erklärungen vor. Das ist verständlich; wir haben anderes zu tun. Aber die Antworten müssen natürlich auch umfassend sein. Was nützen sie sonst? Wir haben keine Zeit für endlose akademische Sinniererein oder für eine Faktenlitanei im Telephonbuchformat. Wir brauchen Theorien, die treffend und erhellend sind, mit deren Hilfe wir die Lösung sofort erfassen können; sie müssen über das Komplexe hinausgehen, alles Irrelevante ablösen und die elegante, entschiedene Schönheit eines Euklidischen Beweises haben, jenem ersten Paradigma unserer geistigen Ausbildung.

Ich biete keine solchen Theorien an. Ich glaube, daß das Versagen der Verhaltenswissenschaft bis zum heutigen Tag genau der Jagd nach ihnen entspringt. Marxismus, Psychoanalyse, Lerntheorie, Instinkttheorie, Erkenntnistheorie, Strukturalismus, Soziobiologie – in ihrem Wesen keine einzige Lehre falsch, aber jede falsch in ihren Bestrebungen und ihrer Verurteilung anderer. Ein gutes Lehrbuch über menschliche Verhaltensbiologie, das wir vielleicht erst in fünfzig Jahren bekommen, wird nicht aussehen wie Euklids Geometrie – ein großartiges Gebäude bewiesener Lehrsätze, beruhend auf einer Folge einfacher Annahmen –, sondern eher wie ein Lehrbuch von Physiologie oder Geologie, jede Lösung gründend auf einem eigenen Faktensystem und angegangen mit einem Köcher voll verschiedener Theorien, alle Lösungen verbunden in einem riesengroßen, komplexen Geflecht.

Die folgenden Seiten stellen eine Art Spielplan für einen solchen Text dar. Sie legen die Probleme vor, die Spielfiguren und die Regeln, aber die Lösungen liefern sie nicht – schon gar keine einfachen, klaren und umfassenden. Die in den nächsten Jahrzehnten erscheinenden Lösungen werden aber durch diese komplexen Überlegungen vorausgeformt. In der modernen Herzklinik erwähnen die Fachleute bei Herzversagen alles von Chemie bis Angst, von Chirurgie bis Diät, von Bioelektrizität bis Liebe, und sie tun gut daran, weil keine Theorie für sich allein ein versagendes Herz retten kann. Ich glaube, daß Probleme wie weltweiter Konflikt, psychotische oder neurotische Depression und sexuelles Unglücklichsein ähnlicher Natur sind. So wie Fachleute in einer Herzklinik sich auf einen überraschend hohen Bruchteil des menschlichen

Gesamtwissens stützen, um ihre Lösungen zu finden, so werden Fachleute für menschliche Verhaltensbiologie einen großen Komplex an Wissen brauchen, um die unsrigen zu finden.

In Bertolt Brechts ‹Leben des Galilei› sagt der große Astronom:

Die Wahrheit ist das Kind der Zeit, nicht der Autorität. Unsere Unwissenheit ist unendlich, tragen wir einen Kubikmillimeter ab! Wozu jetzt noch so klug sein wollen, wenn wir endlich ein klein wenig weniger dumm sein können?

Und gegen Ende des Stücks spricht er es deutlicher aus:

Eine Hauptursache der Armut in den Wissenschaften ist meist eingebildeter Reichtum. Es ist nicht ihr Ziel, der unendlichen Weisheit eine Tür zu öffnen, sondern eine Grenze zu setzen dem unendlichen Irrtum.

Das ist Motto und Hoffnung dieses Buches. Denjenigen, die das für ihre Zwecke als unzureichend empfinden, kann ich guten Gewissens nicht empfehlen, sich weiter darauf einzulassen, weil es so viele Bücher gibt, die zu vergleichbarem Preis die Tür zur unendlichen Weisheit öffnen. Aber jenen, die meine Ansicht teilen, ‹eine Grenze zu setzen dem unendlichen Irrtum› sei Ehrgeiz genug und reiche schon an den Gipfel menschlichen Stolzes, biete ich einen Bericht über die ersten Schritte einer ungeheuren Reise an.

Teil Eins
Grundlagen einer Wissenschaft der menschlichen Natur

So folgt aus dem Krieg der Natur, aus Hungersnot und Tod, das höchste Objekt, das wir uns vorzustellen vermögen, nämlich die Hervorbringung der höheren Tiere. Es ist Größe in dieser Ansicht des Lebens mit seinen mehreren Mächten, das ursprünglich in einige wenige Formen oder nur in eine einzige gehaucht wurde; und daß, während dieser Planet nach dem feststehenden Gesetz der Gravitation sich weiterdrehte, aus einem so einfachen Anfang endlose Formen schönster und wunderbarster Art sich entwickelt haben und entwickeln.

Charles Darwin,
‹Über die Entstehung der Arten›,
1859

Was für ein Buch ein Teufelsadvokat über die plumpen, verderblichen, tölpelhaft niedrigen und entsetzlich grausamen Werke der Natur schreiben könnte!

Charles Darwin an Joseph Hooker,
Juli 1856

1 Die Suche nach dem Natürlichen

Und Gott der Herr pflanzte einen Garten in Eden gegen Morgen und setzte den Menschen drein, den er gemacht hatte.
1. Buch Mose, 2.8

Rousseau war nicht der erste, vermutlich nicht einmal der Naivste. Aber er war der Berühmteste in einer langen Reihe Leichtgläubiger, die so weit zurückreicht wie das Denken und vielleicht so weit nach vorn, wie unsere gefährdete Gattung zu überleben vermag. Diese Leute scheinen zu glauben, wir hätten etwas hinter uns gelassen, das in jeder Beziehung besser ist als das, was wir jetzt haben, und die geeignetste Weise, unsere Probleme zu lösen, sei die, so schnell wie möglich rückwärts zu gehen. Unweigerlich wird, was Vergangenheit, als natürlich, was von heute, als unnatürlich betrachtet; so, als hätte der Lauf der Geschichte mit seiner sich ausbreitenden Pest von Apparaturen uns auf irgendeine Weise von den Körpern entfernt, die wir bewohnen, von den Funktionen, die wir jeden Tag erfüllen. Diese Nostalgie ist in typischer Weise kritiklos. Die naiven Romantiker einer Ära blicken nur einige Jahrzehnte zurück, um ihren Garten Eden zu finden, ohne zu erkennen, daß die Romantiker dieser Zeit ebenfalls zurückblickten und so weiter und so fort. Rousseau selbst verliebte sich in die Schweizer Bauern, sowohl in Gestalt seiner Frau als auch im Thema seiner Philosophie. Er sah in ihrem atomisierten sozialen (asozialen?) Dasein den Weg zum Glück. Die Gesellschaft war die Wurzel des Übels, und in diesem ‹natürlichen› bäuerlichen Dasein angeblich vollkommener Selbstgenügsamkeit vermieden die menschlichen Atome den Zusammenprall dadurch, daß sie die Berührung vermieden – in einem Vakuum gibt es keine Reibungen. Jede Person oder zumindest jede Familie blieb für sich und ging dem Geschäft des Lebens mit tüchtiger Selbstsicherheit nach, ohne zu fragen oder zu geben, ohne Snobismus und natürlich ohne Apparaturen.

Wenn das eher nach dem Traum eines versponnenen Philosophen als nach dem sozialen Dasein von Bauern klingt, dann vermutlich deshalb, weil es das erstere ist. Keine bekannte Gesellschaft ist je so ungesellschaftlich gewesen wie Rousseaus Bauern, und der Mangel an völkerkundlicher Substanz in seinen Beschreibungen erweckt in uns Skepsis, ob es wirklich Beschreibungen und nicht Erfindungen sind.

Ironischer noch, als daß er ein bäuerliches Sozialleben nicht zu *sehen* vermochte, ist aber, daß er auf ihn als den natürlichen, ursprünglich-menschlichen Zustand verfällt. Denn wie wir endlich begriffen haben: Wenn es so etwas gibt wie einen natürlichen menschlichen Zustand, dann ist die bäuerliche Gesellschaft ihm gegenüber eine ebenso große Verformung und beinahe so neuartig wie das industrielle Stadtleben.

Welche Gesellschaft ist dann beispielgebend für den natürlichen menschlichen Zustand? Kandidaten gibt es zuhauf, aber alle ernsthaften modernen haben dieses eine gemeinsam: Sie sammeln wilde Pflanzennahrung und jagen zum Lebensunterhalt Wildtiere. Keine anderen Arten von Gesellschaften sind zugelassen, und das gehört sich auch so, weil der archäologische Nachweis, wie wir ihn heute kennen, eine deutliche Sprache spricht: 95 bis 99 Prozent menschlicher Generationen unserer Vorfahren auf diesem Planeten – je nachdem, was man menschlich nennen will – lebten auf diese Weise. Wenn wir ein wahres Buch der Geschlechtsregister aus der Bibel als Ersatz für die Patriarchen nach Adam schreiben könnten, würde sich das Generationenrad vierzigtausendmal drehen – Jäger zeugen Jäger, Sammler zeugen Sammler –, bevor der erste Abel oder Kain auftauchte, um ein Samenkorn zu streuen oder ein Nutztier zu zähmen. Eine Million Jahre wäre vergangen, bevor ein paar Erzeuger damit beginnen würden, in der Erde zu scharren, um etwas einzupflanzen, und die bäuerliche Gesellschaft läge noch Jahrtausende in der Zukunft. Obwohl uns die zehntausend Jahre, seit denen wir Landwirtschaft kennen, als eine lange Zeit erscheinen, sind sie in der Stunde des menschlichen Lebens nur eine Minute, in der Geschichte der Säugetiere kaum ein Augenblick. Stünde ein Archäologe in einer Million Jahre in einem Graben, vor sich eine gute Schichtdarstellung der menschlichen Geschichte, dann gäbe es eine sehr dicke Schicht mit den Nachweisen für Jagen und Sammeln und darüber eine ebenso dicke Schicht für das industrielle Stadtleben. Nur bei genauer Betrachtung würde eine dünne Zwischenschicht für Landbestellung erkennbar sein, ein bloßer Übergang.

Natürlich (falls man dieses Wort überhaupt gebrauchen kann) machten die Anthropologen, die diese Tatsachen der Archäologie dauerhaft auf sich wirken ließen, es sich zur Aufgabe, das Leben von Jägern und Sammlern vor seinem unausweichlichen endgültigen Verschwinden zu dokumentieren. Diese Aufgabe führte zum erstenmal biologische und soziale Anthropologie wesensvereint zusammen. Jagen und Sammeln war der Bottich, in dem die natürliche Auslese das Mahlgut für den menschlichen Geist ebenso wie für den menschlichen Körper ausdrosch; es war eine Sache von einiger Bedeutsamkeit für diejenigen, welche die Gattungen zu kennen meinten, etwas über die Kräfte zu erfahren, die sie gestaltet haben.

Die Bedingungen, unter denen sich die Menschheit entwickelt hat, sind nicht besser dokumentiert und vielleicht nicht besser belegt worden als bei den San der Kalahari-Wüste. In den fünfziger Jahren berühmt geworden durch die Familie Marshall, die fünfundzwanzig Jahre lang über sie schrieb und glänzende Filme drehte, wurden sie später Thema einer der ausgedehntesten und modernsten interdisziplinären Untersuchungen, die von Anthropologen bei einer einfachen Gesellschaft jemals unternommen wurden, und zwar unter der Leitung von Richard Lee und Irene DeVore. Die San überstanden eine Welle der genauen Beobachtung nach der anderen mit unendlicher Geduld, davon überzeugt, daß ihr Eigenwert Ursache genug für die Beschäftigung mit ihnen sei. Am Ende hatten sie von ihrem Wesen – und vielleicht vom Wesentlichen des Daseins, wie unsere Vorfahren es mehr als eine Million Jahre lang gelebt haben – genug gegeben, um einen Mythos nach dem anderen über die menschliche Beschaffenheit zu erzeugen und wieder zu zerstören.

⟨The Harmless People⟩ (Das harmlose Volk) lautete der Titel von Elizabeth Marshalls Buch über sie. Und das sind sie auch, zu harmlos, um dem Fortschreiten einer technologischen Zivilisation Widerstand zu leisten, zwerghaft angesichts der Militärmacht umgebender Völker, schwarz und weiß, die seit Jahrhunderten über sie hergefallen sind. Während der weißen Kolonisierung des südlichen Afrikas wurden die San nicht nur aus Zweckmäßigkeitsgründen massakriert, sondern auch zum Sport gejagt. Sie wehrten sich tapfer, aber schwächlich, und gaben überall Land preis. Am Ende blieben sie in einem relativ unverfälschten Zustand nur in fernen Enklaven des Landes, unerwünscht bei anderen, wo Volkskundler der heutigen Zeit auf sie stießen.

So, wie man sie darstellt, leben sie in einer Art organischer Harmonie nicht nur mit der Welt der Natur, sondern auch miteinander. Ihr Wissen von wilden Pflanzen und Tieren ist tief und gründlich genug, um Botaniker und Zoologen zu verblüffen und mit Informationen zu versorgen. Ihr Umgang mit wilden Dingen verschafft ihnen den Lebensunterhalt, aber ihr Wissen geht über das Notwendige weit hinaus. Die Notwendigkeit selbst erscheint harmonisch. Frauen arbeiten drei Tage in der Woche beim Sammeln von Nüssen, Früchten und Gemüsepflanzen in der Wildnis und liefern damit drei Viertel der Nahrung, die ihre Familien brauchen, um am Leben zu bleiben. Diese weite Welt als Supermarkt liefert auch Frischfleisch lebend in Form einiger der vornehmsten Wildtiere Afrikas: Elenantilope, Spießbock, Schraubenantilope, Weißschwanzgnu, Walldducker, Grysbok und – in der Zeit vor dem Verbot durch die Regierung – die Giraffe, um nur ein paar zu nennen, fallen den San-Jägern zum Opfer. Tiere, wie etwa Spießbock und Warzenschwein, die sich Hunden stellen und kämpfen, werden von kleinen Gruppen aus Männern mit Hunden und Speeren gejagt, die anderen in der Regel von einzelnen Männern mit kleinen Bogen und winzigen, tödlichen Pfeilen. Die Pfeile sind bestrichen mit Giften aus dem Mittelleib der Larven eines bestimmten Käfers, den man in einer bestimmten Jahreszeit im sandigen Boden zwischen den Wurzeln eines bestimmten Strauchs findet. Wie die Feinheiten dieses Prozesses den San bekanntgeworden sind, ist eines der vielen verbleibenden Rätsel an ihnen.

Die Männer verfolgen das Wild mit etwa derselben Beharrlichkeit, wie die Frauen Gemüsepflanzen sammeln: drei bis vier Tage in der Woche gelten als ausreichend. Sie töten nur, was sie essen können, und bleiben seit Jahrtausenden im Gleichgewicht mit den Wildbeständen. Sie haben große Achtung vor den Tieren, die sie jagen, und sind fasziniert von ihnen, manchmal – wie bei einem Mann, der auf kopulierende Spießböcke stieß und so gebannt war, daß er sie zu schießen vergaß – zum Nachteil ihres eigentlichen Bestrebens, sie zu töten. Bei diesen Männern wird (obwohl sie keineswegs tollkühn sind) außergewöhnlicher physischer Mut alltäglich. Eine Anzahl trägt die Narben von Kämpfen mit bloßen Händen gegen Leoparden, und Männer wie Frauen haben, manchmal im unschuldigen Schlaf, ein schlimmes Ende im Rachen eines Löwen oder einer Hyäne gefunden.

Auch Frauen haben ihre Probe körperlichen Mutes zu bestehen. Die Kindsgeburt muß von der Frau ganz alleine bewältigt werden. Die Wehen beginnen in der Regel nachts, und nach ihrer ersten Geburt geht eine Frau oft einfach hinaus über die Grenzen des Dorflagers, bringt ihr Kind ganz allein unter der riesigen Kuppel der Kalahari-Sterne zur Welt, durchtrennt, umgeben von vielerlei unbekannten Gefahren, die Nabelschnur, und kehrt leise in ihre Hütte zurück. Oft erfahren andere von ihrer Niederkunft erst dann, wenn sie ihren Säugling schreien hören.

Dieses tiefe Eintauchen in die Welt der Natur spiegelt sich wider in der organischen Harmonie der menschlichen Sozialwelt. Jedes Dorflager besteht aus einem kleinen Kreis von Grashütten. Jede Hütte birgt eine Familie in einem Halbkreis, der gerade groß genug ist fürs Hinlegen. Das Lager umfaßt vielleicht dreißig Personen, was aber wechseln kann. Man zieht von Zeit zu Zeit weiter, folgt den Veränderungen der Jahreszeiten, den Willkürlichkeiten der Verfügbarkeit von Nahrung und Wasser. Oder man zieht weiter, weil dort jemand gestorben ist und der Ort für die Leute unbehaglich wird, auch wenn die Grabstätte weit entfernt ist. Der einzelne schließt sich an oder geht mehr oder weniger nach Belieben; es gibt andere Gruppen und Lager, wo man sein kann. Konflikte können gelöst werden durch Teilung der Gruppe. Die Bestandteile mögen für eine Zeit ihre eigenen Wege gehen, um Monate später wieder zusammenzufinden, das Gewesene vergessen; oder sie bilden die Kerne neu entstehender Gruppen.

Krieg ist unbekannt. Konflikte innerhalb der Gruppe werden gelöst durch Reden, manchmal die halbe oder die ganze Nacht hindurch, nächtelang, wochenlang. Nach zwei Jahren bei den San stellte ich mir die Eiszeitepoche der menschlichen Geschichte (die drei Millionen Jahre, in denen wir uns entwickelt haben) als eine einzige unendliche Marathon-Selbsthilfegruppe vor. Als wir in einer Grashütte in einem ihrer Dörfer schliefen, gab es viele Nächte, in denen durch die dünnen Wände lebhafter Wortwechsel vom Kreis um das Feuer hereindrang, offener Ausdruck von Empfindung und Argument, beginnend, wenn die Feuer in der Abenddämmerung angezündet wurden, und fortdauernd bis zum Morgengrauen. Ein machtvoller Selektionsdruck für die Entwicklung der Sprache muß gewiß die Achtung gewesen sein, die eine Person gewann, deren Stimme an solchen Lagerfeuern Aufmerksamkeit beanspruchte.

Gleichheit ist überall. Man kennt keine sozialen oder wirtschaftlichen Unterschiede. Solche könnten auch nicht aufrechterhalten werden, weil der Ethos des Teilens so mächtig ist, daß er einer Person jeden angesammelten Besitz nimmt, sobald solcher Besitz sichtbar wird. Knauserei ist die Hauptsünde in dieser Welt, bestraft durch Ausschluß aus der Gemeinschaft; dort, wo wechselseitige Hilfe das Entscheidende ist, kann Ausgestoßensein niemand lange ertragen. Nur hartnäckige Gewalt ist den San noch abscheulicher als Eigensucht, und erstere ist so unbegreiflich, daß sie eher als geistige Störung denn als Sünde eingestuft zu werden scheint. Das kleinste Perlhuhn oder eine Schildkröte, von der Jagd mitgebracht, wird vielleicht in zehn Teile zerlegt, wenn der Braten aus dem Feuer kommt, und ein Kleinkind, die Faust mit seinem winzigen Anteil auf halbem Weg zum Mund, erlebt eine erste entscheidende Lektion, wenn ein Erwachsener nach dem Bissen greift und langsam und deutlich das Wort ausspricht «Gib».

Dieser Ethos des Teilens, diese wechselseitige Abhängigkeit, diese organische Sozialharmonie werden nirgends lebendiger ausgedrückt als im Trancetanz-Ritual, einem grandiosen, leidenschaftlichen Drama des Heilens. Hier schwindet die Trennlinie zwischen Geheiligtem und Sozialem, und die Menschen stellen ihre Einheit selbst auf die Probe, weil nur Einheit jene Energie hervorbringen kann, die von Heilern benötigt wird, wenn sie in den Tod treten müssen, um die Götter im Namen eines Kranken anzuflehen. Die Patientin liegt, fiebrig von Malaria oder Lungenentzündung, halb bewußtlos am Feuer. Alle Freunde, die sie auf der Welt hat, sind bei ihr und werden gebraucht. Die Frauen sitzen in einem Kreis ums Feuer und bereiten sich darauf vor, die Lieder zu singen, die das Bewußtsein verändern, die komplizierten Rhythmen zu klatschen, mit denen die Form der Zeit verändert wird. Hinter ihnen gehen Männer im Kreis, die gleich zu tanzen beginnen, sich auf ihre Füße besinnen, die Tanzrasseln um ihre Beine zurechtrücken. Werden die Frauen gut genug singen und klatschen, um sie zu inspirieren? Werden sie gut genug tanzen, um den Frauen Zuversicht einzuflößen? Werden die Frauen zusammenbleiben, einander hören, ihre Harmonie finden? Wird vor allem das schwierige Ganze so vollkommen sein, daß manche Männer, dadurch gestützt, in Trance, in den Halb-Tod verfallen, die Straße zur anderen Welt beschreiten und die Götter dafür rügen können, daß sie den Menschen Krankheiten schicken? So daß sie bei der Rückkehr der kranken Person die Hände auflegen und, schreiend und am ganzen Körper zitternd, die Ursache der Krankheit aus ihr herauszuziehen vermögen? Nirgendwo mehr als hier symbolisieren die San für sich selbst, wie eng Leben und Tod mit Gemeinsamkeit verbunden sind.

Laut Hobbes, dem Philosophen der Resignation (und mit ebensowenig Konkretem für die Konstruktion seiner eigenen, ganz andersartigen Phantasievorstellung vom Naturzustand versehen wie Rousseau) war das Leben primitiver Menschengruppen ‹einsam, arm, übel, brutal und kurz›. Aber bei den San sahen wir die einfachste menschliche Gesellschaft in ihrem Ablauf so, wie er Jahrtausende hindurch gewesen sein muß. Archäologische Funde zeigen, daß Wildbeuter, die den San kulturell vorangingen, an die vierzigtausend Jahre in ihren jetzigen dörflichen Örtlichkeiten gelebt haben. Neben Jagdmulden, wo die San heute immer noch liegen, um auf Wild zu lauern, hat man Jagdhinterhalte aus der Frühzeit ausgegraben. Offensichtlich stehen wir vor einer Art menschlicher Erfahrung mit einer nachgewiesenen Lebensfähigkeit, die viel älter ist als unsere eigene. Keineswegs einsam, beruht sie vor allem auf Gemeinsamkeit. Keineswegs arm, ist sie ausreichend versorgt und bietet viel Muße; man hat sie sogar die ‹wohlhabende Urgesellschaft› genannt. Keineswegs übel, beruht sie auf menschlicher Anständigkeit, Achtung vor anderen, auf Teilen und Geben. Keineswegs brutal, beruht sie auf Gleichheit, ist mutig, gutmütig, philosophisch – mit einem Wort, zivilisiert – mit einer so feinen Ästhetik, daß ihre Musik die Götter anrührt. Obwohl viele in früher Kindheit sterben, können andere ein hohes, reifes Alter erreichen, ein Alter, das nicht in ein Getto oder ein ‹Heim› verbannt wird, das kein Heim ist; vielmehr bleiben die Alten eingebettet in dieselbe intime soziale Welt, umgeben von Enkelkindern voller Freude, von erwachsenen, kraftvollen Kindern voller Höflichkeit.

Nun das Schlechte.

Erstens gibt es keinen Weg zurück. Auf der ganzen Welt kann die Lebensweise des Jagens und Sammelns nicht ganz eine ganze Person pro Quadratmeile ernähren. Da die Gesamtfläche des Planeten unter zweihundert Millionen Quadratmeilen beträgt, hat die menschliche Bevölkerung der Möglichkeit des Jagens und Sammelns vor langer Zeit den Rücken gekehrt. Wir sind offenkundig auf die Hochtechnologie festgelegt.

Wichtiger ist: Manche Züge des San-Daseins und des Wildbeuterlebens im allgemeinen sind in einer Welle ethnographischer Begeisterung untergegangen, die auf den oben erwähnten realen, sehr erfreulichen Tatsachen beruht. Beispielsweise hören wir von denen, die Gewaltlosigkeit bei den San rühmen, selten etwas von den Zahlen der Morde bei ihnen. Diese sind gezählt worden und lassen sich mit denen in amerikanischen Großstädten vergleichen. Wir hören viel von der Gleichheit der San, einschließlich des Mangels an männlichem Sexismus. Aber was ist mit den Beobachtungen und Berichten über Mißhandlungen von Ehefrauen und die offenkundige sexistische Denkhaltung, die bei reinen Männergesprächen hervortritt? Wir haben über das Teilen bei den San viel gehört und gelesen, aber bis vor kurzem nur wenig über die jetzt klare Tatsache, daß fast ausschließlich unter engen Verwandten geteilt wird. Wir verweilen beim Fehlen von Krieg, aber den San fehlt es an der Kopfzahl, um auch nur den kleinsten Krieg anzufangen, und wenn sie von anderen Stämmen, sogar von anderen San-Gruppen sprechen, machen sie deutlich, daß ihnen Vorurteile nicht fremd sind. Wenn sie einen Krieg führen könnten, würden sie es vielleicht tun. Wir sprechen von ihrer ‹Wohlhabenheit›, ohne Zeiten der Notdurft zu erwähnen, in denen sie zehn Prozent ihres Körpergewichts verlieren können; von ihrer Güte zu Kindern, ohne die Krankheiten im Kindesalter zu erwähnen, die eine Hälfte das Leben kostet, bevor sie aufwachsen kann; von ihrer Anständigkeit dem Alter gegenüber, ohne davon zu sprechen, daß nur zwanzig Prozent der Kleinkinder damit rechnen können, sechzig Jahre alt zu werden, so daß der San-Gesellschaft eine unvergleichlich leichtere Last hinterlassen wird, als die Älteren und Kranken in unserer eigenen sie darstellen.

Was muß man also schließen? Daß der Kaiser ohne Kleider geht? Daß das idyllische Bild des San-Daseins nicht mehr sei als eine weitere Rousseausche Täuschung? Durchaus nicht. Ich bin aber entschieden der Meinung, daß die positiven Züge ihres Lebens etwas übertrieben und die negativen Züge unseres eigenen ungerechterweise nur historischen Veränderungen angelastet wurden, die stattgefunden haben, seit wir so lebten, wie sie es tun. Der Kaiser hat Kleider, aber die Kleider zeigen hier und dort einen Riß oder einen Schmutzfleck mitten im glaubhaften Gefunkel. Und der Anzug ist so, wie er sich darbietet, dem unsrigen nicht atemberaubend überlegen.

Aber trotzdem ist in seinem Schnitt etwas, das wir vielleicht auch haben wollten, wenn wir nur dahinterkommen könnten, wie er paßt. Er verlangt, daß man sich mit ihm befaßt. Wir können nicht aus unseren Kleidern in diese steigen, und doch ...

Ich fühle mich erinnert an etwas, das der Dichter Apollinaire in seiner Einleitung zu der veröffentlichten Version seines Stücks ‹Die Brüste des Teiresias› mit Illustrationen von Picasso geschrieben hat. Mir erschien das immer als der passendste Führer für Leute wie mich, die von menschlichen Wildbeutern lernen wollen. Hier in Picassos Bildern erschienen Säugetiere, wie noch niemand sie gesehen hatte, und trotzdem offenbarten sie für Apollinaire auf irgendeine Weise mehr vom Wesen des

Säugetiers, als jemals zuvor in zwei Dimensionen hervorgetreten war. Er schrieb: ‹. . . Ich dachte, man sollte zur Natur selbst zurückkehren, aber nicht dadurch, daß man sie wie mit Photographien nachahmte. Als der Mensch das Gehen nachahmte, erfand er das Rad, das einem Bein nicht ähnelt.›

Ich habe auch den Eindruck, daß wir zur Natur zurückkehren müssen, und für menschliche Wesen bedeutet das in einer Beziehung eine Rückkehr zum menschlichen Dasein, wie es gelebt wurde, als die Menschen sich entwickelten. Ich sehe keinen viel besseren Vorschlag, wie das gesellschaftliche Chaos, das diesen unglücklichen Planeten ständig umwirbelt, zu lindern wäre. Aber wir gehen zurück, um zu lernen, nicht, um nachzuahmen. Das direkte Studium von Jägern und Sammlern bedeutet nicht, kann nicht bedeuten, sie bloß nachzuahmen; aber es kann uns zu Erkenntnissen führen, die ihrerseits bei dem Entwurf einer menschenwürdigen Welt bedeutsam sein müssen. So können wir lernen, daß das Ethos des Teilens nicht ‹unnatürlich› ist, und versuchen, es wiederzubeleben, obwohl wir nicht unter Verwandten leben. Wir können versuchen, auf irgendeine Weise dem Krieg zu entsagen – obwohl wir in hervorragender Weise befähigt sind, ihn zu führen – und uns von der Tatsache ermutigen lassen, daß es andere Welten ohne ihn gegeben hat. Wir können versuchen, unseren heftigen Griff um die *Dinge* zu lockern, und uns stattdessen bemühen, die *Menschen* fester zu ergreifen. Und wir können suchen nach einem Ritual, einem heiligen Sozialsymbol, das uns wieder ganz machen kann, das über das Gebiet des Konflikts so hinausgreift, daß es uns von unseren weltlichen Begrenzungen befreit und schließlich heilt. Aber ich vermute, wenn wir eine brauchbare Welt gestalten können (wovon ich durchaus nicht überzeugt bin), wird sie dem San-Dasein so wenig (oder so viel) gleichen wie das Rad einem Bein.

2 Anpassung

Inzwischen sollte klar sein, daß es in der Tat eine allgemeine Theorie des Verhaltens gibt und daß die Theorie die Evolution ist, im selben Ausmaß und fast genau auf dieselbe Art, wie die Evolution die allgemeine Theorie der Morphologie ist.
Anne Roe und G. G. Simpson
‹Behavior and Evolution›

Niemand in den heutigen Verhaltenswissenschaften hat daran Zweifel, daß die Biologie eine massive, tiefgreifende Wirkung auf diese Wissenschaften ausübt und weiterhin ausüben wird. Die Einsicht in das Verhalten, die sich aus dieser Einwirkung ergibt, wird sich im Gegensatz zu dem vorherigen so verändert haben wie die Physik nach Einstein, Planck und Lorentz. Der Vergleich trifft ziemlich genau. Einstein und seine Kollegen haben Newton nicht widerlegt; sie entdeckten nur das Ende von Newtons Universum. Dahinter riefen *ihre* Erscheinungen in Makro- oder Mikrokosmos nach neuen Gesetzen, und sie erfanden sie. Im mittelgroßen Universum, bei den fallenden Äpfeln und zusammenprallenden Billardkugeln, war Newton nach wie vor so beschlagen wie sie. Beim Rückblick von dort, wo sie nun standen und die praktische Nützlichkeit von Newtons Gesetzen in seinem Reich anerkannten, sollte Newtons Welt aber nicht mehr wiederzuerkennen sein.

Ein ähnlicher Wandel in der Art, wie wir menschliches Verhalten betrachten, ergibt sich aus der Einwirkung der Biologie. Sie macht frühere Ansichten nicht ungültig, ja, sie stützt viele sogar, soweit sie gehen. Aber sie öffnet ungeheure Grenzen, wo die vorbiologischen Gesetze nutzlos sind; wenn wir diese unbekannten Weiten vermessen, uns umdrehen und zurückblicken, wird der menschliche Geist nicht mehr wiederzuerkennen sein.

Die Eingriffe der Biologie in die Verhaltenswissenschaft sind auf zwei weiten, getrennten Bereichen erfolgt – auf der einen Seite bei Evolution und Genetik, auf der anderen bei Anatomie und Physiologie. Diese beiden Bereiche besitzen eine natürliche Verbindung in der Wissenschaft der Embryologie, aber die Erforschung dieser Verbindung – biochemische Genetik – hat erst begonnen. Trotzdem besteht die Verbindung stillschweigend bei jedem Schritt im Leben jedes Organismus in der Anpassung.

Anpassung ist im allgemeinen Sprachgebrauch der Prozeß, durch den jedes Lebewesen sich der Welt ringsum einfügt, einschließlich der

Welt der Lebewesen, die ihm nahestehen. Wir erkennen dunkel, daß dieser Prozeß sowohl physische als auch verhaltensmäßige Veränderung umfaßt. Ein Beispiel. Wenn wir jeden Abend durch den Park laufen, können wir mit der Zeit Veränderungen an Form und Gewicht des Körpers wahrnehmen. Wir wissen auch, daß es Veränderungen in koordinierten Abläufen von Nerven- und Muskelauslösung und im Gleichgewicht bestimmter biochemischer Bahnen gibt. Schließlich findet eine deutliche geistige Veränderung statt. Was schmerzhaft und erschöpfend war, wird angenehm, wenn auch anstrengend, zum Teil, weil es leichter geht, zum Teil aber auch, weil wir uns daran gewöhnt haben.

Alle diese Anpassungsveränderungen sind im tieferen Sinn biologischer Art, obwohl sie durch freie Wahl ausgelöst werden. Wir *beschließen*, jeden Abend durch den Park zu laufen, und dadurch wird ein komplexer, wechselseitiger Kausalzyklus ausgelöst, in dem verhaltensmäßige und biologische Veränderung gemeinsam aufeinander einwirken, bis Körper und Geist in einen neuen Zustand geraten. «Das ist Kultur, nicht Biologie», sagt ein naiver Beobachter traditionsgemäß. «Du kannst alles tun, was du und eine Kultur beschließen.»

Das ist in zweifacher Beziehung falsch. Erstens ist Laufen die natürlichste Form lebhafter menschlicher Bewegung. Man probiere es mit Turnen oder Stabhochsprung oder Spitzentanz, um zu sehen, welche Arten biologischer Hindernisse sich vor einer menschlichen Entscheidung aufbauen können. Zweitens, und dieser Punkt ist nur die Folge des ersten, sind wir von der Natur dafür geschaffen, auf tägliches Laufen mit diesen Veränderungen zu reagieren.

Von der Natur dafür geschaffen? Ich erlaube mir diesen üblichen Ausdruck, aber in Wahrheit meine ich, von der Evolution dafür geschaffen. Noch richtiger, durch natürliche Auslese dafür geschaffen, weil die Evolution lediglich das Ergebnis dessen ist, wofür natürliche Auslese die Ursache oder mindestens eine Hauptursache ist. Darwins Darstellung des Gedankens im Jahr 1859 – er und Alfred Russel Wallace hatten ihn gemeinsam ein Jahr zuvor umrissen – löste Aufregung aus, die ein Jahrhundert anhielt, aber nicht, weil die Evolution neu gewesen wäre. Goethe hatte sie studiert, Darwins eigener Großvater ein episches Gedicht darüber geschrieben. Charles Lyells Meisterwerk ‹Grundbegriffe der Geologie› – eine Arbeit, die den Fossiliennachweis für die Evolution in vollem Umfang anerkennt – steckte in Darwins Schiffskoffer, als er an Bord der ‹Beagle› ging, um seine Weltumsegelung anzutreten. Der Gedanke hatte in der Luft gelegen und war trotz heftiger Opposition aus einigen wissenschaftlichen Kreisen von vielen Menschen seit mehr als hundert Jahren anerkannt worden. Darwins Beitrag bestand, sieht man von einem meisterhaften Überblick über die damals bekannten Tatsachen mit Bezug auf die Evolution in verschiedenen Hauptrichtungen der Beweisführung ab, darin, in klarer Sprache die erste überzeugende Theorie dafür vorgelegt zu haben, wie die Evolution stattfinden konnte, nämlich die Theorie der Adaptation durch natürliche Auslese.

Der Titel von Darwins Buch ist ein bißchen irreführend. In Übereinstimmung mit dem damaligen Brauch war er sehr lang: ‹Über die Entstehung der Arten durch natürliche Auslese oder das Erhaltenbleiben der begünstigten Rassen im Ringen um die Existenz.› Er enthält drei falsche Bezeichnungen, von denen ihm mindestens zwei bewußt gewesen sind, wie er im Buch selbst zeigt. Er war sich offenkundig nicht bewußt, daß er das Problem des Ursprungs der Arten nicht löste. Das erwies sich später als hochspezifisches Rätsel in der Evolutionsbiologie, nicht vollkommen gelöst, bis 1963 Ernst Mayrs ‹Animal Species and Evolution› erschien.

Die beiden anderen ‹Fehler› im Titel sind interessanter. Erstens deutet er an, daß die Evolution in erster Linie durch Wettbewerb zwischen Rassen fortschreitet. Diese Ansicht ist durch moderne Untersuchungen widerlegt; an ihrer Stelle steht die fast unumstrittene Ansicht unter Biologen, daß die Evolution in erster Linie durch Wettbewerb zwischen Individuen und ihren Verwandten vorangeht. Die Auslese oder Eliminierung größerer Bevölkerungseinheiten ist bestenfalls sehr ungewöhnlich. Darüber hinaus gerät der Gedanke in zahlreiche Schwierigkeiten. Die größte: Noch niemand hat je eine Tiergruppe beobachtet — soweit ihre Abstammung nicht auf starker Inzucht beruhte —, in der die Gruppe so sehr als Einheit funktionierte, daß der individuelle Wettbewerb erfolgreich unterdrückt worden wäre. ‹Gruppenauswahl›, wie man den alten Gedanken nannte, wurde zu meiner Zufriedenheit 1967 von George C. Williams zu den Akten gelegt; in seinem Buch ‹Adaptation and Natural Selection› (dt. etwa: ‹Anpassung und natürliche Auslese›) trat er entschieden für individuelle Auslese ein und schloß seine Argumentation mit der klaren Feststellung ab, daß jedes Lebewesen mit jedem anderen Lebewesen in seiner Umwelt, gleichgültig, in welcher Weise verwandt, gleichgültig, wie eng verbunden, in einem unaufhörlichen Kampf steht.

Der dritte ‹Fehler› in Darwins Titel betrifft den irreführenden Ausdruck ‹Ringen um die Existenz›, also das, was man früher ‹Kampf ums Dasein› nannte. Das Ziel des Ringens war nicht bloß das Leben, sondern der Fortpflanzungserfolg oder die Zweckmäßigkeit. Darwin ist sich dieses Problems aber deutlich bewußt gewesen, weil er selbst den Begriff der sexuellen Selektion einführte. Der Grundgedanke: Zwar ist für einen Organismus die bessere Adaptation ans Überleben gewiß ein Weg, durch Auslese begünstigt zu sein — außer in besonderen Fällen konnten Individuen, die vor der Fortpflanzung starben, ihre Eigenschaften nicht vererben — aber nicht der einzige. Wir können uns leicht eine Population vorstellen, in der alle Individuen im selben Alter starben, wo die Evolution aber infolge unterschiedlichen Fortpflanzungserfolgs —

Verschiedenheiten in der endgültigen Zahl der Nachkommen – trotzdem sehr rasch fortschreitet. Tatsächlich fällt es durchaus nicht schwer, sich ein Wesen vorzustellen, das durch sehr rasche Fortpflanzung früh ‹ausbrennt›, seine besonderen Kennzeichen aber wirksamer vererbt als andere Wesen ihre gewöhnlichen.

Die Erkenntnis dieser Möglichkeiten veranlaßte Darwin 1859 zu ‹einigen Worten über das, was ich sexuelle Selektion nenne›, Worte, die bis heute nachhallen:

Sie hängt nicht von einem Ringen um die Existenz ab, sondern von einem Kampf der Männchen um den Besitz der Weibchen; die Folge ist nicht der Tod für den erfolglosen Rivalen, sondern wenige oder keine Nachkommen ... Sexuelle Selektion könnte dadurch, daß sie dem Sieger stets die Fortpflanzung erlaubt, gewiß unbezähmbaren Mut, langen Sporn und Kraft des Flügels, damit der Spornfuß zustoßen kann, ebenso verleihen wie der brutale Kampfhahn-Besitzer, der genau weiß, daß er seine Züchtung durch sorgfältige Auslese der besten Hähne verbessern kann ...

Bei den Vögeln ist der Wettbewerb oft friedlicherer Natur. Alle, die sich mit dem Thema befaßt haben, glauben, daß zwischen den Männchen vieler Arten die strengste Rivalität besteht, durch Singen die Weibchen zu umwerben ...

So kommt es meiner Ansicht nach, daß dort, wo die Männchen und Weibchen jeder beliebigen Tierart dieselben Lebensgewohnheiten haben, sich aber in Gestalt, Farbe oder Schmuck unterscheiden, solche Unterschiede in der Hauptsache durch sexuelle Selektion verursacht worden sind, das heißt, einzelne Männchen haben in aufeinanderfolgenden Generationen in ihren Waffen, Abwehrmitteln oder Reizen einen leichten Vorteil gegenüber den anderen Männchen gehabt und diese Vorteile an ihre männlichen Nachkommen weitergegeben.

So führte Darwin ganz unschuldig nicht nur die Theorie der sexuellen Selektion, sondern auch die Theorie der Verhaltensevolution und sogar eine mögliche Theorie von Geschlechtsunterschieden ein.

Das hatte gewiß seine Probleme. Zum einen war es offenkundig männlich orientiert. Wie der Evolutionsbiologe Robert Trivers mehr als hundert Jahre später betonen sollte, gibt es mindestens einige Arten, bei denen die Weibchen typischerweise um die Männchen konkurrieren – etwa bei den Wassertretern. Wie zu erwarten, hat die sexuelle Selektion bei diesen Arten dazu geführt, daß das Weibchen sowohl im Verhalten wie im Körperbau viel auffälliger ist als das Männchen. Sogar bei Arten, wo Konkurrenz unter Männchen die Regel ist, gibt es daneben unter den Weibchen Konkurrenz um die Männchen, wobei die Männchen die besten Weibchen zu erringen versuchen, während sie gleichzeitig so viele wie möglich anziehen wollen. Und schließlich: Obwohl Männchen im allgemeinen bei der Zahl der hervorgebrachten Nachkommen viel verschiedenartiger sind – beide Geschlechter können Null haben, Männchen

aber eine größere Höchstzahl, wodurch die Auslese mehr Variations-
möglichkeiten erhält –, sind natürlich auch die Weibchen unterschiedlich. So werden diejenigen, die etwa durch geschicktere oder inten-
sivere Pflege die meisten Nachkommen bis zur Reife aufziehen, im
Wettbewerb der Zweckmäßigkeit begünstigt sein. Auch das ist eine Art
sexueller Selektion, wenngleich nicht in Darwins ursprünglichem enge-
rem Sinn.

Diese Überlegung versetzt uns – wie Darwin es in der Tat ausgedrückt hat – mitten in das Reich der heute so genannten ‹Sozialbiologie›.
Vielleicht sind an dieser Stelle ein paar wohlgewählte Worte zu diesem
Thema von Nutzen, weil in den letzten Jahren so viel schlecht gewählte
(dafür wie dagegen) dafür gebraucht worden sind. Ich glaube, man darf
sagen, daß in der Ausdrucksweise derjenigen, die etwas davon verstehen
(ob es ihnen gefällt oder nicht), ‹Sozialbiologie› einen ganz bestimmten
Sinn hat. Sie ist die Anwendung der Theorie natürlicher Auslese auf die
Verhaltensaspekte der Fortpflanzung. Anders ausgedrückt, ein Versuch,
festzustellen, wie weit man bei der Analyse des Sozialverhaltens von
Tieren gelangen kann, ausgerüstet in der Hauptsache mit der Vermutung, der Zweck solchen Verhaltens sei die höchste Steigerung des
reproduktiven Erfolges. Zu tun hat sie auch mit Morphologie – einem
technischen Ausdruck für anatomischen Aufbau –, aber gewöhnlich nur
mit den Aspekten der Morphologie, die bei Gattenwahl und Fortpflanzung eine direkte Rolle spielen. Die oben zitierte Stelle aus Darwins
Schrift ist ein erstrangiges Beispiel für sozialbiologische Analyse.

Was sie nicht ist: Sie ist nicht die gesamte Untersuchung tierischen
Verhaltens, nicht einmal tierischen Verhaltens in der Wildnis. Sie ist nicht
die Untersuchung der Auswirkungen sozialen Lebens auf die Biologie.
Sie ist nicht dasselbe wie E. O. Wilsons schönes Buch ‹Sociobiology›, das
vieles ebenso enthält, was nur wenige andere als Sozialbiologie ansehen
(zum Beispiel herkömmliche Angaben über Verständigung unter Tieren), wie vieles, dem viele Sozialbiologen heftig widersprechen (zum
Beispiel eine kühne Theorie zur Evolution der menschlichen Kultur). Sie
ist keine umwälzende, entschiedene, allumfassende Theorie der tierischen
und menschlichen Natur. Und sie ist keine bösartige, zynische, reaktionäre Theorie der tierischen und menschlichen Natur.

Außerdem ist sie nicht dasselbe wie Verhaltensbiologie, das
Thema dieses Buches. Ich möchte sogar die Vermutung wagen, daß im
Höchstfall fünf Prozent der Verhaltensbiologen sich für Sozialbiologen
halten oder Dinge tun, die irgend jemand Sozialbiologie zu nennen bereit
wäre. Die weitaus meisten Verhaltensbiologen – Ethnologen, Neuro-
ethnologen, physiologischen Psychologen, Neuropsychologen, Verhal-
tensneurologen, Verhaltensendokrinologen, biologischen Psychiater,
vergleichenden Psychologen, biologischen Anthropologen, Verhaltensgenetiker, Psychopharmakologen und andere, die im Meer verwirrender

wissenschaftlicher Unterklassen noch nicht einmal verankert sind – sind also keine Sozialbiologen.

G. G. Simpson, einer der größten Evolutionstheoretiker dieses Jahrhunderts, war ein vielleicht unbewußter Vorbote der Sozialbiologie, als er den Satz mitverfaßte, der über diesem Kapitel steht. Man sollte diesen Satz genauer untersuchen. Er scheint eine sehr umfassende Behauptung aufzustellen, vor allem bei seiner Erwähnung der Morphologie, aber die Analogie erscheint bei kurzem Nachdenken ebensosehr als Einschränkung wie als Erweiterung. Wenn wir die Frage stellen: ‹Warum hat der männliche Pfau so prachtvolle Federn?›, ist es nicht sehr befriedigend, darüber zu sprechen, wie sie wachsen, oder sich mit der Chemie der Pigmente zu befassen, die sie färben. Solche morphologischen und biochemischen Antworten mögen zwar interessant sein, das ursprüngliche Rätsel beschäftigt uns aber weiter, und erst, wenn wir sagen: ‹Seit Äonen haben Pfauweibchen sie als sehr flott empfunden› (oder etwas Ähnliches), wird die Ursache für uns klarer.

Aber nehmen wir jetzt die Frage: Woran liegt es, daß die meisten langen Nervenfasern bei höheren Tieren von Fettscheiden umgeben sind? Nun, die einfache Antwort ist die, daß die Übertragung von Impulsen schneller geht. Aber *warum* ist das so? Hier liefert die Wissenschaft der Bioelektrizität, der Physik und Chemie der Nervenbahnen einige recht eindrucksvolle Antworten, und wenn wir eine halbe Stunde jemandem zuhören, der weiß, wovon er spricht (und zwar gut genug, um es in einfachen Begriffen ausdrücken zu können), sehen wir zusammen mit den wunderschönen Gesetzen der in der Oberschule gelernten Dinge die Funktion der Nervenfaser erklärt – gelinde gesagt, eine eindrucksvolle Sache. Der Vertreter einer bestimmten Sorte bewußt naiver Anhänger der Entwicklungstheorie, der, wie ich fürchte, nicht sehr aufmerksam zugehört hat, wird dann sagen: «Ich kannte den Grund schon vorher; die Nervenfasern funktionieren so besser. Andernfalls wären sie nicht selektiert worden.»

Wenn wir nicht an der sehr engen Ausbildung des Betreffenden teilgehabt haben, fällt es uns schwer, zu entdecken, was er zu wissen meint. *Wir* wissen, daß wir vor einem der zahllosen Rätsel in der Morphologie stehen, denen mit der Evolutionstheorie nur sehr wenig beizukommen ist, die nach besserer Erklärung schreien. Es liegt nicht daran, daß das, was der Betreffende gesagt hat, nicht wahr sei; es gilt für alles, einer der Gründe dafür, warum es uns so wenig weiterhilft. Das ist das Paradoxon der Anpassung – nicht Anpassung im Sinn des alltäglichen Sprachgebrauchs, sondern Adaptation im Sinn der Evolution.

Evolutionsbiologen – leider auch Darwin – definieren die Adaptation selten. Wir müssen selbst erschließen, was sie meinen – wie in diesem Satz aus ‹Der Ursprung der Arten›:

Worin die Ursache für jeden kleinen Unterschied bei den Nachkommen zu ihren Eltern auch bestehen mag – und für jeden muß es eine Ursache geben –, es ist die ständige Anhäufung solcher Unterschiede durch natürliche Selektion, falls für das Individuum von Nutzen, das zu all den wichtigeren Modifikationen der Struktur führt, durch welche die zahllosen Geschöpfe auf dieser Erdoberfläche befähigt werden, miteinander zu ringen, und die am besten Angepaßten überleben können.

Die Stelle führt auf recht erstaunliche Weise, zumindest in Ansätzen, die drei entscheidenden Merkmale der Theorie auf. Damit Tierpopulationen eine Evolution durchlaufen können, müssen sie zuerst ein Mittel besitzen, einige Eigenschaften von ihren Eltern zu erben; zweitens eine Quelle natürlicher Variation, von Generation zu Generation ergänzbar, um hereditäre Festlegung abzuschwächen und Mahlgut für die Mühle der Selektion zu liefern; und drittens ein höheres Maß an Erfolg bei der Fortpflanzung, zu beobachten bei einigen der sichtbaren Varianten. Diese letztgenannten bezeichnet man als ‹besten angepaßt›.

Gut. Wenn wir Adaptation aber als die Fähigkeit definieren, sich erfolgreicher fortzupflanzen, und dann weiter zu dem Schluß kommen, Adaptation sei in jedem Organismus vorhanden, den wir in der Naturwelt beobachten, haben wir uns auf einen Zirkelschluß eingelassen. Und wenn wir von den Elementen der Logik ein wenig Ahnung haben, müssen wir uns langsam fragen, ob die Feststellung, daß die Nervenfasern adaptiert sind, über die Welt irgend etwas aussagt.

Richard Lewontin, ein hervorragender Evolutionstheoretiker, ist zu der Ansicht gelangt, das sei nicht der Fall. Angespornt durch die Exzesse mancher Sozialbiologen, die in jedem Buckel und Flecken an einem Tier eine klug ausgeheckte Anpassung sehen – der besten in dieser besten aller Welten –, hat Lewontin die Meinung vertreten, der Begriff der Adaptation sei nichts anderes als ein Prokrustesbett. Wenn es paßt, leg dich hinein, scheinen die Sozialbiologen zu sagen; und wenn nicht, dann probier es auf andere Art, streck dich, sorg dafür, daß es passend wird. Es muß passen. Das Gesetz der Evolution: Adaptation durch natürliche Auslese. Das hat zu manchen ‹ausgefallenen› Ideen geführt, unter anderem zu der Theorie, die weiblichen Brüste hätten sich entwickelt als Imitation ihrer Gesäße, von denen die Männer bereits sehr erbaut gewesen seien; zu der Theorie, körperliche Behinderung sei für den sexuellen Wettbewerb eine gute Sache, weil die angebetete Person einen dann wenigstens bemerke; und zu der Theorie, Unfruchtbarkeit – sogar eine dauernde – könne am falschen Ort und zur falschen Zeit, Nachkommen zu haben, beim Fortpflanzungswettbewerb von hohem Anpassungswert sein.

Ich mache mich darüber lustig, aber das sind alles ernstgemeinte Theorien, und der Haken dabei ist, daß man sie nur sehr schwer ausräumen kann. Ein Organismus besitzt Eigenschaften; sie müssen auf Auslese beruhen, sonst gäbe es sie nicht; und sie müssen adaptiv sein, sonst wären sie nicht durch Auslese entstanden; eine abgeschlossene Ableitung, ganz wie bei Euklid. Nun überlege man sich eine adaptive Funktion für die betreffenden Eigenschaften – so wenig plausibel sie auch sein mag.

Aber da liegt der Schlüssel; es ist *genau* wie bei Euklid. Es ist ein logisch-deduktiver Beweis, der notwendigerweise aus einigen unterstellten Prämissen folgt. So, wie der pythagoreische Lehrsatz aus der Definition der geraden Linie, des Winkels und der ‹Parallele› folgt, so die Notwendigkeit der Adaptation – ein Lehrsatz der Evolutionsbiologie – aus den Definitionen von Variation und natürlicher Auslese. Im strengsten philosophischen Sinn sagt uns keiner der beiden Lehrsätze irgend etwas über die wirkliche Welt, weil keiner von ihnen mit Blick auf diese Welt widerlegt werden kann. Keiner von beiden stellt empirisches Wissen dar.

Trotzdem haben jeden Tag Schreiner und Maurer (jedenfalls war das früher so) eine 3-4-5-Schnur mit Knoten in der Tasche, wo die Längen drei, vier und fünf Maßeinheiten entsprechen, als Anleitung, einen rechten Winkel zu bilden. Dieser Alltagsgebrauch nutzt den pythagoreischen Lehrsatz, der unwiderlegbar besagt, daß, wenn ein Quadrat an der längsten Seite eines Dreiecks der Summe der Quadrate an den beiden anderen Seiten entspricht, ein rechtwinkliges Dreieck gegeben ist – ein Lehrsatz, der, strenggenommen, über die Welt nichts aussagt.

In der Alltagswelt der Feldarbeit von Biologie und Ethologie (und zunehmend auch der Anthropologie) hat der Lehrsatz, daß Lebewesen ihrer Umwelt angepaßt sind, eine ganz ähnliche praktische Nützlichkeit. Ein Beispiel: Als ich den neurologischen Zustand von Neugeborenen bei den !Kung San untersuchte, wollte ich wissen, ob diese Kinder – mit Eltern, die sich in jeder Beziehung von uns sehr unterscheiden – denselben Umfang nervlicher Grundreflexe aufwiesen wie Neugeborene bei uns. (Im Gegensatz zu bestimmten Behauptungen vorher war das der Fall.) Aber ich interessierte mich auch für die mögliche funktionelle Bedeutung der Reflexe. Beispielsweise wird ein neugeborenes Kind, eben von der ‹anstrengenden Reise eingetroffen›, wenn man es aufrecht hält und trägt, Augen und Kopf in die Bewegungsrichtung drehen, als blicke es dorthin, wo es hingeht; drückt man es an den Körper, stemmt es sich mit den Händen dagegen, dreht den Kopf weg, macht sogar Krabbelbewegungen mit den Beinen; wird der Kopf nicht mehr gestützt, versucht es vielleicht, sich festzuklammern, als wolle es einen Sturz vermeiden. In den meisten Büchern über Kinderheilkunde werden diese Reflexe als Zeichen eines unreifen Nervensystems (was sie sicherlich sind) und als Überreste einer Evolutionsvergangenheit gesehen, in der manche davon eine Funktion gehabt haben mochten.

Ich hielt es für möglich, daß sie in dieser Sammlergesellschaft, die ich beobachtete, noch funktionierten, weil das eine von vielen menschlichen Gesellschaften war, wo die Kleinsten den ganzen Tag herumgetragen werden – in diesem Fall in einer Lederschlinge. In unserer modernen Industriewelt, wo die Kinder den ganzen Tag in ihren Bettchen liegen, sind die Neugeborenenreflexe vielleicht nutzlos; aber ich kam nicht an der Überlegung vorbei, daß sie dort, wo ich sie studierte – wo ich sie in naturalistischen Beobachtungen in Aktion sehen konnte, von dem Säugling dazu benützt, sich in der Schlinge einzurichten, vielleicht, um zu verhindern, daß er erstickte –, deutlich den Eindruck von Adaptation machten.

Nun möchte ich meinen Ruf nicht darauf gründen, ob das so war oder nicht; ich bin sicher, daß der Gedanke manchen Leuten ebenso albern erscheint wie die ‹Brust-Gesäß-Theorie› mir. Man kann leicht einwenden, die Reflexe wären die unausweichliche Folge neurologischer Unausgereiftheit, die sich bei Menschen aus vielen anderen Gründen entwickelt hat; daß sie keine andere Funktion haben als die, Kinderärzte über den Zustand des Nervensystems bei der Geburt aufzuklären. Ich weiß aber einiges über die Anpassung im allgemeinen und ziemlich viel über Säuglinge in dieser afrikanischen Gesellschaft, und mir scheint das Konzept zu passen; es scheint nützlich zu sein, wie die 3-4-5-Schnur. Es gibt andere Fälle, wo es nützlicher, und auch solche, wo es weniger nützlich zu sein scheint. Ich möchte nicht, daß sich das anhört wie ein einfältiger Versuch; es gibt Kriterien für die Beurteilung der Nützlichkeit, darunter strenge und quantitativ meßbare. Aber letzten Endes finden die mit dem betreffenden Organismus Vertrauten das Konzept entweder nützlich oder sie tun es nicht. Die Adaptation ist so die verwirrendste aller wissenschaftlichen Erscheinungen: eine im Grunde nicht beweisbare und doch in hervorragender Weise nützliche Idee.

Darwin fand sie gewiß nützlich. Sie ist die zentrale Idee in ‹Ursprung der Arten›, die zentrale Tatsache der Natur, die das Buch zu erklären versucht. Genau das beeindruckte Darwin am meisten, als er in jungen Jahren die Welt umsegelte, und vor allem, als er auf den Galapagos-Inseln die Variation studierte: die erstaunliche Eingepaßtheit, die Geeignetheit von Lebewesen in ihrer Umwelt und für sie.

Diese Geeignetheit ist es, die Ökologen und Evolutionsbiologen meinen, wenn sie von ‹Anpassung› oder davon sprechen, daß Lebewesen ‹angepaßt› sind. In anderen Zusammenhängen jedoch, ob wissenschaftlich oder nicht, umfaßt der Ausdruck ‹angepaßt› eine Vielzahl von Bedeutungen, und seine Verwendung in unklarer Weise kann die Ursache für viel unnötige Quälerei sein.

Wir können uns einen Teil dieser Quälerei ersparen, wenn wir uns gleich von Anfang an sehr klar ausdrücken. Die individuelle Adaptation im alltäglichen Sprachgebrauch – vielleicht besser ‹Adaptabilität› genannt – ist einfach Flexibilität angesichts von Gefahren. Einen neuen Beruf lernen, sich zu verschiedenen Jahreszeiten unterschiedlich verhalten, mit der Erfahrung der Trauer fertig werden und sie am Ende bewältigen – all das zeigt unsere Adaptabilität in Verbindung mit den laufenden Veränderungen der Umwelt. Um zu einem früheren Beispiel zurückzukehren: Körperliche und geistige Veränderungen, die auf tägliches Joggen folgen, sind praktisch ein Paradebeispiel für menschliche Adaptabilität. Solche Veränderungen können durch die Gene selbstverständlich nicht an die Nachkommen weitergegeben werden.

Dagegen ist die Adaptation im evolutionären und genetischen Sinn die Einpassung eines Organismus in seine Umwelt vermittels Eigenschaften, die in der ganzen Gattung weitverbreitet sind. Adaptation mag Adaptabilität einschließen, muß es aber nicht, und umfaßt viel mehr. Es ist schon erwähnt worden, daß unsere Adaptabilität an die Gewohnheit des Joggens etwas ist, wofür wir infolge der Umstände der menschlichen Evolution von Natur aus adaptiert sind; aber es geht um mehr als Flexibilität. Gehen wir nur zehn Millionen Jahre in unserer Abstammung zurück – wir finden ein Wesen, das nicht joggen, laufen oder auf zwei Beinen gehen konnte. Machen wir dieses Wesen wieder lebendig – es wird nicht flexibel sein, auch wenn man es dazu veranlassen wollte. Es verfügt einfach nicht über die erforderlichen Nerven, Muskeln und Knochen – die Struktur, die wir haben, codiert von unseren Genen. Mit anderen Worten: Große Teile der evolutionären Adaptation sind überhaupt nicht flexibel und nicht an diesem Aspekt des alltäglichen Wortgebrauchs von ‹anpassen› beteiligt. Ein weiteres Beispiel: Menschen sind durch die Evolution nicht adaptiert, in der Antarktis zu leben, aber so adaptiv, daß manche es tun können; Pinguine *sind* adaptiert, dort zu leben, aber nicht ausreichend adaptiv, um irgendwo anders zu leben.

Es war Darwins Schuld, daß er zwischen evolutionärer Anpassung und derjenigen im alltäglichen Sprachgebrauch nicht unterschied, aber man muß zu seiner Verteidigung sagen, daß er sich in hervorragender Gesellschaft befand; die meisten Evolutionstheoretiker von damals taten bewußt dasselbe. Die Konfusion war vielmehr Kern der Evolutionstheorie, wie sie 1809, genau ein halbes Jahrhundert vor ‹Ursprung der Arten›, von dem französischen Naturforscher Jean Baptiste de Lamarck aufgestellt wurde. Die Idee, bekannt als Erblichkeit durch Gebrauch und Nichtgebrauch oder die Vererbbarkeit erworbener Eigenschaften, wurde weithin von Wissenschaftlern akzeptiert, die auch die Evolution akzeptierten, und ausdrücklich, ja, sogar herzlich, von Charles Darwin begrüßt. (Alfred Russel Wallace, Mitverfasser der Selektionstheorie, zeichnete sich unter anderem auch dadurch aus, daß er diesem Fehler nicht zum Opfer fiel.)

Wir wissen heute (so genau, wie man in der Wissenschaft die meisten Dinge weiß), daß das Erbmaterial in den Keimzellen solchen systematischen Veränderungen nicht unterworfen ist. Sie können Ihre Muskelpakete vermehren, wie Sie wollen, Ihr Kind wird mit demselben genetischen Potential für Muskeln geboren, als hätten Sie herumgelegen und Bonbons geknabbert. Die Anpassung im Alltagssinn (die innerhalb einer Lebensspanne oder in noch kürzerer Zeit eintritt) ist nicht in evolutionäre Adaptation zu übersetzen (die in geologischen Zeiträumen stattfindet). Trotzdem gibt es drei verschiedene Arten von Beziehungen zwischen den beiden, die unserer Aufmerksamkeit wert sind.

Erstens gilt die Verwerfung der Lamarckschen Theorie nur für die *genetische* Evolution. Andere Arten generationenübergreifender Veränderung – in mancher Beziehung entsprechen sie analog der Evolution, sind aber so verschieden, daß ich sie ungern so nenne – unterliegen dieser Verwerfung vielleicht nicht, bei manchen ist das bestimmt so. Wenn Sie beispielsweise zu Beginn Ihres Lebens Italienisch sprechen und später Englisch lernen und das Italienische nicht mehr sprechen, können Ihre Kinder englischsprachig aufwachsen, weil sie die Sprache von Ihnen gelernt haben. Subtilere Veränderungen der Sprache, wie jene, die das Englische seit der Zeit Elizabeths betroffen haben, finden auf ganz ähnliche Weise statt. Obwohl dieser Prozeß manchmal Sprachenevolution genannt wird, sage ich viel lieber Sprachengeschichte dazu; es gibt schon genug Verwirrung um den Sinn von Evolution, ohne unter sie eine Rubrik genetischer Abläufe ebenso aufzunehmen wie nicht-genetischer. Trotzdem können in menschlichen und tierischen Populationen ohne genetische Veränderung viele generationenübergreifende Veränderungen stattfinden, die auf den Phänotyp, die beobachtbaren Eigenschaften des Organismus, einwirken.

Und nicht nur bei Menschen. So scheinen die Rhesusaffen auf der Karibikinsel Cayo Santiago ihren Rang in der Herrschaftshierarchie – ihren Status – durch kulturelle Übertragung von ihren Müttern zu erben. Eine japanische Äffin – manche nennen sie ein Affengenie – erfand das Waschen von Kartoffeln, mit denen man sie versorgte, um sie von Sand zu befreien; es dauerte nicht lange, bis die anderen Affen es von ihr gelernt hatten und das zu einer dauerhaften Einrichtung des Gruppenverhaltens in die folgenden Generationen hinein wurde. Schließlich lernen das Lied des Weißschopfsperlings, von Männchen zur Werbung um Weibchen gesungen, die Jungen von ihren Vätern. Wenn man in der Gegend von Berkeley an der kalifornischen Küste entlangfährt, hört man unterschiedliche Lieder der Weißschopfsperlinge, Dialekte, die im strengsten kulturellen Sinn durch nachahmendes Lernen weitergegeben werden. Man könnte noch viele Beispiele anführen. Die nicht-genetische Übertragung von phänotypischen Eigenschaften ist bei Tieren eine Tatsache generationenübergreifender Veränderung – und auch generationenübergreifender Stabilität. Und man braucht nur an die Folgerungen aus der Tatsache zu denken, daß Kinder von Heroinsüchtigen schon von Geburt an drogensüchtig sind, um zu erkennen, daß das Ergebnis nicht-genetischer Übertragung – und der Vorgang selbst auch – viel tiefer in die Funktion des Organismus eingreifen mögen als das meiste von dem, was wir Kultur zu nennen belieben. Offenkundig kann stabile, generationenübergreifende Veränderung also auch außerhalb der Gene stattfinden.

Zweitens scheint nicht-genetische Adaptation fähig zu sein, genetischer Evolution *vorauszugehen*, wenn auch gewiß nicht in dem von Lamarck gemeinten mechanistischen Sinn. In einem Prozeß, manchmal Baldwin-Effekt genannt, erzeugt Veränderung innerhalb der Lebensspanne mancher Individuen in einer Population Bedingungen, die über einen längeren Zeitraum hinweg nach genetischen Merkmalen selektieren, die dieselben Veränderungen imitieren. Man denke etwa an eine Population von Vögeln, in der manche Individuen eine neue Sorte von Beeren schätzen lernen – etwa Blaubeeren. Diese Individuen beginnen in Blaubeergebüschen zu nisten, und ihre Nachkommen lernen die Blaubeeren genauso zu schätzen wie sie. Mit der Zeit erzeugt das genetische Kartenmischen ganz wahllos einige Individuen, die Blaubeeren von Anfang an mögen – sie brauchen den Lernprozeß nicht zu durchlaufen. Diese Individuen mögen begünstigt sein durch die Auslese (das leicht verfügbare Nahrungsmittel ist die Blaubeere; ihr für sie genetisch codierter Geschmack daran bedeutet, daß sie die Früchte früher zu verzehren beginnen als andere Nestlinge; ihre Gewichtszunahme und Reifung erfolgen schneller; und so weiter) und sich so wirksam fortpflanzen, daß wir schließlich eine Generation vor uns haben, in der alle Individuen die genetische Neigung aufweisen, Blaubeeren zu mögen, ohne es zu lernen.

Inzwischen wird die Auslese wohl auch auf verwandten Gebieten fortschreiten. Enzymsysteme zur besseren Verarbeitung der Blaubeeren oder Netzhautzellen, die für Blau empfindlicher sind, mögen sich durch Zufall ergeben und in der Population verbreiten – alles rein genetisch. Worauf es aber ankommt: Die ursprünglichen Bedingungen für diese genetische Veränderung werden erzeugt worden sein durch Verhaltensänderung innerhalb einzelner Lebensspannen; ein Mechanismus, der ein wichtiges Merkmal der Evolution sein könnte. Und in einem berühmt gewordenen Experiment wies der Genetiker C. H. Waddington nach, daß im engeren Bereich der Morphologie etwas Ähnliches geschehen kann. Er beobachtete, daß manche Taufliegen in einer Population als Reaktion auf eine Temperaturveränderung in ihrer Umwelt die Adernstruktur ihrer Flügel veränderten. Durch die Selektion derjenigen, die das am leichtesten zuwegebrachten, und ihre Züchtung brachte er schließlich eine Population hervor, die schon von Anfang an über die neue Adernstruktur verfügte. Obwohl das der Evolution Lamarcks gefährlich nahezukommen scheint, war es nur ein weiteres Beispiel der Adaptation innerhalb individueller Lebensspannen, die Bedingungen schuf, wie evolutionäre Veränderung sie nachahmen kann. Die mit der neuen Adernstruktur geborenen Fliegen erbten sie nicht von ihren Eltern, obwohl die Eltern sie erworben hatten. Sie erreichten lediglich durch genetische

Mutation und Rekombination dasselbe Ziel, das ihre Eltern vorher durch umweltbedingte Modifikation erreicht hatten. Die neue Struktur war offenkundig eine grundlegende biologische Alternative für die Gattung, erreichbar auf genetischem wie auf nicht-genetischem Weg.

Es gibt noch eine dritte Art von Beziehung zwischen individueller adaptiver Veränderung und evolutionärer genetischer Veränderung, und sie ist vielleicht die wichtigste. Zu Beginn dieses Kapitels wurde in dem Beispiel der Reaktion von Geist und Körper auf tägliches Laufen schon darauf hingewiesen, aber die Folgerungen reichen viel weiter. Die Fähigkeit, sich als Individuum anzupassen, hat demnach selbst eine genetische Grundlage und ist wie jede andere Eigenschaft eines Organismus der üblichen evolutionären Veränderung unterworfen.

Diese Tatsache ist von Verhaltensbiologen immer erkannt worden, aber nur ganz nebenbei. Sie betonten stets, das Kennzeichen der menschlichen Evolution sei eine Zunahme der individuellen Anpassungsfähigkeit. Viele Merkmale des Organismus, vor allem sein Verhalten, bei niederen Tieren durch die Gene fixiert, sind bei menschlichen Wesen mit Rücksicht auf die Umwelt labil, bestimmt im Verlauf einer Lebensspanne, oft über einen viel kürzeren Zeitraum hinweg. Man muß also zugeben: Sie erkannten, daß diese zunehmende Labilität selbst eine genetische Grundlage hat und in einem gewissen Sinn das Hauptprodukt menschlicher Entwicklung während der letzten Jahrmillionen gewesen ist. Die Verhaltenswissenschaftler sind auch bereit, einzuräumen, daß nicht-menschliche Tierarten sich in dem Ausmaß, in dem auch sie für genetisch programmierte Labilität adaptiert sind, stark unterscheiden.

Diese Überzeugungen, denen Verhaltenswissenschaftler seit vielen Jahrzehnten anhängen, sind gewiß nicht falsch; sie gehen mit dem Konzept nur nicht weit genug. Erstens muß den Genen zuerkannt werden, daß sie in der Lage sind, mehr über individuelle Anpassungsfähigkeit im einzelnen festzulegen als irgendeine einheitliche (vermutlich nicht vorhandene) Dimension der Reaktion auf die Umwelt im Verlauf der Lebensspanne. Beispielsweise könnte ein Lebewesen leichter anpassungsfähig sein, wenn es jung ist oder nachdem es Junge zur Welt gebracht hat. Zweitens muß für möglich erachtet werden können, daß sie die Anpassungsfähigkeit nicht nur im Ausmaß, sondern auch in der Art beeinflussen können – etwa bei ungewöhnlicher Mühelosigkeit im Einprägen von Gerüchen. Und schließlich muß zugegeben werden, daß sie noch viel mehr bestimmen können – die Arten von Umweltveränderungen, auf die ein Tier zu reagieren fähig sein wird; die Arten von Reaktionen, die darauf erfolgen; die Natur der Verbindungen zwischen Reiz und Antwort; die Schnelligkeit der Veränderung in mehrerlei verschiedenen Fällen; die Zeit im Lebenszyklus, zu dem die Veränderung am besten erfolgen kann; und der Grad der Dauerhaftigkeit der Veränderung. Der Fehler bei vielen war, um Julian Huxley zu zitieren, der, ‹zu vergessen, daß sogar die Fähigkeit, zu lernen, überhaupt zu lernen, nur auf einer bestimmten Stufe der Entwicklung zu lernen, statt dem einen das andere zu lernen, mehr oder weniger schnell zu lernen, irgendeine genetische Grundlage haben muß.› Und durch diesen Fehler ließen sie sich zu dem Glauben verleiten, die Gene wären in den Hintergrund des menschlichen Verhaltens zurückgetreten, obwohl sie in Wahrheit noch eine große Rolle spielen.

Nehmen wir ein Beispiel von einem nicht-menschlichen Lebewesen, der ruhmreichen Laborratte. Wenn es ein Lebewesen gab, das die Lernpsychologen zu verstehen glaubten, dann wäre es ganz gewiß dieses gewesen. Bis zu den fünfziger Jahren gab es mindestens ein halbes Dutzend wichtiger Fachzeitschriften, die ihre Seiten einer immer größeren Verfeinerung der Gesetze des Lernens und Konditionierens von Ratten widmeten. Unter der jetzt zerschlissenen Fahne des damals herrschenden Psychologietheoretikers B. F. Skinner beobachteten Hunderte von Wissenschaftlern, wie man die Ratte dazu veranlassen konnte, bestimmte, in hohem Maß begrenzte Reaktionen (wie das Drücken gegen eine Sperre) zu erwerben oder zu verlieren, wenn ihr bestimmte hochspezifische Reize (wie blinkende Lämpchen) geboten wurden, und daraus schien man Gesetze nicht nur für das Verhalten von Ratten, sondern für – wie das große Frühwerk Skinners betitelt war – ‹das Verhalten von Organismen› ableiten zu können.

Es lohnt, kurz bei diesem Punkt zu verweilen. Skinners Buch bestand in der Hauptsache aus einer Beschreibung, wie die gewöhnliche Versuchsratte eine kleine Anzahl künstlicher Verhaltensmuster als Antwort auf eine ebenso kleine Zahl künstlicher Reize erlangt, die vom Experimentator allein gesteuert werden. Äußere Reize wurden nicht zugelassen, das natürlich vorkommende Verhalten der Ratte nicht beachtet. Das Buch befaßte sich vielmehr mit dem Erwerb von Sperrenbetätigungsreaktionen durch die Ratte in einer Handvoll Situationen, wo die Ratte mit Reizen belohnt wurde (etwa mit Futterkörnchen), die man ‹Verstärker› nannte, weil sie dazu führten, die Wahrscheinlichkeit des Eintretens solcher Reaktionen zu erhöhen, die eben stattgefunden hatten, bevor man den Verstärker einsetzte. Diese Zirkelschluß-Definition war Absicht. Skinner und seine Schüler ignorierten ausdrücklich die Frage: Was ist eigentlich ein Verstärker, und warum verstärkt er?

Diese Frage hätte sie an die Grenzen des Lernens geführt, wo sie sich der Tatsache hätten stellen müssen, daß die Kategorien der Reize, die Verhalten positiv oder negativ verstärken, von Haus aus durch die Gene bestimmt werden; daß sie sich von einer Spezies zur anderen ganz erheblich unterscheiden mögen; daß Lernen durch Verstärkung das vorherige Vorhandensein von Verhaltensmustern voraussetzt, die zur Verstärkung da sind, manche davon äußerst kompliziert, viele ungelernt; und, vielleicht vor allem anderen, daß manche Beispiele des Lernens wegen der angeborenen Bereitschaft des Nervensystems für bestimmte Arten des Lernens ganz anderen Gesetzen folgen als andere. Die Skinneristen betrachteten die Gesetze des Lernens, die sie im Labor aufstellten – bei *einer* Gattung, in *einigen* Situationen – als einheitlich und allgemein gültig. Vor allem bei der Ratte glaubten sie, auf Gesetze gestoßen zu sein, die in allen Situationen für alle Verhaltensweisen und für alle Verstärker galten.

In den sechziger Jahren stellte eine Reihe Abhandlungen von John Garcia und seinen Mitarbeitern die Ratte als ganz anderes Wesen dar. Abgewiesen von den großen Fachzeitschriften – ‹The Psychological Review›, ‹The Journal of Comparative and Physiological Psychology› (Journal für vergleichende und physiologische Psychologie) und ‹Science› –, erschienen sie in vergleichsweise unbedeutenden Zeitschriften wie ‹Psychonomic Science› und ‹Communications in Behavioral Biology›. (Ein Herausgeber, der einen Artikel abgelehnt hatte, selbst ein herausragender Lerntheoretiker, entschuldigte sich später dafür, die Bedeutung der Abhandlung nicht erkannt zu haben.) Obwohl die Zeitschriften kaum bekannt waren, riefen die Aufsätze in der Lerntheorie eine Umwälzung hervor. Die Ergebnisse – für manche naheliegend, aber für viele Lernpsychologen verblüffend – zeigten, daß das Erlernen verschiedener Arten von Assoziationen von sehr verschiedenen Gesetzen beherrscht wird.

Das entscheidende Experiment kann wie folgt zusammengefaßt werden: Man nehme vier Gruppen genetisch identischer Ratten und unterwerfe sie einer klassischen Form von Labordressur, die als Vermeidungslernen bezeichnet wird. Man lasse sie Wasser trinken und erteile ihnen, während sie das tun, eine Strafe, lasse der Strafe aber ein Signal vorausgehen. Im Nu hören sie, wenn die Strafe erfolgt, zu trinken auf, falls sie nicht verzweifelten Durst haben; aber zusätzlich lernen sie mit der Zeit, das Trinken schon vor der Strafe einzustellen, wenn das Signal gegeben wird. Sobald sie das getan haben, heißt es, sie hätten eine Vermeidungsreaktion erworben.

Bis hierher ist das alles der übliche Ablauf im Lernlabor. Der besondere Kniff ist dieser: Wir geben den vier Rattengruppen verschiedene Kombinationen von zwei Signalen und zwei Strafen. Eine Gruppe erhält ein Ton-Licht-Signal, gefolgt von einem Stromstoß. Die zweite Gruppe bekommt einen deutlichen Geschmack im Wasser, gefolgt von einem künstlich erregten Gefühl der Übelkeit (hervorgerufen durch Röntgenstrahlen, ohne Zusammenhang mit dem Geschmack).

Bis zu diesem Punkt sind Experiment und Ergebnisse üblich. Die Ratten in Gruppe Eins und Zwei erwerben nach einer üblichen Anzahl von ‹Versuchen› oder Erfahrungen mit der Situation die Vermeidungsreaktion – mit dem Trinken beim Erscheinen des Ton-Licht-Signals oder dem deutlichen Geschmack aufhören. Dieses Ergebnis bestätigt lediglich, was von vielen anderen vorher bestätigt worden ist.

Die Überraschung tritt bei den Gruppen Drei und Vier auf. Bei diesen Gruppen wird die Paarung von Signal und Strafe umgekehrt. Gruppe Drei erhält das Ton-Licht-Signal, gefolgt von einer durch Röntgenstrahlen erzeugten Übelkeit. Gruppe Vier bekommt den deutlichen Geschmack, gefolgt vom Stromstoß. *Diese beiden Gruppen lernen die Vermeidungsreaktion nicht.* Mit anderen Worten: Man kann einer Ratte sehr leicht eine Assoziation zwischen einem Geschmack und künstlich erzeugter Übelkeit beibringen, so daß sie den Geschmack hinterher meidet, und man kann ihr leicht beibringen, ein Geräusch oder Licht mit einem elektrischen Schlag zu assoziieren, mit ähnlichen Ergebnissen zu Vermeidungsverhalten. Es ist aber sehr schwer, die Ratte die umgekehrten Assoziationen zu lehren. Das heißt, sie begreift, eine vergleichbare Dressuranstrengung vorausgesetzt, einfach nicht, daß der Geschmack einen bevorstehenden Stromstoß oder Licht- oder Tonsignal bevorstehende Übelkeit ankündigen. Nach der Ansicht von Garcia und seinem Mitautor Robert A. Koelling besitzt die Ratte offenbar eine ‹genetisch codierte Hypothese›, wenn sie sich speiübel fühlt, die man charakterisieren könnte als ‹Ich muß was Schlechtes gegessen haben›. Diese ‹Hypothese› in ihr scheint stark genug zu sein, daß sie das wahre Sinnessignal aufkommender Übelkeit unbeachtet läßt, wenn dieses Signal in den Sinnesbereichen Sehen und Hören auftritt. Ebenso ist sie, wenn sie von außen kommenden körperlichen Schmerz verspürt, nicht dazu eingerichtet, als ‹Erklärung› in Begriffen von Geschmack zu ‹denken›.

Die Garcia-Experimente zeigten außerdem, daß die Assoziation zwischen Geschmack und Übelkeit trotz langer Pausen – bis zu fünfundsiebzig Minuten – zwischen eigentlichem Geschmack und eigentlicher Übelkeit hergestellt werden konnte. Das war für eine Ratte eine außerordentlich lange Pause zwischen einem Signal und einer Strafe, um trotzdem Vermeidung zu lernen. So schien die Assoziation Geschmack-Übelkeit ein althergebrachtes Gesetz des Lernens zu verletzen, demzufolge die Verlängerung der Pause zwischen einem Reiz und einer Belohnung oder einer Strafe systematisch und deutlich die erlernte Assoziation schwächt, die man von der Dressur erwarten kann. Hier war ein klarer Beweis dafür, daß das Gebiet des Erlernens von Geschmacks-Vermeidung ein verletztes ‹allgemeingültiges› Gesetz des Lernens beinhaltete.

Um gewissermaßen einen Probegeschmack von den Schwierigkeiten zu geben, die diese Feststellungen in der wissenschaftlichen Welt der Lerntheoretiker hervorriefen, sagte ein Wissenschaftler, der jahrelang mit ähnlichen Problemen beschäftigt gewesen war, öffentlich: «Diese Erkenntnise sind nicht plausibler als Vogelkacke in einer Kukkucksuhr.» Sie waren nicht nur plausibel, sondern wahr; sie sind in vielen Laboratorien oft aufgetaucht.

Diese Feststellungen mögen zwar Lernpsychologen verblüfft haben, sogar soweit, daß sie sich zu öffentlichem Geschimpfe hinreißen ließen, aber für die Biologen waren sie keine Überraschung. Sie sind offenbar im weitesten Sinn anpassungsfähig. Die Vorahnen der Ratten in der Wildnis müssen gewiß in Situationen geraten sein, wo Geschmack oder Geruch zu Übelkeit und Lichter und Geräusche zu von außen zugefügten Schmerzen führten. Die natürliche Auslese hatte aber sehr wahrscheinlich keine Gelegenheit, Ratten zu begünstigen, die Licht und Geräusch mit Übelkeit assoziieren konnten. Was ein wenig erstaunlicher ist: Offenbar sah sie keinen Anlaß, Ratten hervorzubringen, die querbeet ebensogut Reizreaktions-Assoziationen bewältigen konnten. Stattdessen produzierte sie genetisch begründete Tendenzen, manche Lektionen besser zu lernen als andere.

Wie Garcia und seine Kollegen in einer späteren, mehr theoretischen Abhandlung hervorhoben, sind allgemeine Lerngesetze – solche, die für alle Reize und alle Reaktionen gelten – nicht nur ökologisch, sondern auch neurologisch unwahrscheinlich. Die Nervenbahn der Geschmacksmodalität zum Beispiel hat ihre erste Zwischenstation in einem Hirnstammzentrum, genannt Nucleus tractus solitarii; die Eingeweideempfindungen vom Magen stellen sich als erstes in diesem Nucleus ein. Warum sollten wir damit rechnen, daß ein Hörreiz mit einer zuführenden Bahn, die von diesen relativ isoliert ist, eine ebenso mühelose Verbindung mit der Eingeweideempfindung der Übelkeit bildet? Gleichermaßen besteht eine enge Verbindung des zentralen Nervensystems zwischen Geräusch- und Hautoberflächen-Empfindungen – im Thalamus und in der Hirnrinde, weit entfernt von den Zentren, wo die Ratte Übelkeit verspürt. Solche wichtigen Struktur-Merkmale des Nervensystems sind unumstritten genetisch bestimmt.

Der Experimentalpsychologe Martin Seligman nannte diese Art von Lernen das ‹Sauce-béarnaise-Phänomen›, weil sie den folgenden Ereignisablauf erklärt. Eines Abends aß er Filet Mignon mit Sauce béarnaise, damals seine Lieblingssauce. Sechs Stunden später wurde ihm heftig übel; als Ursache wurde später eine Darmgrippe festgestellt. Obwohl so viele Stunden vergangen waren, obwohl er wußte, daß die Sauce mit der Übelkeit nichts zu tun hatte, obwohl es andere Dinge gab – das Geschirr oder ‹Tristan und Isolde›, die Oper, die er sich in der Zwischenzeit angehört hatte –, gegen die er eine Aversion entwickelt haben mochte, erwarb er durch sein Erlebnis nur eine einzige Assoziation: eine dauerhafte Abneigung gegen Sauce béarnaise. Er legte sie aus als ein klares Beispiel des Garcia-Effekts, der auf Menschen offenbar in vollem Umfang anwendbar ist.

Heutzutage sprechen wir von ‹vorbereitetem› oder ‹gesteuertem› Lernen, und es geht über Sauce béarnaise weit hinaus. Wie Seligman und seine Kollegin Joanne Hager meinten, ist es für eine Versöhnung zwischen den alten Gegenspielern Instinkt und Lernen zur Zeit das Beste, worauf wir uns stützen können. Instinkt ist natürlich nicht reiner Instinkt und Lernen nicht reines Lernen; das wissen intelligente Menschen seit Jahrhunderten. Aber wir haben im Garcia-Effekt und in verwandten Nachweisen die Anfänge einer empirisch begründeten Theorie, einer Theorie, die eine mittlere Stellung einnimmt. Befassen wir uns (sagt die Theorie) mit den unzähligen Arten vorbereiteten oder gesteuerten Lernens – beschreiben wir sie, unterscheiden wir sie, versuchen wir unser Bestes, um sie als Anpassungen des Nervensystems zu erklären – und überlassen wir ‹Instinkt› und ‹Lernen› sich selbst.

Neuere Untersuchungen haben das Prinzip bestätigt und erweitert. So sind beim Goldhamster eine Reihe komplizierter Verhaltensmuster wie Graben, Aufrichten auf den Hinterbeinen, Putzen und Kratzen in dem Sinne ‹instinktiv›, daß sie ohne Dressur zum Vorschein kommen, modifizierbar sind sie aber in dem Sinne, daß sie mit bestimmten Auslösern antrainierbar sind. Belohnt man aber alle vier Verhaltensweisen mit Futter, so nehmen nur Graben und Aufrichten an Häufigkeit zu; das sind die Muster, die mit der Futtersuche in der Wildnis assoziiert werden.

Vor ganz kurzer Zeit ist das Sauce-béarnaise-Phänomen bei Menschen systematischer studiert worden. Leute, die Speiseeis essen, bevor sie eine Übelkeit auslösende Form der Chemotherapie erhalten, können trotz aller früheren positiven (‹belohnenden›) Erfahrungen eine starke Geschmacksaversion gegen Speiseeis entwickeln. Folgerungen für menschliches Verhalten gehen aber weit über das begrenzte Gebiet von Geschmacksaversionen hinaus. Beispielsweise hat Seligman selbst eine scharfe Analyse klinischer Phobien beim Menschen geliefert, die auf demselben Prinzip beruht. Das Jogging erlernen ist als Beispiel genauso geeignet. Eine Million Jahre oder länger hatten unsere Vorfahren Gelegenheit, sich – im individuellen Lebensverlauf – der Notwendigkeit anzupassen, lange Strecken zu laufen; das Ergebnis war eine Art von Wesen, das in seinen Genen eine vielfältige Reihe von Fähigkeiten codiert hat, sich auf diese Weise, mit einer komplexen Lernbereitschaft für das Laufen, anzupassen. Wenige Menschen können fünf Kilometer in einer halben Stunde laufen, ohne zuerst zu üben und in Kondition zu kommen; die meisten gesunden Menschen können es nach wenigen Wochen Anstrengung. Wir sind im evolutionären Sinn adaptiert, uns im individuellen Sinn dem Laufen anzupassen.

Ich will das Thema Laufen nicht überstrapazieren. Ich habe es bewußt seiner Langweiligkeit wegen gewählt. Im Gegensatz zu anderen menschlichen Neigungen provoziert es nicht Schreie der Empörung, wenn man es der biologischen Analyse unterwirft. Der Leser, der dazu neigt, eine solche Analyse für unpassend zu halten, sollte jetzt aber gewarnt sein; das Beispiel vom Laufen ist nur ein Modell für weniger langweilige Dinge.

Da ich unhöflich genug gewesen bin, auf einen von Darwins größeren Fehlern hinzuweisen (sie sind nicht zahlreich), dürfte es zum

Abschluß nur gerecht sein, ihm das letzte Wort zu einem Thema zu erteilen, das ihm so am Herzen lag; vor allem deshalb, weil er mit seiner üblichen Voraussicht das Thema dieses Buches vorausgeahnt hat:

In der fernen Zukunft sehe ich freies Feld für viel wichtigere Forschungen. Die Psychologie wird auf ein neues Fundament gegründet sein, das des notwendigen Erwerbs jeder geistigen Kraft und Fähigkeit durch Stufung. Es wird Licht fallen auf den Ursprung des Menschen und auf seine Geschichte.

Das sind die Themen, denen wir uns jetzt zuwenden.

3 Der Schmelztiegel

Ursprung des Menschen jetzt bewiesen. Jener, der den Pavian
versteht, würde zur Metaphysik mehr beitragen als Locke.
Charles Darwin,
‹Das M-Notizbuch›, 1856

Trotz des Gefühls der Unausweichlichkeit, das in bestimmten Berichten
über das Leben der Wildbeuter-San aufkommt, läßt die Vorstellung, sie
repräsentierten die menschliche Lebensweise im Verlauf der Evolution,
viel zu wünschen übrig. Erstens ist das in einem biologischen oder
psychologischen Sinn gar nicht der Fall. Biologisch und psychologisch
sind sie uns viel ähnlicher. Auf direkte Weise können wir ja über die
Funktionen von Gehirn und Geist unserer Vorfahren nichts wissen, nicht
einmal über die vor erst fünfzigtausend Jahren. Nur im groben anatomischen Aufbau, in der materiellen Kultur und in manchen Einzelheiten
ihrer Subsistenzökologie lernen wir unsere fernen Vorfahren jemals kennen. Schlimmer noch, die San stellen nicht in jeder Einzelheit – nicht
einmal in den meisten Einzelheiten – die Lebensweise heute lebender
Wildbeuter allgemein dar. Diese reichen von den arktischen, in Iglus
hausenden Eskimos bis zu den bumerangwerfenden Wüstennomaden im
Australien der Ureinwohner, von den elefantenjagenden Pygmäen des
afrikanischen Tropenwaldes bis zu den langbogenbewaffneten Siriono
des Amazonas. Die Komplexheiten all dieser Welten können kaum der
traditionellen Lebensweise von einigen tausend San-Buschleuten unter-
geordnet werden.

Dennoch gibt es Methoden, unser Wissen über sie bei dem
Bemühen anzuwenden, unsere ferne Vergangenheit zu rekonstruieren.
Diese beginnen mit einem Versuch, die gesamte Information, die wir
über Wildbeuter besitzen – die obigen vier Fälle, die San und viele
andere –, so zu ordnen, daß Grundprinzipien für ihre Einstellung zu
menschlichem, sozialem und ökologischem Leben zu erkennen sind.
(Vieles, wenngleich nicht alles, von dem, was im ersten Kapitel über die
San gesagt wurde, betrifft Grundprinzipien.) Sobald solche Prinzipien
aufgestellt sind – beispielsweise die Tatsache, daß fast alle Wildbeuter
nomadisieren, auf welchem Kontinent und in welchem Klima auch
immer –, werden sie zu passenden Kandidaten für mögliche Prinzipien,
die das Leben unserer voragrarischen Vorfahren betreffen.

Wildbeuter im allgemeinen stellen aber nur eine Quelle kritischer Information dar. Darwin bezieht sich in der diesem Kapitel vorangestellten Äußerung auf eine andere. Selbstverständlich will er damit nicht sagen, der Pavian werde alle Antworten liefern. Er meint vermutlich, daß, wenn menschliche Wesen wie andere Lebewesen Produkte der Evolution sind, die vergleichende Analyse solcher Geschöpfe für uns einen Zusammenhang liefern kann, in dem wir uns selbst zu erkennen vermögen. Und wenn diese Geschöpfe nahe Verwandte von uns sind, werden sie uns umsomehr zu sagen haben. Es gab in der Anthropologie eine Zeit – vor etwa zwei Jahrzehnten –, in der man Paviane für so gute Vertreter unserer Ahnen hielt, wie man sie je würde finden können; sie waren Affen, sie waren schlau; sie hausten im Sozialverband; und sie lebten im afrikanischen Flachland und standen vor vielen der Herausforderungen, denen sich vor etwa zehn Millionen Jahren unsere Vorfahren gegenübergesehen haben müssen. (Das ist natürlich ein ganz anderer Kreis von Vorfahren als jene, die – in mancher Beziehung – modernen menschlichen Wildbeutern geähnelt haben mögen; *diese* Vorfahren haben vor etwa fünfzigtausend Jahren gelebt.) Auf jeden Fall kamen die Paviane, so naheliegend sie auch erschienen, als Modelle für Menschenvorfahren aus der Mode und wurden im Jahrzehnt danach durch Schimpansen ersetzt. Diese waren größer als Paviane, schlauer und mit dem Menschen noch näher verwandt; das alles machte sie zu guten Modellvorfahren. Sie verhielten sich ganz gewiß anders als die Paviane.

Wenn ich dazu neige, mich über sie lustig zu machen, dann nicht deshalb, weil ich diese Tiere für uninteressant halte oder die Leute, die sie studieren, auf einem Irrweg sehe. Es ist nur so: Irgendeiner Gattung soviel Verantwortung aufzubürden, heißt, den ganzen Sinn zu verkennen, der ihren Wert ausmacht. Wie bei den San – die nur einen Ausschnitt einer riesigen Karte lebender Wildbeuter darstellen – können Paviane oder Schimpansen oder sonst irgendeine lebende höhere Primatenart nur einen Ausschnitt aus dem Panorama des Verhaltens höherer Primaten bilden. Erst nachdem viele Ausschnitte eine Gesamtstruktur ergeben haben, können wir Grundprinzipien ableiten, und nur aus solchen Prinzipien heraus können wir Vermutungen über unsere Vorfahren anstellen. Paviane, Schimpansen und Menschen sind, was sie sind, wegen einzigartiger Geschichtsabläufe evolutionärer Forderungen. Verständnis wird nicht aus einem Vergleich von uns selbst mit einer anderen Primatengattung kommen, sondern aus der Aufstellung der allgemeinen Gesetze, die unsere ganze Einzigartigkeit herbeigeführt haben.

Strenggenommen unterscheidet sich die Methode, auf dem Gebiet des Verhaltens nach rückwärts fortzuschließen, nicht von den gleichen, auf die weichen Körperteile angewandten. Wir beginnen mit vergleichenden Untersuchungen lebender Formen von bekannten Verwandtschaftsstufen und verallgemeinern mit aus dem Vergleich gewonnenen Prinzipien, zusammen mit grundlegenden Annahmen zur Gleichförmigkeit des Evolutionsprozesses.

Man nehme die folgenden Beispiele. Die *Substantia nigra* («schwarzer Stoff») ist ein wichtiger Hirnstammkern. Sie spielt eine Rolle bei der Bewegungssteuerung, und ein dort auftretender Defekt ist die Ursache schwerer Defizite, die wir als Parkinsonsche Krankheit bezeichnen. Ein direkter Vorfahr von uns vor vielleicht fünf Millionen Jahren muß wie wir eine *Substantia nigra* besessen haben, die größer war als bei den durchschnittlichen Säugetieren, das heißt, größer im Verhältnis zur gesamten Hirngröße. Wie kann man das wissen, wenn die *Substantia nigra* im Leben die Beschaffenheit etwa von Gallerte hat – ein weicher Teil, der wie der Rest des Gehirns aus dem Schädel gespült wird, sobald das Lebewesen stirbt, und im Gegensatz zu den Strukturen der Gehirnoberfläche an der Schädelinnenseite keine Spuren hinterläßt?

Das ist eine berechtigte Frage, an jede Feststellung über Teile eines alten Organismus zu richten, die ihrer Beschaffenheit wegen nicht fossil erhalten bleiben. Und die Antwort ist in der Regel diese: Alle solche Feststellungen ergeben sich aus der vergleichenden Untersuchung der Anatomie lebender Wesen, zusammengenommen mit den Teilen, die von dem alten Wesen in fossiler Form erhalten *geblieben* sind. Alle lebenden höheren Primaten haben eine große *Substantia nigra*, und der betreffende menschliche Vorfahr war unzweifelhaft ein höherer Primat – das wissen wir vom Knochenskelett, das wir sehen können. Wir schließen das Vorhandensein der weichen Organe aus den anderen Zeugnissen. Es müßte eine ungewöhnliche Erscheinung von Tier sein, hervorgebracht durch bislang unbekannte biologische Prozesse, das keine große *Substantia nigra* besessen hätte, die zur normalen Ausstattung höherer Primaten zu gehören scheint.

Ebenso sicher muß der betreffende Vorfahr sein Gesicht recht ausdrucksvoll dazu benützt haben, Emotion mitzuteilen, und dazu muß er komplexe Gesichtsmuskeln besessen haben. Es gibt keine Fossilien von Gesichtsmuskeln, ja, in der Regel nicht einmal von ihrer Befestigung an den Knochen des Gesichtsschädels. Komplexe Ausdruckskraft des Gesichts zur Mitteilung von Emotion ist aber bei den höheren Primaten der Alten Welt allgemein, und es wäre einfach eine zu krasse Verletzung der zoologischen Prinzipien gewesen, wenn der betreffende höhere Primat sie aufgegeben hätte.

Schließlich – und hier werde ich den Eindruck erwecken, auf schwankenderem Boden zu stehen, ohne es zu tun – würde es mich wirklich verblüffen, wenn es bei dem betreffenden Geschöpf nicht als Teil seines Fortpflanzungsdaseins Wettbewerb unter Männchen um Zugang zu Weibchen gegeben hätte, der gelegentlich in Gewalt ausartete; Säuglinge in ständigem Kontakt mit den Müttern, freigebig gestillt; und Männchen, die nach der Reifung selten versuchten, mit ihren eigenen

Müttern zu kopulieren. Wenn er gegen einen dieser Grundsätze verstieß, hätte das der ungewöhnlichste höhere Primat sein müssen, der je in der Alten Welt gelebt hat, so ungewöhnlich, daß ich nicht glauben könnte, es hätte ihn wirklich gegeben.

Alle diese Behauptungen stammen aus der inzwischen reichhaltigen Literatur über die vergleichende Untersuchung höherer Primaten. Auf dem Gebiet des Verhaltens haben solche Untersuchungen inzwischen unter Bedingungen der Feldarbeit bei praktisch allen Affen und Menschenaffen der Alten Welt zumindest begonnen. Laboruntersuchungen, die in Verhaltensfragen tiefer eindringen, sind weniger weit fortgeschritten, aber schon vorhanden, und es gibt sogar gute Arbeiten über vergleichenden Hirnaufbau. Manche Behauptungen von ehemals (vor fünfzehn Jahren!) sind überholt. Zum Beispiel glaubten viele Primatologen, Sozialstrukturen von Primatengruppen würden sich phylogenetisch einordnen lassen, ganz ähnlich wie die Hirngröße; Menschenaffen besäßen komplexe Sozialstrukturen, Affen weniger, Lemuren und Loris noch weniger, und so weiter. Stattdessen stehen auf einer Skala komplexer Sozialstruktur Rotgesichtsmakaken den Menschen am nächsten, gefolgt von den Pavianen, während die Schimpansen, unsere nächsten Verwandten, ziemlich ordnungslos wirken, und Orang-Utans, ebenfalls nahe Vettern von uns, über gar keine Sozialstruktur verfügen – es gibt nur eine Mutter mit Jungen und einen gelegentlichen männlichen Besucher.

Danach hoffte man, einige einfache ökologische Faktoren würden sich als Schlüssel erweisen, aber auch das war vergebens. Aus der Ökologie haben sich bislang keine guten Vorhersagefaktoren für Sozialstrukturen ergeben, und abgesehen von der zentralen Tatsache der Mutter-Kind-Einheit, jedenfalls solange die Nachkommen noch jung sind, lassen sich Verallgemeinerungen über die höheren Primaten nicht machen. Der Schwankungsbereich in der Sozialstruktur innerhalb einer Gattung in verschiedenen Umwelten kann so groß sein wie der in der ganzen Primatenordnung. Aus diesem Grund stelle ich keine Behauptungen darüber auf, wie die Sozialstruktur unserer Vorfahren vor fünf Millionen Jahren beschaffen gewesen sei; sie können ebensogut wie die Orang-Utans in isolierten Familien oder wie die Rotgesichtsmakaken in hierarchisch geordneten Trupps von mehr als hundert Mitgliedern gelebt haben. Wahrscheinlichkeiten kann man anbieten; *vermutlich* galt keines der Extreme, sondern die Wahrheit lag irgendwo dazwischen. Aber Gewißheiten wird es vielleicht nie geben.

Wenn sie doch auftreten, dann wohl kaum von lebenden Primaten, sondern durch direkte Untersuchung der fossilen Zeugnisse. Solche Untersuchungen stellen den zentralen Bereich des Bildes dar, den glaubhaftesten Nachweis über unsere Vorfahren. Ohne sie haben die vergleichenden Nachweise, von denen ich bisher gesprochen habe, nicht viel zu bedeuten.

Die fossilen Zeugnisse haben eine gute Presse, wenn auch bruchstückhaft; sie verdienen Besseres. Die sehr kurze Behandlung, die hier möglich ist, versucht ein Gefühl von der ungeheuren Erregung beim Ausgraben von Fossilien zu vermitteln, die für unsere Vorgeschichte bedeutsam sein könnten, und die der Begeisterung ähnlichen Empfindung, von der alle erfaßt sind, die ihr Leben der Suche danach widmen.

Wir müssen unsere Geschichte mit *Aegyptopithecus* beginnen, dem ‹ägyptischen Menschenaffen›, nach dem Land, in dem seine Knochen gefunden wurden, ebenso benannt wie nach seinen affenartigen Zähnen. Es wäre schön, in die Tiefen der Evolutionszeit immer weiter hinabzugreifen und unsere viel früheren Vorfahren zu finden − etwa in die Kreidezeit, vor mehr als hundert Millionen Jahren, wo wir nach einem Fellgeschöpf suchen würden, das auf unserer Hand Platz hätte und das wir nachts dabei überraschen könnten, wie es ein Dinosaurierei als Mahlzeit verzehrt; oder tiefer, in die Devonzeit vor dreihundertfünfzig Millionen Jahren, wo wir Ausschau halten würden nach einem Fisch mit seltsamen, kräftigen Flossenlappen, mit denen er am Boden von flachen, schlammigen Tümpeln und gelegentlich durch den Schlamm von einem Tümpel zum anderen kriechen kann; oder noch tiefer, ins Präkambrium, zwei Milliarden Jahre zurück, als die Atmosphäre des Planeten eben mit Sauerstoff angereichert wurde und die vorherrschende Lebensform auf der Erde, blaugrüne Algen (eine Art fortgeschrittene Bakterien), diesen Sauerstoff durch aerobische Photosynthese erzeugten. Aber so verlockend es auch sein mag, in diese eindrucksvolle Geschichte einzutauchen, es wirklich zu tun, würde eine zu luxuriöse Reise darstellen. Wir müssen uns also damit begnügen, in *medias res* anzufangen, und der *Aegyptopithecus* kann als Adam so gut dienen wie irgendein anderer.

Er ist ein kleiner, menschenaffenähnlicher Affe, 1966 von Elwyn Simons im Faijum-Oligozän Ägyptens entdeckt. Durch ‹Faijum› ist die Stelle geographisch bestimmt, in einer flachen Senke der Landschaft hundert Kilometer südwestlich von Kairo, die einmal am Meer lag. ‹Oligozän› bezeichnet die Zeitperiode, die rund dreißig Millionen Jahre zurückliegt. Damals war das eine herrliche Gegend, teilweise dicht bewaldet und von Flüssen durchzogen; jetzt ist die Gegend unfruchtbar, aber nicht für das Auge des Paläontologen − es ist eine der reichsten Fundstätten der Welt für Primatenfossilien. Der dem *Aegyptopithecus* von seinem Entdecker zugeteilte Gattungsname *Zeuxis* − der sich auf den griechischen Göttervater bezieht − liefert (zumindest in seinen Augen) einen bestimmten Hinweis auf seine Bedeutung. Er beschrieb ihn als ‹den Schädel eines Affen mit den Zähnen eines Menschenaffen›, und als man später einen Gliedmaßenknochen fand, wurde erkennbar, daß auch der Körper affenartig war. Oberflächlich nicht der Norm entsprechend, war er genau das, was man brauchte, weil das Hervorgehen von menschenaffenartigen Lebewesen (uns selbst eingeschlossen) aus dem äffischen Grundaufbau gerade zu dieser Zeit stattzufinden begann.

Aegyptopithecus war ein größerer, robuster Baumkletterer, in der Art des modernen mittelamerikanischen Brüllaffen. Seine Augen waren in zwei fast völlig geschlossenen Knochenhöhlen nach vorn gerichtet, Anordnung und Paßform der Zähne deutlich menschenaffenartig. Das sind höhere Merkmale mit aufregenden Konsequenzen. Form und Anordnung der Augen blickten gewissermaßen auf dreißig Millionen Jahre vorangegangener Evolution zurück. Im Paläozän und Eozoikum, den ‹Aufbruchsepochen› der modernen Erdgeschichte, unterschieden sich die Primaten vom Urplan für die Säuger in erster Linie durch ihre Augen. Durchwegs Baumbewohner, waren sie im adaptiven Sinn als große Gruppe dadurch erfolgreich, daß sie die bis dahin eindrucksvollsten Säugetieraugen entwickelten – Augen, die sogar im Dunkeln einen Käfer auf einem Ast erkennen konnten; Augen, denen nie unterlief, daß sie trotz raschen Kletterns durch den Baum die Lage eines Astes falsch beurteilten. Diese Fähigkeiten verlangten räumliche Wahrnehmung, die größerer überlappender – ‹binokulärer› – Gesichtsfelder bedarf; das wiederum setzt nach vorne gerichtete Augen voraus.

Die Folgen dieser Zwänge sind vielfältiger Art. Bis zum Eozoikum vor vierzig oder fünfzig Millionen Jahren spiegeln die fossilen Zeugnisse der Hirnevolution diese Festlegung auf die Augen wider. Der Geruchsapparat, in den so viele andere Säugetiere soviel investieren, ist bei den meisten Vorzeitaffen schon geschrumpft, und der Bereich des Gehirns im hinteren Teil des Schädels, der das Sehen betrifft, ist bereits merklich größer. Zuletzt wird diese Festlegung auf das Sehen einen ganzen Kranz von Eigenschaften hervorbringen, die für höhere Primaten kennzeichnend sind – nicht nur räumliches Sehen, sondern Farbensehen, höhere Fähigkeit zur Scharfeinstellung, Koordination zwischen Augen und Hand und visuelle Lernfähigkeit. Sogar während der Evolution, die *Aegyptopithecus* hervorbrachte, vor sechzig bis dreißig Millionen Jahren, können wir eine feine Verschiebung von ungeheurer potentieller Bedeutung für die endgültige Phylogenie des Geistes beobachten; eine Verschiebung von einer Sinnesmodalität zur Wahrnehmung eines Teils der physischen Welt – dem Gebiet chemischer Signale –, wo Muster nicht vorhanden sind, zu einer Sinnesmodalität für die Wahrnehmung eines Teils der physikalischen Welt – dem Gebiet des Lichts –, wo das Muster in unendlicher Vielfalt zum Tragen kommt.

Form und Anordnung der Zähne von *Aegyptopithecus* sind nach vorn gerichtet. Es ist nicht völlig klargestellt, daß diese Gattung selbst in der direkten Linie menschlicher Abstammung steht (wiewohl neuere Zeugnisse ihre Kandidatur bekräftigen), aber klar ist, daß sie der Linie zumindest nahesteht. Sie oder eine sehr ähnliche führte während der nachfolgenden zehn oder fünfzehn Millionen Jahre zu einer ungeheuren Vielzahl menschenaffenähnlicher Lebewesen, die ihrerseits nicht allein die Menschenaffen, sondern auch uns hervorbringen sollten.

Die Miozänperiode vor ungefähr fünfundzwanzig bis etwa fünf Millionen Jahren erlebte die Differenzierung zumindest auf der Gattungsebene aller bedeutenden Formen über der Affenstufe der Adaptation. Aus vielen Beweisrichtungen ergibt sich die Wahrscheinlichkeit, daß die zu den Gibbons führende Linie als erste von den anderen abzweigte. Für die Zeit danach ergeben sich Streitigkeiten darüber, ob die großen Affen und Hominiden – die zweibeinigen höheren Primaten – einen gemeinsamen Ahnen hatten, bis alle Linien sich verzweigten, oder ob der Orang-Utan die gemeinsame Abstammungslinie früher verließ als die anderen Menschenaffen. Molekuläre Nachweise – Ähnlichkeiten und Unterschiede zwischen Arten im Aufbau komplexer Moleküle wie DNS und Proteinen – deuten darauf hin, daß Menschen, Schimpansen und Gorillas untereinander enger verwandt sind als jeder mit dem Orang-Utan. Das von den Fossilien gelieferte Bild mag das eines Tages bestätigen.

Inzwischen müssen wir uns damit zufriedengeben, im Miozän nach Formen zu suchen, die zur Abstammungslinie von uns und den verschiedenen Menschenaffen gehören, ohne völlige Gewißheit darüber zu haben, welche nun welche ist. Wir können uns damit trösten, daß die Verwirrung sich aus einem peinlichen Zuviel ergibt – aus einer enormen Vielzahl verschiedener menschenaffenartiger Miozän-Fossilien, zusammen mit wachsendem molekulärem Nachweis zur Verwandtschaft moderner Formen. Alle menschenaffenartigen Formen des Miozäns stammten ab von *Aegyptopithecus* oder zumindest einer Gruppe, der dieses Geschöpf angehörte. Eine von ihnen, *Ramapithecus*, gilt seit langem als der beste Kandidat für direkte menschliche Ahnenschaft, und es ist heute aufschlußreich, den Grund zu betrachten.

Wie sein Zeitgenosse *Sivapithecus* in Erinnerung an einen Hindugott benannt, erschien der Ramapithecus vor dem Hintergrund der anderen Miozän-Menschenaffen gewiß gottähnlich, wenigstens insoweit, als alle unsere Götter nach dem Bild des Menschen geschaffen sein müssen. Der Hauptpunkt bei ihm war, daß er ein kleines Gesicht besaß; gleichgültig, was man sonst über ihn sagen mag, dieses summarische Merkmal sticht hervor. Seine Zeitgenossen hatten sich, ob spezialisiert mit vorstehenden, vergrößerten Eckzähnen für Reißen oder mit starken Backenzähnen für Mahlen, alle zu weit in die Richtung der Prognathie – des Hinausragens des Oberkiefers über den Unterkiefer – festgelegt, um Kandidaten für unsere Abstammungslinie sein zu können. Hätten wir in sein Gesicht gesehen, nachdem wir das bei seinen Zeitgenossen getan, hätten wir vermutlich einen Schock des Wiedererkennens erlebt.

Ramapithecus-artige Fossilien sind im mittleren Miozän von Europa, Asien und Afrika gefunden worden, ein eindrucksvoll weitreichendes Gebiet, das einen ebenso eindrucksvollen Erfolg nahelegt. Es ist – nach Betrachtung seiner Kiefer und Zähne, die, selbst klein, das kleine

Gesicht ermöglichen – wahrscheinlich, daß er zu bequemer Anpassung im Tropenwald oder auf der offenen Savanne fähig war und während dieser Zeit vom einen zur anderen überwechselte. Durch Malmen war er schon imstande, härtere Grassamen zu nutzen, die das offene Flachland bedeckten, und er mag seine Nahrung hauptsächlich daraus bezogen haben. Wie Clifford Jolly, Humananthropologe und eine Autorität für Primaten-Nahrungsökologie, betonte, hätte eine Phase von Samenverzehr so früh in der menschlichen Evolution vermutlich zu Voradaptationen für aufrechte Haltung geführt. Wie die modernen samenverzehrenden Paviane mag der *Ramapithecus* einen Großteil seines Tages damit verbracht haben, aufrecht in einer Wiese zu sitzen und mit den Händen zu grasen. Seine Hand war, indirekten Zeugnissen zufolge, aller Wahrscheinlichkeit nach generalisiert – in der Grundform weder auf den langfingrigen kurzdaumigen Schwungarmaufbau der Menschenaffen festgelegt noch bereits auf den auffälligen menschlichen Daumen, den vier Fingern deutlich gegenüberstehend, um präzisen Griff zu ermöglichen. Wenn er aber tatsächlich die meiste Zeit dafür aufwandte, nach winzigen Samenkörnern zu suchen, sie zu ergreifen und zum Mund zu führen, könnte er in eine neue Phase des Selektionsdrucks für Sehschärfe und Koordination zwischen Hand und Auge über die von den frühen Primaten erreichte hinausgelangt sein und die Bühne für alles Folgende vorbereitet haben.

Er war außerdem ziemlich klein, noch kleiner als der Zwergschimpanse; das ist zum Teil der Grund, warum wir ihn als Ahnen für spätere menschliche Geschöpfe akzeptieren können, die nicht größer wurden als einenviertel Meter. Seine Größe muß ihn aber beim Übergang vom relativ geschützten Wald zur gefährlichen offenen Savanne für Raubtiere sehr verwundbar gemacht haben. Danach ist es sehr wahrscheinlich, daß er soziale Gruppen von beträchtlicher Größe – vielleicht fünfzig oder mehr Angehörige – entwickelte und daß diese Gruppen hierarchisch einigermaßen geordnet waren, vor allem unter Männchen, die bei der Verteidigung wirksam zusammenarbeiteten. Das war für eine Phase vormenschlicher Evolution das Modell, das die Anthropologen Irven DeVore und Sherwood Washburn vor zwanzig Jahren aufstellten und das sie dazu veranlaßte, das Sozialverhalten der Paviane zu untersuchen.

Bei Paviantrupps in der afrikanischen Savanne hängt die Sozialstruktur der Gruppe von Generation zu Generation für ihren Bestand von einem festen Kern eng verwandter Weibchen ab. Im Alltagsleben sind die herausragendsten Gebieter über das Sozialleben aber dominierende Männchen. Zu den interessanten Dingen an der Gruppenstruktur von Savannenpavianen gehört, daß man, wenn Männchen eins zu eins zusammengetan werden, wie DeVore es tat, was zu Streitigkeiten um Nahrung führte, eine lineare Dominanzhierarchie erhält, die sich aber von der tatsächlichen Gruppenhierarchie, wie sie in der Praxis beobachtet wird, unterscheidet. DeVore wies nach, daß diese Diskrepanz durch Koalitionen zu erklären ist. An der Spitze eines Trupps steht nicht ein einsames, ausdauernd-zähes Exemplar, sondern eine Art Troika, deren Mitglieder einander zuverlässig zu Hilfe kommen. Das gestattete einem älteren Männchen, das ‹politisch› fähig blieb, Dominanz über andere Männchen aufrechtzuerhalten, die es im Einzelkampf leicht hätten besiegen können. (Man hat manchmal beobachtet, daß solche Koalitionen bei der Verteidigung gegen Raubtiere, zum Schutz von Weibchen und Jungen inmitten des Trupps funktionierten, während jüngere Männchen ‹mit Subdominanz› sich strategisch an den Außengrenzen aufstellten – aber dieser Aspekt des Schemas ist umstritten.

Diese auf Koalitionen beruhende Dominanzstruktur steht in deutlichem Gegensatz zu der starreren Linearstruktur niedrigerer Primatengruppen. Außerdem ist sie nicht auf Paviane beschränkt; andere am Boden lebende Affen haben ähnliche Einrichtungen, und bei in der Savanne lebenden Schimpansen gibt es sie auch. Zum Nachteil für die Einfachheit kann dieselbe Gattung, die auf der Savanne ein vielschichtiges Gebilde politischen Uhrwerks ist, im Wald ein ganz ungeordneter Haufen sein. Bei Waldpavianen flüchten die größten Männchen vielleicht als erste und verschwinden in einem Baum, sobald ein Leopard auftaucht. Dieser Unterschied ist vermutlich ein Beispiel für das Prinzip der Gattungsanpassung auf gesteuerte Flexibilität. Der ‹Reaktionsbereich› der sozialen Organisation des Savannenpavians schließt diese beiden einander entgegengesetzten Möglichkeiten ebenso ein wie sehr vieles dazwischen.

Nach den Fakten können wir deshalb vermuten, daß unser Vorfahr, der am Boden den Weg bereitete – dem *Ramapithecus* sehr ähnlich –, auf der Savanne mit all den damit verbundenen Gefahren vermutlich einer pavianartigen Sozialordnung fähig war. Die Befunde zwingen uns aber auch, die Möglichkeit einzuräumen, daß dasselbe Lebewesen, im Wald umherstreifend, eine viel lockerere, weniger hierarchische Struktur annahm; und sie verlangen ferner, daß wir uns von der Vorstellung befreien, Sozialhierarchie sei in einem direkten Sinn ‹verdrahtet›. Immerhin: Ein Bereich von Reaktionen bedeutet nicht absolute Freiheit. Es handelt sich um eine Gleichung, von den Genen geliefert, um die Umwelt mit den Eigenschaften des Lebewesens in Zusammenhang zu bringen. Die gattungsspezifische, ‹festverdrahtete› Ausstattung schließt Wenn-Dann-Anweisungen sogar auf dem rein physischen Gebiet ein: ‹Wenn die Umwelt reichhaltig ist, dann werde groß; wenn sie arm ist, werde klein.› Ähnliche Wenn-Dann-Anweisungen gibt es für das Verhalten.

Unser Vorfahr im mittleren Miozän hinterläßt also einige Verwirrung in uns, aber sie ist nicht so groß wie jene, auf die wir bald stoßen. Für die Zeit von vor etwa acht bis vier Millionen Jahren haben wir keine Fossilien von unseren Vorfahren oder eng verwandten Tieren. Man möchte, was hier fehlt, nicht ‹das fehlende Glied› nennen, weil dieser Ausdruck ein für den Übergang zum menschlichen Status entscheidendes Lebewesen unterstellt; Kandidaten für ‹das fehlende Glied› kommen später, sie fehlen nicht mehr. Es gibt aber zweifellos *ein* fehlendes Glied für die Zeit vor zwischen acht und vier Millionen Jahren, denn was wir am Ende dieser Lücke haben, ist in der Tat verblüffend neu.

Als hätte Mary Leakey zu unserem Wissen über fossile Menschen nicht schon genug beigetragen, stieß sie und ihre Forschungsgruppe 1977 auf einen der spektakulärsten Funde in der Geschichte des Fachs. Bei Laetoli in Tansania – nicht weit von der Olduwai-Schlucht, wo sie und ihr Mann Louis Leakey jahrzehntelang Fossilien gesammelt hatten – fand man in fossilem Schlamm, der auf mehr als dreieinhalb Millionen Jahre datiert wurde, Fußabdrücke eines Paars aufrechtgehender Tiere. Man stelle sich vor, was Mary Leakey nach einem ganzen Leben der manchmal erregenden, meistens sehr langweiligen Suche, bei der die spektakulärsten Entdeckungen in Form einer aus Gestein ragenden Zahnkante auftreten, empfunden haben muß; man stelle sich also vor: Man geht auf Schlamm, von dem man weiß, daß er fast vier Millionen Jahre alt ist, diesen ganzen Zeitraum hindurch erstarrt wie Fels, blickt zu Boden und sieht den Abdruck eines unverwechselbar menschlichen Fußes und noch einen und noch einen, eine Fußspur im versteinerten Schlamm, genau wie die eigene.

Es waren tatsächlich zwei Individuen, die an jenem Tag in der Frühzeit des Pliozäns über den Schlamm gingen – ein Erwachsener (viel kleiner als wir) und ein Jugendlicher. In der Umgebung fand man außerdem viele Knochen. Sie entsprechen in vieler Beziehung den Knochen, die man auf der gleichen Stufe anderswo in Afrika gefunden hat. Die Fußabdrücke und die Knochen gehören zu einer Gattung namens *Australopithecus*, ‹der südliche Affe›, vor Generationen so bezeichnet, als er in Südafrika das erstemal identifiziert wurde. Die Gattung, von der die Fußabdrücke stammten, wurde *Australopithecus afarensis* genannt, und zwar von Donald Johanson, der 1974 im Gebiet Afar von Äthiopien das vollständigste Skelettexemplar der Art fand, das eines kleinen weiblichen Zweibeiners, ‹Lucy› genannt.

Es hat – wie üblich – Meinungsverschiedenheiten darüber gegeben, ob die Gruppe von *Australopithecus*-Fossilien, die auf etwa dreieinhalb Millionen Jahre datiert wurden, wirklich einen eigenen Gattungsnamen verdienen. Die Klärung dieses Streits wird aber nichts an den Fakten ändern, über die Einigkeit herrscht – nämlich, daß der kleine weibliche Zweibeiner aus Äthiopien und die Lebewesen, von denen die Fußabdrücke in Tansania stammen, beispiellos frühe Zeugnisse für die unmittelbare Abstammung unserer Gattung darstellen. Und was sie zeigen, ist, daß wir vor knapp unter vier Millionen Jahren völlig aufrechte Geher geworden waren. Ohne Rücksicht auf die fehlenden Fossilien zwischen *Ramapithecus* und *Australopithecus afarensis* (oder wie wir ihn schließlich auch nennen werden) wissen wir, daß während dieser Zeit die Fortbewegung auf zwei Beinen entstand. Das lange, schmale Becken der affenartigen Geschöpfe im Miozän hatte einem kurzen, kräftigen, tragfähigen Gebilde Platz gemacht. Der Fuß dient unzweifelhaft als tragende Stütze, und obwohl die Möglichkeit besteht, daß die Gehweise nicht völlig menschlich war (es könnte eher halb ein Laufen, halb ein Gehen gewesen sein), war der Gebrauch der Vordergliedmaßen zur Fortbewegung eindeutig überwunden worden.

Die Folgerungen aus diesen Tatsachen sind sehr weitreichend. Erstens muß dieses Lebewesen mit der Geburt mehr Schwierigkeiten gehabt haben als sein Vorfahr im Miozän. Unter unseren modernen Verwandten gebären Menschenaffen viel leichter als wir – zum Teil wegen einem ‹Mißverhältnis Kopf-Becken› bei uns (für unsere Hüften sind die Köpfe zu groß) und zum Teil deshalb, weil aufrechte Haltung und Fortbewegung das menschliche Becken in etwas Kräftiges, Umfangreiches, Plumpes verwandelt haben, das fast den ganzen Körper trägt – durchaus nicht das, wo ein Säugling mit besonderer Vorliebe den Kopf hindurchsteckt. Vor diesem letzten Problem standen schon Lucy und ihre Kinder, und der Prozeß des Gebärens gewann bereits als Sammelpunkt für natürliche Auslese an Bedeutung. Es ist auch wahrscheinlich, daß diese Veränderung in der Evolution der Frau – ein bisher wenig erforschtes Thema – und in der Evolution des physischen Mutes beim Menschen eine Rolle spielte.

Zweitens hatte Lucy die Hände frei. Für das Gehen nicht erforderlich, waren sie verfügbar für das Tragen, eine der am klarsten menschlichen Verhaltensweisen. Sogar Schimpansen hat man kurze Strecken mit einem Armvoll Bananen zweibeinig gehen sehen; für Lucy wäre ein solches Unterfangen schon leichter gewesen. Man hat Orang-Utans beim zweibeinigen Gehen photographiert, während sie ihre Jungen mit den Händen halten. Diese scheinbar harmlose Haltung deutet auf eine Vielfalt von Belastungen und Möglichkeiten für Lucy, die der Aufmerksamkeit würdig sind. Hatte sie lange Körperbehaarung? Wenn nicht, war sie eine der ersten Angehörigen der Primatenordnung, dessen Kind sich beim Gehen nicht an sie klammern konnte? Selbst wenn es das konnte, ist es wahrscheinlich, daß (wie bei modernen Affen, vielleicht sogar noch stärker) die Klammerfähigkeit des Kindes in frühester Kindheit nicht ausreichte und von den Händen der Mutter unterstützt werden mußte. Unter Lucys Zeitgenossen und Nachkommen hätte sich also ein beträchtlicher Vorteil für das Individuum oder die ganze Abstammungslinie angesammelt, als der Einfall auftauchte, eine Tierhaut zu verwenden und sie so um das Kind zu wickeln, daß es festgehalten wurde und die Hände der Mutter freiblieben.

Leider gibt es aber keinerlei Zeugnisse dafür, daß Lucy und ihre

Zeitgenossen Werkzeuge verwendet haben. Etwas später, ungefähr zwei Millionen Jahre vor der Gegenwart, besitzen wir klare Nachweise nicht nur für die Benutzung von Werkzeug, sondern auch für ihre Herstellung in Gestalt der Feuersteinwerkzeug-Industrien der nächsten Phase menschlicher Evolution. Die Zeugnisse für Werkzeugherstellung sind im allgemeinen eindeutig, Nachweise für Werkzeugbenutzung dagegen schwerer zu erhalten – man kann schwer beweisen, daß ein unbearbeitetes, unverändertes Steinstück von einem Hominiden benutzt und nicht durch natürliche Ursachen beschädigt wurde. Trotzdem gibt es starke Gründe für die Annahme, daß Lucy einer Gattung angehörte, die Werkzeuge benutzte. Diese Gründe sind indirekter Art, aber doch zwingend. Sie stammen aus Untersuchungen des heutigen Schimpansen, in der freien Wildbahn beobachtet von Jane Goodall – interessanterweise angeregt von Louis Leakey, dem es vor allem um das ging, was sie ihm nach seiner Meinung über die menschliche Evolution verraten würden.

Wilde Schimpansen im Gombe-Reservat von Tansania verwenden nicht nur Werkzeuge, sondern stellen sie auch her. Vor einem Termitenhügel reißen sie die kleinen Zweige von einem Ast und angeln mit ihm dann Termiten heraus, ein wichtiges Nahrungsmittel. Junge Schimpansen beobachten ihre Eltern bei dieser Tätigkeit aufmerksam und lernen so, sie selbst auszuführen. Erwachsene weichen auch Blätter durch kurzes Kauen auf und benützen die so entstehende Blattmasse, um wie mit einem Schwamm Wasser aus der Gabelung eines Baumes zu wischen und nach der Tötung eines Pavians dessen Schädelinneres zu reinigen. In anderen Gebieten Afrikas sind andere Verhaltensweisen bei Werkzeugbenutzung und -herstellung beobachtet worden, und zusammen mit ausgedehnter Beobachtung von Schimpansengruppen in Gefangenschaft führen sie zu der unausweichlichen Schlußfolgerung, daß Schimpansen eine rudimentäre Form kultureller Tradition (und Varianz) bei Werkzeuggebrauch und Werkzeugbearbeitung zeigen. Auf der gröberen Seite der menschlichen und tierischen Natur gibt es ein faszinierendes Experiment des Verhaltensforschers Adriaan Kortlandt, der in eine Gruppe wildlebender Schimpansen ein überzeugendes lebensgroßes Modell eines Leoparden einführte, komplett mit Brüllen und Kopfbewegungen. Die Schimpansen stürzten sich als Gruppe auf den ‹Leoparden› und gebrauchten große Stöcke als Waffen. Sie griffen sowohl gleichzeitig als auch abwechselnd an und umarmten sich nach jedem erfolgreichen Schlag erregt.

Es ist wahrscheinlich, wenn auch keineswegs gewiß, daß Lucy und ihre Zeitgenossen – *Australopithecus afarensis* – mindestens einen solchen Bereich an Werkzeugbehandlung und Werkzeuggebrauch nutzten. Und sie taten das, wie man jetzt zugeben muß, mit nicht mehr Gehirnkapazität relativ zur Körpergröße als der moderne Schimpanse. Das heißt: Obwohl zu Lucys Zeit schon einige der deutlichsten Merkmale des menschlichen Organismus hervorgetreten waren, hatte das wesentlichste Merkmal von allen – ein übergroßes Gehirn – seinen Platz einzunehmen noch nicht einmal angefangen. Früher vermutete man einmal, alle wichtigen menschlichen Eigenschaften hätten sich gemeinsam entwickelt, aber diese Ansicht ist überholt; die aufrechte Haltung ging dem *Beginn* der menschlichen Gehirnevolution mindestens um eine Million Jahre voraus.

Ich habe wenig über Lucys männliches Gegenstück gesagt. Das liegt zum Teil daran, daß Männchen bei der Untersuchung des menschlichen Ursprungs schon zuviel Aufmerksamkeit gewidmet worden ist, aber auch an der Verwirrung, die ihn umgibt. Timothy White, ein Paläontologe, der die Hominiden dieser Zeit ausführlich studiert hat, ist zu dem Schluß gekommen, sie wären am besten zu verstehen als Männchen und Weibchen einer Gattung mit beträchtlichem Größenunterschied. Das stimmt überein mit dem Schimpansenmodell und mit dem Grad des sexuellen Dimorphismus – Geschlechtsunterschiede in Körpergröße und -bau –, einer Reihe anderer am Boden lebender höherer Primaten. Wenn das zutrifft – oder wenn irgendeiner unserer direkten Vorfahren in der Tat mehr sexuellen Dimorphismus aufwies, als wir es tun –, müssen wir uns vermutlich darauf vorbereiten, bestimmten Eigenschaften ihres Verhaltens für in hohem Maß wahrscheinlich zu halten. Irven DeVore folgte Darwin und anderen, als er darauf hinwies, daß unter bekannten Tierarten ein starker Unterschied in der Körpergröße zwischen Männchen und Weibchen fast unausweichlich das Vorhandensein intensiven Wettbewerbs unter Männchen um die Weibchen anzeigt, der im Lauf der Zeit den Größenunterschied hervorgerufen hat. Da Gattungen, in denen die Paarbindung die Grundlage des Fortpflanzungsverhaltens ist, in der Regel minimale Größenunterschiede zwischen den Geschlechtern aufweisen, läßt beträchtlicher Dimorphismus die Paarbindung für alle Vorfahren, die in hohem Maß dimorph waren, weniger wahrscheinlich erscheinen, eine Art des Wettbewerbs unter Männchen und Weibchen aber wahrscheinlicher.

Eine andere Eigenschaft von Schimpansenmännchen, die vielleicht auf die frühesten menschlichen Vorfahren anwendbar gewesen sein könnte, ist, daß sie kleine Säugetiere gemeinsam jagen, töten und fressen – etwa die Thomsongazelle oder Pavianjunge. Der Versuchung, mit einer ‹Killeraffen›-Hypothese der menschlichen Evolution herauszuplatzen, ist man früher oft genug erlegen. Wir müssen uns hier davor hüten. Zum einen beinhalten solche Argumente stets eine tendenziöse und falsche Unterstellung, das Töten von Angehörigen der eigenen Gattung sei auf irgendeine Weise eine natürliche Folge des räuberischen Verhaltens. Einen solchen Zusammenhang gibt es aber nicht. Viele grasfressende vegetarische Tiere kennen Gewalt innerhalb der Gattung, und das räuberische Verhalten von Fleischfressern mag psychologisch mit Spiel mehr zu tun haben als mit Zorn. Trotzdem müssen wir die Tatsache anerkennen, daß an irgendeinem Punkt, vermutlich schon früh, unsere Vorfahren in ihren Speiseplan das Fleisch von Wesen aufnahmen, die in der Hauptsache von Männchen getötet wurden.

Die Bühne für den nächsten Akt des Dramas ist jetzt aufgebaut, und die Szene wechselt zur Ostseite des Turkanasees im nordöstlichen Kenia. Hier haben Richard Leakey und Alan Walker länger als ein Jahrzehnt gearbeitet und das Lebenswerk von Leakeys Eltern fortgesetzt, das Hunderte von Meilen entfernt bei Olduwai begonnen wurde. Wie die südafrikanischen Fundstätten Swartkrans und Sterkfontain vor ihnen haben Olduwai und nun der Turkanasee der Geduld von Anthropologen mit der Zeit einen Schatz von Vorfahrenknochen – direkt und indirekt, alle aber Hominiden – im Alter zwischen drei Millionen und einer Million Jahre überlassen. Und wenn man über diese letzte Gruppe zur Unterscheidung vom Vorangegangen etwas sagen kann, dann dieses, und zwar mit Gewißheit: Einige dieser Lebewesen haben Werkzeuge hergestellt. Sie sind bescheiden – nicht mehr als ovale Steinbrocken mit einer scharfen Kante, erzeugt durch zwei oder drei Schläge mit einem anderen Stein. Trotzdem sind das Werkzeuge, und wie Louis Leakey 1955 persönlich und auf dramatische Weise nachwies, machen solche Stücke geschärfter Steine das Zerlegen eines Kadavers zu einer völlig anderen Sache. Es liegt nicht außerhalb des Bereichs der Möglichkeiten, daß mehrere Millionen Jahre schimpansenartiger, spontaner Säugerjagd sehr langsam, durch natürliche Auslese für die Fähigkeit der Werkzeugbearbeitung, zur Einführung der Feuersteinwerkzeug-Kultur geführt haben. Das zielte vielleicht zunächst auf den Vorgang des Zerteilens. Man darf aber nicht vergessen, daß keines der Werkzeuge des heutigen Schimpansen – der Termitenstock, der Blätterschwamm und der Ast als Knüppel –, wenn von unseren Vorfahren wirklich verwendet, fossil geworden wäre. Überdies können einige der wichtigsten Werkzeuge moderner Wildbeuter – etwa der Grabstock, nicht mehr als ein kräftiger, geglätteter, spitzer Stecken, um an die Wurzeln im Boden zu gelangen, oder der Sack für das Tragen von Pflanzen oder die Schlinge für das Schleppen von Kleinkindern – fast nie ans archäologische Licht gelangen, weil sie aus verderblichem Material bestehen. Es ist wahrscheinlich, daß solche Werkzeuge bei den ersten stockenden Schritten zur menschlichen Kultur ebenso wichtig oder noch wichtiger waren als die Steinwerkzeuge und -waffen, die übriggeblieben sind. Es ist auch möglich, daß die geringe Auffälligkeit von Frauen bei der Untersuchung menschlicher Ursprünge ebensosehr eine Folge der Vergänglichkeit ihrer Artefakte wie der natürlichen sexistischen Voreingenommenheit von Wissenschaftlern ist.

Der Gedanke, daß Werkzeuggebrauch und -herstellung eher Ursache als Folge der menschlichen Gehirnevolution sind, ist schon alt. Er wurde von Darwin in ‹Die Abstammung des Menschen› angedeutet und (wenngleich im lamarckschen Sinn) deutlich ausgesprochen von Friedrich Engels in seiner Abhandlung ‹Die Rolle der Arbeit beim Übergang vom Affen zum Menschen›. In neuester Zeit ist diese Hypothese am stärksten mit den Ansichten des Anthropologen Sherwood Washburn verbunden, der überzeugend argumentierte, Gebrauch, Herstellung und Form von Werkzeugen verliehen den Intelligenteren einen beispiellosen Selektionsvorteil und führten damit zu größeren Gehirnen.

Die einzige Schwierigkeit (keine dauerhafte oder ernste) ist die, daß zur jetzigen Zeit die Fossilien menschenartiger Zweibeiner vom nächstgelegenen entscheidenden Horizont der menschlichen Evolution so zahlreich und verschiedenartig sind, daß es praktisch unmöglich ist, die bekannten Werkzeugindustrien mit den bekannten Skelettexemplaren in Verbindung zu bringen, um ein zusammenhängendes, überzeugendes Bild zu bekommen. Walker und Leakey, nur mit den Exemplaren vom Ostufer des Turkanasees und von nur einer Zeitstufe beschäftigt – um die zwei Millionen Jahre –, müssen sich mit einer Varianzbreite allein der Schädelform auseinandersetzen, die man noch vor einem Jahrzehnt nicht für möglich gehalten hätte. Damals konnte man in der Tat noch behaupten, es gäbe in Afrika oder sogar auf der ganzen Erde zu irgendeiner bestimmten Zeitepoche nur eine einzige Hominidengattung. Diese Theorie ist nicht länger haltbar.

Es war nicht gänzlich überraschend, am Turkanasee Exemplare zu finden, die dem *Australopithecus africanus* und dem *Australopithecus robustus* entsprechen. Diese beiden Gattungsbezeichnungen faßten das vorangegangene Beweismaterial sehr schön zusammen, ausgenommen eine höhere Form bei Olduwai. Sie stellten die grazile (klein und wendig) beziehungsweise die robuste (größer und grobknochiger) Form der Gattung dar, und man vermutete, daß sie große Teile Afrikas durchstreiften, bevor eine von ihnen, die grazile Form, zu unserer eigenen Gattung *Homo* führte. Beide haben für ihre Körper kleine Gehirne (ungefähr 400-500 ccm Volumen), aber die robuste Form besitzt viel massivere Kiefer und Zähne zum Mahlen und Zermalmen, mit einem langen Höcker oben auf dem Kopf zur Muskelbefestigung.

Die Schwierigkeit war die, daß in der frühesten Zeitepoche am Turkanasee, im Grund zeitgenössisch mit den kleinhirnigen robusten und grazilen Zweibeinerformen, eine dritte Form auftauchte, ebenfalls mit einem kleinen Gesicht, aber einem viel größeren Gehirn. Die dritte Form, durch die inzwischen berühmte Katalognummer 1470 bezeichnet, hatte eine von Ralph Holloway, einer Autorität für solche Messungen, mit 775 ccm angegebene Hirnschalenkapazität. Dadurch konnte sie keiner der beiden Arten des *Australopithecus* angehören und war gleichzeitig eine bessere Kandidatin für das Bearbeiten und den Gebrauch von Steinwerkzeugen, die in dem Gebiet gefunden wurden – und ebenso für direkte Vorfahrenschaft uns gegenüber.

Am meisten spricht dafür, daß 1470 einer von Louis Leakey benannten Gattung angehört, mit der ein ähnliches Exemplar bei Olduwai beschrieb: *Homo habilis* oder ‹der fähige Mensch›. Es ist ferner wahrscheinlich, daß das der afrikanische Hominide unserer direkten Abstammungslinie ist, in einer Zeittiefe von zwei Millionen Jahren. Eine halbe Million Jahre später haben wir am Turkanasee erneut drei Formen; aber während die grazilen und robusten kleinhirnigen Formen sich wenig verändert haben, ist bei der großhirnigen Form schon eine auffallende Veränderung eingetreten. Die Hirnschalenkapazität hat nur um 75 ccm zugenommen, aber die Gesichtsform ist der heutigen viel stärker ähnlich; die anerkannte Gattungsbezeichnung lautet jetzt *Homo erectus*, dieselbe Art wie ‹Javamensch› und ‹Pekingmensch›. Das war das letzte Mitglied unserer eigenen Gattung vor dem Auftreten von *Homo sapiens*. Es war eine auf der ganzen Welt vertretene Gattung mit einer Hirnkapazität von 800 bis 1000 ccm und einer außergewöhnlichen Begabung für die Herstellung von Steinwerkzeugen – nicht mehr die einfachsten Steingerätschaften, sondern die viel fortgeschritteneren Steinäxte, in der ganzen Alten Welt von verblüffender Gleichheit.

Es gibt gegen diese Schematik natürlich Einwände, aber sie gelten in der Regel eher den Namen als den Funden. Nur wenige im Fach, die Feldarbeit leisten, bezweifeln noch, daß vor zehn bis fünfzehn Millionen Jahren aus einem dem *Ramapithecus* ganz ähnlichen Lebewesen das entstand, was *Australopithecus afarensis* genannt wurde (‹Lucy›, vor etwa vier Millionen Jahren), zum *Homo habilis* und schließlich zum *Homo erectus* (vor etwa eineinhalb Millionen Jahren) führte. Manche hätten gern eine zusätzliche Spezies zwischen Lucy und *habilis;* andere wünschen, daß *habilis* für einen frühen *erectus* gehalten wird. Aber das sind belanglose Spitzfindigkeiten. Die Geschichte des vormenschlichen Lebens ist ein Kontinuum, in dem die Grenze zwischen einer Spezies und ihrer Nachfolgerin willkürlich gezogen werden muß. Die bekannten Fossilien mögen das Kontinuum so aufteilen, daß es aus abgetrennten Segmenten zu bestehen scheint, aber zumindest bei höheren Tieren ist das nicht der Fall; je besser der Fossiliennachweis wird, desto deutlicher tritt die Willkürlichkeit des Eingrenzens in Erscheinung. Wie der große Systematiker und Evolutionstheoretiker G. G. Simpson zu sagen pflegte, wird um die Übergangsformen gestritten, weil sie Übergangsformen sind, und genau das macht sie interessant. Am besten nimmt man sie als Übergang, statt mit der Benennung Zeit zu vergeuden.

Der Rest der Geschichte ist ziemlich eindeutig. Bei einer Million Jahren wird die Hypothese einer einzigen Gattung wieder bestätigt. Die robusten und grazilen Formen kleinhirniger Hominiden, ob eine Spezies oder zwei, sind vom Schauplatz verschwunden, und wir haben nur noch den Homo erectus, der in der ganzen Alten Welt auftritt und gleichförmige Hirngröße, Gesichtsform, Körpergestalt und Kultur besitzt. Sie waren Jäger und Sammler mit einem ziemlich einfachen, wenn auch sehr nützlichen Werkzeugbestand, jagten offenkundig große Säugetiere und konnten das nur dadurch bewältigt haben, daß sie das Maß an Zusammenwirken bei der Jagd erheblich steigerten. Sie hatten wahrscheinlich eine niedrige Bevölkerungsdichte mit flexibel organisierten, nomadisierenden Gruppen. Sie hatten wie alle höheren Primaten und vor allem Menschenaffen Nachkommen, die sich nur langsam entwickelten, intensive Pflege brauchten und lange Zeit abhängig waren, fast ohne jeden Zweifel Aufgabe der Frauen. Aller Wahrscheinlichkeit nach waren die Frauen auch verantwortlich für das Sammeln wilder Früchte und Pflanzen. Zu dieser Zeit der menschlichen Evolution war die Gehirngröße so weit fortgeschritten, daß die Geburt vermutlich schon zu einer Angelegenheit von größter Gefahr und Schwierigkeit wurde.

Im Lauf der letzten Million Jahre beobachteten wir eine ständige, graduelle Zunahme der Gehirngröße auf das heutige Mittel von 1350 ccm. Warum? Obwohl es bei heute lebenden Menschen fast ausgeschlossen ist, die große Schwankungsbreite normaler Gehirngrößen – 1000 bis 2000 ccm – mit irgendeiner Meßmethode der Intelligenz in Einklang zu bringen, ist die Vorhersage von Intelligenz nach der Gehirngröße bis zu einem gewissen Grad möglich, wenn man verschiedene Tiere vergleicht. Das gilt besonders dann, wenn das Verhältnis Gehirngröße–Körpergröße berücksichtigt wird, so daß wir uns nur auf ‹zusätzliche Neuronen› konzentrieren – Gehirngewebe über das hinaus, was ein größeres Tier benötigt, um einen Körper zu bewältigen. Und das wichtigste: Das Gehirn nimmt während der menschlichen Zivilisation nicht nur zu, sondern wird auch neurologisch umgestaltet.

Ralph Holloway, der sein Berufsleben dem Studium menschlicher Hirnevolution gewidmet hat, vertritt die Meinung, die Umgestaltung sei für unseren menschlichen Status von grundsätzlicher Bedeutung, die Zunahme an *relativer* Gehirngröße dagegen nicht so eindrucksvoll. Er hat die Anordnung von Windungen und Blutgefäßen der Gehirne unserer Vorfahren indirekt durch die Abdrücke untersucht, die sie an der Innenseite der Schädel ihrer Besitzer hinterließen. Obwohl man davon nicht viel und von den tieferliegenden Strukturen gar nichts sehen kann, ist klar, daß manche der eindeutig menschlichen Merkmale der Hirnoberfläche – Merkmale, die sich beim Schimpansen nicht finden – für die Gattung *Australopithecus* charakteristisch gewesen sind. Diese Exemplare sind eher menschen- als affenähnlich; das gilt sogar für den Fund Raymond Darts 1924 bei Taung in Südafrika. Ein sechsjähriges Kind mit natürlich entstandenem und freigelegtem Abguß des Schädelinneren war er das erste *Australopithecus*-Fossil, das je gefunden worden ist. Die Stirnlappen, die (oberen) Scheitellappen und die Pole der (seitlichen) Schläfenlappen der Hirnrinde – bei denen allen nachgewiesen ist, daß sie für höhere menschliche Verstandesfunktionen entscheidend sind und mitbestimmen über Assoziation, verzögerte Reaktion, Sprache und Gedächtnis – sind in den Windungsformen bei diesem Abguß größer und menschlicher als in den Gehirnen heutiger Affen.

Es ist also möglich, daß sogar die kleinhirnigen Formen unter den frühen Hominiden wesentlich größerer Verstandesfunktionen fähig waren als Menschenaffen und daß wir uns früher von ihrer absoluten Gehirngröße haben irreführen lassen. Auf jeden Fall standen ihre großhirnigen Zeitgenossen und deren Nachkommen bis hin zum heutigen Menschen und ihn eingeschlossen unter erheblichem Selektionsdruck, der zu komplexeren Gehirnen mit komplexeren Funktionen führte. Man hat viele Vermutungen zu den spezifischen Funktionen vorgebracht, die diesen Druck hervorriefen; unter den glaubhafteren sind die für erfolgreiches Jagen ohne besonderen Geruchssinn erforderliche Fähigkeit zur Problemlösung; die Informationsspeicherungs-Fähigkeit, die beim Sammeln gebraucht wird; die verschiedenen kognitiven Funktionen, um Werkzeuge herstellen und formen zu können; die linguistischen Funktionen für kooperatives Jagen und die Weitergabe von Traditionen der Werkzeugbearbeitung; allgemeine Intelligenz, erforderlich für Schutz und Ausbildung außerordentlich lange abhängiger Nachkommen; und das abstrakte Denken zur Beurteilung komplexer Verwandtschaftsbande und wirtschaftlichen Austauschs. Gewiß ist nur, daß Gehirngröße und kulturelle Kompliziertheit – wie sie in der Steinwerkzeugherstellung sichtbar werden – im Lauf der letzten Million Jahre zugenommen haben, und zwar stufenweise und gemeinsam.

Das Feuer unter menschlicher Kontrolle erscheint in einer Zeitschichttiefe von einer halben Million Jahre bei Choukoutien in China. Das Rösten von Fleisch durch Lebewesen, die immer noch *Homo erectus* waren, ist nachgewiesen durch unverwechselbar verkohlte Knochen vieler Beutetierarten, die auf dem Boden der Höhlen von Choukoutien verstreut liegen. Wenn der Geschmacksapparat dieser Vormenschen dem unsrigen auch nur entfernt ähnelte, muß solches Kochen dazu geführt haben, daß der Wunsch nach Fleisch in ihrem Speiseplan erheblich zunahm. Zum erstenmal müssen bestimmte Teile des Kadavers genießbar geworden sein, außerdem ließ der Selektionsdruck auf Gebiß, Kiefer und Gesicht nach, so daß sie weiterhin schrumpfen konnten. Das Auftreten der Herrschaft über das Feuer hat aber noch größere Folgen.

Wenn diese Lebewesen auf Feuer so reagiert haben, wie moderne Menschen es tun – vor allem in Wildbeuter- und anderen nichtindustriellen Gesellschaften –, führte das Aufkommen von Herrschaft über das Feuer zu einem Quantensprung in menschlicher Kommunikation: Vielleicht zu langdauernder nächtlicher Diskussion der Tagesereignisse, der Pläne für den nächsten Tag, der wichtigen Vorgänge in der individuellen und kulturellen Vergangenheit und langfristiger Möglichkeiten für Aufenthalt und Aktivität des Verbandes. Eine solche Diskussion kann natürlich auch tagsüber stattfinden, aber am Tag gibt es in der Regel Dringenderes zu tun, außerdem hat die Nacht etwas Besonderes an sich – den Schrecken der Einsamkeit und das tiefe Bedürfnis nach gesellschaftlichem Leben, die Sehnsucht nach Licht und und Wärme, die beruhigende, sogar hypnotisierende Wirkung der flackernden Flammen. «Blick nicht zu lang ins Feuer», sagt Hermann Melvilles Ishmael in ‹Moby Dick›, eine Warnung vor den Entgleisungen des Pragmatischen – sogar des eigenen Ichs –, die ein solches Hineinstarren hervorzurufen vermag. Man kann sich eine Gruppe dieser vormenschlichen Wesen vorstellen – man möchte sie Menschen nennen – die beieinander kauern, sich berühren, vielleicht sprechen und ins Feuer starren, sicher vor der Nacht ringsum; man kann sich sogar vorstellen, daß eine neue Ebene menschlichen Bewußtseins erreicht wurde – eines entschieden *sozialen* Bewußtseins – und vielleicht ein sowohl individueller als auch kollektiver Impuls aufkam, den religiös zu nennen wir die Neigung verspüren können.

Hunderttausend Jahre später und halb um die Erde herum, in der Umgebung des heutigen Nizza, finden wir nicht nur Feuerstellen, sondern auch um sie erbaute Häuser. Wir mögen sie Hütten nennen, aber sie sind Häuser so gut wie die, in denen viele heutige Menschen leben. Sie sind oval, 6 bis 15 Meter lang und 3 bis 6 Meter breit, und konnten zwischen zehn und zwanzig Personen aufnehmen. Sie haben Pfostenlöcher für große Äste, eine Wand aus Steinen und verstreute Kalksteinblöcke zum Sitzen und Arbeiten. Auf diesen Häuserböden liegt viel Abfall herum, aber unmittelbar um die Feuerstellen sind Stellen freigeräumt – vielleicht zum Schlafen, wie das bei den heutigen australischen Eingeborenen der Fall ist. Den Pollen in den Koprolithen (Fäkalversteinerungen) zufolge, die von Frühlings- und Frühsommerpflanzen stammen, hat es den Anschein, daß die Stätten zu bestimmten Jahreszeiten bewohnt wurden, ganz im Stil heutiger, halbnomadischer Wildbeuterstämme. So sah es also um 400 000 v. Chr. an der Französischen Riviera aus.

Auf derselben Zeitstufe in Spanien haben wir bei Torralba und Ambrona die ganz unverwechselbaren Zeugnisse für kollektive und sehr brutale Großwildjagd. Um die Situation vom günstigen Blickwinkel des Archäologen aus zu betrachten: Wir haben die Knochen zu vieler Elefanten in einer zu kurzen Zeitperiode vor uns, eindeutig in Zusammenhang mit menschlichem Töten und Schlachten. Zusammen mit dem Zeugnis von Grasfeuern, die durchaus mit Absicht gelegt worden sein könnten, deuten diese Merkmale der spanischen Fundstätten auf kollektive Elefanten-Treibjagd – eine der dramatischsten, gefährlichsten, grausamsten und potentiell unrentabelsten aller Jagdmethoden. Diese Dinge widerlegen viele irrige Meinungen über ‹Naturschutz› durch primitive Völker und die angebliche Humanität ihrer Jagdmethoden; offenkundig wurden ganze Elefantenherden durch Buschfeuer in den Tod getrieben, in Massenflucht über eine Klippe gestürzt, ganz ähnlich, wie neuere Bewohner der Prärie in Amerika Büffel in den Tod trieben. Wenn die Bevölkerungsdichte nicht viel höher war, als andere Zeugnisse uns glauben lassen, wurde sehr viel Elefantenfleisch vergeudet.

In weiteren hunderttausend oder höchstens zweihunderttausend Jahren haben wir die ersten Exemplare, die *Homo sapiens* zu nennen die meisten Autoren bereit sind. Bei Swanscombe in England, bei Steinheim in Westdeutschland und ohne Zweifel auch anderswo tauchten Schädel auf, die kürzere, weniger vorspringende Gesichter hatten, kleinere Augenwülste und ein dünneres, aber höheres Gehirngewölbe, als das beim typischen früheren *Homo-erectus*-Schädel der Fall war. Man hätte vielleicht nicht, wie bei der ersten Reaktion auf diese Geschöpfe, den Drang, sie fürsorglich zu umarmen, aber sie müssen als Mitglieder unserer eigenen Spezies gelten: als Menschen.

Der derzeitigen vorherrschenden Ansicht zufolge sollten diese europäischen Fossilien in weiteren hunderttausend Jahren zu den ‹klassischen› Neandertalern führen. Diese sind seit der Entdeckung des ersten Exemplars im Neandertal bei Düsseldorf 1856 durch Steinbrucharbeiter Gegenstand schwerster Kontroversen geworden. Es war nicht nur der erste Neandertaler, sondern das erste menschliche oder vormenschliche Fossil überhaupt, und es führte zu der fast zu erfreut wirkenden Bemerkung Darwins, die über diesem Kapitel steht. Wir brauchen uns bei dem hitzigen Streit dieser Anfangszeit in der ersten leidenschaftlichen Aufwallung über die Evolution nicht aufzuhalten, auch nicht bei den viel neueren Auseinandersetzungen um die richtige Klassifizierung des Neandertalers, die bis in die fünfziger Jahre hinein tobten und heute in der Hauptsache nur noch Verlegenheit hervorrufen. Es muß uns genügen, die Neandertaler als völlig menschlich anzuerkennen. Ob es, wie eine Autorität erklärt hat, richtig ist oder nicht, daß ein Neandertaler im Straßenanzug mit Hut in der Untergrundbahn nicht auffiele (ich halte das für unwahrscheinlich), offenkundig ist auf jeden Fall, daß die klassischen Neandertaler in der allgemeinen Gesichtsform und im Hirnvolumen völlig menschlich waren; manche Skelette, die im Nahen Osten gefunden wurden, ebenfalls eindeutig vom Typ Neandertaler, sind modernen Skeletten noch ähnlicher.

Zwei Punkte bleiben jedoch bezeichnend. Der erste ist ihre außerordentliche Robustheit. Die Querschnitte der langen Knochen und die Größe der Befestigungspunkte verschiedener Muskeln verraten einen Körper, der ungeheure Belastungen ertragen können mußte. Die Beine scheinen angepaßt für Laufen, Klettern und Lasten tragen, die Arme nicht nur für kräftige Tätigkeit, sondern auch für beherrschte kräftige Tätigkeit wie Gegenstände werfen oder Schläge austeilen. Das Gesicht kann recht mühelos erklärt werden als Übergang von der sehr robusten Form des *Homo erectus* zur sehr grazilen Form heutiger Menschen.

Die Robustheit des Neandertalers zeigt sich deutlich an Kinderskeletten, zumindest im Alter von fünf Jahren; es war also keine Adaptation im individuellen Sinn, eine Reaktion auf die Umwelt während der Lebensdauer, sondern Adaptation im genetischen Sinn, festgelegt im Reifungsprozeß des Körpers. Die einzige Ausnahme sind die Beckenknochen; bei beiden Geschlechtern sind sie grazil, sogar bei den Erwachsenen. Wahrscheinlich ist, daß das an der Notwendigkeit liegt, beim Geburtsvorgang einem großen Kopf den Durchgang zu ermöglichen, ein Problem, das bis zur Zeit der Neandertaler seit mehreren Millionen Jahren an Bedeutung zugenommen hatte; möglich, daß beim Mann das schmale Becken aus einer Art Ökonomie der Evolution herrührte – daß beide Geschlechter auf einem Grundplan beruhten. Im Fall der Neandertaler könnte das schmale Becken die andere Seite der Medaille sein, soweit sie die Robustheit des restlichen Körpers betrifft, durch die der gefährliche Durchgang durch den Geburtskanal noch riskanter geworden wäre.

Zu den Tätigkeiten, die ein derart robustes Skelett mit erklären könnten, gehören die Jagd auf Großwild, viele andere Arten anstrengender körperlicher Arbeit, und, es ist nicht zu bestreiten, der Kampf. Die erwähnten anstrengenden Tätigkeitsarten könnten auch, jede für sich, das zweite überaus bezeichnende Merkmal der Skelette von Neandertalern erklären; die außerordentlich hohe Häufigkeit von Verletzungen. Das gilt besonders für Shanidar, eine reichhaltige Neandertaler-Fundstätte in einer Höhle im Irak. Es gibt einfach zu viele verheilte Frakturen und nicht verheilte gebrochene Knochen, als daß wir von diesem Leben ein ganz ähnliches Bild erhalten würden wie von dem irgendeines modernen ‹primitiven› Stammes. Wir können die Ursache der meisten dieser Verletzungen nicht beurteilen; der größte Teil könnte aber ohne weiteres auf vielerlei Art entstanden sein. Wir haben jedoch unverwechselbare Anzeichen für die Ursache nicht nur einer Verletzung, sondern sogar eines Todesfalls.

Ein Shanidar-Mann hat oben an der linken neunten Rippe am Knochen eine teilweise verheilte Narbe, ohne jeden Zweifel hervorgerufen durch einen scharfen Gegenstand, der zwischen die Rippen gestoßen wurde. Die bei weitem wahrscheinlichste Erklärung ist die einer Speerspitzenwunde im Nahkampf. Dem Mann könnte ein Lungenflügel kollabiert sein; aus dem Ausmaß der Heilung um die Wunde ergibt sich, daß er nicht länger gelebt hat als ein paar Wochen. Es ist möglich, obschon weniger wahrscheinlich, daß eine solche Wunde während der Aufregung und Wirrnis einer Jagd zufällig entstanden war; bei heutigen Wildbeutern kommen solche Verletzungen auch vor. Wenn sie Zeugnis gibt von einem Kampf, ist es das einzige dieser Art für die Neandertaler, aber zusammen mit dem außerordentlich hohen Prozentsatz an Verletzungen deutet sie die Möglichkeit an, daß Gewalt zu ihrem Alltagsleben gehörte.

Aber was haben sie geleistet? Da gibt es zunächst die Steinwerkzeugindustrien des Moustérien, ein Quantensprung in Komplexität und Verfeinerung über die Handäxte des *Homo erectus* hinaus. Diese Technologie, obwohl mancherorts mit Völkern nach den Neandertalern in Verbindung gebracht, ist charakteristisch auch für alle Neandertaler. Durch fortgeschrittene Statistikmethoden wird es mit der Zeit möglich, die Kompliziertheit dieser Werkzeugsammlungen quantitativ zu beurteilen und durch verfeinerte Mikrokospie zu bestimmen, wie die Werkzeuge verwendet worden sind. Je mehr wir über diese Leute wissen, desto weniger erscheinen sie jemandem, der mit modernen Wildbeutern vertraut ist, in irgendeiner Weise merkwürdig – erneut ausgenommen die Robustheit und die Verletzungen.

Das Eindrucksvollste an ihrer Kultur im Vergleich zu allen früheren ist jedoch das erste augenscheinliche Zeugnis für ein Ritual. In der Höhle der Hexen westlich von Genua waren Neandertaler 500 Meter tief in die dunklen Tiefen vorgedrungen und schleuderten gewohnheitsmäßig Lehmkügelchen auf einen bestimmten Stalagmiten, der vage Tierform hatte. In der Drachenloch-Höhle, 2400 Meter hoch in den Schweizer Alpen, liegen in einem sorgfältig konstruierten kubischen Steinbehälter sieben Schädel von damals häufig vorkommenden Bären, die größer sind als Grizzlybären; sechs weitere Schädel sind in Wandnischen untergebracht. Da die Ainu Nordjapans und andere Jagdvölker Nordasiens in moderner Zeit Bärenkulte kannten – man denke auch an die Kultverfolgung in William Faulkners Novelle ‹Der Bär›, die am Missisippi des beginnenden 20. Jahrhunderts spielt –, schien es nicht zu weithergeholt, das Vorhandensein eines Bärenkults bei den Neandertalern zu unterstellen. Schließlich gibt es in einer weiteren Höhle im Libanon mit einem geschätzten Alter von fünfzigtausend Jahren Hinweise darauf, daß ein zerlegter Damwild-Kadaver auf eigens vorbereitete Steine gelegt und mit rotem Ocker bestreut worden war.

Diese verlockenden Andeutungen leisten nicht mehr, als eine Möglichkeit zu eröffnen. Zusammengenommen mit einer weiteren Reihe von Fakten über die Neandertaler wird ihre Bedeutung aber verstärkt. Diese Tatsachen betreffen die Begräbnisgebräuche.

Bewußtes Begraben der Toten kommt in der menschlichen Geschichte zum erstenmal bei den Neandertalern vor. Schon 1908 gab es in der Höhle von La Chapelle-aux-Saints Zeugnisse für diesen Brauch. Ein Neandertaler-Jäger wurde aufgebahrt in einem flachen Graben, man legte ihm ein Büffelbein auf die Brust und bestreute den Graben mit Werkzeugen und anderen Tierknochen. Die Ähnlichkeit mit den Begräbnisriten vieler neuerer Völker, bei denen die Seele des Verstorbenen auf ihrem Weg in die nächste Welt unterstützt wurde, ist unübersehbar. Bei La Ferrassie, ebenfalls in Frankreich, trat im Verlauf der nachfolgenden fünfundzwanzig Jahre die Form eines Felsunterschlupfs hervor, der als

Familiengrab benützt worden war. Vor sechzigtausend Jahren waren hier ein Mann, eine Frau, zwei Kinder von etwa fünf Jahren und zwei Säuglinge begraben worden, und das mit einigem Zeremoniell. Der Mann und die Frau wurden Kopf an Kopf begraben, die Kinder dem Mann säuberlich zu Füßen gelegt; einer der Säuglinge, ein Neugeborenes, war zusammen mit drei wunderschönen und wertvollen Feuersteinwerkzeugen beerdigt worden. Dieses Neugeborene befand sich in einem kleinen Erdhügel neben acht ähnlichen Hügeln von unbekannter Bedeutung. Auf der Krim, in Israel und andernorts im Nahen Osten fand man eine Reihe von Begrabenen mit bis zum Körper angezogenen Beinen, und die einzige Ausnahme ist nach wie vor hochinteressant – es handelt sich um einen ungefähr fünfundvierzig Jahre alten Mann, der einen Eberkiefer in den Armen hält. Bei noch einer anderen Fundstätte im Nahen Osten ist das Grab eines Jungen umgeben von Ziegenbockhörnern in Paaren.

Der erstaunlichste Fund unter den genannten ist jedoch das Blumenbegräbnis von Shanidar. Hier wurden in einer Zeitschicht von sechzigtausend Jahren im Grab eines Jägers mit eingedrücktem Schädel die Überreste einer Vielzahl von Blumen in Form fossiler Pollen gefunden. Der Analyse zufolge sind sie von leuchtender Farbe gewesen – verwandt mit Stockrose, Kornblume, Kreuzkraut und Hyazinthe. Der Mann war offenkundig auf ein Bett aus solchen Blumen gelegt worden, diese vielleicht verflochten mit weichen Pinienzweigen; anschließend hatte man ihn augenscheinlich mit Blumen bestreut. Es gibt natürlich Spekulationen von Fachleuten darüber, was das Blumenbegräbnis bedeuten mag; ich bin allerdings der Meinung, daß solche Überlegungen nicht mehr und vielleicht weniger bieten als das, was jeder von uns privat mit seiner Meinung anfangen mag. Es ist in der Tat ein verblüffendes und wunderschönes Stück Wissen.

Was die Neandertaler, abgesehen von den üblichen Fortschritten in der Technologie – diese sind in dem Sinn unausweichlich, daß sie immer eintreten –, nicht zustande brachten, war irgendeine bedeutsame Form plastischer Kunst. Wir können ihnen nicht vorwerfen, es hätte ihnen an musikalischer oder literarischer Kultur gemangelt (im Sinne mündlicher Überlieferung, versteht sich), aber auf der anderen Seite können wir ihnen oder anderen vorgeschichtlichen Völkern auch keine dieser in höchstem Maße wichtigen Errungenschaften zubilligen und werden es nie können. Der einzige Weg in die ästhetische Welt unserer frühen Vorfahren, die einzige Vorstellung, die wir von ihrer ästhetischen Begabung haben, ist die plastische Kunst.

Davon haben die Neandertaler nichts hinterlassen. Sie sind vor ungefähr dreißigtausend Jahren von der Erde verschwunden – an manchen Orten später, an anderen früher. Klar ist nach dem Maßstab der Evolution nur, daß sie rasch verschwunden sind. Sie haben sich körperlich und kulturell stufenweise im Verlauf von rund fünfzigtausend Jahren entwickelt, wurden aber zumindest in Europa innerhalb von nur etwa fünftausend Jahren verdrängt.

Das Schreckgespenst einer Massenabschlachtung durch eine technologisch überlegene Rasse, von frühen Theoretikern wiederholt beschworen, braucht nicht angerufen zu werden; fünftausend Jahre sind trotz allem eine durchaus lange Zeit. Dessen ungeachtet ist sie vermutlich nicht lang genug für die Neandertaler Europas, um sich durch die üblichen Prozesse zu den Europäern nachfolgender Zeiten entwickelt zu haben. Demzufolge lautet die am weitesten anerkannte Theorie für die Fakten so, daß die spätere europäische Bevölkerung sich aus einer unbestimmten nichteuropäischen Neandertaler-Population entwickelte und dann nach Europa auswanderte, wo sie mit der Zeit die technologisch primitiveren europäischen Neandertaler überholte – sie aufsaugte, niederwarf, verdrängte und vielleicht auch tötete. Diese Einwanderer werden in der Regel Cro-Magnon genannt, nach einem Eremiten, der in einer Felsenhöhle hoch in den Kalksteinklippen der Dordogne lebte. Diese Felsenhöhle nahm ein paar von den vielleicht Hunderttausenden neuer Lebewesen auf, ungefähr dreißigtausend Jahre, bevor der Eremit Magnon geboren wurde. Der Wanderungsprozeß und der dazugehörige Ablauf der Verdrängung – zum Teil brutal, zum Teil einfach nur egoistisch, energisch, unabsichtlich – scheint sehr leicht zu verstehen und in der Tat sehr menschlich zu sein, wenn wir im Vergleich dazu den beinahe kontinuierlichen Ablauf im Grunde ähnlicher Prozesse in vielen Teilen des Planeten während der ganzen aufgezeichneten Geschichte bis zum heutigen Tag zur Kenntnis nehmen.

Das soll keine Reinwaschung sein, sondern einfach besser zum Verständnis als zur Verurteilung dienen. Was die Cro-Magnon-Menschen hatten, war schlicht die eindrucksvollste Sammlung lithischer (Stein)-Werkzeuge und Waffen – um andere aus Knochen, Geweihen und Elfenbein zu übergehen –, die jemals vorher von irgendeiner menschlichen Kultur geschaffen worden war: Speerspitzen, Lanzen, Messer, Meißel, Nadeln, Werkzeuge für Schaben, Durchbohren, Sägen, Schnitzen, Hämmern, sogar Eisenkies zum Feuermachen und vieles mehr.

Diese Einzeldinge überlegener Technologie müssen nun zwar als das Wesentliche an ihnen für die Leute erschienen sein, die ihre unvermeidlichen Opfer wurden, können uns aber nicht so entscheidend vorkommen. Was wir im Gegensatz dazu an diesen Menschen als so bezeichnend empfinden – und was Konsequenzen gehabt haben mag, die schon zu beurteilen wir noch keineswegs in der Lage wären –, sind bestimmte Dinge von wahrscheinlich geringem praktischem Wert, die sie an einigen Wänden ihrer verschiedenen Höhlen hinterlassen haben.

Bei Altamira wimmelt eine brüllende Herde vielfarbiger Bisons über die Decke der Galerie – gehend, stehend, geduckt, angreifend, in warmen, satten Rot- und Brauntönen, zu allem Übermaß noch ergänzt durch ein Pferd, zwei Hirschkühe und ein paar wilde Eber; bei Font de Gaume zwei wunderbar ausgeführte Ren, ebenfalls farbig gemalt, wo der Hirsch beinahe zärtlich am Kopf der knienden Hirschkuh schnuppert; bei Trois Frères eine Sammlung von Puzzles – ein absolutes Chaos meisterhaft eingeritzter Großwildfauna, auf einer Reihe von Felsplatten übereinander aufgetragen; zwei skizzierte Schnee-Eulen mit ihrem Jungen; und die beeindruckende, unheimliche Gestalt, der ‹Zauberer› genannt, den Vorsitz über die Tiere führend, mit Geweih, Hirschohren und -leib, mit menschlichen Händen und Füßen und einem auffallenden menschlichen Penis unter seinem pferdeähnlichen Schwanz – nichts davon reicht an den Eindruck heran, den die allzu menschlichen Augen machen, entsetzt, klagend, traurig, inmitten eines mundlosen, bärtigen Gesichts.

Aber nichts von alledem kann sich mit Lascaux messen. Von einem der frühen Betrachter ‹eine Sixtinische Kapelle des Paläolithikums› genannt, war die Höhle unbekannt bis 1940, als zwei kleine Jungen sie entdeckten und klugerweise einen Fachmann holten. Nur selten wird ein empfindsamer Beobachter – ob religiös oder nicht, ob vom Fach oder nicht – sich einem starken Gefühl des Heiligmäßigen entziehen können. Wände und Decken ihrer Hallen, Schiffe und Emporen, wie man sie zu Recht nennt, so gewunden sie auch sein mögen, sind bedeckt mit herrlichen Tieren, Meisterwerken des Realismus, obschon keineswegs bloß zoologisch. Ein nußbraun-gelbes und schwarzes Pferd umgeben von fliegenden Pfeilen, eine Herde anmutiger kleiner Hirsche mit schmuckvollen Geweihen, ein Pferd mit flauschiger Mähne, eine ‹tibetanische› Antilope, zwei Büffel, Schweif an Schweif, eine große, rotgefleckte Kuh, ein fünf Meter langer schwarzer Bulle mit Feueraugen – unter diesen und anderen Malereien von Lascaux sind einige, die Kunstgeschichtler ohne besondere Vorliebe für Vorgeschichte bereitwillig unter die größten Kunstwerke aller Zeiten einreihen.

Nein, wir wissen nicht, was sie ‹bedeuten›, wozu sie ‹dienen›. Wir wissen, daß viele der Friese in diesen Höhlen nur unter größten Schwierigkeiten überhaupt erreicht werden konnten; sie befinden sich buchstäblich im Erdinneren. Man kann sich ihnen nur mit Fackeln nähern, und einigen nur, wenn man durch Verengungen kriecht. John Pfeiffer, ein bekannter Autor von Büchern über Archäologie, der mehrere Jahre dafür aufgewendet hat, sie zu betrachten und über sie nachzudenken, glaubt jetzt, daß man sie am besten als Teil einer Art Theater begreift, vielleicht religiösen Theaters, in dem die fackelerhellte, mühsame Annäherung ein wichtiges, verzauberndes Vorspiel zum Drama gewesen ist. Unter den anderen vorgeschlagenen Erklärungen sind Jagdmagie für Aussöhnung oder Genugtuung; Totemismus; Schamanismus; Einführungsritual und Zierat. Ann Sieveking hat über paläolitische Kunstwerke gesagt: «Sie sind einfach eine Sprache, für die uns der Wortschatz fehlt.» Es spricht nichts dafür, daß wir ihn je erlangen werden.

Aber nehmen wir den einfachsten Fall an – daß sie nur als Schmuck gedacht waren. Auguste Renoir sagte einmal: «Der Sinn eines Gemäldes ist der, eine Wand hübsch zu machen», und in seinem Mund verliehen diese Worte dem ‹bloß› Schmückenden Würde genug. In der langen Reihe der Menschheit auf der Oberfläche dieses Planeten sind das die ersten ‹Gegenstände›, bei denen die Frage: «Aber ist es Kunst?» unzweideutig bejaht werden muß. In der Widmung seines Buches über Lascaux schrieb Fernand Windels: ‹Für unsere fernen Vorfahren, die vor etwa zweihundert Jahrhunderten in der Stille der Höhlen gearbeitet haben, als verspätete Ehrung nie übertroffenen Genies.› Ich glaube, es ist bedeutsam, daß wir damit beginnen, von Jahrhunderten zu reden, als hießen wir diese Frauen und Männer an der Grenze zum Bereich der kürzlichen Vergangenheit willkommen. Die Tatsache, daß manche von ihnen solche Materialien, Felszeichnungen und Bildhauereien ausführen konnten, ist an sich schon eindrucksvoll genug. Noch mehr beeindruckt die Tatsache, daß die unbezweifelbare Mehrheit, die es nicht konnte, offenkundig imstande war, diejenigen zu schätzen, ja, sogar zu unterstützen, die dazu imstande waren. Ich kann mir im ganzen Verlauf der menschlichen Evolution keinen bedeutsameren einzelnen Fortschritt vorstellen, und ich weiß keinen überzeugenderen Nachweis für das endgültige, entscheidende Hervortreten des vollkommen, eindeutig menschlichen Gehirns.

4 Sinn als Gefüge

Nach jedem törichten Tag schlafen wir die Dämpfe und
Furien seiner Stunden aus, und obschon wir stets mit Einzel-
nem beschäftigt und oft seine Sklaven sind, bringen wir für
jedes Experiment die eingewurzelten Universalgesetze mit.
Ralph Waldo Emerson
‹Natur›

Anatomie muß nicht Schicksal sein, aber sie ist alles, was wir in diese Welt
mitbringen und alles, was wir mitnehmen können, wenn wir wieder
gehen. Nicht, daß wir von Geburt an mit einer festen und unveränderbaren Struktur ausgestattet wären; unaufhörlich stirbt sie und wird
wiedergeboren. Aber in diesem verwickelten, dichten, feuchten Geflecht
von Zellen, das wir mit uns herumtragen (und nicht in irgend etwas
Ungreifbarem, das ihm angehängt ist), liegt der Stoff von allem an Liebe
und Haß, Freude und Trauer, nüchterner Analyse und erregter Phantasie,
was wir während unserer Reise auf diesem Planeten erleben. Und nur weil
bestimmte Zellen chemische und elektrische Signale erzeugen, um miteinander in Verbindung zu treten, können wir überhaupt denken und
fühlen.

Nehmen wir etwa die ruhmvolle Krönung der Evolution, die
Pyramidenzelle der neuen, äußeren Hirnrinde. Benannt nach ihrer Form,
sitzt sie wie ein Ursymbol in einem gelartigen Meer von Zellen, die
Fühler regungslos, aber vielverzweigt schwebend, in Erwartung von
Botschaften. Alle diese Botschaften nimmt sie in ihren gleichmäßigen
elektrischen Rhythmus auf und wandelt in ihrer winzig kleinen, in
höchstem Maß bedeutsamen Art das ab, was sie anderen Zellen mitteilt.
Sie ist in ihren Millionen Inkarnationen in der ganzen Hirnrinde das
Kernstück ‹höherer› Hirnfunktion. Wenn die eingehenden Botschaften
um die Haut ihres Zellkörpers ziehen und zusammenfallen, können sie
sich addieren zu einem einzigen Auslöseimpuls im Axon – dem hinaus-
führenden Hauptfortsatz. Dieser Impuls wirkt auf Zellen in entfernten
Teilen von Gehirn und Körper. Um Bewegungen zu steuern, muß er
vielleicht einen Weg vom motorischen Cortex bis zum Ende der Wirbel-
säule zurücklegen. Bei der Giraffe ist das keine kleine Strecke, beim
Blauwal in der Tat ein weiter Weg.

Für uns selbst sogar noch wichtiger als bewegungssteuernde
Signale, die zu Milliarden das Gehirn Richtung Körper verlassen, ist die
beträchtlich größere Zahl von Signalen innerhalb des Gehirns. Vor allem

deshalb, weil Pyramidenzellen, zusammengeschlossen in einem riesigen Geflecht von Schaltungen, einander belästigen, sind wir fähig, so hochfliegende Gedanken über sie zu haben.

Die Konstruktion dieses Geflechts kostete viele Millionen Jahre. So, wie ihm vieles von dem anvertraut ist, was wir brauchen, um das Leben zu bestehen, sogar, um uns fortzupflanzen, würde man bei einer hirngeplagten Spezies nicht erwarten, daß sein Aufbau während des Wachstums den bloßen Launen der Erfahrung überlassen bliebe. Ursprungskegel von Axonfortsätzen – die Spitzen entstehender Nervenzellen in Embryos – tasten sich wie Schlangen durch die Gallerte, schnuppern an chemischen Gefällen und kriechen blindlings an ihnen entlang. Sie erreichen endlich ihre privaten, zuletzt anatomischen Bestimmungen, während das Kind im Mutterleib liegt, bevor die Lockung hellen Lichts oder die Wärme der Mutterliebe irgendeinen Eindruck machen kann. Sobald sie in der Nachbarschaft der Zellen sind, mit denen sie sich verständigen sollen, stellen Axone synaptische Verbindungen her – direkte chemische Brücken zu den fühlerartigen Dendriten der Empfangszellen.

Zumindest bis hierher wird der Prozeß ausschließlich von Genen gesteuert. Nährstoffe und Energie werden von außen geliefert, und es müssen Mindestbedingungen von Wärme und Schutz erfüllt werden. Die Organisation findet aber ganz automatisch statt. Sie geht schnell vor sich, sie läuft geordnet ab, sie ist unendlich komplex und im Ganzen wirklich ein Wunder. Kritiker haben recht mit der Feststellung, daß heute wenig darüber bekannt ist, wie die Gene ihre Arbeit leisten, aber sie werden nur noch einige Jahrzehnte lang recht haben. Was man bereits weiß, ist, daß die Gene in diesem Stadium das Kommando führen. Wenn ein Ursprungskegel rekrutiert wird, steht auf dem Schild ‹Keine Erfahrung erforderlich›.

Das Hirnwachstum nach der Geburt ist außerdem embryologisch in dem Sinn, daß es größtenteils innengesteuert ist. Aber nun muß das Gehirn, für das im Mutterleib Erfahrung relativ wenig zählte, zusätzlich zu Portionen Sauerstoff und Milchzucker große Mengen davon schlucken.

In einem verblüffenden Experiment über Erfahrung und Gehirn wurden Rattenjunge in reichhaltigen oder verarmten Umwelten aufgezogen. Die begünstigten Jungen, zufällig ausgesucht, wuchsen auf in einer Welt voller Spielsachen und Altersgenossen. Eine Kontrollgruppe wuchs unter normalen Laborbedingungen auf. Eine dritte Gruppe erlitt Entbehrungen; sogar die relativ niedrige Reizstufe des normalen Labors wurde ihr vorenthalten.

Diese unterschiedlichen Bedingungen prägten dem Gehirn Unterschiede ein. Im visuellen Bereich des Gehirns, wo Muster, vom Auge übernommen, in nutzbare Gedanken verwandelt werden, erschienen dieselben Pryramidenzellen, die für höheres geistiges Leben so entscheidend sind, unter dem kalten Auge des Mikroskops verändert. Nicht verändert in ihrer grundsätzlichen Lage oder Gesamtstruktur; wie bei uns werden diese auch bei den Ratten durch die Gene bestimmt, meistens vor dem Zeitpunkt der Geburt. In der Feinstruktur war jedoch offenkundig, wie die Erfahrung sich ausgewirkt hatte. Tiere, in einer reichen Umgebung aufgewachsen, wiesen weit draußen an den Hauptfortsätzen der Dendriten mehr kleine Verzweigungen auf. Und an diesen Verzweigungen, von denen jede zahllose winzige Stacheln zum Einschieben von Kontaktpunkten für eingehende Botschaften besitzt, konnten bei den Ratten, die während des Wachstums Reizung erlebt hatten, für jede Längeneinheit mehr Stacheln gezählt werden.

Es gibt noch andere Unterschiede, aber diese genügen bereits, um zu überzeugen. Nachgewiesenermaßen wird von der Lernfähigkeit bis zur Gehirnchemie durch Erfahrung alles verändert. Aus irgendeinem Grund ist es aber die Struktur, das älteste aller biologischen Untersuchungsobjekte – gesehen und gezeichnet oder photographiert durch das Mikroskop, das schlechthin klassische Instrument –, das endlich überzeugt. Für mich war es etwas, das ich so dringend glauben wollte, daß ich die Struktur mit eigenen Augen sehen mußte und allen anderen Zeugnisformen mißtraute. Paß auf, erinnere ich mich, gedacht zu haben, als ich die Photographien zum erstenmal sah, schau dir das selbst an. Erfahrung verändert das Gehirn.

Dieselben Stacheln können durch ein Gen der Zahl nach verändert werden. Beim Tay-Sachs-Syndrom, einer gefürchteten Form schwerer geistiger Minderentwicklung, die nur osteuropäische Juden befällt, verlieren die Dendritenverzweigungen im Verlauf des ersten Lebensjahrs sämtliche Stacheln. Wie um die Tragik noch steigern, ist das Kind bei der Geburt normal. Das Tay-Sachs-Gen ruft einen Enzymmangel hervor, der es einem in der Regel harmlosen chemischen Stoff ermöglicht, im Gehirn giftige Mengen zu bilden. Das erweitert mit der Zeit die Dendriten und führt dazu, daß sie die Stacheln verlieren. Da von Stacheln frei zu sein soviel bedeutet, wie keine eingehenden Botschaften zu erhalten, verlieren die Zellen mit der Zeit die Funktion, während Eltern und Ärzte hilflos dabeistehen und zusehen müssen.

Es gibt keine bekannte Behandlung dafür, und der Tod ist unvermeidlich, in der Regel vor dem Ende des zweiten Lebensjahrs. Der Schnelligkeit und Unerbittlichkeit, mit der das Tay-Sachs-Gen Hirnzellen verwüstet, könnte von bloßer Erfahrung gewiß nie etwas entgegengesetzt werden, und wenn es einmal eine Behandlung geben sollte, wird sie chemischer Art sein. Trotzdem liegt etwas wahrhaft Erhellendes – sogar Tröstliches – in dem Wissen, daß es im Gehirn sichtbare, reale Strukturen gibt – die Stacheln an den Dendriten –, von denen wir jetzt wissen, daß sie durch ein Gen oder auch durch Erfahrung verändert

werden können. Wenn ich irgendwo sitze und mir ermüdende, unfrucht-
bare Argumente zu Natur und Kultur, zu Vererbung und Umwelt an-
höre, denke ich an die Stacheln der Dendriten. Wie belustigt wären sie
wohl, wenn sie die Aussprüche hören könnten: «Gene haben keine
bekannten Auswirkungen auf komplexes Verhalten!» und «Der Großteil
der geistigen Funktion wird durch die Gene bestimmt!».

Neuere Untersuchungen von Erfahrung und Gehirn beginnen
einige sehr anregende Einzelheiten zu liefern. Beispielsweise ist das Alter
kein Thema. Zwar war es natürlich, die Experimente zuerst mit sehr
jungen Ratten zu unternehmen, die Anreicherung wurde aber später bei
Ratten in jedem Alter ausprobiert. Sogar ältere Ratten zeigen als Reaktion auf Erfahrung Hirnveränderungen, im Gegensatz zu dem Sprich-
wort von Hänschen und Hans. Außerdem erschien es, da die meisten
Strukturveränderungen ohne Rücksicht auf das Alter im Sehzentrum des
Gehirns auftraten, möglich, daß allein mehr zu sehen den Unterschied
bewirken konnte. Man hielt Ratten in kleinen Käfigen innerhalb der
größeren Käfige mit ‹angereicherter Umwelt›, von denen aus sie die
Spielsachen und andere Ratten beobachten, sich aber nicht beteiligen
konnten. In ihren Gehirnen war keine Veränderung festzustellen. Offenkundig müssen wir uns mit der Welt auseinandersetzen, um das Gehirn
zu verändern, nicht einfach dabeisitzen und passiv zusehen.

Im Anschluß an solche Feststellungen ist der Hinweis üblich:
Wenn Gehirnmodifikation als Reaktion auf Erfahrung bei Ratten (sogar
bei gealterten Ratten) nachweisbar sei, müsse das umsosehr für Menschen
gelten. Haben wir nicht schließlich viel mehr Hirn? Besitzen wir nicht
ganz eindeutig und unwiderlegbar das Vielfache des bißchen Lernver-
mögens, das man bei Ratten kennt? Wenn die Bereicherung der Umwelt
an den Hirndendriten einer Ratte eine Reihe neuer Dendritenstacheln
hervorbringen kann, dann bedenke man, was im menschlichen Gehirn
vorgehen muß, wo solche Dendriten vieltausendfach zahlreicher sind.
Die Lernfähigkeit müsse vieltausendfach größer sein.

Darin liegt viel Wahres, aber das Tückische daran ist, daß es uns
in Versuchung führen kann – in die Versuchung, zu glauben, solches
Lernen (mit seiner dazugehörigen Gehirnmodifikation) befreie auf irgendeine Weise Hirnstruktur und Funktion vom Einfluß der Gene.
Niemand glaubt natürlich, Gene würden nichts leisten, aber viele heutige
Verhaltens- und Sozialwissenschaftler möchten (wenigstens ein bißchen)
glauben, daß die bekannten Tatsachen der Gehirnmodifikation, verviel-
facht zu einer größeren, menschlichen Skala, die Wirkungen der Gene auf
die primitivsten Aspekte grober Hirnstruktur reduzieren. Nach dieser
Ansicht bringen die Gene im Inneren des Mutterleibs während der ersten
Schwangerschaftswochen gewissermaßen die Kugel ins Rollen; nach
einem unbestimmten frühen Zeitpunkt gerinnt das menschliche Embryo-
gehirn auf irgendeine Weise zum groben Umriß seiner vorbestimmten

endgültigen Form, und danach leistet, beginnend mit Ernährung, Drogen, Gewohnheiten und Stimmungen der Mutter, die Erfahrung das Werk der Gehirnformung.

Es heißt, für Michelangelo hätte Bildhauerei darin bestanden, die Figur nur von dem Mamor zu befreien, der sie gefangenhält – man müsse praktisch nur den überflüssigen Stein wegmeißeln. Wenn das zuträfe, wäre das ein besserer Vergleich für den Entwicklungsprozeß von Nerven und Verhalten als die übliche Ansicht zur Bildhauerei, wonach im Marmor ganz wenig steckt und alles von außen bestimmt wird, so daß nur die Art des Materials Berücksichtigung findet. Diese letztere Perspektive, obwohl ohne Zweifel eine realistischere Betrachtungsweise der Bildhauerei, ist als Sicht auf Gehirn- und Verhaltensentwicklung vollkommen unrealistisch, und diese Tatsache bleibt durch die Komplexität des menschlichen Gehirns unverändert. Man kann sogar sagen, die durch das menschliche Gehirn dargestellte massive neue Last von Größe und Verwickeltheit liege viel stärker bei den Genen und ihrem Prozeß der Reifeförderung als bei den Kräften der Erfahrung – sogar, während sie ein riesiges neues Aktionsfeld für Erfahrung liefert.

Sehen wir uns noch einmal an, was bei der Evolution vorgegangen ist. Die ‹Enzephalisierung›, ein komplexes Verhältnis von Gehirngröße zu Körpergröße, das anzeigt, wie aufgeweckt eine Gattung ist, hat sich bei den Reptilien in mehr als zweihundert Millionen Jahren nicht verändert; dagegen handelte es sich sogar schon beim ursprünglichen Übergang zu Säugern vor mehr als hundert Millionen Jahren um eine vierfache Zunahme nach diesem Maßstab, was einen großen genetischen Umbau erforderte. In den letzten fünfzig Millionen Jahren der Säugerevolution hat erneut eine vier- oder fünffache Steigerung in relativer Gehirngröße stattgefunden – insgesamt für den Durchschnittssäuger im Vergleich zum Durchschnittsreptil eine zwanzigfache Steigerung.

‹Durchschnittssäuger› läßt freilich eine Menge zu wünschen übrig, und wenn wir unter ihnen zu unterscheiden beginnen, stellen wir fest, daß sogar unsere frühesten Primatenvorfahren dem Rudel der ‹Durchschnittssäuger› vorausgeeilt waren. *Necrolemur*, noch nicht einmal ein richtiger Primat, unserer Abstammungslinie aber sehr nahe, besaß schon im Eozän, also vor sechzig Millionen Jahren, ein Gewichtsverhältnis Hirn–Körper von 1:35. Währenddessen hatte als eines der Gegenstücke ein Alt-Rhinozeros während derselben Epoche ein Gewichtsverhältnis Hirn–Körper von 1:2000. Diese Ungleichheit hat seitdem wesentlich zugenommen.

Die ursprüngliche Zunahme der Enzephalisierung während des Übergangs von Reptilien zu Alt-Säugetieren begleitete vermutlich, nach modernen Vergleichsdaten beurteilt, eine große Verschiebung in der Reizwelt von einer vorherrschend visuellen (wenngleich noch nicht *analytisch* visuellen) zu einer solchen, die abhängig war zusätzlich zum

Sehvorgang von Hören und Riechen. Harry Jerison, dem vieles vom neuen Wissen über die Evolution des Gehirns zu verdanken ist, glaubt, die Ausdehnung des anfänglichen Säugergehirns sei im Grunde die Lösung ‹eines Verpackungsproblems› gewesen. Beim Sehvorgang ist in der Netzhaut des Auges selbst genug Platz, um Neuraleinheiten für Integration in starkem Ausmaß ‹hineinzupacken›. Ähnliche Integration in den Hör- und Geruchssystemen muß auf höheren (zentraleren) Stufen des Nervensystems erfolgen – zum Teil vielleicht deshalb, weil es sich statt räumliche um zeitliche Integration handelt, vielleicht aber auch nur aus Platzmangel. Es darf als wahrscheinlich gelten, daß die Ur-Säugetiere von den viel erfolgreicheren zeitgenössischen Reptilien aus den Tages-licht-Anpassungsnischen vertrieben wurden (was erst nach einem langen Kampf stattgefunden haben mag) und daß die Evolution besseren Hör- und Riechvermögens ein Teil ihrer Anpassung an die Dämmer- oder Nachtwelt gewesen ist. Die gewohnten Prozesse natürlicher Selektion, auf jene Gene einwirkend, die Neuralstrukturen codieren, sind alles, was man braucht, um diesen eindrucksvollen, langanhaltenden Übergang zu erklären, der vor mehr als hundert Millionen Jahren abgeschlossen wurde.

Interessanterweise ist es *möglich*, daß die Erfahrung bei diesem Übergang eine Schlüsselrolle gespielt hat. Stellen wir uns ein Ur-Säugetier vor, das in einer Dämmernische lebt, mit einem Gehirn, das auf Erfahrung ganz ähnlich reagiert wie die Gehirne der oben geschilderten Ratten. (Da eine solche Reaktionsfähigkeit von Pyramidenzellen-Dendriten auf Erfahrung sogar im Gehirn des Zweifleckenbuntbarschs nachge-wiesen worden ist, sind ähnliche Prozesse in den Gehirnen von Ur-Säugetieren in hohem Maß wahrscheinlich.) Unterstellen wir, daß im Verlauf seines individuellen Lebenszyklus dieses Ur-Säugetier den Zwang erlebt, sich mehr als ein anderes Mitglied seiner Rasse auf Hör-reize zu verlassen, um Nahrung zu finden und Räubern zu entgehen – sagen wir in einem südlich gelegenen geographischen Bereich, wo die Tageslichtstunden länger sind und das Sehvermögen sich als noch nütz-licher erweist. Wir können Umwandlungen in Verteilung und Form der Stacheln und Dornen an den Dendriten der Nervenzellen im Hörsystem des Tieres erwarten, das sich auf das Gehör verläßt. Es kann, wie wir wissen, diesen schwerverdienten Vorteil nicht an seine Nachkommen vererben. Dafür kann es diese Nachkommen zwingen, in einer Umwelt aufzuwachsen, wo mit ihnen vermutlich dieselbe Veränderung vorgehen wird, weil das Gehirn ähnlichen Einwirkungen ausgesetzt ist.

Was auf lange Sicht noch wichtiger ist: Es kann das Junge zwin-gen, in einer Situation aufzuwachsen, wo der unvermeidliche unter-schiedliche Reproduktionserfolg diejenigen mit *genetisch* besserem Hör-vermögen begünstigt, selbst wenn es nur geringfügig besser ist. Das wäre ein klarer Fall des Baldwin-Effekts: Umweltveränderungen, die während der individuellen Lebensspanne bewirkt werden, können eine Population neuen Selektionskräften aussetzen, die ihrerseits genetische Veränderung bewirken, welche in dieselbe Richtung neigt wie die ursprüngliche Umweltveränderung.

Trotzdem geht es um keine *Vererbung* erworbener Eigenschaften. Modifikation durch Erfahrung *lenkt* genetische Veränderung nur. Der evolutionäre Gesamtübergang, der Jahrmillionen erforderte, ist fundamental und unerbittlich genetisch. Es ist wahrscheinlich, daß das Gehirn des Ur-Säugetiers auf Umwelteinflüsse bereitwilliger reagiert als das seines Reptil-Vorfahren, und zwar nur wegen der Zunahme an Hirnmasse (mehr Neuronen, mehr Dendriten, mehr Dendritenstacheln, mehr Gelegenheit zur Veränderung). Die grundlegende Veränderung ist aber keine der vergrößerten Masse, sondern der Reorganisation. Das Interessante daran ist die Einführung neuer Möglichkeiten der Sinnesverarbeitung (bei Gehör und Geruch) und nachfolgend einiger Änderungen in der Natur zentralnervlicher Integration, die schließlich auf die sensorischen Veränderungen gefolgt sein müssen. Keine Erfahrung, gleichgültig wie reichhaltig, gleichgültig wie stark, könnte im Verlauf eines Einzellebens auch nur Anfänge jener Art Veränderungen hervorrufen, die das Gehirn des Ur-Säugetiers von dem des Reptils so unterscheiden.

Ähnlich kann man bei allen nachfolgenden Evolutionsveränderungen verallgemeinern. In der nächsten Phase der Gehirnentwicklung beim Säugetier ist es das Verschwinden einer Reptiliengruppe, der Dinosaurier, und die Wiederbesetzung der Tageslichtnische durch Säugetiere, die den Anstoß liefern, und die Reorganisation besteht in einer Rückkehr zum visuellen Modus – wenigstens bis zu einem gewissen Grad, wenigstens bei manchen Säugetieren –, aber auf eine viel fortgeschrittenere Art als bei Reptilien. Nimmt man die Fortschritte der Ur-Säugetiere als ‹Operationsgrundlage›, so haben die neueren Säugetiere ein System der visuellen Verarbeitung im Gehirn entwickelt, der zum Grundstein der nachfolgenden Gehirnevolution wurde. Verglichen mit dem visuellen System der Reptilien ist es räumlich wie zeitlich in hohem Maß geordnet, hochintegrierend, hochanalytisch, in hohem Maß reaktionsbereit auf Umweltveränderung, und, vielleicht vor allem anderen, in hohem Maß offen für Kommunikation mit den Systemen, die Information von den anderen Sinnesvorgängen verarbeiten. Und es war dieses letzte Merkmal, das die Evolution der großen assoziativen Systeme – im Grund die Denksysteme – des höheren Säugetiergehirns ermöglichte.

Alle diese Eigenschaften wurden bei der Primaten-Abstammungslinie in einem eindrucksvolleren Ausmaß erreicht als bei irgendeinem anderen Säuger. Sie stützten sich mehr auf analysierendes Sehen, sie erweiterten ihre Gehirne stärker, und sie taten beides früher. Sie führten am Ende die Gehirnevolution ganz gewiß weiter als irgendeine andere Abstammungslinie und begaben sich in eine Anpassungsnische zuerst mit Werkzeuggebrauch, dann Werkzeugherstellung und schließlich mit Sprache – der letzte Schritt zur Kultur. All das erforderte progressiven, anhaltenden Umbau des Gehirns. Auch diese Evolution durch natürliche Auslese war im wesentlichen eine Veränderung in den Genen und in der Art ihrer Wechselwirkung, um die Strukturen des Gehirns hervorzubringen.

Das Endergebnis, das wir in unseren Köpfen herumtragen, ist trotz all seiner Makel eindrucksvoll. Es wiegt mehr als zweieinhalb Pfund – eine enorme Last für ein mittelgroßes Säugetier, bei der man sich manchmal fragt, wie wir sie aufrecht halten. Es enthält zwischen 10^{10} und 10^{11} – also zwischen zehn und hundert Milliarden – Nervenzellen. (Die Ungenauigkeit wird verursacht durch die sogenannten Granulazellen [‹körnchenartig›], winzigen Neuralkomponenten bestimmter Gehirnstrukturen, von denen es vermutlich Milliarden gibt und die sehr schwer zu zählen sind.) Nur einige Millionen davon sind sensorische Zellen, die eigentlichen Eingabepunkte in die verschiedenen Sinnesorgane, und nur rund eine bis zwei Millionen sind motorische Neuronen, die ‹letzten gemeinsamen Bahnen›, mit denen die Zusammenziehung der Muskeln und die Sekretionstätigkeit von Drüsenzellen direkt gesteuert werden. Der Ausdruck ‹letzte gemeinsame Bahn› ist wichtig, weil es für jedes motorische Neuron ungefähr zehntausend nicht-motorische, nicht-sensorische Nervenzellen gibt, zehntausend Einheiten, die auf eine zusammenlaufen. Das Potential für Integration ist ungeheuer groß. Den Neuroanatomen als ‹das große Intermediärnetz› bekannt, sind diese Milliarden zentraler – nicht-sensorischer, nicht-motorischer – Neuronen verantwortlich für die übergroße Mehrheit der verstandesmäßigen, emotionellen und geistigen Funktionen des Gehirns.

Ungefähr siebzig Prozent davon liegen in der Hirnrinde, einer in verwickelten Mustern geordneten, in der Regel aus sechs Schichten bestehenden Struktur, vor allem für Integration angelegt. Eine riesengroße, plattenartige Struktur von ziemlich gleichmäßiger Dicke ist die Rinde, entsprechend genetisch bestimmten Mustern, beschränkt auf die menschliche Gattung, übereinandergefaltet. So eingerollt und in einen kleinen, rundlichen Schädel geschoben, besetzt sie den größten Teil des für das Gehirn vorgesehenen Raums. Ohne sie können wir nicht sprechen, begreifen, Muster sehen, Assoziationen lernen, vorausempfinden, uns erinnern, denken oder – wenigstens im *menschlichen* Sinn – fühlen. Es ist die am höchsten entwickelte, neueste, größte, interessanteste und möglicherweise am höchsten geordnete Struktur im Gehirn.

In beinahe jeder Beziehung am anderen Extrem gibt es eine Ansammlung von Neuronen (sie eine ‹Struktur› zu nennen, könnte bedeuten, ihr mehr zuzubilligen, als sie verdient), die als ‹aufsteigendes Aktivierungssystem› bezeichnet wird. Sie befindet sich im Kern des Hirnstamms und ist so ungeordnet, wie die Hirnrinde geordnet ist, so alt wie die Rinde neu. Aber so primitiv sie auch sein mag, sie genügt; nimmt man sie heraus, tritt der Tod ein, während die Entfernung der gesamten Hirnrinde mit dem Überleben unter geschützten Bedingungen durchaus vereinbar ist. Ihre Funktion ist die Regulierung des Wachzustands, oder, nach dem glücklichen Ausdruck des großen Neuroanatomen Walle Nauta, sie liefert ‹die Haltung des inneren Milieus›. Vom Kern des Hirnstamms aus kann sie durch kurze Verbindungen, hergestellt durch unspezialisierte, multipolare Neuronen – Neuronen, die, wie Nauta sich ausdrückt, zum Lauschen geschaffen sind –, wie auch durch längere, direkte Verbindungen mit praktisch allen höheren und niedrigeren Regionen des Zentralnervensystems kommunizieren. Sie regelt Schlaf und Wachsein und alle die damit verbundenen vielfältigen zyklischen Aktivitäten einschließlich der kürzeren Zyklen innerhalb von Schlaf und Wachzustand. Sie stimmt helles Wachsein und Erwachen ab, zwei bedauernswert verschwommen definierte, trotzdem aber vorhandene Abarten des Wachzustands. Sie befindet sich an einem Dreh- und Angelpunkt für die Vermittlung zwischen den emotionellen Funktionen des limbischen Systems (‹des emotionalen Gehirns›, in oder nahe bei den Rändern der Hirnrinde eingehüllt) und den physischen Funktionen des Rückenmarks und des autonomen Nervensystems. Impulse gehen in beide Richtungen, stromauf- und abwärts, und mäandern langsam, aber sicher von einem multipolaren Neuron zum anderen. Wegen ihrer sternen- oder eigentlich asteriskartigen Form sind diese Neuronen hervorragend befähigt, weithin zu lauschen und eine integrierte Botschaft weiterzuvermitteln. In ihrer Gesamtheit gehören sie einer ungeheuren Menge ähnlicher sternartiger Neuronen, tief versteckt im Kern des Gehirns, an, ein ununterbrochener Strom ziemlich unstrukturierter grauer Substanz, der vom Rückenmark durch den Hirnstamm in das Innerste des höheren Gehirns hinaufreicht.

Dieser Weg vollzieht in gewissem Sinn eine Evolutionsgeschichte nach. In den Gehirnen von Neunauge und Hai – den Vorformen der Wirbeltiere eng verwandt – beherrscht geradeso ein Fluß undifferenzierter, relativ unstrukturierter, kleiner Neuronen die restlichen Neuralformationen. Heute spricht vieles dafür, daß die frühesten Vorfahren der Wirbeltiere – Lebewesen, die mit dem Neunauge ein wenig Ähnlichkeit hatten – Zentralnervensysteme besaßen, die zum größten Teil aus dem bestanden, was in unserem Gehirn der retikuläre graue Kern ist. Phylogenetisch haben wir auf dieses Ursystem viele neue Strukturen getürmt, die meisten davon viel geordneter, aber der Kern steuert nach wie vor den Rest. Manchmal scheint er beinahe skeptisch sozusagen die Torheiten des als Spätling erschienenen Rests des Gehirns zu beobachten. Mit den großartigen Worten Paul Yakovlevs, eines der größten Neuropathologen dieses Jahrhunderts: ‹Aus dem Sumpf der Formatio reticularis erwuchs wie eine sündige Orchidee die Hirnrinde, wunderschön und schuldbeladen.›

Diese hochorganisierte Hirnrinde und ihr relativ weniger geordnetes ‹sumpfiges› Gegenstück im Hirnstamm sind gleichermaßen die Produkte von Millionen Jahren Evolution durch natürliche Auslese. Unbeschadet des Baldwin-Effekts fanden die in überwältigendem Maß entscheidenden Ereignisse in diesem Prozeß in der Chemie der Gene statt, Gene, welche die Struktur des Gehirns steuern. Natürlich entsteht das Gehirn nicht durch irgendeinen schlagartigen genetischen Zauber, schon gar nicht *geordnet*; das würde in der Tat höchst unglaubhaft wirken und uns nach einer Stütze der Umweltlehre tasten lassen. Aber ob man ein mit Gehirn beladenes menschliches Wesen ist oder ein neurologisch bedeutungsloses Neunauge, das vorhandene Nervensystem ist das Erzeugnis eines Verlaufs innerlichen Wachstums und erscheint, so wundersam es manchmal wirken mag, nicht mehr als Zauberei; wundersam wirkt es vielmehr nur noch in dem Sinn, wie viele Naturerscheinungen das tun, die zum großen Teil leicht erklärbar sind – etwa eine Wolke oder die Farben eines Sonnenuntergangs. Es wäre unfair, so zu tun, als wären schon alle Antworten vorhanden oder ihr baldiges Erscheinen sei eine rasche oder einfache Angelegenheit. Sie hängen von einigen der anregendsten und im Augenblick mühsamsten ungelösten Probleme in der Biologie ab. Nichtsdestoweniger sind manche Antworten schon vorhanden, und wir haben die in der Wissenschaft so erregende Phase erreicht, in der wir die Art von Wissen, die wir erlangen müssen, wenn wir ungefähr eine Generation später ein erkennbares Bild der Gehirnentstehung zeichnen wollen, ziemlich genau angeben können.

In einem gröberen Sinn war zur Jahrhundertwende schon viel bekannt. Damals beanspruchte die beschreibende Embryologie die Aufmerksamkeit vieler der bekanntesten Biologen, und der Gebrauch des zunehmend empfindlichen Lichtmikroskops, um zu beschreiben, wo im Frühstadium des Embryolebens Organe herkommen, war ein wichtiger Teil im konkreten Tageswerk der Biologie des 19. Jahrhunderts. Während der ersten Jahrzehnte des 20. Jahrhunderts wurde die Beschreibung mit noch genaueren Einzelheiten weitergeführt, und die Entdeckung der Ursprünge von Organen und Unterorganen verschiedener Gattungen setzt sich bis zu einem gewissen Grad heute noch fort. Vor allem beim Nervensystem, das durch Bezug auf geordnete Zellenarchitektur so hervorragend in getrennte Zellfelder differenziert werden kann, ist Raum für fortgesetzte lichtmikroskopische Beschreibung gewesen. Die Untersuchungen von Paul Flechsig, J. Leroy Conel, Paul Yakovlev und anderen während der ersten acht Jahrzehnte dieses Jahrhunderts haben den Prozeß ‹bloßer› Beschreibung dadurch gerechtfertigt, daß sie die Verfeinerung immer stärker hochschraubten und durch die letzten Stufen der fötalen Entwicklung und zuletzt durch den Verlauf des postnatalen Lebens fortführten. Mit dem Aufkommen des Elektronenmikroskops und jetzt des Raster-Elektronenmikroskops, die auf großartig dreidimensionale Weise Dinge offenbaren, welche wir lange mit Durchlicht gesehen haben, erbringt der Beschreibungsprozeß sogar noch mehr.

Dessenungeachtet muß man zugeben, daß das Feld der Entwicklung nervöser Systeme, heute größer und lebendiger als je zuvor, sich vom Beschreibenden weit entfernt hat. Beschreibung beantwortete in erster Linie die Frage: Was?, so wie adaptive Teleologie sich mit der Frage befaßte: Warum? Bis in die letzten Jahrzehnte blieb die Schlüsselfrage dazwischen, das Wie?, ein Rätsel. Antworten auf diese letzte Kategorie von Fragen – die zentralen Fragen der Entwicklungsbiologie – werden alle verbleibenden Zweifel darüber beseitigen, wie die Gene das ‹Wunder› beeinflussen.

Bedenken wir, was im Verlauf der Gehirnentwicklung beim Fötus bewältigt werden muß. Praktisch muß innerhalb von wenigen Monaten die gesamte Leistung von Hunderten von Jahrmillionen der Evolution nachvollzogen, wenn auch nicht unbedingt rekapituliert werden. Zig Milliarden Neuronen müssen als Folge der Teilung von Mutterzellen vor dem Augenblick der Geburt entstehen, im Durchschnitt mehr als hunderttausend in der Minute. Diese neuen Nervenzellen müssen in einem Embryo, der sich in der Form ständig verändert, den Weg zu ihren anatomischen Zielen finden, manchmal über beträchtliche Entfernungen hinweg. Zahllose Millionen dieser Zellen müssen dann zu vorbestimmten Zeiten sterben und andere überlebende Millionen zurücklassen, wie bei einer lebenden Skulptur. Jede muß eine Form entwickeln, die für sie (oder zumindest für ihre Kategorie) eine ganz bestimmte ist, und diese Form muß vor allem eine streng festgelegte Folge von Fortsätzen oder Auswüchsen einschließen – Dendriten, in der Regel kürzer und vorwiegend Empfänger von Information, und Axone, gewöhnlich länger (oft sehr lang), in erster Linie Sender von Information.

Sobald die Zelle ihren festen Platz eingenommen hat, muß das Axon den Weg zu seinem eigenen Ziel finden. Die Organe des Nervensystems sind in dieser Beziehung einzigartig; vor allem dort stellen die Verbindungen zwischen Zellen, sogar weit voneinander entfernten Zellen, die Grundlage der Funktion selbst dar. Nicht einmal die Dendriten bleiben still, und wir können uns die Zelle – vor allem ihre Prozesse – mit Recht so vorstellen, daß sie sich an ihrem Platz schwach bewegt, wo sie das ganze Leben hindurch einen langen, trägen, windungsreichen Tanz vollführt; aber es sind die Axone, die den großen Auftrag haben, Verbindungen herzustellen, was sie dadurch leisten, daß sie unterwegs sind, manchmal über einen großen Bereich des Gehirns hinweg. Sie müssen nicht nur dahin, wohin sie unterwegs sind, und eine Verbindung herstellen, sondern auch vermeiden, vielerlei Verbindungen herzustellen, die sie an Stellen, wo sie vorbeikommen, zu Unrecht erzeugen könnten.

Jede Nervenzelle muß einen oder mehrere von mindestens einem Dutzend Neurotransmittersubstanzen entwickeln – die chemischen Substanzen, die Nervenzellen dazu benützen, zu benachbarten Nervenzellen zu ‹sprechen› –, und es muß die richtige sein. Eine Anzahl angemessen eingestellter Synapsen – die Zwischenflächen zwischen einer Nervenzelle und der nächsten – muß gebildet werden, muß architektonisch vom Aufbau her stimmen und zwischen dem richtigen Zellenpaar liegen. Zellen müssen zu funktionieren beginnen, Elektrizität tragen und auf diese Weise auch Schaltungen zum Funktionieren bringen. Einige der mühsam hergestellten Verbindungen in vielen Teilen des Gehirns müssen aus ‹Gestaltungsgründen› in Zusammenhang mit der Verschlankung des Systems sterben, so wie zuvor Millionen mühsam hervorgebrachter Neuronen gestorben sind. Schließlich müssen sich im nicht-neuralen Gewebe um die Nervenzellen alle möglichen Unterstützungssysteme entwickeln. Beispielsweise muß sich an vielen Nervenzellen als Folge der Tätigkeit benachbarter nicht-neuraler Stützzellen durch einen von zwei verwickelten Prozessen, die für zentrale und periphere Nerven verschieden sind, die Markscheide bilden, eine aus Myelin bestehende fettige Umhüllung des Axons; ohne diese Scheide wird der Nerv im Sinne von Leitungsgeschwindigkeit, Beständigkeit der Empfindlichkeit und der verwickelten zeitlichen Abstimmung in der Tätigkeit der Schaltungen, denen er angehört, seine Funktionsreife nie erlangen.

Alle diese Prozesse werden jetzt untersucht, und die Anfänge des Begreifens sind in unserer Reichweite. Über praktisch alle gibt es noch viel zu lernen, aber einige eindrucksvolle Fakten können hier schon angeführt werden. Da Gene bloße chemische Stoffe sind, und da alles, was sie tun können, darin besteht, einander an- oder abzuschalten oder einfach noch mehr chemische Stoffe zu erzeugen, muß das Verständnis, nach dem wir suchen, letzten Endes ein chemisches sein, und die schwierigen Zugangswege müssen die Operationsmechanismen zu erklären versuchen, statt lediglich die Ereignisse zu beschreiben, wie sie unter dem Mikroskop aussehen. Die entscheidende Frage ist: Wie können die unfaßbaren Kompliziertheiten der vielen Milliarden Neuralverbindungen des Gehirns sich zu geordneten Schaltungen zusammenfügen?

Einfallsreiche chemische Experimente können heute Antworten liefern, die weit über bloße Beschreibung hinausgehen. Das ist praktisch geschehen in einem Nebenfach der Hirnentwicklungsforschung, ausgelöst von Richard Sidman, einem Neuropathologen an der Harvard Medical School. Sidman begann um 1960 die als Autoradiographie bekannte Technik darauf anzuwenden, die zeitliche Festlegung der Geburt von Nervenzellen zu untersuchen. Einfach ausgedrückt, ist Autoradiographie lediglich die Einspritzung radioaktiver Substanzen, gefolgt praktisch von einer photographischen Entwicklungsprozedur, die dem Untersucher gestattet, den konkreten Ort des radioaktiven ‹Indikators› im Gewebe sichtbar zu machen. Diese Technik ist vielen Zwecken dienstbar gemacht worden, aber keine erscheint aufregender als die Methode mit

‹Tritiumthymidin›, einer bestimmten Art von radioaktivem Nachweis in Verbindung mit DNA, die dazu dient, Zellen zu identifizieren, die im Begriff stehen, sich zu teilen. Sie wird weithin angewendet, um das Gehirnwachstum zu untersuchen, vor allem in seinen frühesten embryonalen Stufen.

Die Folge dieser wirksamen Technik war die, daß man eine ganz neue Dimension der Hirnentwicklung zu beschreiben vermochte: Schema und Folge der Geburtstage von Nervenzellen. Dieses Schema wird mutmaßlich geregelt von Steuergenen, die einer Zelle mitteilen, wann sie sich teilen soll, und auf Hinweise von Lage und Signalen benachbarter Zellen reagieren. Für die Bestimmung der Gehirnstruktur erweist sie sich als äußerst bedeutsam. Die Beziehung der Struktur zur Folge der Zellengeburtstage ist an verschiedenen Stellen des Gehirns unterschiedlich. Beispielsweise lagern sich in der Hirnrinde früher geborene Zellen in der ersten, inneren Schicht ab; Späterkommende müssen dann an ihnen vorbei weiterwandern, um die äußeren Schichten zu bilden. In den meisten anderen Teilen des röhrenförmigen Frühgehirns ist es umgekehrt; hier wandern frühgeborene Zellen am weitesten, während später geborene Zellen sich gewissermaßen hinter ihnen anstellen. Man weiß nicht, weshalb die Hirnrinde hier einen Unterschied macht, bekannt ist aber, daß eine Verletzung ihres einzigartigen Schemas eine Katastrophe sein kann.

Diese Katastrophe tritt bei der mutierten Taumelmaus ein. Der Taumler hat einen genetischen Defekt: eine rezessive Veränderung eines bekannten Gens an einem bekannten Genort auf einem bekannten Chromosom (genau Chromosom 21) – eine winzige chemische Veränderung über eine noch unbekannte Stoffwechselbahn verursacht tiefgreifende Verhaltensanomalien einschließlich Schwachsinn und lokomotorischer Unfähigkeit. Viele dieser Anomalien lassen sich zurückführen auf ebenso tiefgreifende Strukturanomalien in Groß- und Kleinhirnrinde. Die Taumelmaus wird, wie viele andere neurologische Mäusemutanten, eingehend untersucht von Neuropathologen. Diese hoffen, daß eine Kenntnis dieser genetisch einfachen Mißbildungen zu Fortschritten bei vernichtenden Formen ererbten Schwachsinns bei Menschen führt – manche davon sind, zumindest genetisch, an sich nicht komplizierter (obschon vermutlich andersartig) als die Krankheit der mutierten Taumelmaus.

Bei der Taumelmaus ist die wunderbar geschichtete Struktur der normalen Hirnrinde vollkommen umgestülpt – buchstäblich auf den Kopf gestellt. Zellen, die nach unten gehören, liegen oben in den äußersten Schichten, und Zellen, die nach oben gehören, befinden sich unten. Ursprüngliche Spekulationen darüber, wie die Hirnrinde der Taumelmaus in diesen Zustand gerät, deuteten auf Zellengeburtstage als mögliche Antwort. Vielleicht, so die damalige Hypothese, verändert der genetische Defekt einfach den Geburtszeitpunkt von Rindenzellen, so daß ihr typisches Innen-Außen-Schema der Lagerung auf tragische Weise umgekehrt wird. Ein autoradiographisches Experiment in Sidmans Labor widerlegte das; Zellengeburtstage bei diesem Mutanten waren normal, und die am frühesten geborenen Zellen waren von angemessener Größe und Form, jedoch völlig am falschen Platz – oben statt unten. Das bedeutete, daß der genetische Defekt nicht in erster Linie den Zeitpunkt des Zellengeburtstages beeinflussen konnte, sondern vielmehr vor allem den Wanderungsweg selbst – oder vielleicht das ‹Halte›-Signal. Das heißt, wir haben den Bereich akzeptabler Hypothesen ein wenig eingeengt, auf den Prozeß, wie die Neuralverbindungen spezifiziert werden.

Dabei handelt es sich natürlich nur um eine einzige unbedeutende Störung bei der Maus. Sie hat aber Parallelen beim Menschen, wenn auch keine ganz genauen, und man hofft, daß das vollständige Begreifen des Gehirnentwicklungsprozesses bei neurologisch mutierten Mäusen zu Lösungen der Rätsel führen wird, die manche Formen menschlichen Schwachsinns aufwerfen. Darüber hinaus wird uns das auch die Erkenntnis liefern, wie die Gene aller Säugetiere ihren Bauplan für die Entstehung des Gehirns ausführen.

Es ist gewiß noch ganz unklar, wie die Zellen des frühen Gehirns im Morast der neuralen Matrix ihren Weg finden, aber auch hier sind die Antworten verschwommen sichtbar. Seltsamerweise hat das Fach Immunologie einen Ausbruch von Experimenten auf dem Gebiet der Entwicklungsbiologie ausgelöst einschließlich des Untergebiets Nervensystemwachstum. Die Immunologie, mit der Fähigkeit von Zellen befaßt, andere Zellen zu erkennen, um sie entweder (wenn sie fremd sind) zu zerstören oder in Ruhe zu lassen, läßt eine ganze Reihe von Hypothesen über die früheste Differenzierung embryonaler Organe erkennen. Wenn die Zellen des Körpers genetisch programmiert werden können, um Gewebe zu erkennen, das dem Wirt fremd ist (wie sie das bei der Abstoßung von übertragenem Gewebe tun), warum vermögen das dann nicht auch verschiedene Zellpopulationen unter sich selbst? Ein solches Erkennen braucht nicht zur Vernichtung, könnte aber sehr wohl zu Zurückweisung, Anziehung, sogar zu Adhäsion führen, und das in unterschiedlichem Maß, so daß viele der dramatischen Zellbewegungen, der geordneten Massenwanderungen, die Gehirn und Körper zu dem machen, was sie sind, in Wahrheit von einer komplexen Matrix aus positiven und negativen wechselseitigen Wertigkeiten verursacht werden könnten. Wie bei Immunreaktionen könnten die Zellen einander erkennen und anziehen oder abstoßen durch chemische Indikatoren auf ihren Oberflächenmembranen, wo sie mit anderen Zellen am ehesten in Berührung kommen. Diese Markierungen ihrerseits sind leicht zu verstehen als Genprodukte. Viele Laboratorien befassen sich jetzt bevorzugt mit diesem Problem der Erkennung von Zelle zu Zelle im frühen Embryo, so daß wir bald damit rechnen können, darüber vieles zu erfahren.

Der nachdenkliche Leser, zumal einer mit Mißtrauen gegen Gene, mag sich jetzt fragen, wie es sein kann, daß die Zellen eines Embryos eine solche Vielfalt von Zellenoberflächen-Markierungen hervorbringen können – stark genug, um Adhäsion, Abstoßung und alles dazwischen zu leisten –, wenn alle Zellen genetisch identisch sind. In der Tat plagt diese Lücke in unserem Verständnis die Entwicklungsbiologen noch immer so, wie sie es schon seit der Anfangszeit der Embryologie im 20. Jahrhundert getan hat. Alles, was man mit Zuversicht sagen kann, ist, daß irgend etwas an der physikalischen Veranlagung der Zellen schon nach sehr wenigen Teilungen des befruchteten Eis sie veranlaßt, chemisch verschiedene Aspekte ihrer identischen Genanordnungen auszudrücken. Dermaßen chemisch einmal differenziert, haben sie sich vermutlich auf Besonderheit festgelegt und können einander chemisch auf eine Unzahl staunenswerter Weisen beeinflussen, zu denen Abstoßung und Adhäsion gehören.

Das geht ins Technische, ich weiß, aber es hat Methode. Wir hören so viel von den Auswirkungen der Gene auf Verhalten, auf Intelligenz, auf Emotionen; dieses Buch strotzt von solchen Verallgemeinerungen. Um wenigstens einmal dem schrecklichen Gefühl des ‹Abwinkens› zu entgehen – dem, das uns beim Anhören bestimmter Erklärungen beschleicht, daß manche Dinge durch Wunder geschähen, oder allermindestens, daß der Erklärende keine Ahnung hat, wie sie vor sich gehen –, müssen wir in den abstrusen Wirrwarr des Mechanischen hinuntersteigen. Damit die Gene auf Verhalten, Intelligenz oder Emotion einwirken können, müssen sie oft eine körperliche Struktur und die Art, wie sie wächst, beeinflussen. Zumeist ist diese Struktur das Gehirn. In den frühesten Ereignissen der Gehirnentwicklung werden wir die Auswirkungen der Gene auf den Aufbauplan wohl am deutlichsten sehen, und um endlich das Gefühl loszuwerden, ihr Werk sei ein Wunder, müssen wir uns auf die physikalischen und chemischen Ereignisse dieser Frühstadien konzentrieren. Hier werden wir wohl am ehesten Punkte finden, wo die Gene eingreifen können, und dort werden wir sie demzufolge vermutlich in einem ganz bestimmten Sinn in den nächsten Jahrzehnten bei ihrer Tätigkeit beobachten.

Ein Gebiet, wo das Werk der Gene bald erkennbar werden könnte, ist die Frage, wie diese frühen Zellen sich bewegen. Vieles davon geschieht in Blöcken; Zellen teilen sich häufig, an einem Pol oder einer Seite des Embryos vielleicht ein wenig schneller als an dem oder der anderen, und Formveränderungen sind unvermeidlich; der größte Teil der Bewegung wird hervorgerufen durch rein mechanisches Schieben – zwar gesteuert, aber trotzdem geschoben. Innerhalb solcher Blockbewegungen können die chemischen Oberflächenmarkierungen die Zellen veranlassen, zusammenzuwachsen oder sich abzustoßen, die physikalischen Kräfte modifizieren und steuern. Später kann die Zellbewegung viel stärker individualisiert erfolgen; obwohl sich ganze Populationen bewegen, ist jede Zelle für sich in Bewegung, und diese Bewegung ist in der Regel amöbenhaft. Das heißt, die Zelle ist weich, sogar gallertartig; ein Teil von ihr glitscht in eine bestimmte Richtung und bleibt haften, bis mehr von der Zelle nachkommt.

Solche amöbenhaften, wandernden Nervenzellen kann man sich vorstellen als chemisch gelenkt; es ist wahrscheinlich, daß sie Oberflächenmarkierungen haben, die sie an chemischen Gefällen entlangtreiben, immer stärkeren Konzentrationen eines Anziehungsstoffes entgegen, bis sie ihre vorbestimmten Plätze erreicht haben. Sie sind aber auch physikalisch gelenkt, und nicht nur dadurch, daß sie als Masse vorangeschoben werden; zumindest manche von ihnen werden dadurch gelenkt, daß sie auf schon vorgezeichneten Strukturbahnen dahinkriechen. Das ist beispielsweise der Fall bei der Rinde von Großhirn wie Kleinhirn, wo neugeborene Nervenzellen sich an verlängerte Radialfasern klammern – nicht-neurale Zellen, die vom inneren Rand, wo die Nervenzellen entstehen, durch die Rinde bis zur äußeren Rindenoberfläche reichen, wohin sie schließlich finden müssen.

Pasko Rakic von der Yale School of Medicine hat den langdauernden, langsamen Aufstieg solcher Zellen an den Radialfasern im embryonalen Leben des Rhesusaffen beschrieben, und Sidman und seine Kollegen haben festgestellt, daß bei einem anderen Mäusemutanten, dem Weber, Anomalien in diesen ‹Leit›-fasern in der Kleinhirnrinde (ein entscheidendes motorisches Zentrum) der Schlüssel für die Störung sind. Wenn auch nur eines von dem Genpaar am kritischen Platz auf dem Chromosomenpaar defekt ist, sind die Leitfasern vergrößert und unregelmäßig – die erwachsene Maus wird ein in der Größe um 5 bis 10 Prozent verringertes Kleinhirn haben. Wenn beide Gene des Paares defekt sind, fehlen die Leitfasern fast völlig, und das kraß abnorme Kleinhirn führt zu einem Tier mit schwerer Bewegungsdysfunktion, Zittern und allgemeiner Schwäche. Bei einem defekten Gen kommt es zu behinderter Wanderung der Rinden-Nervenzellen und zum nachfolgenden Tod bei einigen davon; bei doppeltem Defekt ist das Wanderungsunvermögen weitverbreitet, der Nervenzellentod überall. Obwohl die chemischen Verbindungen zwischen der Molekularstruktur des defekten Gens und den Anomalien der ‹Leit›fasern noch nicht gefunden worden sind, macht die Auswirkung des Genschadens den Ablauf verständlicher und real. Wichtiger noch, sie wirft die Möglichkeit auf, daß wir den Mechanismus bestimmter Hirn- und Verhaltensstörungen bald begreifen werden, die subtiler Art sind, das heißt, hervorgerufen durch ein einzelnes, nicht völlig rezessives Gen, mit kleineren, aber meßbaren Auswirkungen – nicht bloß die krassen Defekte von Schwachsinnssyndromen. Und dieser Schritt wird uns einer Verhaltensgenetik individueller Unterschiede im Normbereich erheblich näherbringen.

Bei der Erforschung der chemischen Gefälle, die wandernde Nervenzellen veranlassen, in die eine oder andere Richtung zu gehen, sind gewisse Fortschritte erzielt worden. Experimente auf diesem Gebiet stellen die ersten Schritte dar, den chemischen Code zu knacken, mit dem wandernde Zellen ihre vorbestimmten Plätze finden. Und wenn dieser Code geknackt ist, wird es nur ein kurzer Schritt zu den Genen sein, die für die Codesignale zuständig sind.

Abgesehen davon, daß sie von einer bestimmten Richtung angezogen werden, müssen die Zellen natürlich auch ihre vorgesehenen Verbindungen herstellen. Manche tun das, indem sie einen langen Zellprozeß hinter sich herziehen, während der zentrale Zellkörper unterwegs ist; dieses Vorgehen beseitigt die Notwendigkeit für den Zellprozeß, auf eigener Stufe seinen Weg zu finden. Andere bilden Verbindungen, die rein lokal sind, so daß Zellprozesse keinen weiten Weg zurückzulegen haben. Manche müssen jedoch Prozesse liefern, die dazu bestimmt sind, lange Axone zu werden. Diese brauchen keine Entfernung zurückzulegen, die der Länge der längsten Axone im Erwachsenen entspricht, weil das Embryo ja viel winziger ist; trotzdem kann es um das Mehrtausendfache der Zellenlänge selbst gehen. Hier läßt sich die Herausforderung für Neuroembryologen mit jener des Ablaufs der Zellwanderung selbst vergleichen: Wie bewegt sich das wachsende Axon, wie findet es seinen Weg, und woher weiß es, wann es stehenbleiben muß?

Diese Fragen bildeten bis zur Mitte der sechziger Jahre einen Grundkonflikt. Kurz zusammengefaßt, ging es dabei um die Rolle der ‹Chemospezifität› – der Lenkung wachsender Axonspitzen durch hochspezifische chemische Gefälle – im Aufbau von Schaltungen in Nervensystemen. Die ältere (wenngleich nicht älteste) Ansicht war die von Paul Weiss, der während der mittleren Jahrzehnte dieses Jahrhunderts behauptete, die dominierenden Kräfte seien mechanischer Art und beträfen die Orientierungswirkungen physikalischer Streßlinien – etwas in der Art des vorhin erwähnten ‹Schiebens›; oder, um es etwas würdiger darzustellen, eine Art historischer Geologie submikroskopischer Strukturen. Die ‹neue› Ansicht, eigentlich eine Wiederbelebung der klassischen Meinung aus den frühen Jahren des Jahrhunderts, ist die von Roger Sperry am California Institute of Technology, 1981 mit dem Nobelpreis ausgezeichnet. Er bestand darauf und wies das mit der Zeit nach, daß chemische Affinitäten mit der Lenkung von Nervenzellen-Ursprungskegeln viel mehr zu tun hatten, als Weiss glauben wollte.

Sperry zog es vor, Frösche und Salamander zu untersuchen – phylogenetisch einfach genug, um erhebliche Kapazität für Nervenregeneration zu besitzen, die bei den Experimenten erforderlich war, zugleich aber komplex und den Säugetieren nah genug, so daß man mit einiger Zuversicht aufwärts verallgemeinern konnte. In einer langen Reihe von Experimenten, wiederholt beanstandet von der Lehrmeinung mechanistischer Lenkung und wiederholt umgestellt, um den Beanstandungen zu entsprechen, lösten Sperry und seine Kollegen das Auge vom Gehirn und brachten die Verbindungen durcheinander. Im Lauf der Zeit bestand das Ziel jedes Experiments darin, es nachwachsenden Axonen immer schwerer zu machen, ihren Weg zu finden; das ging sogar so weit, daß man die Netzhaut wie ein Puzzlespiel durcheinandermischte. Regenerierte Fasern fanden unbeirrt ihren Weg zu den richtigen Plätzen vorheriger Verbindungen, obwohl die Folge davon war, daß das Auge unangemessen funktionierte (beispielsweise erschien in einem Teil des Gesichtsfelds ein Fluginsekt, und die Zunge des Froschs schnellte in einer anderen heraus). Das wurde als deutlicher Nachweis zugunsten bestimmter chemischer Markierungen gewertet, die auf die durcheinandergewürfelten Fingerzeige von Anatomie und Erfahrung nicht achteten.

Wie beim Fall der Wanderung ganzer Nervenzellen schließen diese Tatsachen über die Rolle chemischer Gefälle bei der Lenkung der Axone, die aus diesen Zellen herauswachsen, keineswegs die Möglichkeit einer Rolle für rein physikalische Kräfte und andere mechanische Führer aus. Zum Beispiel: Eine Methode, mit dem Axone ihren Weg finden, ist die, anderen Axonen zu folgen, obschon das freilich eine naheliegende Frage aufwirft. In manchen Teilen des Gehirns – etwa im Hippocampus, einer Struktur, die eine Rolle zu spielen scheint für das Gedächtnis und die Integrierung verschiedener Formen eingehender Sinnesinformation – scheint die zeitliche Festlegung des Wachstums von kritischer Bedeutung für das korrekte Entstehen von Verbindungen zu sein. Eine Veränderung ihrer Ankunftszeit ändert die Verbindungen, die hergestellt werden, vermutlich deshalb ab, weil sich der Hippocampus selbst in einem anderen Entwicklungsstadium befindet, wenn die langsameren oder schnelleren Verbindungsfasern eintreffen.

Ein anderes Vorgehen, das eine Rolle spielt, nachdem die Verbindungen hergestellt sind, scheint in einem Annäherungsverfahren zu bestehen; es werden manche Verbindungen hergestellt, die später in irgendeiner Weise falsch erscheinen; diese sterben ab, es bleiben die nützlicheren. Ja, *nützlich*. Von den frühesten Augenblicken der Embryoentwicklung an sind Zellen, die einander entscheidend beeinflussen, füreinander und für den Embryo von *Nutzen*. Zwar mögen Gene viel von der inneren Steuerung übernehmen, aber Zellen sind in hoher Weise empfindlich für andere Zellen. Diese Hinweise von anderen Zellen können Oberflächenmarkierungen sein oder rein mechanische Kräfte, verursacht von den Genen oder einfach der Lageanordnung und den mit dem Wachstum verbundenen Bewegungen. Einige der grundlegendsten Ereignisse der Entwicklung hängen völlig von der Gegenüberstellung verschiedener Gewebe in kritischen Augenblicken ab. Um ein Beispiel zu nehmen, das aus der Anfangsbiologie geläufig ist und eine der ältesten Erkenntnisse auf diesem Gebiet: Das Augenbläschen, aus dem das Auge entstehen wird, ist im frühen Embryo linsenlos. Wenn es die Haut berührt – die äußere Hülle embryonischer Zellen –, führt es zur Ablösung einiger Hautzellen, die zum Ansatz der Linse werden. Dafür sind alle Hautzellen geeignet; ein unter der Haut des sich entwickelnden Fußes eingepflanztes Augenbläschen wird ebenfalls eine Linse hervorbringen; ohne eine solche Hautberührung bleibt die Entwicklung der Augenlinse aber aus. Vor diesem Ereignis läuft das Augenwachstum mehr oder weniger aus eigener Kraft ab; danach verleiht Neueinpflanzung des Organs praktisch überall im Körper trotzdem ein mehr oder weniger normales Auge, obschon funktionslos, weil der Anschluß zum Gehirn fehlt. So wird das sich entwickelnde Auge durch die Evolution gesetzt und unmittelbarer von den Genen, damit es einen Großteil der Arbeit selbst leistet und doch in einem entscheidenden Augenblick ein nicht wegzudenkendes Eingreifen durch ein Gewebe von außerhalb erforderlich ist.

Dank einem bemerkenswerten Experiment im Labor von Stanley Crain am Albert Einstein College of Medicine wissen wir, daß Nervenzellen sich zu verschlungensten Geflechten mit voll ausgereiften Verbindungen zwischen Zellen aufbauen können, *ohne* daß irgendein Nutzen damit verbunden wäre. Nach Crains einfallsreichem Vorgehen wurden Explantate – winzige Teilchen – von der Hirnrinde der frühfötalen Maus in Gewebekulturen gezogen und, beginnend zu einer Entwicklungszeit erheblich vor der Entstehung von Synapsen (funktioneller Neuralverbindungen), narkotisiert. Das Lokalanästhetikum Xylokain wurde den Teilchen zugefügt, weil es bekanntermaßen alle normalen elektrischen Funktionen in Kulturen gezogener Nerven unterdrückt, ob spontan oder durch Reize hervorgerufen, ohne den Nerven dauernden Schaden zuzufügen. Trotz des völligen Fehlens von Reizen oder spontaner elektrischer Tätigkeit entwickelten die Explantate sich unter dem Betäubungsmittel weiter und brachten organisierte Neuralzusammensetzungen – Grundlagen der Schaltungsverbindungen – hervor, einschließlich der charakteristischen Teilstrukturen der Synapse, wie sie unter dem Elektronenmikroskop zu erkennen ist. Crain und seine Kollegen kamen, als sie ihre eigene Arbeit im Verhältnis zu der von Sperry und anderen überprüften, zu dem Schluß: «So gibt es inzwischen bedeutsame Hinweise darauf, daß spezifische interneuronale Kontakte während der Entwicklung durch genetische Mechanismen bestimmt und daß organisierte neuronale Anordnungen im Vorwärtsbezug auf ihre endgültige Funktion gebildet werden.»

Ungeachtet aller Bedeutung innerer Strukturen in der Gehirnentwicklung beeinflußt die Erfahrung Neuralverbindungen aber nach wie vor. Wir sind einigen dieser Entscheidungen vorher begegnet. Mark Rosenzweig, Marian Diamond, Edward Bennett und andere an der University of California in Berkeley wiesen nach, daß Verarmung oder

Bereicherung der Umwelt von Ratten, sogar von älteren Ratten, Gewicht und Dicke der Hirnrinde, das Verhältnis Stützzellen zu Nervenzellen, Zahl und Größe der Synapsen, die Menge der synaptischen Transmittersubstanzen und ihrer Enzyme, die Komplexität der höheren Verzweigung von Dendriten und die Zahl der Stacheln, die auf einer Dendriten-Längeneinheit zusammengedrängt sind, beeinflussen. Richard Coss und Albert Globus von der University of California in Davis haben weiter gezeigt, daß die *Form* der Dendritenstacheln bei Zweifleckenbuntbarschen, die isoliert aufgezogen wurden, sich unterscheiden von denen, die in Gemeinschaft heranwachsen. Letztere, die offenkundig viel mehr Reize erhielten, haben Stacheln, die im Querschnitt wie Squashschläger aussehen, mit großen, langen Köpfen und kürzeren Stielen, während Querschnitte der Stacheln bei Isolierten eher Federballschlägern gleichen, mit kleinen Köpfen und langen Stielen.

Diese Veränderung galt freilich nicht nur für den Zweifleckenbuntbarsch. Coss und Globus untersuchten die Stacheln erneut in Photomikrogrammen aus einer ähnlichen Untersuchung durch Francisco Valverde vom Instituto Cajal in Madrid. Dieses Material, von Mäusen stammend, die entweder bei Licht oder in Dunkelheit aufgezogen worden waren, zeigte ähnliche Formveränderungen der Dendritenstacheln. Schließlich untersuchten Coss und Globus neurophysiologisches Material; auch das zeigte ähnliche Formveränderungen bei Stacheln nach intensiver kurzzeitiger Reizung individueller Zellen. Diese Untersuchungen wiesen auch nach, daß solche Strukturveränderungen von funktionellen Veränderungen begleitet sind. Sie kamen zu dem Schluß, daß kurzstielige Dendritenstacheln mit dicken Köpfen starker Reizung weniger elektrischen Widerstand entgegensetzen würden als langstielige, kleinköpfige (das ergibt sich aus Elementarerkenntnissen der Physik) und daß eine solche adaptive Strukturabwandlung die Empfindlichkeit der Neuralschaltungen und damit das praktische Funktionieren des Gehirns verändern würde.

Wie lassen sich diese dramatischen Erkenntnisse struktureller Veränderung durch Reaktion auf Erfahrung vereinbaren mit dem Gewicht des Beweismaterials zugunsten von Schaltungsaufbau beim Fehlen von Reizen oder sogar der Funktion? Eine Überlegung, die sich einstellt, ist die, daß beim Fehlen von Reizen embryonische Ereignisse stattfinden könnten, die grobe Schaltungsstruktur prägen, während postnatale Verfeinerungen dieser Struktur der Erfahrung überlassen blieben. Zum Nachteil dieser schönen Theorie haben wir jedoch genügend Beweise dafür, daß Stimulation bei manchen Aspekten des Embryo-Gehirnwachstums eine große Rolle spielt und daß umgekehrt einige Großereignisse der nachgeburtlichen Hirnentwicklung sehr schön ohne die spezifischen Erfahrungsweisen ablaufen können, die man für belangvoll halten würde.

Die Sache ist die, daß keine einfache Konstruktion jemals auch nur das umfassen kann, was wir heute schon darüber wissen, wie die verschiedenen Aufgaben von Gehirnaufbau und -konstruktion zwischen Genen und Umwelt aufgeteilt werden, geschweige denn das, was wir bald wissen werden. Seit die Diskussion über Vererbung gegen Umwelt das ‹gegen› überwunden hat, über die Frage: Welche? und die nur unwesentlich nutzlosere Frage: Wieviel? hinaus- und zu der vernünftigen Frage: Wie? gelangt ist, müssen wir uns darauf vorbereiten, der Tatsache ins Gesicht zu sehen, daß die letztere nicht eine Frage allein ist, sondern aus Tausenden von Fragen besteht. Für jedes System, für jeden Augenblick in der Entwicklung könnten wir es mit einem anderen Gleichgewicht, einer anderen Arbeitsteilung, einer anderen Integration der Funktionen von Genen und Welt zu tun haben. Der rauschende Sturzbach von Argumenten zwischen Vererbungs- und Umwelttheoretikern, engstirnigen Fanatikern unterschiedlicher Färbung, wird ohne Zweifel weiterbrausen, für den ahnungslosen Zuhörer übertönen, wie komplex die Fragen sind, und damit ein Verständnis praktisch unmöglich machen. Inzwischen werden ein paar Einzelgänger damit fortfahren, die wahre wissenschaftliche Grenze des Faches immer weiter hinauszuschieben. Es ist aber schon so weit, daß jede Analyse der Ursachen menschlicher Natur, die *entweder* die Gene *oder* die Umweltfaktoren außer acht läßt, mit Gewißheit aufgegeben werden kann.

5 Die Körpersäfte

Die Gedanken, die ich jetzt ausspreche, und Ihre Gedanken
dazu sind der Ausdruck molekularer Veränderungen in jenem
Stoff des Lebens, der die Quelle unserer anderen lebenswichti-
gen Erscheinungen ist.
Thomas Huxley, ca. 1870, zitiert von
Charles Merrington, ‹Man on his Nature›

Wenn ich intelligente Leute die Bedeutung der Geneinflüsse für die
Verursachung komplexen Verhaltens bestreiten höre, möchte ich sie
manchmal am liebsten freundlich, aber entschieden am Arm packen und
zu Las Ventas führen, der großen *Plaza de toros* in Madrid. Nach dem
Eröffnungstusch, nach dem bewußt gezierten Aufmarsch der Toreros in
der Sonne, nachdem man einige stille Augenblicke in die leere Arena
hinabgeblickt hat, klappt ein Tor auf und zurück und herein springen
oder stolpern oder stürzen ungefähr vierhundert Kilogramm pflanzenfressende Säugetiere männlichen Geschlechts in nicht sehr freundlicher
Gemütsverfassung. Idealerweise säße auf der anderen Seite des Umwelt-
theoretikers ein älterer, erfahrener, treuer Anhänger des *Toreo*, oder,
vielleicht noch besser, ein ehemaliger Torero.

Nun würde nicht einmal der extremste Verfechter der Umwelttheorie den Versuch unternehmen, den Unterschied zwischen dem sichtbaren Tier und dem Durchschnittsrind männlichen Geschlechts erklären
zu wollen, ohne sich auf Gene zu beziehen. Kein vernünftiger Mensch
würde auf den Gedanken verfallen, bestreiten zu wollen, daß die Dutzende, möglicherweise Hunderte von Generationen sorgfältiger Zucht
für den Stierkampf, die unserem Nachmittag vorausgegangen sind, Gene
hervorgebracht haben, die auf irgendeine entscheidende Weise ‹hinter›
dem Verhalten des Kampfstiers stehen. Was aber weniger bereitwillig
eingeräumt werden mag – obwohl das für diejenigen, die vom Stierkampf
auch nur eine Ahnung haben, ebenso feststeht –, ist, daß jede Zuchtranch
eine Linie mit einer charakteristischen Reihe von Verhaltensneigungen
und Fähigkeiten hervorbringt. In einem der wenigen englischsprachigen
Bücher über das Thema wird das folgendermaßen zusammengefaßt:

In einem Zeitraum von fünfunddreißig Jahren im achtzehnten Jahrhundert entstanden die vier großen Blutlinien, die modernes Toreo möglich
machten: 1745 die Cabrera, um 1750 die Gallardo, 1775 die Vistahermosa,

1780 die Vazquez. Ein Jahrhundert lang waren die Cabreras, ein andalusischer Züchtungsstamm, entwickelt aus vielen Orten im Gebiet Sevilla, bekannt für ihre Größe und Tapferkeit. Sie wurden außerdem berühmt für Sentido, die Fähigkeit, den Torero vom roten Tuch zu unterscheiden, was ihre Beliebtheit minderte. 1852 kaufte Don Juan Miura den Cabrera-Zuchtbullen und vereinigte ihn mit anderen andalusischen Stämmen, um die großartigen und mörderischen Miuras hervorzubringen, die wir noch heute gelegentlich sehen.

Die Einzelheiten des Verhaltens bestimmter Züchtungsstämme können viel genauer und für eine größere Zahl von Stämmen bestimmt werden. Der wissensreiche *Aficionado* neben uns an der *Barrera* wird in der Tat ganz selbstsicher sein, wenn er Zuchtgut und Stamm der sechs Stiere auf dem Programm nachliest und nicht nur einige Merkmale ihrer Größe und Muskelstärke voraussagt, sondern auch viele Verhaltenseigenschaften, eingeschlossen nicht nur ‹Tapferkeit› und *Sentido*, sondern zum Beispiel auch, wie direkt und weit sie unter dem Tuch angreifen, bevor sie abdrehen, wie eng sie abdrehen, wie groß ihre Neigung ist, die Pferde anzugreifen, wie oft sie die Lanze des Pikadors nehmen, wie müde sie nach fünfzehn Minuten in der Arena sein, wie sie ihre Schädel tragen werden, nachdem sechs *Banderillas* in ihre Nackenmuskeln gestoßen wurden, wie stark sie dazu neigen, nach oben zu stoßen, wenn der Matator mit dem Degen über ihren Hörnern zum Töten ansetzt, und sogar, wie leicht sie sterben.

Selbstverständlich wird es nicht möglich sein, das bei jeder Zucht oder jedem Stamm alles vorherzusagen, und außerdem sind diese verschiedenen Merkmale nicht unabhängig voneinander oder von Größe und Form des Körpers und der Hörner und der Muskelverteilung auf dem Knochengerüst. Überdies wird keine Vorhersage auf schlichte oder banale Weise für jedes Exemplar eines Stammes gelten, so berühmt er für ein bestimmtes Merkmal auch sein mag. Und schließlich haben keine wissenschaftlichen Untersuchungen diese Voraussagen bestätigt. Dessenungeachtet wird der Stierkenner ein paar Dinge über die auffälligeren Neigungen der Angehörigen eines Züchtungsstammes sagen können. Er wird öfter recht als unrecht haben und sich gerechterweise enttäuscht fühlen, wenn diesen Erwartungen nicht entsprochen wird. Die Zeitungskritiken am nächsten Tag mögen diese Enttäuschung rechtfertigen durch besondere Kritik an den Züchtungsmethoden des Gutes und gelegentlich eine Warnung, daß die Qualität des Stammes in Gefahr sei.

Es gibt keinen Anlaß, anzunehmen, daß irgendwelche wichtigen Beiträge zu der oben beschriebenen Vorhersagbarkeit aus anderen Quellen kommen als den Genen. Kampfstiere werden nicht für die *Plaza* dressiert; sie werden lediglich gezüchtet. Man läßt besondere Vorsicht walten, damit sie selten, wenn überhaupt, einen Menschen zu Fuß gesehen haben, bevor sie in die Arena stürmen und den Matador sehen. Sie begegnen, während sie aufwachsen, Gutsarbeitern auf Pferden, die sie aber nicht unfreundlich behandeln. Es gibt Gelegenheit für spielerisches oder vielleicht ernstes Hörnerrangeln mit anderen Bullen, aber zu keiner Zeit Erfahrungen von der Art, wie das Tier sie während der letzten fünfzehn Minuten seines Lebens haben wird; in Reaktion darauf wird es die Verhaltensweisen zeigen, die zum früheren Ruf des Stammes entweder beitragen oder ihn schädigen müssen. Zu keinem Zeitpunkt wird es eine Gelegenheit gegeben haben, Verhaltensmodelle in dieser Situation zu beobachten und nachzuahmen.

Es besteht die entfernte Möglichkeit, daß intrauterine Wirkungen – hervorgehend aus dem Einfluß der chemischen Umwelt auf den Fötus, erzeugt von den Hormonen der Mutter – bei der Entwicklung mancher Verhaltensneigungen eine wichtige Rolle spielen. Solche Einflüsse werden aber noch ungenügend durchschaut und sind im Augenblick mehr der Spekulation verhaftet als genetischen Wirkungen. Auch das Lernen muß bei diesen Verhaltensweisen eine Rolle spielen. Es ist wahrscheinlich, daß aggressives Spiel mit anderen Bullen auf dem Gut die Reifung interessanter Verhaltenstendenzen ermöglicht; die Neigung, bestimmte Dinge auf bestimmte Weise in einem bestimmten Tempo zu erlernen, ist von großem Sachinteresse für den Genetiker – so groß wie das Interesse am Auftreten von Verhaltensweisen, die im Grunde kein Lernen erfordern. So ist insbesondere *Sentido*, also die Fähigkeit, den Mann vom Tuch zu unterscheiden, etwas, was ein Kampfstier bei seinem einzigen Auftritt in der Arena am Ende seines Lebens sehr schnell lernt. Aus diesem Grunde hält man es für entscheidend wichtig, bei aufwachsenden Stieren zu verhindern, daß sie einen Menschen zu Fuß sehen. Eine solche Erfahrung würde die Neigung erstärken, das Tuch zu mißachten und direkt auf den Mann loszugehen, wodurch *Toreo* unmöglich wäre; der Stierkampf ist nicht gedacht als fairer Kampf, sondern als graziöses, mutiges, rituelles Schlachten. Was *Sentido* also beschreibt, ist die Mühelosigkeit, mit der die verschiedenen Züchtungsstämme diesen Lernprozeß unter Bedingungen von Streß und Schmerz bewältigen; die Unterschiede in *Sentido* unter den Stämmen sind genetische Verschiedenheiten in der Lernfähigkeit – spezifisch für einen engen Verhaltensbereich und eine spektakuläre Sondersituation.

Natürlich ist das nicht Wissenschaft, sondern nur gesunder Menschenverstand, noch dazu der gesunde Menschenverstand von Angehörigen einer bestimmten Subkultur, der sich der größte Teil vom Rest der Welt – oder wenigstens der angelsächsischen Welt – überlegen dünkt. Ein Ort, wo gesunder Menschenverstand und Wissenschaft sich auf wunderschöne Weise vereinigen, ist die Analyse des Verhaltens von Hunderassen. Nehmen wir beispielsweise den Cockerspaniel und die englische Bulldogge. Niemand käme auf den Gedanken, behaupten zu wollen, der deutliche Unterschied in Kopf und Körper dieser ganz verschieden aussehenden Tiere stamme von etwas anderem her als von Unterschieden in der Verknüpfung ihrer Gene, geschaffen durch Hunderte von Generationen bewußter und sehr eingeschränkter Zucht. An dieser Stelle in der Geschichte der Verhaltenswissenschaften sollte uns das Eingeständnis nicht mehr schwerfallen, daß die ebenso deutliche Prägung von Verhalten und ‹Persönlichkeit› bei Spaniels und Bulldoggen ebenfalls – vielleicht im gleichen Maß – das Produkt von Genen ist, am Werk während des Entwicklungsverlaufs bei den nervösen und endokrinen Systemen, statt an Knochen, Muskeln und Haut.

John Paul Scott und John L. Fuller nahmen in den fünfziger und sechziger Jahren diese Möglichkeit sehr ernst. In ihren Hundezwinger-Labors bei Bar Harbor in Maine untersuchten sie mit den gewohnten Methoden der Laborgenetik für physische Eigenarten die genetische Steuerung deutlicher Verhaltenseigenschaften in fünf reinen Hunderassen: bei Drahthaarfoxterrier, amerikanischem Cockerspaniel, Basenji, einem afrikanischen Jagdhund, Shetland-Schäferhund und Beagle. Jede Rasse besitzt bestimmte Verhaltensmerkmale, und alle wurden Scotts und Fullers genetischen Analysen unterworfen. Ein Großteil der Arbeit konzentrierte sich jedoch auf zwei Rassen – Spaniel und Basenji – und dazwischenliegende Bastarde, weil es Bastarde der ersten und zweiten Generation sind, die entscheidende Hinweise auf den Vererbungsmodus beisteuern. Sie verliefen ganz in der Art wie bei Gregor Mendels klassischen Experimenten über die Vererbung von Größe und Farbe bei Gartenerbsen.

Obwohl nicht die beiden verschiedenartigsten Rassen der fünf, sind Spaniel und Basenji sehr verschieden. Der erste ist natürlich der beliebteste amerikanische Haushund, gut für Kinder zu halten, freundlich, zahm. Seine Geschichte umfaßt auch Zucht als Jagdgehilfe, aber in erster Linie für Gebrauch als Apportierhund, nicht für Angriff oder Verfolgung. Der Basenji ist ein Jagdhund, den die zentralafrikanischen Pygmäen verwenden. Obwohl wir keine Einzelheiten über seine Zuchtvorgeschichte haben, ist der kurzhaarige, kurzohrige Hund (er ähnelt einem spanielgroßen Boxer) von den Pygmäen und anderen Afrikanern als Allzweck-Jagdhund verwendet worden. Man verlangte von ihm unter anderem vermutlich Verfolgung und Angriff entweder allein oder in Gruppen, und die Wahrscheinlichkeit, daß er die gute Behandlung erhielt oder erwartete, die wir dem Cockerspaniel bieten, ist angesichts der allgemeinen Einstellung der afrikanischen Provinzbewohner zu Hunden gleich Null. Im Gegenteil, die Basenjis, die am Leben blieben und sich fortpflanzten, waren vermutlich zähe Überlebenskünstler, zur Zusammenarbeit mit Menschen fähig, ohne sich auf Zuneigung zu verlassen oder sie selbst zu bieten. Im Labor sind sie offenkundig wilder als Spaniels, wehren sich stärker gegen Beschränkungen und reagieren auf

Berührung mit stärkerem Ausweichen und Lautgeben. Sie sind mit fünf Wochen sehr scheu und ängstlich gegenüber Menschen, jaulen und schnappen, wenn in der Enge, rennen davon und führen sich generell wie Wildtiere auf. Mit dreizehn bis fünfzehn Wochen zeigen sie den menschlichen Abrichtern gegenüber mehr spielerische Aggressivität als Cockerspaniels und lassen während der ganzen Lebenszeit weniger Neigung erkennen, sich beim Wiegen still zu verhalten.

Nach dem, was man über die Züchtungstraditionen des Cockerspaniels weiß, ist wahrscheinlich, daß ihr Verhalten zum großen Teil zwei Schlüsselkriterien bei der Zuchtauswahl entspringt: Ducken als Reaktion auf eine erhobene Hand und das stark zurückgenommene Beißen – ‹weiches Maul› –, das für gutes Apportieren unabdingbar ist. Mindestens Dutzende von Cockerspaniel-Generationen hindurch züchteten Eigentümer vorzugsweise jene Hunde, die diese Merkmale am deutlichsten aufwiesen. Andere Unterschiede, für die bewußte Züchtungsgeschichte vielleicht nebensächlich, sind, daß Basenjis viel weniger bellen und statt dessen ein Heul- oder Jodelgeräusch hervorbringen und daß sie nur einmal im Jahr werfen, während die Cockerspaniels das halbjährlich tun.

Scotts und Fullers Analyse des Merkmals spielerischer Aggression bei den beiden Rassen liefert ein repräsentatives Beispiel für ihre Methodik. Bei dem Versuch, durchgeführt im Alter von dreizehn bis fünfzehn Wochen, neigen Basenji-Junge viel mehr dazu, den Abrichter spielerisch anzuspringen, nach seiner Hand zu schnappen oder damit zu ringen. Mischlinge erster Generation zwischen den Rassen nehmen eine Mittelstellung ein; die Wahrscheinlichkeit, daß sie eine der neun gemessenen Stufen spielerischer Aggressivität erkennen lassen, ist gleich groß. Die Mischlinge der zweiten Generation (Nachkommen von männlichen und weiblichen Mischlingen erster Generation) sind, wie ihre Eltern, sehr variabel und lassen den ganzen Schwankungsbereich spielerischer Aggressivität erkennen.

Die Rückkreuzungen dagegen (Mischlinge erster Generation, gepaart mit reinrassigen Basenjis oder reinrassigen Cockerspaniels) neigen stark zu den Eigenschaften der reinen Rassen. Diese Feststellungen *sind vereinbar* mit der Hypothese, daß das Merkmal spielerischer Aggression bei Hunden durch zwei Gene gesteuert wird, die auf irgendeine Weise die Aggressionsschwelle regulieren, wobei keiner der Genorte viel an Dominanz oder Rezession gestattet. Das heißt, an jedem der beiden Genorte in den Mischlingen erster Generation bestehen die Basenji- und Spanieleigenschaften nebeneinander, ohne daß eine die andere beherrschen würde. Ich betone ‹sind vereinbar›, weil diese Feststellungen nicht beweisen, daß die Situation nicht komplizierter ist, als die Hypothese unterstellt; lediglich, daß sie nicht einfacher ist. Bei diesen Experimenten ist es üblich – und in den meisten Fällen angemessen wissenschaftlich –, die einfachste mit den Daten zu vereinbarende Theorie aufzustellen, bis die Daten uns eine komplexere Hypothese aufzwingen.

Tests nach einem zweiten Merkmal, Furchtsamkeit, stehen im Widerspruch zu den Feststellungen bei spielerischer Aggression, während sie die einfache Hypothese bestätigen. In diesem Fall wurden Ausweichen und Lautgeben als Reaktion auf menschliche Berührung im Alter von fünf Wochen geprüft. Eine Mehrheit von Spaniels zeigte keine Furchtsamkeit, während alle Basenji sie zum Teil erkennen ließen. Die Mischlinge erster Generation, die gleiche Mengen Basenji- und Spanielgene besaßen, verhielten sich ganz ähnlich wie Basenjis. Das deutet auf den Einfluß von einem oder mehreren Genen, von denen die Basenjis dominierende Formen tragen. Die Verteilung der Mischlinge zweiter Generation (drei Viertel furchtsam, ein Viertel zahm) und der Spaniel-Rückkreuzungen (halb/halb) engt uns vielleicht auf eine sehr einfache Hypothese ein. Im Gegensatz zur spielerischen Aggression wird Furchtsamkeit – Ausweichen und Lautgeben als Reaktion auf Berührung – beim Hund gesteuert durch einen einzelnen Genort, für den die Basenjis, die traditionellen Hunde afrikanischer Jägerpygmäen, eine ‹Allele› oder Variante besitzen, die chemisch über die im entsprechenden Ort des Genkomplexes beim amerikanischen Cockerspaniel vorhandene Variante dominiert.

Wie kann es sein, daß eine so einfache chemische Veränderung – vielleicht Ersatz nur einer Nukleotidbase in einer riesig langen DNS-Kette – bei einem so komplexen Verhalten eine derart spezifische Veränderung zu bewirken vermag? Es wäre naiv, wollte man behaupten, die Antwort auf diese Frage sei schon bald zu erwarten. Man weiß im Gegenteil wenig über die Entwicklungsgenetik von Hundeverhalten – über den Prozeß, durch den eine kleine Veränderung in einem DNS-Molekül Veränderungen von chemischen Reaktionen in den Nervenoder Endokrinsystemen im entstehenden Organismus oder im Erwachsenen hervorrufen, die entsprechende beobachtete Verhaltensveränderungen auf plausible Weise erklären können. Es gibt aber viel Beweismaterial von anderen Gattungen einschließlich der Menschen. Zur Zeit gilt es nur für anomales Verhalten, darunter die tiefgreifenden Anomalien der geistig Zurückgebliebenen. Es ist vernünftig und nützlich zugleich, mit diesen Anomalien zu beginnen, weil ihre Erforschung zu verbesserter Behandlung oder Verhütungsprogrammen führen könnte. Man nimmt aber außerdem an, daß die Verbindungen zwischen diesen und den subtileren Prozessen des normalen Bereichs menschlicher Variation mit der Zeit deutlich werden dürften.

Wie im letzten Kapitel erwähnt, wurde der Genetik neurologischer Störungen bei Mäusen ausgedehnte und herausragende wissenschaftliche Aufmerksamkeit gewidmet. Mit den Beispielen Taumel- und Webermaus haben wir uns schon befaßt. Es gibt buchstäblich Dutzende anderer neurologisch mutierter Mäuse, die untersucht werden, und mehrere Laboratorien nähern sich langsam dem Punkt, an dem sie in der Lage sein werden, eine vollständige Darstellung der chemischen Reaktionen zu liefern, die abnorme Verhaltensweisen verursachen, angefangen von der einfachen Einzelgen-Mutation über die biochemischen Schritte der strukturellen Entwicklung bis zu einer feststehenden Theorie darüber, wie die veränderte Hirnstruktur die Verhaltensanomalie hervorruft.

Bei mindestens zwei geistigen Störungen des Menschen ist das beinahe schon möglich. Bei der Phenylketonurie (PKU), einer schweren Form von Schwachsinn, die jetzt behandelt werden kann, steht der größte Teil der chemischen Zusammenhänge fest. Wir wissen, daß es ein defektes Enzym gibt und daß der Defekt durch eine Einzelgen-Mutation hervorgerufen wird; wir wissen sogar, welches Chromosom die Mutation trägt. Die Tatsache, daß ein Säugling die doppelte Gabe des Gens braucht – von jedem Elternteil eines –, um an der Störung zu leiden, verrät uns, daß die normale Variante des Gens, wenn sie neben dem abnormen auftritt, in irgendeiner Weise chemisch dominiert und keine Störung auftritt. (Die abnorme Variante des Gens wird in einem solchen Fall als *rezessiv* bezeichnet.) Wir kennen die genaue Struktur des defekten Enzyms oder des Gens selbst – des DNS-Moleküls –, das sie letztlich hervorruft, nicht. Wir wissen aber viel über die Funktionen des Enzyms und darüber, wie ein einfacher Defekt in ihm dazu führen kann, daß ein Kind den kostbarsten menschlichen Besitz, ein normal funktionierendes Gehirn, verliert. Während die normalen menschlichen Verhaltensweisen, Emotionen und intellektuellen Fähigkeiten, mit denen wir uns in diesem Band später befassen, wenig Ähnlichkeit besitzen mit den tiefgreifenden Fehlfunktionen im Gehirn des an Phenylketonurie leidenden Kindes, wird man eines Tages erkennen, daß sie und ihre Variationen zum Teil von ähnlichen genetischen und enzymatischen Mechanismen herrühren.

Das bei Phenylketonurie defekte Enzym wird als Phenylalaninoxydase bezeichnet. Wie alle Enzyme ist es bekannt durch das, was es bewirkt: es verwandelt ein Phenylalanin genanntes Molekül in eine leicht abgewandelte Struktur mit ganz anderen Funktionen, nämlich Tyrosin. Phenylalanin ist eine Aminosäure; wir führen sie uns zu, wenn wir Eiweiß essen. Die Umwandlung in Tyrosin und später in andere Verbindungen ist, außer beim an Phenylketonurie erkrankten Kind, völlig normal und einfach. Bei diesem Kind führt das defekte Genpaar dazu, daß alle Moleküle des wichtigen Enzyms Phenylalaninoxydase in chemischer Sequenz und damit unausweichlich in der Form abnorm sind. Die Formveränderung schädigt seine Fähigkeit, seine Hauptaufgabe zu leisten: die Förderung der Reaktion, durch die Phenylalanin umgewandelt wird. Das zusammen mit dem Rest des Proteins im Essen in großen Mengen aufgenommene Phenylalanin baut sich, statt in Tyrosin verwandelt zu werden, hinter dem Enzymblock auf. Ein bedeutsamer Normalmechanismus für seine Beseitigung geht verloren, und es bleibt einfach im Gehirn. Tragischerweise ist es für Nervenzellen giftig und tötet sie einfach. Es kann mit fast vollständigem Erfolg dadurch behandelt werden, daß man Phenylalanin aus dem Essen fernhält, und viele amerikanische Bundesstaaten verlangen heute die grundsätzliche Untersuchung aller Neugeborenen auf hohe Mengen Phenylalanin im Urin – ein Schlüsselzeichen für abnorme Phenylalaninoxydase –, damit die richtige Diät fast schon ab Geburt beginnen kann.

Bei einem anderen Zustand schweren menschlichen Schwachsinns ist ein Enzym namens Beta-Galaktosidase defekt, was ebenfalls von einer rezessiven Einzelgen-Mutation herrührt. Das führt zu einer Stoffwechselsperre in einer anderen Grundkette biochemischer Synthese, mit dem Ergebnis, daß sich eine normalerweise beseitigte Verbindung zu giftigen Mengen aufbaut. Dank langfristiger, geschickter Versuche von Dominick Purpura vom Albert Einstein College of Medicine in New York haben wir jetzt eine Vorstellung von der Neuropathologie dieses Syndroms, bis hinab zur Stufe der Nervenzelle, wie sie unter dem Elektronenmikroskop erscheint. Zellprozesse nehmen in diesem Zustand eine extrem abnorme Form an und verzerren die normalen Funktionen der elektrischen Übertragung bis zu dem Punkt, wo entscheidende geistige Fähigkeiten verlorengehen. Die abnormale Form wird ihrerseits durch das Toxin verursacht.

Der Zusammenhang Gen–Enzymdefekt–Toxin–abnorme Zelle ist bei diesen beiden Störungen praktisch klar. Überdies kann in beiden Fällen der Funktionsdefekt – der Defekt in der Arbeit des Gehirns – in plausibler Weise von den Anomalien der Zellstruktur abgeleitet werden; nach den Gesetzen der elektrischen Leitfähigkeit selbst müssen solche Zellen versagen. Im Rückblick mag das alles naheliegend erscheinen; es mag sogar den Anschein haben, daß die medizinische Wissenschaft ein so einfaches System längst hätte erkennen müssen. In Wahrheit beruhen die meisten dieser Zusammenhänge auf Entdeckungen der letzten beiden Jahrzehnte. Angesichts der Fortschritte in den letzten Jahren bei der Analyse des genetischen Materials und seiner chemischen Mechanismen wird es nur eine Frage der Zeit sein, bis jede Einzelheit des Prozesses geklärt ist, ausgehend von dem jetzt vorhandenen Umriß. Wir stehen so am Rande vollständiger Erklärung bestimmter Störungen des menschlichen Geistes, die von einer chemischen Veränderung in einem Gen verursacht werden.

Aber so leicht kommen wir nicht davon. Phenylketonurie, bei weitem der am besten begriffene solcher Zustände, wird hervorgerufen von einem Gift in der Ernährung; wenn man das Gift entfernt, gibt es keine Störung, trotz der Tatsache, daß die Gene nach wie vor an ihrem Platz und nach wie vor abnorm sind. Das ‹Gift› ist natürlich für die meisten Menschen kein Gift; nur für solche mit dem Gendefekt. Es bleibt aber die Tatsache bestehen, daß es sich hier um eine geistige Krankheit handelt, die gleichzeitig vollkommen genetisch und vollkommen umweltbedingt ist. Gegen die Torheit, geistige und verhaltensmäßige Merkmale in Prozentsätze von genetischer und umweltbedingter Verursachung aufteilen zu wollen, könnten keine eindrucksvolleren Beweise vorgebracht werden.

Ebensowenig kann jemand einen besseren Beweis für die Tatsache finden, daß die Entdeckung einer genetischen Determination für eine Störung vielleicht die beste Hoffnung für eine umweltbedingte Behandlungsmethode darstellt. Nur die Kenntnis der *genetischen* Determination der Störung gab uns eine Chance, bei der Geburt die Kinder herauszufinden, die durch Phenylalanin vergiftet werden würden, und nur diese Identifizierung kann zu einer Veränderung in der *Umwelt* führen, die sie zu retten vermag.

Und in dieser Zeit genetischer Manipulation ist es nur angemessen, darauf hinzuweisen, daß die Entdeckung genetischer Determination einer Störung jetzt eine zweite Hoffnung bereithält – obschon eine, die nicht in allernächster Zeit erfüllt werden wird. Das ist die Hoffnung auf einen Eingriff, um den genetischen Mechanismus mit den Methoden der DNS-Rekombination zu verändern. Heute ist das noch ein Traum, aber kein leerer Wahn.

Untersuchungen wie die von schweren Schwachsinns-Syndromen (und den vorher erwähnten tiefgreifend schädigenden Einzelgen-Defekten neurologischer Art bei der Maus) werden jetzt sogar von den skeptischsten Gegnern biologischer Theorien für Verhalten und geistige Leistungsfähigkeit als Nachweis für genetischen Einfluß auf Gehirn und Verstand anerkannt. Was sie nicht akzeptieren, ist die Vorstellung, das hätte irgend etwas zu tun mit Verhaltensweisen innerhalb des Normbereichs oder auch nur mit weniger schweren Anomalien wie seelischen und geistigen Störungen. Sie würden niemals einräumen, daß die vollkommen eindeutigen Forschungsergebnisse zu einigen schweren Störungen bei Mäusen und Menschen vielsagende Zeugnisse für weniger abnormales Verhalten liefern. Und sie beharren darauf, daß es wenig oder kein Beweismaterial für ähnliche Stoffwechselwirkungen auf normales Verhalten gibt.

Beispielsweise werden beim oben erwähnten Fall der augenscheinlich durch Einzelgene bestimmten Steuerung furchtsamer Reaktion auf Berühren bei zwei Hunderassen Skeptiker skeptisch bleiben, bis nachgewiesen werden kann, daß der Furchtsamkeit eine Stoffwechselkette zugrundeliegt, die in den neuralen oder endokrinen Systemen zu einer Strukturverschiedenheit führt oder zumindest zu einem stabilen Unterschied in Maß oder Geschwindigkeit der Produktion des einen oder anderen Verhaltensmoleküls – Hormone, Neurotransmitter und die zugehörigen Enzyme. Überdies werden die Skeptiker von uns verlangen, daß wir einen enzymatischen Unterschied zwischen Spaniel und Basenji nachweisen, der sich *aus* dem behaupteten Einzelgen-Unterschied ergibt und *zu* dem strukturellen oder ‹verhaltenschemischen› Unterschied führt. Das würde dazu beitragen, die Hypothese der Kontinuität zwischen schweren Störungen und normalen Unterschieden auf der Stufe genetischer Steuerung zu bekräftigen.

Im Fall des furchtsamen Verhaltens von Basenjis und Spaniels gibt es einen solchen Nachweis nicht, und es wird ihn nicht sehr bald geben. Die extremen Umwelttheoretiker werden jedoch in ihrer Selbstsicherheit erschüttert durch umfangreiche Forschungen über andere Tiere, von der Taufliege *Drosophila monogaster* bis zu dem eigenartigen zweibeinigen Primaten *Homo sapiens*. Sehen wir uns einen Teil dieses Beweismaterials an und beginnen wir mit dem einfachsten System.

Als Seymour Benzer (jetzt Professor für Biologie am California Institute of Technology) sich für Hirnfunktion zu interessieren begann, nahm er einen Schnellkurs in Neuroanatomie bei einem berühmten und hervorragenden Lehrer – Walle Nauta vom Massachusetts Institute of Technology. Er war bereits weithin bekannt für seine Arbeit an der Genetik von Viren und für seine Rolle bei der Verdeutlichung des eleganten Codes, durch den die einfache Sprache der DNS-Sequenz in die andersartige Sprache der Proteinsequenzen übertragen wird. Durch seinen Lehrgang über das Säugergehirn kam er zu dem Schluß, daß ‹im Gehirn alles mit allem verbunden ist›, und beschloß, ein einfacheres, leichter zu handhabendes System zu finden.

Das fand er bei der gemeinen, gut erforschten Taufliege; der Analyse ihrer Verhaltensgenetik hat er nun rund fünfzehn Jahre gewidmet. Unbefriedigt von eindimensionalen Forschungsmethoden haben er und seine Kollegen sich eine Aufgabe gestellt, die nichts Geringeres betrifft, als die Verhaltensdetermination bei einer großen Vielfalt von Taufliegenmutanten vollständig zu charakterisieren, mit dem Ausgangspunkt Gen und dem Endpunkt Verhalten. Für eine zunehmende Zahl von Verhaltensmutanten dieser Fliege kann jetzt genau angegeben werden, auf welchem Chromosom (und wo auf dem Chromosom) das verantwortliche Einzelgen sitzt; wo auf dem Grundplan des entstehenden Embryos in seinen frühesten Phasen das Gen erstmals Ausdruck findet; welche Strukturveränderung in Nervenzelle, Sinnesrezeptor oder Muskel das betreffende Verhaltensmerkmal erklärt; und wie in einem chemischen Sinn das Gen die ursächliche Strukturveränderung bewirkt. Das ist übrigens der Vorteil beim Studium einfacher Systeme, wie Benzer sehr wohl wußte, als er bei den Säugern aufgab; eine Gruppe von Wissenschaftlern kann im Lauf eines ganzen Lebens hoffen, ungefähr global charakterisieren zu können, wie das System arbeitet. Das ist eine Wissensstufe, die bei komplexen Systemen ohne einen viel größeren Einsatz an wissenschaftlichem Personal nicht zu erhoffen ist, und sie liefert für das Verständnis besondere Zugewinne.

Manche der Fliegenmutanten haben schwere Störungen wie die neurologischen Mutanten bei den Mäusen. Einer, der halb im Spaß der *Fall-tot-um*-Mutant genannt wird, kommt aus der Verpuppung und verhält sich ein, zwei Tage lang völlig normal; dann wird er innerhalb weniger Stunden weniger aktiv und unkoordiniert, fällt schließlich auf den Rücken und stirbt. Das Syndrom beginnt mit einem rezessiven Gen auf dem X-Chromosom und kann danach verfolgt werden zu einem Teil des frühen Embryos, das dazu bestimmt ist, zum Gehirn zu werden. An dem Punkt, zu dem die Störung in Erscheinung tritt, wird das Gehirn rasch voller Löcher, und zwar wegen eines internen Faktors, hervorgerufen vom Gen. Natürlich ist dieser *Fall-tot-um*-Mutant vom Standpunkt normalen Verhaltens aus nicht von größerem – vermutlich von geringerem – Interesse als der schwerste Fall eines neurologischen Mäusemutanten. Aber das ist nur der extremste Fall.

Unter den anderen Einzelgen-Mutanten, die man auf diese Weise studiert, gibt es viel komplexere Verhaltensweisen von weitaus subtilerer adaptiver Bedeutung. Diese umfassen Änderungen in vielen auf Taufliegen fixierten Aktionsmustern (‹instinktive Verhaltensweisen›) wie die Neigung, sich dem Licht zu nähern, die Neigung, entgegen der Schwerkraft zu krabbeln, und die Fähigkeit, Verhalten in einem Zyklus von vierundzwanzig Stunden zu regulieren. (Man hat Mutanten mit 19 Stunden- und 28-Stunden-Zyklen gefunden, und Benzer stellt – ich hoffe, nicht zu ernste – Erwägungen über die möglichen Folgerungen für menschliche ‹Frühaufsteher› und ‹Nachtschwärmer› an.)

Einer der Mutanten ist in seinen Bewegungen träger als die normale Fliege, ein anderer schneller. Der *schreckbare* Mutant erleidet als Reaktion auf einen mechanischen Stoß einen Anfall und erholt sich nach einigen Minuten wieder, um seinen Geschäften nachzugehen. *Gelähmt* ist nur gelähmt, wenn die Temperatur über 28° C steigt, und erholt sich prompt, sobald die Temperatur sinkt; *Komatös* dagegen, bei hohen Temperaturen ebenfalls normal, braucht viel länger, um sich zu erholen, je nachdem, wie lange er der Hitze ausgesetzt war. (Die elektrische Funktion in den motorischen Nerven ist gedämpft und erholt sich nur langsam.) Am anregendsten sind die Mutationen, die Werbung und Sex beeinflussen, bei der Taufliege in hohem Maß stereotypes Verhalten: Ein Typ von Mutantenmännchen wirbt, aber mit geringerer als normaler Lebhaftigkeit; ein anderer verfolgt Männchen so begeistert wie Weibchen; ein dritter – *Eingeklemmt* genannt – klemmt sich bei der Kopulation ein und vermag sich nicht zu lösen, während noch ein anderer – Coitus interruptus – keiner Erklärung bedarf.

Was an dieser Reihe von Untersuchungen besonders interessiert, ist, daß Mutanten alles aufweisen können, von schwersten Anomalien über gemäßigtere Störungen bis zu Verhaltensunterschieden, die bei den wildlebenden Wesen vorstellbarerweise im Normalbereich liegen könnten. Eingeschlossen sind mehrere Verhaltenssyndrome, die nur unter bestimmten Umweltbedingungen auftreten und auf ein unterschiedliches Ausmaß an Umweltmanipulation reagieren, und sie reichen sogar bis zu genetischen Unterschieden bei der Lernfähigkeit. Trotzdem sind das alles Einzelgen-Veränderungen, die durch eine große Vielfalt von Körpersystemen und chemischen Mechanismen wirken, im Prinzip aber grundlegend ähnlich sind. Für die Taufliege ist also das Vorhandensein von Kontinuität zwischen der Art, wie schwere Verhaltensstörungen gesteuert, und der Art, wie mindestens einige feinere Unterschiede gesteuert werden, effektiv nachgewiesen. Das soll nicht heißen, daß andere Verhaltensweisen von Taufliegen nicht anders gesteuert werden; beispielsweise kann eine Verhaltensweise das komplexe Resultat von vielen gemeinsam einwirkenden Genen sein, statt auf den Einfluß eines einzigen Gens zurückzugehen; oder in der Hauptsache die Folge von Ernährung oder Temperatur während des Wachstums; oder das Ergebnis von Lernen. Es heißt nicht einmal, daß die Verhaltensweisen, bei denen nachgewiesen ist, daß sie einfach gesteuert werden, nicht vielen anderen Einflüssen unterliegen. Was es aber zeigt, ist, daß einige relativ subtile Verhaltensweisen, wie sie für den Naturhistoriker von großem Interesse wären, zum großen Teil die Folge von Ursachen darstellen, die im einfachsten, konkretesten Sinn genetisch sind.

Bei der Labormaus, einem Lebewesen mit dem Mehrtausendfachen an Gehirnkapazität der Taufliege, konnten wir bereits einen Blick auf das Ende des Kontinuums subtil-schwer werfen. Können wir irgend etwas tun, um den Bereich genetisch beeinflußter Verhaltensweisen für dieses viel interessantere Tier in Richtung des Normaleren zu erweitern? Auf die Frage liegt eine nachdrückliche bejahende Antwort vor. In vielen Experimenten ist inzwischen nachgewiesen, daß Züchtungsstämme von Mäusen, die sich genetisch in klassischer Weise unterscheiden, Verhaltensunterschiede zeigen, die in Verbindung mit Stoffwechselunterschieden stehen und sich vielleicht aus ihnen ergeben. Beispielsweise steht die Tätigkeit der Schilddrüse bei vier Stämmen mit lokomotorischer Aktivität in Verbindung; Unterschiede im Hirn-Serotonin (einem wichtigen Neurotransmitter) stehen bei zwei Stämmen in Verbindung mit Unterschieden in der ‹Emotionalität› (gemessen an Defäkation in einer fremden Umgebung); Unterschiede in den Neurotransmitter-Substanzen Serotonin, Noradrenalin und Dopamin sind als Erklärung für Spielartunterschiede bei Reaktion auf Schock genannt worden; Spielartunterschiede in der Aktivität des Leberenzyms Alkohol-Dehydrogenase werden zumindest von einigen Wissenschaftlern als Erklärung für Spielartunterschiede bei Alkoholpräferenz gesehen; Spielartunterschiede bei Empfänglichkeit für Anfälle, hervorgerufen durch ein schädliches Geräusch, scheinen der Steuerung von zwei getrennten Genorten zu unterliegen, wovon eines auf den ATP-Stoffwechsel (für die Energieerzeugung grundlegend) in der als Hippocampus bekannten Gehirnstruktur wirkt, das andere auf den Glutaminsäure-Stoffwechsel; und Spielartunterschiede bei der Empfindlichkeit gegenüber Androgenen (männlichen Sexualhormonen) scheinen einige beobachtete Unterschiede beim Kopulationsverhalten zu erklären. Die bei diesen Experimenten gezüchteten Mäusestämme werden in denselben Umwelten aufgezogen und unterscheiden sich im Grunde nur durch ihre Gene.

Man braucht nicht jeden Punkt auf dieser Liste mit einem hohen Maß an Gewißheit zu akzeptieren, um zu dem Schluß zu kommen, daß bei der Maus wie bei der Taufliege viele relativ subtile Verhaltensunterschiede genetischer Steuerung unterliegen (das weiß man schon lange) und (was neuer und wichtiger ist) plausible physiologische Mittler als Verbindungen zwischen Genen und Verhaltensweisen unterstellt werden können. Am interessantesten ist vielleicht, daß diese Untersuchungen von Abarten normaler Mäuse eine viel subtilere Verhaltensphysiologie bieten als die der neurologischen Mutanten bei Mäusen oder Taufliegen. Weit von den recht naheliegenden Schäden der Hirnanatomie entfernt, die in solchen Fällen beobachtet wurden, haben wir es hier in jedem Fall mit einem chemischen Unterschied zu tun: mit dem Spiegel eines Neurotransmitters, dem Umsatz eines Hormons, der Tätigkeit eines Enzyms, der Verfügbarkeit eines energieerzeugenden Moleküls, der Empfindlichkeit von Rezeptoren für einen Humoralfaktor (Körpersäfte betreffend) von den Keimdrüsen. Es ist möglich, daß genaue Beobachtung eine naheliegende, von den Genen bestimmte strukturelle Pathologie offenbart, aber wahrscheinlich ist es nicht. Wohl eher werden wir im Reich des unordentlich, aktiv Chemischen bleiben, in dem Reich, in dem veränderte Neigung verschiedener Nerven und Muskeln infolge verschiedener chemischer Stoffe zur Aktion an der Tagesordnung ist. Subtiles Verhalten, subtile Physiologie – aber doch von den Genen teilweise bestimmt.

So haben wir bei einem so komplexen Tier wie der Maus, einem, das so, wie die Tierwelt beschaffen ist, eine recht enge Verwandtschaft zu uns aufweist, den Umriß einer genetisch verursachten Verhaltensphysiologie, ohne das Gebiet der Einzelgene auch nur zu verlassen. Weniger ausführliche Informationen dieser Art gibt es für Ratten, Hunde und andere Säuger. Das nächsthöhere Wesen, für das reichliche Information vorliegt, ist kein anderes als wir selbst.

Menschliche Verhaltensgenetik ist die am ärgsten umstrittene Beschäftigung in der Verhaltensbiologie, mehr noch als die Beschäftigung mit sexuellen Unterschieden. Skeptiker sind in ihrer Skepsis gerechtfertigt durch frühere Fehler und Exzesse in diesem Fach. Der krasseste Fall: Wir erleben den Gebrauch von Theorien verhaltensgenetischer Art (obwohl sie in Wahrheit sehr unwissend sind) als Grundlage für politische Unterdrückung und Massenausrottung. Solche Bestrebungen reichen von der fernen Vergangenheit bis zum heutigen Tag.

Weniger dramatisch, aber ebenso verräterisch, ist die Schlampigkeit dessen, was in diesem Fach oft als respektable Forschung ausgegeben wurde. In den Zwillingsstudien, auf denen so vieles der neueren Theorie beruht, sind die statistischen Folgerungsprozeduren der Aufgabe in der Regel schlicht unangemessen gewesen, und angesichts der relativ kleinen Zahl von Zwillingspaaren könnten die Ergebnisse leicht durch Zufall entstanden sein. Ferner könnte sich ergeben, daß genetisch identische Zwillinge einander deshalb ähnlicher sind als nicht-identische Zwillinge, weil Eltern sie gleichartiger behandeln; es gibt jetzt sogar einige Hinweise darauf, daß das teilweise der Fall ist. Überdies sicherten einige berühmte Studien eineiiger Zwillinge, die getrennt voneinander aufwuchsen, nicht vor getrenntem, aber in hohem Maß ähnlichem Aufgezogenwerden, und in manchen Fällen sind ‹getrennte› Zwillinge gemeinsam zur Schule gegangen und hatten häufigen Kontakt.

Statistische Prozeduren nach der Experimentalliteratur über Vererbung gehen von Annahmen aus (zum Beispiel von zufälliger Verteilung genetischer Abarten auf Umwelten), die gewiß nicht für Menschen gelten, und trotzdem hat man sich auf solche Prozeduren in einer Weise gestützt, als sei das der Fall. (Was beispielsweise zu Schätzungen der Vererblichkeit des IQ-Bereichs von rund 45 bis etwa 80 Prozent führte; das allein schon sollte genügen, um uns zweifeln zu lassen.) Diese Schätzungen beruhen außerdem auf der Annahme, eine gegebene genetische Ausstattung A lasse sich mit einer anderen Ausstattung B durchgehend ohne Rücksicht auf die Umwelt vergleichen, eine Behauptung, die schon widerlegt ist, sowohl bei Tieren wie bei Menschen.

Schließlich das Schlimmste: Manche der berühmtesten Zwillingsdaten über die Vererbung des Intelligenzquotienten sind schlicht gefälscht. Wie vor kurzem ein Historiker britischer Psychologie, L.S. Hearnshaw, widerwillig nachwies, hat der berühmte Psychometriker Sir Cyril Burt Zwillings-Korrelationen entweder erfunden oder diese zumindest mehrmals verwendet, obwohl er behauptete, sie stammten von verschiedenen Untersuchungen (genau auf drei Dezimalstellen!); er erfand sogar unfaßbarerweise Mitarbeiter und Mitverfasser für Aufsätze, die er ganz allein geschrieben (und ‹erforscht›) hatte. Es fällt schwer, diese Schlampigkeit und Falschdarstellung anders zu erklären als mit einem alten menschlichen Vorurteil zu Gunsten des Glaubens, Blut sei Schicksal.

Jetzt werden bessere Zwillingsstudien unternommen, aber es ist wahrscheinlich, daß künftige Fortschritte in menschlicher Verhaltensgenetik nicht auf die alte Art erzielt werden, wo eineiige Zwillinge, zweieiige Zwillinge und Geschwister nach irgendeinem Maßstab verglichen werden und eine fragwürdige statistische Operation eine Prozentschätzung der Vererblichkeit erbringt. Zwillingsstudien können Hinweise bieten, aber die wahren Fortschritte werden von Stoffwechselunter-

suchungen der oben beschriebenen Art für nicht-menschliche Tiere und
für schwere Störungen beim Menschen kommen.

Ein ausführlich untersuchtes Problem ist die Schizophrenie, eine
Psychose beim Menschen, charakterisiert unter anderem durch Gefühls-
verarmung und Denkstörungen. Die chronische Form erforderte vor
dem Aufkommen von Psychopharmaka oft ständigen Klinikaufenthalt;
es gibt auch eine akute Form mit langen Perioden der Rückkehr zu
normalem Verhalten zwischen den Anfällen und eine Reihe von Syndromen, die in Beziehung dazu stehen könnten, aber viel weniger ernst sind,
bekannt als Störungen des schizophrenen Spektrums. Aus vielen Untersuchungen wußte man, daß der eineiige Zwilling eines Schizophrenen
mit durchschnittlich 50prozentiger Wahrscheinlichkeit selbst schizophren ist oder wird, während eine beliebig ausgewählte Person desselben
Alters und Geschlechts in der Gesamtbevölkerung einer Wahrscheinlichkeit von weniger als einem Prozent ausgesetzt ist, diese Krankheit zu
erwerben; bei einem zweieiigen Zwilling oder Geschwistern beträgt die
Wahrscheinlichkeit um die 15 Prozent.

Aus den üblichen Gründen mit den Zwillingsstudien unzufrieden, stellte Seymour Kety, ärztlicher Wissenschaftler am Maclean Hospital in Massachusetts eine elegante und schlüssige Studie an, die zur
Zufriedenheit fast aller nachwies, daß ein wichtiger Teil der Grundlage
für Schizophrenie den Genen zur Last gelegt werden kann. Er und seine
Kollegen (David Rosenthal, Paul Wender, Fini Schulsinger und Bjorn
Jacobsen) kamen auf den Gedanken, adoptierte Kinder in einer großen
Population zu studieren. Sie hatten Zugang zu ausgezeichneten dänischen Unterlagen, die zum Zeitpunkt der Untersuchung die Adoptions-
bevölkerung im Alter zwischen zwanzig und fünfundvierzig Jahren im
Großraum Kopenhagen umfaßte, insgesamt mehr als 5000 Personen.
Davon wurden 33 als schizophren eingestuft, und 28 von den 33 waren
vor dem Alter von sechs Monaten von ihren biologischen Eltern zur
Adoption freigegeben worden. Diese 33 wurden mit 33 nicht-schizophrenen Adoptivkindern nach demographischen und wirtschaftlichen Eigenschaften sorgfältig verglichen, mehrere hundert Verwandte (adoptiert
oder biologisch) ausfindig gemacht und befragt (die Teilnahme ausfindig
gemachter Verwandter betrug 90 Prozent).

Mehrere verschiedene Methoden, die Daten aufzuschlüsseln, wobei verschiedene Schwerestufen von Schizophrenie als Kriterien galten,
führten allesamt zur selben Schlußfolgerung, statistisch stets von hoher
Bedeutsamkeit. Wenn wir nur eine repräsentative Aufgliederung nehmen, die der Verwandten von Individuen, die *vor dem Alter von einem
Monat* zur Adoption freigegeben worden waren, sahen die Ergebnisse
folgendermaßen aus: Das Vorkommen von Schizophrenie bei den biologischen Verwandten nicht-schizoider Adoptivkinder betrug 0 von 92; das
Vorkommen bei den Adoptivverwandten derselben nicht-schizoiden

Adoptivkinder 1 von 51; das Vorkommen bei den Adoptiverwandten schizophrener Adoptivkinder betrug 2 von 45. Keines dieser drei Ergebnisse unterschied sich in bedeutsamer Weise von den anderen. Das Vorkommen bei den *biologischen* Verwandten schizophrener Adoptivkinder betrug 9 von 93, also fast zehn Prozent, viel höher als in den anderen Verwandtengruppen oder der Gesamtbevölkerung und vergleichbar mit den Ergebnissen bei den biologischen Verwandten von Schizophrenen, die nicht zur Adoption fortgegeben wurden.

Diese Untersuchung, von ausgezeichneten und pedantisch genauen Wissenschaftlern ausgeführt, die alle Vorsichts- und Überwachungsmaßnahmen nutzten, wie sie bei vielen vorherigen Studien gefehlt hatten, wiesen über jeden Zweifel hinaus nach, daß ein bedeutsamer Teil der Grundlage für Schizophrenie genetisch ist. Das ist sogar die bisher beste Untersuchung im ganzen Bereich der menschlichen Verhaltensgenetik und kommt den strengsten experimentellen Maßstäben so nah, wie das überhaupt menschenmöglich ist. Aber es blieb anderen Wissenschaftlern überlassen, den Bedarf an einer überzeugenden Stoffwechsel-Grundlage zu befriedigen, einer Reihe von Verbindungen zwischen dem Gen und der Störung von Gefühl, Denken und Verhalten – Verbindungen, die chemischer, physiologischer und vielleicht struktureller Art sein müssen.

Hunderte von Wissenschaftlern sind auf der Jagd nach dieser Möglichkeit gewesen, und obwohl es falsch wäre, zu behaupten, eine solche Schlußfolgerung stehe zur Verfügung – Schizophrenie mag sich schließlich doch als letzte gemeinsame Bahn für das Wirken verschiedener getrennter Ursachen erweisen, eingeschlossen mehrere Gene –, bleibt es doch möglich, auf einige vielversprechende Fortschritte zu verweisen.

Viele der Untersuchungen haben sich besonders mit Hirn-Neurotransmittern befaßt. Drogen, die bei der Behandlung von Schizophrenie Erfolg haben, besitzen, obwohl sie ganz unterschiedlich wirken, eine Gemeinsamkeit: Alle blockieren die Rezeptoren für Dopamin in den Synapsen (Lücken zwischen den Nervenzellen), die Dopamin als ihren Neurotransmitter verwenden. Die Wirkung ist somit diejenige, die Kommunikation zwischen Dopamin ausschüttenden Neuronen und den nächsten Zellen in den Schaltungen zu verringern, an denen sie beteiligt sind. Amphetamin, das in der Regel die Symptome der Schizophrenie verstärkt und in großen Dosen eine komplette Psychose hervorrufen kann, die in wesentlichen Merkmalen einer Schizophrenie gleicht, hat die Wirkung, Dopaminrezeptoren anzuregen, das Gegenteil der Wirkung von antischizophrenen Mitteln. Diese und viele andere Beweise haben Wissenschaftler dazu gebracht, die Aufmerksamkeit vor allem auf das Funktionieren des Neurotransmitters Dopamin zu richten, obwohl der Mechanismus, durch den er psychotische Symptome verursachen kann, nur schlecht verstanden wird und trotz der Tatsache, daß in kleinen Gaben weder Dopamin noch Amphetamin Halluzinationen hervorrufen können.

Dieser letzte Vorbehalt gilt nicht für einige andere Verbindungen – die halluzinogenen oder ‹psychomimetischen› Drogen. Demzufolge hat es Theorien gegeben, wonach das psychotische Gehirn auf irgendeine Weise derartige Verbindungen selbst herstellt. Da wir mehrere Drogenklassen kennen, die Halluzinationen hervorrufen, und da manche davon in enger Beziehung zu chemischen Stoffen stehen, die vom Gehirn als Neurotransmitter verwendet werden, erschien die Überlegung nicht weit hergeholt, das Gehirn selbst könnte solche Stoffe erzeugen. Diese könnten Ähnlichkeit haben mit LSD, was auf eine Störung im Neurotransmitter Serotonin hinweisen würde, einem chemischen Verwandten von LSD (sogar so eng verwandt, daß LSD seine Wirkung zu erzielen scheint, indem es bestimmten Rezeptoren für Serotonin etwas vortäuscht). Oder sie könnten Ähnlichkeit haben mit Meskalin, dem aktiven Halluzinogen im Peyote-Kaktus; das könnte entweder Dopamin oder Noradrenalin belasten, zwei Neurotransmitter, die im chemischen Aufbau dem Meskalin ähneln.

Schließlich wurde sogar eine Theorie vorgelegt, wonach ein Fehler in der Noradrenalinproduktion zu einem Toxin führen könnte, das die für die Erfahrung von Lust und Belohnung im Gehirn verantwortlichen Nervenzellen vergiftet, wodurch dann die Psychose entsteht. Das wäre teilweise vergleichbar mit den gut begriffenen Schwachsinns-Syndromen, die wir vorhin behandelt haben, aber in den Gehirnen schizophrener Patienten ist ein solcher Strukturdefekt nicht gefunden worden.

Keine dieser biochemischen Analysen ist bewiesen, jede einzelne plausibel, achtbar und Anlaß zu ernsthaften, gründlichen Untersuchungen. Zusätzlich gibt es noch andere Neurotransmitter, Hormone und hirnchemische Stoffe, die nervöse Aktivität beeinflussen und auf noch kompliziertere Weise mit der Schizophrenie in Verbindung gebracht worden sind. Wo ein Molekül herangezogen wird – sein Spiegel, seine Produktionsrate, seine Eliminierungsrate oder die Empfindlichkeit von Rezeptoren dafür –, liegt eine Gelegenheit für ein Gen. Eine kleine Veränderung in einem Einzelgen, die zu einer Veränderung in einem einzigen Enzym führt, könnte durch Abänderung dieser Faktoren verantwortlich sein für tiefgreifende Verhaltensanomalien – oder übrigens auch für subtile.

Diese Möglichkeit ist von Wissenschaftlern nicht übersehen worden, und ihr Enthusiasmus wurde, wenn das noch möglich war, durch den kürzlichen schlüssigen Nachweis von Kety und seinen Kollegen angeregt, daß Schizophrenie zum Teil eine genetische Grundlage hat. Für jedes Molekül, das als ernsthafter Kandidat für einen Schizophrenie-

Mechanismus gilt, gibt es Enzyme für Produktion und Eliminierung, die man studieren kann und studiert hat. Beispielsweise ist ein Enzym namens Monoaminoxidase (MAO) verantwortlich für die Eliminierung durch Oxydation einer Vielzahl von Gehirn-Neurotransmittern einschließlich Dopamin, Noradrenalin, Serotonin und verwandter Moleküle. Die Aktivität von MAO im Blut schizophrener Patienten, verglichen mit nicht-schizophrenen Kontrollpersonen, ist verringert. Obwohl sein Spiegel im Gehirn schwerer zu messen ist, gibt es indirekte Hinweise darauf, daß auch dort seine Aktivität reduziert ist. Die Wirkung könnte sein, einen Überschuß von einem oder mehreren Neurotransmittern entstehen zu lassen, der dann selbst Hyperstimulation erzeugt oder in etwas Giftiges umgewandelt wird. Eine defekte Version des Enzyms MAO könnte hervorgerufen werden durch ein Einzelgen oder Genpaar, die zu verringerter MAO-Aktivität führt.

Ein anderer Enzymkandidat für das Entstehen von Schizophrenie steht in Zusammenhang mit den LSD-Theorien. Ein wenig bekanntes Blutenzym ist in der Lage, das Molekül Dimethyltryptamin (DMT) zu bilden, ein LSD-verwandtes Halluzinogen. Man hat nachgewiesen, daß dieses Enzym im Blut von Schizophrenen aktiver ist als bei normalen Kontrollpersonen. Theoretisch könnte es im Gehirn so hohe DMT-Werte erzeugen, daß sie die Wahnvorstellungen oder Halluzinationen hervorrufen, die viele Schizophrene erleben.

Die beste Möglichkeit dieser Art ist aber vielleicht Dopamin-Beta-Hydroxylase, das Enzym, das Dopamin in Noradrenalin umwandelt. Zum einen ist bei Obduktionen festgestellt worden, daß dieses DBH genannte Enzym in mehreren Hirnbereichen bei Schizophrenen weniger aktiv ist als in denselben Hirnbereichen normaler Kontrollpersonen. Und bei der akuten Form der Schizophrenie wurde festgestellt, daß bei Patienten während psychotischer Schübe höhere DBH-Aktivität besteht als nach Abklingen der Schübe.

Unzweifelhaft gehört aber zu den interessantesten Dingen bei der DBH-Tätigkeit, daß sie als vererbbar nachgewiesen worden ist. Zumindest im Blut deuten sehr niedrige Werte von DBH-Aktivität darauf hin, daß die Geschwister und andere nahe Verwandte viel niedrigere Werte haben werden als die Gesamtbevölkerung. Außerdem haben genetisch identische Zwillinge ähnlichere Werte als nicht-identische Zwillinge. Obwohl kompliziertere Erklärungen möglich sein können, ist die einfachste, mit den Fakten vereinbarte Erklärung die, daß sehr niedrige Serum-DBH-Tätigkeit die Folge eines einzelnen rezessiven Gens ist – das heißt, es wird normalerweise von einem normalen Gen im Paar überdeckt, aber nur zum Teil – und mit dem Geschlecht nicht zusammenhängt. Sorgfältig untersuchte Familienstammbäume und andere Ermittlungen stützen diese Analyse.

Man weiß noch nicht, ob bei Familien mit diesem Gen größere

oder geringere Aussicht besteht, Schizophrenie zu erwerben, als bei anderen Familien; die Auswahlproben sind noch zu klein. Nachgewiesen ist aber, daß ein spezifischer chemischer Stoff im Körper, vielleicht auf eine von mehreren verschiedenen Möglichkeiten an Schizophrenie beteiligt, einer schlicht ererbten Veränderung unterliegt. Das könnte Hoffnung auf die Aussicht einer genetischen Erklärung in der Zukunft wecken, zumindest für irgendeine Untergruppe von Schizophrenen.

Es mag den Anschein haben, daß wir weit von den Genen abgeirrt sind, aber in Wahrheit befinden wir uns ganz in ihrer Nähe. Das Wissen, daß ein Enzym in irgendeiner Weise defekt ist, deutet stark darauf hin, daß das Gen, das es erzeugt, einen Fehler hat: eine Mutation, die ihre eigene Sequenz verändert und dadurch die Sequenz verwandelt, die sie ins Enzym codiert. Ein Enzym ist ein Protein und nimmt eine verwickelte dreidimensionale Form von Haufen und Spulen und Falten an, die mit seiner Funktion zusammenhängen. Es katalysiert — beschleunigt — eine chemische Reaktion im Körper, etwa die Umwandlung von Dopamin in Noradrenalin, dadurch, daß es die entscheidenden Reagenzstoffe an seine komplexe Oberfläche entsprechend anzieht, um sie zu veranlassen, daß sie aufeinander einwirken. Formveränderungen beeinflussen ihre Fähigkeit dazu; Veränderungen in der Sequenz verändern die Form; und Veränderungen in Genen verändern die Sequenz. So kommt es, daß ohne ein größeres strukturelles Symptom wie die Schädigung einer Nervenzelle oder eines Hormonalorgans eine genetische Änderung die Produktionsrate eines Moleküls beeinflußt, das darauf einwirkt, wie wir handeln, denken oder fühlen.

Wir haben mindestens eine weitere vorläufige Erklärung für einen solchen Prozeß im menschlichen Verhalten, abgesehen von solchen im kraß abnormen Rahmen. Das beginnt mit einem rezessiven Defekt eines Einzelgens, das ein Enzym mit dem Namen ‹Steroid 21-Hydroxylase› verändert. Die Steroide, kleine, aber komplizierte Moleküle, sind wichtige Hormone, die das Verhalten beeinflussen. Alle bestehen aus Cholesterol und haben eine wunderschöne Vier-Ringe-Struktur mit verschiedenen Nebenketten, die hinzukommen oder weggelassen werden. Alle Hauptverbindungen sind Kohlenstoffatome, und das betreffende Molekül kann, was in der Hauptsache von den Nebenketten abhängt, beispielsweise Testosteron sein, das männliche Geschlechtshormon; Östradiol, das weibliche Geschlechtshormon; Progesteron, ein weiteres weibliches Geschlechtshormon, das auch das Schwangerschaftshormon ist; oder Hydrocortison, ein Hormon, das bei der Streßreaktion weithin nützlich ist. Alle Stoffwechselwege beginnen damit, daß Cholesterol in Progesteron verwandelt wird, aber dann geschehen unterschiedliche Dinge in Hoden, Eileiter, Plazenta und Nebennierenrinde, die unter anderen diese vier Hormone erzeugen. Diese verschiedenen Stoffwechselrouten hängen ab vom Vorhandensein verschiedener Enzyme, die verschiedenartige Steroid-Nebenketten anfügen oder abtrennen.

Das Enzym, mit dem wir uns hier befassen, ist eines von den dreien, die für die Umwandlung von Progesteron, einem der frühen Produkte in der Kette, zu Hydrocortison, dem wesentlichen menschlichen Streßhormon, verantwortlich sind. Das findet statt in der Rinde oder dem Außenbereich der Nebenniere, und Hydrocortison ist normalerweise das Hauptprodukt dieses Teils der Drüse. Wegen des genetischen Defekts bei Steroid-21-Hydroxylase-Defizienz ist aber die Bahn der Hydrocortisonerzeugung blockiert, mit dem Ergebnis, daß das Progesteron auf einen anderen Produktionsweg gezwungen wird – auf einen, der normalerweise nur in den Keimdrüsen stattfindet und zum männlichen Hormon Testosteron und anderen Androgenen führt. Wenn die Person ein Mädchen ist, wird sie in der frühen Entwicklung höhere Androgenwerte haben als andere Mädchen. Es gibt Hinweise darauf, daß das zu einem höheren Maß an aggressivem Verhalten in der Kindheit führen kann, selbst wenn es bei der Geburt korrigiert wird. Das ist ein erstes Beispiel für eine nachweisbare Einzelgen-Wirkung auf ein Verhalten, das in den Normalbereich eingegliedert werden kann.

Schließlich haben neue Untersuchungen ein Gen oder eine Gengruppe auf dem menschlichen Chromosom 6 identifiziert, wo ein Zusammenhang mit depressiven Störungen in der Familie besteht. Diese Erkenntnis hat einen neuen Forschungsbereich in der Depressionsbiologie eröffnet und der Untersuchung spezifischer genetischer Einflüsse auf menschliches Verhalten neues Gewicht verliehen.

Aber wie läßt sich das alles anwenden auf die Variationen, die wir in uns selbst und anderen ringsum sehen und fühlen, in den menschlichen Grundemotionen und seinem Begleitverhalten im Alltagsleben?

Die Menschen zur Zeit Königin Elisabeths hatten die von den Alten übernommene Ansicht, menschliche Verhaltensneigungen und sogar der Charakter seien das Ergebnis von vier Körpersubstanzen, die sie ‹Säfte› nannten. Während niemand den einen oder anderen ausschließlich besaß, glaubte man von jedem Menschen, er verfüge über ein einzigartiges Gemisch von Körpersäften, und bei manchen Personen herrsche eine Körperflüssigkeit so stark vor, daß das bedauerliche Folgen für Verhalten und Stimmung habe. Ein ‹sanguinisches› Temperament, bei dem das Blut vorherrschte, mochte in gemäßigter Form herzlich, fröhlich, lebhaft und hoffnungsvoll sein, verbunden sogar mit einer gesunden, geröteten Gesichtshaut – im Exzeß vorhanden, aber zu lebendig und leidenschaftlich. Der ‹Phlegmatiker›, bei dem der Schleim Vorrang hatte, konnte träge, apathisch und langweilig sein, während auf der anderen Seite Phlegma in einer normalen Person diese kühl, ruhig und unerschütterlich machte. Es gab zwei Arten von Galle. Eine davon erzeugte das ‹cholerische› oder zornige Temperament, das andere das ‹melancholische› oder deprimierte. Damit waren die vier Arten vollständig. Ein weiter Bereich von Zwischentemperamenten konnte durch eine angemessene verfeinerte Mischung der vier Körpersäfte hervorgerufen werden, aber nur ein ideales Verhältnis konnte zu einem idealen Menschen mit idealen Stimmungen führen.

Heute belächeln wir zwar diese Vorstellungen, aber sie enthalten ein Stück Wahrheit, das seit einigen Jahrzehnten in Analysen menschlichen Verhaltens fehlt; ein Stück, das aus zwei getrennten Teilen besteht.

Der erste hängt mit dem zusammen, was Psychologen Motivation nennen. Seit der Jahrhundertwende stand die Psychologie in der Hauptsache unter dem Einfluß der Idee des ‹Antriebs›. Demzufolge werden Verhaltensweisen erregt (getrieben) durch bestimmte Kräfte, angeboren oder erworben, die den Organismus veranlassen, zu essen, Sex zu treiben oder die Umwelt zu erforschen. Diese ‹Kräfte› – als psychologische Begriffe – begannen als Analogien zu den mechanischen Kräften in einem hydraulischen Drucksystem, und den ‹Endhandlungen› (also etwa Trinken oder Kopulieren) sah man ähnlich wie ein angetriebenes Maschinenteil oder das Ablassen von Dampf. Die Vergleiche wurden verstärkt durch die subjektive Empfindung, die wir manchmal haben, zum Essen, Kopulieren oder Schlafen ‹getrieben› zu sein. Diese Vorstellungen waren aber bloße Analogien, und in den neuralen oder hormonalen Systemen des Körpers entspricht ihnen nichts in sinnvoller Weise.

Man kann jetzt sogar sagen, daß die ‹Körpersaft›-Metapher der Elisabethaner im Grunde der Wahrheit, so, wie wir sie verstehen, näherkommt als die ‹Antriebs›-Metapher des frühen 20. Jahrhunderts. Im Gegensatz zur Antriebstheorie ist das Nervensystem kein hydraulisches System. Keine Flüssigkeiten in ihm stauen sich unter Druck an und zwingen oder drängen uns, dies oder jenes zu tun, damit sie sich nach dem ‹Dampfablassen› beruhigen können. Selbstverständlich gibt es auch keine Flüssigkeit, die dem elisabethanischen Körpersaft entspricht, aber trotzdem ist dieses Konzept den heutigen näher. Verhaltenswissenschaftler vor allem außerhalb der Psychologie, aber auch in ihr, wenden sich Begriffen zu wie ‹Zustand›, ‹Erweckung› und ‹Erregung›, die sich entweder auf einen Allgemeinzustand des Organismus oder auf eine bestimmte Tendenz zu Aktivierung eines bestimmten Verhaltenssystems (etwa den Sex) beziehen können. Statt daß Druck angestaut wird, bis er Abfuhr findet, steigen und fallen diese Aktivierungstendenzen nach verschiedenen Ursachen, oft ohne Entbehrung oder Abfuhr. Die für ihre Beschreibung verwendeten Begriffe sind keine Metaphern und epistomologisch sehr konservativ, schildern also nur, was man am Verhalten sehen und messen kann. Sie haben aber den großen Vorteil, plausible Entsprechungen in den neuralen und endokrinen Systemen zu besitzen, für die ‹Zustand›, ‹Aktivation› und ‹Erregung› hochbedeutsame Begriffe sind.

So wie Verhaltensaktivation, ob spezifisch oder allgemein, nach Tageszeit, Monatstag, Monat und Lebensjahr auf dieselbe Weise verschieden sein kann wie im Hinblick auf viele spezifischen Umwelteinflüsse, variieren auch neurale oder hormonale Aktivation, und es mag der Tag kommen, an dem wir die Hoffnung der Elisabethaner erfüllen, indem wir fähig sind, nicht nur stabile Temperamentsaspekte, sondern auch kurzlebige Veränderungen und langfristiges ‹persönliches Wachstum› durch Bezug auf eine subtile Mischung von Flüssigkeiten erklären zu können. Die simple Rechnung mit Blut, Phlegma und Galle werden wir natürlich zugunsten von mindestens einigen Dutzend Hormonen und Neurotransmittern aufgeben müssen, aber das verzeihen uns die Elisabethaner wohl.

Inzwischen können wir nicht hoffen, diesen Punkt zu erreichen, ohne die viel neuere Metapher vom Gehirn als eine Art Dampfkessel aufzugeben. Eine Weile war sie nützlich, weil sie, wie das eine gute Theorie können soll, geradezu eine Fülle von wichtigen Beobachtungen hervorbrachte, aber nun muß sie am Wegrand zurückbleiben, nicht, weil sie nutzlos oder unsinnig wäre, sondern weil wir etwas Besseres haben. Mit den Worten des Neuroanatomen Walle Nauta, wenn er zu diesem Thema sprach: «Ich rätsle oft bei manchen Bemerkungen meiner Kollegen Psychologen zum Thema Motivation. Ich habe den Eindruck, wir werden zumindest etymologisch von Motivation bestimmt, und glaube, daß das, was uns bewegt, Stimmungen sind.» Wenn wir die Biologie der Stimmungen erfaßt haben, werden wir die Hauptkräfte hinter dem Verhalten charakterisiert haben.

Die zweite Komponente der Voraussicht bei der Theorie von den Körpersäften geht über vorübergehende Motive hinaus und hängt zusammen mit der Erklärung stabiler Temperamente. Die Elisabethaner glaubten, die Temperamente seien in der Hauptsache ‹angeboren›, man habe dieses oder jenes Übergewicht an Flüssigkeit ‹mitbekommen›. Es stößt auf große Hindernisse, eine moderne Abart dieser Anschauung auch nur im Ansatz zu akzeptieren. Erstens ist nicht klar, daß irgendein Aspekt des Temperaments im Verlauf des Lebens wirklich sehr stabil bleibt. Es gibt Hinweise, die für eine solche Stabilität sprechen, aber, außer in ganz bestimmten Bereichen, nicht in großem Umfang. Zweitens beginnt die menschliche Verhaltensgenetik jetzt erst aus ihrer traurigen Vergangenheit der Schlamperei aufzutauchen, gute Untersuchungen, die für die Vererbbarkeit eines weiten Bereichs normaler Temperamente sprechen, treten jetzt erst in der Literatur auf. Inzwischen haben wir die Tierforschung und die Nachweise, daß menschliche Einzelgen-Defekte das Verhalten beeinflussen. Letztere wirken durch eine kleine Zahl von Stoffwechselbahnen in den neuralen und endokrinen Systemen, werden sich aber zweifellos nur als die Spitze eines Eisbergs erweisen.

Man muß jedoch nachdrücklich hinzufügen, daß jede genetisch

verursachte Veränderung, die in diesem Kapitel besprochen wurde, der Umkehrung durch eine angemessene Änderung in der Umwelt unterliegt, die schon bekannt ist oder in Erfahrung gebracht werden kann. Sie können in einem normalen Individuum auch hervorgebracht werden durch nicht-genetische, umweltbedingte Mittel, die in der einen oder anderen Weise die chemische Wirkung eines defekten Gens nachahmen. Der entgegengesetzte Glaube, wonach Gene Bestimmung sind und der Nachweis eines genetischen Effekts soviel bedeutet, als zu der Aussicht auf einen Eingriff zur Veränderung hilflos die Hände zu heben, wäre nur albern, wenn er nicht gleichzeitig beharrlich und schädlich wäre. Natürlich ist er falsch, wie zahllose Brillenträger und insulinbedürftige Menschen bestätigen können. Der Nachweis eines genetischen Effekts durch eine Stoffwechselbahn zu einem Merkmal des zu beobachtenden Phänotyps, verhaltensmäßig oder anders, sagt nicht das Geringste über die Möglichkeit nachfolgender Veränderung aus, außer daß das Verständnis des genetischen und metabolischen Weges nur bei Aufdeckung und Behandlung der Veränderung nützen und zuletzt eine Lösung des Problems liefern kann. Mit anderen Worten: Genetische Analyse des Verhaltens kann zu einer Erhöhung nicht nur des menschlichen Wohlergehens, sondern auch der menschlichen Freiheit führen.

Was man auf der Grundlage des in diesem Kapitel skizzierten Beweismaterials (und daneben noch vielem anderen) sagen kann, ist dies: Zwei Individuen, genetisch in Stoffwechselmerkmalen unterschieden, die Verhaltenstendenzen steuern, werden, wenn sie mit gleichen Mitteln und gleichem Training in gleichen Umwelten aufgezogen, heranwachsen und verschieden handeln, denken und fühlen. Das Bestreben, in der modernen Zeit bei Millionen vorhanden, über diese Tatsachen hinwegzugehen und jeden Aspekt von Charakter, Persönlichkeit oder Verhaltenstendenz, ob wünschbar oder nicht, bei sich selbst oder bei Menschen, die sie kennen, auf das eine oder andere Merkmal in ihrer Erfahrung zurückzuführen − vor allem auf frühe Erfahrung und vor allem im Intimbereich der Familie −, ist vergeblich. Diese Sicht kann vieles erklären, aber bei weitem nicht alles. In jedem von uns liegt ein Rest an Merkmalen von Herz und Geist, die wir mitgebracht haben, als wir in den Mutterleib eintraten, nur wenige Tage nach der Empfängnis. Das zu bestreiten, ist, so liberal es in der Regel auch klingen mag, in Wahrheit eine Ablehnung der Individualität im tiefsten Sinn und in jeder Beziehung so gefährlich wie die starrsten Formen von genetischem Determinismus. Extreme Betonung der Umwelteinflüsse hatte ihren großartigen Höhepunkt, als die Exzesse des genetischen Determinismus jahrzehntelang nicht nur die menschliche Würde bedrohten, sondern das menschliche Überleben. Sie erfüllte einen edlen Zweck und war sehr viele Jahre lang eine objektiv achtbare Meinung. Der Sand der wissenschaftlichen Zeit ver-

schiebt sich aber unter dieser Position, und diejenigen, die sie vertreten, sollten sich nach einem sicheren Stand umsehen.

6 Das Tier mit den zwei Rücken

Das Tier mit den zwei Rücken ist ein einziges Tier . . .
Robert Graves, ‹Seaside›

Anke Ehrhardt, Patricia Goldman, Sarah Blaffer Hardy, Corinne Hutt, Julianne Imperato-McGinley, Carol Nagy Jacklin, Annelise Korner, Eleanor Emmons Maccoby, Alice Rossi, Dominique Toran-Allerand, Beatrice Blyth Whiting. Das sind die Namen einiger herausragender Wissenschaftlerinnen, die ihr Leben dem Studium von Gehirn, Hormonen oder Verhalten bei Mensch und Tier widmen. Sie reichen von der Weltberühmtheit bis zur bloßen Bekanntheit. Jede hat innerhalb ihres Fachbereichs den Ruf, hartgesotten zu sein. Allen ist gemeinsam, daß sie beträchtliche Aufmerksamkeit (manche viele Jahre) der Frage gewidmet haben, ob die Geschlechtsunterschiede im Verhalten, die alle beobachten konnten – bei der Feldarbeit, in der Klinik und im Labor –, eine Grundlage besitzen, die teilweise biologisch ist.

Ohne Ausnahme haben sie diese Frage bejaht. Man kann sich nicht vorstellen, daß sie das ohne Schwierigkeit getan haben. Alle haben persönlich und beruflich unter der allgegenwärtigen Diskriminierung von Frauen gelitten, die außerhalb der akademischen Welt wie in ihr gang und gäbe ist. Alle haben mit irgendeinem Mann zusammengearbeitet, der sie sich – im Innersten – barfuß, demütig, schwanger und in der Küche vorgestellt hat. Alle haben mehr geopfert als der durchschnittlich hochbegabte Mann, um in die Lage zu kommen, an einem Problem arbeiten zu können, das sie geistig beunruhigte, und daß man einen solchen Preis entrichten muß, macht die Wahrheit eher zwingend als behaglich. Dessenungeachtet sind sie alle klug genug, um zu wissen, daß im langen Lauf der Zeit eben die Arten von Unterdrückung, die sie erlebt haben, durch Theorien ‹natürlicher› Geschlechtsunterschiede befestigt und ausgebaut wurden.

Diese Frauen vollführen einen Balanceakt von eindrucksvollem Ausmaß. Sie mühen sich privat und öffentlich weiterhin um gleiche Rechte und gleiche Behandlung von Personen beider Geschlechter; gleichzeitig entdecken und melden sie Nachweise dafür, daß die Geschlechter unwiderruflich verschieden sind – daß, nachdem der Sexismus ganz abgestreift ist, nachdem Unterschiede in der Ausbildung den Weg des Fischbeinkorsetts gegangen sind, noch immer *irgend etwas* anders bleiben wird, etwas, das in der Biologie gründet. Sie haben ohne Zweifel das spöttische Lächeln der Männer mit der ‹Ich wußte es ja die ganze Zeit›-Einstellung zu ertragen – und sie sind keine Menschen, die Narren leicht erdulden können. Gleichzeitig müssen sie sich mit den Angriffen feministischer Kritikerinnen befassen, die in vielen Fällen ihre Arbeiten nicht lesen wollen oder können. Was diese Frauen in der Abgeschiedenheit ihrer Bibliotheken und Labors denken – wie sie diese Schwierigkeiten in Einklang bringen – können wir nicht wissen; wahrscheinlich geht es uns auch nichts an. Wir können ihnen aber, bevor wir uns ihren Entdeckungen zuwenden, zumindest die Höflichkeit erweisen, die Vielschichtigkeit, ja, sogar die Qual ihrer Position zu bestätigen. Sie gehören zu den am höchsten geachteten Menschen in der Wissenschaft.

Wie viele Geschichten der modernen Verhaltenswissenschaft beginnt diese mit Margaret Mead. Mead gehörte zu den größten aller Sozialwissenschaftlern, und wenn sie die erste solche Wissenschaftlerin gewesen wäre, die den Nobelpreis für Medizin und Physiologie erhalten hätte (man hätte ihn ihr beispielsweise ebenso für ihre Beiträge zur Kinderheilkunde und Psychiatrie wie für ihre fast alleinige Formulierung unserer heutigen vielseitigen Vorstellung von der menschlichen Natur verleihen können), die Wahl hätte dem schwedischen Komitee zur Ehre gereicht. Vielleicht ihr glänzender Stil, vielleicht ihr Geschlecht . . . nun, diese Spekulationen sind immer recht nutzlos. Für unsere Zwecke genügt die Feststellung, daß sie in einer Welt, wo alles dagegensprach, einen Begriff menschlicher Verschiedenheit einführte, ebenso flexibel, leichter formbar und von den Stößen der Lebenserfahrung, wie unsere sehr verschiedenen Kulturen sie erzeugen, stärker zu erschüttern als alles, was man bis dahin für möglich gehalten hatte. Und dieses Konzept hat die Probe der Zeit bestanden.

Keine Frage beschäftigte sie so stark wie die nach der Rolle des Geschlechts beim Verhalten. Auf einer anstrengenden Reise nach der anderen in die Südsee, bei denen sie Strapazen ertrug, wie sie für eine Frau selten waren, egal, in welchem Zeitalter, sammelte sie Informationen, die auf andere Weise nicht zu erhalten waren. Unter Kopfjägern und Fischern, Medizinmännern und exotischen Tänzern, im dampfenden Urwald, auf Berggipfeln, an strahlend weißen Stränden, in Bambushütten, in Versammlungshäusern auf Pfählen hoch über dem Wasser, in zerbrechlich aussehenden, seetüchtigen Rindenkanus, griff sie nach ihrem stets gegenwärtigen Notizbuch und notierte das Verhalten und die Ansichten von Männern und Frauen, die von amerikanischen Geschlechterrollen nie etwas gehört hatten. Bis 1949, als ‹Mann und Weib› erschien, hatte sie das in sieben exotischen, fernen Gesellschaften getan. Es konnte keinen Zweifel daran geben, daß sie inzwischen mehr über die menschliche Vielfalt von Geschlechterrollen wußte als jemals irgendein Mensch zuvor. Und mit diesem Wissen – auch dieses hat zum größten Teil den Test der Zeit bestanden – machte sie zu Recht jeden selbstzufriedenen, sexistisch eingestellten Mann in Amerika nieder:

Die Tschambuli, insgesamt nur sechshundert Personen, haben ihre Häuser am Rand eines der schönsten Seen Neu-Guineas gebaut, der wie poliertes Ebenholz schimmert, als Kulisse die fernen Berge, hinter denen die Arapesh leben. Im See gibt es Purpurlotus und riesengroße rosarote und weiße Wasserlilien, weiße Fischadler und Blaureiher. Hier fischen die Tschambuli-Frauen, energisch, ungeschmückt, geschickt und fleißig, und gehen auf den Markt; die Männer, dekorativ und geschmückt, schnitzen und malen und üben Tanzschritte, ihre Kopfjägervergangenheit ersetzt durch die einfachere Methode, Opfer zu kaufen, um ihre Männlichkeit zu bestätigen.

Und bei den Mundugumor, Flußufer-Kannibalen in Neu-Guinea, scheinen Männer und Frauen gleichermaßen maskulin zu sein:

Diese robusten, rastlosen Menschen leben am Ufer eines schnellströmenden Flusses, aber ohne Flußlegenden. Sie handeln mit den elenden, unterernährten Buschleuten, die auf schlechtem Land leben, und beuten sie aus, widmen ihre Zeit dem Streiten und der Kopfjägerei und haben eine Form der Sozialorganisation entwickelt, in der jeder Mann die Hand gegen jeden anderen Mann erhebt. Die Frauen sind so durchsetzungsstark und tatkräftig wie die Männer; sie verabscheuen das Gebären und Aufziehen der Kinder und liefern den größten Teil der Nahrung, so daß die Männer Zeit haben, Komplotte zu schmieden und zu kämpfen.

Man kann sich vielleicht eine zumindest leicht verblüffte Leserschaft in den Vereinigten Staaten vorstellen. Im Nachgang des 2. Weltkriegs, frisch vom vollständigen Sieg, voll des Gefühls der Richtigkeit des amerikanischen Way of Life, und mit der Erfahrung jenes überaus deutlichen Beweises für die Lücke zwischen den Geschlechtern, die nur ein siegreich beendeter Krieg liefern kann, wurde diese Leserschaft mit Männern konfrontiert, die sich den ganzen Tag putzten, klatschten und tanzten, während ihre sachlichen weiblichen Gegenstücke, bestenfalls widerwillige Mütter, sich mit den ernsthaften Dingen beschäftigen. Überdies wurde dieser Lebensstil als völlig gangbar und gültig beschrieben, und in manchen Fällen bestand er schon tausend Jahre.

Kritischen oder vielleicht nur skeptischen Lesern mag jedoch eine Lücke in Meads Rüstung aufgefallen sein. In allen ihren Kulturen gab es tödliche Gewalt, und in allen wurde sie von Männern ausgeübt. Wie das erste Zitat zeigt, mögen Tschambuli-Männer im Verhältnis zu bestimmten amerikanischen Konventionen verweiblicht gewesen sein, aber trotzdem war es ihnen sehr wichtig, Opfer zu finden – und, der Tradition mehr entsprechend, auf Kopfjagd zu gehen. Die Mundugumor-Männer waren offenbar unbedroht davon, daß ihre Frauen sie versorgten, aber das lag daran, daß sie deshalb Zeit hatten, Verschwörungen anzuzetteln und zu kämpfen.

Dieser Teil des Schemas kann auf ähnliche Weise in allen der Tausende verschiedener Kulturen der Welt verfolgt werden. In jeder Kultur werden zumindest manchmal Menschen getötet, und im Kontext von Krieg oder Ritual oder im Zusammenhang des täglichen Lebens und in jeder Kultur sind in der Hauptsache die Männer dafür verantwortlich. Bei den !Kung San von Botswana, bekannt für ihren Pazifismus ebenso wie für Gleichberechtigung der Geschlechter, waren die Täter bei zweiundzwanzig nachgewiesenen Fällen von Menschentötung allesamt Männer. In mehreren Fällen ging es um Auseinandersetzungen wegen Ehebruch oder vermeintlichem Ehebruch, und eine Mehrheit der anderen betraf Vergeltung für frühere Morde. Bei einer Auswahl von 122 verschiedenen Gesellschaften im ethnographischen Gesamtbereich auf der ganzen Welt wurden in allen Fällen die Waffen von Männern hergestellt. Natürlich gibt es Ausnahmen, gewiß im individuellen Bereich, und in seltenen Fällen – wie im modernen Israel oder im Dahomey des 19. Jahrhunderts – zeitweilige Teilausnahmen auf Gruppenebene. Wir haben es gewiß mit einem graduellen Unterschied zu tun, der aber so groß ist, daß er ebensogut qualitativer Art sein könnte. Männer sind gewalttätiger als Frauen.

Diese Unterscheidung bleibt sogar in Träumen bestehen. In einer Untersuchung von Träumen in fünfundsiebzig Stammesgesellschaften, auch hier über die ganze Welt verstreut, neigten Männer stärker dazu, von Gras, Koitus, Waffe, Tier, Tod, der Farbe Rot, Fahrzeug, Schlagen und erfolglosem Versuch zu träumen, während Frauen eher von Ehemann, Kleidung, Mutter, Vater, Kind, Heim, weiblichem Körper, Weinen und männlichem Körper träumten.

Die Träume führen übrigens auf einen verwandten Punkt zur Allgemeingültigkeit der Geschlechterbestimmung. Die Frauen bei den Tschambuli und Mundugumor mögen einen Abscheu vor Kindergebären und -aufziehen gehabt haben, aber sie taten es. Die Frauen in der vorindustriellen Welt tun es alle. Freilich gibt es individuelle Ausnahmen, aber in der ethnographischen oder historischen Vergangenheit gibt es keine Gesellschaft, in der Männer annähernd soviel Säuglings- und Kinderpflege leisten wie Frauen. Das sagt noch nichts über das Vermögen aus; es ist lediglich die Feststellung klarer, zu beobachtender Tatsachen: Männer sind gewalttätiger als Frauen, und Frauen sind eher Versorgerinnen, jedenfalls Säuglingen und Kindern gegenüber, als Männer. Es tut mir leid, wenn das ein Klischee ist; das kann an seinem Tatsachenwert nichts ändern. Und zumindest für den Augenblick lassen sich daraus keine Schlüsse ziehen. Das ist nicht mehr als eine klare, langweilige Tatsache.

Selbstverständlich eine ethnographische Tatsache, was zu manch hochgezogener Braue führt. Obwohl die oben zitierten kulturvergleichenden Überblicke der Art nach quantitativ sind, beruhen sie auf Einzelstudien, die in der Hauptsache bloße Beschreibung sind. Als solche sind sie Opfer des Snobismus strenger Wissenschaft. Dieser Snobismus ist völlig unbegründet. Ethnologie ist als Wissenschaft in ihrer Anfangsphase. Wie bei Botanik, Zoologie, Anatomie, Histologie, Geologie, Astronomie muß diese Phase eine beschreibende sein. Die Seiten von Fachzeitschriften in Histologie und Anatomie strotzen bis zum heutigen Tag von nicht-quantitativen Aufsätzen. So wie eine ‹bloße› Beschreibung des Aussehens eines neuen Hirnnucleus oder eines Typs von Leberkrebs, wie sie unter dem Mikroskop erscheinen, einen ersten Schritt auf einem neuen Weg in der Wissenschaft darstellt, so auch die Beschreibung einer Gesellschaft; Beschreibung, gestützt auf das menschliche Auge, das menschliche Ohr, den menschlichen Verstand, zumindest zu Anfang ohne Computerhilfe.

Trotzdem erkennen wir Quantifizierung als notwendig, und zumindest bis vor kurzer Zeit war diese Quantifizierung bei der Arbeit von Psychologen üblicher als bei der von Anthropologen. Seit vielen Jahren haben Psychologen in der westlichen Welt Geschlechtsunterschiede studiert und das mit einer Genauigkeit getan, die im Urwald sehr schwer nachzuvollziehen ist. Eleanor Maccoby, eine Doyenne der amerikanischen Psychologie, und Carol Jacklin, eine jüngere Wissenschaftlerin, zum Teil von Maccoby ausgebildet, haben nach jahrelanger Arbeit an dem Problem ein wichtiges Buch geschrieben, ‹The Psychology of Sex Differences› (‹Die Psychologie der Sexualunterschiede›). Es faßt nicht nur ihre eigene Arbeit zusammen, sondern, was noch wichtiger ist, prüft und tabellarisiert Hunderte sorgfältig beschriebener und mit Anmerkungen versehener Studien anderer Wissenschaftler. Sie befassen sich mit Studien über Geschlechtsunterschiede auf Dutzenden verschiedener Gebiete – Tastsinn-Empfindlichkeit, Sehen, Unterscheidungslernen, Sozialgedächtnis, allgemeine intellektuelle Fähigkeiten, Leistungsstreben, Selbsteinschätzung, Weinen, Furcht und Schüchternheit, Hilfsbereitschaft, Wettbewerb, Anpassung, Nachahmung, um wahllos nur einige zu nennen.

Bei den meisten dieser Gebiete kann nachdrücklich festgestellt werden, daß es kein beständiges Schema von Geschlechtsunterschieden gibt. Für fast alle liegen zumindest einige Studien vor, die einen Geschlechtsunterschied in der einen oder anderen Richtung – gewöhnlich in beiden – erkennen, und viele, die keinen finden. Die Hauptwirkung des Buches ist in der Tat die, ein Klischee nach dem anderen über die Hauptunterschiede zwischen Jungen und Mädchen, Männern und

Frauen aufzuheben. Es gibt keine Hinweise darauf, daß Mädchen und Frauen stärker sozial gestimmt, leichter beeinflußbar sind, eine geringere Selbsteinschätzung oder weniger Leistungsmotivation haben als Jungen und Männer, oder daß Jungen und Männer stärker zur Analyse neigen. Wenn wir die Auswahlliste im obigen Absatz hernehmen, gibt es überhaupt nur in den Bereichen Tastempfindlichkeit, Furcht und Schüchternheit einige Hinweise auf Geschlechtsunterschiede – davon weisen Mädchen mehr auf. Es gibt auch manche Hinweise dafür, daß Mädchen nachgiebiger sind als Jungen und weniger erpicht auf die Durchsetzung von Überlegenheit. Im Bereich der kognitiven Fähigkeiten sprechen deutliche Hinweise für Überlegenheit von Mädchen und Frauen im verbalen Ausdruck und bei Jungen und Männern für räumliche und quantitative Fähigkeiten.

Der stärkste Beweis für Geschlechtsunterschiede wird jedoch im Bereich des aggressiven Verhaltens erbracht. Von 94 Vergleichen in 67 verschiedenen quantitativen Untersuchungen zeigten 57 Vergleiche statistisch bedeutsame Geschlechtsunterschiede, und in nur 5 Fällen zu Gunsten der Mädchen. Zweiundfünfzig von den 57 Untersuchungen mit Unterschieden ließen erkennen, daß Jungen aggressiver waren als Mädchen. Die spezifischen Meßwerte reichten von Schlagen, Treten und Steinewerfen bis zu Punktezahlen auf einer Feindseligkeitsskala, und schlossen Dinge ein wie Tagtraum- oder Traummaterial, verbale Aggression und Aggression gegen Puppen; die beobachteten Personen waren im Alter zwischen zwei Jahren und Erwachsensein. Von 6 verschiedenen Untersuchungen, bei denen körperliche Aggression nicht spielerischer Art zwischen Altersgenossen gemessen wurde, stellten 5 fest, daß Jungen Mädchen übertrafen; einer zeigte keinen Unterschied.

Maccoby und Jacklin berichten nicht über Studien der Versorgung als solche, aber in einem früheren Buch faßte Maccoby 52 Studien in einer Kategorie mit der Bezeichnung ‹Brutpflege und Anbindung› zusammen; in 45 Studien zeigten Mädchen und Frauen mehr davon als Jungen und Männer, während nur in 2 Fällen die männlichen Wesen höhere Werte erreichten und 5 keine Unterschiede erkennen ließen.

Obwohl es schwierig ist, in nicht-industriellen Kulturen über Meßwerte wie verbale und raumordnende Fähigkeiten Genaues festzustellen, sind eine Anzahl ausgezeichneter Untersuchungen zu kindlichem Verhalten angestellt worden, wobei man Methoden von Messung und Analyse anwandte, die sehr strengen Maßstäben genügen. Beatrice Whiting ist auf diesem Gebiet eine führende Persönlichkeit gewesen; sie erfand neue Untersuchungsmethoden und schickte (während sie selbst Feldarbeit leistete) Studenten in ferne Winkel der Erde, damit sie genaue Erkenntnisse über Verhalten mitbrachten. Sie ist eine der am stärksten quantitativ orientierten unter den Anthropologen, und man kann sagen, daß sie ein Gebäude der Exaktheit auf dem von Margaret

Mead gelegten Fundament errichtet hat. Sie ist seit etwa vierzig Jahren dabei.

In einer Reihe von Untersuchungen, die als Sechs-Kulturen-Studie bekannt wurde, befaßt sich Whiting zusammen mit John Whiting und anderen Kollegen mit dem Verhalten von Kindern durch direkte, ins einzelne gehende Beobachtung in normaler Umgebung, den ganzen Tag über. Diese Beobachtungen wurden angestellt von Teams in einer Kleinstadt Neu-Englands – ‹Orchard Town› genannt, wobei der wahre Name unbekannt geblieben ist – und in fünf Landwirtschafts- und Herdendörfern auf der ganzen Welt. In Mexiko, Kenia, Indien, Japan und den Philippinen ebenso wie in Neu-England wurden Hunderte von Beobachtungsstunden bei Kindern aller Altersklassen mit gleichen Methoden aufgewendet. Man beurteilte die Kinder nach zwölf kleinen Verhaltensregeln wie ‹sucht Hilfe›, ‹bietet Unterstützung an›, ‹berührt›, ‹rügt› und ‹greift an›. In einer verfeinerten statistischen Analyse, die man multidimensionale Abstufung nennt, wurden alle Daten zu diesen Kleinkategorien zusammengefaßt, und man stellte fest, daß sie sich in zwei großen Dimensionen unterschieden, die man ‹Egoismus gegen Altruismus› beziehungsweise ‹Aggressivität gegen Sorgebereitschaft› nannte. In allen sechs Kulturen unterschieden sich Jungen von Mädchen in der Richtung von größerem Egoismus und/oder größerer Aggressivität, gewöhnlich in beidem. Der Unterschied variiert von Kultur zu Kultur stark, mutmaßlich als Antwort auf einen unterschiedlichen Grad an Einprägung der Geschlechterrolle. Noch interessanter: Die Mädchen in einer Kultur können aggressiver sein als die Jungen in einer anderen. Die Richtung des Unterschieds innerhalb jeder Kultur ist aber stets und eintönig dieselbe. Mit anderen Worten: Studien mit Hilfe von Methoden, die exakter sind als die meisten der Anthropologen, unterstrichen bei Kindern, die in ihren Kulturen sozial nicht völlig eingegliedert sind, die behaupteten Geschlechterunterschiede in den Bereichen Aggressivität und Fürsorge stärker, als daß sie diese in Frage stellten.

Man kann einwenden, die Kinder in Whitings Untersuchungen wären trotzdem trainiert worden; sie reichten im Alter von drei bis zwölf Jahren. Überdies könnten alle sechs Kulturen sexistisch sein. Es gibt sogar Hinweise darauf, daß Kulturen rund um die Welt in ihren Bemühungen, Geschlechterrollen *anzutrainieren*, übereinstimmen: 82 Prozent einer Auswahl von 33 Kulturen versuchten nach Beschreibungen der Ethnographen bei Mädchen mehr Hilfsbereitschaft zu erzielen als bei Jungen, keine einzige das Umgekehrte; 85 Prozent von 82 Kulturen erzogen die Jungen stärker zu Selbstvertrauen als Mädchen, auch hier tat keine das Gegenteil. Könnte es nicht sein, daß der generelle Unterschied in Aggressions- und Zuwendungsverhalten von einem ebenso allgemeinen, obschon unerklärten Training der Geschlechterrolle herrührt, statt von biologischen Faktoren?

Es mag nützlich sein, sich mit jüngeren Kindern getrennt zu befassen. In Maccoby und Jacklins Liste betreffen 27 der 94 Vergleiche Kinder unter sechs Jahren. Davon zeigten 14, daß Jungen aggressiver waren, und nur 2, daß Mädchen es waren. In einem der beiden Fälle kehrte der Unterschied sich um, als die Auswahl erweitert wurde. In einer eigenen kulturvergleichenden Studie, die nicht von Whitings Analyse erfaßt wurde und nicht in Maccobys und Jacklins Überblick enthalten ist, wurden drei- bis fünfjährige Kinder in sozialer Interaktion in London und bei den !Kung San beobachtet, die, wie erwähnt, bekannt sind für gleichberechtigte Geschlechtererziehung. Zwei verschiedene Beobachter, die zwei verschiedene Methoden benutzten, stellten fest, daß in beiden Kulturen Jungen aggressiver waren.

Obwohl wir Aggressivität in einem viel jüngeren Alter als drei Jahren nicht erkennen können, vermögen wir doch Geschlechterunterschiede im Verhalten zu beobachten. Beispielsweise hat man festgestellt, daß (in Familien des Mittelstands in den Vereinigten Staaten) männliche Säuglinge im Alter von drei Wochen aktiver sind, lauter weinen, öfter die Mutter ansehen und weniger schlafen und lallen als Mädchen.

Damit es aber nicht zu einfach wird, steht es aber so, daß Mütter von dreiwöchigen Jungen diese öfter hochheben, aufstoßen lassen, schaukeln, anreden, aufwecken, dem Streß aussetzen, sie ansehen, mit ihnen reden und sie sogar anlächeln als Mütter von Mädchen, und das wahrscheinlich schon seit ihrer Geburt getan haben. Was fragen wir als erstes, wenn wir von der Geburt eines Kindes hören? Richtig; wir brauchen diese Information, um zu wissen, wie wir sogar einem Neugeborenen gegenüber handeln und fühlen sollen. Geschlecht ist ein Schlüssel für angemessenes Verhalten. (Sogar unter höheren Primaten, den Affen und Menschenaffen, die unsere engsten Tierverwandten sind, ist die erste Reaktion auf eine Geburt bei manchen Gattungen ein Besuch von Erwachsenen im Rudel, um die Genitalien des Neugeborenen zu besichtigen.) Dieses Wissen um das Geschlecht beeinflußt das Verhalten des Erwachsenen dem Kind gegenüber. Man hat nachgewiesen, daß dasselbe Baby sehr unterschiedliche Reaktionen von Erwachsenen erfährt, je nachdem, ob es rosarot oder blau angezogen ist; und eine Tonbandaufnahme von den mutwilligen Äußerungen eines Kindes wird bei Erwachsenen Belustigung und Aufmunterung erfahren, denen man mitteilt, daß es ein Junge ist, dagegen negative von sonst gleichartigen Erwachsenen, die es für ein Mädchen halten.

Diese Tatsachen erschweren bei Kindern jeder Altersklasse die Behauptung, Jungen und Mädchen wären in Verhalten und Reaktionsbereitschaft so verschieden, daß sie ihre Eltern zwingen, sie unterschiedlich zu behandeln. Schon im Alter von drei Wochen stehen wir vor dem Problem, was zuerst da war, Henne oder Ei; wir können nicht mit Berechtigung behaupten, es wären die Unterschiede in den Kindern, die zuerst da waren. Aber wir können im Alter noch weiter zurückgehen. Annelise Korner hat viele Jahre lang Neugeborene beobachtet, und ihr Hauptinteresse galt unter anderem den Geschlechtsunterschieden. Sie stellte ebenso wie andere Wissenschaftler fest, daß Jungen bei der Geburt mehr Muskelkraft zeigen – beispielsweise können sie liegend den Kopf höher heben – während Mädchen größere Hautempfindlichkeit, öfter ein Reflexlächeln, mehr Geschmacksempfindlichkeit, mehr Suchbewegungen mit dem Mund und schnellere Reaktion auf einen Lichtblitz zeigen. Die Reaktionen wurden gemessen durch ausgelöste elektrische Potentiale, aufgezeichnet vom visuellen Teil des Gehirns.

Es ist nicht einfach, solche Unterschiede zur Aggressivität in Beziehung zu bringen, und vielleicht sollte man es gar nicht versuchen. Trotzdem könnte man behaupten, Individuen mit größerer Hautempfindlichkeit könnten durch die Lebenserfahrung geprägt werden, weniger aggressiv zu sein. In einer guten Untersuchung, die Kinder von der Geburt bis zum fünften Lebensjahr verfolgte, neigten diejenigen mit geringerer Hautempfindlichkeit bei der Geburt stärker dazu, im Alter von fünf Jahren ein körperliches Hindernis anzugehen und zu überwinden, und diese Korrelation galt innerhalb beider Geschlechter, nicht nur zwischen ihnen. Der Grad der Muskelkraft bei der Geburt ist ebenfalls eine plausible Voraussetzung für Aggressivität.

Bevor wir uns aber auf diese indirekte Erklärungsart einlassen, ziemt es sich, daß wir noch eine andere Beweiskategorie betrachten, jene Art von Hinweisen, die sich aus Untersuchungen von Hormonen, Verhalten und Gehirn ergeben.

Die Vorstellung, daß Humoralfaktoren, abgesondert von Fortpflanzungsorganen, Geschlechterunterschiede im Verhalten hervorrufen, ist sehr alt; Kastration wird seit langem in Versuchen benützt, Aggressivität bei Tieren und Männern zu verringern, und systematische experimentelle Arbeiten, die nachweisen, daß das funktioniert, gibt es seit 1849. Bis heute sind so viele Untersuchungen bei so vielen Tiergattungen – einschließlich des Menschen – angestellt worden, daß es milde ausgedrückt wäre, das Ergebnis als überzeugend zu bezeichnen. Die Frage lautet nicht mehr, ob Hormone, die von den Hoden abgesondert werden, aggressives Verhalten fördern oder ermöglichen, sondern *wie* sie das tun, und weiter: Was läuft sonst noch auf ähnliche Art ab?

Das wichtigste männliche Keimdrüsenhormon bei Säugern ist Testosteron. Es gehört einer chemischen Klasse an, Steroide genannt, die das bemerkenswerte und zu Recht berühmte Cortison umfaßt – eine fast natürliche Verbindung mit weitverbreiteter medizinischer Anwendung, in der Hauptsache im Bereich der Wundheilung. Die Steroide umfassen auch die beiden wichtigsten weiblichen Reproduktionshormone Östradiol – das entscheidende Östrogen in Menschen – und Progesteron, die schwangerschaftsfördernde Substanz, die in großen Mengen von der

Plazenta abgegeben wird, in kleineren von der nichtschwangeren Frau durch die Eileiter. Östradiol und Progesteron sind zusammen mit den Hypophysenhormonen, die sie regulieren, an der Bestimmung des Monatszyklus beteiligt, ein auffällig interessantes System mit noch unvollständig geklärtem Mechanismus. Obwohl es bei den Männern nichts derart Fabelhaftes gibt, besteht doch starke Ähnlichkeit zwischen dem Aktionsverhalten von Testosteron und dem der beiden weiblichen Sexualsteroide.

Steroide sind als biologische Moleküle klein – aber nicht so klein wie die bekanntesten Neurotransmitter. Obwohl sie viele wichtige Wirkungen auf nicht-neurale Organe ausüben – so fördert Testosteron das Muskelwachstum bei männlichen Jugendlichen – ist der direkteste und vermutlich weitaus wichtigste Weg, über den ein Steroidhormon (oder auch jede andere Substanz im Blut) Verhalten beeinflussen kann, der durch Übertragung vom Blut in Nerven und Gehirn. Das Gehirn ist das Hauptregelorgan des Verhaltens, und Verhalten ist die Hauptleistung dieses Organs; damit ein Molekül Verhalten beeinflussen kann, muß es im allgemeinen zuerst auf das Gehirn oder zumindest auf die peripheren Nerven wirken.

Sexualsteroide machen keine Ausnahme. Zusätzlich jedoch zu den typischen Mitteln der Beeinflussung von Nervenzellen – direkte, sofortige Einwirkung auf neurale Aktivität – die Drogen, Ernährung und Neurotransmittern gemeinsam ist, haben Steroidhormone einen besonderen Zugangsweg, der genau feststeht, wenn auch noch wenig begriffen ist. Sie verbinden sich mit Rezeptormolekülen im Körper der Zielzelle, und der Steroid-Rezeptorkomplex geht zu den Genen. Das trifft buchstäblich zu: Eine der Hauptwirkungen der Steroidhormone führt über direkten Einfluß der DNS, wo sie deren Herstellungsmuster für RNS und Proteine und damit die grundlegendsten Funktionen der Zelle verändern. Sie greifen offenbar nicht im Sinne der Replikation in die Erblichkeitsmaschinerie ein, haben also keine Wirkung, die Tochterzellen verändern würde, aber sie greifen in diese Maschinerie doch im Sinne einer Regelung ein. Das soll heißen, daß dies das deutlichste Beispiel der Wechselwirkung von Gen und Umwelt ist, wie sie im Kapitel über Adaptation beschrieben wurde. Hier sind Gene, deren Wirkung auf den Organismus – vielleicht in den Zellen selbst, die sie bewohnen – so wenig festgelegt ist, daß er schon einem Hauch durch das Blut übertragener Humoralfaktoren gegenüber verwundbar ist. Das bedeutet: Alles in der Umwelt, das, sagen wir, Testosteron beeinflussen kann – Ernährung, Streß, Temperatur, Verführung, sogar Tagtraum – kann potentiell molekulären Sand in das empfindliche Getriebe der Vererbungsmaschinerie werfen; soviel also zu den festgelegten Wirkungen der Gene.

Diese Darstellung ist freilich ein wenig unpassend; die Gene erwarten sozusagen solche Eingriffe. Trotzdem darf man sagen, daß das

Wissen um diesen Mechanismus unsere Vorstellung von der Wechselwirkung Gen-Umwelt eine neue Dimension verliehen hat, und das erst in den letzten Jahren. Nervenzellengene machen keine Ausnahme bei diesem Angriff einer ‹fünften Kolonne›, und bis jetzt wissen wir wenig darüber, wie sie darauf reagieren. Das eine, was wir wissen, ist, daß es langsam vor sich geht und lange anhält. Im Gegensatz zum Mechanismus einer chemischen Verbindung – etwa Amphetamin – die rasch und zumeist vorübergehend auf die Reaktionstendenzen von Nervenzellen einwirkt, können an ihre Rezeptoren gebundene Steroidhormone schon Stunden, bevor sie ihre Wirkung auf Funktion ausüben, in ihren Zielzellkernen landen, vermutlich in Berührung mit DNS. Ein Beispiel: Erhält eine Ratte eine Östradiol-Spritze in den Blutkreislauf (zur Verfolgung radioaktiv indiziert), so führt das innerhalb von zwei Stunden zu einer hohen Konzentration dieses Hormons in bestimmten Hirnzellen, genauer, in deren Kernen. Vierundzwanzig Stunden danach und nicht früher kommt es zu einer entsprechend massiven Zunahme in der Neigung der Ratte – falls weiblich – auf Reizung mit Sexualhaltung zu antworten. Was in diesen vierundzwanzig Stunden geschieht, verrät etwas nicht nur über Hormontätigkeit, sondern auch über Gentätigkeit, was vielleicht unsere Sicht der Zellbiologie verändert, aber hier sind mindestens noch einige Jahre Forschungsarbeit erforderlich.

Inzwischen wissen wir sicher, daß sexuelle Steroidhormone das Verhalten beeinflussen, und wir wissen, daß sie im Gehirn recht weit herumkommen. Durch Verwendung radioaktiver Indikatoren ist es sehr leicht geworden, nicht nur nachzuweisen, daß sie vom Blut ins Gehirn übergehen, sondern das auch selektiv tun, oder, passender ausgedrückt, daß sie sich selektiv in bestimmten Hirnregionen konzentrieren. Diese Konzentrationen sind am höchsten im Hypothalamus – an der Hirnbasis – und in anderen Regionen des limbischen Systems – dem ‹emotionellen› Gehirn, – kurz, genau dort, wo die Theorie sie haben möchte. Das heißt: Konzentrationen finden in Gehirnregionen statt, die eine wichtige Rolle spielen bei Werbung, Sex, mütterlichem Verhalten und Gewalt – genau jene Verhaltensweisen, in denen die Geschlechter sich am stärksten unterscheiden und die dem Einfluß durch Testosteron, Östradiol und Progesteron am deutlichsten unterliegen.

Obwohl man kaum begreift, wie das System funktioniert, gibt es Hinweise. Zum Beispiel senkt die Injektion von Testosteron die Schwelle für die Auslösung von Nervenfasern in der *Stria terminalis*; diese Bahn führt von der Amygdala – der ‹Mandel› nah an den Seiten der Gehirnbasis – zum Hypothalamus. Als solche vermittelt sie aller Wahrscheinlichkeit nach einen erregenden Einfluß des limbischen Systems (des ‹emotionellen› Gehirn, zu dem sowohl Amygdala als auch Hypothalamus gehören) auf sexuelles und aggressives Verhalten. Diese Erkenntnis verleiht der Wirkung von Testosteron auf das Verhalten Substanz. Es ist eine Sache, zu sagen, das Hormon beeinflusse vermutlich Sex und Aggression durch Wirkung auf das Gehirn, und eine ganz andere, tief im Gehirn ein wichtiges Nervenfaserbündel zu finden, das wahrscheinlich mit Sex und Aggression in Verbindung steht und leichter angeregt werden kann, wenn Testosteron darauf wirkt, als wenn es das nicht tut. Ein entscheidender Zusammenhang ist hergestellt.

Wir brauchen aber gar nicht so tief in das Gehirn einzudringen. Inzwischen ist nachgewiesen, daß diese Hormone sich auch in peripheren Nerven konzentrieren. Bei Singvögeln, wo das Männchen singt, wird Testosteron in den motorischen Nervenverbindungen zur Syrinx – dem Stimmapparat der Vögel – konzentriert, und das ist fast sicher mit ein Grund, warum Testosteron das Singen, ein männliches Werberitual, fördert. Bei weiblichen Ratten steigert Injektion von Östradiol die Größe des empfindlichen Nervenbereichs zum Becken selbst dann, wenn dieser Nerv am Gehirn abgelöst ist; das ist mutmaßlich Teil des Mechanismus, der das Weibchen – jedenfall zu bestimmten Zeiten – für männliche Avancen empfänglich macht.

So die Ansicht des Physiologen, die, kein Wunder, recht unerbittlich ist. Ein wenig verwunderlich erscheint eher, daß jemand wie Alice Rossi das akzeptiert hat. Rossi ist Familiensoziologin. Nachdem sie sich jahrelang in ihrem Fach ausgezeichnet hatte, war sie unzufrieden mit Durkheims autoritativem Ausspruch, nur soziale Fakten könnten soziale Fakten erklären, und begann den Gedanken ernst zu nehmen, manche soziale Fakten könnten wenigstens zum Teil durch biologische erklärt werden. Sie hat sich eingehend mit der biologischen Literatur befaßt und versucht, wenn sie für ihre Soziologenkollegen Zusammenfassungen liefert, ihre Meinung nicht zu verbergen, daß einige der beobachteten Geschlechterunterschiede im Sozialverhalten – beispielsweise im Bereich der Elternschaft – endokrinen Ursachen zuzuschreiben sind.

Rossi hat mehr getan, als die Literatur zu durchforsten. Sie hat einen Teil der bis heute interessantesten Forschung über Verhaltenseffekte des menschlichen Menstrualzyklus geleistet. Mit präzisen Meßmethoden und einem komplexen mathematischen Modell, das der Ökonometrie entnommen wurde, zeigte sie, daß es Stimmungszyklen bei Frauen am College gibt, die man nach dem Menstruationszyklus vorhersagen kann. Beispielsweise wies sie einen Anstieg negativer Gefühle bei den Frauen während der lutealen Phase ihrer Zyklen nach – der Periode, die vier oder fünf Tage nach dem Eisprung beginnt, wenn das Steroidhormon Progesteron auf seinem monatlichen Höchststand ist. Interessanter und ungewöhnlicher war, daß Rossi eine Gruppe von Männern als Vergleichspersonen einbezog. Sie entdeckte zwar keinen männlichen Zyklus – das ist auch sonst noch niemandem wirklich gelungen, obwohl manches in diese Richtung weist – stellte aber fest, daß manche Männer im Monat dieselbe Zahl von Tagen körperlichen Unbehagens haben wie Frauen, daß jedoch zumindest manche der unbehaglichen Tage bei den Frauen nach dem Menstruationszyklus vorherzubestimmen waren; sie treten in der Regel während der Menstruation ein. (Der Leser, der immer noch glaubt, Menstrualbeschwerden schlössen Frauen von Positionen wie Verkehrspilot oder Präsident aus, sollte sich überlegen, ob er möchte, daß jemand sein Flugzeug – oder sein Land – steuert, der ein paar Tage im Monat Beschwerden hat, die mit Uhrwerksgenauigkeit wiederkehren, oder jemanden mit derselben Zahl von Beschwerdetagen, die willkürlich auftreten.)

Systematische Veränderungen in Hormonwerten, die bei allen Frauen mit normalem Zyklus auftreten, können auf diese Weise komplexe menschliche Emotionen beeinflussen. Bei der Untersuchung des wohlbekannten Geschlechtsunterschieds im Zuwendungsverhalten – offenkundig vor allem innerhalb der Familie und in allen Kulturen – hat Rossi die Möglichkeit anerkannt, daß es seine Wurzeln zum Teil in hormonalen Unterschieden hat, die aber vermutlich nicht zyklischer Natur sind. Sie hat diese Meinung in verschiedenen neueren Artikeln verteidigt, sowohl in der gelehrten wie in der für Laien verständlichen Literatur.

Von einer hormonalen Perspektive aus ist die Zuwendung aber nicht so gründlich untersucht worden wie die Aggressivität, die in mancher Beziehung das Gegenstück zu ihr ist. Bei vielen Untersuchungen von Menschen und anderen Tieren ist deutlich, daß Testosteron aggressives Verhalten mindestens ermöglicht und vielleicht direkt steigert. Während niemand mit Erfahrung auf diesem Gebiet der Meinung ist, es gäbe eine simple ('stoß-zieh, klack-klack' wird das oft spöttisch genannt) Beziehung zwischen Testosteron und Aggression, akzeptieren jetzt doch die meisten Leute, daß irgendeine solche Beziehung besteht. Nicht nur reduziert Kastration Aggression und stellt Testosteron sie bei vielen Tieren wieder her, es gibt auch faszinierende Wechselbeziehungen zwischen Aggression und Testosteronwert bei Tieren, die in Gruppen leben und sich normal verhalten. Kämpfen zum Beispiel zwei Gruppen von Affen miteinander, so tritt bei den Siegern eine Steigerung des Hormonwertes im Blut ein, bei den Unterlegenen ein Absinken.

Um ein zweites Beispiel zu nehmen: Obwohl wiederholte Untersuchungen von Aggression und Testosteron bei Gefängnisinsassen ein wirres Bild erbrachten, ragt doch eine bedeutsame Entdeckung heraus. Bei männlichen Strafgefangenen ergab eine sehr gute Studie: Je höher der Testosteronspiegel beim Erwachsenen, desto früher lag zeitlich die erste Festnahme durch die Polizei. Die Männer mit den höchsten Werten waren also am frühesten, schon in der beginnenden Adoleszenz, mit der Polizei in Berührung gekommen. In einer anderen Untersuchung wurde der Testosteronwert bei männlichen Jugendkriminellen in Verbindung gebracht mit ihrer Stufe beobachteten aggressiven Verhaltens.

Diese Erkenntnis bringt uns zu einem der zentralsten Punkte im Hinblick auf die Keimdrüsenhormone: sie steigen in der Pubertät sehr stark an. Von sehr niedrigen Werten während der frühen und mittleren Kindheit steigen Testosteron (vor allem, aber nicht ausschließlich bei Männern), Östradiol und Progesteron (beide besonders, aber nicht ausschließlich bei Frauen) allesamt im Verlauf weniger Jahre auf erwachsene Werte an, und der weibliche Monatszyklus wird in Gang gesetzt. Nur wenige Untersuchungen haben Hormone und Verhalten bei denselben Personen gemessen, aber es ist wahrscheinlich, daß Jugendverhalten – und seine Geschlechtsdifferenzierung – durch diese massiven Hormonveränderungen beeinflußt werden. Geschlechtsunterschiede bei Fett, Muskelmasse und Stimmhöhe, die alle zu geschlechtsspezifischem Verhalten beitragen, werden im Grunde bei einem männlichen Teenager vollständig durch den Anstieg des Testosteronwerts im Blut bestimmt.

Man könnte das Bild hier eigentlich verlassen – sich beispielsweise auf die Äußerung von Graves über diesem Kapitel beziehen, die überwältigende Ähnlichkeit zwischen den Geschlechtern im Schema des Neuroverhaltens betont und andeutet, die Evolution hätte ein ‹einziges Tier› mit einem einzigen Unterschied geschaffen: die Zuführung verschiedener Hormone aus den Keimdrüsen genau im Augenblick der reproduktiven Reife; mit anderen Worten, genau dann, wenn wir damit rechnen, daß die Geschlechter sich wirklich zu unterscheiden beginnen.

Das Problem bei diesem gelungenen Bild ist dies: wir haben überwältigende Hinweise darauf, daß die Geschlechter sich in ihrem Verhalten lange vor der Pubertät unterscheiden, wo es noch nicht genug zirkulierende Sexualsteroide gibt, um den Unterschied zu bewirken. So besitzen wir etwa die schon erwähnten Hinweise aus psychologischen und anthropologischen Untersuchungen, wonach Jungen und Mädchen im Vorschulalter verschiedene Stufen von Aggressivität zeigen. Immerhin wäre es ziemlich einfach, das zu erklären, ohne eine biologische Grundlage für ihr Verhalten anzusprechen. Wenn wir etwa davon ausgehen, daß die Eltern dieser Kinder sich wegen ihrer eigenen nachpubertären Hormone auf geschlechtsspezifische Weise verhalten – und weiter unterstellen, daß kleine Kinder sich mit dem Verhalten des gleichgeschlechtlichen Elternteils identifizieren und sich danach richten – wäre das alles, was wir brauchen, um den Geschlechterunterschied bei den Kindern zu erklären, was uns trotzdem eine kulturvergleichende Regelmäßigkeit liefern würde.

Befassen wir uns aber nun mit dem folgenden Experiment: Rhesusaffen, diese wegen ihrer vermuteten Ähnlichkeit mit Menschen bevorzugten Labortiere, werden in totaler sozialer Isolierung aufgezogen. Es gibt Versuchstiere beiderlei Geschlechts, und sie erhalten nicht nur kein

Training für die Sexualrolle und keine Gelegenheit, sich mit dem gleich-geschlechtlichen Elternteil zu identifizieren, sie haben überhaupt keiner-lei soziale Erfahrung. Ungefähr im Alter von drei Jahren, was ungefähr zehnjährigen Kindern entspricht, wird jeder Affe in einen Raum mit einem Affensäugling von willkürlich ausgewähltem Geschlecht getan und sein Verhalten dem Jungen gegenüber registriert. Das Ergebnis: Weibliche Jugendliche kümmern sich mehr um das Kind, männliche schlagen es öfter, und der Unterschied ist statistisch von hoher Bedeu-tung. Was kann, ohne daß – schon – Unterschiede in aktiv zirkulierenden Hormonen vorhanden wären und ohne Erfahrungsunterschiede beim Aufziehen von Kleinstkindern, einen derart eindrucksvollen Geschlech-terunterschied erklären?

Es gibt zunehmend Hinweise dafür, daß die Erklärung tief im Gehirn zu finden sein mag. 1973 wurde erstmals nachgewiesen, daß männliche und weibliche Gehirne sich strukturell unterscheiden. Im vordersten Teil des Hypothalamus, dem tiefstliegenden Kern des Ge-hirns, unterschieden sich männliche und weibliche Ratten in der Dichte synaptischer Verbindungen zwischen lokalen Neuronen. Überdies blieb gleich nach der Geburt kastrierten Männchen die weibliche Gehirnan-lage, und Injektion von Testosteron bei Weibchen – ebenfalls gleich nach der Geburt – verlieh ihnen die männliche Anlage.

Zu behaupten, diese Untersuchung – durchgeführt von G. Rais-man und P. P. Field – hätte ‹die Neurowissenschaft tief erschüttert›, er-scheint als extreme Behauptung, ist aber kaum übertrieben. Zum einen war es der erste Nachweis dafür, daß die Gehirne der Geschlechter sich bei irgendeinem Tier unterscheiden. Zum zweiten lag der Unterschied in ei-ner Region, wo er hingehörte – in einer Region, die mit der Regulation eben der Keimdrüsenhormone durch das Gehirn befaßt war, womit wir uns abgegeben haben. Am eindrucksvollsten aber für jene, die das Fach-gebiet kennen, war der Nachweis, daß Sexualhormone, die *bei der Geburt* zirkulieren, das Gehirn verändern können. Jahrelang hatten Untersu-chungen von Mäusen, Ratten, Hunden, Affen und anderen Tieren gezeigt, daß Testosteron und verwandte männliche Keimdrüsenhormone, wenn man sie weiblichen Jungen bei der Geburt oder etwas früher gab, ihre nor-malen weiblichen Sexualhaltungen und bei manchen Gattungen den Sexualzyklus unterdrückten. Bei Männchen unterdrückte Kastration oder Zuführung einer Antitestosteron-Verbindung bei der Geburt normales männliches Sexualverhalten im späteren Erwachsenendasein, selbst wenn im späteren Leben Ersatztherapie mit Testosteron angewendet wurde. Eines der eindrucksvollsten Experimente dieser Art brachte ‹pseudo-hermaphroditische› Affen hervor, wenn man weiblichen Föten vor der Geburt männliche Keimdrüsenhormone gab. Diese Weibchen zeigten beim Aufwachsen weder die typisch niedrige Stufe aggressiven Spiels noch die typisch hohe männliche Stufe, sondern genau einen Zwischenwert.

Aus diesen Gründen hatten Wissenschaftler schon vor 1973 damit begonnen, von der ‹neonatalen Androgenisierung des Gehirns› zu sprechen – was eine Veränderung im Gehirn durch männliche Sexualhormone um die Zeit der Geburt bedeutet, grob ausgedrückt, eine Vermännlichung des Gehirns. Die Beteiligung des Gehirns blieb aber eine Spekulation, bis der Bericht von Raisman und Field dem Ausdruck zum erstenmal echten Sinn verlieh. Er ließ auch die Möglichkeit glaubwürdig erscheinen, daß die häufig beobachteten vorpubertären Geschlechtsunterschiede in Aggressivität im Ursprung ebenso biologisch waren wie die leichter verständlichen danach.

Das war, wie sich jetzt herausstellt, nur der Anfang der Geschichte. Einige Jahre später stellte Dominique Toran-Allerand ein Gewebekultur-Experiment – mit Gehirnschnitten in Petrischalen – an, bei dem sie den Vorgang direkt verfolgen konnte. Sie stellte dünne Gewebeschnitte vom Hypothalamus neugeborener Mäuse von beiden Geschlechtern her und hielt sie lange genug am Leben, um sie mit Keimdrüsen-Steroidhormonen unter Einschluß von Testosteron zu behandeln. Ihr kurzer Aufsatz, der in ‹Brain Research› erschien, zeigt die staunenswerten Ergebnisse in Photomikrographie. Viele Zellen im Hypothalamus der Maus wachsen in diesem Alter. Sie senden Neuralprozesse aus, die schließlich Verbindungen zu anderen Zellen herstellen, aber die in den Schnitten mit Testosteron behandelten Zellen zeigten mehr und schneller wachsende Neuralprozesse als solche, die nur mit dem ‹Träger› behandelt wurden, der öligen Lösung, in der das Testosteron aufgelöst wurde. So unterscheiden sich die Behandlungen nur durch Vorhandensein oder Fehlen des Hormons. Sie konnte praktisch beobachten, wie Testosteron das neugeborene Gehirn veränderte. Ihre Arbeit unterstellte nicht, daß dieses raschere, stärkere Wachstum den mit Testosteron behandelten Hypothalamus *besser* machte, führte aber zu der Schlußfolgerung, daß der Hypothalamus anders wäre, und sei es nur deshalb, weil die Verbindungen im Gehirn zum Teil durch die Wachstumsschnelligkeit verschiedener benachbarter Nervenzellen bestimmt werden.

Aus diesen und einer Reihe anderer Gründe kam die Gemeinschaft der auf diesem Gebiet tätigen Wissenschaftler zu der Schlußfolgerung, daß der Grundplan des Säugeorganismus weiblich ist und es bleibt, bis ihm männliche Hormone etwas anderes sagen. Daß das keine notwendige Einrichtung war, wurde durch die sexuelle Differenzierung von Vögeln nachgewiesen, bei denen das Gegenteil zuzutreffen scheint; der Grundplan ist männlich, der weibliche Entwicklungsweg die Folge der Einwirkung weiblicher Hormone. Dessenungeachtet wurde die Geschichte des Säugers klar: Das genetische Signal für Männlichkeit, das vom Y-Chromosom herrührt, wirkte auf einen grundlegend weiblichen Strukturplan durch männliche Hormone, unter anderem Steroide.

Es ist nur natürlich, zu bezweifeln, ob solche Verallgemeinerungen auf den rätselhaftesten aller Säuger anwendbar sind, auf denjenigen, der Forschungen über seine eigene Natur anstellt. Meine eigenen Zweifel dazu – damals sehr stark – wurden zum großen Teil zerstreut von den Untersuchungen Anke Ehrhardts und ihrer Kollegen, zuerst an der Johns Hopkins School of Medicine, später am Columbia College of Physicians and Surgeons. Ehrhardt hat jahrelang Zustand und klinische Behandlung bestimmter bedauernswerter ‹Experimente der Natur› untersucht – Anomalien sexueller und psychosexueller Entwicklung. Bei einer solchen Folge von Anomalien, bekannt als androgenitales Syndrom, führt ein genetischer Defekt zum Fehlen eines Enzyms in der Nebennierenrinde, dem äußeren Teil der entscheidenden Nebennierendrüse – so daß sie, statt normale Mengen des Streßhormons Hydrocortison abzusondern, anomal hohe Mengen des Sexualsteroids Testosteron erzeugt. Bei Mädchen mit diesem Syndrom finden sich während der ganzen Schwangerschaft bis zur Geburt maskuline Werte des genannten Hormons. Kurz nach der Geburt kann das behoben werden, so daß das Hormon offenbar nur in der Zeit vor der Geburt seine Wirkungen ausüben kann.

Im Alter von zehn Jahren unterscheiden sich diese Mädchen psychologisch von ihren Schwestern und nicht verwandten Kontrollpersonen. Sie werden von sich selbst und ihren Müttern so beschrieben, daß sie weniger mit Puppen spielen, mehr ‹lausbubenhaft› sind und weniger den Wunsch bekunden, wenn sie erwachsen sind, zu heiraten und Kinder zu haben. Welches Werturteil wir über diese Erscheinungen auch fällen wollen – ich neige dazu, es ganz zu unterlassen – sie scheinen Wirklichkeit zu sein. Sie sind wiederholt worden von anderen Wissenschaftlern mit anderen Gruppen und sogar mit anderen Syndromen, die vom Hormonalen her auf praktisch dasselbe hinauslaufen. Zusammengenommen mit den wachsenden Nachweisen bei Tieren, deuteten für Ehrhardt und ihre Kollegen wie auch für viele andere diese Feststellungen darauf hin, daß auch Menschen als Folge vermännlichender Hormone, die nahe oder bei der Geburt einwirkten, vorstellbarerweise psychosexuelle Differenzierung erfahren konnten, die Verhalten und Gehirn betrafen.

Diese Möglichkeit erhielt in einer Reihe von Entdeckungen durch die Endokrinologin Julianne Imperato-McGinley vom New York Hospital-Cornell Medical Center verblüffende Bestätigung. Sie hingen in erster Linie mit der Analyse eines neuen Syndroms abnormer sexueller Differenzierung zusammen, das gegen alle bisherigen Regeln verstieß. Es war begrenzt auf drei von Inzucht beherrschte Dörfer in der südwestlichen Dominikanischen Republik und befiel im Verlauf von vier Generationen 38 bekannte Personen aus 23 miteinander verwandten Familien. Es ist eindeutig genetischer Art, infolge Mutation und Inzucht aber erst vor kurzem in der Population aufgetreten.

Neunzehn von den Betroffenen schienen bei der Geburt unzweideutig weiblich zu sein und wurden von ihren Eltern und anderen Verwandten als völlig normale weibliche Wesen betrachtet und aufgezogen. In der Pubertät entwickelten sie als erstes keine Brüste und machten dann eine vollkommen männliche Pubertäts-Verwandlung durch, einschließlich Wachstum eines Penis, Senkung der Hoden (die vorher in der Bauchhöhle gewesen waren), Tieferwerden der Stimme und Entwicklung eines muskulösen männlichen Körperbaus. Physisch und psychologisch wurden sie Männer mit normalem oder gelegentlich hypernormalem geschlechtlichem Verlangen nach Frauen und komplettem Umfang an Sexualfunktionen, ausgenommen Unfruchtbarkeit wegen abnormaler Ejakulation (durch eine Öffnung unten am Penis). Nach vielen Jahren Erfahrung mit solchen Personen sahen die Dorfbewohner sie als eigene Gruppe, genannt *Guevedoce* (Penis mit zwölf) oder *Machihembra* (Mann-Frau).

Die physiologische Analyse, die Imperato-McGinley und ihre Kollegen anstellten, zeigte, daß diese Individuen genetisch männlich sind – sie besitzen ein X- und ein Y-Chromosom – durch einen genetischen Defekt aber ein einziges Enzym der männlichen Sexualhormon-Synthese fehlt. Das Enzym, 5-Reduktase, verwandelt Testosteron in ein anderes männliches Sexualhormon, Dihydrotestosteron. Obwohl ihnen Dihydrotestosteron fast völlig abgeht, haben sie normale Werte bei Testosteron selbst. Offenkundig sind diese beiden Hormone verantwortlich für die Förderung äußerlicher männlicher Sexualmerkmale (Dihydrotestosteron) beziehungsweise in der Pubertät (Testosteron). Trotz des Vorhandenseins von Testosteron führt der Mangel an ‹Dihydro› zu einem weiblich aussehenden Neugeborenen und vorpubertären Kind. Das Vorhandensein von Testosteron führt zu einer mehr oder weniger normalen männlichen Pubertät.

Für die jetzigen Absichten ist das Außerordentliche an diesen Menschen jedoch dies, daß sie vollständig und gesichert in jeder Beziehung Männer ihrer Kultur werden. Nachdem sie zwölf oder mehr Jahre als Mädchen aufgezogen wurden und alle psychologischen Einflüsse diese Geschlechterrolle in einer ziemlich sexistischen Gesellschaft förderten, sind sie fähig, sich in fast typische Beispiele des männlichen Geschlechts zu verwandeln – mit entsprechenden Rollen in Familie, Sex, Beruf und Freizeit. Von den 18 Personen, für die Daten verfügbar waren, erlebten 17 diese Verwandlung, eine andere behielt weibliche Rolle und Identität bei. Bei den 17 fand die Verwandlung nicht mühelos statt. Imperato-McGinley teilt mit, daß sie das manche Jahre der Verwirrung und psychologischen Qual kostete. Aber sie schafften es ohne besondere Hilfe oder therapeutische Eingriffe. Imperato-McGinley und ihre Kollegen kommen zu dem Schluß, daß das während des Wachstumsverlaufs bei diesen Männern zirkulierende Testosteron eine vermännlichende Wirkung auf ihre Gehirne hat – eine Wirkung, die ‹wesentlich zur

Bildung einer Identität männlichen Geschlechts beizutragen scheint›, wenn sie verbunden ist mit der Wandelwirkung des weiteren Testosteronstoßes in der Pubertät.

Diese Personen beweisen, daß beim Fehlen soziokultureller Faktoren, die den natürlichen Ablauf der Ereignisse unterbrechen könnten, die Wirkung von Testosteron vorherrscht und die Wirkung der Erziehung als Mädchen zunichte macht . . .

Unsere Daten zeigen, daß Umwelt- oder soziokulturelle Faktoren nicht allein für die Bildung einer Identität männlichen Geschlechts verantwortlich sind. Androgene leisten einen starken und eindeutigen Beitrag.

Bei Untersuchungen von Labortieren gab es weitere Feststellungen und Komplizierungen, die in den späten siebziger Jahren mitgeteilt wurden. Beispielsweise stellte man fest, daß bei Singvögeln, wo das Männchen singt, ein Geschlechterunterschied im Gehirnbereich vorliegt, der das Singen steuert; er ist so groß, daß man ihn ohne verfeinerte statistische Methoden unter dem Mikroskop ohne weiteres sehen kann. Etwas näher beim Thema – bei Säugern – wurde erst vor kurzem nachgewiesen, daß derselbe Gehirnbereich, in dem Raisman und Field durch gründliches Zählen einen sexuellen Unterschied in der Synapsendichte gezeigt hatten, einen viel auffälligeren Größenunterschied erkennen läßt, der ihnen aus irgendeinem Grund entgangen war. Das Gebiet – der ‹sexuell dimorphe Nucleus des präoptischen Bereichs› – ist bei männlichen Ratten drei- bis sechsmal größer als bei weiblichen, und dieser Unterschied ist ebenfalls eine Funktion des Vorhandenseins oder Fehlens von Testosteron rund um die Geburt. Er ist so auffallend, daß der erfahrene Beobachter, der den Objektträger ans Licht hält, das Geschlecht des Gehirns mit bloßem Auge bestimmen kann.

Was wollen wir von diesen außergewöhnlichen Tatsachen halten? Für die unmittelbare Zukunft, jedenfalls, was mich betrifft, nichts. Es ist einfach noch zu früh; es gibt zu wenig Information, als daß man auf verantwortliche Weise irgendwelche Schlüsse über menschliches Verhalten ziehen könnte. Nach dem jetzigen Erkenntnisstand liegt es beispielsweise nicht außerhalb des Bereichs der Möglichkeiten, daß die beobachteten Unterschiede zwischen den Gehirnen der beiden Geschlechter nur physiologischen Funktionen dienen, das heißt, die Gehirne müssen verschieden sein, um unterschiedliche Steuerung über unterschiedliche Reproduktionssysteme auszuüben, so daß sie mit Verhaltensfeinheiten überhaupt nichts zu tun haben. Das halte ich jedoch für unwahrscheinlich. Es wird, wie ich meine, für einen informierten, objektiven Beobachter wenn nicht jetzt, so in sehr naher Zukunft, außerordentlich schwierig sein, die Hypothese abzuweisen, die Geschlechter unterschieden sich in ihrem Maß an gewalttätigem Verhalten aus Gründen, die zum Teil physiologische sind. Und physiologische Determinanten könnten sich auch auf andere Verhaltensweisen ausdehnen.

Wenn die Gemeinschaft der Wissenschaftler, deren Arbeit und Wissen einschlägig ist, in diesem Punkt zu einer Einigung kommen sollte, scheint mir eine übergreifende Schlußfolgerung plausibel: Ernsthafte Abrüstung mag letztendlich eine Zunahme des Anteils an Frauen im staatlichen Bereich notwendig machen. In diesem Zusammenhang auf frühere Herrscherinnen zu verweisen, ist ein sinnloses Unterfangen. Solche Frauen sind unweigerlich eingebettet und gefesselt gewesen in und von einer völlig maskulinen Machtstruktur und an ihren Platz gekommen, weil sie für ihr Geschlecht ganz untypisch waren. Manche Frauen sind natürlich ebenso gewalttätig wie fast jeder Mann. Aber wenn wir von Mittelwerten sprechen, können wir wenig Zweifel haben, daß wir alle weniger gefährdet wären, wenn die Waffensysteme der Welt von Durchschnittsfrauen statt von Durchschnittsmännern kontrolliert werden würden.

Ich halte es für angemessen, dort aufzuhören, wo wir begonnen haben, indem wir die Frauen betrachteten, die mitgeholfen haben, diese Tatsachen ans Licht zu bringen. Stellen wir sie uns in ihren Büros und Laboratorien vor, wo sie herauszufinden versuchen, was das alles bedeutet; wie kommen sie mit der Dissonanz zurecht, die ihre Feststellungen hervorrufen müssen? Ich vermute, sie tun es, indem sie eine Versöhnung – keinen Kompromiß, den gewiß nicht – sondern eine komplexe schwierige Versöhnung zwischen dem Gedanken der menschlichen Unterschiede und dem Ideal menschlicher Gleichheit bewirken, etwas, das wir bald alle tun müssen.

7 Die Quelle des Gefühls

Ich wünsche mir, ein denkend Stein zu sein. Die See der schäumenden Gedanken hebt erneut das strahlend Bläschen, das sie war. Und dann ein tiefes Aufgequell aus einer salz'gen Quelle in mir die wässerige Silb' zerspringen läßt.
Wallace Stevens
‹Le Monocle de Mon Oncle›

Wo ist der anatomische Ort des Kummers? In welchem Körperorgan sitzt die Wärme, die wir spüren, wenn ein geliebtes Kind auf uns zukommt? Wo ist der Schmerz? Obwohl diese Fragen erhebliche Mißverständnisse offenbaren mögen, sind sie nicht sinnlos. Seit Jahrtausenden haben Philosophen sich zu Antworten vorgetastet, aber die meisten dieser wohlmeinenden Leute, viele natürlich hochbegabt und weise, waren bis zum Punkt der Verwirrtheit von der Vorstellung belastet, daß Gefühle nicht im Körper zu finden sind. Menschliche Gefühle, die fehlerfreiesten und genauesten Hinweise auf den Zustand des menschlichen Geistes, müssen stattdessen (so glaubten sie) in der Seele gesucht werden, und mit Seele meinten sie keine Metapher für wesentliche Eigenschaften von Herz und Verstand, sondern im Gegenteil eine getrennte Wesenheit, völlig körperlos; gekettet an den Körper und mit ihm das Leben hindurch verbunden, ihn aber nach dem Tode sehr fein überlebend. Bei Dante kann man sehen, wie die Seelen der Toten beinahe jede Nuance des Fühlens zeigen, dessen sie im Leben fähig hätten sein können; nur ihre Erfahrung ist eine andere. Um Verdammung zu erleben, muß man Schmerz spüren können; um die Belohnung des Himmels ernten zu können, Lust. Fegefeuer und Vorhölle sind zum Teil von Angst bedingt, und die nachdenklichen Fragesteller des Dichters in allen Kreisen von Himmel und Hölle geben deutlich Zeugnis von der weitreichenden, außerordentlichen Empfindlichkeit der Wesen, die angeblich aus luftigem Nichts bestehen.

Die Beziehung zwischen Geist und Körper, ob als philosophische oder biologische Frage, kann kaum als geklärt bezeichnet werden. Man darf aber sagen, daß die Philosophen des 19. Jahrhunderts – jedenfalls jene, die von der Theologie unabhängig waren – schon einen Weg zu diesen Fragen einschlugen, den Biologen als reifer ansehen würden; und im 20. Jahrhundert, vor allem in der als analytische Philosophie bezeichneten Bewegung (der Hauptströmung moderner akademischer Philosophie in England und den Vereinigten Staaten) und um sie, ergibt sich aus stillschweigenden wie aus ausdrücklichen Andeutungen, daß Philosophie, die das Problem Geist–Körper betrachtet, unter dem Einfluß zumindest der Grundlagen biologischer und psychologischer Forschung steht. Das soll nicht heißen, die Philosophen reagierten lediglich auf solche Forschung. Sie sind beschäftigt mit der Klarstellung des Gebrauchs der Sprache (eine harmlos klingende Beschäftigung, die unter anderem zu einer Unterminierung der Grundlage von Religion und Metaphysik geführt hat) und mit der Beschreibung und Erklärung subjektiver Erfahrung, ein Unterfangen, zu dem Verhaltens- und biologische Wissenschaftler entweder nicht neigen oder, wenn doch, es nicht gut bewältigen. Trotzdem muß zugegeben werden, daß einige der bedeutendsten Philosophen dieses Jahrhunderts – Russell, Moore, Ayler, Rye und andere – auch damit beschäftigt waren, weniger aufgeklärten, mehr zur Metaphysik neigenden Kollegen die Leistungen moderner Wissenschaft zu erklären.

Gewiß gibt es einen skeptischen, gegen die Metaphysik gehenden Zug, der die westliche Philosophie seit ihren griechischen Anfängen durchläuft. Aristoteles (und jahrhundertelang einige seiner Nachfolger) bestritt die Nicht-Stofflichkeit und Unsterblichkeit dessen, was in der Regel mit ‹Seele› übersetzt wird, gestand beides aber dem ‹Geist› zu. Diese Haltung, obschon zweideutig, würde Dantes Welt der Geister unmöglich machen. Epikur, ein jüngerer Zeitgenosse von Aristoteles, ging mit der Skepsis viel weiter und schrieb in einem Brief um 300 v. Chr. klar: ‹Die Seele erlebt Empfindung nur, wenn im Körper eingeschlossen, und der Körper erhält von der Seele einen Anteil dieser Empfindung. Empfindung mag den Verlust von Teilen des Körpers überleben, endigt aber mit der Zerstörung der Seele oder des ganzen Körpers.› Wenn man erkennt, daß diese Äußerung im Zusammenhang einer vollständigen natürlichen Wissenschaft, einschließlich einer Theorie kosmologischer, organischer und kultureller Evolution getan wurde, erscheint sie auf beinahe unheimliche Weise modern. Obwohl ihr Ziel aber darin bestand, zu trösten (durch die Hinnahme dessen, was notwendig ist, und die Überwindung irrationaler religiöser Ängste), wurde sie als trostlose Philosophie betrachtet. In einem von religiöser Überzeugung erfüllten Zeitalter lag sie trotz der beredsamen Anhängerschaft des Dichters Lukrez darnieder, dessen Epos ‹Von der Natur der Dinge› zwei Jahrhunderte später ähnliche Ansichten vertrat. Erst am Ende des 18. Jahrhunderts – als Blake die Zeilen schrieb, die dem Buch vorangestellt sind – können wir die Anfänge eines ständig wachsenden Skeptizismus und Rationalismus erkennen, die historische Kontinuität von breitester Bedeutung besaß und weiterhin zu besitzen verspricht.

In der Philosophie läßt sich der Faden des Skeptizismus, wie er für die logische Analyse des 20. Jahrhunderts charakteristisch ist, zurückverfolgen zu Blakes Zeitgenossen David Hume. Wie Blake war auch

Hume eine eher einsame Stimme. Sein frühes Hauptwerk ‹Abhandlung über die menschliche Natur›, die alle herrschenden philosophischen Anschauungen seiner Zeit angriff, wurde bewußt nicht beachtet, seine ‹Dialoge über die natürliche Religion› betrachtete er als zu gefährlich, um sie zu seinen Lebzeiten zu veröffentlichen. Im Verlauf der nächsten hundert Jahre gab es aber empirische und theoretische Fortschritte, die in der Tat die Grundlage einer zukünftigen Abhandlung über die menschliche Natur darstellten. Diese Fortschritte beseitigten alle Zweifel zumindest an der Möglichkeit einer nicht-metaphysischen Erklärung und ergänzten im übrigen die Skizze, die Epikur zweitausendeinhundert Jahre zuvor geliefert hatte.

Schon die Erwähnung der Namen – Charles Lyell in Erdgeschichte, Darwin in organischer Evolution, Claude Bernard in allgemeiner Physiologie, Pasteur in Pathogenese, Marx, Engels, Herbert Spencer, Lewis Henry Morgan und andere in der Sozialwissenschaft, Hughlings Jackson und Charles Sherrington in Neurophysiologie, Paul Broca und Carl Wernicke in Neuroanatomie, Santiago Ramón y Cajal und Camillo Golgi in Neurohistologie sowie James und Freud in Psychologie, dies nur ein paar herausragende Gestalten – vermitteln deutlich das veränderte Denkklima. Da soviel von ‹der Natur der Dinge› – vorher am einfachsten erklärt durch Hinweise auf religiöse und metaphysische Wesenheiten – nun eindeutig unter die Fahne des gesunden Menschenverstandes geholt worden war, konnte es keine Überraschung mehr sein, daß die ‹Seele› reif war, von der Wissenschaft beseitigt zu werden.

Die Ansicht von A. J. Ayer, repräsentativ für einen großen Ausschnitt der Philosophie im späten 20. Jahrhundert, ist die, eine ‹besonnene Theorie› wäre ‹eine, die nicht versucht, das Vorkommen von Erfahrungen wegzuerklären oder zu behaupten, unsere Beschreibungen davon entsprächen im logischen Sinn der Beschreibung physikalischer Ereignisse, aber trotzdem davon ausgeht, daß sie faktisch mit Zuständen des zentralen Nervensystems identifiziert werden können.› Mit anderen Worten: Unsere subjektive Erfahrung neuraler und endokriner Ereignisse in uns kann nicht zufriedenstellend erklärt werden durch eine vollständige objektive Beschreibung dieser Ereignisse, aus dem einfachen Grund, daß die Sprache der Neurobiologie nicht für die Vermittlung subjektiver Erfahrung geeignet ist; aber keine kann ohne die andere existieren. Seele ist bestenfalls eine Metapher für unsere subjektive Erfahrung und für das, was wir durch Analogieschluß für die subjektive Erfahrung anderer halten. Irgendeine solche Metapher ist notwendig. Der subjektive Sinn jedoch, um den es hier geht, kann in Raum oder Zeit die weltliche Aktivität des Körpers nicht transzendieren.

Der herausragendste moderne Theoretiker zur Natur der ‹Seele› war Sigmund Freud, Neurologe der Ausbildung und, zumindest bis in seine mittleren Jahre, der Neigung nach. Während der achtziger Jahre des vorigen Jahrhunderts war er beschäftigt mit Dingen wie Hirnanatomie, klinische Neurologie und Untersuchungen der psychotropen und anderen medizinischen Wirkungen des Kokains. Erst in den neunziger Jahren begann er über Psychologie als solche zu schreiben; inzwischen hatte er die Fünfunddreißig schon überschritten und war als medizinischer Wissenschaftler wohlbekannt – eine Tatsache, die unzweifelhaft dazu beitrug, daß er in seinem neugewählten Fach die Führung übernahm. Liest man seine Arbeiten aus den frühen neunziger Jahren, so hat man den starken, oft überraschenden Eindruck, daß Freud mit dem neuroanatomischen und neurophysiologischen Wissen der Zeit völlig vertraut war und mit der Möglichkeit einverstanden zu sein schien, vieles am menschlichen Geist durch Bezug darauf zu erklären. (Obwohl das später wieder auftauchen wird, lohnt hier der Hinweis, daß der wichtigste nicht-freudianische Psychologe derselben Zeit, William James, ebenfalls Arzt war, vertraut mit Neurobiologie, die er auch in seiner Psychologie anwandte.)

Freuds Neuropsychologie wird am besten dargestellt von zwei langen Arbeiten aus dieser Zeit, die beide ebenso zeigen, was er in *psychologischer Analyse* aus der Gehirnwissenschaft zu gewinnen hoffte, wie seine langsam aufkommende Enttäuschung durch sie. Die erste, ‹Zur Auffassung der Aphasien: Eine kritische Studie›, 1891 abgeschlossen, liefert eine ins einzelne gehende Erklärung für die Neuroanatomie der Aphasie – dem Verlust der Sprache oder des Begriffsvermögens oder beidem – und verwandter kognitiver Störungen, die auf Hirnschäden zurückführbar sind, so, wie man diese Themen damals verstand.

‹Zur Auffassung der Aphasien› faßt Freuds Lektüre und Gedanken über die neurale Grundlage der Sprache zusammen, ein Thema, mit dem er sich während der späten achtziger Jahre durchgehend beschäftigt hatte. Die Monographie besteht in der Hauptsache aus einer Kritik der damals herrschenden (und in abgewandelter Form noch heute weithin anerkannten) Theorie von der Lokalisierung der Sprache in der Großhirnrinde, die von Paul Broca und Carl Wernicke aufgestellt und in einer 1886 von Wernicke veröffentlichten Arbeit ausführlich dargelegt worden war. Diese Theorie ging, kurz gesagt, davon aus, daß die Hirnrinde zwei Hauptzentren für die Sprache enthält, ein Spracherzeugungs- und ein Sprachempfangszentrum; sie beruhte auf Nachweisen dafür, daß jede dieser beiden Funktionen durch bestimmte unterschiedliche Schäden verlorengehen konnte. Die Folge wäre die eine oder andere Form von Aphasie. Andere Störungen konnten sich ergeben aus Schäden an den Faserbahnen, die Sprachempfangs- und Spracherzeugungsbereiche miteinander verbinden (‹Konduktionsaphasien›). Wieder anderen Bereichen der Hirnrinde sprach man Funktionen wie Lesen und Schreiben zu.

Freud gründete seine Kritik an der Hirnrindenlokalisationstheorie der Aphasie auf eine sorgfältige Durcharbeitung der veröffentlichten klinischen Fallstudien und auch auf damals neue Fortschritte in der Neuroanatomie. Der ernsthafteste Anlaß für seine Einwände kam jedoch von seiner Kenntnis der Neurophysiologie, die damals von Hughlings Jackson, Charles Sherrington und anderen geformt wurde. Man hat den Verdacht, daß Freud Intelligenz, Aufgeschlossenheit und Wissensbreite von Broca und Wernicke bewußt unterschätzte, mindestens zum Teil. Wir müssen aber berücksichtigen, daß die Monographie am Ende eines Jahrhunderts geschrieben wurde, in dem Behauptungen zur Hirnlokalisation der Funktionen mit extremer Genauigkeit aufgestellt wurden (nicht von Broca und Wernicke, aber von vielen anderen), die zuletzt lachhaft wirkten. Außerdem waren die achtziger und neunziger Jahre eine begeisternde Zeit für die Neurophysiologie, als zum erstenmal Wissen über die Funktion einzelner Nerven in größere Einheiten organisiert wurde und die ersten Theorien über *Hirnfunktion* aufkamen. Es ist kein Wunder, daß diese Entwicklungen den jungen Neurologen zu einem übertriebenen Eifer gegen die Neuroanatomie anspornten, die zu erlernen er seine Jugend geopfert hatte.

Seine Methode bestand darin, das, was er als die verwundbaren Weichteile der Lokalisationstheorie sah, erkennbar zu machen, und dann erklären zu wollen, was erforderlich sei, um sie zu verbessern. Beispielsweise stellte er fest, Aphasiker könnten die Fähigkeit beibehalten, zu fluchen, ein Lied zu singen oder einen Satz zu wiederholen, der kurz vor ihrer Verletzung gesprochen worden war. Er befaßte sich mit dem Ablauf der Wiederherstellung geistiger Fähigkeiten nach epileptischen Anfällen, von denen man wußte, daß sie manchmal eine Phase vorübergehender Worttaubheit einschlossen. Er war sich des Vorhandenseins individueller Varianz bei dem Verlust nach einer bestimmten Läsion bewußt (‹Verschiedene Mengen nervöser Anordnungen in verschiedenen Positionen werden bei verschiedenen Personen mit unterschiedlicher Schnelligkeit zerstört›, zitiert er Hughlings Jackson) und indem er seinem eigenen Lehrer, dem französischen Neurologen Charcot folgt, schreibt er diese Varianz nicht individuellen Unterschieden in anatomischer Organisation zu, sondern vielmehr den Willkürlichkeiten persönlicher Erfahrung – das heißt, der Funktionsgeschichte des Individuums. Beispielsweise konnte man davon ausgehen, daß eine gebildete und eine ungebildete Person unterschiedliche Verluste bei derselben Läsion davontragen würden, die die visuellen Bereiche der Hirnrinde von den Sprachwahrnehmungsbereichen trennte.

Freuds Sicht dieser klinischen Erscheinungen, die er mit der Ansicht von Broca und Wernicke für unvereinbar hielt, war die, daß sie sich aus Unterschieden nicht der Struktur, sondern der Funktion ergaben; auf sie gestützt, behauptete er, Sprache werde am besten nicht einfach durch Hinweise auf die anatomische Struktur der Großhirnrinde begriffen, sondern durch solche auf das Maß neuraler Energie, das in diesem Organ und in anderen Hirnsystemen in verschiedenen funktionalen Zuständen ausgedrückt wird. Er akzeptierte Hughlings Jacksons Ansicht, daß Funktionsverlust, ob zeitweilig oder von Dauer, die Folge der Funktionserwerbung in normaler Kindheitsentwicklung umkehrte – die erwachsensten Funktionen gingen als erste verloren – und die Wiederherstellung der Funktion den Kindheitsablauf nachvollzog. Er glaubte, die Beibehaltung von Fluchen, von oft wiederholten Wörtern wie ‹Ja› und ‹Nein›, von Singen und von Sätzen, die unter größter Belastung erlernt worden waren, deuteten allesamt auf eine machtvolle Rolle der neuralen Erregbarkeit bei der sprachlichen Funktion und damit auf eine Rolle für die Emotion.

Die klinischen Nachweise, auf die Freud sich bezog, sind größtenteils bis heute gültig geblieben – und zwar in stark erweitertem Umfang. Überraschender ist: Eine moderne Erklärung würde Freuds Argumenten in vielerlei wichtiger Beziehung parallel laufen und die Lokalisationstheorie durch Hinweis auf physiologische Funktion kritisieren, vor allem insoweit, als letztere sich auf Emotion bezieht. Noch interessanter an der Monographie ist aber, daß sie nicht mehr als den Anfang eines Übergangs bezeichnet, der in weniger als einem Jahrzehnt Freud nur noch mit der Funktion befaßt sein lassen sollte, und zwar nicht neurophysiologische, sondern psychologische Funktion. In allen seinen berühmten Werken, die nach den späten neunziger Jahren veröffentlicht wurden, gibt es praktisch keinen Hinweis auf die Neuroanatomie und Neurophysiologie, die ihn einst so beschäftigt hatten. Im größten Teil des Freudschen Werkes betrifft der einzige Hinweis auf Struktur innerhalb des Nervensystems rein metaphernhafte ‹Strukturen›: *Unbewußtes, Vorbewußtes, Bewußtes;* oder *Es, Ich* und *Über-Ich.* Es ist zwar nicht richtig, zu behaupten, es gäbe keine Beziehung zwischen diesen und seinen früheren anatomischen und physiologischen Vorstellungen, aber sie machen deutlich, daß er sich von der Sprache der Biologie zu lösen versuchte, und seine Werke im 20. Jahrhundert, die bis weit in die dreißiger Jahre hineinreichten, verraten wenig davon, daß er das Wachsen der Neurobiologie auch nur mit einem Bruchteil der Aufmerksamkeit verfolgt hätte, die er ihr bis 1890 zuwandte.

Vieles in der Arbeit über Aphasie läßt das spätere, weit umherstreifende Genie ahnen: die Betonung der Rolle von Emotion beim Denken, der Beziehung zwischen Trauma und späterer Anpassung, der Bedeutung von Zuständen der Erregung im Nervensystem, des Gedankens, daß Wiederherstellung auf irgendeine Weise mit dem Verlauf normaler Entwicklung in der Kindheit zusammenhing oder sie begleitete. Aber schon vier Jahre später, mit der Fertigstellung 1895 von ‹Projekt für eine wissenschaftliche Psychologie›, können wir genau sehen, wie der theoretische Übergang zur psychoanalytischen Theorie bewirkt wurde.

In Begriffen des Nervensystems sind die Grundmerkmale von Freuds Verständnis der Biologie psychologischer Funktionen im Jahre 1895 leicht zusammenzufassen, und im wesentlichen gilt jedes heute noch:

Erstens läßt sich das Zentralnervensystem in zwei Grundsektoren aufteilen, eine Teilung mit wichtigen funktionalen Folgen, nämlich in einen Sektor, der Leitungssysteme enthält – lange Faserbündel, die Impulse (beispielsweise Schmerz) von den peripheren Körperorganen zu höheren Gehirnzentren wie der Hirnrinde tragen, wo die Peripherie in gewisser Weise repräsentiert ist; und in einen zweiten Sektor mit ‹Kernsystemen›, im Hirninneren gelegen, bestehend aus kurzen Neuralelementen mit vielen Verbindungen und verantwortlich für Überwachung und Regulierung des inneren Körperzustandes.

Zweitens gibt es im Nervensystem neurosekretorische Elemente, die chemische Stoffe produzieren, welche im Körper zirkulieren; überdies können diese chemischen Stoffe die neuralen Elemente des Gehirns erregen, was die Möglichkeit eines positiven Rückkopplungszyklus eröffnet. (Die Modernität dieser Sicht ist unheimlich.)

Drittens besteht die Funktion des Gehirns aus elektrischer Aktivität der neuralen Elemente, die, wenn ausreichend erregt, sich entladen können.

Viertens sind die neuralen Elemente voneinander durch ‹Kontaktschranken› getrennt, und damit das eine in einer Schaltung das nächste erregen kann, muß diese Kontaktschranke überwunden werden. So akzeptierte Freud den Gedanken des Neurons und der Schranke zwischen Neuronen – die Synapsen – und verwendete sie eindeutig zu einer Zeit, als die Existenz dieser Merkmale des Nervensystems (‹die Neuronenlehre›) noch heiß umstritten war und die Anhänger des großen Neurohistologen Ramón y Cajal, der daran glaubte, von denen des ebenso hochgeachteten Camillo Golgi abspaltete, der das nicht tat. (Auf der Grundlage der Tatsache, daß Lücken im Nervensystem unter dem Mikroskop nie beobachtet worden waren, schloß Golgi fälschlich, daß es sie nicht gäbe und das Nervensystem ein einziges riesiges, ineinander verwobenes Geflecht ohne Lücken sei. Ein Jahrzehnt nach Freuds Übernahme der Neuronenlehre in seinen Vorschlag hatte Cajal breitere – wenn auch unvollständige – Anerkennung gefunden, und Sherrington bereitete die Veröffentlichung von ‹The Integrative Action of the Nervous System› vor, das der Synapse einen zentralen Ort in der neurophysiologischen Theorie anwies.)

Schließlich sind die neuralen Elemente einer Erregungsstufe fähig, die unter jener liegt, die für Entladung und Übertragung über die Kontaktschranke hinweg erforderlich ist. Freud war damit um etwa ein halbes Jahrhundert dem Nachweis der Existenz von Unterschwellenwerten elektrischer Aktivität in Neuronen voraus.

Diese Merkmale der Hirnfunktion – zumeist vermutet, aber trotzdem richtigerweise – wurden in der Arbeit zu einer Theorie des Geistes ausgearbeitet. Darin können wir vieles von dem erkennen, was Psychoanalyse werden sollte. Man darf sagen (und es ist von einer Anzahl neuerer Biographen und Schüler Freuds ausgesprochen worden), daß auf die Theorie der in ‹Projekt› umrissenen neuralen Funktion in späteren Werken zwar nur selten direkt Bezug genommen wird, sie sein Denken aber während seines ganzen Lebens beeinflußte. Eine grobe Skizze der Theorie schließt sich an.

Primäre Transaktionen mit der Außenwelt, einschließlich Empfindung, Schmerz und Muskeltätigkeit, werden abgeschlossen von den langen, schnell wirkenden Leitungssystemen zwischen Peripherie und Hirnrinde. Der Kernsektor reagiert eher stufenweise. Er kann beeinflußt werden von den Leitungssystemen durch Nebenfasern, ist aber auch in entscheidender Weise dem Einfluß durch zirkulierende Humoralfaktoren im inneren Zustand des Körpers unterworfen; diese letzteren könnte er seinerseits ebenfalls beeinflussen, was dem Kernsektor eine wichtige Rolle bei dem verleiht, was wir jetzt Homöostase (und ihre Störungen) nennen. Der Kernsektor ist voll diffuser Verbindungen – entweder komplex oder wirr, je nach Betrachtungsweise – und kann nicht nur von außen, sondern auch von innen her durch spontane Tätigkeit seiner Elemente erregt werden. Wenn diese Erregung unterhalb des Schwellenwerts liegt und unter den Neuralelementen weit verbreitet ist, kann man davon sprechen, daß der Zustand eines Potentials für relativ diffuse Auslösung im Kern vorliege. Bedeutsamerweise könnte solche Auslösung manchmal falsch angepaßt sein. Überdies könnte man erwarten, daß entweder im Kern oder in den Leitungssystemen wiederholte Entladung von Impulsen über eine Bahn zu leichterem künftigem Durchgang über diese Bahn führt – mit anderen Worten, zu Lernen.

Bis jetzt findet sich hier nichts, was in der modernen Neurobiologie zu hochgezogenen Brauen führen würde; das meiste davon steht in den Lehrbüchern. Was das nun Folgende angeht, würde vieles davon Erstaunen hervorrufen, manches als recht spekulativ betrachtet, aber nichts als schlicht außerhalb des Bereichs der Möglichkeiten liegend angesehen werden.

Erregung von Elementen im Kernsektor unter dem Schwellenwert – ‹Kathexis› – könnte, wenn weitverbreitet, ‹Belastung› oder *Unlust* auslösen. Solche weitverbreitete Kathexis im Kern könnte hervorgerufen sein aus einem positiven Rückkopplungszyklus zwischen den neuralen oder neurosekretorischen auf der einen und den im Blut befindlichen Humoralfaktoren auf der anderen Seite; man könnte erwarten, daß diese Prozesse stattfinden, während ein Zustand von Hunger oder unbefriedigter sexueller Erregung vorliegt. Wenn zur Hirnrinde übermittelt, würde diese Kathexis subjektiv als Belastung oder Unlust wahrgenommen werden. (Schmerz würde bestehen aus einer größeren und plötzlichen Zunahme in corticaler und subcorticaler Erregung zugleich.)

Die Hirnrinde, die Belastung wahrnimmt, würde Transaktionen mit der Welt aktivieren, etwa Essen oder Geschlechtsverkehr, was die im Blut vorhandenen Faktoren und die Neuralelemente wieder ins Gleichgewicht bringt und eine Abnahme der Gesamtkathexis oder Lust hervorruft. Lust hat die Neigung zur Verstärkung; das heißt, den Widerstand der Kontaktschranken zu Entladungen auf derselben Bahn beim nächstenmal zu senken. Wenn das weit genug fortgeschritten ist, um die Belastung wirksam zu verhindern, die aus angesammelter Kathexis im Kern entsteht, spricht man davon, daß ein Lernvorgang stattgefunden hat.

Danach ist die Struktur des Kerns nicht mehr zufällig, und die spezifische Verteilung von mehr oder weniger verstärkten Bahnen im Inneren stellt die Ichstruktur oder Persönlichkeit des Individuums dar, die aus Erinnerungsspuren (verstärkten Bahnen) besteht, ausgewählt durch vorangegangene Erfahrung von allen möglichen Bahnen innerhalb des Kerns. Diese beinhalten *Motive* (Bahnen der Kernerregung), *Wünsche* (Wahrnehmung des Motivs durch die Hirnrinde) und *Abwehrmechanismen* - buchstäblich Abwehr überhöhter Kathexis durch Ableitung der Erregung über Bahnen, die mit der Befriedigung des Motivs nicht direkt zusammenhängen. *Emotion* ist schematische Veränderung, ob Zunahme oder Abnahme, in der Verteilung von Kathexis im Corticalsystem, und *Denken* das Ergebnis oder der Prozeß von Vergleichen der Muster corticaler Aktivität, hervorgerufen durch Erregung aus dem Kern *(Wünsche)* mit jenen, die durch Erregung über die langen Leitungssysteme von der Peripherie hervorgerufen werden *(Wahrnehmungen)*, mit anderen Worten, das Produkt der Unstimmigkeit zwischen der Art, wie die Dinge sind, und wie wir sie haben wollen.

In den nachfolgenden Jahren nahm Freud eine Vielzahl von Änderungen bei vielen dieser Gedanken vor und ersetzte seine anatomische Vorstellung von der Struktur der menschlichen Seele durch verschiedene andere von mehr metaphorischer Art. Viele seiner späteren Beiträge waren sowohl klinisch als auch wissenschaftlich von der größten Bedeutung und dürfen nicht verkleinert oder auch nur angetastet werden. Trotzdem ist es schade, daß er in den letzten vier Jahrzehnten seines Lebens nicht aktiv die Entwicklungen weiterverfolgte, die für die Neurobiologie der Emotion von Belang waren, und nicht versuchte, sie in seine wachsende, aufblühende Theorie mit aufzunehmen. Wenn er das getan hätte, wäre es heute vielleicht nicht so schwierig, die Lücke zwischen Psychoanalyse und Neurobiologie zu überbrücken – eine Schwierigkeit, die sich zum Teil daraus ergibt, daß nur wenige Menschen in einer der beiden Disziplinen mit Freud Neigung und Fähigkeit teilen, beiden zu folgen.

Wenn wir seine Laufbahn nach der Veröffentlichung der Arbeit verlassen, dann nicht, weil seine spätere Arbeit nicht von Belang wäre; vielmehr wirft sie bis heute einen bemerkenswerten Schatten sogar auf das neuroanatomische Denken. Es liegt vielmehr daran, daß er uns nach dieser Monographie verläßt, während wir uns bemühen, der Hauptströmung des Denkens zur Neuropsychologie der Emotionen zu folgen.

William James, Freuds Arztkollege und älterer Zeitgenosse, hatte die Elemente von Hirnstruktur- und funktion, wie man sie damals begriff, ebenso gemeistert. Anstelle von Freuds Erfahrung und Ausbildung in der Neurologie befaßte er sich jedoch während ausgedehnter Reisen durch Europa mit der Experimentalpsychologie seiner Zeit, die streng und gut war und sich mit den Elementen menschlicher Empfindung und Wahrnehmung in verschiedenen Modalitäten befaßte, und der Philosophie des Tages, die in vieler Hinsicht verschwommen und schlecht war und für James eine bedauerliche Ablenkung bei seinem Bemühen in vielen Jahren Lehrtätigkeit auf dem Gebiet der Physiologie in Harvard darstellte, eine umfassende wissenschaftliche Psychologie zu begründen.

Sein Versuch, das zweibändige Werk ‹Principles of Psychology›, 1878 begonnen und 1890 abgeschlossen, ist bemerkenswert in seiner Reichweite, seiner Organisation und seiner Ähnlichkeit mit dem Thema des modernen Lehrbuchs für Psychologie, für das es Generationen hindurch Modell gewesen ist. Verglichen mit den Hauptwerken von Sigmund Freud zeigt es größeres Gleichgewicht und Bescheidenheit der Behauptungen, größeres Wissen in Experimentalpsychologie, sogar besseres Erfassen von Struktur und Funktion der Sinnesorgane. Man hat beim Lesen nicht das Gefühl, im intellektuellen Griff einer mächtigen Persönlichkeit zu stecken, und Geniales mischt sich nicht ein, weder als Inspiration noch als Verursacher von Unordnung. Aber die Philosophie tut es – auf eine didaktische, langweilige, ablenkende Art, durch die das Urteil schwer fällt, was Psychologie ist (die für James auf Beweisen beruht) und was Philosophie (die von seinen eigenen eher alltäglichen Selbstbeobachtungen herrührt). Das Werk deutet schon seinen späteren völligen Verzicht auf Psychologie und Physiologie zugunsten pragmatischer Philosophie an. Bevor er das tat, hinterließ er jedoch eine Theorie über die Grundlage der Emotionen, die trotz der Tatsache, daß sie falsch war, viele Jahre das Feld beherrschte.

Genannt die James-Lange-Theorie (zum Teil nach dem dänischen Mitentdecker Carl Lange) waren ihre einzigen Tugenden die, daß es sich um einen Versuch handelte, die Emotionen auf physiologische Funktionen zu gründen, und daß sie die Wichtigkeit von Eingeweiden und peripheren Organen für die subjektive Erfahrung ebenso wie den Ausdruck der Emotionen erkannte. In James' Worten (die Hervorhebungen stammen von ihm):

Das Gefühl in den gröberen Emotionen rührt vom körperlichen Ausdruck her. *Unsere natürliche Methode, über diese gröberen Emotionen nachzudenken, ist die, daß die geistige Wahrnehmung irgendeiner Tatsache die Gemütsbewegung auslöst, die Emotion genannt wird, und daß dieser spätere Gemütszustand den körperlichen Ausdruck herbeiführt.* Meine Theorie ist im Gegenteil die, daß die körperlichen Veränderungen direkt der Wahrnehmung der erregenden Tatsache folgen, und daß unser Gefühl derselben Veränderungen, während sie eintreten, die Emotion ist. *Der gesunde Menschenverstand sagt, wir verlieren unser Vermögen, sind traurig und weinen; wir treffen auf einen Bären, erschrecken und fliehen; wir werden von einem Rivalen beleidigt, sind zornig und schlagen zu. Die hier zu verteidigende Hypothese ist die, daß dieser Ablauf falsch ist, daß der eine geistige Zustand nicht unmittelbar durch den anderen hervorgerufen wird, daß die körperlichen Erscheinungen erst zwischen sie treten müssen, und daß die vernünftigere Feststellung jene ist, wir sind traurig, weil wir weinen, zornig, weil wir zuschlagen, ängstlich, weil wir zittern . . .*

Der naheliegende Einwand, wir könnten diese Dinge fühlen, ohne die entsprechenden Handlungen auszuführen, erhält die Antwort, während wir uns dieser Handlungen enthielten, existierten sie doch in gezügelter oder potentieller Form und schüfen an der Peripherie des Körpers Empfindungen, die wir zentral wahrnehmen. James erkennt, daß das gegen die Intuition ist: ‹Ausgedrückt auf diese grobe Weise›, schreibt er, ‹wird die Hypothese ziemlich sicher zunächst auf Unglauben stoßen.› Die einzigen Bemühungen, die er unternimmt, um diese Ungläubigkeit zu zerstreuen, betreffen Argumente und keine Beweise.

Trotz ihrer inneren Unwahrscheinlichkeit, dem Mangel an tragenden Beweisen und der Tatsache, daß genug Information über die zentralen Aspekte der Emotion vorlag, um Freuds vielfach reichhaltigere Erklärung nur zehn Jahre danach zu ermöglichen, blieb die James-Lange-Theorie in den Vereinigten Staaten die anerkannte Lehre; so sehr, daß, als Walter B. Cannon, der führende amerikanische Physiologe seiner Zeit, 1927 in den Seiten des ‹American Journal of Psychology› eine Kritik nebst Alternative anbot, er sie entschuldigend ‹mit einigem Zagen› beginnen mußte. Das trotz der Tatsache, daß seine Kritik auf klaren Beweisen aus dem physiologischen Labor beruhte, gefunden in seinem ebenso wie in denen anderer.

Cannon bezog sich auf die Arbeit von Sherrington, Bechterew, Langley und anderen und führte methodisch die experimentellen Punkte auf, die gegen James und Lange sprachen. Erstens hat totale Trennung der Eingeweide von Gehirn und Durchtrennung von Nervenverbindungen wenig oder keine Wirkung auf emotionelles Verhalten, trotz der Abwesenheit von viszeralen Reaktionen, die die Emotionen sonst begleiten – wie James und Langley meinten, sind sie von ihnen sogar verursacht. Zweitens kommen dieselben viszeralen Reaktionen in sehr verschiedenen Emotionen vor, so daß in der James-Lange-Theorie die Verursachung unzureichend spezifisch ist. Drittens sind die inneren Organe vergleichsweise unempfindlich, und wir haben viel Mühe, zu fühlen, was in ihnen vorgeht, so daß sie für ein Medium emotioneller Empfindsamkeit schlechte Kandidaten sind. Viertens sind viszerale Reaktionen, wie James und Lange sie als Ursache für Emotion unterstellten, in Wirklichkeit für diese Aufgabe zu langsam; sie treten sogar langsamer ein als die entsprechenden emotionellen Reaktionen. Schließlich ruft die künstliche Auslösung derselben viszeralen Veränderungen allgemein verschiedene Formen der Reizung oder des Übelbefindens hervor, selten aber eine erkennbare Emotion. ‹Die Prozesse in den Brust- und Bauchorganen›, heißt es bei Cannon abschließend, ‹sind wahrlich bemerkenswert und vielfältig; ihr Wert für den Organismus besteht aber nicht darin, der Erfahrung Reichtum und Farbe zu verleihen, sondern vielmehr die interne Ökonomie so anzupassen, daß trotz der Verschiebungen äußerer Umstände der gleichmäßige Tenor des inneren Lebens nicht tiefgreifend beeinflußt wird.›

Diese negative Seite von Cannons Attacke war erst eine Hälfte. Interessanter und wichtiger: Er versuchte James' Argument die Stützen wegzuziehen, es gäbe ‹keine besonderen Gehirnzentren für Emotion›, indem er eine plausible Gruppe solcher Zentren benannte. Dabei begann er (obwohl er sich in den Einzelheiten zumeist irrte) einen Weg historischer Entwicklung, der zu unserem heutigen und künftigen Wissen über die zentrale Nervensteuerung der Emotionen führen sollte. Es fällt schwer, die Bedeutung dieses Schritts zu überschätzen. Er ging nicht nur über James und Lange hinaus, indem er eine Theorie der Emotionen aufstellte, die sich nicht in den peripheren Organen, sondern im Gehirn ansiedelte; er ging auch über Freud hinaus, weil Freuds angemessen auf dem Gehirn beruhende Theorie der Emotionen anatomisch bewußt unwissend war, abgesehen von seiner fast plumpen Zweiteilung in ‹Kern›-Systeme mit viszeralen Funktionen und ‹corticale› Systeme mit sensorisch-motorischen Funktionen. Wo James und Lange die Emotion in der Peripherie angesiedelt hatten, holte Cannon sie ins Gehirn zurück; wo Freud, der lange vorher die Gehirnlokalisierung anerkannt hatte, seine Theorie mehr auf Funktion als auf Struktur gründete, ließ Cannon sich auf eine funktionale Theorie voller architektonischer Einzelheiten ein.

Man sollte noch einmal darauf hinweisen: In den achtziger und neunziger Jahren des vorigen Jahrhunderts, zur Zeit von James, Lange und Freud, wollten nachdenkliche Menschen von Gehirnzentren nichts mehr wissen. Es war das Ende eines Jahrhunderts voller unbekümmerter, sogar lachhafter Behauptungen über den Ort spezifischer geistiger Funktionen und Tendenzen im Gehirn. Das Extrem, bis zu dem man ging, kann man erkennen an der relativ kurzlebigen, aber sehr populären

Pseudowissenschaft Phrenologie, die das Erkennen des Charakters durch Betasten von Ausbuchtungen am Schädel betraf (die Ausbuchtungen sollten den Grad der Entwicklung bestimmter Hirnregionen anzeigen). Manche Leute richteten sogar ihre Kindererziehungsmethoden darauf ein, unerwünschte Neigungen im Kind zu bekämpfen, die sie als ‹phrenologisch› erkannt zu haben glaubten. Es kann also kaum verwundern, daß Freud sogar die vorherrschende Theorie von Sprachzentren in der Hirnrinde angriff, die gewiß die am besten untermauerte Theorie dieser Art war, und daß seine zunehmende Skepsis ihn dazu brachte, im ‹Projekt› anatomische Einzelheiten fast ganz wegzulassen. Dieser Skeptizismus stößt auf fast allgemeine Sympathie bei den Gehirnwissenschaftlern unserer achtziger Jahre, wie in dieser Zusammenfassung, zitiert von einem herausragenden Neurowissenschaftler nach einem anderen: «Ich finde in der riesigen Menge von Simulationsstudien subcorticaler Strukturen auffallend wenig, was für die Vorstellung von ‹Zentren› förderlich wäre. Es scheint die Notwendigkeit zu bestehen, statt der Autonomie von Aktivität im Sinne von Zentren den Gedanken komplexer cortical-subcorticaler Wechselbeziehungen ins Auge zu fassen.»

Anders ausgedrückt: Emotionen müssen, wie andere geistige und verhaltensmäßige Erscheinungen, im Gehirn nicht in erster Linie in der einfachen statischen Geographie von Zentren lokalisiert sein, sondern im komplexen, dynamischen Wechselspiel der Schaltungen. Als Cannon in seinem Aufsatz von 1927 den Sitz der Emotionen im Thalamus fand, zwei eiförmigen Nervenorganen tief entlang der Mittelachse des Gehirns, schlug er damit ein Modell vor, das für die Tatsachen zu begrenzt war. Er stützte sich allerdings auf einige faszinierende Beweise. So zeigten etwa Versuchstiere mit intaktem Thalamus, wobei alle höheren Hirnzentren entfernt waren, einen Großteil des Bereichs emotionellen Ausdruck, wie man ihn beim normalen Tier feststellen konnte; die Entfernung des Thalamus beseitigte diese Fähigkeiten. Noch interessanter: Einige menschliche Opfer von Thalamustumoren (auf nur einer Seite) waren vollkommen in der Lage, willkürlich auf Befehl beidseitig zu lächeln, aber in den normalen Situationen, wo unwillkürliches, spontanes Lächeln und Lachen stattfand, reagierten ihre Gesichter nur auf der Seite ohne den Tumor. Das zeigte für Cannon an, daß Lächeln auf Befehl von den höheren corticalen Zentren gesteuert wird, der echte Gefühlsausdruck aber vom Thalamus; er vertrat damit die Ansicht, die Tumorkranken seien auf einer Gesichts- und Körperseite emotionslos.

Um Cannon gegenüber gerecht zu sein: Er hat einen kleinen Hinweis auf die *beteiligte Schaltung* dadurch gegeben, daß er meinte, Emotionen würden hervorgerufen *durch ein Relais* zum Thalamus. Entweder gingen Impulse von den Sinnesorganen an der Peripherie auf dem Weg zur Hirnrinde durch den Thalamus, oder zuerst zur Hirnrinde und dann hinunter zum Thalamus. In beiden Fällen, schrieb Cannon (seine

Hervorhebung): ‹*wird die besondere Eigenheit der Emotion schlichter Empfindung angefügt, wenn die thalamischen Prozesse ausgelöst werden.*›

Heute würden wir eher sagen, die Tumorresultate ließen sich am besten erklären durch die Hypothese, daß eine Thalamusschädigung das Funktionieren einer komplexen Schaltung unterbrochen hat, die als Vermittlerin für die Emotionen dient – eine Schaltung, die unter zahlreichen anderen Hirnorganen auch durch den Thalamus geht. Es sollte aber dem nächsten Jahrzehnt überlassen bleiben, eine derart komplexe Emotionsschaltung darzulegen.

Das geschah durch James W. Papez (gesprochen ‹Päips›), einem ziemlich unbekannten Arzt und Neuroanatom, der 1937 unabhängig in Ithaca, Bundesstaat New York, arbeitete. Sein Aufsatz – ‹Vorschlag eines Emotionsmechanismus› – präsentierte einen entwaffnend schlichten Abriß eines Gewirrs anatomischer Einzelheiten, aber er war so umwälzend wie gelungen und legte für die ganze Zukunft den Akzent bei Nachdenken und Forschung über emotionale Physiologie fest. In einem bestimmten Sinn hätte man vorhersagen können, daß das von einem Anatomen kommen würde. Weder ein Psychologe wie James noch ein Neurologe wie Freud (den die Anatomie zu enttäuschen begann) noch sogar ein herausragender Systemphysiologe wie Cannon beherrschten neuroanatomische Einzelheiten so gut, daß sie eine fugenlose Theorie darüber, wie das Gehirn Emotion behandelt, verfassen konnten. Papez suchte die Emotionen und ihren Ausdruck in einer *Schaltung* – ausreichend komplex, um plausibel zu sein – nicht in einem Zentrum, und wählte für die fragliche Schaltung eine Anordnung von in Wechselbeziehung stehenden Strukturen, die wir heute ‹das limbische System› nennen.

Dieses System, an jener Stelle, wo Freud es hätte haben wollen – im Inneren des Gehirns – schloß Teile des Thalamus, aber auch Teile der Hirnrinde und, am allerwichtigsten, des Hypothalamus ein; dieser, unter dem Thalamus sitzend, fast genau in der Mitte des Schädels, ist ein Organ, durch welches das Gehirn die Hormone der Hypophyse und dadurch die des Körpers regelt. Das von Papez beschriebene System war nach Ansicht der klassischen Anatomen in der Hauptsache mit der Geruchsfunktion verbunden gewesen, aber diese Meinung hatte späteres Beweismaterial widerlegt; beispielsweise können Tiere mit wenig oder keinem Geruchssinn, wie etwa Delphine, trotzdem über auffällige limbische Systeme verfügen. Schon 1937 gab es wesentliches Beweismaterial (von Läsionsstudien bei Tieren und Tumoren bei Menschen), das für eine starke Beziehung zwischen dieser Schaltung und den Emotionen sprach. Papez legte eine Theorie mit drei ‹Strömen› von Impulsen vor, die drei weitreichenden Kategorien psychischen Lebens entsprachen, alle drei von den Sinnesorganen ausgingen, jede unter Mitwirkung eines Teils von Cannons Thalamus.

Der erste – ‹der Strom der Bewegung› – übermittelte die Empfindungen durch den Thalamus zum *Corpus striatum*, einer größeren Struktur, der Zentralmasse jeder Hirnhemisphäre, von der man schon lange wußte, daß sie bei Schädigungen zu Bewegungsstörungen führte. Der zweite – ‹der Strom des Denkens› – übermittelte die Empfindungen durch den Thalamus zu den wichtigen Teilen der Hirnrinde. Der dritte – ‹der Strom des Fühlens› – und Thema seiner Abhandlung, übermittelte die Empfindungen durch wieder andere thalamische Bereiche zum Hypothalamus und den Teilen der Hirnrinde an der Mittellinie des Schädels zwischen den beiden Hemisphären, in der Nähe des Gehirninneren. ‹Die Sinneserregungen . . . erhalten auf diese Weise ihre emotionelle Färbung.› Und in einem rhetorisch gut gelungenen Schluß: ‹Ist Emotion ein magisches Produkt oder ein physiologischer Prozeß, der von einem anatomischen Mechanismus abhängt? . . . Das vorgelegte Material ist in der Hauptsache stimmig und deutet auf einen solchen Mechanismus als einer Einheit innerhalb des größeren architektonischen Mosaiks des Gehirns.›

Das Ausmaß, in dem diese Überlegungen die Probe durch die Zeit (ebenso wie die Probe zunehmender Komplexität) bestanden haben, ist bemerkenswert. Papez' Beitrag war ein Quantensprung über den von Cannon hinaus (wie der von Cannon über Freud hinaus) und stellt sich heute als ein Abriß vom Großteil dessen dar, was wir über die Neuroanatomie der Emotionen wissen. Aber bevor wir uns mit seiner modernen Rechtfertigung befassen, müssen wir abschweifen zu einem eigenen ‹Strom des Denkens›.

Wie der große Evolutionstheoretiker Ernst Mayr betonte, hat die Biologie der modernen Psychologie gleich zwei Fehdehandschuhe des Reduktionismus hingeworfen. Der eine ist der physiologisch-biochemische, der damit droht, die Sprache von Handeln, Denken und Fühlen durch eine andere zu ersetzen, die vollkommen mechanisch ist. Der zweite ist der evolutionär-adaptive, der ebenso mit einer historischen und funktionellen Erklärung droht, die stärker zu sein scheint als psychologische Prozesse. Um es primitiv auszudrücken: Die Biologie setzt der hohen menschlichen Seele zu, indem sie zuerst zeigt, wie leicht ihre Prozesse physiologisch erklärt werden können, und als zweites nachweist, wieviel sie in der Struktur ebenso wie in der Zweckbestimmtheit mit den Erscheinungen gemein hat, die wir bei anderen Tieren beobachten.

Alle bisher erwähnten Erforscher der Emotionen haben, meist ganz klar, erkennen lassen, daß sie von Darwin beeinflußt worden sind, aber keiner von ihnen nahm seine wichtigen Beiträge zum Thema ausreichend ernst. Der erste Beitrag war, daß er die Untersuchung sozialen Verhaltens als Adaptation gewissermaßen aufzog und in Bewegung setzte. Dieser Weg hat in neuester Zeit das lebendige neue Unterfach von

Verhaltensbiologie, bekannt unter dem Namen Sozialbiologie, hervorgebracht. In dem (gewiß großen) Ausmaß, in dem Sozialverhalten und Emotionen Kategorien mit gemeinsamer Berührungsfläche sind, ist das auch ein Beitrag zum Studium der Emotion.

Darwin befaßte sich jedoch auch mit der Emotion sehr direkt in einem Buch des Titels ‹Der Ausdruck von Emotionen bei Mensch und Tieren›, das 1872 erstmals erschien. Man könnte behaupten, die Theorie der Evolution durch natürliche Auslese sei in diesem Buch ein wenig in den Hintergrund getreten, obwohl sie gewiß eine Kulisse für Darwins Vergleiche von Menschen mit anderen Tieren und für theoretische Überlegungen zur funktionellen Bedeutung der Ausdrucksbewegungen darstellte. Es ist aber wirklich so, als hätte Darwin nicht gewünscht, daß Argumente über den *Prozeß* der Selektion zur Streitfrage würden, sondern, daß das Buch über emotionellen Ausdruck, mehr als ein Dutzend Jahre nach ‹Ursprung› veröffentlicht, nach seinem eigenen Wert beurteilt werden sollte.

Ich glaube, man darf sagen: Selbst wenn er sonst nichts geschrieben hätte, wäre sein Platz in der Wissenschaftsgeschichte durch den Wert und die Originalität des späteren Buches gesichert gewesen. Aus diesem Grund verwundert es, daß es so wenig Wirkung hatte; vielleicht gehört es zu den Ironien wissenschaftlichen Vorrangs, daß die eindrucksvollste Arbeit eines Menschen einen großen Teil des Rests überschatten muß, so gut dieser auch sein mag. Jedenfalls ist ‹Der Ausdruck der Emotionen› von den meisten unbeachtet geblieben, die sich mit den Emotionen (und sozialem Verhalten) befaßt haben, aber wenigstens nicht von einer wichtigen, traditionellen Richtung. Diese Tradition, die in den ersten Jahrzehnten dieses Jahrhunderts in Kontinentaleuropa und England aufkam und fest auf dem Boden der Zoologie und nicht der Psychologie stand, hat jetzt überall auf der Welt Geltung. Sie erreichte den Gipfel in einem Nobelpreis 1973 für drei ihrer noch lebenden Vertreter und führte dazwischen bei mehreren bedeutenden amerikanischen Gelehrten der Tierpsychologie zu Abhandlungen, die zugleich Kapitulationen davor und Versuche darstellten, sie in die vergleichsweise ärmer gewordene amerikanische Forschungstradition aufzunehmen.

Ich meine das Fach der Verhaltensbiologie, Ethologie genannt, die vergleichende Untersuchung von Tierverhalten. Obwohl es seit 1973 in der Massenpresse durch das neuere, umstrittenere Gebiet der Sozialbiologie verdrängt wurde, ist es die Ethologie, die unbestreitbar reifer, in ihren Erkenntnissen bedeutsamer und in ihren Grundsätzen gesicherter ist. Diese sind: daß die vergleichende Untersuchung von Tierverhalten sich über das größtmögliche Spektrum von Arten erstrecken muß; daß als allererstes die Beobachtung des Verhaltens jeder Art unter natürlichen Bedingungen zu erfolgen hat – ‹in der Wildnis›; daß viele Aspekte des Verhaltens einer Art so festgelegt sind wie ihre

Morphologie und im selben Maß den Genen zuzuschreiben; daß feste und formbare Bestandteile des Verhaltens einer Art angemessen unterschieden werden durch Entzugsexperimente, bei denen dem heranwachsenden Tier belangvolle Aspekte der Erfahrung vorenthalten werden und man später seine Verhaltenskompetenz untersucht; daß, sobald einmal festgelegt, die festen Komponenten des Verhaltensrepertoires einer Art so zuverlässig sind, daß sie zusammen mit der Anatomie Teil der Grundlage werden können, auf der ihre evolutionäre Beziehung zu anderen Arten anerkannt wird; und daß, wie immer sie beschaffen sein mögen, diese Verhaltensweisen sich entwickelt haben, um in der natürlichen Umwelt der Art adaptiven Funktionen zu dienen (das heißt, als Reaktion auf Selektionsdruck).

Die Wichtigkeit dieser jetzt scheinbar selbstverständlichen Grundsätze erkennt man vielleicht am besten daran, daß während der Blütezeit der Tierpsychologie in den Vereinigten Staaten – der Psychologie von John B. Watson, B. F. Skinner, Clark Hull und ihrer Schüler und Kollegen – keine einzige eine bedeutende Rolle gespielt hat. Die europäischen Ethologen – sowohl das Trio, das den Nobelpreis gemeinsam erhielt (Karl von Frisch, Konrad Lorenz und Niko Tinbergen) und die Führer der nachfolgenden Generation (Robert Hinde, Paul Leyhausen, Irenäus Eibl-Eibesfeld und andere) – haben der Arbeit der amerikanischen Tierpsychologen in der Tat viel mehr Aufmerksamkeit geschenkt als die letztgenannten ihnen, jedenfalls bis vor kurzer Zeit.

Da Darwins seinerzeitiger Beitrag zur Ethologie 1872 veröffentlicht wurde, kann Mangel an Gelegenheit zur Einflußnahme nicht die Erklärung sein. Tatsächlich befaßt sich Darwins Buch mit dem Verhalten mit einer Reihe von Methoden, die den modernen ethologischen bemerkenswert ähnlich sind. Obwohl er nicht selbst Feldbeobachtungen anstellte, bezog er sich ausführlich auf solche Beobachtungen durch andere. Außerdem befragte er persönlich zahlreiche Missionare und andere Amateurethnologen, um Schilderungen aus erster Hand über Schemata emotionalen Ausdrucks bei menschlichen Wesen zu erhalten, die überall auf der Welt in den entlegensten einfachen Gesellschaften leben; damit führte er den ersten Vorschlag zur Einstufung von allgemeinen Aussagen über menschlichen emotionalen Ausdruck ein. Danach stellte er sie in den Zusammenhang detaillierter Beschreibungen emotionalen Ausdrucks in einer großen Vielfalt von Tierarten, vor allem Säugetieren – beobachtet in zoologischen Gärten, als Haustiere und wildlebend.

Er befaßte sich mit der Frage nach der Rolle der Erfahrung, indem er ausdrucksvolle Bewegungen bei Säuglingen und Erwachsenen derselben Art, die unsere eingeschlossen, verglich; ein Teil der Beweisgrundlage war sein detailliertes Tagebuch über die Entwicklung seines eigenen Erstgeborenen. Er stellte Überlegungen zur adaptiven Bedeutung vieler der Bewegungen an, von der kommunikativen (wie beim

Aufstellen der Haare, um den Körper für einen Gegner größer erscheinen zu lassen) bis zur physiologischen (wie bei der Erweiterung von Blutgefäßen zur Beförderung von Blutfaktoren zu den Muskeln als Vorbereitung für Handeln). Er entwarf sogar eine Neurophysiologie der emotionalen Ausdrucksweisen und Aktionen, obschon eine grobe; sie konzentrierte sich auf die Steuerung von peripheren Organen durch die Nerven des Rückenmarks, und nahm eine (von Darwin Herbert Spencer zugeschriebene) Theorie mit auf, wonach emotionaler Ausdruck als Folge eines ‹Überfließens an Nerven-Kraft› vom Zentralnervensystem galt, wobei der beschrittene Weg bestimmt werden sollte durch eine Kombination von Natur und Gewohnheit – eine sehr vereinfachte Form der Theorie, die in den neunziger Jahren des 19. Jahrhunderts Freud vorschlagen sollte.

Viele Erkenntnisse der modernen Ethologen sind im zweiten Teil dieses Buches dargestellt. Im Augenblick muß die Bemerkung genügen, daß Darwins Weg und die verfeinerten ethologischen Grundsätze der ersten Hälfte des 20. Jahrhunderts in sehr großem Umfang bestätigt worden sind. Ethologische Begriffe wie fixed action pattern, deutsch ‹Erbkoordination›, (eine ererbte komplexe Bewegungssfolge) oder auch ‹modaler Bewegungsablauf›, angeborener Auslösemechanismus (ein Wahrnehmungsmuster, auf das *mit oder ohne* vorherige Erfahrung auf vorhersagbare Weise reagiert wird) und das Ethogramm (ein Katalog der festen Bestandteile im Verhalten einer Art) sind alle vollkommen gültig. Diese Begriffe gelten für das Verhalten ‹höherer› Tiere (einschließlich des Menschen) ebenso wie für das von ‹niedrigeren›. Es gibt keine ethologischen Begriffe emotionalen Ausdrucks – außer vielleicht das ‹Antriebs›-Modells, das von manchen Ethologen immer noch anerkannt wird – von denen man sagen könnte, sie wären derzeit nutzlos; selbst der Begriff des Instinkts, angewandt sogar auf Menschen.

Die beiden Arten von Reduktionismus – der physiologische und der evolutionäre – finden in dem entstehenden Nebenfach ‹Neuroethologie› zusammen. Der größte Teil der Arbeit auf diesem Gebiet, darauf abgestellt, die neurale Grundlage von fixed actions patterns und angeborenen Auslösemechanismen aufzuspüren, ist angestellt worden bei Wirbellosen und niederen Wirbeltieren, wo Verhalten und Nervensystem einfacher sind. Man hat aber sehr gute Arbeit geleistet bei einem Tier, das dem Menschen recht eng verwandt ist, dem Totenkopfäffchen, *Saimiri sciureus,* und die Zusammenarbeit, die dazu führte, ist ebenso interessant wie die Entdeckungen selbst.

Der leitende Angehörige des Teams war Paul MacLean, ein Amerikaner mit herausragendem, seit langer Zeit bestehendem Ruf in Neuroanatomie. In den späten vierziger und frühen fünfziger Jahren war MacLean Haupterbe der Tradition neuroanatomischer Modelle der Emotionen, die 1937 James Papez begründet hatte. Er hat diese Arbeit auf eine stetige und durch viele bedeutsame Beiträge gekennzeichnete Art fortgeführt. In einem Aufsatz von 1949 mit dem Titel ‹Psychosomatische Erkrankung und das viszerale Gehirn› befaßte er sich mit dem Papez-Zirkel, rettete ihn vor relativer Vergessenheit, erweiterte ihn und nannte das daraus entstehende Schaltwerk ‹das limbische System› – zum erstenmal so. Im selben Aufsatz teilte er erstmals verschiedenen Teilen der Schaltanordnung getrennte emotionale Funktionen zu (viel stärker umstritten) und vertrat, wie schon der Titel erkennen läßt, die Ansicht, das limbische System sei die Hauptschaltung, die bei psychosomatischen Erkrankungen wie Magen-Darm-Geschwüren, beteiligt sein müsse, hervorgerufen durch sozialen oder psychologischen Streß (eine heute weithin anerkannte Hypothese, da wiederholt Steuerung durch das limbische System von Hypophyse und autonomem Nervensystem nachgewiesen wurde, die ihrerseits die Eingeweide steuern.)

In einem Aufsatz 1952, der genauere Läsions- und Stimulationsstudien untersuchte, vertrat er die Ansicht, die berühmten Stirnlappen, seit langem bekannt als Sitz einiger der höchsten menschlichen Fähigkeiten wie Voraussicht und Sorge um Folgen und Sinn von Ereignissen, könnten diese und andere Funktionen kraft enger Verbindungen zwischen Stirnlappen und limbischem System besitzen. So erfüllt der ‹höchste› und gewiß neueste Teil der menschlichen Großhirnrinde seine Funktionen nicht dadurch, daß er sich von älteren, ‹niedrigeren› Teilen des Gehirns fernhält, sondern im Gegenteil gerade durch seine Beziehung zu dem alten emotionalen Schaltgeflecht. MacLeans kühne Hypothese über die anatomischen Beziehungen der Stirnlappen zum limbischen System sollte in den siebziger Jahren eindeutige Bestätigung erfahren durch den Neuroanatomen Walle Neuta, der die Stirnlappen als ‹den Neocortex des limbischen Systems› bezeichnet und damit angedeutet hat, ihre Hauptfunktion könne genau in dieser Beziehung liegen. Das heißt, genauso wie andere Teile der Hirnrinde identifiziert worden sind als die höchsten Melde- und Steuerzentren für Sehen, Hören, Tastsinn und Bewegung, haben sich auch die Stirnlappen als höchstes Melde- und Steuerzentrum für die Emotionen ergeben.

Im Verlauf von drei Jahrzehnten arbeitete MacLean stufenweise seine Theorie über Gesamthirnstruktur und Evolution gründlich aus, nach seinem interessanten Ausdruck das ‹dreigegliederte Gehirn›. Kurz gesagt, geht es darum, daß die Gehirne von Menschen und unseren engsten Verwandten, den Primaten und anderen höheren Säugetieren, in sich drei wichtige Evolutionsebenen enthalten, die bis zu einem gewissen Grad funktional trennbar sind, jedoch, zumindest im Idealfall, zusammenwirken.

Das erste ist das ‹Reptilgehirn›, bei Echsen und anderen Reptilien das beherrschende und steuernde Schaltsystem, im menschlichen Gehirn dem *Corpus striatum* und verwandten Strukturen entsprechend – der

Schaltung, die in Papez' ‹Strom der Bewegung› eine wichtige Rolle spielt. MacLeans Beitrag bestand jedoch in dem Nachweis, daß diese Struktur, gleichgültig, ob bei Reptilien, Vögeln oder Säugern, nicht befaßt ist mit bloßer Steuerung der Bewegung, sondern mit Speicherung und Steuerung des ‹instinktiven› Verhaltens: der modalen Bewegungsabläufe und angeborenen Auslösemechanismen der Ethologen. Das trägt mit zur Erklärung bei, warum Reptilien und Vögel, bei denen das *Corpus striatum* der höchstentwickelte Teil des Gehirns ist, (viel mehr als Säuger) den Eindruck erwecken, ein Verhaltensrepertoire von stereotypen Verhaltensweisen und Reaktionen zu besitzen: etwa eine Echse, die sich seitwärts dreht und als Drohung ihren Kehllappen zeigt, oder ein Vogel, der immer wieder sein Territoriumslied singt. Es ist nicht so, daß Säugetiere solche Verhaltensweisen nicht aufweisen, sondern, daß Vögel und Reptilien so wenig anderes haben.

Die zweite Anordnung von Schaltungen wird ‹das alte Säugerhirn› genannt, eine Bezeichnung auf Grund von Nachweisen, daß es mit der Evolution der frühesten Säugetiere entstanden ist. Das ist praktisch das limbische System und entspricht Papez' ‹Strom des Fühlens›. Bei primitiven Säugetieren wie Nagetieren und Kaninchen besetzt es einen viel höheren Prozentsatz der Gehirnmasse als bei höheren Säugetieren wie Affen. Nach MacLean ist es diese Schaltung, die, ohne die ‹instinktiven› Funktionen des Striatums oder ‹Reptilgehirns› zu ersetzen, diesen Funktionen eine emotionale Färbung verleiht, die sie sonst nicht besitzen würden.

Die dritte und letzte Anordnung von Schaltstellen ist das ‹neue Säugergehirn›, das dem von Papez vorgeschlagenen ‹Strom des Denkens› entspricht und seine evolutionäre Kulmination in den komplexen geistigen Funktionen des menschlichen Gehirns erreicht.

MacLean und seine Kollegen Michael Murphy und Sue Hamilton haben die Rollen der drei Ebenen in einer kürzlich erschienen Abhandlung klar nachgewiesen. Entfernt man bei Hamstern nach der Geburt den Neocortex, so zeigen sie keine Beeinträchtigung instinktiver Verhaltensmuster. Diese werden also vom alten Säugergehirn und dem Reptilgehirn bewältigt. Weitere Entfernung der limbischen Strukturen schädigt mütterliches und Spielverhalten, die offenkundig speziell Funktionen des alten Säugergehirns sind. Die verbleibenden unerlernten arttypischen Verhaltensweisen – Sex, Aggression, Nahrungsbeschaffung und so weiter – können offenbar bei Hamstern ausgeführt werden, die das Reptilgehirn allein besitzen. Diese für manche erstaunliche Erkenntnis hat das Modell des ‹dreigeteilten Gehirns› gerechtfertigt. Es könnte auch für höhere Säugetiere gelten.

MacLeans Mitarbeiter sind oft Leute gewesen, die in den Methoden und Erkenntnissen der europäischen Ethologie ausgebildet waren. Zu ihnen gehört Detlev Ploog, ein ethologisch orientierter deutscher Psychiater. MacLeans Wissen über Neuroanatomie und Gehirnevolution ebenso wie seine Ausbildung als Arzt zusammen mit Ploogs ethologischem und psychiatrischem Werdegang ergeben interessante und überaus geeignete Voraussetzungen für die Erforschung der Emotionsphysiologie. Die von ihnen ausgewählte Tierart, das Totenkopfäffchen, ist ein brauchbares Subjekt mit komplexem emotionalem Verhalten – Verhalten, das koordiniert durch alle drei Teile des ‹dreigeteilten Gehirns› gesteuert wird.

Nehmen wir ein Verhaltensmuster, das Genitalpräsentieren genannt wird. Der Affe hebt sein Bein und spreizt seinen Schenkel hinaus, um die Genitalien zu zeigen, während er einen charakteristischen Laut gibt. Das tut er als Drohung bei aggressiven Begegnungen, die zu Gewalt führen können oder auch nicht, und dominierende Tiere neigen immer mehr dazu, es unterlegenen gegenüber zu tun, sogar so weit, daß sie ihnen die Geschlechtsteile sozusagen ins Gesicht recken. Männchen tun es bei diesen Dominanzbegegnungen viel öfter als Weibchen und diesen gegenüber auch als Vorspiel zu Geschlechtsverkehr. Vorhanden ist das bei beiden Geschlechtern in grundlegend erwachsener Form schon wenige Stunden nach der Geburt, aber der Zusammenhang wird rasch beeinflußt durch Erfahrung; ein Weibchen, das in einer Gruppe eine dominierende Stellung einnahm, zeigte es häufig, genau wie Männchen; bekannt ist allerdings nicht, ob sie die anatomische Entsprechung der männlichen Phalluserektion erkennen ließ.

Dieses Präsentieren liegt eindeutig in der Kategorie arttypischer modaler Bewegungsabläufe, wie sie von den Ehtologen definiert werden. Läsionsstudien haben schlüssig nachgewiesen, daß es gesteuert wird durch eine Schaltung, die durch den *Globus pallidus* geht, ein wichtiger Teil von MacLeans ‹Reptilgehirn›. Läsionen des limbischen Systems selbst wirken sich auf das Präsentieren nicht aus, aber es ist von Interesse, daß der *Globus pallidus* enge strukturelle Verbindungen mit dem limbischen System hat; es ist möglich, daß die Unterbrechung eine Schaltstelle betrifft, die ein entscheidendes Wechselspiel zwischen der emotionalen Aktivation der aggressiven oder sexuellen Begegnung und der Verkettung fester Bewegungsimpulse vermittelt, die das Präsentieren darstellen. Jedenfalls ist klar, daß das Präsentierverhalten zusammenhängt mit emotionaler Erfahrung und Ausdrucksweise beim normalen Affen, und daß solcher Ausdruck und solche Erfahrung in großem Umfang durch das ‹alte Säugergehirn› oder das limbische System vermittelt werden müssen. Schließlich ist, obwohl noch keine klaren Beweise dafür zur Verfügung stehen, wahrscheinlich, daß die Fähigkeit des Zusammenhangs, das Präsentieren auf komplexere Weise zu beeinflussen, als es bei einem ‹niedrigeren› Säugetier möglich wäre, auf Beteiligung des ‹neuen Säugergehirns› oder Neocortex beim Regulieren seiner Darstellung hinweist. So beteiligen sich alle drei Stufen bei der Steuerung dieses instinktiven und doch flexiblen Emotionsverhaltens.

Dem Leser wird nicht entgangen sein, daß ähnliche Überlegungen für manche Aspekte menschlichen Verhaltens gelten könnten. Beispielsweise ist Grußlächeln ein menschlicher modaler Bewegungsablauf, der (trotz Unterschieden je nach Zusammenhang) allen Kulturen eigen ist. Es erscheint früh in der Säuglingszeit als Folge von Ereignissen in der Gehirnentwicklung statt als Folge von Lernen und tritt von diesem Augenblick an häufig unwillkürlich auf. Es hat eindeutig Begleitumstände und verursacht sie vielleicht sogar, die im limbischen System liegen, aber es ist möglich, daß sein entscheidendes Ausgabe-Steuernetz – im Sinn von Koordinierung der vielen beteiligten Muskelkontraktionen – im ältesten, ‹reptilhaften› Teil des Gehirns liegt und ganz ähnlich wirkt wie die Steuerung der Genitalpräsentation beim Totenkopfäffchen. Schließlich kann es dissimuliert werden – das heißt, willkürlich gezeigt, ohne daß die Emotion der Lust allgemein damit verbunden wäre. Und wir wissen aus der vorher erwähnten anatomischen Forschung, daß diese Fähigkeit vom neuesten neocorticalen Teil des Gehirns reguliert, unwillkürliches Lächeln aber durch niedrigere, ältere Schaltsysteme gesteuert wird.

So betrifft das menschliche Lächeln – ein Zeichen der Freude, eine Grußgeste, eine Unterwerfungsgeste, eine Täuschungsgeste, gelegentlich sogar eine Geste der Verachtung – alle drei Bereiche des dreigeteilten Gehirns oder kann sie zumindest betreffen. Das plötzliche Lächeln bei der Begrüßung eines willkommenen Bekannten, für den wir sehr wenig empfinden, mag sich in der nervlichen Steuerung nicht von den freundlichen oder aggressiven Zurschaustellungen von Echsen und Wanderdrosseln unterscheiden. Das sich langsam ausbreitende Lächeln auf dem Gesicht von Mutter oder Vater, die ein geliebtes Kind die ersten Schritte tun sehen, hängt aller Wahrscheinlichkeit nach von einem normal funktionierenden limbischen System ab, dieser Erfindung der frühen Säuger. Und das mutmaßlich weniger authentische, endlos wiederholte ‹Stewardessenlächeln› könnte vermutlich nicht ohne die fortgeschritteneren Teile des Cortex bewirkt werden.

Am interessantesten für unsere Zwecke hier ist jedoch das Lächeln, das uns überkommt, wenn wir allein und stumm nachsinnen und an nichts Bestimmtes denken. Langsam erfaßt der Fluß des Fühlens einen günstigen Wind und setzt in einer bestimmten Anordnung von Schaltungen nervliche Energie frei; ohne bewußten Gedanken ertappen wir uns beim Lächeln. Im Titel dieses Kapitels sind auch die physiologischen Ursprünge des Fühlens symbolisiert. Gemeint ist damit, daß unser nachdenkliches, bewußtes, höheres und edleres Ich in diese ‹Quelle› hinabtauchen und einen Eimer voll Wärme oder Freude oder Traurigkeit heraufziehen kann. Das ist ohne Zweifel ein Teil dessen, was geschieht, wenn wir auf die Komplexität von Dichtung oder Theater reagieren. Die Metapher von der Quelle – die Wirklichkeit ein wenig strapazierend –

scheint heute noch angemessener als in Papez' Zeit; die limbischen Strukturen liegen, so erkennen wir, an den Ufern der flüssigkeitsgefüllten Kammern des Gehirns, und diese sind fähig, chemische Faktoren zu befördern, die mit dazu beitragen, die Emotionen zu vermitteln – Neurotransmitter und Hormone ein-, aber nicht ausgeschlossen.

Aber der Wortlaut der Analogie könnte in die Irre führen, wenn wir uns das emotionale Gehirn als eine Zisterne vorstellen; weit davon entfernt, ein statischer, lauwarmer Brunnen zu sein, ähnelt es mehr einer artesischen Quelle, die manchmal kraftvoll und aus eigenem Antrieb aufsprudelt. Und selbst dieser Vergleich könnte uns irreführen, weil er nur ein Sprudeln von Süßwasser andeutet, während in Wahrheit diese Quelle, so gut sie es in der Regel meint, durchaus fähig ist, Gift zu speien.

8 Logos

. . . das Bewußtsein des menschlichen Organismus ist in seiner
Grammatik enthalten.
Oder im Unbewußten des menschlichen Organismus.
Joan Didion, ‹A Book of Common Prayer›

Obwohl E. O. Wilson als Reduktionist verleumdet wird, der kaum den Unterschied zwischen menschlichen Wesen und Ameisen erkennen könne, obwohl sein Buch ‹Sociobiology›, 1975 erschienen, von seinen Kritikern (natürlich zu Unrecht) als durchsichtiger Versuch betrachtet wurde, uns den letzten Rest unserer Menschlichkeit zu nehmen und uns zu lallenden Halbaffen zu machen – das Buch dieses Mannes enthält folgenden Satz: ‹Die Entwicklung menschlichen Sprechens stellt einen Quantensprung in der Evolution dar, vergleichbar mit dem Entstehen der Eukaryontenzelle.› Das heißt so viel, als nenne man das Auftreten der menschlichen Sprache eines der drei oder vier wichtigsten Ereignisse in der Geschichte des Lebens, vielleicht noch wichtiger als die Evolution der Vielzeller oder die Eroberung des Landes. Eine solche Ansicht stellt Wilson mitten hinein eine Tradition, die mindestens so alt ist wie die Geschichte – nämlich, daß menschliche Sprache im Tierreich absolut einzigartig sei und uns absolut und unwiderruflich von allen anderen Wesen unterscheide, die es gibt, von allen anderen Wesen, die vor uns kamen.

‹Im Anfang war das Wort, und das Wort war bei Gott, und Gott war das Wort.› So beginnt das Johannesevangelium. Im Buch Genesis besteht die erste Aufgabe des Menschen darin, alle anderen Geschöpfe zu benennen, um die Herrschaft über sie zu erlangen. Und die erste große menschliche Gemeinschaftsarbeit – der Turmbau von Babel – wird vereitelt durch ein Versagen menschlicher Sprache. Diese Überzeugungen von der Wichtigkeit der Sprache finden sich in unserer Zeit auch bei Intellektuellen, die von religiösem Glauben weit entfernt sind. In gewissem Sinn sind sie für manche Menschen der letzte Überrest eines solchen Glaubens. In früheren Zeiten fiel es Männern und Frauen nicht schwer, den Ursprung der Trennung zwischen sich und den Tieren zu benennen: Der Mensch besaß eine Seele, das Tier nicht. Mit dem Tod der Seele – zumindest im früheren Sinn – herbeigeführt von den Intellektuellen des 19. Jahrhunderts, war ein Hinweis auf die Sprache wohl das Beste, was der Durchschnittsdiagnostiker vorbringen konnte, um die Überzeugung von der menschlichen Einzigartigkeit aufrechtzuerhalten. Anthropologen gehörten zu den begeistertsten Anhängern dieser Ansicht, und bis heute kann jeder Anthropologiestudent im ersten Semester einen Katechismus über symbolische Sprache herunterbeten, ein Burggraben um die Menschheit, der alle niedrigeren zoologischen Erscheinungen fernhält.

Ist das wahr? Es könnte noch so weit kommen. Aber unserer Aufmerksamkeit kann nicht entgehen, daß die letzten fünfzehn Jahre einen Frontalangriff auf diese Stellung erlebt haben, unternommen von Menschen, die unsere nächsten Tierverwandten untersuchen. Mindestens vier verschiedene Gruppen an vier verschiedenen Universitäten, die ganz verschiedene Methoden anwenden, behaupten, Schimpansen Ansätze von Sprache beigebracht zu haben. Und ein weiteres Team, geleitet von F. G. Patterson, behauptet, das Gorillaweibchen Koko mehr als vierhundert Wörter gelehrt zu haben, was Patterson dazu veranlaßte, in einer hochgeachteten Fachzeitschrift zu erklären: ‹Die Sprache ist nicht mehr ausschließliche Domäne des Menschen.›

Die Gültigkeit dieser Behauptungen hängt natürlich von einer Definition der Sprache ab, über die Einigkeit besteht. ‹Sprache ist eine rein menschliche und nicht-instinktive Methode, durch ein System spontan hervorgebrachter Symbole Ideen, Emotionen und Wünsche mitzuteilen.› Das schien dem berühmten anthropologischen Linguisten Edward Sapir eine ‹brauchbare› Definition von Sprache, aber da sie uns direkt der Herausforderung aussetzt, zu erklären, was wir mit ‹Instinkt›, mit ‹spontan› und mit ‹Symbol› meinen – Aufgaben, die eher noch schwerer zu lösen sind als die, mit der wir angefangen haben – glaube ich, wir dürfen zu dem Schluß kommen, für unseren Zweck sei sie nur unzureichend brauchbar. Außerdem enthält sie, so vernünftig sie erscheinen mag, den Ausdruck ‹rein menschlich› und schließt damit durch einen Machtspruch eben jene Behauptungen von der Betrachtung aus, die uns interessieren.

Wenn dem zuviel Gewicht beigemessen scheint, möchte ich sagen, daß praktisch jede Definition von Sprache an solchen Mängeln leidet, so daß die stillschweigende Überzeugung, wir wüßten, worauf Sprache sich gründet – außer, wir wären Sprachtheoretiker – sich in Wahrheit nur auf sehr wenig stützt. Das ist nicht der Fall bei den an Anthropologie Interessierten, die das hervorragende Werk von Charles Hockett gelesen haben. Hockett, der die Verschwommenheit früherer Definitionen satt hatte, legte die bis dahin – Anfang der sechziger Jahre – präziseste und erschöpfendste Definition vor, und zwar eine, die, obschon ebenfalls mit Mängeln behaftet, nach wie vor die beste ist. Sie umfaßt dreizehn, in wahrnehmbaren Begriffen klar definierte Merkmale; echte Sprache muß sie alle besitzen. Es sind kurz folgende: 1) die Verwendung des Stimm-Hör-Apparats für die kommunikative Handlung; 2) Senden für alle und Richtempfang; 3) rascher Schwund des Signals;

4) Auswechselbarkeit der Sprecher für ein beliebiges Signal; 5) Rückkoppelung oder subjektives Erfassen des Signals durch den Sender; 6) Spezialisierung des kommunikativen Akts für die Funktion der Kommunikation allein; 7) semantische Bedeutung oder Sinn; 8) Willkürlichkeit der Beziehung zwischen einem bestimmten Signal und einem bestimmten Sinn; 9) Diskretheit der Elemente, deren Änderung eine Veränderung im Sinn anzeigen kann; 10) Verschiebung oder die Fähigkeit, sich auf Dinge zu beziehen, die in Raum und Zeit entfernt sind; 11) Produktivität oder Offenheit des Systems für und die Erzeugungsfähigkeit von neuartigen Signalen; 12) traditionelle, außergenetische Übertragung durch Lehren und Lernen; und 13) Dualität der Schematisierung oder die Möglichkeit, gleiche Elemente zu mischen, um verschiedene Signale zu erzeugen (wie bei ‹team› und ‹meat›).

Nach dieser Definition ist klar, daß nur menschliche Sprache den Ansprüchen gerecht wird. Zwar mag jedes der dreizehn Merkmale in dem einen oder anderen tierischen Kommunikationssystem zu finden sein, und manche - so Ziffer 2 und 6 - in sehr vielen, doch hat nur menschliche Sprache ohne Ausnahme alle oder kann sie zumindest haben. Die Definition ist präzise und für eine Definition komplexer Erscheinungen in hohem Maß funktionsfähig - das heißt, ihre Anwendbarkeit ist empirisch ziemlich leicht zu bestimmen. Trotzdem hat sie mit Problemen zu kämpfen, und zwar mit ernsten.

Zum einen ist sie so erschöpfend, daß sie manche Dinge ausschließt, die die meisten von uns Sprache würden nennen wollen. Zum Beispiel benützen die Zeichensprachen der Taubstummen, ob auf das Alphabet gegründet oder nicht, den Stimm-Hör-Apparat nicht; trotzdem ist nachgewiesen worden, daß sie strukturell und funktionell vollkommene Entsprechungen zur gesprochenen und gehörten menschlichen Sprache darstellen. Sie auszuschließen, würde eine Definition der Sprache voraussetzen, die etwas scheinbar nicht Erforderliches enthält. Auf dieselbe Weise können wir uns vorstellen, daß ein taubstummer Mensch lesen und schreiben, aber nicht sprechen lernt; das würde nicht nur gegen den ersten, sondern auch gegen den zweiten und dritten Punkt der Definition verstoßen. Würden wir das wirklich nicht zulassen wollen?

Was noch schlimmer ist: Die Liste läßt, so gründlich sie ist, etwas aus, das wir als dem ‹Wesen› der Sprache enger verwandt erfahren als einige der Dinge, die sie einschließt: Syntax oder die Organisation von Kommunikation über die Stufe des individuell sinnvollen Signals hinaus. Während Hockett an dieser Definition arbeitete und verschiedene tierische Kommunikationssysteme in Beziehung dazu untersuchte, entwarf der große Linguist Noam Chomsky seine Syntaxtheorie. Diese Theorie sollte die höhere Organisationsstufe als das vielleicht zentralste Merkmal von Sprache in den Vordergrund stellen, als eines, das die Erlangung von Sprachfähigkeit aus dem Gesichtskreis der Affen weiter denn je verbannen mußte.

Eines von Chomskys berühmten Beispielen – Colorless green ideas sleep furiously (dt. etwa: Farblose grüne Ideen schlafen wild) – diente dazu, die höhere Organisationsstufe zu demonstrieren. Obwohl der Satz im Grunde sinnlos ist, läßt er sich leicht als grammatikalischer Satz erkennen – man nehme den Gegensatz: Furiously sleep ideas green colorless. Unsere Fähigkeit, von diesen beiden den Satz zu wählen, der grammatikalisch ist, trotz der Tatsache, daß auch er zum größten Teil keinen Sinn hat, zeigt, daß wir Wissen über Regeln besitzen, wie Wörter organisiert sind, ein Wissen, das zumindest bis zu einem gewissen Grad von Sinn unabhängig ist.

Syntax hat wie Phonologie – die Töne der Sprache – ihr eigenes Vermögen für Dualität der Schematisierung – Jim schlägt Bill oder Bill schlägt Jim – und für Produktivität – die Erfindung noch nie gesehener Formen. Man könnte sogar behaupten, daß die unendliche Kapazität syntaktischer Regeln für die Erzeugung neuer Formen das entscheidenste Merkmal menschlicher Sprache ist. Auf jeden Fall müssen diese Merkmale von Organisation auf höherer Stufe Hocketts Liste hinzugefügt werden.

Chomsky betonte wie viele Anthropologen vor ihm, daß alle menschlichen Sprachen dieselben Funktionen ausführen, und daß diese Funktionen einige Grundfähigkeiten des menschlichen Geistes und Gehirns widerspiegeln. Für jeden menschlichen Satz, der hervorgebracht und verstanden wird, gibt es eine tiefreichende Struktur, und die Tiefenstrukturen von Sätzen in verschiedenen Sprachen, die demselben Zweck zuneigen, wären isomorph. Die Regeln für die Beziehungen von Elementen in der Tiefenstruktur würden eine Universalgrammatik darstellen, an der alle Menschen aller Kulturen teilhaben, und diese Regeln würden sich aus der Gehirnfunktion ergeben. Das entscheidende Wissen um eine Sprache wäre die generative oder transformationelle Grammatik – die Regeln, von der universellen Tiefenstruktur zur spezifischen Oberflächenstruktur der Sprache zu gelangen. Das Wissen über Tiefenstruktur zusammen mit dem Wissen über eine spezifische Transformationsstruktur ist als Kompetenz bekannt – es ist das abstrakte Wissen des Sprechers. Performanz ist das, was wir hören, der vollständig realisierte, praktische Akt des Sprechens, und er hängt außer von Kompetenz noch von vielem anderen ab – Kompetenz zumindest, wie oben formell definiert.

Chomskys Syntaxtheorie begann zusammen mit Hocketts Merkmalen von semantischer Bedeutung, Produktivität, Verschiebung und Spontaneität als entscheidende Eigenschaften der Signalkapazität sich dem anzunähern, was wir bereit wären, als Wesen der Sprache zu betrachten, ohne unberechtigte Schranken aufzurichten. Diese Definitionsleistungen bereiteten die Bühne für die Aufnahme von Eric Lennebergs Hauptwerk ‹Biological Foundations of Language› (Biologische Grundlagen der Sprache), das 1967 erschien. Dieses großartige Buch faßte das bis dahin verfügbare Beweismaterial – inzwischen hat es überwältigende Ausmaße erreicht – für die Meinung zusammen, Sprache sei ein Grundmerkmal der menschlichen Biologie und ihr Auftreten im Lebensverlauf jedes Individuums in erster Linie Ergebnis eines genetisch codierten Reifungsplans, vor allem im entstehenden Nervensystem.

Der naheliegende Widerspruch gegen diese Ansicht, herrührend aus der ungeheuren Vielfalt menschlicher Sprachen und der unbezweifelten Rolle des Lernens beim Erwerb jeder Sprache – ein Widerspruch, der über ein Jahrhundert lang bestanden hatte – wurde wirksam beiseitegeräumt durch den Begriff der Kompetenz, in Hocketts Definition stillschweigend, in der von Chomsky direkt enthalten. Genetisch bestimmte Nervenstrukturen erklärten die ‹Tiefenstruktur› von Sprachen ebenso wie geistige Fähigkeiten für semantische Bedeutung, Produktivität, Verschiebung und das Hervorbringen von Oberflächenstruktur aus Tiefenstruktur. Die Lernumwelt fülle nur die Lücken aus, ihre Wirkung auf die Sprache, oberflächlich beeindruckend, sei von geringer formativer Bedeutung.

Ich lasse mich von diesem Argument in praktisch allen Einzelheiten überzeugen und halte es bei jedem, der die Fakten kennt, für sehr schwierig, anders zu verfahren. Aber ich beeile mich, das Naheliegende anzufügen: Es ist unzweifelhaft wahr, daß normale Sprachentwicklung von der Lernumwelt abhängt und Sprachenperformanz darauf in vielerlei subtiler und weniger subtiler Weise reagiert. Ich habe nicht gesagt, sie sei von geringer Bedeutung, sondern, sie sei von geringer *formativer* Bedeutung. Um zu einem Vergleich zu greifen: Das menschliche Skelett besitzt eine genetisch codierte Struktur, die sich in einem recht starren Reifungsplan entwickelt. Ohne Versorgung mit Nährstoffen ist dieser Plan nutzlos, und die Entwicklung steht still. Genauer: In eine Umwelt gesetzt, die arm an Kalzium oder Phosphor oder Vitamin D ist, geht der Plan völlig schief – die dann entstehende Struktur kann so deformiert sein, daß es schwerfällt, sie als die charakteristische, artspezifische menschliche Skelettstruktur zu erkennen; funktionell könnte sie unbrauchbar sein. Einfach die Zahl der Kalorien zu verändern, kann gewiß Größe und Wachstumsrate des Skeletts ändern, und es ist sogar möglich, daß Launen der Außenwelt wie Beleuchtung und psychologischer Streß dasselbe bewirken können. Man kann sich vorstellen, daß Unterschiede in der Zusammensetzung der Ernährung innerhalb des normalen Bereichs für menschliche Gesellschaften zum Teil die unauffälligeren Variationen erklären, die in normaler Skelettstruktur erkennbar sind; Umfang und Art des Vorgangs tun es gewiß.

Trotzdem würde es keinem verständigen Wissenschaftler einfallen, daran zu zweifeln, daß die Grundstruktur des menschlichen Skeletts unter der Herrschaft der Gene während eines in sehr großem Umfang starren Ablaufs der Entwicklung hervorgebracht wird und daß in der in der Regel so genannten ‹normal zu erwartenden Umwelt› eines heranwachsenden menschlichen Wesens in jeder Population die charakteristische artspezifische menschliche Skelettstruktur stets zuverlässig hervortreten wird.

Eine ähnliche Überzeugung, in ganz ähnlichen Worten ausgedrückt, kann jetzt auch in bezug auf die Sprache vertreten werden. Dieser Überzeugung zu glauben, verlangt aber, daß wir einige Einzelheiten des Reifungsplans angeben, und das erfordert seinerseits eine Rückkehr zu den Grundzügen der funktionellen Anatomie des Gehirns.

Vielleicht der allererste spezifische Beweis für Sprachlokalisierung im Gehirn wurde 1861 von dem Anatomen Paul Broca geliefert. Er bemerkte, daß in Fällen, wo ein Patient keine Sprache hervorbringen konnte, häufig eine Hirnläsion an einer Seite in dem Gebiet gleich vor und in der Nähe der Region vorlag, mit denen die Muskeln von Gesicht und Hals gesteuert werden – ungefähr in der Mitte zwischen Oberseite Ohr und Augenbrauenrand. Diese Stelle, heute Brocasches Feld genannt, war an der direkten Steuerung der Muskeltätigkeit nicht beteiligt, aber damit, benachbarten Muskelsteuerzentren linguistische Richtung zu geben. Einige Jahre später, 1865, lieferte Broca die weitere Beobachtung, daß in der übergroßen Mehrzahl dieser Fälle von Aphasie oder Sprachverlust die fragliche Läsion auf der linken Seite lag; die Vorstellung einer lateralen Festlegung der Gehirnfunktion und der Begleitgedanke von zerebraler Hemisphärendominanz hatte sich endgültig durchgesetzt.

‹Brocas Sprachgestörte›, wie sie allgemein genannt werden, können mit großer Anstrengung eine telegrammartige Sprache hervorbringen. ‹New York ... gehen› kann stehen für eine ganze Überlegung zu einer Reise nach New York, die normalerweise in einem komplexen Satz ausgedrückt würde. Am allerschwierigsten für alle diese Patienten sind kleine Überleitungswörter. Sie lassen aber oft alle Anzeichen dafür erkennen, daß sie verstehen, was man zu ihnen sagt – zum Beispiel, indem sie Befehle ausführen. Sehr unterschiedliche Aphasiesyndrome sind möglich.

1874 beschrieb Carl Wernicke, ein damals unbekannter 26jähriger Neurologe, ein neues Aphasiesyndrom, charakterisiert durch flüssige und schnelle, aber größtenteils sinnlose Sprache, wobei die meisten der Inhaltswörter fehlten, und durch fast völligen Verlust des Sprachverständnisses trotz normalen Hörvermögens. Diese Patienten hatten Läsionen oft an einer ganz anderen Stelle – jetzt Wernickesches Sprachenzentrum genannt – hinter und neben dem Bereich der Hirnrinde, die mit der Interpretation von Hörmustern auf erster Stufe zu tun hat. (Das Wernickesche Sprachenzentrum befindet sich ungefähr über dem Ohr, obwohl diese Verbindung zum Hören reiner Zufall ist.) In seiner eindrucksvollen Abhandlung zum Thema legte Wernicke dann eine Theorie der Sprachvermittlung durch das Gehirn vor und berücksichtigte dabei sowohl seine eigenen Erkenntnisse wie die von Broca. Dieser Theorie zufolge war die Stelle, die er angab, benachbart dem primären höheren Verarbeitungszentrum für das Hören, zuständig für die Analyse von Schallmustern auf der Stufe des Sprachverständnisses, während Brocas Feld die Übersetzung von Gedanken in Sprache steuerte. Damit ein Patient beispielsweise einen vom Arzt vorgesprochenen Satz wiederholen konnte, mußten das Wernickesche wie das Brocasche Sprachzentrum intakt sein; außerdem mußte irgendeine Verbindung zwischen ihnen bestehen.

Diese Verbindung gibt es tatsächlich, und zwar im *Fasciculus arcuatae* – einem Faserbündel, das unter der Hirnoberfläche zwischen den beiden Bereichen verläuft. Wie um Wernickes Theorie zu bestätigen, erschien viel später in der Literatur die Beschreibung noch einer dritten Form von Aphasie –Konduktionsaphasie. Sie wird gekennzeichnet durch das Vorhandensein von Verständnis und flüssiger Sprache, aber auch der Unfähigkeit, das Gehörte zu wiederholen; die Läsion liegt dort, wo sie zu erwarten ist, im *Fasciculus arcuatae* und trennt die Fähigkeit des Verständnisses von der Fähigkeit zum Sprechen ab.

Wir sind von den siebziger Jahren des vorigen Jahrhunderts weit entfernt, aber die Ansicht hat sich gut gehalten. Diese frühen Erklärungen haben viele Verfeinerungen erfahren, aber keine, die eine tiefgreifende Änderung im Wesen erfordern würden. So wird etwa der Verlust der Fähigkeit von Lesen und Schreiben ohne Schaden im Stimm-Hör-Apparat oft mit einer Läsion an der Stelle gleich hinter dem Wernickeschen Sprachenzentrum in Verbindung gebracht – einer Übergangszone zwischen Sprachverständnis und Verarbeitung von Bildmustern. Außerdem haben wir jetzt einen klareren Blick für die Komplexität der Dinge – Brocas Aphasiker können recht gut singen, sogar Lieder ohne Worte, und viel besser fluchen als sprechen. Das zeigt aber nur, daß derzeit unbekannte oder nur teilweise bekannte Gehirnfunktionen ‹Hilfestellung› leisten können, wenn das Brocasche Feld geschädigt ist; im Fall des Singens könnte es die rechte Hirnhemisphäre sein, beim Fluchen das limbische System. Schließlich können wir im Zusammenhang mit allem, was wir über die Arbeit des Gehirns wissen, die Broca-Wernickesche Vorstellung von funktionalen ‹Zentren› zugunsten einer komplexeren Vorstellung von Schaltungen aufgeben.

In den letzten Jahren betrifft der Abschnitt des Bildes, der die stärkste Aufmerksamkeit erfahren hat, cerebrale Dominanz und Lateralisierung der Sprachfunktion. Es ist so oft wiederholt worden, daß man an der Wahrheit zu zweifeln beginnt, aber in diesem Fall beruht die Legende auf Tatsachen. Roger Sperry erhielt 1981 den Nobelpreis wegen seiner Arbeit an diesem Problem, statt für seine frühere Arbeit an der Gehirnentwicklung. Links- oder Rechtshändigkeit, Sprache, Musik, räumliche Wahrnehmung und bestimmte Aspekte der Emotionen gehören zu den menschlichen Funktionen, die nachgewiesenermaßen in einer der beiden Hirnhemisphären besser bewältigt werden, wenn nicht dort lokalisiert sind. Jede Seite des Gehirns steuert die gegenüberliegende Seite des Körpers, so daß bei Rechtshändern die linke Hemisphäre dominiert. Bei der übergroßen Mehrheit der Rechtshänder ist die linke Hemisphäre auch der Ort, wo die Sprache – auf die oben dargestellte Weise – lokalisiert ist, während musikalische Begabung, räumliche Wahrnehmung und einige emotionelle Funktionen besser von der rechten Hemisphäre bewältigt zu werden scheinen. Bei Linkshändern ist die Situation viel weniger eindeutig, aber dem Anschein nach handelt es sich um die Umkehrung zu den Rechtshändern. Wie diese Beziehungen dargestellt werden, ist natürlich eine Sache für sich, aber mit den Prozeduren brauchen wir uns nicht aufzuhalten. Es genügt die Bemerkung, daß wenige Menschen in der heutigen Verhaltens- und Nervenwissenschaft an der Existenz von Hemisphären-Spezialisierung in dem von mir abgesteckten Rahmen zweifeln – allerdings ist sehr umstritten, wie das entsteht und warum es sich entwickelt hat.

Eine der eindrucksvollsten Demonstrationen der Hemisphären-Spezialisierung ist anatomischer Art. Norman Geschwind und seine Kollegen an der Harvard Medical School haben wiederholt nachgewiesen, daß es in normalen Erwachsenengehirnen bilaterale Asymmetrien in einem Bereich gibt, der dem Brocaschen Feld entspricht, und daß die linke Seite in der Regel größer ist. Im Mittel ist die linke Seite um ein Drittel größer als die rechte; in absoluten Werten einen ganzen Zentimeter länger. Der Unterschied läßt sich bei unzerlegten anatomischen Proben mit dem bloßen Auge erkennen und kann bestätigt werden durch genaue mikroskopische Analyse, die den Bereich nach ihrer speziellen Zellstruktur definiert. Es ist tatsächlich so.

Nicht genug damit. Es ist schon beim Neugeborenen vorhanden, das aus dem Mutterleib kommt und noch keine Erfahrung mit Sprache hat. Sandra Witelson, Juhn Wada und andere haben es bei Frischgeborenen gemessen, und man fand es sogar bei Föten von 31 Wochen. Es ist offenkundig von der Zeugung an codiert. Experimentalsituationen, die subtile Aspekte der Hemisphärenspezialisierung darlegen sollen, haben gezeigt, daß es bei den jüngsten Säuglingen vorhanden ist. Die Sprache entfaltet sich im Säugling stufenweise im grundlegendsten Sinn der Metamorphose.

Eric Lenneberg würde sich über diese Entdeckungen freuen, wenn er noch am Leben wäre. ‹Warum beginnen Kinder normalerweise zwischen dem 18. und 28. Monat zu sprechen?› schrieb er in seinem Buch von 1967. ‹Sicherlich nicht deshalb, weil alle Mütter auf der Welt zu diesem Zeitpunkt mit dem Sprachtraining beginnen.› Obwohl bis dahin wenig systematische kulturvergleichende Arbeit zum Spracherwerb geleistet worden war, erwies sich seine Antwort auf die eigene rhetorische

Frage mit ihrer Betonung der Allgemeingültigkeit als der Wahrheit sehr nahe. Sprachen*training*, falls es das gibt, ist in jeder Kultur schwer zu erfassen. Mütter sprechen überall eine eigene Sprache, die vereinfachte Version einer Erwachsenensprache; sie wiederholen die Beinahe-Wörter des Kindes und machen richtige Wörter daraus; sie reagieren auf die zeigende Hand eines Babys, begleitet von einem hohen Kehllaut, indem sie einen Namen geben. Wenn das Training ist, dann gibt es das freilich in der Umwelt von Kindern im Alter des Sprechenlernens, und ich habe bei den !Kung San von Botswana so viel davon gesehen, wie ich es bei den Eltern der Freundinnen meiner eigenen Tochter sehe. Ich halte es aber nicht für Zufall, daß Mütter (und andere Menschen) sich eineinhalb- bis zweijährigen Kindern gegenüber so verhalten. Im Gegenteil ist das für mich genau das universelle und natürliche Verhalten dieser winzigen Sprachliebhaber, das Erwachsene veranlaßt, sich so zu verhalten, wie wir es tun.

Unter den !Kung San von Botswana, unter indianischen Bauern von Guatemala, unter den Luo von Kenia, in Samoa, Korea, Japan, Rußland, Israel und praktisch in jedem westeuropäischen Land haben wir heute Nachweise, die das rasche Einsetzen wahrer linguistischer Fähigkeit während der von Linneberg angegebenen Altersperiode zeigen. Roger Brown hat sich damit befaßt und in bezug auf seine eigene meisterhafte Arbeit über den Erwerb des amerikanischen Englisch bewertet. Für viele, wenn auch nicht alle diese Sprachen ist das Beweismaterial deutlich genug, und man kann zeigen, daß nicht nur der Zeitpunkt, sondern sogar die Folge des Erwerbs linguistischer Funktionen in weit voneinander entfernten Sprachbereichen ähnlich ist. Noch eindrucksvoller ist vielleicht der kürzliche Nachweis, daß taubstumme Kinder, die die American Sign Language erwerben, während dieser Altersperiode dieselbe rasche Zunahme an Durchschnittslänge der Äußerungen aufweisen.

Lenneberg selbst hatte eine Ahnung von dieser letzten Tatsache aus formlosen Beobachtungen taubstummer Kinder. Er legte Daten vor, die zeigen, daß normal hörende Kinder mit taubstummen Eltern wenig Unterschiede zu denen mit normalen Eltern aufwiesen, außer, daß sie rasch lernen, bei ihren Eltern ‹Taubstummensprache› und bei anderen normale Sprache zu gebrauchen. Er studierte Kinder mit Down's-Syndrom (Mongoloide) und zeigte, daß sich Sprache bei ihnen, wenn auch langsamer, ganz ähnlich wie bei normalen Kindern entwickelt, und daß ein IQ von 50 im Alter von zwölf Jahren oder 30 mit 20 Jahren nicht die Beherrschung der englischen Grammatik ausschließt. Er befaßte sich mit der Literatur über nanozephale (‹vogelköpfige›) Zwerge und stellte fest, daß diese Individuen, in Körpergewicht, Hirngewicht, Verhältnis Hirn/Körpergewicht und IQ kraß unter den normalen Werten, in der Regel Sprachfähigkeiten erwerben, die denen eines normalen Fünfjährigen vergleichbar sind.

Nach dem Abschluß dieser und vieler anderer Forschungsarbeiten entschied er vernünftigerweise, daß ein Verhaltensmuster, das sich angesichts solcher Hindernisse entfaltete, in der menschlichen Biologie tief eingewurzelt sein muß. Er kam zu dem Schluß, daß Sprache so sehr ein artspezifisches Verhaltensvermögen menschlicher Wesen ist wie das Gehen auf zwei Beinen; und daß nicht einmal die krassesten Störungen der Umwelt fähig zu sein schienen, ihre Entwicklung entgleisen zu lassen. Er interessierte sich natürlich für die Merkmale der Gehirnreifung, die linguistische Metamorphoe erklären könnten – diese Entwicklung nannten Psycholinguisten damals Language Acquisition Device oder LAD (Spracherwerbsmechanismus). Er fand ihn zwar nicht, erzielte aber Fortschritte, und seither sind noch viele zustande gekommen.

Er scheint als erstes begriffen zu haben, daß die Gesamtreifung des Gehirns in den ersten zwei Lebensjahren erstaunlich schnell vor sich geht, worauf sie sich beinahe schlagartig verlangsamt. Stephen Jay Gould hat in seinem ausgezeichneten Buch ‹Ontogeny and Phylogeny› betont, daß dieses Schema des Gehirnwachstums eines der auffälligsten Merkmale unserer Gattung ist. Eine kurze Zeit raschen Gehirnwachstums, gefolgt fast plötzlich von einem langen Zeitraum langsamen Wachstums ist auch für Affen und Menschenaffen typisch. Es besteht aber dieser wichtige Unterschied: Sogar bei unseren engsten höheren Primatenverwandten trifft die Zeit der plötzlichen Verlangsamung ungefähr mit der Geburt zusammen. Beim Menschen wird sie fast zwei Jahre hinausgeschoben, und für Gould könnte diese Änderung im Reifungsplan sehr viel an unserer Gattung erklären – vielleicht auch ihre Fähigkeit zum Spracherwerb.

Aber wie Lenneberg begriff, kann die Gesamtzunahme der Gehirngröße, so deutlich sie auch sein mag, nicht viel dazu beisteuern, den spezifischen Ablauf von Verhaltensänderungen zu erklären, die wir allgemein bei menschlichen Kleinkindern beobachten. Für eine solche Erklärung müssen wir uns dem unterschiedlichen Wachstum in spezifischen Gehirnsystemen zuwenden.

Lenneberg bezog sich auf die Arbeit von J. Leroy Conel an der Harvard Medical School über die Reifung der Hirnrinde und stellte fest, daß in einem Bericht des Cortex, der ungefähr dem Brocaschen Spracherzeugungsfeld entspricht, massive Zunahmen in der Dichte des Geflechts von Faserverbindungen in den ersten beiden Lebensjahren erfolgen, eingeschlossen die Zeit zwischen fünfzehn und vierundzwanzig Monaten. Obwohl die Entstehung neuer Nervenzellen im ganzen Cortex – und vielleicht im ganzen Gehirn – abgeschlossen ist, bis das Kind geboren wird, bleibt genug Platz für Reifung auf andere Art. Neue Dendriten, die Empfangsprozesse von Neuronen, bilden sich und stellen mit den Axonen anderer Zellen neue Synapsenverbindungen her. Die Synapsengebiete verändern sich, die Nervenzellen nehmen an Größe zu.

Vielleicht am interessantesten, weil die Funktion rätselhaft bleibt, ist die beobachtete große Zunahme der Zahl nicht-neuraler Zellen im Gehirn; das erklärt den Großteil der Verdoppelung des Hirngewichts im ersten Lebensjahr und hat zusätzlich die scheinbar paradoxe Wirkung, die Dichte der Nervenzellen in der Hirnrinde auszudünnen – ein gut bekannter Vorgang mit unbekanntem Sinn.

Ein Teil der Ausbreitung nicht neuraler Zellen besteht in der Entwicklung von Myelin – der Scheide aus fettigem weißem Stoff, die viele Nervenfasern umgibt. Nerven können ohne Myelin funktionieren – viele tun es normal – und sogar bei myelinumhüllten Nerven beginnt die Funktion vor der Myelinbildung. Trotzdem verändert Myelin die Funktion drastisch; es steigert die Leitungsgeschwindigkeit und die höchstmögliche Auslöserate, läßt die Nervenzelle länger ohne Ermüdung arbeiten und schützt sie vor nicht für sie geltenden Reizen. Aus diesen Gründen interessieren sich Neurologen seit Jahrzehnten für die Möglichkeit, daß Myelinisierungsfolgen im Gehirn zu Erklärung des Wachstums von Funktionen beitragen könnten.

Zu Anfang dieses Jahrhunderts beschrieb eine Anzahl von Neuroanatomen, vor allem Paul Flechsig, Takt und Ablauf der Myelinbildung in der Hirnrinde. Primäre Sinnesbereiche – wie die für Sehen, Berühren und Hören – und primäre motorische Gebiete erwerben als erste Myelin, gefolgt von benachbarten Assoziationsbereichen. Sowohl das Brocasche Feld als auch das Wernickesche Sprachenzentrum würden in die zweite Kategorie fallen. Flechsigs Beschreibungen, die rein anatomisch waren und sich mit dem Ursprung der Sprache nicht befaßten, weisen darauf hin, daß das Wernickesche Sprachenzentrum etwas früher Myelin bildet als das Brocasche Feld. Das stimmt überein mit der Tatsache, daß während der Sprachentstehung das Begreifen der flüssigen Beherrschung vorausgeht. Außerdem trägt es auch zur Erklärung dafür bei, warum ein eineinhalbjähriges Kind ein wenig einem Brocaschen Aphasiker gleicht: Es versteht sehr viel, spricht aber nur in stockenden Kürzeln, die ein, zwei Inhaltswörter enthalten. (Sogar die Fähigkeit zu singen, scheint für das Kleinkind ebenso zuzutreffen wie für Brocas Aphasiker, wenngleich in diesem Alter Fluchen noch nicht dazuzugehören scheint.)

1975 förderte André Roch-Lecours, gestützt auf Arbeiten, die er unter dem großen Neuropathologen Paul Yakovlev geleistet hatte, das Verständnis dessen, was anatomisch LAD sein könnte, beträchtlich. Er bestätigte Flechsigs Beobachtungen über die Myelinbildung in der Hirnrinde, ging aber weit darüber hinaus, als er die Myelinbildung in subcorticalen Bereichen des Gehirns beschrieb. Er stellte fest, daß die unteren subcorticalen Teile sowohl des visuellen als auch des Hörsystems kurz nach der Geburt Myelin bilden, übereinstimmend mit der Tatsache, daß in einfachen reflexiven Aspekten der Seh- und Hörfunktion das 6 Monate alte Kind dem Erwachsenen gleicht. Die beiden Sinnessysteme unterschieden sich aber deutlich in der Geschwindigkeit der Myelinbildung an ihren ‹höheren› Strängen – die ihre jeweiligen subcorticalen Regionen mit dem Cortex verbanden: Beim Sehen ging die Myelinbildung schnell, was der reifen Bildmusterverarbeitung und dem visuellen Lernen des Säuglings entspricht, aber beim Hören zog sich die vollständige Myelinumhüllung des höchsten Strangs zur Hirnrinde über mehrere Jahre hin. Diese letzte Feststellung entsprach in wunderschöner Weise dem langdauernden, langsamen Wachsen des Sprachbegreifens.

Könnte es nicht sein, daß diese Myelinbildungsabläufe die Folge von Erfahrung und Training sind, statt Ursache des kindlichen Verhaltens? Fast mit Gewißheit nicht. Es gibt eine, zwei Untersuchungen ohne gute Bestätigung, die andeuten, daß der Prozeß der Myelinbildung in einem gewissen Maß auf die Erfahrung anspricht. Aber selbst wenn das stimmt, wird diese Reaktionsbereitschaft, verglichen mit den massiven Wachstumsveränderungen, zahlenmäßig klein sein. Die letztgenannten Umwandlungen werden auf eine noch unbekannte Weise von den Genen codiert und erklären die allgemeinen Fakten von Kleinkinder- und Kindersprache.

Der Ausdruck ‹Ursprung der Sprache› hat für den, der sich mit Evolution befaßt, einen ganz anderen Sinn als für denjenigen, der kindliche Entwicklung untersucht. Auch im evolutionären Sinn erregte er viel Aufmerksamkeit. Hier muß ich aber, was die Ergebnisse angeht, meine Begeisterung dämpfen. Das ist ein Gebiet, das heute wie eh und je auffällig an einem Mangel an Daten und einem Überfluß an Spekulationen leidet. Es heißt, zu Anfang dieses Jahrhunderts hätte die linguistische Gesellschaft von Paris eine feste Regel aufgestellt, die von ihren Sitzungen Arbeiten über die Evolutionsursprünge der Sprache verbannte. Im Augenblick neige ich halb zu der Meinung, ein solches Moratorium könnte wieder von Nutzen sein.

Als ein Beispiel für die Art von Information, auf die sich zu stützen Menschen in diesem Fach gezwungen sind, nehme man die Arbeit einer Gruppe von Wissenschaftlern, die anatomische Zeugnisse mit Computersimulationen kombiniert haben, weil sie zu zeigen versuchen, Neandertaler wären zur Sprache nicht fähig gewesen, weil sie bestimmte Vokallaute (‹äi›, ‹ih› und ‹u›) nicht hervorbringen konnten. Abgesehen von der Tatsache, daß sogar die anatomischen Beurteilungen großer Fehlerhaftigkeit ausgesetzt waren, gab es die sehr eindrucksvolle Demonstration eines Briefs an eine Fachzeitschrift, der diese Hypothese angriff und die drei genannten Vokallaute völlig wegließ – verwendet wurde nur der Vokallaut ‹eh› – trotzdem aber völlig verständlich war. Im Auszug hieß es dort: ‹Et sems emprebelbe thet ther speech was enedeqwete bekes ef the lek ef the three vewels. The kemplexete ef speech depends en the kensenents, net en the vewels . . .› Dieser Brief erledigte für mich die Vorstellung, daß Kehlkopfmorphologie der Schlüssel zur Sprache sei – oder ließ mich wenigstens daran zweifeln, daß die Neandertaler mit ihren eindrucksvollen Gehirnen und ihrer nicht viel weniger eindrucksvollen Kultur ohne Sprache gewesen sein könnten.

Die Untersuchung von Gehirnen selbst kann leider nicht viel Hilfe bringen, weil Gehirne nicht fossil erhalten bleiben. Wir haben viele sogenannte endokraniale Abgüsse – entweder natürlich oder im Labor entstandene Abdrücke eines Schädelinneren. Diese spiegeln bis zu einem gewissen Grad den vom Gehirn während des Lebens hervorgerufenen Abdruck und damit die Oberflächenanatomie des Gehirns. Aber bei Menschen und unseren Vorfahren ist der Schädel während des Wachstums ausreichend biegsam, so daß das Gehirn keinen sehr starken Abdruck hinterläßt. Ralph Holloway von der Columbia University und andere unternehmen große Anstrengungen, um fossile Endoabgüsse zu messen und zu analysieren, aber ich bezweifle, daß sie zu weitreichenden Feststellungen kommen werden.

Spekulationen über die möglichen *Funktionen* der Sprache während der menschlichen Evolution sind belustigender gewesen, aber nicht viel nützlicher. Man darf wohl annehmen, daß Sprache bei den frühen Hominiden beim Planen von Jagdunternehmen, beim Lehren der Jungen, bei der wechselseitigen Belehrung von Erwachsenen und der Modulierung emotioneller Erregung funktionierte; ganz gewiß funktioniert sie so bei den modernen Jägern und Sammlern. Es ist möglich, daß einiger Selektionsdruck für ihr Auftreten von sexueller Selektion stammte, die auf das Werbeverhalten von Männchen einwirkte – das heißt, um es klar auszudrücken: Wer am besten reden konnte, bekam das Girl.

Vermutlich sollte jede Beschäftigung mit dem Thema die Tatsache berücksichtigen, daß Frauen eine bessere Verbalisierungsfähigkeit haben als Männer; es könnte bedeuten, daß bei der Evolution dieses Merkmals die Frauen den Männern voraus waren. (Bedenkt man das große philosophische Gewicht, das wir der linguistischen Fähigkeit unserer Gattung beimessen, verwundert, warum wir nicht stärker davon Notiz nehmen, daß Frauen mehr davon besitzen.) Man könnte sich einen Evolutionsverlauf vorstellen, bei dem die Sprachfähigkeit sich zuerst bei Weibchen entwickelte, die sie dann durch sexuelle Selektion in Männchen hervorbrachten. Dann würde man aber vom Jagen und Werkzeugmachen als den entscheidenden Selektionszwängen für Sprache abgehen müssen. Es ist möglich, daß Speicherung und Übertragung von Information über die Fundstellen von Pflanzennahrung zunehmende sprachliche Fähigkeit erforderte. Es ist ferner möglich, daß der Schlüssel in der Beziehung Mutter-Säugling liegt. Peter Marler von der Rockefeller University hat einen wunderbaren Film über Lautgebung bei Schimpansen in ihrer natürlichen Umwelt gedreht, und als ich ihn sah, lauschte ich sorgfältig auf Laute, die von fern menschlicher Sprache glichen. Wie oftmals betont wurde, gibt es bei Schimpansen oder irgendeiner anderen natürlichen Kommunikation unter Tieren sehr wenig, was auch nur entfernt menschlicher Sprache gleicht. Mir fiel aber auf, daß ein Paar Mutter-Säugling, das auf dem Waldboden saß und einander angirrte, die einzigen Laute hervorbrachte, die ruhig genug, leise genug und so kontinuierlich waren, daß sie auch nur annähernd menschlicher Sprache glichen. Ich konnte mich des Gedankens nicht erwehren, daß irgendwo in unserer Ahnenschaft ebensolche girrenden Paare Mutter-Kleinkind Ursprung der Sprachentwicklung gewesen sind.

Was uns zu den sprechenden Affen zurückbringt. Wie gut sind sie? Ich persönlich bin von ihnen sehr beeindruckt gewesen. Sie haben alles Mögliche geleistet, das ich – oder fast jeder andere, der sich für Sprache interessierte – 1965 für ausgeschlossen gehalten hätte. Sie haben mindestens 150 verschiedene Wörter gelernt – bis zu 400, wenn wir den Leuten glauben sollen, die mit dem Gorillaweibchen Koko arbeiten – und benützen sie ziemlich genau und wirksam. Sie verallgemeinern gut und sinnvoll unter Gegenständen, die offensichtlich nicht derselben Klasse angehörten, und sogar von Gegenständen zu Bildern. Beispielsweise verwendete Washoe, die erste Schimpansin, die Ameslan lernte (American Sign Language) spontan das Wort ‹Hut› für eine Nachtmütze, die keine Ähnlichkeit mit den Hüten hatte, an die sie gewöhnt war. Sie zeigen deutlich Versetzung, die Fähigkeit, über Dinge zu sprechen, die in Raum und Zeit entfernt sind, und haben die Elemente von Sprachen gemeistert, die alle Merkmale Hocketts besitzen, ausgenommen den Gebrauch des Stimm-Hör-Appparats, bei dem wir uns nun wohl darauf einigen können, daß er ein Nebenproblem darstellt.

Sie verfügen auch über Ansätze zu einer Syntax. Sie haben spontan Kombinationen von Wörtern hervorgebracht, die sie einzeln gelernt hatten, und diese oft sehr erfinderischen Kombinationen halten sich deutlich an einfache grammatikalische Regeln. Sie verwenden die visuelle Entsprechung einer fragenden Betonung, dargestellt durch ein Symbol in jeder ihrer Sprachen, und formulieren auch komplexere Fragen. Sie benützen Sprache im Alltagsleben dazu, um von den Experimentatoren das zu kriegen, was sie wollen, worüber man sich nicht wundert; aber sie verwenden sie auch in anderen Zusammenhängen. Beispielsweise wurde beobachtet, daß Washoe bei einer Reihe von Gelegenheiten in Ameslan mit sich selbst sprach – oder zumindest Zeichen übte – wenn sie nicht gewußt haben konnte, daß sie beobachtet wurde. Vor kurzem haben die Schimpansen Sherman und Austin in der visuell-symbolischen Sprache ‹Yerkish› miteinander gesprochen und erfolgreich ihre Wünsche und Bedürfnisse übermitelt. Und Wawhoe, nun voll erwachsen, beginnt zur Zeit, sich mit ihrem Kleinkind in Ameslan zu verständigen.

Sie sind sogar kreativ. Als Washoe das erstemal eine Ente sah, erfand sie den Namen ‹Wasservogel›, und zu Paranüssen sagte sie spontan

‹Steinbeeren›. Lana, die Yerkish lernte und die Symbole für Apfel und die Farbe Orange kannte, brachte nach einigen falschen Ansätzen die Frage heraus: ‹Tim gib Apfel der ist orange›, um eine Orange zu bekommen. Und Lucy, die Ameslan lernte, belegte Rettiche drei Tage lang mit dem Gattungsnamen ‹Essen›, worauf sie spontan ‹weinen schmerz essen› dazu sagte. Ich glaube, man wird uns die leise Neigung verzeihen, diese Äußerungen als poetisch zu betrachten.

Es ist also kein Wunder, daß schon 1973 Roger Brown, ein führender Forscher auf dem Gebiet der Entwicklung menschlicher Sprache und führender Skeptiker der Sprachfähigkeit von Schimpansen, zugab, zumindest Washoe, damals der einzige Affe, der eine natürliche Sprache gelernt hatte, hätte eine Sprachstufe erreicht, die mit der eines zweijährigen Kindes vergleichbar sei.

Die Frage lautet seitdem: Wie weit kann das noch gehen? Sogar die Skeptiker gaben zu, daß die höchsten sprachlichen Leistungen bei Affen nicht nach wenigen bahnbrechenden Untersuchungen vorausgesagt werden können, die Affen im Vergleich zu Kindern in einen großen Nachteil versetzen. Es bestand sogar die Möglichkeit, daß man die falsche Gattung ausgesucht hatte – man denke an den viel größeren Wortschatz, den das Gorillajunge Koko erreicht hatte, im Verhältnis zu allen Schimpansen, während Untersuchungen von Marjorie LeMay und Norman Geschwind über den Grad anatomischer Lateralisierung der Gehirne von Affen den größten Unterschied bei Orang-Utans fanden, was andeutet, daß sie die besten Linguisten sein könnten.

Mindestens eine Forschergruppe, die dieser Frage Jahre gewidmet hat, ist zu dem Schluß gekommen, so weit gelangt zu sein, wie es ihr möglich sei – und das ist nicht viel weiter als der Punkt, den Washoe 1973 erreicht hatte. Herbert Terrace leitet die Affensprachgruppe an der Columbia University, und der Affe dieser Gruppe heißt Nim Chimpsky – als ironische Ehrung für Noam Chomsky, in der Hoffnung, Nim werde sich als ebenso großes linguistisches Licht in seiner eigenen Spezies wie sein Namensvetter in der unsrigen erweisen. Anfangs war Terrace, während er sich in seine Arbeit mit Nim vertiefte, stark beeindruckt, aber nach der Phase der Datenbeschaffung, als er die Videobänder immer wieder ablaufen ließ, revidierte Terrace seine ursprüngliche Auffassung.

Als erstes fiel ihm auf, daß Nims mittlere Äußerungslänge zwar zu einem Punkt fortschritt, wo sie größer war als ein einzelnes Zeichen, dann aber nicht mehr weiterwuchs. Im Alter von dreieinhalb Jahren, in dem ein menschliches Kind (sogar eines, das Ameslan lernt), rasch zu Sätzen fortschreiten würde, schwankte Nim immer noch zwischen Ausdrücken mit einem und mit zwei Wörtern, wo er schon zwei Jahre lang stand. Nim brachte nie Äußerungen hervor, die länger waren als zwei Wörter und von denen man unzweideutig sagen konnte, sie wären grammatikalisch an Regeln gebunden. Sein Prozentsatz an Imitationen von Ausbilderäußerungen blieb hoch, wo er abnehmen sollte. Er erweiterte selten Äußerungen seines Pflegers, etwas, das Menschenkinder häufig tun, und lernte nie das Wechselgespräch – Notwendigkeit für echte Gespräche. Schließlich erweckt Terraces Neubewertung der Fähigkeiten bei den anderen sprechenden Affen den Anschein, als seien sie alle überschätzt worden.

Diese Kontroverse wird ohne Zweifel noch geraume Zeit andauern, und in ihrem Verlauf werden wir viel über Sprache und Denken lernen. Inzwischen scheinen Affen in der Wildnis von Afrika sehr gut ohne Sprache auszukommen, während Menschen in der Wildnis von New York und Boston sie offenbar brauchen. Ist das wirklich so? Ich nehme es an, obwohl ich den Eindruck habe, daß die allgemeinen Weisheiten über das *Warum* recht nutzlos sind. Von allen unbegründeten Alltagsweisheiten über die Sprache aber ist die nutzloseste, die unsinnigste, die dümmste ohne Zweifel die Überzeugung, sie mache uns anderen Tieren moralisch überlegen. Das ist keine beiläufige Überzeugung; sie beruht auf einer Art Logik und lautet etwa so: Sprache ermöglicht es, unsere Emotionen, unsere niedrigeren Instinkte im Zaum zu halten. Wir haben natürlich animalische Motive, aber wir denken über sie nach, sind uns ihrer bewußt, ein Bewußtsein, das in Sprache mitgetragen wird. Sprache ermöglicht es uns damit, sie zu meistern, abzulenken, abzuwehren, und das tun wir jeden Tag.

Falsch, vollkommen falsch. Ich weiß nicht, was, wenn überhaupt etwas, den menschlichen Enthusiasmus dämpfen kann, Motiven nachzugehen, die aus niedrigeren Instinkten entstehen – vielleicht edlere Instinkte, vielleicht Lernen, vielleicht der Wunsch, die Hochachtung anderer zu erringen – aber soviel ich sehen kann, ist es ganz gewiß nicht die Sprache. Im Gegenteil, Sprache kann als eine ihrer Hauptfunktionen *Täuschung* besitzen – das Verdecken von niedrigen Motiven oder ihre Verzerrung, um sie rein erscheinen zu lassen. Das könnte in der Tat einer der bedeutenden adaptiven Zwecke von Kommunikationssystemen bei vielen Tieren in einem evolutionären Sinn sein. Und wir haben sie vielleicht zu ihrer exotischsten Verwirklichung gebracht – ein so komplexes und flexibles Kommunikationssystem, daß es das nur sich selbst dienende Unternehmen des Lügens zur absoluten Perfektion erhebt.

Ich fühle mich an den zum Menschen gewordenen Affen aus Kafkas ‹Ein Bericht für eine Akademie› erinnert. Nachdem er sein erzwungenes Wegtrainieren vom Affentum geschildert und seine völlige Verachtung für den moralischen Aspekt der Verwandlung bekundet hat, sagt er: «Ich wiederhole: es verlockt mich nicht, die Menschen nachzuahmen; ich ahmte nach, weil ich einen Ausweg suchte, aus keinem anderen Grund.» Diese Erklärung kommt gleich nach seiner Beschreibung, wie er sein erstes Wort lernte – «Hallo!» – das aus tiefer Betrunkenheit kam, als er Schnaps trinken lernte. Auch das ist der springende Punkt des Kapitelmottos von Didion. Wenn ich sie und Kafka richtig verstehe, meinen beide, Sprache sei lediglich unsere Methode, dieselben niedrigen Motive – wenn sie denn wirklich niedrig sind – zu befördern, die von jedem anderen Tier befördert werden; vielleicht sogar niedrigere.

Von meinem begünstigten Blickwinkel in der Verhaltenswissenschaft aus müßte ich praktisch das Gleiche sagen. Was wir mit der Sprache machen, ist sehr wahrscheinlich das, was alle anderen Wesen ohne sie tun; wir tun es komplexer, vielleicht gradueller – ganz gewiß in einem großartigeren Maßstab. Aber wir tun es trotzdem und zwar ohne Rücksicht. Wenn uns Sprache also nicht Herrschaft über die Emotion gibt, was leistet sie dann? Überhaupt irgend etwas?

Strether saß da und fühlte sich, obwohl hungrig, in Frieden; die Zuversicht, die für ihn so angewachsen war, vertiefte sich mit dem Klatschen des Wassers, dem Kräuseln der Oberfläche, der leichten, diffusen Kühle und dem sanften Schwanken von zwei kleinen Booten, die ganz in der Nähe an einem grob gezimmerten Landungssteg befestigt waren. Das Tal auf der anderen Seite war ganz kupfergrüne Ebene und glasierter Perlhimmel, ein Himmel, schraffiert mit Sperrnetzen gestutzter Bäume, die flach aussahen, wie Spaliere; und obwohl der Rest des Dorfes sich in der Nähe verlor, besaß die Aussicht eine Leere, die eines der Boote mit Bedeutung versah.

In dieser, der wichtigsten oder zumindest gedankenreichsten Passage in Henry James' Roman ‹Die Gesandten›, werfen wir einen kurzen Blick auf ein außerordentlich bewußtes Wesen, ein wenig hungrig, das sich ausruht, zu Hause in seiner Umgebung, und im Begriff steht, auf eine unerlaubte Liebesbeziehung zwischen zwei anderen Wesen zu kommen, die ihm etwas bedeuten, etwas, das ihm bis dahin verborgen wurde. Seine Lage und der Schock, der ihm bevorsteht, wären jeder beliebigen Zahl nichtmenschlicher Wesen nicht unvertraut.

Aber die Worte, in die sie gegossen wurden, sind wieder eine andere Sache. Wenn die Worte uns über alle diese anderen Wesen erheben, dann nicht aus moralischen, sondern aus ästhetischen Gründen; weil sie schön sind. Die Musik, die Echos von Metapher und Sinn, die gemäldehafte Qualität der Sätze, die offenkundige Huldigung an eine große Tradition der Sprache, sie alle verbinden sich zu etwas Einzigartigem in der animalischen Welt; einzigartig nicht wegen seiner moralischen Überlegenheit, sondern wegen seiner Schönheit.

Dorothy Hammond, eine meiner Professorinnen am Brooklyn College, pflegte die Frage nach dem Ursprung der Sprache mit der Bemerkung abzutun: «Worüber sollten wir uns unterhalten, nachts am Feuer, wenn wir die Sprache nicht hätten?» Das war zumindest halb spaßig gemeint, aber ich nehme es ernst. Wenn man nachts zwischen

!Kung San am Feuer sitzt, hört man – nicht oft, aber manchmal – gesprochene Passagen, die so schön sind wie die geschriebene, die ich oben zitiert habe. Die Melodie ist anders, der Sinngehalt ist ein anderer, das oberflächlich Sichtbare ist nicht dasselbe, und die ganze Tradition ist eine andere, eigene Welt. Aber die ästhetische Leistung ist ähnlich, ich meine sogar, eine gleichartige. «Worüber würden wir reden, nachts am Feuer, wenn wir die Sprache nicht hätten?» – das ist die reine, unnütze Freude daran, das Ausfüllen der Zeit, die Schönheit, die Großartigkeit.

Natürlich hat die Sprache Funktionen, sonst wäre sie nicht vorhanden, aber diese Dinge an ihr sind am wenigsten interessant. Soziale Bindekraft ist eine Funktion, aber Affen und Menschenaffen erreichen sie durch wechselseitiges Lausen, ein Verhalten mit vielen Funktionen, die menschlichem Sprechen parallel gehen. Kommunikation von Emotion und Informationsbestandteilen, die für das Überleben entscheidend sind, werden auch von der Sprache getragen, aber andere Wesen bewältigen das auf vielerlei andere Art, vom Tanz der Bienen über das Lied der Lerche bis zum Geschrei des Brüllaffen. Traditionen werden in Sprache befördert, aber andere Wesen tragen sie ohne sie.

Natürlich hängt noch mehr daran. Alle diese Funktionen werden durch den Gebrauch menschlicher Sprache in hohem Maß erweitert. Um ein Vielfaches größere Mengen Information können gespeichert und anderen vermittelt werden, von den Fundstellen der Nahrungsquellen über das Verhalten von Raubzeug bis zu den Wegen wandernden Wilds. Nicht nur Geschichten werden am Feuer unter den !Kung ausgetauscht, sondern auch große Vorräte an Wissen, und die dramatischen Darstellungen – vielleicht das Beste von allem – bergen Wissen, das fürs Überleben entscheidend ist. Eine Lebensweise, die schwer genug ist, würde ohne solches Wissen einfach untragbar werden. Was kulturelle Traditionen angeht, sind solche von anderen Tieren im Vergleich mit der menschlichen Kultur so gering, daß der Unterschied zumindest einer der Kategorie ist. Dieser Unterschied liegt in der Hauptsache an der menschlichen Fähigkeit zum Gebrauch von Symbolen, verbalen und nicht-verbalen, und an dem Zugang, den symbolische Signale nicht nur zu Information, sondern auch zu den Emotionen haben. Es ist die Verwendung dieser Fähigkeit zur Informationsübertragung, nicht nur horizontal, sondern in der Zeit auch vertikal, die jene einzigartige Bandbreite ökologischer Adaptationen ermöglicht hat, wie wir sie bei Jäger- und Sammlergemeinschaften sehen.

Solche Funktionen aufzuzählen und sich damit zu begnügen, wäre aber genauso, als spräche man über die sexuellen Funktionen, ohne das Lustgefühl zu erwähnen. Wir würden alles darüber wissen, warum der Sex sich entwickelt hat, aber nicht, warum die Menschen ihn betreiben, vor allem nicht, warum sie dafür so viele Anstrengungen unternehmen. So sicher, wie wir von der Natur mit der Fähigkeit ausgestattet sind, beim Sex Lust zu empfinden, so sind wir von Natur mit einer Fähigkeit begabt, in

Sprache Schönheit zu hören, nicht nur in der Artikulation der Laute, sondern in dem, was in den einzelnen Sinnstufen mitschwingt: Phantasie, Suggestion, Herausforderung, Appell, Anspielung. Ein Satz ruft im Denken des Sprechers ebenso wie in dem des Hörers nicht nur ein Bild hervor, sondern eine Reihe verwickelter geistiger Ereignisse, die alle fünf Sinnesmodalitäten umfaßt. Man mag über nicht-menschliche Wesen sagen, was man will – über ihre bewundernswerten Fähigkeiten, ihr Verhalten, ihr Bewußtsein – es gibt in der ganzen animalischen Welt nichts Ähnliches.

In einer wunderbaren Studie über verbalen Gedankenaustausch von Dreijährigen kommt es im Zusammenhang eines längeren Gesprächs zwischen einem Jungen und einem Mädchen zu folgendem Wortwechsel: «Hallo, Mr. Dinosaurier.» «Hallo, Mr. Skelett.» Diese kurzen Äußerungen scheinen mir so viel Komplexität, so viel Stufen des Sinns und so viel Phantasie zu enthalten, daß ich mit Zuversicht die Vorhersage wage, vergleichbare Dinge würden selbst vom begabtesten sprechenden Schimpansen nie gesagt werden.

Aber sogar einfachere Äußerungen können entschieden menschlich sein. Nehmen wir ein zehn Monate altes Mädchen, das auf einen Schmetterling zeigt: «Dat!» sagt die Kleine nachdrücklich. Sie hat in der letzten Zeit die Gewohnheit angenommen, genauso auf Dinge zu deuten und entweder fragend oder hinweisend oder mit Nachdruck oder nachdenklich «Dat!» zu sagen. Manchmal erweckt sie den Eindruck, sie möchte einen Namen aus dir herausholen, manchmal, wenn du ihn anbietest, ist sie zufrieden. Bei anderen Gelegenheiten scheint sie, wenn sie zeigt und spricht, mitzuteilen, daß es eine Beziehung zwischen einem Teil der großen Welt und ihrem eigenen sinnenden Geist gibt, eine Beziehung, die sie offenkundig überrascht hat.

Diese Äußerung, hervorgebracht von einem Wesen, unbestreitbar den verschiedenen sprechenden Affen geistig noch unterlegen, ist in mancher Hinsicht schon entschieden menschlich. Dieses Verhalten, bei kleinen Menschenkindern an der Tagesordnung, ist bei sprechenden Affen selten zu beobachten. Darüber hinaus wissen wir, wie es weitergehen wird, und dadurch erscheint die Sache anders. Schließlich haben wir ein Wesen vor uns, das im Lauf der nächsten zwei oder drei Jahre eine Sprache praktisch aus der Luft ringsum aufnehmen wird. Sie besitzt die Fähigkeiten dazu und noch viel mehr; sie könnte, das läßt sich denken, sogar Sätze formen, die so schön sind wie die von Henry James. Aber ich vermute, daß es noch eine stärkere Unterscheidung gibt. Ich glaube, daß das, was wir vor uns haben, die rudimentärste Form dessen ist, was der Schlüssel zum Menschlichen sein könnte: eine Art Staunen über das Schauspiel der Welt und seine Erkennbarkeit durch den Geist; ein Konzentrieren zum Zweck der Erhöhung; ein intelligenter Wachtraum. In dieser Fähigkeit, scheint mir, finden wir unsere größte Auszeichnung, und darin, allein darin, könnte unsere Erlösung liegen.

Teil Zwei
Von menschlicher Schwachheit

Wir leben in einem alten Chaos der Sonne,
oder alter Bedingtheit durch Tag und Nacht,
oder Insel-Einsamkeit, unbeschirmt, frei
von diesem weiten Wasser, unentrinnbar.
Rehe gehn auf unsern Bergen, und die Wachteln
pfeifen ihre Rufe um uns ohne Kunst.
Süße Beeren reifen in der Wildnis;
und in der Isolierung des Himmels,
am Abend, schlagen lässige Taubenschwärme
im Sinken zweideutiges Gewoge,
hinab in die Dunkelheit, auf gebreiteten Schwingen.
Wallace Stevens
‹Sunday Morning›

9 Zorn

Viele unserer Intellektuellen beeilen sich, unsere Ängste zu beschwichtigen, indem sie uns sagen, theoretisch müsse davon nichts geschehen, Gewalt sei nicht Bestandteil der menschlichen Natur, sie trete nur infolge böser Absichten und Umstände auf, die wir ausmerzen könnten. Sie sind die Christlichen Wissenschaftler der Soziologie und haben das Paradox noch nicht gelöst: Wenn wir nicht von Natur aus gewalttätige Wesen sind, warum scheinen wir unausweichlich Situationen zu schaffen, die zur Gewalt führen?

Lionel Tiger und Robin Fox
‹The Imperial Animal›

Am 8. Juli 1977 betrat Richard James Herrin, ein dreiundzwanzigjähriger Student im letzten Studienjahr an der Universität Yale, das Schlafzimmer von Bonnie Jean Garland, einer Studienkollegin und ehemaligen Freundin, in deren Haus er sich als Gast aufhielt, und erschlug sie im Schlaf mit einem Klauenhammer. Dann flüchtete er im Auto von White Plains, New York, wo der Mord geschehen war, nach Coxsackie, New York, wo er sich einem Priester anvertraute und sein Verbrechen beichtete. Er teilte dem festnehmenden Polizeibeamten mit, er hätte geplant gehabt, die junge Frau zu töten und dann Selbstmord zu begehen. Die auslösende Ursache war, daß seine Liebe abgewiesen worden sei; offenkundig hatte Garland mit Herrin gebrochen.

In der Strafverhandlung bezeichnete er sich als nicht schuldig wegen eines zeitweiligen geistigen Defekts oder einer geistigen Erkrankung. Als mildernder Umstand wurden (von seiner Mutter) Aussagen zur relativen Armut seiner Kindheit gemacht. Herrin sagte aus, er wisse nicht, warum er die Tat begangen habe. Zwei Psychiater bezeugten, er sei zum Zeitpunkt des behaupteten Mordes psychotisch gewesen, zwei andere psychiatrische Sachverständige erklärten, er könne zum Zeitpunkt des angeblichen Mordes nicht als psychotisch angesehen werden. In der Verhandlung wurde deutlich, daß Herrin ein guterzogener, manierlicher, sogar religiöser junger Mann war, der nie etwas getan hatte, das auch nur in Ansätzen hätte erkennen lassen, er sei zu einer Mordtat fähig. Aus diesem Grund wurde seine Verteidigung durch die Gemeinschaft von Yale unterstützt. Am dritten Tag der Beratung durch die Geschworenen wurde Herrin des Totschlags für schuldig befunden und anschließend zur Höchststrafe zwischen acht und fünfundzwanzig Jahren verurteilt. Die

Geschworenen, neben anderen komplexen Problemen durch widersprüchliche psychiatrische Aussagen verwirrt, hatten dem Richter fast schon mitteilen wollen, sie könnten keine Entscheidung fällen – drei der zwölf Geschworenen bestanden auf einer Verurteilung wegen Mord zweiten Grades; statt dessen hatten sie darum gebeten, am Sonntag in der Hoffnung auf ‹eine göttliche Eingebung› in die Messe gehen zu dürfen. Sie gelangten jedoch ohne diese Quelle der Eingebung zu ihrem Urteil. Sie erwähnten Herrins offenkundigen Vorsatz und berücksichtigten außerdem die Stärke seiner und Garlands Abhängigkeit voneinander und Liebe füreinander (die ihre Liebesbriefe bewiesen): Die zwei Jahre andauernden intimen Beziehungen hätten zur Ehe führen sollen, aber statt dessen kam sie zu dem Entschluß, sie wolle mit anderen Männern ausgehen und ihr gesellschaftliches Leben erweitern; dadurch stürzte sie ihn in Verzweiflung und in den Glauben, ‹er könne ohne sie nicht leben.› Der Richter sagte bei der Verkündung der Höchststrafe: «Selbst unter der Belastung extremer emotioneller Störung ist die Tötung eines anderen Menschen unentschuldbar.» Damit lehnte er es praktisch ab, den Einwand des Verteidigers zu berücksichtigen, Herrins Verbrechen sei ‹mit seinem Verhalten vor und nach der Tat völlig unvereinbar›.

Am 18. November 1978, während Richard James Herrin auf seinen Prozeß wartete, ging Wang Yungtai, ein vierundzwanzigjähriger Lagerhausarbeiter bei der Materialverwertungsstelle in Peking, zu Hu Huichin, einer Kollegin, die er zur Freundin hatte gewinnen wollen, und schlug ihr in der Nähe ihrer Fabrikspinde sieben- oder achtmal einen Hammer auf den Kopf. Sie sollte diesen Unfall nach Monaten Intensivpflege überleben, aber nur knapp und mit dauernden Gehirnschäden. Wang Yungtai verließ den Tatort zu Fuß, aber erst, nachdem er eine beträchtliche Menge Quecksilber geschluckt hatte, vorbereitet für seinen geplanten Selbstmordversuch. Er wurde krank, aber nicht ernsthaft, und gestand am nächsten Tag seinem Vater die Tat. Sein Vater riet ihm, zur Polizei zu gehen, zog seine Empfehlung aber zurück, als er begriff, daß sein Sohn die Todesstrafe erhalten würde, wenn sein Opfer starb. Mehrere Monate später wurde er verhaftet und legte ein Geständnis ab. Die auslösende Ursache war Abweisung seiner Liebe; Hu Huichin hatte es abgelehnt, seine Freundin zu werden, nachdem er sie mehrmals schriftlich mit aller Hochachtung darum gebeten hatte.

In der Verhandlung wurde der Angeklagte vom Richter gefragt, was er gedacht habe, während er mit dem Hammer auf das Opfer einschlug. Er sagte: «Ich dachte, daß sie mir einen Gesichtsverlust zufügte, indem sie jemandem oder allen alles erzählte . . . Ich war sehr zornig und wollte Rache. Ich wollte ihr eine Lehre erteilen, sie leiden lassen. An die Folgen habe ich nicht gedacht.» Der Verteidiger betonte, der Angeklagte lasse alle Anzeichen der Reue erkennen, hätte auch eine beträchtliche Geldsumme für die Versorgung des Opfers zur Verfügung gestellt und sei vor seiner Tat ein Musterarbeiter gewesen, der sich sonst nie etwas habe zuschulden kommen lassen. Nach den Plädoyers von Verteidigung und Anklage durfte Wang ein zusammenfassendes Schlußwort sprechen, und er wiederholte Gemütsempfindungen, denen er schon während der Verhandlung Ausdruck verliehen hatte: «Ich möchte wiederholen, daß ich, als ich zuschlug, sie nicht töten wollte. Ich wollte nur meiner Wut freien Lauf lassen. Andere Gedanken hatte ich nicht. Die Ursache meiner Tat ist geringes politisches Bewußtsein. Ich habe nicht viel gelernt; ich wußte nichts von den Rechten der Bürger und vom Gesetz, und ich habe sehr bourgeoise Gedanken.» In seiner vorherigen Aussage, Antwort auf eine offenkundige Suggestivfrage des Richters, hatte er hinzugefügt, er sei während der Kulturrevolution unter den Einfluß von Lin Biao und der Viererbande geraten. «Ich kenne das Gesetz nicht und habe bourgeoise Gedanken. Weil ich meine persönlichen Ziele nicht erreichen konnte, berücksichtigte ich die Interessen des Staates oder anderer Personen nicht, schlug deshalb alles in den Wind und tat, was ich wollte.» In der abschließenden Erklärung des Richters, ‹um dem Gesetz Geltung zu verschaffen, die revolutionäre Ordnung zu bewahren, die Sicherheit aller Bürger zu schützen, den gleichmäßigen Verlauf der sozialistischen Modernisierung zu sichern und einen Schlag gegen kriminelles Verhalten zu führen, um die Diktatur des Proletariats zu stärken›, wurde Wang zu lebenslanger Gefängnisstrafe verurteilt.

Die Gegenüberstellung dieser beiden Fälle macht sie auffallend – in stärkerem Maß, als jeder es für sich allein könnte. Zwei moderne Gesellschaften, die völlig verschiedene Weltansichten haben und in der Tat auch mit verschiedenen Systemen von Kindererziehung, Ausbildung, Arbeit und Justiz danach handeln, stehen praktisch vor dem gleichen Verbrechen und reagieren in derselben Art darauf, während sie radikal unterschiedliche Erklärungen für Tat und Strafe geben. In der einen hören die zum Urteilen bestimmten Menschen sachverständige Meinungen von Psychiatern darüber, ob der Täter in der Lage war, seine Handlungsweise zu beherrschen und zwischen richtig und falsch zu unterscheiden; sie sind beeindruckt von der Liebesgeschichte zwischen Täter und Opfer, berücksichtigen die armselige Kindheit des ersteren und versuchen ‹göttliche Eingebung› zu konsultieren, um sich bei ihrer Entscheidung helfen zu lassen. Der Angeklagte sagt: «Ich konnte ohne sie nicht leben» und stellt sich nach der Tat einem Priester. In der anderen sagt der Angeklagte: «Sie hat mich das Gesicht verlieren lassen» und gesteht die Tat dem Familienoberhaupt, seinem Vater. Die Richter scheinen zu glauben, daß sich die Tat durch ideologische Unzulänglichkeit des Angeklagten erklären läßt, vor allem durch seine ‹bourgeoisen› Ideen und den Einfluß der Viererbande, eine Sicht, der sich der Angeklagte nach einiger Ermunterung anschließt.

Aber nehmen wir die Ähnlichkeiten. In beiden Fällen verliebt sich ein junger Mann in eine junge Frau, wird abgewiesen, ‹verliert die Kontrolle› über seine Emotionen und schlägt schließlich zumindest teilweise mit Vorbedacht seine Geliebte mit einem Hammer auf brutale Weise tot oder fast tot, wobei er viele schwere Schläge austeilt. Einer erwägt, einer versucht Selbstmord, beide teilen ihre Tat einem kulturell angemessenen Beichtiger mit, beide sind sehr reuevoll, beide haben vorher noch nie ein Verbrechen begangen oder auf ungewöhnliche Weise ‹die Kontrolle verloren›. Beide geben an, trotz vergleichsweise ruhiger Vorbereitungen unter extremer Gefühlserregung gehandelt zu haben. Beide führen in ihren Prozessen kulturell angemessene Erklärungen ein, beide erhalten die Höchststrafe, die angesichts der Anschuldigung zulässig ist. Beide stehen Richtern gegenüber, die schließlich und vor allem auf die Brutalität und Ungerechtigkeit der Tat reagieren und alle anderen Faktoren dagegen zurücktreten lassen. Beide landen im Gefängnis, nicht, weil irgend jemand glaubt, sie könnten eine solche Tat noch einmal begehen, sondern wegen des Gerechtigkeitssinns in den Sozialordnungen, denen die jungen Männer und ihre Opfer angehören, und als Warnung für alle anderen, das Gesetz zu achten und zu fürchten.

Das ist freilich kein alltäglicher Ereignisablauf. Trotzdem werden in vielen Gesellschaften, einschließlich sogenannter primitiver, junge Frauen gelegentlich von Männern getötet, die sie angeblich lieben, und in einem weiteren Bereich von Gesellschaften stellen solche Taten einen beträchtlichen Prozentsatz von Tötungsdelikten dar. Häufig liegt ein Motiv von Zurückweisung und/oder Eifersucht vor, sonst hat es keine kriminellen Handlungen gegeben, es kommt zu Selbstmord oder versuchtem Selbstmord, und die Tat wird bereut. Gewiß ist das nicht der einzige oder auch nur hauptsächlichste Verlauf, der zur Gewalt führt, die tötet oder beinahe tötet, aber er darf Interesse beanspruchen, weil von allen Situationen, die zu Gewalt führen können, diese die größte Bandbreite menschlicher – oder auch nicht-menschlicher – Emotionen erfaßt und belegt.

Der junge Mann erlebt natürlich leidenschaftliches Verlangen, er hat mit der jungen Frau, die sein Opfer werden soll, sexuelle Beziehungen gehabt oder will sie haben. Aber in diesen Fällen wird, wenn man ganz gerecht sein will, die Begierde innerhalb des Rahmens eines viel respektvolleren Gefühls im Zaum gehalten, eines Gefühls, das wir, außer mit der leichten Klugheit der späten Einsicht, nicht von dem würden unterscheiden können, was wir in der Regel bereitwillig Liebe nennen: ein Begehren, nah zu sein, ein Begehren, zusammen zu sein, ein Begehren, zu sorgen, ein Begehren, zu teilen, ein Begehren, dürfen wir annehmen, zu besitzen. Im Kontext dieses Gefühls und als eine Folge davon muß es in der Regel eine tiefe Empfindung der Freude geben, die den Gedanken an die Aussicht auf ein gemeinsames Leben begleitet, die Betrachtung der zahllosen Herrlichkeiten dieses Lebens. Wenn die Zuneigung der jungen

Frau sich abwendet, oder wenn sie nicht dazu neigt, die des Mannes zu erwidern, erlebt er Angst – vor Verlust, vor Einsamkeit, vor Demütigung – eine Angst, die dem Entsetzen manchmal sehr nah sein muß. Aus dieser Angst entsteht ein Gefühl des Zorns, der Wunsch, Rache zu üben, das Objekt der Furcht zu bestrafen; in diesen Fällen ist der Zorn groß genug, um mörderische Gewalt hervorzurufen. Und mit der Angst und dem Zorn vermischt und später an ihre Stelle tretend, ist Leid, eine Trauer um die Verluste – nach der Abweisung der Verlust von Liebe, Kameradschaft, Stolz, sexueller Befriedigung, Hoffnung; und nach der Tat der Verlust eben der geliebten Person.

Nur weil dieser Spießrutenlauf der Emotionen stattfindet, beanspruchen solche Fälle unser Interesse stärker als viele andere Mordtaten. Konflikt ist bewegender als eindeutiges Motiv – wie schrecklich es auch sein mag – und wir können bei dem fraglichen Konflikt mitempfinden, weil wir an ihm, und sei es in noch so bescheidenem Maß, teilgehabt haben. Er berührt jeden Winkel des menschlichen Unbewußten.

Ich empfinde große Ungeduld gegenüber Verhaltens- und Sozialwissenschaftlern (oder übrigens auch Rechtsanwälten), die Handlungen der Selbstsüchtigkeit oder Brutalität durch Hinweis auf psychologische Fakten und Grundsätze wegerklären wollen. Außer in den seltenen Fällen psychotischer Zerrüttung oder echter geistiger Erkrankung haben solche Grundsätze in einem Gerichtssaal wenig zu suchen. Das Recht ist kein Instrument der Erläuterung, sondern eines der Gerechtigkeit, des Schutzes, der Wiedergutmachung von Unrecht und der Bestrafung von Vergehen. Verhaltens- und Sozialwissenschaftler dürfen diese Funktionen analysieren und sogar Fehler darin aufzeigen – Richter, Rechtsanwälte und Geschworene sind schließlich nur Menschen –, aber wenn in einem bestimmten Fall die Gesamtzuständigkeit des Rechts unterstellt wird, dann zählen danach das juristische Beweismaterial und das moralische und juristische Empfinden von Richter und Geschworenen, gemäßigt durch menschliche Anständigkeit ganz normaler Art. Sachverständige Meinungen sollten genutzt werden, um eine klar nachweisbare Psychose oder einen Fall geistigen Schwachsinns auszuschließen, und danach sollten die Sachverständigen sich zurückziehen und keine weitere Meinung zum Verhalten des Angeklagten vortragen, wenigstens nicht in Zusammenhang mit dem Prozeß. Über den oder die Angeklagte sollte dann von seinen oder ihren nicht-sachverständigen Mitmenschen nach Beweislage und Recht geurteilt werden.

Der Zweck dieser Abschweifung ist der, das Mißverständnis zu verhindern, meine Versuche in diesem Kapitel, Gewalttaten zu erklären, hätte irgend etwas mit ihrer Billigung zu tun. Das Recht soll richten, aber der Wissenschaftler sollte trotzdem erklären, ohne Rücksicht darauf, was das Recht tut. Erklären heißt nicht wegerklären, und nach meiner Ansicht heißt Verstehen nicht unbedingt Verzeihen. Aber Verstehen *heißt*, die Dinge besser in den Griff zu bekommen, was ohne jeden Zweifel ein Vorteil ist.

Das von Sigmund Freud beschriebene ‹Unbewußte› ist in der Tat eine großartige Organmetapher. Mit seiner Ebbe und Flut von Emotion, seinem gespeicherten Vorrat an wichtiger Erfahrung, seinem Zusammenströmen mit dem Körper und seinen ausgeprägten Bahnen von Gefühl und Ausdruck kann es Träume, Fehler, Glaubenssätze, Symptome, lebenslange Schemata von Wort und Tat erzeugen, während uns seine Mechanismen unbekannt bleiben. Freud hat das Unbewußte nicht entdeckt, aber er und seine Kollegen trugen ganz gewiß zu unserem Wissen darüber unendlich viel bei; trotzdem sind sie nicht weit genug gegangen. Die unbewußten Prozesse des Geistes sind nämlich keineswegs völlig erfaßt von der Chrakterisierung mächtiger, unterirdischer Gefühlsströmungen, die von der Psychoanalyse geliefert wurde. Zu den Dingen, die wir ohne bewußtes Denken tun können – also ohne Wahrnehmung dessen, was wir tun – gehören, mit hundert Kilometern in der Stunde auf einer Fernstraße zu fahren und plötzlich zu handeln, um einen Unfall zu vermeiden, ‹bevor wir es wissen›; Sinn und Grammatik eines komplizierten Satzes zu entschlüsseln, während wir gerade wahrnehmen, daß jemand zu uns spricht; im Schlaf zu gehen oder zu reden; und jemandem, den wir lieben, eine grobe Beleidigung ins Gesicht zu schreien, eine von vielen Handlungen, die wir bereuen, sobald sie das Bewußtsein erreichen. Von einem neueren amerikanischen Präsidenten sagte ein anderer, er könne nicht gleichzeitig gehen und Kaugummi kauen; die meisten Leute können aber gleichzeitig gehen, Kaugummi kauen, ein Päckchen tragen, sich kratzen, einem sexuellen Tagtraum nachhängen und trotzdem vermeiden, an eine Straßenlaterne zu prallen – alles ohne echte bewußte Wahrnehmung. Im Zusammenhang solcher Fakten sagten die beiden Psychiater im Gerichtssaal aus, Richard Herrin sei für sein Handeln nicht verantwortlich gewesen, als er Bonnie Jean Garland mit einem Hammer erschlug.

Was wir von solchen Aussagen auch halten mögen – ich persönlich lehne sie ab, weil sie nicht zwischen Bewußtsein und Verantwortlichkeit unterscheiden können, die mir zumindest in manchen Fällen trennbar erscheinen – unsinnig sind sie nicht. Sie beruhen auf einer festen Grundlage des Wissens über die ungeheure Bandbreite von Handlungen, Gedanken und Gefühlen, die das menschliche Gehirn hervorbringen kann, ohne sie in bewußte Wahrnehmung zu heben. Manche davon, wie das Verhindern von Urinieren im Schlaf, sind relativ einfache Reflexe, die vom Blickwinkel des Geistes aus vergleichsweise banal sind. Manche, wie die Rückgabe eines scharfen Service im Tennis, während wir uns ‹wie von außen› beobachten, sind komplexe Muskelkontraktionsabläufe, in Raum und Zeit geradezu wundersam verkettet, aber ohne wichtigen, spezifisch emotionellen Gehalt. Manche betreffen Eigenschutz, wie das Erheben von Armen und Händen, um das Gesicht vor einem Schlag zu schützen. Manche dienen dazu, anderen Wesen wehzutun.

Was die meisten Verhaltensbiologen nun mit diesen ‹Funktionen des Unbewußten› anfangen würden, wäre, den Gebrauch dieses Ausdrucks als Hauptwort fallenzulassen, ihn aber weiter als Adjektiv zu verwenden. Die unbekannten Hirnfunktionen, die früher durch das Wort ‹Unbewußtes› bezeichnet wurden, sind eine große Vielzahl zunehmend bekannter Schaltnetze im ganzen Zentralnervensystem, dessen Funktionieren oft ‹unbewußt› stattfindet. Viele dieser Schaltungen sind vorher hier schon besprochen worden. Die Unterdrückung des Urinierens im Schlaf betrifft die Steuerung des autonomen Nervensystems vom Hirnstamm, der übrigens auch zum größten Teil den Schlaf regelt. Den servierten Tennisball zurückzuschlagen, nimmt Cerebellum und *Corpus striatum* in Anspruch zur Regulierung verschiedener Aspekte koordinierter Muskelaktion, und vermutlich auch den motorischen Teil der Hirnrinde, der als mindestes irrelevante Bewegungen verhindern muß. Einen Satz zu entschlüsseln, fordert in erster Linie das Wernickesche Sprachenzentrum, einen beträchtlichen Teil einer – gewöhnlich der linken – menschlichen Hirnhemisphäre. Zurückzucken im Selbstschutz könnte die Hirnrinde umgehen, andere Verbindungen zwischen visuellem System und motorischen Koordinationsmechanismen in Cerebellum und *Corpus striatum* verwenden und möglicherweise gleichzeitig aktivierte Schaltungen im limbischen System betreffen, die bei Angstgefühlen vermitteln. Eine schwere, sofort bedauerte Beleidigung hinauszuschreien, könnte in Schaltungen des limbischen Systems, die Zorn übermitteln, entstehen und würde vermutlich sowohl corticale Schaltungen für die Sprache als auch Striatumschaltungen betreffen, die Gesichts- und Körpergesten steuern.

Mehreres an diesen funktionierenden Schaltungen ist der Erwähnung wert. Erstens sind sie nicht auf irgendeine Ebene der Hirnstruktur durch irgendeine Definition *außer* jener der Dimension des Bewußtseins begrenzt. In Begriffen von evolutionärem Alter oder Neuartigkeit, Ort in der Abfolge individueller Gehirnentwicklung oder Grad der Kompliziertheit innerer Schaltungsabläufe können alle Gehirnebenen sich an unbewußten Vorgängen beteiligen. Nach MacLeans Bezeichnungen können ‹Reptilgehirn›, ‹altes Säugergehirn› und ‹neues Säugergehirn› alle zumindest zeitweise und teilweise unbewußt operieren; das gilt sogar für die neuesten Bereiche des neuen Säugergehirns beim Menschen, die Sprache steuern. Nach Papezschen Begriffen können der Strom des Handelns, der Strom des Fühlens und der Strom des Denkens bis zu einem gewissen Maß ohne unsere bewußte Wahrnehmung entweder getrennt oder gemeinsam wirken.

Zweitens können die fraglichen Prozesse, gleichgültig auf welcher Ebene, erlernt oder verlernt werden oder Bestandteile von beidem enthalten. Abfolgen von Handeln, Denken und Fühlen, die Erzeugnisse der komplexesten und andauerndsten Lernprozesse sind, können ebenso wie die einfachsten ungelernten Reflexe unbewußt ausgeführt werden.

Drittens können unbewußte Prozesse, von der Gesellschaft gebilligt oder nicht, von Ärzten als normal oder abnorm gesehen, vom bewußten Denken als wünschens- oder nicht wünschenswert betrachtet werden, so streng der betreffende Geist auch sein mag.

Was und wo ist also das Bewußtsein? Zum ‹Was› definiert Webster's Twentieth Century Unabridged Dictionary ‹Bewußtsein› als ‹sich als denkendes Wesen bewußt werden; zu wissen, was man tut und warum›, und ich kenne keine Definition der Verhaltenswissenschaft, die viel informativer wäre. Der anatomische Sitz des Bewußtseins ist jedoch eine etwas leichter zu behandelnde Sache, und wenn es unklug ist, dafür ein ‹Zentrum› vorzuschlagen – wie den Rest der Hirnfunktion muß man ihn sich im Sinn von Schaltungen vorstellen – kann man zumindest angeben, durch welche Arten von Hirnschäden es ausfällt.

Das ist eine Hauptbeschäftigung des berühmten Neurochirurgen Wilder Penfield vom Montreal Neurological Institute im Verlauf einer langen, herausragenden Laufbahn gewesen. Um mit Subtraktion anzufangen: Man kann große Bereiche der Hirnrinde – des ‹neuen Säugergehirns› – entfernen, ohne das Bewußtsein als solches anzutasten, was der Tatsache entspricht, daß viele Hirnrindenfunktionen – wie das Entziffern von Sätzen – unbewußt ausgeführt werden. Um zum anderen Extrem zu kommen; Schädigung wichtiger Teile des peripheren Nervensystems lassen, ob Handeln oder Empfinden betroffen werden, das Bewußtseinsvermögen ungeschädigt, ebenso Schäden am Cerebellum und *Corpus striatum*. Schwere Schäden am unteren Teil des Hirnstammes führen dazu, daß die Lebensfunktionen aufhören, so daß seine Rolle für das Bewußtsein auf sich beruhen kann. Der eine Hirnbereich, der typischerweise bei Schäden zum Verlust des Bewußtseins führt, während das Leben weiterbesteht, ist der obere Teil des Hirnstamms, das Diencephalon; es umfaßt den Thalamus, die Hauptzwischenstation für eingehende Empfindungen, und den Hypothalamus, Zentrum des limbischen Systems und Hauptschaltzentrum für Beziehungen zwischen Gehirn und Körper. Diese Strukturen oder zumindest Teile davon sitzen am Kopf der ‹Formatio reticularis› des Hirnstamms, Hauptkern des dreidimensionalen Geflechts kurzer, kompliziert miteinander verbundener, langsam agierender Neuronen, die den Schlaf-Wach-Zyklus steuern. Diese Zentren erfüllen in gemeinsamem Handeln auf irgendeine Weise das Gehirn mit Denken.

Der Zweck dieser langen Abschweifung vom Thema des Kapitels – Zorn – bestand in dem Nachweis, daß riesige Bereiche von Verhalten, Denken und Fühlen regelmäßig außerhalb des Bewußtseins liegen. Wenn wir bedenken, daß ‹außerhalb des Bewußtseins› nicht gleichbedeutend ist mit ‹außer Kontrolle›, sei die Kontrolle persönlich oder sozial bedingt, können wir uns nun dem Problem des Zorns zuwenden.

Zorn nennen wir die Emotion, die manchmal hinter dem Verhalten steht, das wir als aggressiv bezeichnen, obwohl eines ohne das andere existieren kann. Will man solche Verhaltensweisen und Emotionen und ihre Ursachen charakterisieren, ist es in der Regel nützlich, mit Beschreibung zu beginnen. Damit man eine Vorstellung von der Größenordnung des Problems bekommt, befasse man sich mit dem folgenden Verhaltensmuster: Viele Gattungen der Katzenfamilie zeigen eine Folge von räuberischen Verhaltensweisen, die einer instinktiven Abfolge motorischer Aktionsmuster so nahekommen, wie das bei Säugetieren nur möglich ist. Dazu gehört, auf der Lauer zu liegen, sich zu ducken, zu verfolgen, zuzustoßen, mit den Pfoten zu packen und einen ‹Tötungsbiß› ganz spezifisch am Nacken der Beute anzubringen, wo er dem Hirnstamm tödlichen Schaden zufügt. Eine Katze ohne Beuteerfahrung wird das zunächst nicht richtig machen, aber nach einigen solchen Gelegenheiten, vor allem unter Bedingungen spielerischer Erregung, ‹klappt› die Abfolge auf einmal, und das in einem winzigen Bruchteil der Zeit, 'den Katzen brauchen, um vergleichbar komplizierte Abläufe zu lernen, die nicht auf phylogenetische Vorbereitung gestützt sind.

Der Abgrund zwischen den Handlungen dieser Katzen und den zu Beginn des Kapitels geschilderten menschlichen Handlungen ist riesengroß, die Liste der Unterschiede lang. Erstens ist das eben beschriebene Verhalten für alle Wildkatzen normal, das bei Menschen geschilderte Verhalten selten und abnorm. Zweitens umfaßt das Katzenverhalten notwendigerweise die geschilderte motorische Aktionssequenz mit wenig Varianz, während die spezifische motorische Aktionssequenz bei den menschlichen Fällen von Tötung zwar parallel lief, aber nebensächlich war. Drittens dient das Katzenverhalten dem offensichtlich adaptiven Zweck, Nahrung zu beschaffen, während das menschliche Verhalten, falls es denn in irgendeinem Sinn eine Funktion erfüllt, das gewiß in viel undurchsichtigerer Weise tut und vielleicht ein Fall von irregeleiteter Funktion ist; auf jeden Fall hat es mit Nahrung nichts zu tun. Schließlich findet der Ablauf bei den Katzen in einem Zustand spielerischer Erregung, sogar in gedämpfter Stimmung, statt, während die jungen Männer, die ihre Freundinnen überfielen, das in einer Stimmung höchster Wut taten.

Dessen ungeachtet reihen Verhaltenswissenschaftler, manchmal mit bedeutenden und verwirrenden Folgen, diese sehr unterschiedlichen Verhaltensabläufe unter der allgemeinen Rubrik ‹aggressiv› ein, weil sie beide, in mancher Beziehung bewußt, die Wirkung haben, einem anderen Wesen Schaden zuzufügen. Die Kategorie ‹aggressives Verhalten bei Tieren› schließt zumindest die folgenden Punkte ein: ernsthafte Kämpfe, die echten Schaden hervorrufen können; spielerische Kämpfe oder Balgen, wo das im allgemeinen nicht vorkommt; Dominanzhierarchien, die sich schließlich aus einer Festlegung von Siegern und Verlierern zu einer vorübergehend stabilen sozialen Ordnung ergeben; Drohungen mit Gewalt, die Kämpfe auslösen, dabei eine Rolle spielen oder sie verhindern können; und räuberisches Verhalten. Drohung, Angriff und Kampf können einen weiten Bereich adaptiver Funktionen umfassen; Wettbewerb zwischen Individuen um Partner, Nahrung und andere karge Ressourcen; Spiel und Übung; Erzwingen von Geschlechtsverkehr und Abwehr dagegen; Verteidigung der Jungen; Eliminierung der Jungen, entweder der eigenen oder der von anderen, zu Zwecken, die mit der Reduzierung der Konkurrenz zusammenhängen; Wettbewerb zwischen Gruppen um Territorium und andere begrenzte Ressourcen; Ausbeutung von Beutegattungen zum Zweck der Nahrungsbeschaffung; und Vorgehen gegen Angehörige einer anderen Gattung, die eigene Gattung, ja, sogar die eigene Familie, zu Zwecken der Selbstverteidigung. Dazu muß man noch einen unbekannten Quotienten funktionsloser Aggression zählen, die sich sicherlich ergeben wird, unvermeidliche Fehlzündungen eines derart komplexen Systems schädigender Akte.

Nun müssen einige Unterscheidungen getroffen werden. Spielerisches Kämpfen oder besser ‹Balgen› ist ein universelles Merkmal wechselseitigen Verhaltens junger Säugetiere und kommt auch unter vielen erwachsenen Säugern vor. Es ist nicht gewalttätig, in der Regel nicht schädigend, und umfaßt andere Verhaltensarten von Drohung, Angriff, Verteidigung und vor allem Ausdruck als bei echten Kämpfen. Trotzdem kann daraus echter Kampf werden, es bietet Übung für echten Kampf, und es trägt dazu bei, die Dominanzhierarchie festzulegen, die echten Kampf regeln wird.

Räuberische ‹Aggression› betrifft andere Gattungen statt der eigenen, geschieht in der Regel in spielerischer Stimmung oder einer Stimmung erfahrener Herausforderung und wird statt von Zorn oder Wettbewerb von Hunger motiviert. Trotzdem fügt sie tödlichen Schaden zu und verwendet mindestens einen Teil derselben motorischen Aktionen und desselben Kampfapparats, die der Räuber gegen Artgenossen einzusetzen pflegt.

Um die Dinge noch weiter zu komplizieren (oder vielleicht dazu beizutragen, daß einige der komplexeren Punkte erklärt werden), können im Labor bei Versuchstieren Zorn und Kampfverhalten durch angemessen unterschiedliche Hirnläsionen voneinander unterschieden werden. Katzen mögen echten Zorn empfinden, wie er durch Ausdruckssignale unter Steuerung des sympathetischen Nervensystems auftritt – Aufreißen der Augen, Knurren und Fauchen, Buckel machen und Sträuben der Pelzhaare – die als Vorspiel zum Angriff erscheinen; nach einer entsprechenden Hirnläsion werden sie aber nur ‹gespielten Zorn› zeigen, denselben Ausdruckssignalen folgt nie ein Angriff. Katzen töten ihre Beute vielleicht mit allen Ausdruckssignalen nach Reizung eines Bereichs im Mittelhirn, aber Stimulation einer anderen Stelle im Mittelhirn führt nur zu einem Angriff mit Zubeißen, dem emotionslosen Tötungsmerkmal von räuberischem Katzenverhalten in der Wildnis.

Die verschiedenen Formen aggressiven Verhaltens und ihrer emotionellen Begleitumstände, falls es solche gibt, können verschiedene Grade unerlernter und erlernter Komponenten aufweisen. Jedes solche Verhalten hat bei ausnahmslos jeder Gattung etwas von beiden aufzuweisen. In manchen spielen modale Bewegungsabläufe und Auslösemechanismen eine bedeutende Rolle, in anderen wenig oder keine, wobei die angeborenen Faktoren auf bestimmte Merkmale von Motiv und Stimmung reduziert sind. Wenn wir für unsere Zwecke ein Schema abgewandelt übernehmen, das ursprünglich der holländische Ethologe Niko Tinbergen aufgestellt hat, dürfen wir sagen: Die Frage zu stellen: Was verursacht aggressives − oder überhaupt jedes − Verhalten? bedeutet in Wahrheit, eine ganze Folge von Fragen aufzuwerfen. Wir werden es bei unserem Versuch, eine Antwort zu finden, viel leichter haben, wenn wir uns der verschiedenen Fragen im voraus bewußt werden und unsere Erkundungen danach auch einrichten. Das ist nicht die Folge von Fragen, die durch unsere Verwendung des Wortes ‹aggressiv› ausgelöst wird, um so viele den Kategorien nach unterschiedliche Verhaltensweisen zu bezeichnen, sondern vielmehr durch die Vielzahl der Dinge, die wir mit dem Wort ‹Ursache› meinen können.

Erstens meinen wir: Welche Ereignisse in der Umwelt des Individuum sind dem Verhalten unmittelbar oder vor kurzem vorausgegangen und scheinen es ausgelöst zu haben? Diese werden von Ethologen ‹Auslösereize› genannt und können erlernt oder verlernt werden. Zweitens fragen wir nach rasch wirkender physiologischer Verursachung: nach den neuralen Schaltungen und den zugehörigen Neurotransmittern, deren Aktivierung vor und gleichzeitig mit dem Verhaltensvorgang sie ausgelöst hat. Drittens müssen langsamer wirkende physiologische Determinanten innerhalb des Organismus wie Hormonspiegel oder Krankheitsprozesse berücksichtigt werden. Viertens können Umweltereignisse ziemlich neuer Art, wie Training oder Beobachtung, obschon nicht unmittelbar auslösende Faktoren, einen starken Einfluß auf das Verhalten dadurch ausgeübt haben, daß sie die Reaktionstendenzen des Organismus veränderten, genauso, wie Hormone und Krankheit es tun.

Fünftens wollen wir die Ereignisse von Gencodierung und embryonaler Entwicklung in Beziehung auf das bestimmte Verhalten wissen − eigentlich eine Art Fernphysiologie des Verhaltens, die uns etwas über die Rohmaterialien des Organismus verrät. Sechstens interessieren wir uns für eine fernerliegende umweltbedingte Verursachung: ‹latente Wirkungen›, die sich aus Erfahrung, Ernährung oder Schädigungen im frühen Leben, einschließlich dem vor der Geburt oder dem Ausschlüpfen ergeben können. Siebtens: Warum hat das Organismus das getan? kann heißen: Welcher adaptiven Funktion dient das? Für einen Vor-Darwinisten wie Goethe könnte das geheißen haben: Warum hat Gott ihm dieses Verhalten gegeben? Aber für uns bedeutet es: Was waren die Kräfte natürlicher Selektion, die es angesichts der Umwelt, wie sie von dem Wesen und seinen neueren Vorfahren bewohnt wurde, begünstigt haben?

Achtens und letztens wollen wir die phylogenetische Geschichte des Tieres erfahren. Die Flügel von Fliegen kommen aus dem Thorax, die von Vögeln aus Vordergliedern, bei Fledermäusen von Fingern, und die ‹Flügel des Menschen› von der Lufthansa. In jedem Fall wird dieselbe adaptive Funktion erfüllt: Flug, der auf unterschiedliche Weise das Überleben fördert. Aber diese sehr unterschiedlichen Wesen müssen dieses Problem auf sehr unterschiedliche Weise lösen, die jeweils mit der eigenen einzigartigen phylogenetischen Geschichte übereinstimmt. Diese Geschichte lenkt und hemmt das Tier in seiner evolutionären Reaktion auf das von der Umwelt gestellte Adaptationsproblem.

In diesem Rahmen und nur in diesem Rahmen kann man eine mehr als teilweise, mehr als triviale Erklärung für die Verursachung von Verhalten, einschließlich aggressivem Verhalten, geben. Es wäre irreführend, vielleicht sogar gefährlich, zu behaupten, die Verhaltensbiologie könne für die zu Anfang dieses Kapitels geschilderten Tötungsdelikte eine befriedigende Erklärung liefern. Zwar könnte sie sich besser halten als die Gerichtspsychiater, aber ihre Erkenntnisse wären dem Gericht nicht nützlicher, das am Ende auf der Grundlage von einfacheren, menschlicheren und vielleicht brutaleren Grundsätzen entscheiden muß. Ich bezweifle sogar, ob weitere hundert Jahre Forschung in der Verhaltensbiologie die Vorhersage oder Kontrolle individueller Akte leidenschaftlicher Tötung möglich machen werden.

Was ich von solcher Forschung erwarte, ist jedoch ein umfassenderes Verständnis von Zorn und Gewalt im allgemeinen; ein Verständnis der Art, das zu einer besseren Voraussage, Bewältigung und Verhinderung von Konflikten einer häufigeren Art führen könnte, von Ehestreitigkeiten über Kindesmißhandlung bis zur internationalen Kriegsführung. Viele von den Komponenten dieser letzteren Konfliktformen spiegeln die der beiden besprochenen Tötungsfälle wider. Um uns aber der Art umfassender Erklärung menschlicher Konflikte anzunähern, die wir brauchen, müssen wir zuerst zu einer viel mehr ins Einzelne gehenden Analyse fortschreiten – zu einer, die uns vom physiologischen Labor durch die Feldarbeit des Naturhistorikers zu den Annalen der menschlichen Geschichte führt. Diese Komponenten werden uns am Ende zumindest einen Umriß dessen liefern, was eines Tages eine beinahe vollständige Erklärung von gewaltsamem und anderem konfliktbezogenem Verhalten sein wird, mit Rückgriff auf alle acht Ursachenkategorien, die vorhin erwähnt wurden – von der unmittelbar auslösenden Ursache über die physiologischen Vermittler bis zur Phylogenie. Und in diesem Verlauf werden wir eine Methode zur Erklärung von Verhalten entwickelt haben, die ausgeglichener und eklektischer ist als jede bislang entworfene, einen Umriß für das Verständnis nicht nur von Zorn und Konflikt, sondern für alles menschliche Emotionsverhalten. Wir beginnen ganz willkürlich im Gehirn, mit dem Wissen, daß das nur ein Anfang ist.

Die kurzfristigen physiologischen Ursachen aggressiven Verhaltens, bis vor einigen Jahren unbekannt, sind inzwischen Thema aktiver Untersuchung geworden. Fortschritte sind erzielt worden von Wissenschaftlern in Neuroethologie, physiologischer Psychologie, Psychopharmakologie und, am umstrittensten, in der Neurochirurgie. Letztere hat aus einunddemselben Grund sowohl Wissen als auch Kontroverse in diesem Bereich eingebracht: durch die neuere Anwendung bestimmter neurochirurgischer Eingriffe bei der Behandlung schwerer epileptischer Anfälle, die ‹Psychochirurgie› genannt wird. Die große Mehrzahl von Fällen schwerer Epilepsie ist gekennzeichnet durch Anfälle mit starken, aber unkoordinierten Muskelkontraktionen, gefährlich nur für das Anfallsopfer. Bei einer sehr kleinen Prozentzahl ist der Anfall nach außen gerichtet und kann zu heftigen Angriffen auf eine andere Person führen. Einige dieser Fälle in den Vereinigten Staaten (wo der öffentliche Widerstand gegen Psychochirurgie groß ist) sowie Fälle in Japan und in einigen europäischen und lateinamerikanischen Ländern haben chirurgische Behandlung für die Störung erfahren. Man sollte im Vorbeigehen erwähnen, daß diese Fälle zumindest in den Vereinigten Staaten nur dann chirurgisch behandelt werden, wenn die Störung sehr schwer ist – wenn sie zur Invalidität führt und gefährlich ist und andere Behandlungsmethoden, darunter eine Vielzahl von Medikamenten, erfolglos versucht worden sind. Trotzdem müssen die ethischen Probleme bei einer solchen Entscheidung jeden nachdenklichen Menschen zur Vorsicht mahnen, und die Resultate solcher Eingriffe sind (wie zugegebenermaßen die meisten neuen chirurgischen Methoden) nicht rückhaltlos ermutigend gewesen.

Schon in den fünfziger Jahren wußte man, daß Läsionen des Hypothalamus – der Basishirnstruktur, ‹Nabe› des limbischen Systems – bei Laborratten gewalttätiges Verhalten hervorrufen können. Andere Hypothalamus-Läsionen konnten das gewalttätige Verhalten verringern, eine Reizung der entsprechenden Bereiche des intakten Hypothalamus mit implantierten Elektroden konnte solches Verhalten entweder auslösen oder dämpfen. Diese Erkenntnisse stimmen überein sowohl mit der für den Hypothalamus im limbischen System unterstellten zentralen Rolle wie mit der ebenso zentralen, die dem limbischen System für die Emotionen zugesprochen wurde. Noch früher hatte sich herausgeschält, daß andere Strukturen des limbischen Systems eine wichtige Rolle bei der Aggression spielen.

Ende der dreißiger Jahre hatten Heinrich Klüver und Paul Bucy Experimente angestellt, bei denen sie das Ende beider Schläfenlappen (ein Teil der Gehirnhemisphäre über und hinter den Schläfen) von Affen entfernten. Das rief bei einer Vielzahl von Hirnstrukturen ausgedehnte Schäden hervor, auch in den Strukturen des limbischen Systems, die Amygdala und Hippocampus genannt werden. Im Verhalten der Affen traten verschiedene Veränderungen und Anomalien auf, aber jene, die uns für die jetzigen Zwecke interessiert, ist die, daß sie zahm werden, etwas, das man bei Rhesusaffen im Labor nur sehr selten findet. Das lag nicht an allgemeiner Debilität (sie waren sehr aktiv) oder an Ängstlichkeit (sie zeigten vielmehr weniger Furcht als vor dem Eingriff). Spätere Untersuchungen, zumeist in den letzten beiden Jahrzehnten, wiesen nach, daß die Zahmheit allein durch die Entfernung der Amygdala eintrat.

Inzwischen ließen einige Experimente bei manchen Tierarten erkennen, daß Läsionen in einer anderen Struktur des limbischen Systems, der Septumregion, die gegenteilige Wirkung hatten, das heißt, sie verursachten Zorn, wenngleich auf eine ungerichtete Weise, die für den Kampf nicht nutzvoll war. Diese umstrittene Wirkung, verbunden mit den eher akzeptierten Wirkungen großer Amygdala-Läsionen, veranlaßten mehrere Wissenschaftler dazu, in Begriffen hypothalamischer Steuerung von Zorn und Aggression zu denken, wobei der Hypothalamus seinerseits von höheren Strukturen des limbischen Systems gesteuert wurde; beispielsweise konnte die Amygdala unter normalen Bedingungen Zorn und Aggression durch die Reizung der hypothalamischen Bereiche verstärken, zu denen sie Fasern aussendet, und die Septumregion (oder andere limbische Bereiche) konnten Zorn dadurch verringern, daß die hypothalamischen Bereiche *seine* neuralen Projektionen aufnahmen.

Manche Einzelheiten dieses Bildes bleiben umstritten, aber die Grundlagen sind zunächst anerkannt: Zorn und auch viele andere Aspekte von Emotions- und Motivations-Erregbarkeit sind vom Hypothalamus gesteuert oder können zumindest von ihm gesteuert werden; er integriert Botschaften aus verschiedenen Teilen des limbischen Systems und erzeugt ein Gleichgewicht entweder für oder gegen eine Verhaltensbekundung, die mit dem ausgelösten Vorgang in Zusammenhang steht.

Um Muskeltätigkeit hervorzurufen, wie sie bei aggressivem Verhalten auftritt, oder sogar die Aktivierung des Kreislaufsystems und der Eingeweideorgane hervorzubringen, die bei der Emotion des Zorns beteiligt sind, muß der Hypothalamus seine integrierende Zusammenfassung der Aktivität im limbischen System das Rückenmark hinab zur Peripherie vermitteln. Offenkundig tut er das durch Zwischenstationen im Mittelhirn, und hier ist die Arbeit von John Flynn und seinen Kollegen an der Yale University School of Medicine von großer Bedeutung gewesen. Diese Wissenschaftler waren es, die den Nachweis für die Hirnlokalisation der Unterscheidung zwischen ‹afffektivem› und ‹Zubeiß›-Angriff nachwiesen. Das Wesentliche: Reizung des medialen Hypothalamus – der Teil nah bei der Mittellinie des Schädels – verursacht affektiven Angriff, Reizung des lateralen Hypothalamus – weiter außen liegende Bereiche auf beiden Seiten – führt zum ruhigen Zubeißen. Durch Untersuchungen mit Läsionen und Reizung des Mittelhirns – des Hirnstammbereichs unmittelbar hinter und unter dem Hypothalamus auf dem Weg zum Rückenmark – wiesen Flynn und seine Kollegen nach, daß der Hypothalamus seine Wirkung auf Angriff ob mit oder ohne Zorn über Schaltungen ausübt, die durch verschiedene Teile des Mittelhirns laufen. Diese Mittelhirnregionen müssen ihrerseits Verbindung haben mit Teilen des Rückgrats, die den Angriff beziehungsweise das ausgedrückte Zorngefühl hervorbringen.

Die verschiedenen Formen psychochirurgischer Eingriffe, dazu benützt, schwere Anfälle beherrschen zu wollen, haben sich mit verschiedenen Teilen dieses Schaltsystems befaßt. Ein Eingriff, mit dem extrem schwere und häufige Anfälle bei Patienten in Japan und Argentinien behandelt wurden, betrifft die Zerstörung einer im Durchmesser 3 bis 5 mm großen Stelle im hinteren Teil des medialen Hypothalamus. Wie nach den Untersuchungen Flynns zu erwarten, verringert diese Prozedur in der Regel starken Zorn. (Es gibt aber problematische Nebenwirkungen, die über den Bereich dieses Buches hinausgehen.) Ein anderer in Japan, Indien und den Vereinigten Staaten beschrittener Weg war der, große Teile der Amygdala zu zerstören; auch das hat den Angaben zufolge häufig die gewünschte Wirkung gehabt, gewalttätige Anfälle zu verringern oder zu beseitigen.

Wegen der experimentellen Natur dieser Prozeduren, ihren Nebenwirkungen und ihren nach wie vor ungewissen Ergebnissen bei den betreffenden Syndromen ziemt es sich für nachdenkliche Menschen, sie skeptisch zu betrachten, und für Ärzte, die sie verwenden, mit Bedachtsamkeit vorzugehen. Wie Walle Nauta aber bei einer Rede vor einer Versammlung der Neuroscience Society 1973 erklärte (er war damals Präsident der Society), schließt die Erfahrung der strengsten Kritiker von Psychochirurgie (er zieht den Terminus ‹psychiatrische Neurochirurgie› vor) nicht immer Wissen aus erster Hand über Art und Ausmaß des Leidens ein, das Patienten, ihre Familien und ihre Ärzte dazu veranlaßt, diese sehr drastische und ungewisse Form der Behandlung zu erwägen.

Man sollte darauf hinweisen, daß solche Prozeduren in Fällen wie den anfangs besprochenen Tötungsdelikten unter keinen Umständen gerechtfertigt wären oder auch nur in Erwägung gezogen werden dürften. Die einzige Rechtfertigung für sie bestand in Fällen unerbittlich wiederholt auftretender gewalttätiger Anfälle, die in enger Verbindung zu einer vorhandenen Epilepsie stehen und anderen Behandlungsformen nicht zugänglich sind. Der Physiologe und Psychologe Stephan Chorover hat darauf hingewiesen, daß die Gefahr eines Mißbrauchs bei rein kriminellen oder sogar politischen Fällen wirklich besteht und man sich sorgfältig davor schützen muß.

Immerhin wird man sagen dürfen, daß die Erfahrung mit diesen Fällen bei der Untersuchung der neuralen Steuerung von Gewalt eine nützliche Dimension liefert, eine unter vielen. Ein anderer Weg der Untersuchung neuraler Schaltungssysteme von Aggression und Zorn ist psychopharmakologischer Art. Diese Forschung umfaßt Experimente, bei denen Versuchstiere Drogen erhalten, die auf die eine oder andere Art das Funktionieren von Neuronen oder von Neurotransmittern in den Berührungsflächen zwischen Neuronen innerhalb der Schaltungen des zentralen Nervensystems beeinflussen.

Zwei Forschungsbeispiele sind der Erwähnung wert, obwohl die direkte Relevanz für menschliche Aggression bei beiden zweifelhaft ist. Bei einem geht es um Kampf zwischen zwei männlichen Mäusen; beispielsweise ist nachgewiesen worden, daß Homogenate vom Gehirn eines Männchens, das an einem solchen Kampf beteiligt war, eine höhere Aufnahmefähigkeit für Noradrenalin aufweisen als die eines Männchens, das auf andere Weise aktiv gewesen war. Mäuse, die mehrere Wochen isoliert gehalten werden, zeigen eine zunehmende Kampfneigung; sie haben auch veränderte Spiegel oder Umsatzraten verschiedener Neurotransmitter im Zentralnervensystem, und Drogen, die direkt auf diese Neurotransmitter wirken, können die Wahrscheinlichkeit des Kämpfens steigern oder vermindern. (Man weiß noch nicht, ob ähnliche Wirkungen vor oder beim Kampf in menschlichen Neurotransmittersystemen auftreten.)

Das zweite Beispiel betrifft ‹Murizid› oder Mäusemord durch Ratten als normale räuberische Aktivität der letztgenannten Gattung. Dieses Verhalten kann beeinflußt werden durch psychoaktive Drogen, die über die Neuronen auf die Neurotransmitter Serotonin, Noradrenalin, Dopamin und Azetylcholin einwirken. (Wie wir gesehen haben, ist die Verbindung zwischen räuberischer Aggression und Aggression zwischen Individuen bestenfalls schwach und undeutlich und vielleicht gar nicht vorhanden; ein Problem, das manche Pharmakologen, die das Beispiel mit dem Mäusemord gebrauchen, nicht zu erkennen scheinen.) Es ist klar, daß die Erforschung des Aspekts von Neurotransmission im Schaltwerk des Zentralnervensystems für Aggression erst ein Anfang ist. Erwähnt sollte aber werden, daß diese Beispiele im Gegensatz zu jenen mit Hirnläsionen bei Tieren und Menschen mit weniger drastischen und leichter umkehrbaren Eingriffen zu tun haben. Sie bieten auf lange Frist eine Hoffnung auf pharmakologische Mittel, die vielleicht in der Lage sind, Aggression innerhalb und in der Nähe des normalen Verhaltensbereichs zu modifizieren – ein Weg, der freilich auch nicht ohne seine eigenen ethischen Probleme wäre.

Die langsamer wirkenden physiologischen Stoffe – vor allem die auf das Verhalten einwirkenden Hormone – sind schon länger und genauer untersucht worden als Neurotransmitter, vor allem in bezug auf Aggression. Alle klassischen Streßhormone – Adrenalin aus dem zentralen Teil der Nebenniere, Hydrocortison aus ihrem Randbereich (seinerseits erzeugt als Reaktion auf ein Hormon der Hirnanhangdrüse ACTH), und mehrere andere – werden bei einer ‹Kampf-oder-Flucht›-Situation überreichlich ausgeschieden, der klassischen Situation, von welcher der Physiologe Walter B. Cannon erkannte, daß sie eine entscheidende Forderung nach Energie für Muskeltätigkeit auslöst. Demzufolge neigen die Streßhormone dazu, Freigabe von Energie aus gespeicherten zellulären Formen zu verursachen, womit im Blut befindliche Formen freigesetzt und/oder Blutgefäße selektiv auf solche Weise verengt und erweitert werden, daß mehr Blut zu den Muskeln fließt und weniger zum Rest des Körpers, was die benötigte Energie für Kontraktion liefert.

Das limbische System wird von diesen Hormonen beeinflußt, aber diese Wirkung wird im Verhältnis zu zentralneuralen Effekten und auch relativ zum Beginn der Muskeltätigkeit bei Angriff und Ausdruck von Zorn etwas verzögert. Das schnellste hormonale Ereignis wäre die Freisetzung von Adrenalin, weil sie durch ein neurales Signal gesteuert wird. Das Signal kann ausgelöst werden in den höheren Zentren des limbischen Systems und durch Hypothalamus, Mittelhirn und Rückenmark zum sympathetischen Nervensystem gehen, das Nerven besitzt, die direkt zu allen Blutgefäßen und inneren Organen ebenso hinausgreifen wie zu den Zellen in der Nebenniere, die Adrenalin ausschütten. Neue Synthese von zusätzlichem Adrenalin wäre noch ein weiterer, langsamer wirkender Effekt, gefördert durch die Ausscheidungen des äußeren Teils der Nebenniere.

Beim Menschen wird von diesem Teil der Nebenniere vor allem Hydrocortison ausgeschüttet, ausgelöst durch das Hypophysenhormon ACTH. ACTH wird seinerseits gesteuert durch ein chemisches Signal vom Hypothalamus, der auch hier Information aus dem ganzen limbischen System vereinigt. Dieser Ablauf von Ereignissen, die sämtlich im Blut befindliche chemische Stoffe erfordern, erfolgt notwendigerweise langsamer als direkte neurale Kommunikation, ist aber von entscheidender Wichtigkeit für die Aufrechterhaltung von Muskeltätigkeit bei Kampf-Flucht-Situationen von längerer Dauer.

Wie im Kapitel über Geschlechtsunterschiede angedeutet, ist wiederholt nachgewiesen worden, daß Fortpflanzungshormone, vor allem Testosteron, spezifische Wirkungen auf Aggression haben. Das ist in mancher Beziehung interessanter und relevanter als die Wirkungen von Hormonen wie Adrenalin und Hydrocortison, die in ihrer Tätigkeit allgemeiner sind und bei allen streßbedingten Umständen aufgerufen werden. Testosteron fördert Aggression, bestimmt bei Männchen, möglicherweise auch bei Weibchen, auf eine viel spezifischere Weise. Allgemeiner Streß kann sogar dazu führen, daß der Testosteronspiegel sinkt. Bei Angehörigen verschiedener Gattungen können jedoch, vor allem bei Männchen, Testosteroninjektionen die Aggressivität in verschiedenen Situationen steigern, während die Kastration beim Männchen sie zu verringern vermag. Natürlich auftretende Variationen im Testosteronspiegel können Kampfverhalten begleiten, Kampf kann seinerseits diesen Spiegel beeinflussen. Zum Beispiel trat bei einem Experiment, in dem zwei Gruppen von Rhesusaffen zum Kampf veranlaßt wurden, bei den Verlierern nach dem Kampf eine starke Abnahme ein (und zwar in zwei Stufen, wobei die zweite vielleicht der endgültigen Hinnahme der Niederlage entsprach), während das bei den Siegern nicht der Fall war. In einer ähnlichen Studie von Angehörigen der Ringermannschaft in Harvard kam es bei vielen Teilnehmern während des Kampfes zu einer Steigerung des Testosteronspiegels, bei den Siegern aber zu einer bedeutend höheren als bei den Verlierern, während jene, die sich mit einem Unentschieden trennten, genau dazwischenlagen.

Es ist ein Paradox der Testosteron-Ausschüttung während des Kampfes, daß die Zunahme Aggressivität zu fördern, Streß die Erhöhung aber zu hemmen scheint – aus diesem Grund ist Testosteron kein Streßhormon. Die Lösung könnte aus anderen Untersuchungen kommen, die nachweisen, daß dominierende Individuen in einer Affenhierarchie physiologisch auf basale (vor dem Kampf liegende) Streßstufen weniger reagieren als Affen an der Unterseite der Pyramide. Ein weiterer Hinweis kommt von Untersuchungen bei Menschen, die nicht unmitttelbar die Aggressivität betreffen: Die Leistungsfähigkeit bei Geschicklichkeitsaufgaben wird durch ein gewisses Maß, aber nicht ein Zuviel, an subjektiv erlebtem Streß gesteigert. Wenn wir uns ein Individuum vorstellen, daß in hohem Maß auf Streß reagiert und einen Kampf mit einem weniger streß-reaktiven (wenngleich nicht apathischen!) beginnt, können wir uns denken, daß der Ruhigere mehr leistet (soweit Kämpfen eine Geschicklichkeit ist) und beim Kampf auch eine größere oder zumindest effizientere Mobilisierung von Streßhormonen erfährt. Testosteron könnte sogar für das rangniedrigere Tier den bedauerlichen Nachteil besitzen, es in Kämpfe hineinzutreiben, die es nicht bewältigen kann.

Adrenalin und Hydrocortison, die beiden wichtigsten Streßhormone, wirken dadurch, daß sie Energie mobilisieren, ein unzweifelhaft wesentlicher Zweck; Testosteron wirkt vermutlich durch Effekte auf die bei Aggression und Zorn beteiligten Schaltwerke; beispielsweise senkt es die Schwelle für die Auslösung der Stria terminalis, einem großen Faserbündel, das bei Ratten die Amygdala mit dem Hypothalamus verbindet; und es wirkt auf die Nerven, die bei männlichen Vögeln den Gesang zur Territoriumsbestimmung steuern. Aber warum diese langsam wirkenden physiologischen Mechanismen, wenn Neuralschaltungen soviel schneller sind? Vermutlich gibt es viele Gründe, aber ein Hauptgrund ist der, daß Hormonspiegel ein Eigenleben führen. Sie sind nicht bloße Diener des limbischen Systems, aufgerufen, sobald das Individuum sich zum Kampf entschließt. Jeder hat seine eigene Ebbe und Flut, die an tägliche, monatliche, jährliche oder andere Zyklen ebenso gebunden sind wie an einen festen Verlauf während der ganzen Lebensspanne.

Bei Tieren spricht nicht viel dafür, daß sie alle zu irgendeiner willkürlich bestimmten Stunde des Tages oder der Nacht Streß erleben, so daß es durchaus vernünftig ist, wenn streßbezogene Hormone zu verschiedenen Tagesstunden verschiedene Werte aufweisen, wie das im allgemeinen der Fall ist. Bei vielen Tieren findet die Fortpflanzung nur zu bestimmten Zeiten im Jahr statt, und ein jährlicher Anstieg im Testosteronspiegel zu diesen Zeitpunkten erfüllt eine Doppelfunktion: Er steigert die Neigung des Männchens, zu werben und zu kopulieren, und macht es zu einem tüchtigeren Kämpfer bei jedem Konflikt, der sich ergeben mag, ob mit einem anderen Männchen um ein Weibchen oder mit dem Weibchen selbst um das Ziel seiner Begierde. Die Tätigkeiten der auf Verhalten wirkenden Hormone auf der einen Seite und des limbischen Systems des Gehirns auf der anderen sind wechselseitig bedingt. Letzteres kann durch Hypothalamus und Mittelhirn hormonale Ausschüttungen bewirken, um den Verhaltensweisen zu dienen, an denen sich zu beteiligen es sich ‹entschließt›; aber die Hormone werden in dem Ausmaß, wie sie die Blut-Hirn-Schranke überwinden können, ebenso das Gehirn und den Rest des Nervensystems überfluten und in einigen ganz spezifischen Schaltungen Auslösung mehr oder weniger fördern, wie sie für fortdauernde Nerven- und Muskeltätigkeit Energie verfügbar machen.

Wenn wir in der Lebensgeschichte des Organismus viel weiter zurückgehen, sind die Prozesse, die ich unter der Rubrik ‹ferne physiologische Ursachen› zusammengefaßt habe, ebenfalls ganz leicht an Beispielen darzustellen; da sie aber in vorangegangenen Kapiteln im Hinblick auf das Problem der Aggression behandelt wurden, streife ich sie hier nur kurz. Die Ereignisse der ‹fötalen Androgenisierung› des Säugergehirns – und in der Tat auch des Säugerkörpers – mit einiger Genauigkeit in Kapitel 6 behandelt, fallen unter den Unterbegriff Embryogenesis, sie zeigen, daß die Neigung zur Gewalt im erwachsenen Zustand beeinflußt wird durch die Menge an Testosteron, die im frühen Leben zirkuliert (bei Affen vor der Geburt, bei Ratten gleich nach der Geburt), und daß diese Wirkung überdies beinahe mit Gewißheit die Folge langdauernder Veränderungen im Gehirn ist. Was die andere Kategorie von ‹Fernphysiologie› betrifft, die Gene selbst, ist ihre Wirkung auf die Aggression in Kapitel 5 behandelt worden, anekdotenhaft in Zusammenhang mit Kampfstieren, systematisch in bezug auf Hundezüchtungsexperimente. Bei diesen Gattungen üben die Gene eine starke und voraussagbare Wirkung auf Aggression aus, und man kann mit Nachdruck feststellen, daß, wenn zwei Individuen, die in dieser Dimension genetisch verschieden sind, genau in der gleichen Weise aufgezogen werden, zwei Erwachsene entstehen, die sich in aggressivem Verhalten wesentlich (und bedeutsam) unterscheiden.

Dieses Experiment ist sogar schon angestellt worden, zumindest bei Mäusen, und zwar von Charles Southwick an der Johns Hopkins University. Bei jeder der vierzehn reinrassigen Linien von Mäusen wurden nach einer Periode sozialer Isolierung vier Männchen zusammengetan; man zählte das Vorkommen von Jagd, Angriff und Kampf schlicht und addierte. Die Punktewerte für mehrere der Linien waren in hochbedeutsamer Weise verschieden und reichten von unter 10 bis 80, ein fast zehnfacher Unterschied. Kreuzzüchtungs-Experimente, die verschiedene Linien mischten, ließen erkennen, daß die Gene für höhere Aggressivität gegenüber denen für niedrigere dominierten (die Nachkommen waren so aggressiv wie der aggressivere Elternteil) und daß Heterosis, eine genetische Wechselwirkung, bei der Gene aufeinander in unerwarteter, nicht additiver Weise einwirken, bei manchen Kreuzungen am Werk ist (die Nachkommen waren viel aggressiver als einer der beiden Elternteile).

Da Kreuzungen, wie bei solchen Experimenten angemessen, manchmal eine bestimmte Linie für die Mutter und bei anderen Gelegenheiten für den Vater verwenden, war eine Erwägung des Problems der Vorbereitung auf das Entwöhnen oder sogar intrauteriner Wirkungen durch die Mutter möglich. In manchen Fällen waren solche Effekte offenkundig, in anderen nicht vorhanden. Systematische Untersuchung mit dem über Kreuz erfolgenden Aufziehen von Jungen einer Linie durch Eltern einer anderen ließ beide Möglichkeiten offen. In manchen Fällen konnte die Pflegemutter das Maß an aggressivem Verhalten bei den Jungen verändern, in anderen nicht. Um die genetische Seite zusammenzufassen: Es gab klare Hinweise darauf, daß *einige* hochbedeutsame Linienunterschiede in der Gesamtpunktezahl von Jagd, Angriff und Kampf die Folge von genetischen Effekten allein waren und nicht von genetischen Effekten in Verbindung mit oder unterworfen den Wirkungen von nichtgenetischem mütterlichem Einfluß.

Wir kehren gleich zu dem Beweismaterial über mütterlichen Einfluß zurück, das sich aus diesem Experiment ergab. Zuerst wird es aber sinnvoll sein, in allgemeinen Begriffen auf das Beweismaterial einzugehen, wonach die Wahrscheinlichkeit von Zorn und Aggression durch Umweltfaktoren beeinflußt wird – das heißt, andere als die am unmittelbarsten auslösenden. Das Material, das für solche Einflüsse spricht, ist überwältigend; bei seiner Besprechung stehen wir sogar eher auf viel festerem Boden als bei den genetischen Einflüssen. Das gilt ganz besonders für Ereignisse in der Umwelt, die der Aggression einige, aber nicht zu lange Zeit vorangehen – Wirkungen, die so neu sind, daß man nicht sagen kann, sie hätten in einer früheren Phase des Lebenszyklus stattgefunden.

Eine große Anzahl Experimente hat nachgewiesen, daß Schmerz, Gereiztheit, Frustration und Furcht die Wahrscheinlichkeit von Aggression in einer großen Vielzahl von Situationen bei Tieren und Menschen steigern – Bestätigungen für die ‹Frustration-Aggression-Hypothese›. Natürlich können Furcht und Schmerz, angemessen eingeführt, dazu genutzt werden, die Wahrscheinlichkeit von Aggression zu verringern, wenn auch in der Regel nur vorübergehend und in einer situationsspezifischen Art. Aber in einer Reihe allgemeinerer Experimentsbeispiele tritt das Gegenteil ein. So wurden zwei Ratten nebeneinander auf ein unter Strom gesetztes Gitter gestellt und geschockt; eine typische Reaktion besteht darin, einander anzugreifen, zumal dann, wenn beide Männchen sind. Bei anderen Experimenten ist Schmerz nicht direkt im Spiel, aber das Motivationsverhalten unterschiedlicher Art wird in dem Tier erregt und dann bewußt vereitelt. Diese Situation steigert ebenfalls in der Regel die Wahrscheinlichkeit aggressiven Verhaltens.

Vielfach hat man in diesen einfachen, wirksamen Beispielen Versuchsmodelle für die häufig hohen Aggressionspegel in verarmten Großstadtgettos gesehen – und das könnte für Gewalt auf der Stufe des Individuums ebenso gelten wie auf jener der Gruppe. Bei Tieren ist die oft beobachtete und genau untersuchte Erscheinung der ‹Ersatzdrohung› oder ‹Ersatzaggression›, die bei einer großen Vielfalt von Wirbeltierarten in natürlichen und experimentellen Situationen eintreten, ein eng verwandter Prozeß. Das dominierende Individuum A greift das weniger dominierende Individuum B an oder bedroht es; B erwidert den Angriff oder die Bedrohung nicht, vermutlich aus Angst vor den Folgen. B ist jedoch in einem Zustand der Erregung, der mutmaßlich Elemente von Furcht und Zorn enthält. Bald danach gerät C, noch weniger dominierend als B, in die Nähe des letzteren und wird aus geringem oder keinem Grund von B bedroht oder angegriffen. Die Folgerungen für menschliches Verhalten sind bis zu einem gewissen Grad naheliegend, und wir werden beim nächsten Kapitel über die Furcht darauf zurückkommen.

Bei mehreren Experimenten über Kämpfe von Ratten oder Mäusen, die schon erwähnt wurden, wurde nebenbei festgestellt, daß die Tiere in der Regel männlich waren und man sie vor der Zusammenlegung und Gruppierung zum angestachelten Kampf für eine Zeit in sozialer Isolierung untergebracht hatte. Dieser letztgenannte Faktor ist ein Tor zu einem ganzen Reich von Umweltursachen der Aggression. Es ist uns nicht klar, was soziale Isolierung für eine Maus bedeutet, aber wir wissen, daß mehrere Wochen Isolation nach der Entwöhnung bei Männchen fast jeder Linie die Wahrscheinlichkeit von Kämpfen stark erhöht, sobald die Männchen paarweise zusammengetan werden. Bei Ratten sind die Ereignisse vieldeutiger, aber ähnlicher Art.

Auch das Kämpfen kann antrainiert werden. Scharfe deutsche Schäferhunde werden durch einen Prozeß dressiert, der im Labor als operante Konditionierung bekannt ist – Belohnung natürlich vorkommender Verhaltensweisen, die sich den gewünschten immer mehr annähern – und zwar mit großem Erfolg. Haustiere können in der Regel darauf dressiert werden, Jagd-, Angriffs- und Kampfreaktionen zu unterdrücken, jedenfalls die meiste Zeit und in den meisten Situationen, und zwar durch einen Prozeß, der positive wie negative Verstärkung ebenso nutzt wie die Fähigkeit des Tiers zu Assoziation und Generalisierung. Scharfe Wachhunde können ebenso wie andere Haustiere durch ziemlich komplexe Prozesse von Unterscheidungslernen so weit gebracht werden, daß sie im Kontinuum von Aggressivität und Zorn je nach Situation und Individuum, vor die sie sich gestellt sehen, ganz verschiedenes Verhalten zeigen. Alle diese Prozesse sind systematisch und quantitativ im tierpsychologischen Labor untersucht worden.

Schließlich können Modellverhalten, Imitation und Identifizierung – ein emotionell komplexes Konzentrieren von Imitation auf ein Modell oder eine Modellklasse – eine kritische Rolle als Umwelteinflüsse spielen, durch welche die Wahrscheinlichkeit des Gewaltverhaltens verändert werden kann. Viele psychologische Untersuchungen von Lernen am Modell und durch Imitieren sind mit Versuchstieren angestellt worden, viele ethologische Feldstudien haben ihre Bedeutung bei wilden Arten erkennen lassen. (Bedeutsamerweise unterscheiden Ethologen gern zwischen Imitation und dem, was sie ‹soziale Bahnung› nennen; letztere bezieht sich auf eine Ausbreitung des Verhaltens von Individuum zu Individuum, die zu schnell abzulaufen scheint, um mit Lernen durch Imitation erklärt zu werden, und die sich besser begreifen läßt durch eine gemeinsame Tendenz, die durch ihr früheres Vorkommen bei anderen Individuen eine ‹permissive› Atmosphäre erhält. Gähnen oder Husten im Theater wäre ein gutes einfaches Beispiel bei Menschen, aber die Gewalt eines Lynchmobs könnte durchaus in dieselbe Kategorie gehören.) Einige der besten Untersuchungen zu den Wirkungen von Lernen am Modell und durch Imitation auf nachfolgende Aggression sind von dem Psychologen Albert Bandura und anderen bei Kindern angestellt worden. Sie zeigen deutlich, daß, wenn ein Kind, entweder direkt oder auf Film, einen Erwachsenen beobachten darf, der aggressive Aktionen ausführt, die Wahrscheinlichkeit dafür, daß das Kind bald danach ähnliche Dinge tut, erhöht wird.

Eine kompliziertere, weniger gut begriffene Kategorie von Umwelteinflüssen sind die ‹entfernten›: die Wirkungen, die sich ergeben aus den Bedingungen des Erziehens oder anderen Umständen aus einer früheren Periode im Leben des Individuums. Solche Wirkungen sind bei vielen Gattungen wiederholt nachgewiesen worden. Ihre Mechanismen sind zwar immer noch undeutlich, aber es ist klar, daß sie zur Vorhersage und Erklärung von Gewalt bei Individuen und Populationen etwas beitragen können. Es ist schon festgestellt worden, daß einige Wochen

sozialer Isolierung vor dem paarweisen Zusammenfügen die Wahrscheinlichkeit des Kämpfens bei Männchen von den Fischen bis zu den Mäusen
erhöhen, aber bei Affen gibt es noch eine andere, interessantere Wirkung
einer bestimmten Form sozialer Isolierung. Frühes Aufziehen in sozialer
Isolierung – bei den Rhesusaffen von einem halben bis zu einem ganzen
Jahr – führt zu einer lebenslangen Neigung zu sozialer Überreaktion, auf
die üblichen Arten späterer sozialer Erfahrung keinen Einfluß mehr haben. Bei Männchen führt solche Überreaktion häufig zu einem hohen
Maß an Drohungs-, Angriffs- und Kampfverhalten, oft unangemessen
und erfolglos. In einem geringeren Maß kommen dieselben Verhaltensanomalien bei Rhesusaffen vor, die im ersten Lebensjahr normal bei ihren
Müttern, aber ohne Kontakt mit Altersgenossen aufgezogen wurden.
Schon zwanzig Minuten Spiel am Tag in einer Gruppe von Altersgenossen während dieser frühen Lebensperiode reichen aus, um die Entwicklung hyperaggressiven Verhaltens bei diesen Affen zu verhindern.

Angesichts dieser Dinge verwundert nicht, daß Dominanzrang-
ordnung bei Affen – eigentlich wenig mehr als eine Zusammenfassung
dessen, wie das Tier sein aggressives Verhalten moduliert hat – auch von
früher Erfahrung beeinflußt wird. Bei frei lebenden Rhesusaffen ist durch
den Primatologen Donald Sade und andere nachgewiesen worden, daß
hochrangige Weibchen weibliche – und möglicherweise auch männliche
– Jungen haben, die, wenn sie groß geworden sind, selbst hochrangig
werden, und das vermutlich nicht allein aus genetischen Gründen. Junge
von solchen Müttern beobachtet man häufiger dabei, daß sie das Droh-
und Jagdverhalten ihrer Mütter nachahmen, sogar erwachsenen Tieren
gegenüber. Offenkundig sind sie nicht in der Lage, die Erwachsenen im
Einzelkampf zu besiegen, aber die Jungen unternehmen ihre Vorstöße im
Schatten der Mutter – selbst wenn sie nicht in unmittelbarer Nähe ist –
eine Erscheinung, die von den Ethologen ‹geschützte Drohung› genannt
wird. In diesem Zusammenhang hat das Junge zahllose konventionelle
Lernerfahrungen und Gelegenheiten für Imitation und soziale Bahnung,
die schließlich zu effektivem Dominanzverhalten und hohem Rang führen. Die Folgerungen für Status und Machthierarchien in menschlichen
Gesellschaften einschließlich der unsrigen sind fast zu auffällig, um
erwähnt zu werden.

Sogar räuberische Aggression, wenn sie wirklich Aggression ist,
wird durch frühe Erfahrung beeinflußt. Beispielweise zeigen zusammen
mit Mäusen aufgezogene Ratten eine stark verringerte Neigung, Mäuse
als Beute zu betrachten. Und unter den !Kung San werden Kinder von
Grausamkeit kleinen Tieren oder übrigens auch den Jagdhunden gegenüber, die in dieser Gesellschaft Haustieren noch am nächsten kommen,
nicht zurückgehalten. Kinder haben sogar viel Spaß daran, kleine Tiere
zu jagen, zu quälen und zu töten, während Erwachsene wohlwollend
zusehen. Da das Verhalten der !Kung gegenüber Säuglingen und kleinen

Kindern zum großzügigsten und zärtlichsten in allen menschlichen Gesellschaften gehört, kann man zu dem Schluß kommen, frühe Grausamkeit Tieren gegenüber bedeute keine allgemeine Neigung zur Grausamkeit, sondern lediglich spezifische frühe Erfahrung, die im Verhältnis zur Jagd vermutlich von vorbereitendem Wert ist.

Um schließlich wieder zu dem vorhin geschilderten Kreuzzüchtungsexperiment bei Mäusen zurückzukehren: Southwick lieferte Beweismaterial dafür, daß mütterliches Verhalten den Jungen gegenüber bei manchen Linien ihr späteres aggressives Verhalten ändert. Es gibt Nachweise dafür, daß eine Mutter, die mehr Zeit fern vom Wurf verbringt – den Jungen weniger Säugezeit widmet, in denen sie miteinander um Zugang zur Zitze im Wettbewerb stehen, was auch allgemein ihre Körpertemperatur senkt – auf diese Weise das Maß an Aggressivität bei den Jungen steigern kann, wenn sie erwachsen sind. Eine nichtaggressive Linie auf eine aggressive durch Erziehen über Kreuz zu verlagern (aggressive Mütter, nicht aggressive Nachkommen) kann das Maß der Aggressivität bei der nicht aggressiven Linie um 80 Prozent steigern, aber die umgekehrte Prozedur vermag das Verhalten der aggressiven Linie nicht zu verändern. Das stimmte überein mit früheren Laborerkenntnissen, daß Trainingsprogramme, die aggressives Verhalten steigern sollten, erfolgreicher waren als jene, die das umgekehrte Ziel hatten, und außerdem, daß, sobald ein solches Verhalten einmal erworben war, große Schwierigkeiten bestanden, es durch die üblichen Methoden für die Reduzierung erworbener Verhaltensweisen im Labor zu beseitigen.

Es ist genug gesagt worden, um überzeugend nachzuweisen, daß es machtvolle genetische Wirkungen auf aggressives Verhalten und Zorn und machtvolle Umweltwirkungen auf sie gibt. Jede Antwort auf die Frage: Warum ist dieser Aggressionsakt geschehen? muß sie beide enthalten. Es hieße, die bitteren Erfahrungen von Richard James Herrin und Wang Yungtai – und noch mehr die ihrer Opfer – zu banalisieren, wollte man das, was sie getan haben, auf der Grundlage dessen erklären wollen, was in all diesen Untersuchungen festgestellt worden ist. Trotzdem kann man bestimmte gemeinsame Fäden der Verursachung erkennen. Beide waren Männer, und solche Taten werden weit überwiegend von Männern begangen – zumindest zum Teil aus genetischen und hormonellen Gründen. Beide waren im moralischen Sinn von guter Herkunft, aber beide lebten auch in Gesellschaften, die Gewalt traditionell verherrlichten, auch Gewalt von Männern gegen Frauen, um sie zur Unterwerfung zu zwingen. Beide waren einer der schlimmsten Streßbelastungen des normalen Lebens ausgesetzt, der einer Zurückweisung in Liebesdingen, und beide waren vielleicht jung genug, um diesen Streß zum erstenmal zu erleben. Beide waren vermutlich der Aktivierung von Testosteron im Zusammenhang mit ihren sexuellen Gefühlen den Frauen gegenüber ausgesetzt, über die sie herfielen, aber das ist natürlich weit mehr Spekulation. Alle diese Faktoren sind zeitweise bei Millionen Individuen vorhanden, die keinen Mord begehen, und tragen also zur Erklärung dieser Fälle nicht viel bei. Nichtsdestoweniger macht das Vorhandensein solcher Faktoren sie ein wenig erklärlicher, allerdings nicht verzeihlicher als meinetwegen das wahllose Erschießen von Autofahrern auf Fernstraßen.

Aber wie steht es mit den verbleibenden Fragen nach dem Warum, denen von Adaptation und Phylogenie? Der Psychiater David Hamburg hat viel ernsthafte Mühe auf das Studium von Aggression und andere Emotionen gewandt, wie sie sich bei wilden Schimpansen und anderen höheren Primaten unter natürlichen Bedingungen ausdrücken. Er hat vieles gefunden, was die Ansicht bestätigt, wir und unsere nächsten Verwandten seien uns emotionell ähnlich. Aggressives Verhalten tritt früh in Erscheinung, ist allgemein, zeigt sexuelle Unterschiede (bei Männern ist sie häufiger), und spielt eine entscheidende Rolle bei Erhaltung und Veränderung sozialer Hierarchien. Imitation und andere Formen des Lernens spielen dabei eine Rolle, aber keine überwältigend entscheidende – obwohl der Gebrauch von Werkzeugen bei Aggression von wilden Schimpansen durch Übung zunimmt und einige unerfreuliche Hypothesen über die Rolle der Gewalt bei der Evolution menschlicher Intelligenz nahelegt.

Ich möchte dieser Darstellung nur eine kurze Zusammenfassung einer kürzlichen Änderung in den Ansichten vieler Verhaltensbiologen anfügen, die zum großen Teil einer erfolgreichen Herausforderung klassischer Ethologie durch das neu entwickelte Fach der Sozialbiologie zu verdanken ist. Nach der klassischen Meinung, die vor allem mit dem Namen Konrad Lorenz verbunden ist, besteht eine entscheidende Funktion aggressiven Verhaltens darin, Angehörige einer Gruppe über ein Gebiet verfügbarer Ressourcen zu verteilen. Auf diese Weise profitiert die Gruppe als Ganzes, und Individuen geraten einander nicht in den Weg. Überdies dient das Vorhandensein aggressiver Vorgänge wie von Drohungen dazu, die eigentliche Gewalt durch das Verstreuen von Individuen und ihre Einordnung in eine Hierarchie zu verringern.

Die Feldbeobachtung von Tieren über lange Zeit schien diese Ansicht zu bestätigen. Man pflegte zu behaupten, die Menschen seien unter den Tieren darin fast einzigartig, daß sie Angehörige der eigenen Gattung töten; das wurde erklärt durch Hinweis auf die Tatsache, daß der Gebrauch von Waffen unsere normalen Mechanismen für die Begrenzung des Schadens, den wir einander zufügen, weniger wirksam macht.

Man weiß jetzt, daß das schlicht falsch ist. Einige Beobachter haben darauf hingewiesen, daß, wenn ein Trupp Paviane dieselbe Mordrate hätte wie die Menschen in New York, der Paviantrupp Hunderte von Jahren ständig beobachtet werden müßte, bevor der Beobachter mit eigenen Augen einen Mord sehen könnte. Erst nach Tausenden Personenjahren Feldbeobachtung durch Tierverhaltensforscher wurde klar, daß intraspezifischer (innerhalb der Gattung geschehendes) Mord in vielen Gattungen außer dem Menschen vorhanden ist; das ist jetzt unumstößlich erwiesen. Anders ausgedrückt: ‹Natürliche› Mechanismen für die Begrenzung von Gewalt funktionieren bei nicht-menschlichen Tieren nicht viel besser als bei Menschen.

Tiermord hat in vielen Gattungen viele Formen, aber die düsterste und faszinierendste ist ‹kompetitiver Jungenmord›. Das ist am ausführlichsten beobachtet worden bei indischen Affen, die als Hanuman-Langur bekannt sind *(Presbytis entellus)*, und wird von Sarah Hardy und anderen einem beständigen Muster zugeschrieben. Langur-Trupps bestehen aus einer Hierarchie weiblicher Verwandter mit ihren Jungen (das gilt für fast alle Affen) und einer kleinen Zahl von Männchen, die dem Trupp folgen, oft ein Jahr oder länger. Von Zeit zu Zeit tauchen neue Männchen auf, vertreiben die älteren Männchen aus dem Trupp und schließen sich der Gruppe an. Innerhalb weniger Tage töten sie im allgemeinen alle Jungen unter sechs Monaten und befruchten bald darauf die Mütter der Jungen neu. Ähnliche Abläufe hat man bei Löwen und verschiedenen anderen Tierarten beobachtet.

Das Vorhandensein eines solchen Gewaltschemas ist eine entscheidende Information. Einsteins allgemeine Relativitätstheorie mußte davon ausgehen, Licht werde durch die Sonne gekrümmt, und als man das als richtig erkannte, wurde die Theorie in viel größerem Umfang akzeptiert. Die soziobiologische Theorie mit ihrer Betonung von individueller Selektion und Wettbewerb gegenüber der Gruppenselektion würde das Vorhandensein einer Erscheinung wie Nachwuchsmord aus Konkurrenzgründen vorhersagen müssen, und ihre Entdeckung bedeutet zumindest für höhere Tiere praktisch das Ende der Gruppenselektion. Hier handelt es sich um ein Schema – und es ist nicht einzigartig –, das offenkundige ernste Nachteile für die Gruppe aufweist, während es einigen Individuen einen großen evolutionären Vorteil zuweist. Dieses letztere Prinzip scheint gewiß für viele menschliche Gruppen zu gelten. Gruppenselektion – der behauptete Prozeß, durch den eine Population als Ganzes über eine andere Population die Oberhand behält – ist nirgends gefunden worden. Und so sehr es auch in vieler Beziehung anregend sein mag, es liefert einfach kein so logisches Bild dafür, wie die Evolution vor sich gegangen ist, als die individuelle Auslese. Die Beweislast liegt jetzt bei den Verfechtern der Gruppenselektion. Inzwischen müssen wir die Haltung von George C. Williams und anderen Vertretern der neueren Ansicht akzeptieren, daß jedes Individuum in seiner Umwelt mit jedem anderen in Wettbewerb steht, zumindest im evolutionären Sinn und auf lange Sicht. Aggression hat sich entwickelt, um den Interessen von Individuen zu dienen, und das ist der Grund, warum manche Individuen sie um so vieles erfolgreicher gebrauchen als andere.

Was die menschliche Phylogenie angeht, können wir im Augenblick nur wenig sagen. Vor einigen Jahren herrschte die Ansicht, die Evolution menschlichen Jagens hätte wichtige Konsequenzen für die Natur der menschlichen Aggression. Das ist nicht wahrscheinlich. Wie wir gesehen haben, gibt es wenig oder kein Beweismaterial, physiologisch oder verhaltensmäßig, dafür, daß räuberische Aggression mit intraspezifischer Aggression viel gemeinsam hätte. In der ganzen Tierwelt gibt es Beispiele für pflanzenfressende Arten, deren Angehörige sich heftig bekämpfen, und die auch die natürlichen Waffen besitzen, um schwere Schäden anzurichten. Sogar unsere engsten Verwandten, die Schimpansen, bei denen Fleisch einen sehr kleinen Teil der Nahrung ausmacht, kennen intraspezifische Aggression schlimmster Art, einschließlich Gewalt zwischen Gruppen an Territoriumsgrenzen, gewaltsame Angriffe auf Weibchen durch viel größere Männchen, und Konkurrenz-Jungenmord, begangen von Weibchen an den Jungen anderer Weibchen. In dieser gewöhnlich sanften Gattung gibt es die volle Bandbreite gewalttätigen Verhaltens und des Ausdrucks von Gewalt.

Das Problem von Gewalt unter Menschen überschattet natürlich jede Diskussion dieser Art. Da offenkundig ist, daß ich an das Vorhandensein angeborener aggressiver Tendenzen im Menschen glaube, wäre der einfachste Ausweg für mich der, die gewalttätigsten menschlichen Gesellschaften zu beschreiben: die Yanomamo im Hochland von Venezuela, die Dani im Hochland von Neu-Guinea, die Prärieindianer der Vereinigten Staaten, die Zulus im südlichen Afrika, die Deutschen des Dritten Reichs. Es wird aber interessanter sein, sich die am wenigsten gewalttätigen anzusehen. Unterschiede im Maß der Gewalt zwischen Kulturen und Gesellschaften sind real und groß, und ein Verständnis der Grundlage dieser Unterschiede wird uns helfen, eine Strategie für die Verringerung von Gewalt zu entwickeln. Aber zuerst kommt es darauf an, den Mythos zu zerstören, es gäbe Gesellschaften, in denen die Menschen zur Gewalt unfähig sind.

Die !Kung San von Botswana werden häufig als Lehrbeispiel für das am wenigsten gewalttätige Ende des menschlichen Kulturspektrums zitiert. Das sind sie. Aber es ist sehr weit entfernt davon, völliger Gewaltlosigkeit zu entsprechen. Sie haben eine Mordrate, die laut Richard Lee (der ursprünglich der Meinung angehangen hatte, sie wären gewaltlos), die so hoch oder höher ist als die Rate in den meisten amerikanischen Großstädten und in der Art nicht sehr verschieden. Viele Leute unter den !Kung sind zur Gewalt durchaus fähig, und es gibt zusätzlich zu den verzeichneten Mordtaten viele nicht tödliche Akte der Gewalt. Während die !Kung wie die meisten Wildbeuter keinen Krieg oder andere organisierte Gruppenkonflikte kennen, macht ihre ausdrücklich kundgegebene Verachtung für Nicht-San, für San, die andere Sprachen sprechen als !Kung, und sogar für !Kung in anderen Dörfer-Lagern, die nicht ihre Verwandten sind, völlig klar, daß sie, wenn sie die technische Gelegenheit und die ökologische Notwendigkeit besäßen, Krieg zu führen, vermutlich der erforderlichen Emotionen fähig wären, und das trotz ihrer oft erklärten Abneigung gegen und Furcht vor dem Krieg.

Die Semai von Malaysia sind eine Gesellschaft, die fast so einfach ist wie die der !Kung. Sie sind Thema einer Studie des Anthropologen Robert Knox Dentan. Unter ihnen soll Gewalt fast nicht-existent und ihnen verhaßt sein. ‹Seit 1956 bei den Semai erstmals eine Volkszählung durchgeführt wurde›, schreibt Dentan, ‹ist der Regierung oder den Krankenhausverwaltungen kein einziger Fall von Mord, Mordversuch oder Verstümmelung zur Kenntnis gelangt.›

Die Leute schlagen ihre Kinder nicht oft und teilen fast nie die Art von Prügel aus, die in manchen Bereichen der euro-amerikanischen Gesellschaft üblich ist. Eine Person sollte nie ein Kind schlagen, weil, so sagen die Leute: «Wie würde man sich fühlen, wenn es stürbe ...» Ähnlich sollte ein Erwachsener nie einen anderen schlagen, weil, so sagen sie: ‹Angenommen, er schlägt zurück?› ...

An dieser Stelle sollte klar sein, daß die Semai keine großen Krieger sind. Solange die Außenwelt von ihnen weiß, sind sie stets lieber geflohen als zu kämpfen oder auch nur das Risiko eines Kampfes auf sich zu nehmen. Sie hatten bis zum kommunistischen Aufstand Anfang der fünfziger Jahre, als die Briten unter den Semai, vor allem im Westen, Truppen aushoben, nie an einem Krieg oder an Überfällen teilgenommen. Ursprünglich wurden die meisten der Rekruten wohl durch Löhne, schöne Kleidung, Flinten und so weiter angelockt. Viele begriffen nicht, daß Soldaten Menschen töten. Als ich einem Semai-Rekruten klarmachen wollte, Töten sei die Aufgabe eines Soldaten, lachte er über meine Unwissenheit und erklärte: «Nein, wir töten keine Menschen, Bruder, wir jäten nur Unkraut und schneiden Gras.» Offenbar hatte er bis zu diesem Zeitpunkt nichts anderes zu tun bekommen.

Als die Semai von den Briten in den fünfziger Jahren aber zur Bekämpfung von Aufständischen verlockt wurden, zeigten sie für Fähigkeit zur Gewalt Beweise genug. Dentan fährt fort:

Viele Leute, die die Semai kannten, behaupteten, solche unkriegerischen Menschen könnten nie gute Soldaten werden. Interessanterweise irrten sie sich. Kommunistische Terroristen hatten die Verwandten einiger Semai-Soldaten getötet. Aus ihrer gewaltlosen Gesellschaft herausgerissen und mit dem Befehl versehen, zu töten, schienen sie einer Art Rausch zu verfallen, den sie ‹Bluttrunkenheit› nennen. Der typische Bericht eines Kampfteilnehmers: «Wir töteten, töteten, töteten. Die Malaien hörten auf und durchsuchten die Taschen der Leute, um Uhren und Geld an sich zu nehmen. Wir dachten nicht an Uhren oder Geld. Wir dachten nur ans Töten. Wah, wir waren wirklich trunken vom Blut.» Ein Mann erzählte sogar, wie er das Blut eines Mannes getrunken hatte, den er getötet hatte.

So erstaunlich diese Schilderung ist, in mancher Beziehung verwundert sie weniger als die Anpassung, die dem Semai-Erlebnis mit der Kriegsführung folgte:

Die Semai wirken versonnen, wenn sie von diesen Erlebnissen berichten, nicht unerfreut darüber, so gute Soldaten gewesen zu sein, aber nicht fähig, ihr Verhalten zu erklären. Es ist beinahe so, als hätten sie das Erlebnis in einem getrennten Fach verwahrt, fern vom gleichmäßigen Ablauf ihres Lebens. Wieder zurück in der Semai-Gesellschaft, scheinen sie so sanft und der Gewalt gegenüber ängstlich wie alle anderen. Für sie scheint der eine Ausbruch ihrer Gewaltsamkeit so fern zu sein wie etwas, das jemand anderem in einem anderen Land zugestoßen ist. Das gewaltlose Bild bleibt intakt.

Trotz dieser düsteren Umkehrung einer gewaltlosen kulturellen Tradition gibt es Hinweise, kulturelle Zusammenhänge könnten konstruiert werden, daß sie die Wahrscheinlichkeit bestimmter Arten von Gewalt verringern. Eine Feststellung der Anthropologen John Whiting und Beatrice Blyth Whiting ist hier von Interesse und schlägt einen viel positiveren Ton an. Sie entdeckten in einer weitreichenden Kulturvergleichsstudie, daß die Intimität unter Ehepartnern anscheinend mit organisiertem Gruppenkonflikt nicht zu vereinbaren ist. Gesellschaften, in denen Ehepaare zusammen essen, schlafen und gemeinsam die Kinder versorgen, gehören zu den am wenigsten gewalttätigen; diejenigen dagegen, die sich im Zusammenhang von ständigem oder zumindest zeitweiligem Kampf organisiert haben, halten es oft für notwendig, die Männer vom Einfluß der Frauen und Kinder fernzuhalten, sie zum Schlafen und Essen in getrennten Männerhäusern unterzubringen, in Männergesellschaften zu überführen, wo sogar kleine Jungen stark unter Streß gesetzt und aktiv für den Kampf ausgebildet werden. Die Studie der Whitings stellte auf einer quantitativen Basis eine Reihe von Hypothesen auf, die in anderer Form von Lionel Tiger in seinem Buch ‹Men in Groups› vorgelegt werden. Wenn Männer in Gruppen zusammenkommen, geschieht etwas; man versteht es noch nicht gut, aber es ist natürlich und ganz und gar nicht erfreulich.

Die Version, die diese Theorie bei den Whitings annimmt, verleiht dem beliebten Satz ‹Mach Liebe, nicht Krieg› Sinn, verbessert ihn sogar und verleiht ihm neue und interessante Bedeutung, weil dieses Schlagwort ‹Liebe› wohl gar nicht gemeint hat.

Gleichgültig, was wir an kultureller Konditionierung leisten, wir müssen die Tatsache bedenken, daß menschliche Wesen, die erzogen und konditioniert sind, gewaltlos zu sein, die Fähigkeit für Gewalt behalten; so eingeschränkt diese Fähigkeit in manchen Zusammenhängen auch sein mag, in anderen kann sie zutage treten. Sie ist unterdrückt, verringert, latent, ja. Aber ausgelöscht ist sie nie. Sie ist niemals nicht-existent. Sie ist immer vorhanden.

Das ist die Lektion der Erfahrung der Semai, der gewaltlosen Leute von Malaysia, und auf eine persönlichere Art von Richard James Herrin und Wang Yungtai. Einzusehen, daß es unmöglich ist, die Neigung zur Gewalt auszulöschen, bedeutet aber nicht, daß wir die Hände in den Schoß legen und alles einfach geschehen lassen. Die Semai sind zur Gewaltlosigkeit zurückgekehrt; vielleicht, wenn sie von den Briten nie rekrutiert und ausgebildet oder wenn ihre Verwandten nicht von den Kommunisten umgebracht worden wären – wenn man sie nie dem ganzen Schrecken des modernen Krieges ausgesetzt hätte – wären sie auf Dauer gewaltlos geblieben. Vielleicht, nur vielleicht, wenn die beiden jungen Männer, die so gewalttätig über ihre Angebeteten herfielen, nicht Traditionen des Brauchtums ausgesetzt gewesen wären, in denen Gewalt von Männern gegen Frauen zumindest als begreiflich angesehen wurde, hätten sie ihren Stolz – und ihren Kummer – hinuntergeschluckt und nicht zum Hammer gegriffen.

Was für mich aber gewiß zu sein scheint, ist, daß kein kulturelles Training, gleichgültig, wie es beschaffen sein mag, den Grundkern der Fähigkeit zur Gewalt beseitigen kann, der zum Wesen des Menschen gehört. Daß manche Sozialwissenschaftler und Philosophen weiterhin so tun, als seien die Menschen im Grunde friedlich, hat bisher offenkundig wenig an menschlicher Gewalt verhindert – und gerade diese Leistung wäre die einzig mögliche Rechtfertigung für die unaufgeklärte Verhüllung der Wahrheit. Vielleicht sollten wir eine Weile darauf verzichten und sehen, ob die andere Vermutung uns ein besseres Verständnis liefert; wenn das der Fall ist, wird unsere Chance, sie zu beherrschen, größer.

10 Furcht

Vor der Welt, wie sie ist, kann man nicht Angst genug haben.
Theodor Adorno, ‹Die autoritäre Persönlichkeit›

Was mich erregt, ist die Angst . . .
James Wright, ‹The Branch Will Not Break›

Wir sind in die Tiefen der Bestie hinabgestiegen, wo das Fauchen liegt, auf die Provokation lauernd. Welche Provokation? Vereitelte Begierde, abgewiesene Liebe, ungestillter Durst, bleibender Hunger, die Frustration, die bei praktisch jedem blockierten Motiv die Flut staut, das Beispiel von Wesen, die man bewundert, Schmerz von den Händen derer, die man haßt, oder einfach durch den langen, langsamen Verlauf des Wachstums brutal behandelt werden – aber vielleicht vor allem eine Ursache: Furcht.

‹Nozizeption› – das Schmerzempfinden – ist die erste Funktion nervöser Systeme, und der Schmerzreflex – das Zurückzucken vor Schmerz – liegt durchaus im Bereich von Wesen mit einer einzigen Nervenzelle. Der Schmerzreflex unterstützt sie weder bei Essen noch Trinken noch Fortpflanzung noch bei der Beutesuche, aber er ermöglicht ihnen, sich zurückzuziehen, zu fliehen.

Es ist gesagt worden, jedes Wesen stehe im Wettbewerb um das Überleben mit jedem anderen Wesen in seiner Umwelt; wenn das so ist, hat es gewiß viel von ihnen zu fürchten – von jedem von ihnen, gleichgültig, wie nah, wie ähnlich, wie nach normalen Regeln verbündet. Bedrohliche Wesen reichen vom Tiger am Hütteneingang über den Mann im eigenen Bett und den Säugling an der Brust bis zum Virus im Blut. Aber die Bedrohungen hören nicht mit lebenden Wesen auf. Licht, Dunkelheit, Hitze, Kälte, Höhen, Tiefen, Steinschlag, Wasser, Stürme, Erdbeben, Wind, die bloße Zeit, verbracht ohne Essen oder Trinken, die bloße Entfernung von dem, was man kennt – irgend etwas davon kann ein schlagartiges Ende für den Lauf eines Lebens oder ein Ende für Fortpflanzungserfolg sein, was (vom Standpunkt der natürlichen Selektion aus) auf dasselbe hinausläuft. Wesen sind deshalb dafür ausgerüstet – reichlich ausgerüstet – potentielle Drohungen zu entdecken und abzuweisen oder sich vor ihnen zurückzuziehen.

Schmerz, Streß, Furcht – subjektiv ganz unterschiedliche Wahrnehmungen, obschon oft gemeinsam auftretend – dienen alle dem Zweck, dem Organismus eine potentielle Bedrohung für Überleben oder

Fortpflanzung mitzuteilen. Schmerz und Furcht deuten auf eine sofortige Bedrohung, Streß auf eine langsamer wirkende. Paradoxerweise jedoch ist allen drei Signalen zu mißtrauen. Potentielle Bedrohungen sind so allgegenwärtig, daß dann, wenn jede Entdeckung einer solchen ein vollständiges artspezifisches Muster motorischer Aktion hervorrufen würde, die Tiere ihr Leben auf der Flucht oder im Versteck verbringen müßten, unfähig zu essen, zu trinken, zu spielen, zu schlafen, zu kopulieren oder für ihre Jungen zu sorgen – was alles Schmerz, Streß und Furcht *ohne* Flucht erzeugen kann. So können wir eine Herde von Karibus beobachten, die ruhig auf einer von Wölfen durchstreiften Tundrafläche weidet, ein Zebra, das in Angriffsnähe eines Rudels Löwen sein Fohlen beschnuppert, eine Menschenmutter, die einem an ansteckender Krankheit sterbenden Kind etwas vorsingt.

Furcht mag herrschen, aber ihre Herrschaft wird aufgehoben durch irgendein Motiv aus einer ganzen Reihe. Welche Empfindung sollen wir beim Karibu also unterstellen? Eine ständige Verkrampfung der Furcht, die anhält und gespürt, aber überwunden wird? Eine flüchtige Furcht, wenn der Wolf am Horizont auftaucht, gefolgt von Ruhe? Eine ständige leichte Angst unter der Oberfläche des Handelns, durch bestimmte Aktionen des Wolfs rasch verstärkt?

Und was treibt den menschlichen Jäger, trotz der Schmerzen in Beinen und Brust die Karibus weiter zu verfolgen? Was veranlaßt das junge Mädchen, dessen Hymen zerreißt, einen späteren, größeren Schmerz ankündigend, zu bleiben, statt zu flüchten? Was bringt das menschliche Tier (und andere, viel weniger mit Vorauswissen begabte) dazu, bestimmte Schmerzen zu ertragen und zu überwinden, während vor anderen, vergleichbaren Schmerzen die Flucht ergriffen wird?

Das Begreifen dieser Gleichgewichtszustände zwischen Schmerz, Angst, Streß und anderen Gefühlen erfordert zu allererst eine Erklärung der motorischen Leistung, die sie letztlich auflösen kann: Entweichen und Flucht. Entweichen und Flucht, die wir messen können, bilden eine letzte äußerliche Manifestation der betreffenden subjektiven Gefühle, die wir nicht messen können, jedenfalls nicht auf sehr direkte Weise. Dem Beispiel der Ethologen folgend, können wir (und sie haben das auch getan) die artspezifischen motorischen Aktionsabläufe charakterisieren, die bei verschiedenen Tieren zu Entweichen und Flucht führen. Wie zu erwarten, entkommen Karibus durch Laufen, Wildgänse durch Fliegen, Stichlinge durch Schwimmen. Nicht sehr interessant.

Dafür beanspruchen andere Einzelheiten des Bildes unsere Aufmerksamkeit. Beispielsweise gibt es *auslösende Reize*, die zuverlässig Entweichen und Flucht hervorrufen, und viele davon sind in hohem Maß artspezifisch. Beim Karibu, mit dem wir uns befaßt haben, wird die Flucht möglicherweise nicht ausgelöst, bis seine *Fluchtdistanz* – die Entfernung, auf die es immer noch des Entkommens sicher sein kann, sollte

Verfolgung einsetzen – vom Wolf verletzt wird. Aber diese Distanz ist variabel und ungewiß. Man denke an ein krankes, altes oder behindertes Karibu, das bei seiner Herde in der Nähe von Wölfen weidet, die außerhalb der Fluchtdistanz gesunder Herdentiere sind, aber weit innerhalb seiner eigenen. Es kann bei der Herde bleiben oder sich entfernen und weiter weggehen, aber in beiden Fällen ist es außerordentlich verwundbar und läuft höchste Gefahr, zur Beute zu werden.

Mit dem Ausmaß, in dem solche Auslösemechanismen angeboren sind, befassen wir uns gleich. Trotz der großen individuellen und durch Umstände bedingten Varianz, die sie zeigen, ist jedoch klar, daß die anatomischen Substrate – von der Erkennung von Wahrnehmungsmustern über einfache oder komplexe Neuralgeflechte bis zu den Effektorneuronen, die Hormone oder motorische Aktion hervorrufen – im wesentlichen festgelegt sind durch genetische Planung, die aus Tausenden Generationen Selektion herrührt.

Wie steht es mit der motorischen Aktion selbst – einer koordinierten, zeitlich exakt abgestimmten Auslösefolge, die bis zu Milliarden Nerven- und Muskelzellen umfaßt, nicht zu reden von Synthese und Ausschüttung einer Anzahl komplexer Hormone, die diese Zellen mit Energie versorgen und regulieren, binnen Sekunden ins Spiel gebracht, um einem Tier das Leben zu retten? Welche Anstrengung der Phantasie sollte uns zu der Vermutung bringen, ein solches System könnte durch Erfahrung im Verlauf einer einzigen Lebensspanne aufgebaut werden? Wir müssen im Gegenteil davon ausgehen, daß solche Abfolgen – modale Bewegungsabläufe – wie ihre begleitenden Auslösemechanismen lange vorher festgelegt werden, wenn auch mit beträchtlichem Spielraum. Diese Einsicht befreit uns aber nicht von der Verantwortlichkeit, die spezifischen Einzelheiten jedes Schemas oder Mechanismus zu erklären: die Funktion, die Entwicklung im Lebenszyklus und, das Interessanteste, seine Varianz bei Situationen und Individuen.

Außerdem bleibt eine Vielzahl weniger dramatischer Reaktionen, die sich in der Anordnung von motorischen Aktionen des Tieres um Entweichen und Flucht drängen – ihnen vorausgehen oder folgen oder unter ähnlichen Umständen auftreten, aber Entweichen oder Flucht noch nicht selbst darstellen. Einer der großen Beiträge von Tinbergen und den anderen klassischen Ethologen war der, *Intentionsbewegungen* als potentielle oder tatsächliche Kommunikationen zu erkennen. Ihre Ansicht ist, einfach ausgedrückt, diese: Wenn zwei Angehörige verschiedener Arten einander gegenüberstehen, können sie einander unbeachtet lassen oder auf direkte Weise Angriffs- und Fluchttätigkeit beginnen. Es ist in der Regel für sie nicht notwendig, ihre Absichten einander mitzuteilen, und es könnte sogar nachteilig für sie sein. Stehen aber einander zwei Angehörige derselben Art gegenüber, finden sie es vielleicht für notwendig, nah beieinander zu bleiben – weil sie mit Werbung beginnen oder weil sie sich gegen einen Feind zusammenschließen wollen, oder einfach nur deshalb, weil sie wohl oder übel die Ressourcen einer Nische oder eines Territoriums teilen. Es gibt keine Wirbeltierspezies, die so solitär wäre, daß ihre Angehörigen auf solche Konfrontationen nicht phylogenetisch vorbereitet sein müßten. Die Crux des Problems ist die: Wie können zwei Wesen, die in jedem Sinn fähig sind, einander Schaden zuzufügen, solchen Schaden vermeiden, ohne davonzulaufen?

Bei vielen Gattungen scheint eine Antwort in der Evolution von Beschwichtigungsgebärden zu liegen, die dem anderen Individuum zeigen (oder es zumindest glauben lassen), daß nichts Böses beabsichtigt sei. Tinbergen und andere haben gezeigt, daß in vielen Fällen diese Signale am einfachsten verstanden werden als Ausdruck gleichzeitig ausgelöster Absichten (und Motivationen), anzugreifen und zu flüchten; daher der Ausdruck ‹Intentionsbewegungen›. Im Verlauf der Evolution scheinen die angesprochenen Bewegungen jedoch fähig zu sein, sich von den Motivationen – ob furchtsam oder aggressiv – zu ‹emanzipieren›, die sie ursprünglich hervorgerufen haben; man sagt, daß sie an diesem Punkt ‹ritualisiert› worden sind.

Ein Beispiel: Der Zickzacktanz des männlichen Dreistachligen Stichlings kann ausgelegt werden als Angriffsabsicht, abwechselnd mit Fluchtabsicht; das Gebaren mancher Enten kombiniert Flügelbewegungen, identisch mit denen, die zum Flug führen, zusammen mit Kopfbewegungen und Körperhaltungen, die mit Angriff in Verbindung stehen; und Hunde und andere ihrer Verwandten stehen einander gegenüber, blecken das Gebiß und legen die Ohren zurück – das erste eine potentielle Drohung, das zweite eine Schutzkomponente der Flucht. Diese Kombinationen, ob abwechselnd oder gleichzeitig, scheinen sagen zu wollen: «Ich habe Angst vor dir, aber nicht soviel, daß ich vor dir weglaufe, und obwohl ich nicht kämpfen will, bin ich auch dazu bereit, wenn du darauf bestehst.»

Diese Signale beeinflussen deutlich den Motivationszustand des anderen Tiers, wie angezeigt durch die Häufigkeit von Angriff oder Flucht danach. Es ist in individuellen Fällen nicht klar, ob oder wieviel der ursprünglich mit diesen Bewegungen verbundenen Motivation vorhanden ist, wenn die Haltung aktiviert wird, aber es gibt vermutlich Fälle von größerer und geringerer Emanzipation. Zeigen beide Tiere ein solches Verhalten, so ist die Wahrscheinlichkeit wechselseitiger Schädigung zumindest vorerst verringert und fortgesetzte Nähe möglich – zusammen mit all den anderen Motivationen und Verhaltensweisen, die Nähe hervorruft.

Hier stehen wir vor zwei Komplikationen. Erstens können nicht nur Angriffs- und Fluchtneigungen, sondern auch Annäherungs-, Nahrungsaufnahme-, Werbungs-, Kopulations- und viele andere Tendenzen gleichzeitig erregt werden, mit dem Ergebnis, daß Intentionsbewegungen aus jedem Paar, jeder Triade oder einer komplexeren Kombination von Intentionen vereinigen können. Zweitens ist jede Kombination in Wahrheit ein Kontinuum. Beispielsweise werden in der Triade Angriff-Annäherung-Flucht verschiedene Grade jeder Tendenz oder jeden Motivs verschiedene Haltungen hervorrufen. Obwohl das Tier in allen Fällen an seinem Platz bleibt, kann das Übergewicht einer Angriffstendenz eine Drohgebärde hervorrufen (erkennbar durch eine durchwegs größere Wahrscheinlichkeit des Angriffs durch den Handelnden oder Flucht durch den Empfänger danach); das Vorherrschen der Annäherungsneigung kann eine Werbegebärde erzeugen (erkennbar durch das Geschlecht der Beteiligten und die Wahrscheinlichkeit einer Paarbildung); und das Vorherrschen der Fluchttendenz kann eine Beschwichtigungs- oder Unterwerfungsgebärde hervorbringen (erkennbar durch die größere Wahrscheinlichkeit von Flucht durch den Handelnden oder Angriff durch den Empfänger). Im Fall des Genitalpräsentierens bei den Totenkopfäffchen, das in einem früheren Kapitel besprochen wurde, haben wir Elemente, die mit dem Sexuellen in Verbindung stehen (wie das Vorzeigen der Genitalien), verbunden mit Gesichtsausdruck in Beziehung auf Angriff und Lautgebungen, die auf verschiedene Weise und vielleicht mehrdeutig hohe Erregung bekunden. So nimmt es nicht Wunder, daß diese Haltung manchmal als sexuelle Annäherung genutzt wird, aber auch als aggressive oder defensive Drohung verwendbar ist – ihre Interpretation durch den Empfänger hängt offenkundig nicht nur von der Haltungsweise ab, sondern auch vom jeweiligen Alter, Geschlecht und der Größe der konfrontierten Tiere.

Als Folge dieses Kontinuums ist es unausweichlich, daß zwei Individuen, jedes mit einer Kombination der Triade Angriff-Annäherung-Flucht, die Begegnung oft mit veränderter Haltung beginnen oder zumindest beenden. Tier A zeigt vielleicht, was man besser eine Drohgebärde nennt, während Tier B eine Beschwichtigungs- oder Unterwerfungsgebärde zeigt. Wenn das ihre erste solche Begegnung ist und die meisten folgenden Begegnungen auf dieselbe Weise enden, kann es nützlich werden, davon zu sprechen, daß sie ein Dominanzverhältnis haben, in dem A über B dominiert. Sollte B bei einer späteren Begegnung A mit einer Eskalation von Drohungen herausfordern, könnte es zu einem Kampf kommen, der die ursprüngliche Dominanzrichtung in der Beziehung bestätigt oder verändert. Bis zu einem gewissen Grad – umstritten ist das Ausmaß, aber nicht die Tatsache – sind wichtige Ressourcen entsprechend der Dominanzrichtung unterschiedlich verteilt. Zu solchen Ressourcen gehören Territorium, Nahrung, und, vor allem während der Brunstzeit, Zugang zu Angehörigen des anderen Geschlechts.

Das Beweismaterial, daß Dominanz Fortpflanzungserfolg stark beeinflußt, erbrachte, was für die Evolutionstheorie zu einer klassischen Frage geworden ist: Wie werden Beschwichtigungs- und Unterwerfungsgebärden und entsprechende Verhaltensweisen durch natürliche Selektion bewahrt und übertragen? Die ursprüngliche Antwort hing von der Gruppenselektionstheorie ab – der schon besprochenen Meinung, nicht lediglich Individuen und Linien, sondern größere Sozialgruppen seien Selektionseinheiten und könnten miteinander so im Wettbewerb stehen, daß Merkmale, die für eine Gruppe günstig sind, trotz des Nachteils, den sie Individuen, wo sie auftreten, bereiten mögen, bewahrt werden.

Inzwischen ist klargeworden, daß die Gruppenselektionstheorie zumindest unnötig ist, um das Problem zu lösen. Wie der englische Verhaltensökologe David Lack betont, kann auch das dominierendste Tier nie alle Angehörigen des anderen Geschlechts bekommen, so daß beschwichtigende, unterwerfende und andere Haltungen der Furcht durch das als zweites dominierende Tier künftigen Generationen vermittelt werden können. Andere Faktoren könnten die Wahrscheinlichkeit einschließen, daß das dominierendste Tier trotzdem zu bestimmten Zeiten, vor allem in frühen und späten Stadien des Lebens, Verwendung für Beschwichtigung finden kann. Es besteht keine theoretische Notwendigkeit, Vorteile für die Gruppe, wie effizientes Verstreuen von Individuen oder allgemeine Verringerung von Konflikten, aufzurufen; es ergibt einen großen und offenkundig individuellen Vorteil für das weniger dominierende Tier und seine Nachkommen, Furcht zu empfinden, zu beschwichtigen oder sich zu unterwerfen und am Leben zu bleiben, um ein andermal zu kämpfen oder sich fortzupflanzen.

Man weiß seit Darwins ‹Ausdruck der Emotionen›, und es wurde vor kurzem durch die Arbeit des deutschen Ethologen Eibl-Eibesfeldt und des amerikanischen Psychologen Paul Ekman bestätigt und erweitert, daß der Gesichtsausdruck von Menschen in Situationen, die Furcht hervorrufen, in allen Kulturen ganz gleich ist. Überdies werden Photographien dieses Gesichtsausdrucks, die gewiß schwerer auszulegen sein müssen als die wirkliche Erscheinung, von Individuen in sehr unterschiedlichen Kulturen und Populationen als furchtsam bezeichnet. Der Mund ist halb geöffnet, die Mundwinkel sind stark zurückgezogen, die Zähne meist bedeckt, die Ohren zurückgelegt, die Augen weit aufgerissen, die Brauen hochgezogen, die Stirn ist vielleicht gefurcht. Die Punkt für Punkt vorhandene Ähnlichkeit mit Mienenspiel, das bei vielen anderen Säugetieren Furcht anzeigt, ist unübersehbar, und es ist wahrscheinlich, daß Phylogenie, Physiologie und Genetik beim Menschen dem Muster der Säugetiere im allgemeinen ebenso folgen wie die Phänomenologie. Vermutlich spiegeln Ausmaß von Zähneblecken und Stirnfurchen in gewissem Grad die Beimischung von Angriffstendenz, wie das bei den anderen Säugetieren der Fall ist.

Phylogenetisch etwas schwerer einzuordnen, vielleicht sogar abnorm, ist die wichtigste menschliche Beschwichtigungsgebärde, das

Lächeln. Aber selbst in diesem Fall gibt es ein klares Kontinuum vom Unterwerfungsgrinsen vieler nicht-menschlicher Primaten bis zum menschlichen Lächeln in Gegenwart eines Höhergestellten. Die Tatsache, daß wir so oft, sogar in Gegenwart eines Vorgesetzten, lächeln, ohne Furcht zu empfinden, ist kein Hindernis für die Hypothese der Homologie – gemeinsame Struktur, Funktion und evolutionärer Ursprung mit dem Unterwerfungsgrinsen eines Affen; bei vielen Gattungen nimmt man an, daß Beschwichtigungsgebärden im Verlauf der Evolution sich von den Emotionen emanzipiert haben, mit denen sie ursprünglich in Verbindung standen. Trotzdem ist es wahrscheinlich, daß das unbehagliche, sogar nervöse Lächeln, das jemand zeigt, wenn im Flur der Chef vorbeigeht, in jeder Beziehung, einschließlich Physiologie und Genetik, dem Grinsen entspricht, das ein Pavian zeigt, wenn er dort, wo in der Savanne Ähnlichkeit mit einem schmalen Flur besteht, an einem dominierenderen Pavian vorbeikommt.

Was geht wohl nach unserer Vermutung bei einer Furchthaltung im Organismus vor? Wie ist die neurale und endokrine Erklärung für die zu beobachtenden Verhaltensweisen und die subjektiv empfundene Emotion? Wie bei allen komplexen Emotionen ist es zu diesem Zeitpunkt unmöglich, solche Ursachen vollständig zu beschreiben, aber wir haben eine Anzahl interessanter Hinweise.

Zumindest seit Cannon ist bekannt, daß der sympathetische Teil des autonomen Nervensystems bei Furcht und Flucht ebenso erregt wird wie bei Zorn und Angriff. Diese Nervenordnung, Eingeweide und Kreislauf regelnd, ist verantwortlich für Erhöhung des Herzschlags, Anstieg des Blutdrucks, gesteigerten Blutzufluß zu den Muskeln und verringerte Zufuhr zu den Eingeweiden, die bei vielen Tieren Furcht und Flucht begleiten. Verantwortlich ist sie ferner für die Reflexentleerung von Blase und Darm, die dazu beiträgt, ein Tier auf die Flucht vor einem Räuber vorzubereiten, und die einen Menschen kurz vor einer Schlacht oder einer Hinrichtung demütigen kann.

Wie wir gesehen haben, stellen diese Reaktionen aber, so wichtig sie sind, nicht die Emotion selbst dar und erklären gewiß nicht die komplexen motorischen Aktionsabläufe bei flucht- und furchtbezogenen Haltungen. Die neurale Steuerung der letzteren muß im zentralen Nervensystem gesucht werden. Ein erster Hinweis kommt von Forschungen durch die Neurophysiologen H. Ursin und B. R. Kaada zur Stimulation der Amygdala – des mandelförmigen Kerns ungefähr zweieinhalb Zentimeter hinter den Schläfen im Schädel; um genau zu sein, den basalen (unteren) und lateralen (seitlichen) Teilen dieses Kerns, eines wichtigen Schaltzentrums des limbischen Systems. Man hat bei Katzen nachgewiesen, daß eine Reizung dieser Region mit einem sehr schwachen elektrischen Impuls Wachsamkeit und Orientierung auslösen kann – ein hellwaches Betrachten der Umgebung und Haltungsveränderungen, die eine

Art bewußter Bereitschaft anzeigen. Dieselbe Elektrode an derselben Stelle mit stärkerem Strom verursacht Furcht mit allen Merkmalen in Gesichtsmuskulatur und Haltung.

Das ist aus mehreren Gründen eine faszinierende Feststellung. Erstens bezieht sie die Amygdala in die normale Steuerung der Furcht ein – zumindest ein Anfang für die Neurologie des Problems. Zweitens deutet sie an, daß andere Untersuchungen die Amygdala mit Zorn in Verbindung bringen, daß die intime Beziehung zwischen Furcht und Wut, die wir phänomenologisch beobachten, in den rein strukturellen Begriffen des Nervensystems von Bedeutung sind. Schließlich wirft sie die Möglichkeit auf, daß es ein Kontinuum von Erregung gibt, und daß Wachsamkeit und Furcht bloße Punkte darin sind, ein Hinweis mit bedeutenden potentiellen Folgen für die Untersuchung von Intelligenz ebenso wie von Furcht.

Die Amygdala kann aber natürlich nicht mehr sein als Teil eines Schaltkreises, und die anderen Teile sind von gleichem Interesse. Im letzten Kapitel wurde erwähnt, daß eine Sichtweise der Gewalt davon ausgeht, die Amygdala und die Septum-Hippocampus-Schaltung stünden im Wettbewerb um die Steuerung des Hypothalamus, und daß, wenn die Amygdala dominiert, Gewalt verstärkt, wenn aber die Septum-Hippocampus-Schaltung dominiert, sie gehemmt werden kann. Obwohl diese Theorie umstritten ist, macht sie einen eleganten Eindruck und gilt etwa genausogut für die Steuerung der Furcht. Wie beim Zorn ist es der zentrale, untere Teil des Hypothalamus, der Furcht zu hemmen scheint, und die Amygdala scheint sie durch Hemmung des Hemmers zu fördern. (Solche ‹doppelten Negative› sind in Neuralschaltungen nicht selten.) Die letzte Wegstation in diesem vorgeschlagenen System ist die zentrale graue Region des Mittelhirns, wie sie das schon bei der Furcht war. Die ‹Tendenz› dieser Region ist die, die motorischen Aktionen (und vielleicht die Gefühle) zu fördern, die mit Furcht oder Zorn in Verbindung stehen; die meiste Zeit hindert der zentrale, untere (‹ventromediale›) Teil des Hypothalamus das Mittelhirn daran, dieser Neigung zu folgen; und die Amygdala, die vermutlich von Zeit zu Zeit Signale von vielen, einschließlich höheren, Teilen des Gehirns integriert, hindert den Hypothalamus, seine Verhinderung auszuüben.

Es ist durchaus wahrscheinlich, daß andere Teile des zentralen Nervensystems, vor allem das limbische System, bei der Verursachung von Furcht eine Rolle spielen. Beispielsweise ist das Cingulum, ein wichtiges Faserbündel des limbischen Systems, das Hirnrinde und Hippocampus verbindet, bei einem psychochirurgischen Verfahren durchtrennt worden, in dem Bestreben, behindernde Phobien zu verringern, und es gibt Behauptungen, daß die Ergebnisse erfolgreich gewesen seien. Manche Laborexperimente weisen auch auf eine Beziehung zwischen diesem Faserbündel und Ausweich- oder Fluchtreaktionen hin.

Bemerkungen in Kapitel 9 zur Endokrinphysiologie des Zorns sind für die Physiologie der Furcht unmittelbar von Belang. Da beide Emotionen (und das dazugehörige Verhalten Aktivierung der allgemeinen Streßreaktion des Körpers betreffen, ist die Reihe von Streßhormonen, die in den beiden Fällen ausgeschüttet werden, ganz ähnlich. Eine Weile gab es eine Hypothese, daß Noradrenalin, der von den Nervenenden des sympathetischen Nervensystems ausgeschüttete Neurotransmitter (bei manchen Arten von der Nebenniere) in erster Linie mit der Förderung von Aggression zusammenhängt, während das Schwesterhormon Adrenalin, erzeugt von der Nebenniere bei allen Gattungen, die sie besitzen, in engerer Verbindung steht mit Furcht. Obwohl diese beiden ‹Katecholamine› sich nur durch eine Methylgruppe unterscheiden – ein Kohlenstoff- und drei Wasserstoffatome, die zum Noradrenalin hinzukommen, damit Adrenalin entsteht – ist das mehr als ausreichend, um ihnen gegenteilige Wirkung zu verleihen; oft unterscheiden sich ein Nährstoff und ein Gift um viel weniger. Diese Hypothese hat sich aber nicht halten lassen. Inzwischen dürfte wahrscheinlicher sein, daß Noradrenalin oder Adrenalin oder beide unter unterschiedlichen Bedingungen von Erregung und Streß ausgeschüttet werden können, um einen spezifischeren Ablauf von Aktivation oder Hemmung körperlicher Funktionen hervorzubringen. Mit anderen Worten: Wie üblich war das Funktionieren des Körpers komplexer als unsere einfache Theorie.

Einige faszinierende und inzwischen beinahe klassisch gewordene Experimente von Stanley Schachter, einem physiologischen Psychologen an der Columbia University, werfen Licht auf die umstrittene Rolle dieser Hormone. Schachter gab Freiwilligen unter drei verschiedenen Bedingungen Noradrenalin; eine sollte Zorn hervorrufen, die andere ein aufgeregtes Glücksgefühl erzeugen; eine neutrale Situation war in keiner Richtung emotionell vorgezeichnet. Verglichen mit freiwilligen Versuchspersonen, die Placebos erhielten, fühlten Personen, die Noradrenalin bekamen, sich *entweder* zorniger *oder* glücklicher erregt, je nach der Situation. Personen in der neutralen Situation reagierten auf das Hormon, aber nur mit allgemeiner Erregung oder sogar Übelkeit, nicht mit einer wahrnehmbaren Reaktion. Es scheint also die Möglichkeit zu bestehen, daß ein einziges Streßhormon bis zu einem gewissen Grad ein gemeinsamer Diener mehrerer verschiedener Erregungszustände ist.

Es gibt keinen guten Kandidaten für ein furchtsteigerndes Hormon in irgendeinem spezifischen Sinn. Es ist aber möglich, daß Testosteron für Aggression fördernd, für Furcht jedoch antagonistisch ist. Man kann beinahe mit Gewißheit sagen, daß es *durch* Furcht gehemmt wird; Furcht und Keimdrüsenfunktion besitzen eine Art Konkurrenzbeziehung in dem Sinn, daß die erste auf die zweite einwirken kann. Da man von Testosteron weiß, daß es bei verschiedenen Gattungen, wenn zwei Männchen für einen möglichen Kampf zusammengebracht werden, Aggression fördert, verringert es beinahe schon der Definition nach Furcht, zumindest in dieser Situation.

Das Auftreten von Furcht während des Lebensverlaufs hat sowohl beim Menschen wie bei vielen anderen Gattungen ausgedehnte Aufmerksamkeit durch die Forschung erfahren. Bei Mäusen, Ratten, Hunden und anderen Säugetieren ist völlig klar, daß der Grad an Furchtsamkeit in einem Individuum, einem Stamm oder einer Rasse in wichtigen Beziehungen eine Funktion von Genen ist. Wir haben uns schon mit einem Teil des Beweismaterials zur Vererbung von Furchtsamkeit bei Hunden befaßt. Nagetiere sind ausführlicher und systematischer untersucht worden. Beispielsweise werden Ratten in einer Situation getestet, die man als ‹offenes Feld› bezeichnet, einfach eine fremde, große, flache Kiste, in die man sie hineintut, und wo sie sich verhalten können, wie sie wollen. Angst auf offenem Feld (auch ‹Emotionalität› oder ‹Reaktivität› genannt) wird dadurch gemessen, daß man die Erkundungsaktivität (je weniger Erkundung, desto mehr Furcht) und das Ausmaß an Defäkation während des Tests mißt, ein einfacher Anzeiger für die Mobilisierung des autonomen Nervensystems vor der Flucht.

Wenn man mit Ratten beginnt, die bei diesen Messungen gleich abschneiden und dann diejenigen züchtet, die in jeder Generation stärker und weniger reagieren, fällt es leicht, innerhalb von etwa zehn Generationen zu zwei deutlich unterschiedenen genetischen Stämmen zu gelangen, von denen einer zehnmal so reaktiv ist wie der andere. Die Lockerung der Selektion nach fünfzehn Generationen führt dazu, daß die Stämme für mindestens die folgenden fünfundzwanzig Generationen in stabiler Weise weit voneinander getrennt bleiben. Aufziehen über Kreuz nach der Geburt läßt die Unterschiede zwischen den Linien unverändert, was zeigt, daß mütterliches Verhalten den Jungen gegenüber in dieser Beziehung keine wesentliche Rolle spielt. Reaktive oder furchtsame Männchen mit nicht-reaktiven Weibchen zu paaren, führt zu Nachkommen mit dazwischenliegender Furchtsamkeit, ebenso die umgekehrte Paarung von furchtsamen Weibchen mit furchtlosen Männchen. Die Nachkommen dieser beiden Paarungstypen unterscheiden sich nicht; das scheint die Möglichkeit auszuschließen, daß die Unterschiede in den Stämmen in hohem Maß Folge intrauteriner Effekte sind. Gene allein würden als ausreichend erscheinen, um die Ergebnisse bei speziell dieser Experimentreihe zu erklären, und das ist nur eine Experimentserie unter vielen, die zur selben Schlußfolgerung führen.

Dessen ungeachtet ist gut bewiesen, daß Erfahrung auf Furcht stark einwirkt. Mehrere einfache Arten von Lernen, die damit zusammenhängen, sind ausführlich untersucht worden: 1) Habituation, wobei Furcht dadurch verringert wird, daß man einfach den furchterregenden Reiz oder die Situation immer und immer wieder ohne nachteilige Folgen liefert; 2) klassische Pawlowsche Konditionierung, wobei ein furchterregender Reiz mit einem neutralen kombiniert wird und der neutrale schließlich Furcht erzeugt; 3) passive Vermeidungskonditionierung, wobei dem Individuum signalisiert wird, daß ein schmerzhafter Reiz (etwa ein Stromstoß) bevorsteht, so daß es mit der Zeit lernt, die Flucht zu ergreifen; und 4) aktive Vermeidungskonditionierung, wo der Fluchtweg versperrt ist, das Versuchstier aber dem schmerzhaften Reiz dadurch entgehen kann, daß es einen Hebel drückt oder irgend etwas anderes tut, wodurch der Stromstoß vorher abgeschaltet wird.

Diese Konditionierungsmethoden erzeugen oder verringern Furcht dadurch, daß sie in Beziehung zu Schmerz, zu anderen Ängsten oder zu anderen Folgen über einen angemessenen Weg der Erfahrung manipuliert wird. Der Fluchtreflex als Reaktion auf einen Nadelstich am Fuß tritt beim menschlichen Fötus mindestens noch nach vierzehn Wochen Schwangerschaft auf, und Habituation ist schon einige Zeit vor der Geburt möglich. Das ist in einem gewissen Sinn der erste Anhauch von Lernen. Die anderen Formen von Lernen in Verbindung mit Furcht können erst nach der Geburt stattfinden, aber es ist klar, daß Lernverstärkung und Furchtverringerung in dieser Dimension menschlicher Erfahrung im Lebensverlauf eine Rolle spielen.

Bei einer Demonstration, die in der Geschichte der Lerntheorie die berühmteste war und vielleicht noch ist, verschaffte John B. Watson, der vielseitige Begründer des amerikanischen Behaviorismus als psychologische Lehre, einem Kleinkind namens Albert einen festen Platz in der Geistesgeschichte, indem er ihm im Zusammenhang mit pelzigen Gegenständen Unsicherheit einprägte. Albert war leicht zu erschrecken durch den Lärm, den Schläge auf eine Metallstange hervorriefen; das wurde bei dem Experiment zum unkonditionierten Reiz – zu dem, was ohne Training wirkte. Wenn der Lärm mit einem pelzigen Objekt zusammentraf, bildete Albert eine klassische Assoziation und reagierte nach entsprechendem Training auf den Pelzgegenstand allein mit Furcht. Dieser Prozeß glich fast genau dem berühmten Pawlowschen Experiment, bei dem man eine Glocke läutete, wenn es Nahrung gab, bis die Versuchshunde schließlich auch auf den Ton der Glocke allein hin Speichel absonderten. Albert verallgemeinerte die neue Furcht auch vor Pelzgegenständen aller Art, darunter mehrere, die er zuvor nie gesehen hatte und auf Pelztiere. Watson behauptete, nicht nur Ängste von Kindern, sondern Ängste und Phobien in jedem Alter könnten erklärt werden durch klassische Konditionierungsprozesse wie jenen, den er bei Albert erfolgreich durchgeführt hatte.

Diese Ansicht läßt im Grunde zwei Schwierigkeiten erkennen. Erstens: Wieviele Kinder sind zu ihren Ängsten durch einen Prozeß klassischer Konditionierung gelangt, die auch nur entfernt jenem gleichen, der Albert Angst vor Tieren einimpfte? Zweitens: Was hat Alberts Furcht vor der Stahlstange hervorgerufen?

Die zweite Frage ist die interessante, weil sie den ganzen Komplex angeborener Ängste enthält. In den späten vierziger Jahren zeigte der kanadische Psychologe Donald Hebb, daß Schimpansenjunge, ohne die Gegenstände vorher zu kennen und ohne vorherige Konditionierung irgendwelcher Art, ebenso extreme Furcht zeigten, wenn sie eine Schlange oder die Totenmaske eines erwachsenen Schimpansen oder den Kadaver eines Schimpansenfötus gezeigt bekamen, wie bei einer Anzahl anderer Objekte. Es gab keinen Grund für die Annahme, daß diese Ängste die Folge der üblichen Lernprozesse waren, und Hebb schrieb eine berühmte Abhandlung über sie, in der er Spekulationen über einen Mechanismus für ihre Entwicklung anstellte. Er ging davon aus, daß sie nicht die Folge von Erfahrung mit den Objekten selbst seien, sondern von Erfahrung mit anderen Objekten. Vor dem Hintergrund des Wissens, das die Schimpansenjungen erworben hatten, waren die neuen Objekte diskrepant; sie riefen viele Wahrnehmungsschemata – im Gehirn gespeicherte Muster – auf, paßten aber in keines und riefen Erregung bis hin zur Furcht hervor. Das Gehirn, so sagte er, sei auf irgendeine Weise darauf angelegt, als Folge solcher kognitiver Widersprüchlichkeit Furcht zu erzeugen.

Inzwischen setzten die Ethologen in Europa ihre Untersuchungen eigener Art fort. Wie vielleicht zu erwarten gewesen war, benützten sie ein Tiermodell, das zugleich einfacher und natürlicher war – der furchtsame Duckreflex der Küken vieler Vögel als Reaktion auf den Anblick eines Habichts, der das Nest überflog. Tinbergen und Lorenz studierten diese Erscheinung und gelangten zu der Überzeugung, sie stelle einen klassischen angeborenen Auslösemechanismus dar, eine Reflexreaktion sowohl der Muskelkontraktion wie der Emotion auf eine Reizkonfiguration, für die es im Gehirn eine genetisch ‹verdrahtete› Darstellung gab.

Sie konnten zeigen, daß die volle Reaktion eintrat, wenn die Silhouette einer undeutlich habichtartigen Form über ein Nest von Jungvögeln bewegt wurde. Dieselbe Silhouette in der anderen Richtung zu ziehen – mit dem Schwanz voraus – löste die Reaktion aber *nicht* aus, und sie erklärten verständlicherweise, die zweite Bewegung gleiche eher einer Gans- oder Entenform (langer Hals, kurzer Schwanz), auf die zu reagieren die Küken nicht ‹vorprogrammiert› seien. Sie führten diese Untersuchungen aber bei Wildvögeln aus, so daß eine Rolle für die Erfahrung nicht ausgeschlossen werden konnte. Als ein jüngerer Ethologe, Wolfgang Schleidt, Versuche anstellte, stellte sich heraus, daß die habichtartige Bewegung wegen der Diskrepanz Furcht hervorrief: Mußten die Küken den Anblick der gänseartigen Bewegung über dem Nest mehrmals erleben, duckten sie sich als Reaktion auf den ‹Habicht›; waren sie jedoch vom Ausschlüpfen her an den Anblick der habichtartigen Bewegung gewöhnt, duckten sie sich in Reaktion auf die ‹Gans› und ließen den ‹Habicht› passieren, ohne zu reagieren.

So schien es sogar in diesem einfachen System ein Operations-prinzip zu geben, ähnlich dem, das Hebb für die Schimpansenjungen eingeführt hatte, nämlich, Abweichung von einem vorher festgelegten Wahrnehmungsschema. Hier sind aber drei einschränkende oder zumindest erläuternde Bemerkungen notwendig. Erstens: Wenn das Gehirn darauf angelegt ist, aus kognitivem Nichtzusammenpassen Furcht zu erzeugen, mag das weniger rätselhaft und leichter zu glauben sein, als daß es mit einer bestimmten Reaktion auf eine bestimmte Form programmiert sein sollte (ich für meine Person bin nicht sicher, daß das weniger rätselhaft *ist*); aber eine solche Anlage braucht nicht weniger angeboren und genetisch ‹festverdrahtet› zu sein als die Anlage der klassischen ethologischen Auslösemechanismen – es ist nur weniger spezifisch.

Zweitens ist klar, daß es Ängste gibt, die in hohem Maß spezifisch *sind*. Das gilt besonders für niedere Wirbeltiere. Aber ein hochragendes Objekt (oder seine Simulation) kann erschrecktes Weinen sogar beim jüngsten Kind hervorrufen; und der Rand einer Klippe (oder einer optischen Illusion, die ihn vortäuscht) wird Furcht nicht nur bei menschlichen Kleinstkindern hervorrufen, einschließlich derjenigen, die keine Erfahrung mit Höhe haben. Es fällt nicht im geringsten schwer, sich im Gehirn einen Schaltplan vorzustellen, der in der frühen Embryogenese von den Genen konstruiert wurde und als Reaktion auf diese vergleichsweise einfachen visuellen Reizkonfigurationen Furcht erregen sollte.

Am interessantesten ist aber der dritte Einwand. Wenn das Gehirn darauf angelegt ist, mit selektiver Kraft oder Schnelligkeit bestimmte Ängste zu erwerben, oder wenn die normale Umwelt, in der das Junge der Gattung aufwachsen muß (oder es zumindest fast immer tut), mehr oder weniger automatisch bestimmte Ängste erweckt, dann kann ein ebenso sicheres adaptives Resultat ohne neurologische Spezifität erzielt werden. Das heißt: Wenn man das Gehirn des Truthahnkükens auf Reaktion zur Nichtübereinstimmung verdrahtet, wird man in der normalen Umwelt dieses Wesen eine garantierte Furcht vor Habichten hervorrufen. Und man wird das bewirkt haben, ohne spezifisch und speziell ein angeborenes Habichtschema zu verdrahten. Gleichzeitig wird man einen allgemeinen Mechanimus verdrahtet haben – Reaktion auf Fehlanpassung – der dem Wesen in vielerlei anderer Beziehung von Nutzen sein kann.

Beide Möglichkeiten gelten für das Wachstum sozialer Ängste in menschlichen Kleinstkindern. Diese schließen ein die Angst vor Trennung von einer vertrauten Bezugsperson und Furcht vor fremden Personen, zumal dann, wenn es mit einer davon im Kontext einer fremden Umwelt konfrontiert wird. Die systematische Untersuchung dieser Erscheinungen steht jetzt in engster Verbindung mit dem Ruf von Mary Ainsworth, Psychologin an der University of Virginia und eine führende amerikanische Autorität für kindliches Sozialverhalten. Sie hat einen einfachen Test kindlicher Furchtsamkeit entwickelt und angewendet, bei dem Mutter und Kind in eine fremde, aber nicht bedrohliche Umwelt gesetzt werden; man führt eine freundliche, fremde Frau ein, die mit der Mutter spricht, mit dem Kind zu spielen versucht und beim Kind bleibt, wenn die Mutter geht; nach einer Trennung von drei Minuten kommt die Mutter wieder zurück. Danach erfolgt eine Trennung ohne Anwesenheit einer fremden Person und erneute Wiedervereinigung. Dieser Test mischt offenkundig die beiden Reaktionen, indem er Furcht vor Fremden und vor einer Trennung gleichzeitig erregt. Die Ergebnisse in *dieser* standardisierten Situation sind aber von vielen anderen Wissenschaftlern gefunden worden, die *andere* Situationen nutzten; in den meisten dieser Fälle blieb die Prüfung der beiden Ängste getrennt.

Die Resultate sind im wesentlichen folgende: Bei allen Kindern aus weit auseinanderliegenden Sozialklassen und Kulturen auf der ganzen Welt steigt der Prozentsatz von Kindern, die unruhig werden, weinen oder andere Anzeichen von Kummer zeigen, wenn die Mutter fortgeht oder eine fremde Person erscheint, nach dem Alter von sechs Monaten deutlich an. Bei allen Auswahlfällen zeigen manche oder sogar viele Kinder überhaupt keine deutliche Furcht, und manche reagieren auf Fremde positiv. Der Wachstumswandel ist aber im folgenden Sinn allgemein: Vor dem Alter von sechs Monaten und vor allem zwischen Geburt und vier Monaten sind Zeichen beider Ängste praktisch nicht vorhanden, während sie nach sieben oder acht Monaten sehr häufig auftauchen und in vielen Untersuchungen vorherrschen. Bei Kindern aus akademischen Familien und dem Arbeiterstand in den Vereinigten Staaten, bei Kindern in einem israelischen Kibbuz, wo der Kontakt Mutter-Kind nach unseren Maßstäben sehr begrenzt ist, im ländlichen und städtischen Guatemala, und unter den !Kung San von Botswana, bei denen die engste, intimste und nachsichtigste Mutter-Kind-Beziehung besteht, die jemals systematisch beschrieben worden ist, treten Trennungsangst und Fremdenfurcht während derselben Altersperiode ein. Es gibt große kulturvergleichende Unterschiede in dem Prozentsatz von Kindern, die in jedem ausgewählten Alter weinen, in dem Alter, zu dem der Prozentsatz seine Spitze erreicht, und in der Steilheit und Dauer des nachfolgenden Absinkens im weiteren Wachstum. Aber die Variationen in Form und Zeitpunkt der aufsteigenden Kurve zwischen dem Alter von sechs und fünfzehn Monaten sind gering oder nicht vorhanden; kulturelles Training trägt nicht viel dazu bei, die Veränderung zu beschleunigen oder abzubremsen.

Es ist deshalb am wahrscheinlichsten, daß die Veränderung eine Folge des Wachstums und, wie beim Aufkommen des Sozialächelns während der ersten Monate postnatalen Lebens, in erster Linie Ergebnis der Reifung im Nervensystem ist – Veränderungen, von denen die meisten sich im Prinzip von denen vor der Geburt nicht unterscheiden.

Sie sind von ganz verschiedener Art, aber ein kluger und leicht zu untersuchender Vergleichswert für alle ist die Bildung von Myelin um die Faseraxonen, die dazu bestimmt sind, Myelin zu erhalten, ein Punkt, der von Yakovlev, Flechsig und anderen gründlich untersucht worden ist.

Während der Zeit, die durch den aufsteigenden Teil der Furchtkurve dargestellt wird, erleben die Gehirne menschlicher Kinder einen raschen Prozeß von Myelinablagerung in allen wichtigen Faserbündeln des limbischen Systems: im Fornix, der Hippocampus mit Hypothalamus verbindet, im mammilothalamischen Trakt, der den Hypothalamus mit dem hinteren Kern des Thalamus und von dort aus mit der Hirnrinde verbindet; und im Cingulumbündel, das Hirnrinde mit Hippocampus verbindet. Diese großen Faserbündel – der Fornix ist so umfangreich wie der Sehnerv, der ein Drittel aller äußerlichen Sinneseindrücke dem Gehirn zuführt – stellen die Schlüsselbahnen des Papez-Zirkels dar, des Kerns des limbischen Systems oder ‹alten Säugergehirns›, und so kann man in einem echten Sinn vom ‹Strom des Fühlens› nicht sagen, er sei angemessen funktional, bis sie zumindest in erheblichem Maß mit Myelin umhüllt sind. Ein anderes Myelinisierungsereignis in diesem Alter, das außerhalb des limbischen Systems stattfindet und von Bedeutung für das Wachstum sozialer Ängste sein könnte, findet im Striatum statt, einem wichtigen Teil des ‹Reptilgehirns›, das nach MacLeans und anderer Meinung vieles von der neuralen Verursachung von modalen Bewegungsabläufen erklärt. In dem Maß, wie Weinen bei Trennung und beim Erscheinen von Fremden einen modalen Bewegungsablauf darstellt, der von einem angeborenen Auslösemechanismus erzeugt wird, könnte die Myelisation im Striatum zu Beginn eine Rolle spielen.

Und die Theorie mit der Fehlanpassung? Wenn solche Flexibilität für Küken gilt, müssen Menschen zumindest ebenso flexibel sein. Es gibt sogar gute Gründe für die Annahme, daß die Fehlanpassungstheorie für menschliche Kinder ebenso gilt. Da menschliche Fremde nicht in eine feste Wahrnehmungsform passen wie Habichte, ist die Möglichkeit einer Verdrahtung nach bestimmtem Muster ohnehin bedeutungslos. Der Mechanismus muß verallgemeinert werden, und Fehlanpassung ist ein guter Kandidat; das Kind speichert die Bilder bekannter Personen, und der Fremde (jeder Fremde) löst diese ‹Personenschemata› aus, paßt aber auf keines, so daß das Schaltsystem Furcht erzeugt. Welche Rolle spielt dann die Reifung? Keine kleinere als im einfacheren Fall eines verdrahteten Sonderschemas, reift in diesem Fall hier nur die Fähigkeit, Fehlanpassung zu erfahren und danach Aktionen und Emotionen zu erzeugen. Auch das erfordert funktionelle Neuralverdrahtung, und diese Verdrahtung muß ebenfalls zunehmen.

Es gibt Nachweise für die Reifung der Fehlanpassungskapazität aus anderen Experimenten, die sich von den Fremdenstudien unterscheiden. Jerome Kagan und seine Kollegen an der Harvard University haben viel Beweismaterial als Stütze für die Theorie beschafft, menschliche Kinder beschäftigen sich mit Reizmustern, die in der Diskrepanz zu denjenigen, mit denen sie vertraut sind, in der Mitte liegen – Muster, die weder zu ähnlich noch zu verschieden sind. Es ist aber klar, daß manche Formen mittlerer Diskrepanz – etwa eine Maske – Angst hervorrufen können. Ebenso ist wahrscheinlich, daß wir, nähmen wir Hebbs Schimpansenjunge (diejenigen, die auf Diskrepanz mit Furcht reagiert haben), mühelos weniger starke oder weniger spezifische Formen von Diskrepanz finden könnten, die nur Aufmerksamkeit und nicht Furcht erzeugen würden.

Obwohl diese Experimente mit menschlichen und Schimpansenkindern Fehlanpassung der Wahrnehmung betreffen, während die Katzenexperimente von Ursin und Kaada direkte Reizung des Gehirns betrafen, haben die beiden Prozesse dieses eine wichtige Merkmal gemein: Reizung auf geringer Stufe erzeugt Wachsamkeit, Erregung oder Interesse, starke Reizung Furcht oder Flucht.

Wenn wir die Tatsache betrachten, daß Wahrnehmungs-Fehlanpassung sozusagen eine Art indirekte Reizung des Gehirns darstellt, begreifen wir diesen Prozeß vielleicht leichter. Diese Feststellung ist aber nur eine Art ‹Abwinken› – das heißt, es besagt nicht viel – bis wir genauer darauf eingehen, wie Fehlanpassung bei Wahrnehmungsmustern das Gehirn tatsächlich stimuliert.

Aus mehreren Beweisketten ergibt sich nun ziemlich deutlich, daß der Hippocampus – eine größere Struktur, der Amygdala benachbart – mit dem Prozeß zu tun hat, neu präsentierte Wahrnehmungskonfigurationen mit den schon im Gehirn gespeicherten zu vergleichen. Der Meldung einer Nichtübereinstimmung an die Erregungs-Furcht-Mechanismen des Hypothalamus würde so praktisch den Hippocampus und sein wichtigstes Faserbündel, den Fornix, beteiligen müssen. Damit könnte die Fähigkeit von Kindern, auf Wahrnehmungsdiskrepanz von einem festgelegten Schema zu reagieren, von dem man weiß, daß sie während des Gehirnwachstums im ersten Lebensjahr zunimmt, zum Teil von der Myelisation der Fornix abhängen. Man kann sich beispielsweise vorstellen, daß die Annäherung eines Fremden bei dem Kind im Alter von zwölf Monaten zu einem raschen ‹Durchblättern› der im Gedächtnis des Kindes gespeicherten Gesichter führt (ein Vorgang, der Hippocampus und Fornix beanspruchen könnte), gefolgt von der Meldung einer Nichtübereinstimmung. Im Alter von vier Monaten, wenn der Fornix noch kein Myelin enthält, würde ein solcher Prozeß vielleicht so langsam ablaufen, daß er bei der Erzeugung von Erregung auf der Stufe von Furcht unwirksam wäre.

Es ist jedoch höchst unwahrscheinlich, daß die Fähigkeit, Nichtübereinstimmung zu entdecken, Furcht bei Kindern schon ganz beschreibt; wir brauchen nun eine Emotionsäußerung über die Nichtübereinstimmung. Wenn Papez und seine zahlreichen geistigen Nachkommen wirklich recht haben, könnte die Myelisation der Hauptfaserbündel des limbischen Systems während des zweiten Lebenshalbjahrs zu einem Quantensprung bei der Fähigkeit führen, über die parallel verlaufenden Fortschritte hinaus zu *fühlen*, die in kognitiver Fähigkeit und in der Steuerung angeborener Verhaltensmuster stattfinden mögen. Eben das Cingulumbündel, das im Alter von vier Monaten wenig oder kein Myelin besitzt und mit zwölf Monaten sehr viel, ist der Strang, dem durch psychiatrische Neurochirurgen Läsionen zugefügt werden, wenn sie therapieresistente Phobien behandeln. Es fällt schwer, sich vorzustellen, daß die durch das Fehlen von Myelin mit vier Monaten verursachte ‹Läsion› nichts zu tun haben soll mit der relativen Furchtlosigkeit dieser Altersgruppe. Allgemeiner: Es ist evident, daß die emotionelle Fähigkeit des Viermonatskinds im Vergleich mit der des Zwölfmonatigen nur in Ansätzen vorhanden ist, obwohl Letzteres nichts von den Feinheiten der Emotion und ihres Ausdrucks besitzt, die durch das Aufkommen der Sprache ermöglicht werden. Diese Entwicklungsveränderungen sind in der Hauptsache reifungsbedingt und unter strenger Kontrolle der Gene.

Es trifft aber nicht zu, daß es beim kulturellen Vergleich *keine* Unterschiede gäbe. Der Prozentsatz furchtsamer Kinder in einem bestimmten Alter, dem Alter der Zuspitzung der Furcht, und der Form der absteigenden Kurve sind, wie oben erwähnt, beträchtlicher Varianz unterworfen. Man begreift zwar nicht sehr gut, wie die Erfahrungen des Kindes die bekannten Unterschiede in der Ängstlichkeit beeinflussen können, aber es ist wahrscheinlich, daß die großen Unterschiede im sozialen Kontext des Kindes bei den verschiedenen Kulturen – einschließlich des Ausmaßes an Mutter-Kind-Kontakt und -Trennung, des Maßes an Erfahrung mit anderen Pflegepersonen und des Maßes an Kontakt mit Fremden – bei ihrer Verursachung eine Rolle spielen.

Viele Untersuchungen von Labortieren haben den Einfluß entscheidender früher Erfahrungen für die spätere Wahrscheinlichkeit von Furchtsamkeit nachgewiesen. Schleidts Arbeit bei der Reaktion von Küken auf Habichtsilhouetten ist schon erwähnt worden, aber es gibt viele andere Forschungswege. Dieselbe Situation des offenen Feldes, die dazu verwendet wurde, furchtsame und furchtlose genetische Stämme von Ratten zu testen, ist dazu benützt worden, das Vorhandensein starker Früherfahrungswirkungen auf Furcht in derselben Gattung zu untersuchen. Wir haben ein klares Bild von diesen Wirkungen, das wir in erster Linie dem Lebenswerk des vergleichenden Psychologen Victor Denenberg und seinen Kollegen verdanken. Ein Kontinuum verschiedener Erfahrungen, das verschiedenen Versuchsgruppen von Ratten in den ersten einundzwanzig Lebenstagen zugeführt wird – es reicht von dem, was man Reizung nennen könnte, wie Streicheln durch einen Menschen oder wenige Minuten am Tag in eine mit Sägemehl gefüllte Dose gesetzt werden, bis zu dem, was man gewiß Streß nennen würde, etwa, in der Dose geschüttelt oder einige Minuten auf einen Eisblock gesetzt werden – wird zuverlässig eine Reihe von Veränderungen hervorrufen, die schnelleres Wachstum, mehr Körpergewicht und Größe als Erwachsener, längere Überlebenszeiten unter verschiedenen Verhältnissen einschließen, die darauf berechnet sind, einer Ratte das Überleben zu erschweren, und, für das angeschnittene Thema am wesentlichsten, weniger Furchtsamkeit im Test des offenen Felds, ob beurteilt nach Erkundung, von der sie mehr leisten, oder durch Defäkation, von der weniger vorkommt.

Zu einem möglichen physiologischen Mechanismus für die Ergebnisse dieser frühen Stimulation gibt es einige Hinweise. Ratten, die in der ersten Lebenszeit stimuliert oder gestreßt werden – am Tag sind nur wenige Minuten erforderlich –, haben niedrigere Ausschüttungswerte von der Nebenniere im offenen Feld, wie kleinere Mengen Corticosteron nachweisen, bei den Ratten die Entsprechung zum menschlichen Streßhormon Hydrocortison. Anderes Beweismaterial deutet darauf hin, daß die ganze Aktivität dessen, was manchmal die ‹Hypophyen-Nebennierenrindenachse› genannt wird, das Steuersystem vom Hypothalamus zur Nebenniere über die Hypophyse bei den stimulierten Ratten verändert wird. Vorzugehen scheint Folgendes: Während wiederholter Streß- oder Reizungssituationen in der Kindheit wird die Achse Hypophyse-Nebenniere habituiert oder erschöpft, so daß sie später und während der Erwachsenenzeit weniger reagiert. Das ist aber nur eine Hypothese, und es ist möglich, daß es im Hypothalamus oder in anderen Bereichen des Gehirns ebenso neurale wie endokrine Veränderungen gibt.

Während man diese Erscheinung vielleicht als eine günstige Wirkung von frühem Streß auslegen kann (jedenfalls verringert sich die Furchtsamkeit), können andere Streßbelastungen bei anderen Gattungen die gegenteilige Wirkung haben. Isoliert aufgezogene Affen entwickeln ein Syndrom, das Ähnlichkeit mit Autismus besitzt, in dem sie sich von sozialem Kontakt zurückziehen und wackeln oder sich beißen, statt normale Ausflüge in ihre Umwelt zu unternehmen. Sie reagieren stärker, nicht geringer, auf Reize als normal aufgezogene Affen, und ihre schon erwähnte Hyperaggressivität ist vermutlich zum Teil eine durch Angst hervorgerufene Überreaktion.

Eindrucksvoller als solche Folgen extremer Streßbelastung und Entbehrung in Isolation ist der Nachweis durch Robert Hinde und seine Kollegen an der Cambridge University für langanhaltende Wirkungen kurzer Trennungen bei derselben Gattung, den Rhesusaffen. Trennt man ein Rhesusaffenjunges zweimal je sechs Tage während der ersten sechs Lebensmonate von seiner Mutter, so führt das zu wesentlich größerer

Angst vor dem Eintritt in eine fremde Umwelt im Alter von zwei Jahren. Für die meisten Wissenschaftler, die mit der Versuchsarbeit über das Aufziehen von Laboraffen vertraut sind, war das eine überraschend große und langanhaltende Wirkung dessen, was man als relativ geringen Eingriff bezeichnet hätte. (In Wahrheit wurde das als Modell dafür entwickelt, was mit einem menschlichen Mutter-Kind-Paar geschieht, wenn eines von ihnen ins Krankenhaus muß.)

Es gibt sogar Beweise dafür – und das wird von Interesse sein für Frauen, die sich Sorgen gemacht haben über die emotionelle Belastung, unter der sie während der Schwangerschaft standen – daß Rattenjunge verschiedene Grade von Furcht im offenen Feld zeigen, was von dem Maß an Furcht abhängt, das ihre Mütter während der Trächtigkeit erfahren haben. In einem einfallsreichen Versuch des Psychologen W. R. Thompson trainierte man künftige Rattenmütter, bevor sie befruchtet wurden, darauf, nach einem Warnsignal einen Stromstoß zu vermeiden. Während der Trächtigkeit wurden sie in den Schockapparat gelegt, hörten das Warnsignal und konnten nicht entkommen, erhielten aber keinen Stromstoß. Das rief in der Mutter einen Angstzustand hervor, der sich auf verschiedenerlei physiologische und endokrine Weise dem Fötus mitteilte. Bei Experimenten Thompsons und danach des Psychologen Justin Joffe konnte diese Behandlung auf komplexe Weise Furchtsamkeit im offenen Feld verändern und den Erwerb einer erlernten Vermeidungsaufgabe beschleunigen, vielleicht ein Hinweis auf gesteigerte Furchtsamkeit.

Die Literatur über Tierexperimente bestätigt also drei gängige Meinungen über die Auswirkungen früher Erfahrung auf Furchtsamkeit. Erstens gibt es im frühen Leben Streßbelastungen, vermutlich geringe, die Furchtsamkeit verringern können. Zweitens gibt es andere Streßbelastungen, gering oder stark, die sie steigern können. Drittens brauchen diese frühen Erfahrungen nicht unbedingt nach der Geburt einzutreten, um bedeutsame Auswirkungen zu haben. Diese Feststellungen liefern indirekte Unterstützung für den unter anderen Kulturen bei Yankees aus Neuengland und Prärieindianern gängige Meinung, man müsse ein Kind weinen lassen, um es abzuhärten; für die Ansicht der Psychoanalytiker, Phobien oder sogar neurotische Ängstlichkeit könnten zurückzuführen sein auf frühes psychologisches Trauma; und – obwohl das vielleicht zu weit geht – für den im Volksmund verankerten Glauben, durch ruhige Schwangerschaft entstehe ein ruhiges Kind. Es ist möglich, daß es ein Kontinuum von Wirkungen gibt, wobei geringer bis gemäßigter Streß eine begünstigende und schwerer Streß eine nachteilige Wirkung hat, aber das ist wohl eine zu krasse Vereinfachung. Auf jeden Fall ist keines der Bindeglieder stark genug, und bei allen diesen Punkten wird noch viel konkretes Beweismaterial nötig sein, bevor solche Verallgemeinerungen mit Zuversicht gemacht werden können. Was die Beweise aus den

Experimenten aber zeigen, ist, daß diese Absichten im Grundsatz alle mit Prozessen vereinbar sind, die unter kontrollierten Bedingungen bei nicht-menschlichen Säugetieren stattfinden.

Inzwischen wird klargeworden sein, daß Angst in der Erfahrung von Menschen und anderen Tieren völlig normal ist, sowohl im biologischen (adaptiv und physiologisch unausweichlich) wie im psychologischen Sinn (allgegenwärtig und universell) des Wortes ‹normal›. Angesichts der Varianz jedoch, die praktisch jedes Merkmal von Lebewesen begleiten muß – ob die Hauptursache der Varianz nun genetisch oder umweltbedingt oder, wie bei der Angst, beides ist – kann es keine Überraschung sein, daß einige abnorme Varianten in Erscheinung treten.

Offensichtlich spielt die Angst eine wichtige Rolle bei vielen bedeutsamen Syndromen geistiger Erkrankung. Da sie im menschlichen Erfahrungsbereich so allgegenwärtig ist, in fast jedem Fall erweckter Erregung ausgelöst, wird sie natürlich in der Phänomenologie psychiatrischer Störungen auftauchen. Ausdrücklich paranoide Phantasievorstellungen sind in vielen Fällen der Schizophrenie auffallend, und Rückzug aus dem Sozialleben, eine mögliche Folge von Sozialangst, ist in praktisch allen Fällen vorhanden. Kindheitsautismus, manchmal wegen der ähnlichen Art von Rückzugssymptomen Kindheitschizophrenie genannt, weist eine Phänomenologie auf, die in sozialen Zusammenhängen häufig von Angst bestimmt erscheint. Die Depression hat als eine ihrer Folgen einen schützenden sozialen Rückzug, und bei den manisch-depressiven Syndromen kann sie zum Teil durch Ängste verursacht sein, die im Sturm der Aktivität und Emotion während der manischen Phase entstehen. Bei den neurotischen Störungen stellen Ängste natürlich den Inhalt von Phobien dar, aber man nimmt auch an, daß sie den seltsamen Ritualen von Zwangsneurosen zugrundeliegen; und die Angstneurose, die im selben Maß die Neurose unserer Zeit ist wie die Konversionsneurose jene von Freuds Zeit, besitzt als Hauptsymptom eine leichte Form unbestimmter Angst.

Hier ist zwar nicht der Ort, die Rolle der Angst als Ursache oder Symptom in irgendeinem dieser Zustände zu untersuchen, aber es mag nützlich sein, drei Beispiele von besonderem Interesse zu betrachten. Eines betrifft die vielleicht erste ernsthafte Verbindung von Ethologie und Psychiatrie. Niko Tinbergen, eine der führenden Persönlichkeiten moderner Tierverhaltensforschung, beschäftigte sich Ende der sechziger Jahre mit dem Problem des Kindheitsautismus. Zusammen mit seiner Frau und Kollegin Elisabeth Tinbergen und unter Verwendung von Methoden und theoretischen Grundlagen der Ethologie, beobachtete und analysierte er ausführlich das Sozialverhalten autistischer Kinder und kam zu dem Schluß, einigen Fällen der Störung könnte im ursächlichen Sinn Angst zugrundeliegen. Nachdem sie dargetan hatten, daß autistisches Verhalten durch aufdringliches (nicht unbedingt bedrohliches)

Sozialverhalten von Seiten eines Erwachsenen gegenüber dem Kind verstärkt werden konnte, schlossen sie daraus, außerordentlich ängstliche Kinder liefen Gefahr, die Störung zu entwickeln, wenn sie in einer ausreichend bedrohenden – oder für sie vielleicht nur sehr aufdringlichen – sozialen Umwelt lebten. Man kann zwar nicht behaupten, diese Ansicht hätte bei den psychiatrischen Autoritäten weithin Anklang gefunden – und es steht beinahe fest, daß Kindheitsautismus ein diagnostischer ‹Abfallkorb› für mehrere deutlich unterscheidbare Störungen mit verschiedener Entwicklungsgeschichte ist – aber es läßt sich vorstellen, daß die Tinbergensche Theorie in manchen Fällen gültig ist.

Ein zweites Beispiel betrifft das Problem der Phobie. Einer von Freuds berühmten veröffentlichten Fällen war die Analyse des kleinen Hans, eines fünfjährigen Jungen mit einer außerordentlichen Angst vor Pferden – im Wien der Jahrhundertwende ein ernsthaftes Problem. Freud analysierte und behandelte den Fall ohne direkten Kontakt mit dem Kind, durch den Vater des Jungen, einen besorgten Arzt, der sich für Psychoanalyse interessierte. Damals hatte es noch keine direkte Kinderanalyse gegeben, und Freud gewann dem Fall besonderes Interesse ab, weil er direkten Zugang zu Prozessen ermöglichte, von denen er annahm, daß sie während der frühen Kindheit seiner Patienten stattgefunden hatten.

Die Analyse des kleinen Hans erforderte nicht viel tiefschürfende Untersuchungen, um Gedanken und Gefühle von der Art zutagezufördern, die bei Erwachsenen nur unter Schwierigkeiten aufzudecken waren. Hans sprach ausdrücklich und spontan von starkem Interesse an Penissen und ihrem Fehlen bei Frauen, von Intimität mit seiner Mutter, von Ängsten vor seinem Vater, von Eifersucht auf seine kleine Schwester um die Zuneigung der Mutter, sogar von seinem Wunsch, seine Mutter möge seinen Penis berühren. Nach der Geburt seiner Schwester wurde er stetig und zunehmend ängstlich und entwickelte mit der Zeit starke Furcht vor und Interesse an Pferden, was ihn hinderte, auf die Straße zu gehen oder sich viel mit anderen Dingen zu beschäftigen. Er sprach ausdrücklich von den großen Pferdepenissen, von Schlägen für Pferde, die er beobachtet hatte, und von verschiedenen eingebildeten Ähnlichkeiten zwischen seinem Vater und Pferden. Sein Vater begann eine regelmäßige Korrespondenz mit Freud; gemeinam analysierten sie Äußerungen, Verhalten und Träume des kleinen Hans. Ihr Vorgehen bestand darin, daß der Vater den ganzen Komplex von Assoziationen über Pferde, Genitalien, Sex und die starken Emotionen von Liebe und Zorn, die der kleine Hans für seine Mutter und seinen Vater empfand, beim Gespräch ins Bewußtsein zu heben versuchte. Mit der Zeit ließen die Ängste des Jungen nach und verschwanden, und sowohl Freud als auch die Eltern schrieben die Besserung der Analyse zu.

Eine ganze Reihe von Jahren danach wurde Freud von Hans im

Alter von 19 Jahren besucht, der offenkundig gesund und glücklich war und

behauptete, sich durchaus wohlzubefinden und an keinerlei Beschwerden oder Hemmungen zu leiden. Er war nicht nur ohne Schädigung durch die Pubertät gegangen, sondern hatte auch eine der schwersten Belastungsproben für sein Gefühlsleben gut bestanden. Seine Eltern hatten sich voneinander geschieden und jeder Teil eine neue Ehe geschlossen. Er lebe infolgedessen allein, stehe aber mit beiden Eltern gut und bedaure nur, daß er durch die Auflösung der Ehe von seiner lieben jüngeren Schwester getrennt worden sei.

Bemerkenswert (wenngleich von Freuds Standpunkt aus nicht überraschend) war die völlige Amnesie des jungen Mannes für die Phobie und alle damit zusammenhängenden Emotionen und Erlebnisse seiner frühen Kindheit. Als er die Fallgeschichte las, ‹erzählte er, es sei ihm alles fremd vorgekommen, er erkannte sich nicht›. So hätte sich (obwohl Freud das in seiner ‹Nachschrift›, die das spätere Zusammentreffen beschreibt, nicht erwähnt), wäre Hans mit 19 Jahren zur Analyse gekommen und der Analytiker über die früheren Ereignisse nicht unterrichtet gewesen, sich das Verfahren auf die üblichen Methoden der Anamnese durch Assoziation und Traumanalyse beschränkt – Versuche, die verlorenen Erinnerungen wiederzufinden. Schlimmer noch: Hätte der erwachsene Hans in dieser hypothetischen Situation sich endlich mit zutreffenden Einzelheiten an die frühe Phobie erinnert (und wir können nicht wissen, ob er dazu imstande gewesen wäre), hätte das ebenso unwahrscheinlich geklungen wie die Erinnerungen an Sexualität und Angst der frühen Kindheit in vielen anderen Erwachsenenanalysen.

Mit anderen Worten: Freud hatte ganz recht mit seiner Vermutung, eine Kinderanalyse werde von Natur aus glaubhafter sein als jede andere. Wir können in keiner Weise Gewißheit darüber haben, ob die Analyse zutreffend war oder mit dem Verschwinden der Phobie etwas zu tun hatte – viele Kinderphobien verschwinden ‹von selbst› durch Wachstum und Erfahrung, oder, gestützt durch üblichere Verringerung der Empfindlichkeit durch Lernen. Eine psychoanalytische Hypothese jedoch, die durch den Fall des kleinen Hans unwiderlegbar und großartig bestätigt wird, ist die, daß die zentralen emotionellen Befangenheiten unserer frühen Kindheit – die nicht nur Sex und Liebe enthalten, sondern auch so starke Ängste, daß man sie traumatisch und lähmend nennen kann – sich in einen abgelegenen Winkel des Gehirns abschieben lassen, wo sie nicht nur für unser normales Erwachsenenbewußtsein nicht zugänglich sind, sondern auch nicht für ein mühevolles Rückerinnern.

Als drittes und vorerst letztes Beispiel haben wir das Problem der Angst. Freud schrieb ein kurzes Buch unter dem Titel ‹Hemmung, Symptom und Angst›. Das ist vielleicht seine reifste und eleganteste

Erklärung für seine zentrale Theorie der Neurosenverursachung. Es wird notwendig sein, dann noch einmal dorthin zurückzukehren, wenn wir die Lust verstehen wollen, aber auch bei jeder Darstellung der Angst darf es nicht fehlen.

Er wiederholt und entwickelt hier die in der viel früheren Fallstudie des kleinen Hans eingeführte Hypothese, nämlich, Angst sei die Folge eines aus dem Instinkt entstehenden Wunsches, der zumindest zeitweise nicht mit dem Überleben vereinbar oder vom Bewußten so gesehen wird. Wir wollten im Vorbeigehen betonen, daß diese Definition, wenn sie wahr ist, Angst zu einem beinahe ständigen Komponenten des täglichen Lebens machen muß, weil die Einschätzung und Wegschiebung solcher instinktiver Wünsche die ganze Zeit über stattfindet. Freud wiederholt seine Hypothese zur Angst des kleinen Hans vor Pferden, verallgemeinert sie aber hier, um eine ‹infantile Tierphobie› als Kategorie einzuschließen. Eine tiefempfundene Angst – die vor der Kastration, ausgelöst durch starke Sexualwünsche – wird umgelenkt und maskiert sich als starke, aber vergleichsweise leicht zu akzeptierende Angst vor Tieren. So weist Freud ein Kontinuum zwischen Angst und Phobie nach und macht im folgenden klar, daß er die Absicht hat, sie für erwachsene Phobien ebenso gelten zu lassen wie für kindliche, und für viele irrationale Ängste ebenso wie für die Angst vor Tieren.

Am interessantesten ist aber, daß er auch die Frage nach der Beziehung zwischen Angst und Furcht (bei Freud ‹Realangst› AdÜ) wie folgt beantwortet: «Die Angst der Tierphobien ist also eine Affektreaktion des Ichs auf die Gefahr; die Gefahr die hier signalisiert wird, ist die der Kastration. *Kein anderer Unterschied von der Realangst, die das Ich normalerweise in Gefahrensituationen äußert,* als daß der Inhalt der Angst unbewußt bleibt und nur in einer Entstellung bewußt wird». (Hervorhebung von mir.) Freud akzeptiert das Vorhandensein eines Kontinuums von echter Furcht vor echter äußerer Gefahr über Angst, hervorgerufen durch potentiell gefährliche starke Wünsche, bis zu der irrationalen Furcht, an äußere Objekte gebunden, die in Wirklichkeit gar nicht so gefährlich sind.

Eine Perspektive, die vom heutigen Wissen über Verhaltensbiologie bestimmt wird, sollte, wie ich finde, davon erstaunlich viel übernehmen müssen. Man könnte beispielsweise über die ‹Irrationalität› von Furcht von Tieren streiten, die während der menschlichen Evolution die meiste Zeit gewiß Anlaß zur Furcht boten, müßte aber immer noch erklären, warum der kleine Hans diese Furcht stärker empfand als andere Kinder in Wien. Man könnte davor zurückscheuen, der Kastrationsangst einen zentralen Platz zuzugestehen, wenn sie nur eine von vielen vorstellbaren düsteren Folgen zu sein scheint, die sich einstellen, wenn man nicht fähig ist, seine instinktiven Wünsche unter Kontrolle zu halten. Im ganzen gesehen, ist Freuds Ansicht aber mit der Vorstellung zu vereinbaren, daß ein gleichmäßiges oder zumindest gleichmäßig wiederkehrendes Maß an Furchtsamkeit, ob vor spontan auftretenden äußeren Gefahren oder vor möglicherweise äußeren Konsequenzen unserer Wünsche, eine vorteilhafte Beigabe zum Überleben ist. Und es fällt nicht schwer, die Hypothese zu akzeptieren, daß dieses beharrliche Murmeln der Angst uns manchmal dazu führen wird, vor Objekten zurückzuzucken oder sie anzugreifen, die für uns keine wirkliche Gefahr darstellen.

Die meisten von uns reagieren auf dieses Murmeln in allen Altersbereichen nicht viel reifer, als der kleine Hans es getan hat. Das am zweithäufigsten verschriebene Medikament in den Vereinigten Staaten ist Valium, ein angstlinderndes Mittel. (Das am häufigsten verschriebene Mittel ist jetzt das neue Antikrebsmittel Cimetidine, das in bestimmten Fällen Valium möglicherweise sogar ersetzt.) Bei Valium wurde vor kurzem festgestellt, daß es seine Wirkung dadurch erzielt, daß es die Ausschüttung von Gamma-Aminobuttersäure (GABA) erhöht, einen hemmenden statt erregenden Neurotransmitter, der ungefähr ein Drittel aller Synapsenverbindungen in der Hirnrinde steuert.

Eine der Nebenwirkungen von Valium ist eine dämpfende Wirkung auf die Wachheit, nicht verwunderlich angesichts der Tatsache, daß Wachheit und Angst in einem Kontinuum der Erregung stehen. Vor ganz kurzer Zeit ist nachgewiesen worden, daß Äthanol (Äthylalkohol) der psychoaktive Stoff in Wein, Bier und Spirituosen, (unter anderen mutmaßlichen chemischen Wirkungen) eine verstärkende Wirkung auf GABA-Synapsen ähnlich der von Valium hat. Geschätzte fünf bis zehn Prozent der Amerikaner sind Alkoholiker, aber eine vielfach größere Zahl wäre notwendig für eine Schätzung jener, die regelmäßig Alkohol dazu benützen, Angst oder Furcht zu dämpfen (schon seit Urzeiten war er ein unentbehrliches Mittel an der Kampffront). Schätzungen des Wodkaverbrauchs in der Sowjetunion deuten nicht darauf hin, daß der ‹Neue Sowjetmensch› in wesentlichem Maß der Angstverringerung weniger bedürftig wäre als sein westliches Gegenstück. Und zumindest in den Vereinigten Staaten haben wir ein sich neu steigerndes Alkoholproblem bei Jugendlichen, was darauf hindeutet, daß sogar die Spannungen und Beunruhigungen der routinemäßigen Lösung von der Kindheit heute die Verstärkung von GABA durch künstliche Mittel erfordern.

Eine derartige psychische Alchemie ist aber kaum die bedrohlichste Konsequenz allgegenwärtiger Angst oder die schlimmste Lösung für universelle Furcht. Worüber wir uns wirklich Sorgen machen müssen, ist die Strategie des kleinen Hans ins Große übertragen. Zu verschiedenen Zeiten und an verschiedenen Orten der Menschheitsgeschichte haben ungeheure Mengen von Menschen erlaubt, daß ihre natürlichen Ängste nach außen gewendet und auf andere gerichtet wurden, die sie dann zu Opfern machten. Christen, Juden, Farbige, Einwanderer, ‹Hexen›, ‹Kommunisten›, ‹Reaktionäre› und ‹Kapitalisten› – um nur einen winzigen Bruchteil von den Kategorien der Menschen zu nennen, die zu verschiedenen Zeiten auf diese Weise herausgehoben wurden – sind für Millionen in den Mehrheiten ringsum zu den psychologischen Entsprechungen der Pferde des kleinen Hans geworden.

Nur hat Hans den Pferden natürlich nichts getan und konnte ihnen auch nichts tun. Nehmen wir denselben emotionellen Prozeß aus dem unschuldigen, schwachen kleinen Geist des kleinen Hans, in seiner Verwirrung isoliert, und setzen wir ihn auf eine Leinwand voller Menschenmassen, die Objekte ihrer Ängste in geringer Zahl und schwach unter ihnen; es ist nicht schwer, sich eine Degeneration der menschlichen Anständigkeit vorzustellen, wie die Geschichte sie uns oft gezeigt hat. Was noch mehr entmutigt, ist, daß diese Episoden von den natürlichsten der menschlichen Sozialängste gefördert werden. Die Xenophobie lebt von der natürlichen Angst vor Fremden; Konformität – die Angst davor, fremd zu *erscheinen* – von der Angst von der Trennung und Gehorsam der Autorität, einschließlich illegitimer Autorität, gegenüber, von der Angst, in der Dominanzhierarchie seinen Platz aufzugeben. Ängste, die uns während unserer Phylogenie in adaptiver Weise gedient haben, stellen eine durchaus zureichende Grundlage für diese verwerflichen, schrecklichen Episoden dar.

Man stelle sich diese alternative Situation vor. Statt die menschlichen Objekte der neu gebündelten Angst in eine kleine Minderheit zu stellen, die mitten in der Mehrheit lebt, setzen wir sie in eine geographisch entfernte, aber gegnerische Arena und machen sie zu einer vergleichbaren Mehrheit. Dann lassen wir zu, daß die natürliche Angst auf beiden Seiten nach außen gerichtet wird. Bald werden die Ängste gewiß aufhören, völlig irrational zu sein; jede Masse wird eben wegen ihrer Angst vor der anderen für sie eine Bedrohung sein. Aber bei der irrationalen Komponente darf man sich stets darauf verlassen, daß sie die Drohung verzerrend steigert; daher der vertraute ‹positive› Rückkopplungskreis›, der bis jetzt immer zum Krieg geführt hat. Darüber ließe sich natürlich viel sagen, aber hier ist nicht der Ort dazu. Es möge die Bemerkung genügen, daß keine vernünftige Analyse menschlichen Verhaltens umhin kann, einzuräumen, daß die Situationen, die menschliches Überleben und menschliche Würde in Vergangenheit, Gegenwart und Zukunft am ernsthaftesten gefährden, viel mehr der irrationalen Angst als dem irrationalen Zorn verhaftet sind.

Was die persönliche Dimension betrifft, so ist sie nicht ermutigender. Natürliche Selektion hat uns auf eine scharfe Schneide der Ungewißheit gestellt, von der wir mit Glück ins Wissen, öfter aber voll Unglück ins Zittern stürzen. Wir werden wach und winden uns, regen und winden uns, essen und winden uns, mühen und winden uns, lieben und winden uns sogar bei der Liebe. Im Gegensatz zu anderen Tieren müssen wir dem Tod wissend ins Auge blicken und sehen einen unersättlichen Schlund vor uns. Abgesehen davon gleichen wir – nicht bildlich, sondern konkret biologisch – dem Reh, das im Dunstlicht vor der Dämmerung feuchtes Gras zupft; kauend, ein betautes Kitz beschnuppernd, die neblige Luft atmend, ganz in Frieden; und plötzlich, ohne Grund, ein wilder Blick in die Runde.

11 Freude

*... daß sie von ihrem Schöpfer mit gewissen unveräußerlichen
Rechten ausgestattet sind, daß unter diesen Leben, Freiheit
und das Streben nach Glück sind ...*
Thomas Jefferson und Kollegen 1776

In den Vereinigten Staten ist es Tradition, in den Worten ‹Streben nach
Glück› ein hohes Maß von Thomas Jeffersons Weisheit zu erkennen. Es
war gewiß eine weitsichtige Vermutung von ihm, daß Glück für die
Bewohner des neu eroberten Kontinents zu einer Hauptbestrebung werden würde. Das war kein ausdrücklich ausgesprochenes Hauptziel für die
meisten früheren Gesellschaften gewesen, die, wenn nicht mit dem Überleben beschäftigt, sich, um weiterbestehen zu können, unter Banner wie
Reinheit, Geschichte, Bestimmung und Ruhm hatten scharen müssen.
Unterstellte man, daß die Schätze des amerikanischen Kontinents ein
solches Bestreben zu gestatten schienen, so empfahl es sich doch, nicht
mehr zu fordern als das Streben danach.

‹Streben› scheint das richtige Wort zu sein. Fragst du Menschen,
die dir vertrauen: «Bist du glücklich?» und hörst du kein Nein, heißt es
sehr häufig: «Schon, aber ...» Dieses Aber ist vielleicht nur ein Gesichtsausdruck und bedeutet in der Regel: «Ich bin nicht so sicher, ob ich weiß,
was Glück ist» oder «Ich sollte ja eigentlich glücklich sein» oder «Ich gebe
mir große Mühe und bin fast am Ziel» oder «Wie kommst du dazu, mir
zu unterstellen, ich sei nicht glücklich?» Natürlich gibt es immer auch
solche, die einen bei den Schultern packen und lauthals verkünden, wie
glücklich sie sind. Meistens haben sie eben geheiratet oder sind in Gott
wiedergeboren worden oder haben sich einen neuen Satz Golfschläger
gekauft oder sich kräftig einen angetrunken. Sie gehen auf unsere Vorstellung vom Glücklichsein nicht weiter ein, weil sie so sehr den Eindruck erwecken, sie liefen einem Sturz entgegen, dem man nicht im Wege
sein möchte.

Von einem Standpunkt der Evolution aus ist klar, daß Lebewesen durch Selektion mit der Neigung, wenn nicht dem Recht ausgestattet sind, nach Glück zu streben. Das läßt aber zwei Fragen offen: Wie
und warum sind sie mit der Fähigkeit ausgestattet, Glück zu *erfahren*,
und in welchem Ausmaß sind sie imstande, es zu erkennen, wenn sie es
fühlen?

Das Thema des vorigen Kapitels zeigt einen Teil der Schwierigkeit. In dem Maß, in welchem die Natur ‹der Kampf aller gegen alle› ist (und dieses Maß ist bedeutsam, wenn auch nicht absoluter Tyrann), müssen Lebewesen der Gefahr gegenüber wachsam sein. Wachsamkeit der Gefahr gegenüber mag eine Quelle kriegerischer Hochstimmung sein, aber bei den meisten von uns, die nicht Frontoffiziere sind (und, es sei denn vorübergehend, auch bei den meisten von diesen) meinen wir nicht das, wenn wir von Freude sprechen. Was die Drohungen betrifft, die aus dem Inneren kommen – die von unseren eigenen Bedürfnissen gestellt werden – rufen sie eine geistige Unruhe hervor, die kaum zu einer Hochstimmung führen kann, jedenfalls so lange nicht, bis diese Bedürfnisse entweder aufgegeben oder mehr oder weniger befriedigt sind.

Und doch können uns sowohl die äußeren wie die inneren Bedrohungen in einen Zustand der Freude oder wenigstens des Vergnügens versetzen. Dieses Paradox ist ziemlich leicht aufzulösen, wenn wir bedenken, daß ein Lebewesen wissen muß, wann die äußere Bedrohung umgangen oder beseitigt oder die innere durch irgendeine Befriedigung des Bedürfnisses überwunden ist. Äußere Ereignisse allgemein rufen eine Reihe von Organismusreaktionen hervor, die, wie im letzten Kapitel erwähnt, in einem Bereich zwischen dem, was wir Wachsamkeit, und dem, was wir Furcht nennen, zu liegen scheinen. Die inneren Bedürfnisse erzeugen einen Zustand, der von den Psychologen ‹motiviert›, von den Ethologen ‹appetitiv› und von den Psychoanalytikern ‹Unlust› genannt wird. Ob von außen oder von innen erzeugt (oder beides), diese verschiedenen inneren Zustände können unter dem Ausdruck ‹Aktivation› zusammengefaßt werden, obwohl diese Bezeichnung ein Merkmal der Erregung wegläßt, das dazugehört.

Dann also erregte Aktivation. Das soll nicht heißen, daß sie strafend sein muß. Sogar die ‹Unlust› der Psychoanalytiker bedeutet nicht buchstäblich, daß uns der Zustand mißfallen muß. Im Verlauf des normalen Lebens finden wir ihn vielleicht angenehm und suchen ihn. Treten wir aber unabsichtlich oder bewußt in den Zustand ein, besteht die nachfolgende Aufgabe in der Regel darin, etwas zu tun, um ihn zu überwinden. In der gegenwärtigen Literatur über Neurobiologie gibt es Hinweise darauf, daß alle diese Aktivationszustände im Sinne der Neuralschaltungen ziemlich viel gemeinsam haben. Das heißt, die Aktivation, hervorgerufen durch Hunger, durch langsame Annäherung von Gefahr, oder durch die hilflosen Bedürfnisse der eigenen Jungen, kann sehr verschiedene Schaltsysteme von Ein- und Ausgabe betreffen, aber in den Tiefen des Gehirns überlappen sie sich zu einem Großteil. Ebenso betrifft die Befriedigung dieser verschiedenen Formen von Aktivierung – die wir in der Regel Lust nennen, und aus der gelegentlich auf unbegreifliche Weise Freude wird – in einem wichtigen Maß eine gemeinsame Nervenschaltungsgruppe im limbischen System. Bevor wir uns aber damit befassen, wird es von Nutzen sein, die Phänomenologie der Aktivation und ihren Widerpart Befriedigung auf dem Gebiet des zu beobachtenden Verhaltens zu betrachten.

Freuds faszinierende Arbeit von 1920 ‹Jenseits des Lustprinzips› beginnt mit den Worten:

In der psychoanalytischen Theorie nehmen wir unbedenklich an, daß der Ablauf der seelischen Vorgänge automatisch durch das Lustprinzip reguliert wird, das heißt, wir glauben, daß er jedesmal durch eine unlustvolle Spannung angeregt wird und dann eine solche Richtung einschlägt, daß sein Endergebnis mit einer Herabsetzung der Spannung, also mit einer Vermeidung von Unlust oder Erzeugung von Lust zusammenfällt.

Mit typischer Brillanz und Sicherheit machte Freud sich nach diesen Worten daran, die darin erwähnte Theorie von Grund auf zu revidieren. Er tat das, indem er auf umfassende Weise den Begriff des ‹Todestriebs› als eine unabhängige Motivkraft hinzufügte. Er befaßte sich mit vielen damals neuen Grundentdeckungen der Reproduktionsbiologie bei Wirbellosen, Embryologie und Tierverhalten und verknüpfte sie zu einer umfassenden Triebtheorie.

Dieses Bemühen war zwar wohlgemeint, aber kein moderner Biologe kann gläubig ihren Sprüngen und Windungen folgen; sie sind an der Oberfläche eindrucksvoll, im Wesen aber unmöglich. Es war, als hätte Freud gespürt, es sei an der Zeit für ihn, nach mehr als zwanzig Jahren zu den Grundlagen der Biologie zurückzukehren; aber statt die dazwischenliegenden Entdeckungen in Neuroanatomie und Neurophysiologie, diese bevorzugten Themen seiner Jugend, zu behandeln und in sein Denken aufzunehmen, versuchte er, gleichzeitig zu angestrengt und nicht angestrengt genug, auf irrelevantes Gebiet hinauszugreifen. Das Ergebnis war eine jener wirren, pseudobiologischen Theorien über den Zweck alles Lebens – sie tauchen auch heute noch gelegentlich auf – vom Kriechen der Amöbe bis zur Diplomatie eines Landes; die Art von Theorie, die damit, daß sie alles erklärt, nichts erklärt.

Aber, auch hier wieder charakteristisch für ihn, konnte er kein Buch voller Irrtümer schreiben, ohne nicht auch einen wertvollen Beitrag zu leisten. Dieser bestand in der Analyse einer psychiatrischen Störung, die in der Zeit vorher seine Aufmerksamkeit stark beansprucht hatte, und die er unbedingt erklären wollte. Man nannte sie die ‹traumatische Neurose›. Bekannt war sie schon lange, aber nur verschwommen als Folge von Eisenbahnunglücken und anderen Unfällen; aber ‹der schreckliche, jetzt eben abgelaufene Krieg hat eine große Anzahl solcher Erkrankungen entstehen lassen.› Diese Art von traumatischer Neurose, ‹Kriegsneurose› genannt, hatte sich dem Bewußtsein von Freud und anderen Psychoanalytikern aufgedrängt, und es hatte genügend viele nachgewiesene

Fälle gegeben, um bei vielen die Möglichkeit organischer Gehirnschäden auszuschließen. Das Hauptsymptom war eine Neigung, das Erlebnis des Traumas mit allen seinen schrecklichen Gefühlsbewegungen in der Erinnerung und vor allem in Träumen zu wiederholen.

Von dieser Definition schritt Freud sofort weiter zu einer längeren Schilderung von Kinderspiel. Ein Kleinkind in seiner Bekanntschaft, gerade dabei, das Sprechen zu erlernen, hatte die Gewohnheit, ‹fortsein› zu spielen. Das heißt, das Kind pflegte Gegenstände zu verstecken und wiederzufinden, oder sich vor einem Spiegel zu verbergen und wieder auftauchen zu lassen, immer und immer wieder, vor allem dann, wenn seine Mutter fort oder eben zurückgekommen war. Offensichtliche Zeichen der Freude waren verbunden mit der Rückkehr des Gegenstandes oder des Spiegelbilds, so oft das Spiel auch wiederholt wurde.

Solche Kindheitsspiele, bei denen von der Kleinkindphase an Verstecken besonders beliebt ist, waren durch den Begriff des Wiederholungszwangs mit traumatischer Neurose verbunden. Nach diesem Begriff wird eine Aussicht, die große Angst oder Furcht erzeugt, vom Denken bewußt immer und immer wieder zu dem Zweck geweckt, das Gefühl der Herrschaft zu ermöglichen, oder, wenn Herrschaft nicht möglich ist, zumindest das Gefühl zu ermöglichen, das Überleben sei es wenigstens – seinerseits eine Art abgeschwächter Herrschaft. Dieses Gefühl von Herrschaft ist zumindest beim Kleinkind und Kind ein freudiges.

Hier handelte es sich um klare Bezüge auf Freuds Auffassung vom Humor, dargelegt in seinem Buch ‹Der Witz und seine Beziehung zum Unbewußten›. Seiner dortigen Meinung zufolge gibt sich der Hörer bewußt in die Hände des Witzeerzählers – er ist in der Stimmung, zu lachen, und der Erzähler versetzt ihn dadurch in einen Zustand der Aktivation, der unbestimmte Erwartung weckt; die Pointe hat im Denken eine befreiende Wirkung, sie macht klar, daß die aufgebaute Spannung unnötig war, und führt einen Abbau dieser Spannung durch Lachen herbei. Ein ethologischer Zusatz zu dieser Analyse würde die Ähnlichkeit zwischen menschlichem Lachen und dem aggressiven Johlen mancher unserer nicht-menschlicher Verwandten bemerken, wenn sie vor Konflikten stehen, und außerdem die Tatsache registrieren, daß viele Witze offenkundig verbale Aggressionen sind. Das würde die Möglichkeit nahelegen, daß ein Teil der geistigen Anspannung oder Aktivation, die wir fühlen – selbst bei Witzen, die von aggressivem Inhalt scheinbar frei sind – starke Komponenten von Furcht und/oder Zorn enthält. Das Lachen am Ende des Witzes umfaßt die Entladung dieses Zorns zusammen mit der Lust, die wir dabei empfinden, wenn Angst aufhört.

Die Hochstimmung, eine Gefahr hinter sich gebracht zu haben, ist in unserer Erfahrung wohlbekannt, wenn auch nicht alltäglich. Man verspürt sie beim Sport – da Zorn fast ganz umgangen wird, vielleicht reiner bei jenen Sportarten, die Menschen gegen die Natur und nicht gegeneinander stellen; und sie wird empfunden von Menschen, die ernsthafte Krankheit überlebt, und von manchen Frauen, die eine Geburt hinter sich haben. Das kann in der Tat eine beinahe ekstatische Hochstimmung sein. Sogar ästhetische Betrachtung und Ehrfurcht haben an dieser Hochstimmung teil. Die Emotion der Freude, die uns überkommt, während wir auf Berggraten wandern oder in einem kleinen Boot auf einer weiten Wasserfläche segeln, oder während wir nachts in einem herrlichen Garten liegen, muß in gewissem Maß sicherlich die Überwindung der Angst in sich tragen. Und keine geringere ästhetische Autorität als Rilke schrieb:

Denn das Schöne ist nichts
als des Schrecklichen Anfang, den wir grade ertragen,
und wir bewundern es so, weil es gelassen verschmäht,
uns zu zerstören.
(1. Duineser Elegie)

Wir haben sogar Nachweise für eine biologische Verbindung zwischen Furcht und Freude. In dem berühmten Experiment von Stanley Schachter an der Columbia University konnten entweder Hochstimmung oder Zorn hervorgerufen werden durch eine Injektion von Adrenalin, einem Hormon, das unter Bedingungen von Streß oder Angst ausgeschüttet wird. Die emotionelle Reaktion der Versuchsperson hing davon ab, ob der Nachbar sich glücklich oder zornig verhielt.

Es ist aber wahrscheinlich, daß ein so verwickelter Hormonmechanismus wie die Ausschüttung von Adrenalin bei geringeren Anlässen solcher Emotionen nicht in Tätigkeit zu treten braucht, und daß ein dem Gehirn eigener Mechanismus ausreicht. Dieser Mechanismus könnte grundlegend sein sogar für die Prozesse von Wahrnehmung und Erkenntnis.

Freud selbst bezog sich auf solche Prozesse dadurch, daß er die Arbeit von G.T. Fechner, dem Wahrnehmungspsychologen und Begründer der Psychophysik im 19. Jahrhundert, dem quantitativ vorangehenden Zweig der Wahrnehmungspsychologie, erwähnte. Fechner begann den Prozeß, den Freud und andere fortsetzen sollten, ästhetische Erkenntnis und sogar die Lust selbst mit der Stärke der eingehenden Reize und ihrer Beziehung zu inneren Erwartungen gleichzusetzen. Er glaubte – allerdings zu Unrecht – Lust entstehe durch das Übertreten ins Bewußtsein von Empfindungen, die sich der Stabilität nähern, und Unlust durch Empfindungen, die Abweichungen von der Stabilität verursachen, während zwischen den beiden ‹eine gewisse Breite ästhetischer Indifferenz› liegen sollte. Diese Ansicht ist überholt, aber das Wichtige daran war, daß sie einen Weg der Forschung und des Nachdenkens über die Lust eröffnete, nämlich als einer Art Begleiterscheinung zum Grad der Diskrepanz zwischen äußerer Zufuhr und innerer Erwartung; praktisch eine Wahrnehmungstheorie der Lust.

In der heutigen wahrnehmungs-kognitiven Psychologie ist die Beziehung zwischen Wahrnehmungsverarbeitung und Lust komplexer, gründlicher untersucht und interessanter. In der kognitiven Psychologie Jean Piagets – des vielseitig gelehrten Schweizer Genies, dem ganz allein etwa die Hälfte dieses Fachgebiets zu verdanken ist – tritt ein Lächeln auf, wenn ein Problem gelöst oder eine Reizkonfiguration erkannt wird. Dieses ‹Lächeln der erkennenden Assimilation› ist ausführlich studiert worden von Jerome Kagan, Philip Zelazo und anderen, vor allem bei Säuglingen und Kindern, und es gibt keinen Zweifel daran, daß es Realität ist. Um Fechner (und Freud) umzuformulieren: Die Bedingung der Unlust in Beziehung zur Erkenntnis wird verursacht durch die Prüfung einer Reizgröße, die im Gedächtnisspeicher nicht gut repräsentiert ist.

Genauer: Um Unlust zu erregen, muß der Reiz im Gedächtnisspeicher *irgend etwas* hervorrufen, um Aufmerksamkeit zu wecken, aber das Reizkonfigurationsmuster muß von solcher Art sein, daß es mit dem im Gedächtnis gespeicherten Schema nicht übereinstimmt. Das heißt, der Reiz muß ‹zu einem etablierten Schema mäßig diskrepant› sein. Ist genügend visuelle oder Gehörsaufmerksamkeit in der Lage, eine innere Aussöhnung der Diskrepanz zu erzeugen, indem ein neues Schema geschaffen oder das alte erweitert wird, tritt ein Lächeln auf. Für das ältere Kind, bestrebt, ein Problem zu lösen, läuft die Theorie parallel: Ist das Problem zu fremdartig, so erregt es keine Aufmerksamkeit; wenn es schwer, aber lösbar ist, erweckt es Interesse, Aufmerksamkeit und Aktivation und, sobald gelöst, Lust, oft angezeigt von einem Lächeln.

Ist das Problem zu leicht, treten diese Ereignisse nicht ein, weil es nicht zu Aktivation kommt. Dasselbe gilt für vier Monate alte Kinder, die ein Reizmuster sehen, mit dem sie völlig vertraut sind. Man erinnert sich vielleicht, daß auch Donald Hebbs Furchttheorie auf der Auslösung von Aktivation durch mäßige Diskrepanz beruhte. Es ist wahrscheinlich, daß mäßig diskrepante Reizkonfigurationen, mit denen der Organismus keine vorherige Erfahrung hat, Wachsamkeit, Aufmerksamkeit und Aktivation bewirken – bis sie assimiliert sind und Lust erzeugen. Sollten sie jedoch nach kognitiven Bemühungen nicht assimilierbar sein, rufen sie Furcht hervor.

So erscheint es möglich, daß das Lächeln der erkennenden Assimilation eine lustvolle Abfuhr von Aktivation ist, vergleichbar, wenn auch in kleinerem Maßstab, mit der Abfuhr durch Lachen nach einem Witz. Um Fechners exakte Sprache zu gebrauchen und zu revidieren, wie Freud sie übernommen hatte, entsteht Lust durch das Übertreten von Empfindungen in das Bewußtsein, die zuerst von der Stabilität abweichen und sich ihr dann wieder nähern.

Daraus folgt, daß Arbeits- und Lernaufgaben, die entweder zu einfach sind oder sich immer wiederholen, selten interessant oder lustvoll sein können. Dieser Verallgemeinerung müssen wir natürlich Vorbehalte bezüglich Alter, vorherige Erfahrung und individuelle Unterschiede anfügen. Eine geistig zurückgebliebene Person könnte eine Aufgabe, die eine normale Person zu Tränen langweilen würde, gleichzeitig als herausfordernd und lustvoll empfinden. Eine ordnungsliebende Person könnte in bestimmten Routineaufgaben eine Herausforderung sehen, die anderen verschlossen bliebe. Schließlich könnte etwas Wahres an der Vorstellung sein, daß manche Leute, wenn sie Wiederholungsaufgaben leisten, eine Art Zen-*Satori*-Zustand erlangen können, der fried- und sogar lustvoll sein soll.

Für die meisten von uns muß aber eine Beschäftigung, die nur aus Wiederholungen besteht, zur Entfremdung und Abwendung von dem führen, was wir tun, statt zu Freude daran. Und genau das war eine der vier Arten von Entfremdung, die Karl Marx in den ‹Ökonomischen und philosophischen Schriften von 1844› in seinem Essay ‹Entfremdete Arbeit› meinte. Da es wahrscheinlich ist, daß diese entfremdete Bedingung in erster Linie aus technologischen Bedingungen, statt aus wirtschaftlicher Organisation entsteht, verwundert nicht, daß sozialistische und kommunistische Länder nicht mehr Erfolg dabei hatten, sie zu bekämpfen. Es könnte aber sein, daß sie sogar bei Fließbandsituationen dadurch beeinflußt werden kann, daß man den Arbeitern erheblich emotionellen Anteil an und Kontrolle über die Qualität des Produkts gibt, das sie herstellen.

Im Reich des Lernens ist Freude so empfindlich und leicht zu zerstören wie in dem der Arbeit. Außerdem ist wahrscheinlich, daß Kindheitserfahrungen ‹Lerneinstellungen› hervorrufen – Haltungen zur Art des Lernens – die ein Leben lang Bestand haben können. Daniel Stern, Psychiater an der Cornell University School of Medicine, und John S. Watson, Psychologe in Berkeley, haben unabhängig voneinander einen Bereich menschlichen Geisteslebens erforscht, in dem die Freude des Lernens (oder, wenn man will, der kognitiven Aktivität) beinahe mit der Freude der Liebe vereinigt wird.

Dieser Bereich ist die Erfahrung, die ein drei oder vier Monate altes Kind von den Beziehungen zu seiner primären Sozialwelt hat. Stern, der eingehend die Wechselbeziehung von Kleinstkindern dieses Alters mit ihren Müttern untersucht (und mit innovativen, komplexen quantitativen Methoden gemessen) hat, konnte die Freude, die Kinder an solcher Wechselbeziehung empfinden, exakt mit der Theorie für das ‹Lächeln erkennender Assimilation› in Übereinstimmung bringen. In einem Aufsatz mit dem Titel ‹Mutter und Kleinkind beim Spiel› gingen er und seine Kollegen von einer Art Idealmutter aus (nicht ethisch, sondern kognitiv ideal), die im Verlauf von Ausdrucks-Interaktion oder

‹Spiel› Mienenspiel und Laute hervorbrachte, darauf abgestellt, das Kind innerhalb von Grenzen dadurch zu aktivieren, daß seine etablierten Sozialschemata herausgefordert werden. Vermutlich wirkt das auch in Mechanismen ständiger Aktivation hinein, die genetisch codiert sind und eine bestimmte Stufe der Gehirnreifung erfordern, aber keine vorherige Erfahrung; Lautstärke und Höhe der Stimme, plötzliches Heben der Brauen und Größerwerden der Augen sowie starke physische Stimulierung dürften in diese Kategorie gehören.

Jedenfalls überwacht die ‹ideale› Mutter oder Pflegeperson die Aktivationsstufe des Kindes sorgfältig und versucht, sie zu einer Schwelle zu bringen, an der Abfuhr und Lächeln oder Lachen eintreten können – nicht zu hoch, aber gerade hoch genug. Wiederholungen und Variationen dieses Themas – die ‹Schwellen›-Stufe der Aktivation kann natürlich sogar innerhalb einer Sitzung ebenso variieren wie die Bedingungen dafür, sie hervorzurufen – stellen das sich daraus ergebende ‹Spiel› dar. Blicke, Lächeln, Lachen und Girren zeigen an, daß die Stimulierung im richtigen Bereich ist, während Blickvermeidung, Unruhe und Weinen darauf hinweisen, daß das Spiel zu Langeweile oder Erschöpfung geführt hat oder das Kind sich bedrängt fühlt.

Watson hat sich mit derselben Beziehung im selben Alter mit einer anderen Theorie und ebenso strengen Methoden befaßt, obwohl die seinen eher experimenteller als beobachtender Natur sind. Man nehme diesen einfallsreichen Versuch: Ein drei Monate altes Kind liegt im Bettchen und blickt auf ein stillstehendes Mobile. Unter seinem Kissen befinden sich auf beiden Seiten Hebel, die bei Betätigung das Mobile in Bewegung setzen. So kann das Kind, wenn es den Kopf hin- und herdreht, selbst ein Schauspiel hervorrufen, das es erfreut, wie fortwährendes Hinsehen, Lächeln und Girren anzeigen. Nach einigen Wochen solcher Möglichkeiten sind manche Kinder, was nicht verwundert, geschickter darin, ähnliche Kontrollaufgaben zu bewältigen, als andere im selben Alter ohne solche Erfahrung. Sie haben sich, nach Watsons Ausdruck, an ‹reaktionsbedingte Stimulation› gewöhnt, Reize, die nicht einfach stattfinden, sich verändern und vorbeigehen, anregend durch die Kraft der Komplexität und Diskrepanz, um Aufmerksamkeit zu erregen, sondern Veränderung als Reaktion auf das eigene Handeln des Kindes darstellen. Dazu kommt noch, daß die Kinder das offensichtlich sehr schätzen.

Überraschender ist aber das Ergebnis für eine andere Versuchsgruppe – Kinder mit Mobiles, die sich von selbst bewegten. Diese Kinder waren nicht nur weniger geschickt darin, Steuerung zu erlernen, als die Kinder, die von Anfang an steuerbare Mobiles gehabt hatten, sondern auch weniger geschickt als Kinder, die gar keine Erfahrung mit Mobiles besaßen. Mit anderen Worten, sie hatten bis zu einem gewissen Maß gelernt, die Welt stehe außerhalb ihrer Kontrolle.

Obwohl wir die Kapazität von Kleinkindern und Kindern, sich in verschiedenen Lernzusammenhängen verschieden zu verhalten, nicht unterschätzen dürfen, ergab sich aus dieser Forschungsrichtung eine naheliegende Warnung vor einem Zuviel an passiver kognitiver Aktivität – wie fast immer, wenn man vor dem Fernseher sitzt. Wir sollten uns in diesem Zusammenhang die Tatsache in Erinnerung rufen, daß die Bereicherung der Umwelten von Ratten ihre Gehirne nicht beeinflußt, wenn sie sich nicht aktiv damit befassen. Eine zweite Warnung ist noch interessanter: Watson kam (auf eine Weise, die unabhängig auch zu Sterns Überlegungen führte) zu der theoretischen Ansicht, daß die Mutter oder Hauptpflegeperson, wenn liebevoll genug, ein ‹ideales› reaktionsbedingtes Reizmuster sei, das sich, wie das steuerbare Mobile, auf eine Weise verändert, die den kognitiven Apparat des Kindes sowohl herausfordert als auch auf ihn eingeht. So weit, so gut.

Zu bedenken war aber dies: Wenn das Kind biologisch darauf angelegt war, sich an liebevollen Reaktionsreizen zu erfreuen und sie vielleicht lieben zu lernen, könnte irgendein einfallsreicher Spielzeugfabrikant ein auf Watsons Forschungen beruhendes Gerät herausbringen, das in der Lage wäre, das System des dreijährigen Kindes zur Bindungsentwicklung zu täuschen und einen Teil seiner Kapazität für menschliches Sozialleben zu zerstören. Wir wissen nicht, ob das einem Kleinstkind schon zugestoßen ist, aber es ist wahrscheinlich, daß die starken Bindungen, die heutzutage zwischen jungen Erwachsenen und Computern entstehen (die extremsten Fälle dieser Abhängigkeit sind gar nicht mehr lustig, sobald man sie ernsthaft unter die Lupe nimmt) in dieselbe Kategorie gehören, obschon sie freilich von komplexerer Verursachung sind.

Was späteres Lernen und Liebe zum Lernen angeht, haben die letzten Jahrzehnte Veränderungen erlebt, die manche für so bedeutsam halten werden wie seinerzeit die Entscheidung für emanzipatorische Erziehung. Der Name A. S. Neill, dessen Schule Summerhill zu einem Modell und Leitbild für emotionell bewußtes Lehren und Lernen wurde, ebenso wie die Namen John Holt und Joseph Featherstone, die mithalfen, in den Vereinigten Staaten die Bewegung des ‹offenen Klassenzimmers› einzuführen, gehören zu den vielen, die mit diesen Veränderungen in Verbindung gebracht werden. Obwohl sie als solche nicht geplant waren, kann man sie betrachten als Versuche, für das Schulkind das zu leisten, was Sterns oder Watsons ‹Idealmutter› für das Kleinstkind leisten sollte: Das Aktivationssystem des Kindes derart herausfordern, daß das Kind sich in dem ihm am besten gemäßen Tempo, gestützt auf sorgfältige individuelle Überwachung, entwickeln konnte.

Dieses anregende Experiment ist in seinen Ergebnissen noch nicht bestätigt, aber auch nicht widerlegt worden. Es hat einige Auswirkung auf Lehren und Lernen vom Kindergarten bis zu den großen

Hochschulen gehabt, aber die Resultate sind bei weitem nicht eindeutig. Versuche, ihnen die neuere Verschlechterung der Noten bei den College-Aufnahmeprüfungen zur Last zu legen, sind bestenfalls eine krasse Vereinfachung.

Trotzdem sind sie manchmal in dem Sinn falsch ausgelegt worden, Lernen dürfe nichts anderes sein als reine, unverfälschte Lust und hätte in jeder Beziehung auf alle privaten Launen des Lernenden einzugehen. So tritt in manchen höheren Schulen an Stelle der Klassikerlektüre Fernsehen, statt Biologie gibt es Diskussionen über Petting; so kann der Anspruch eines Lehrplans vor kollektivem Teenager-Gejammere um die Hälfte oder drei Viertel verringert werden. Die Freude am Lernen wird durch solche Torheiten ebenso leicht oder noch leichter zerstört wie durch übertriebene Starrheit und Repetition. Sogar in der frühen Kindheit, sogar bei Tieren verlangt Lernfreude, daß der Lernende gefordert wird, und diese Herausforderung schließt bis zu einem gewissen Grad Mühseligkeit ein und könnte synonym damit sein.

Das gilt sogar für das, was wir Spiel nennen, seit langer Zeit eine der Zentralfragen der Ethologie. Wenn wir viel Gedrucktes darüber zusammenfassen, wie Spielen zu definieren sei: Mir scheint, man tut trotz der Verkürzung und Ungenauigkeit der Literatur zum Thema keine Gewalt an, wenn man sagt, Spiel sei ein Aufwand an Energie, der gleichzeitig unpraktisch und lustvoll erscheint. Die Tatsache, daß es unpraktisch wirkt, bedeutet aber nicht, daß es im adaptiven Sinne nutzlos sei. Das Beweismaterial deutet darauf hin, daß es den Funktionen der Übung, der Erkenntnis der Umwelt und seiner Mitgeschöpfe, und, bei manchen Gattungen, der Schärfung oder sogar dem Erwerb grundlegender Subsistenz- und Sozialfähigkeiten dient. Bei manchen Säugetieren ist klar, daß ein Mangel an Spielgelegenheiten im frühen Leben zu starken nachteiligen Auswirkungen auf soziale und reproduktive Fähigkeiten im Erwachsenenleben führt.

Bei Prüfung der Daten zeigt sich bald, daß es bei den meisten Tieren, die Spiel kennen, Funktionen dient, die es einem schwermachen, das Spielerische vom Erzieherischen zu trennen. Ohne Überraschung erkennt man, daß, grob gesprochen, die intelligentesten Säuger – die Primaten, die Cetaceae oder Wale und Tümmler und die Land- und Meeres-Fleischfresser – die verspieltesten sind; diese beiden Merkmale komplexer Säugetiere haben sich vermutlich gemeinsam entwickelt und gegenseitig verstärkt. Wenn ein Tier sehr kurzlebig ist, scheinen die Jungen übrigens nicht viel zu spielen, vielleicht, weil zu wenig Zeit für sie bleibt, daraus Gewinn zu ziehen. Spiel bei Säugetieren findet im Regelfall unter Jungen statt, und in diesem Zusammenhang bieten sich genügend Gelegenheiten zum Beobachtungslernen, vor allem dann, wenn, wie bei vielen Gattungen der Fall, die Jungen von leicht unterschiedlichem Alter und Entwicklungsstand sind. Gelegenheit zur Beobachtung einer Aufgabe, während oder bevor man sie zu leisten versucht, erhöht nachgewiesenermaßen bei einer Reihe von Säugetieren unter Versuchsbedingungen die Lernschnelligkeit.

Die spielerischen Züge des Beutefang-Verhaltens in der Katzenfamilie, die es erschweren, ein solches Verhalten als aggressiv einzustufen, sind schon geschildert worden. Diese Züge werden zur Grundlage eines fast einzigartigen Kommunikationssystems zwischen Erwachsenen und Jungen, das man vielleicht angemessenerweise als Unterricht bezeichnen kann. Katzenmütter bringen halbtote Beute mit, die ihre Jungen dann töten und fressen. Sie führen Junge auf Expeditionen, deren Hauptzweck darin zu bestehen scheint, sie mit dem Pirschen vertraut zu machen. Und sie machen Beute auf der Jagd wehrlos, überlassen es den Jungen, sie zu töten, und greifen nur ein, wenn die Beute zu flüchten droht.

Das Subsistenz- und Kulturlernen bei Jägern und Sammlern ähnelt auf der einen Seite weitaus mehr dem im ‹offenen Klassenzimmer› und auf der anderen dem Lernen nicht-menschlicher Säugetiere als dem überlieferten Ablauf westlicher Erziehung. Für manche Pädagogen des 19. und beginnenden 20. Jahrhunderts müssen jedoch die strengen Anforderungen des Klassenzimmers alten Stils sehr angenehm erschienen sein, verglichen mit den täglichen Aufgaben oder dem vollen Arbeitsleben von Kindern in den meisten Kulturen der Welt – einschließlich vor allem derjenigen, wo ihre Massenerziehung eingeführt wurde. Tatsächlich zeigt die anthropologische Literatur, daß Gesellschaften auf Zwischenstufen – diejenige, die das Jäger- und Sammlerleben zugunsten von Gärtnerei, Landwirtschaft oder ländlichen Produktionsmethoden hinter sich gelassen haben – das Leben von Kindern viel mehr mit Arbeit und Mühe belasten als Jäger und Sammler. So könnte die nachsichtige moderne Erziehungsphilosophie den Eindruck erwecken, daß sie das spielerische Lernmuster der Jäger und Sammler in mancher Beziehung wiederherstellt.

Aber sogar das Spiel umfaßt ernsthafte Herausforderungen. Das soziale Spielen unter Jugendlichen bei allen Säugern schließt ein gemeinsames Muster von Balgerei ein, das sehr lebhaft und in hohem Maß aktivierend sein kann und auch einige – verhaltensmäßige und physiologische – Komponenten der Aggression enthält. Obwohl das in der Regel nicht geschieht, *kann* es zu einer Verletzung kommen. Bei unserer Gattung wird dies unter anderen spielerischen Verhaltensweisen ins Erwachsenenalter übernommen und liefert eine von mehreren Rechtfertigungen für die interessante Bezeichnung *Homo ludens* (der spielende Mensch) des holländischen Historikers Johan Huizinga für unsere Gattung. Bei Balgereien kann es in der Kindheit wie im Erwachsenenalter rauh zugehen. Menschen, die Stierkampf abstoßend finden, beachten meistens nicht, daß jedes Jahr einige amerikanische Kinder und Jugendliche beim Football ums Leben kommen, und sogar beim Baseball ist das Auftreten ernsthafter, auch bewußter, Verletzungen nicht selten. Im Weg oder in der Nähe eines Balls zu stehen, der so hart und schnell geworfen wird, daß er einen Schädel zertrümmern kann, muß gewiß als aktivierend betrachtet werden.

Über Aktivation und Lust, wie sie vom Gehirn verarbeitet werden, ist viel in Erfahrung gebracht worden, vor allem durch den genialen James Olds, einen Physiologen und Psychologen, der vor seinem Tod am California Institute of Technology lehrte. 1953 machten er und sein Kollege Peter Milner eine Beobachtung, die auf die nachfolgende Geschichte der Psychologie großen Einfluß hatte. Eine Ratte, in deren Gehirn eine Elektrode eingepflanzt war, wurde, während sie das offene Feld durchstreifte, zu Versuchszwecken, die mit dem, was nun stattfand, nichts zu tun hatten, durch einen kleinen Stromstoß stimuliert. Sie reagierte so, daß sie zu der Stelle zurückkehrte, wo der Stromstoß erfolgt war.

Olds und Milner nutzten diesen von der Gunst des Augenblicks geschenkten Vorgang und gaben ihre bisherigen Untersuchungen auf, um das Verhalten der Ratte zu erforschen. Sie entdeckten, daß Ratten in der Tat wiederholt zur Stimulierung bestimmter Teile des Gehirns zurückkehrten; sich auf diese Weise selbst stimulierten, wenn sie einen Hebel vorfanden, der den Stromstoß auslöste; sich bemühten, diese Gelegenheit zu nutzen; und andere Aspekte ihres Lebens – einschließlich solcher Dinge, die für das Überleben wichtig waren, wie Nahrung – um dieser Stimulierung willen vernachlässigten. Da die Stromstöße normale Verhaltensweisen, die im Zusammenhang mit ihnen stattfanden, verstärken konnten (ihre Wahrscheinlichkeit steigern), bezeichnete Olds die Stöße schließlich als ‹Belohnung durch Hirnreizung›, aber spätere Wissenschaftler konnten dem Ausdruck ‹Lustzentren des Gehirns› nicht widerstehen. Man hat sie gefunden bei Tieren von Fischen bis zu höheren Primaten, die menschlichen eingeschlossen.

Die Erkenntnisse dieser Forschungsrichtung sind für unser heutiges Wissen über die Physiologie von Lust, Aktivation und Verstärkung so grundlegend geworden, daß es lohnt, sie etwas ausführlicher darzustellen. Wir halten uns dabei an Olds' eigenen Bericht in einer späten und meisterhaften Zusammenfassung, die 1976 veröffentlicht wurde.

Die Teile des Gehirns, die für ‹Belohnungs›-Reizung als empfänglich festgestellt wurden, reichten ziemlich weit, zielten aber auf den Hypothalamus wie auf die Nabe eines Rads. Die ‹Speichen› – Nervenbahnen, nicht unbedingt sehr symmetrisch angeordnet – strahlten in erster Linie zum Riech- und zum limbischen System aus. Eingeschlossen waren die Riechwülste und der Riechcortex, der Septalbereich, die Amygdala, der hintere Kern des Thalamus, der Cingulumcortex, der Hippocampus, sowie Bahnen, die zum limbischen Teil des Mittelhirns und der zugehörigen unteren Hirnstammzentren führten. Die Liste liest sich beinahe wie eine moderne Definition des limbischen Systems und enthält den ganzen Papez-Zirkel der Emotionen.

Es erwies sich als möglich, belohnende Effekte durch Reizung anderer Bereiche hervorzurufen, aber unter größeren Schwierigkeiten als innerhalb des zentralen Belohnungssystems. Überdies waren diese Hauptbelohnungsbereiche nicht alle gleich nützlich darin, den Effekt hervorzurufen. Im lateralen Hypothalamus, nach rückwärts zum Mittelhirn gelegen, lösten Elektroden die höchsten Werte an Selbststimulierung aus. Die Werte im zentralen Hypothalamus bei der Mittellinie des Gehirns waren niedriger, Werte im Hippocampus und Cingulumcortex am niedrigsten. Das schien die aus der Anatomie des limbischen Systems bekannte Vorstellung des Hypothalamus als zentralem Motivationsorgan zu bestätigen.

Ratten, die für Hirnbelohnung arbeiten müssen, drücken den Hebel bis zu zwanzigmal für eine Hirnreizung, aber nicht öfter; erhält die Ratte jedoch vor Eintritt des Reizes ein Signal, dann drückt sie den Hebel für einen einzigen Reiz bis zu zweihundertmal. Diese erstaunliche Feststellung deutet darauf hin, daß Hirnreizung als weitaus lohnender empfunden wird, wenn sie in Erwartung steht. Andere Experimente zeigten, daß dieselbe Reizung Fluchtreaktionen hervorzurufen vermochte, wenn sie in willkürlichen Abständen dem Gehirn zugefügt wurde, aber Belohnung (die gegensätzliche Wirkung), wenn die Ratte den Zeitpunkt selbst bestimmen konnte. Anders ausgedrückt: Dieselbe Reizung konnte sehr wünschenswert, mäßig wünschenswert oder ganz unerwünscht sein, je nach dem Grad der subjektiven Kontrolle, die das Tier erfuhr. (Anklänge an die Freude des Kindes bei der Steuerung *äußerer* Reizung sind deutlich.)

Die Beziehung zwischen Gehirn-Selbstreizung und Aktivation wurde in mehreren Experimenten mit mehrdeutigen, aber faszinierenden Ergebnissen erforscht. Eine Reizung in der Nähe des Septalbereichs verlangsamte normales Verhalten oder legte es still und wies ein physiologisches Muster auf, das sich in Begriffen parasympathetischer Dominanz körperlicher Funktionen beschreiben ließ: Herzschlag, Blutdruck und Atmung verringert. Ein Reiz im lateralen Hypothalamus dagegen, *ebenfalls* belohnend, verursachte sympathetische Aktivation, steigerte Atmung und Blutdruck und auch die allgemeine Verhaltensaktivität. Dieses Paradox ist vielleicht aufzulösen, wenn wir bedenken, daß lustvolle Erfahrungen im normalen Verlauf menschlichen Lebens entweder aktivierend oder beruhigend sein können.

Es hat sogar direkte Untersuchungen ähnlicher Hirnstimulationswirkungen bei Menschen gegeben. Hirnchirurgen, die aus Gründen operieren, die mit psychologischen Theorien nichts zu tun haben, müssen das Gehirn oft stimulieren, um ihren Weg zu finden. Das heißt: die

Anatomie, die sie auf der Hirnoberfläche sehen, ist vieldeutig, und am besten läßt sie sich vermessen und ein Schnitt am falschen Ort vermeiden, wenn man verschiedene Stellen stimuliert und Muskeltätigkeit und andere Reaktionen des Patienten prüft. Da aus dem Gehirninneren keine Empfindungen kommen, können Patienten währenddessen bei Bewußtsein bleiben. Der Physiologe und Psychologe Elliot Valenstein, der sich auch ausführlich mit Hirn-Selbstreizung bei Ratten befaßt hat, beschrieb mehrere Patienten so:

Ein Patient, der eben durch einen Sprung vom Dach Selbstmord zu verüben versucht hatte, begann plötzlich zu lächeln, als die Elektrode in seinem Septalbereich eingeschaltet wurde. Es fiel ihm schwer, seine Empfindung besser zu beschreiben als mit den Worten: «Ich fühle mich gut. Ich weiß nicht, warum. Ich fühle mich einfach auf einmal gut.» Auf weiteres Befragen deutete der Patient an, sein Empfinden könnte sexuelle Untertöne haben, als er sagte: «Es ist, als hätte ich für Samstag abend etwas in petto . . . ein Mädchen.» Als man ihm Gelegenheit gab, einen Knopf zu betätigen, der ein tragbares Stimulationsgerät an seinem Gürtel bediente, teilte ein Patient mit: «Wenn ich wütend werde und den Knopf drücke, fühle ich mich besser . . . der Knopf ist wirklich gut . . . ich würde mir einen kaufen, wenn das ginge.» Eine Frau mit unerträglichen Schmerzen sagte während der Stimulierung: «Ich fühle mich sehr gut . . . ich könnte das ganze Krankenhaus putzen.» In mehreren Fällen ist vermutet worden, daß Patienten während der Stimulierung einen Orgasmus erlebten.

Bei Menschen ist in dieser Hinsicht zu wenig untersucht worden, als daß man größere Verallgemeinerungen rechtfertigen könnte, klar ist aber, daß es individuelle Unterschiede in der Empfänglichkeit gibt, und daß eine Vielfalt verschiedener Arten positiver Erfahrung mitgeteilt werden mag. Es hat den Anschein, daß Hirnstimulation die deutlichste und auffallendste Wirkung bei Patienten hat, die sich in einer Situation psychologischer oder physischer Schmerzhaftigkeit befinden. Bei anderen ist die Erfahrung oft angenehm, aber nicht zwingend. Bei einer Patientin war der Wunsch, sich mit der eingepflanzten Elektrode selbst zu stimulieren, sehr stark und für sie peinlich, und sie versuchte (in der Regel erfolgreich) ihn zu verbergen oder sich durch Lesen, Musikhören und Hilfe für andere Patienten abzulenken. Die Ähnlichkeit mit stark motivierten ‹schlechten Gewohnheiten› wie dem Rauchen scheint offenkundig zu sein.

Die Beziehung zwischen Gehirnbelohnung und spezifisch motivierten Verhaltensweisen ist erforscht worden und fesselt. Es gibt Stellen im Gehirn, wo die Werte der Selbststimulierung zunehmen, wenn das Tier hungrig, andere, wo sie das tun, wenn es gesättigt ist. Überdies fördert der Sexualtrieb die Selbstreizung dort, wo Hunger sie verringert, und umgekehrt. Bei einer Patientin, die einige Zeit eine Elektrode eingepflanzt bekam, und die während dieser Zeit zu menstruieren begann, rief die Reizung sexuelle Untertöne hervor, nachdem die Menstruation eingetreten war, nicht vorher. Diese Feststellung unter anderen deutet darauf hin, daß die subjektive Wirkung der Stimulierung von Gehirnzonen durch den Hormonhintergrund beeinflußt wird.

Eine Serie von Experimenten durch Valenstein mit Ratten zeigte, daß einige der Belohnungszentren auch verschiedene Motivationen für das Verhalten der Tiere lieferten. Reizung des lateralen Hypothalamus, die als Belohnung hochwirksam ist und, wenn vom Tier gesteuert, zu hohen Werten von Selbstreizung führt, veranlaßt das Tier auch, zu fressen, Futter zu horten und andere Aktivitäten zu zeigen. Elektroden, die bei Ratten an derselben Stelle eingepflanzt waren, konnten Futterhorten oder mütterliches Zusichholen der Jungen hervorrufen, je nachdem, ob Futterkörner oder Rattenjunge mit dem stimulierten Tier im Käfig waren. Um das Ganze noch mehr zu komplizieren, rief die Reizung mancher Stellen Sättigung der ausgelösten Aktivität statt ihre Verstärkung hervor.

Um das Phänomen der Selbstreizung des Gehirns zusammenzufassen: Die Erkenntnisse stimmen überein mit unserem subjektiven Gefühl, daß Lust aktivierend oder dämpfend sein kann und auf verschiedene Weise allgemein oder spezifisch. Sie zeigen an, daß es dem Tier, das potentiell lustvolle Hirnstimulation erhält, viel lieber ist, im voraus davon zu wissen, und daß es lieber aktiv steuert; das entspricht in vielem dem, was über die Beziehung von Freude zum Gefühl der Herrschaft gesagt worden ist. Sie weisen auch darauf hin, daß das Gehirn darauf angelegt ist, Lust zu suchen, sie aber auf recht vage Weise bestimmt; das kann bedeuten, daß es nicht in idealer Weise geeignet ist, zwischen den verschiedenen Lustquellen zu unterscheiden und diejenige auszuwählen, die das Tier (oder die Person) wirklich braucht. Es könnte sogar bedeuten, daß es nicht ideal dafür geeignet ist, das Vorhandensein von Organismus-Befriedigung festzustellen.

Schließlich ist gezeigt worden, daß bei Tieren, die des REM-(Traum)-Schlafs beraubt werden, die Werte von Fressen, Sexualverhalten und Selbstreizung des Gehirns in Hirnregionen zunehmen, von denen bekannt ist, daß sie Belohnung liefern. Ferner holen Tiere, denen der REM-Schlaf entzogen wurde und Selbstreizung des Gehirns erlaubt wird, den REM-Schlaf nicht nach, wenn sie das dürfen, wie andere Tiere mit REM-Schlafentzug das tun. Diese Erkenntnisse führen zu der absolut faszinierenden Vermutung, daß belohnende Selbstreizung des Gehirns in irgendeiner Weise ein Traumersatz ist; diese dem Anschein nach bestehende Entsprechung würde, wenn sie zuträfe, sowohl die Vorstellung von Selbstreizung des Gehirns als Lust und die Vorstellung von Träumen als Wunscherfüllung zu bestätigen scheinen.

‹Wehe, Prinzeßchen, wenn ich komme. Ich küsse Dich ganz rot u.

füttere Dich, bis Du dick bist, u. wenn Du unartig bist, wirst Du sehen, wer stärker ist, ein kleines sanftes Mädchen, das nicht ißt, oder ein großer wilder Mann, der Cocain im Leib hat.› So schrieb der Autor dieser Traumtheorie, Sigmund Freud, im Juni 1884 in einem Brief an seine Verlobte. Er war zu diesem Zeitpunkt im Begriff, internationale Anerkennung durch eine Reihe von Berichten über seine Untersuchungen der medizinischen Verwendung der Kokapflanze und ihres Alkaloids Kokain zu erlangen. Er stand mindestens zehn Jahre vor den ersten Schritten zur Psychoanalyse, und sein Interesse an der Koka-Pharmakologie übertraf sogar das an seiner Arbeit über die Neuroanatomie von Sprachstörungen. Er hatte die – damals noch sehr begrenzte – veröffentlichte Literatur über das Thema eifrig studiert und begann bald an sich und anderen mit Kokain zu experimentieren. Ähnlich wie die modernen Pharmakologen erbat er eine Probe der Droge von der Firma Merck und begann ihre Eigenschaften zu erforschen.

Selbstversuche mit Drogen waren damals nicht so ungewöhnlich wie heute, und Freuds erste Abhandlung, ‹Über Coca›, wurde positiv aufgenommen, mehrmals abgedruckt, zitiert und übersetzt. Mit der peniblen Methode, die für seine Frühzeit charakteristisch war, faßte er die Geschichte des Kokaingebrauchs zusammen, die Botanik, die bekannte Pharmakologie und die Labor- und Kliniknachweise für seine Wirkungen. Wie viele Drogen von grundlegender medizinischer Bedeutung wurde es von einem ‹primitiven› Volk entdeckt, in diesem Fall von den Inkas in Peru, die gewohnheitsmäßig Kokablätter kauten, eine ‹göttliche Pflanze, die den Hungrigen sättigt, den Schwachen kräftigt und ihn sein Elend vergessen läßt.› Vorherige Erfahrung mit der Droge sowohl bei den Indianern wie bei Soldaten in Europa wiesen auf ihre mögliche Rolle hin, schwere Arbeit erträglich zu machen und die natürlichen Auswirkungen der Erschöpfung zu bekämpfen.

Freud lieferte eine ausgezeichnete Darstellung der Tierversuche, die heute ähnlich zusammmmengefaßt werden könnte; Kokain verursacht eine allgemeine sympathetische Aktivation mit Zunahme von Atmung, Herzschlag und Blutdruck, und führt bei höheren Dosen zur Vergiftung, mit motorischer Erregung, die zu Krämpfen und schließlich zum Tode führt. Er zitierte Nachweise, daß diese sympathetische Aktivation vom Gehirn durch die Medulla oblongata im Hirnstamm zum Rückenmark hinunterführt. Bei geringen Mengen, teilte er mit, ‹zeigen Hunde offenkundige Anzeichen von glücklicher Erregung und eines zwanghaften Bewegungstriebes.› Er gab eine fast genau zutreffende chemische Formel für die Verbindung an, allerdings, ohne ihre Struktur zu zeichnen, die damals noch unbekannt war. Und er schloß ab mit der Empfehlung, man solle weiterhin ihre Verwendung als Stimulans, Aphrodisiakum, verdauungsförderndes Mittel, Asthmamittel, Lokalanästhetikum und Ersatz für Morphium während der Entzugszeit untersuchen.

Am interessantesten aber waren seine Bemerkungen über die Erfahrungen bei sich selbst und Freunden während des Gebrauchs der Droge:

Die psychische Wirkung . . . in Gaben von 0,05–0,010 g besteht in Aufheiterung und anhaltender Euphorie, die sich von der normalen Euphorie des gesunden Menschen in gar nichts unterscheidet . . . Man fühlt eine Zunahme der Selbstbeherrschung, fühlt sich lebenskräftiger und arbeitsfähiger . . . Man ist eben einfach normal und hat bald Mühe, sich zu glauben, daß man unter irgendwelcher Einwirkung steht . . . Lang anhaltende, intensive geistige oder Muskelarbeit wird ohne Mühe verrichtet . . .

Freud sollte für sein Eintreten zugunsten von Kokain hart kritisiert werden und bedauerte es schließlich, trotz seiner völlig ausreichenden Verteidigung in einer späteren Abhandlung. Unter anderem spielte Kokain eine Rolle beim Tod eines Freundes von Freud, der morphiumsüchtig war. Für seine Meinungsänderung wichtiger war vielleicht seine spätere feste Überzeugung, psychologisch aktive chemische Stoffe seien beim Prozeß echter psychologischer Veränderung letztlich nutzlos oder sogar schädlich.

Im letzten Jahrzehnt hat das Interesse an Kokain (im Labor, nicht nur auf der Straße) zugenommen, und einige Sorgen Freuds haben sich bestätigt. Kokain ist sicherlich giftig, macht ernsthaft süchtig (Freud glaubte zunächst nicht daran) und ruft bei hohen Dosen eine starke Psychose hervor, die manchen Formen der Schizophrenie ähnelt. Es hat aber auch den Anschein, daß er sich selbst gegenüber zu streng war, weil andererseits auch mögliche positive medizinische Verwendungszwecke offenkundig sind, nicht zu reden von manchen psychischen Auswirkungen, die ihm bekannt vorkommen würden.

Wir wissen heute, daß Kokain eine chemische Struktur aus drei Ringen besitzt, die Ähnlichkeit mit den ‹trizyklischen Antidepressiva› aufweist. Es handelt sich jedoch nicht um eine wirksame Behandlungsmethode für Depressionen, vermutlich deshalb, weil sie weitreichende andere Wirkungen hat. Mit ihnen hat sie jedoch eine Hauptwirkung gemeinsam: Sie blockiert die weitere Aufnahme der Neurotransmitter Noradrenalin und Serotonin an den Nervenenden. Das ist das Hauptmittel zur Inaktivierung dieser Neurotransmitter, so daß nach Kokaineinnahme mehr von ihnen vorhanden sind, um die nächste Zelle in der Schaltung zu reizen.

Diese Erkenntnisse bilden einen Teil der Grundlage für die Neurotransmittertheorie der Gemütslage. Ohne Zweifel ist sie zu stark vereinfacht, stellt aber sehr wahrscheinlich einen Teil der Wahrheit dar. Was Kokain angeht, haben neuere Untersuchungen viele von Freuds Feststellungen bestätigt. Angemessene Gaben, unter kontrollierten Bedingungen eingenommen, riefen in der Tat das von der Drogenszene beschriebene ‹High› hervor, und zwar in einem Verhältnis zur eingenommenen Menge, das mit der Abnahme der Droge im Blut übereinstimmt. Die von Personen unter Kokaineinfluß auf einer Liste am häufigsten angestrichenen vier Punkte waren: «Ich fühle mich, als hätte ich eben etwas Angenehmes erlebt»; «Ich habe Lust, über das Gefühl zu sprechen, das ich spüre»; «Seit ich den Versuch begonnen habe, ist mir einmal oder mehrmals ein köstlicher Schauder durch den Körper gelaufen»; und «Am liebsten möchte ich mit jemand albern.»

Bei einem Versuch mit drei Affen, denen ständig die Wahl zwischen Futter und Kokain überlassen blieb, «wurde fast ausschließlich die Droge genommen. Zeiträume geringer Drogeneinnahme fielen nicht zusammen mit erhöhtem Nahrungsverzehr . . . Diese ausschließliche Vorliebe für Kokain hielt 8 Tage an. Die Sorge um die Gesundheit der Tiere verbot, den Versuchszeitraum auszudehnen.» Amphetamin ist ebenfalls ein Stimulans, ruft aber typischerweise eine erregte Art von Euphorie hervor, während eine der häufigsten spontanen Reaktionen von menschlichen Versuchspersonen bei Kokainversuchen lautet: «Ich fühle mich entspannter.»

Die Kokainuntersuchung bei Affen erinnert an die schon geschilderte Arbeit zur Selbstreizung ‹belohnender› Hirnregionen: Bei manchen Experimenten vernachlässigten Ratten Futter, um den Hebel zu drücken. Es wäre nützlich, könnte man die Aufnahmefähigkeit des Gehirns für ‹Belohnung› (oder Lust oder Euphorie) stärker lokalisieren, als das durch Olds und Valenstein und ihre Kollegen geschehen ist, aber Versuche, bei denen bestimmte Hirnregionen zerstört wurden, beseitigten das Belohnungsvermögen nicht. Ein wichtiger Forschungsweg, den die Psychopharmakologen Larry Stein und David Wise einschlugen, zeigte, daß der Gebrauch einer Droge, die Noradrenalin enthaltende Nervenzellen im ganzen Gehirn vergiftet, die Fähigkeit einer Ratte zur Belohnungsempfindung und vielleicht sogar zur Lust praktisch beseitigt. Diese Erkenntnis stimmt überein mit der Vorstellung, daß Kokain, Amphetamin und die in der Psychiatrie heute verwendeten trizyklischen Antidepressiva ihre Wirkungen alle dadurch erzielen, daß sie die Übertragung von Noradrenalin *teilweise* verstärken. Bei einer anderen Untersuchung rief Injektion derselben noradrenalin-senkenden Substanz, die Stein und Weise verwendeten – diesmal bei freilebenden Affen – in die Hirnventrikel ein Verhaltenssyndrom hervor, das phänomenologisch der menschlichen Depression glich.

Neuere Arbeiten zur Untersuchung der Gemütschemie hat jedoch eindeutig einen zweiten großen Brennpunkt abseits der kleinen Neurotransmittermoleküle Noradrenalin und Serotonin gefunden. Dieser Brennpunkt betrifft die Klasse von hirnchemischen Stoffen, die als Peptide bekannt sind – Ketten von mehreren Aminosäuren, die Proteine wären, würden sie in der gleichen Weise weiter so aufgebaut sein, bis sie sehr lang werden. Entdeckungen im Zusammenhang mit Hirnpeptiden haben erst in den letzten Jahren die Untersuchung der Hirnfunktion revolutioniert. Erstens sind sie fünf- bis zehnmal so groß wie die bisher bekannten Neurotransmitter und liefern damit eine Dimension zusätzlicher Komplexität. Zweitens können sie manchen Hormonen von Hypophyse und Hypothalamus ähneln oder ihnen sogar entsprechen, was die Möglichkeit andeutet, daß Hormone von diesen Organen ins Gehirn hinauf- und nicht nur hinab in den Körper strömen. Drittens können sie häufig die Zerfallsprodukte von Proteinen sein, der langen, komplexen Moleküle, die nur eine Stufe von den Genen entfernt sind; das läßt die Möglichkeit zu, daß sie an einem riesigen Bau- und Umbausystem von Hormonen mit austauschbaren Teilen und starkem Vermögen zur Informationsvermittlung beteiligt sein könnten.

Von allen neu untersuchten Peptiden sind die bei weitem interessantesten die Endorphine. Der Struktur nach bekannt, bevor man ihre Funktion kannte, traten sie während der späten siebziger Jahre in den Mittelpunkt der Gehirnwissenschaft wegen der Arbeit an einer völlig anderen Klasse von chemischen Stoffen – den Opiaten. Unter anderen widmeten Candace Pert und Solomon Snyder von der John Hopkins University die frühen siebziger Jahre der Aufgabe, den ‹Opiatrezeptor› im Gehirn zu charakterisieren und zu lokalisieren – den damals hypothetischen Ort, wo Morphium und Heroin ankommen und ihre Wirkungen ausüben. Sie, Roger Guillemin und viele andere Wissenschaftler zeigten mit der Zeit, daß die Endorphine und zugehörige Peptidmoleküle die Wirkungen von Morphium auf Schmerz nachvollziehen konnten. Sie wurden schließlich ‹morphinomimetische› oder ‹opioide› Peptide genannt. Ebenso bedeutsam: 1976 kamen zwei verschiedene Laboratorien zu dem Schluß, daß winzige Dosen opioider Peptide – weniger als ein Hundertstel der für Schmerzlinderung erforderlichen Menge – in Ratten drastische Verhaltenssymptome hervorrufen, darunter Körperstarrheit, Bewegungsunfähigkeit und Reaktionslosigkeit.

Das Wichtigste an diesen Wirkungen ist nicht, daß sie bei so geringen Mengen auftreten – obwohl das schon eindrucksvoll genug ist – sondern, daß die chemischen Stoffe, die sie erzeugen, im menschlichen Gehirn natürlich vorkommen. Durch verschiedene Forschungsvorhaben ist der Eindruck entstanden, es sei sehr wahrscheinlich, daß sie Teil eines natürlichen Systems für Schmerzsteuerung von innen sind – oder, mit den Worten einiger damit befaßter Wissenschaftler ‹das hirneigene Morphium›.

In seinem Buch ‹Optimism: The Biology of Hope› (dt. Optimismus: Die Biologie der Hoffnung) fügt Lionel Tiger von der Rutgers University eine riesige Zahl von ethnographischen und soziologischen Feststellungen zu einer biologischen Theorie darüber zusammen, wie wir die Zukunft sehen. Laut Tiger haben religiöse Ansichten, Ansichten zum Fortschritt, der Wunsch nach Kindern, die Jagd nach Geld und Macht, der Glaube an Sozialutopien und sogar Dinge wie Glücksspiel- und Einkaufswut gemeinsam, den Schmerz der Gegenwart durch eine gewöhnlich unechte, aber entschiedene Hinwendung zur Zukunft dämpfen zu wollen. Er meint, ein Tier, vor allem eines, das sich bewußt ist, daß es sterben muß, könne Mühsal, Angst, Schwierigkeit und Qual des täglichen Lebens ohne irgendein System der Selbstberuhigung einfach nicht ertragen. Er stellt die Überlegung an, die natürliche Auslese hätte die opiatähnlichen Peptide hervorgebracht, damit sie diese Funktion erfüllen – Tiere setzten sie in sich frei, wenn das Dasein zu unerträglich wird; die dadurch eintretende leichte Dämpfung oder sogar Unterdrückung von Schmerz ermögliche das Weitermachen. Schließlich trägt er die Möglichkeit vor, daß die oben angeführten menschlichen Verhaltensweisen und Glaubenssätze bei einem Tier, das in solchem Maß fähig ist, ein Auge auf die Zukunft gerichtet zu halten, Nebenprodukt solcher Dämpfung oder Versuche sind, sie zu kontrollieren oder beides. Das ist ein Gedanke, der mehr Aufmerksamkeit erwecken sollte als bisher. Ich vermute, daß er das Schicksal erlitten hat, das anfangs der Psychoanalyse beschieden war: Es ist von Natur aus fast unmöglich, Ideen darüber, was wir uns vormachen, ausreichend zu Gehör kommen zu lassen. Wir verstehen es gut genug, sie fernzuhalten.

Und doch scheinen diese Tricks der Selbsttäuschung aus irgendeinem Grund akzeptabler zu sein als der immer häufigere Griff zu molekularen Elixieren. Alkohol, Weckamine, Hasch, Koks, H, LSD, Angeldust – ein ganzes Arzneimittelbuch falschen Glücks. Nicht nur sind Kinder begierig darauf, sie auszuprobieren, sie machen einen Lebensstil daraus, einen Weg des Erwachsenwerdens. Bis wir erwachsen werden, sind wir Fachleute, selbst wenn wir im Rahmen der Gesetze bleiben. Hier ein Aufladen mit Noradrenalin, um die Stimmung zu heben; dort ein bißchen GABA-Verstärkung, um die namenlose Angst zu verdrängen; drüben ein bißchen Ioneneinwirkung, um das Eigenmorphium des Gehirns anzuregen und den langen, tödlichen Schmerz des Lebens zu dämpfen. «Die Wirklichkeit», hören wir uns nur halb im Spaß sagen, «ist nur eine Krücke für Menschen, die mit Drogen nicht zurechtkommen.»

Was ist eigentlich aus der Denkweise geworden, der zufolge der Schmerz des Lebens ein Teil der Lebensfreude war oder wenigstens eine Stelle auf dem Weg dazu? Aus dem Glauben, es sei erhebender, Schwierigkeiten anzupacken und zu überwinden, als sie zu verleugnen? In ‹California›, jenem fabulösen Staat und Gemütszustand, nennt man das ‹renn mit dem Kopf gegen die Wand, weil es guttut, wenn du aufhörst›. Aber für uns andere im ‹Nordosten›, ob konkret oder bildlich gemeint, für diejenigen von uns, die nicht absolut alles abweisen, was vor uns dahingegangen ist, scheint die Theorie des Triumphs über das Unglück nach wie vor eine gute Hypothese des Glücks zu sein.

Es gibt sogar Beweise. Sie sind enthalten in einer Zusammenfassung von fünfunddreißig Jahren Forschung zur Entwicklung von vierundneunzig Männern als Erwachsene, die 1940 im Nordosten das College besuchten – eine Auswahl, die mindestens jene Gruppe junger amerikanischer Männer in weitem Umfang repräsentieren sollte. In seinem 1977 erschienenen Buch ‹Adaptation to Life› (dt. Anpassung ans Leben) faßte der Psychiater George Vaillant von der Harvard Medical School die eine ganze Lebensspanne umfassenden Feststellungen bei diesen Männern zusammen, von denen viele (nach ihren eigenen Angaben ebenso wie nach objektiven Kriterien) erfolgreich und glücklich und manche unglücklich und/oder Versager waren. Information in Fülle gab es zu Kindheit und Familienleben der Männer ebenso wie direkte Informationen über ihr ganzes Leben als Erwachsene. Niemand kann eine solche Untersuchung im selben Sinn und Maß objektiv gestalten, wie etwa eine Untersuchung über Hormonspiegel objektiv ist. Es wäre aber ein Fehler, wollte man annehmen, die letztere sei sehr exakt; in Wahrheit unterliegen auch Untersuchungen zu Hormonen und Verhalten bedeutsamen Auslegungsirrtümern. Die Vaillant-Studie erfüllt angemessen hohe Methodenkriterien für Forschung dieser Art.

Ihre Schlußfolgerungen sind einfach. Erstens ist eine stabile, liebevolle Familie im frühen Leben ein großer Vorteil. Männer mit düsterer Kindheit blieben in der Regel trotz aller objektiver Beigaben äußerlichen Erfolgs auf Dauer unglücklich. Manche von ihnen waren an die Beanspruchungen des Lebens gut angepaßt, aber unempfänglich für das besondere Glück, das durch Intimität und die damit verbundenen Risiken auftritt; mindestens ein solcher Mann war sich seiner Misere bewußt, sträubte sich dagegen und konnte nichts ändern. Bei der Zusammenfassung dieses Teils zitierte Vaillant die Worte Joseph Conrads in seinem Roman ‹Victory›: ‹Wehe dem Mann, der nicht schon zu hoffen, zu lieben, dem Leben sein Vertrauen zu schenken gelernt hat, als er jung war.›

Zweitens ist Streß nicht unbedingt etwas Schlechtes. Ein Drittel der Männer in dieser Studie befand sich im Zweiten Weltkrieg mindestens zehn Tage in fortlaufendem Fronteinsatz. Alle erlitten schwere persönlichen Kummer, Rückschläge, Enttäuschungen und Verluste als Erwachsene. Nichts davon, für sich genommen, bestimmte spätere schlechte Anpassung voraus. Über einen berühmten Mann, der nicht von der Untersuchung erfaßt war, schreibt Vaillant: «Wie kann ich eine logische Erklärung für die Reifung von Roy Campanella geben, dem großen Baseballcatcher von Brooklyn, der sich mit sechsunddreißig Jahren den Hals brach und an allen vier Gliedmaßen gelähmt war; trotzdem schien mit fünfzig Jahren der verkrüppelte Campanella ein bedeutenderer Mann zu sein ... als Campanella, der Baseballstar, mit dreißig Jahren.› Er zitiert die Ergebnisse einer anderen Lebenszeit-Studie normaler erwachsener Amerikaner in Kalifornien, deren Leiter Jean MacFarlane schrieb: ‹Viele der herausragendsten reifen Erwachsenen in unserer ganzen Gruppe, viele, die in hohem Maß integriert, tüchtig und/oder kreativ sind ... stammen aus der Gruppe derer, die vor sehr schwierige Situationen gestellt wurden und deren typische Reaktionen in Kindheit und Jugend für uns ihre Probleme zu verschlimmern schienen.› Und schließlich, am Ende der Vaillant-Studie: ‹Es ist nicht der Streß, der uns tötet. Es ist wirksame Anpassung an Streß, die uns das Leben ermöglicht.›

Als meine Tochter Susanna einundzwanzig Monate alt und gerade im Begriff war, Sätze zu entdecken, blieb sie für zwei Stunden bei den Großeltern, während ihre Eltern eine notwendige Ruhepause einlegten. Sie war an diese Situation gewöhnt, die sie in der Regel auch nicht störte, aber an diesem Abend war sie unglücklich. Sie hatte einige Zeit geweint, als wir heimkamen, und fiel ihrer Mutter in die Arme, konnte aber nicht aufhören, unglücklich zu schluchzen. Ihre Mutter setzte sich mit ihr hin und hielt sie fest. Nach kurzer Zeit hob sie den Kopf, und aus ihrer noch zuckenden Brust, zwischen den Schluchzern, mit dem Ausdruck des Unglücks auf ihrem Gesicht, mit den Tränen, kamen die Worte: «Sana glücklich.» Ich hatte ein Gefühl, als erlebte ich das Aufdämmern ihres menschlichen Bewußtseins mit. Eine solche Reaktion würde einen Ethologen nachdenklich machen. Hier war ein typisches Säugetierwesen, jugendliche Ausgabe, das eine wunderbar vorhersehbare Reaktion auf Trennung von der Mutter gezeigt hatte, einschließlich der artspezifischen Schreie und Ausdruckszeichen, die zum Elend gehören; und inmitten des Ganzen, allen Reaktionen eines Tieres zuwider, zwei menschliche Symbole, die Behauptung aufstellend, es sei glücklich.

«Es ist mehr Glück in einer echten Tragödie als in allen Komödien, die je geschrieben wurden.» Das sagte Eugene O'Neill, der beides konnte. Es ist wahr, und wenn man darüber nachdenkt, warum es wahr ist, stößt man sofort auf die Möglichkeit, daß es gut ist, das Elend eines anderen zu betrachten. Aber das ist es nicht. Was wir betrachten, sind Spiegelungen unserer eigenen Verluste, sind unsere elend gescheiterten guten Absichten, unser Chaos, unser unausweichliches Sterben. Wir sehen den Triumph des Geistes inmitten solchen Unglücks konkretisiert, und das bewegt uns; und wenn wir hochgestimmt aus dem Theater kommen, dann deshalb, weil wir fühlen, daß wir verloren, aber gewonnen haben; wir fühlen, daß wir stellvertretend noch einmal davongekommen sind.

Zum selben Thema schreibt Yeats in seinem Gedicht ‹Lapis Lazuli›:

Hamlet und Lear sind fröhlich;
Fröhlichkeit, die allen Schrecken verwandelt.

Der Lapislazuli des Titels sind drei in Stein gehauene Männer; sie stehen im alten China auf einem Berg, und ein langbeiniger Vogel, Symbol der Langlebigkeit, fliegt über sie hinweg. Yeats stellt sie sich vor, wie sie nach einem langen Aufstieg vom Gipfel auf die ganze ‹tragische Bühne› der geschickten Menschheit hinabblicken.

Man fragt nach klagend Melodien;
Geschickte Finger fangen an zu spielen.
Ihre Augen in den vielen Falten, ihre Augen,
ihre uralten, glitzernden Augen sind fröhlich.

12 Wollust

*Wär alles Sex, so könnte jede zitternd' Hand uns wie die
Puppen quieken lassen, was man hören will. Doch sieh, wie
skrupellos das Schicksal uns verrät; es läßt uns weinen, lachen,
ächzen, stöhnen und traurig Heldenhaftes schreien, zwingt ab
uns Gesten von Wahnsinn oder heller Freude, ganz ohne
Rücksicht auf dieses erste, vornehmste Gesetz. Qualvolle
Stunde! Die Nacht von gestern saßen wir am Teich, der rosig,
bezogen grell mit Lilien über hellem Chrom, so scharf beinah
wie Sternenlicht, dieweil ein Frosch aus seinem Bauch so
häßlich schrie.*
Wallace Stevens
‹Le Monocle de mon Oncle›

Bei vielen Biologen und Verhaltenswissenschaftlern ist es heutzutage
üblich, Wort und Begriff ‹System› auf eine etwas komplexere und spezifischere Art zu gebrauchen als im Alltag. Im Grunde ist das ein Begriff,
eine Definition, entliehen von der Technik, wo ‹Systeme› oft elegant sind,
vielseitig, präzise, im Ablauf zu überblicken, für mathematische Eingriffe
geeignet. Bei einem klassischen Beispiel, dem Thermostaten, erhält ein
Wert (Temperatur) einen Einstellungspunkt (etwa 22° C); das System
stellt Abweichungen vom Einstellpunkt fest und korrigiert sie. Das ist
ein einfaches Steuersystem mit negativer Rückkopplung. Bei einem anderen, der Antiraketen-Rakete, stellt das System die Entfernung zu einem
Ziel fest (hier Hitzequelle des angepeilten Raketenmotors) und ruft in
diesem System Reaktionen hervor, bis der Kontakt hergestellt ist; ein
‹zielkorrigiertes Rückkopplungs-Steuersystem›. Vollkommen klar, daß
manche Aspekte menschlicher biologischer und verhaltensmäßiger Funktion einem von diesen oder vereinzelten anderen einfachen technischen
Systemmodellen gleichen – etwa die Regelung der Körpertemperatur
oder (obschon weniger exakt), mit dem Essen aufzuhören, wenn man satt
ist. In vielen anderen Fällen trifft das nicht zu.

Nehmen wir beispielsweise zwei Personen – Erwachsene, Menschen, von verschiedenem Geschlecht – die (vor unseren prüfenden,
wachsamen Augen) in Berührung treten und auf eine Weise interaktiv
werden, die man früher als Umwerben und Heiraten bezeichnete, heute
als ‹anmachen› und ‹eine feste Bindung eingehen›. Zumindest ist es
möglich, vielleicht sogar zulässig, die beiden Individuen als interaktive
Systeme zu betrachten. Vorher erhielt jedes ‹System› viele ‹Eingaben›,

von denen einige sie zusammengeführt haben. Nun ist die ‹Ausgabe› jedes Systems Teil der Eingabe des anderen, was die Komplexität des Problems erheblich steigert.

Was regelt ein System in dem Sinne, wie das Zimmer seine Temperatur durch den Thermostat regelt? Gefühle? Wahrnehmungen? Irgendeinen Hormonspiegel? Das Maß der allgemeinen Aktivation? Und wie und wo könnte dieser ‹Gefühlsthermostat› eingestellt werden? Könnte er seine Einstellung zyklisch nach Tag und Nacht regeln, so wie das manche Thermostaten mit Uhrwerk tun? Könnte das System sich ‹abkühlen›, erwärmen und abschalten wie ein System für Klimaregelung und Heizung? Könnte sich die Grundeinstellung auf eine veränderliche Energiezufuhr hin im Sinne einer Sparschaltung verändern? Werden die beiden Individuen als Folge der Gene, früher Erziehung und bisheriger Erfahrung verschieden eingestellt sein? Können sie wechselseitig ihre Einstellungen beeinflussen?

Die Komplexität wird rasch überwältigend. Manche Beobachter versuchten das Problem dadurch zu lösen, daß sie die beiden Individuen als ein umfassenderes System behandelten, vorgesehen zu dem Zweck, das Ziel von Paarung und Fortpflanzung zu erreichen. Dieser Standpunkt befriedigte in einer Zeit der Evolutionsbiologie, als der Begriff vom ‹Überleben der Art› als angemessener Weg galt, über das Ziel der Paarung nachzudenken. Wären Arten von Natur aus dazu angelegt, sich fortzupflanzen, so hätte natürlich jede einen Werbe- und Paarungstanz entwickeln müssen, der ein eigenes System darstellte und die beiden Beteiligten, um ein höheres, von ihnen unabhängiges Ziel zu erreichen, wohl oder übel intim zusammenführte. Falls das zuträfe, könnten die beiden Individuen im Werbungsvorgang zu Recht als ein einziges, glatt funktionierendes System angesehen werden.

Sie werden aber nicht zu Recht als solches betrachtet, so glatt sonst auch alles verlaufen mag, weil sie von der Natur nicht auf diese Weise eingerichtet worden sind. Die Zeit des ‹Überlebens der Art› als unabhängiges Ziel der Fortpflanzung ist in der modernen Biologie vorbei, und die übergroße Mehrheit der heutigen Menschen, die sich mit Evolution befassen, betrachtet den *individuellen Organismus* als den am stärksten, wenn nicht allein nützlichen, verläßlichen und logischen Analysewert im Zusammenhang mit der natürlichen Auslese. Das gilt ebenso für den Prozeß der Paarung, der klassisch – und fälschlich – als vom Adaptationsprozeß des Einzelnen unabhängig gesehen wurde. Und wenn, wie im Kapitel über Adaptation dargestellt, der individuelle adaptive Zweck nichts anderes ist als die Methode eines Gens, ein anderes Gen zu erzeugen, dann gibt es keinen vernünftigen Grund, sich die beiden Individuen beim werbenden Paar so vorzustellen, daß sie wirklich ein simples Ziel gemeinsam haben.

Mit anderen Worten: In keinem Fall sollten wir zwei gepaarte oder potentiell gepaarte Individuen als ein System mit einem gemeinsamen Ziel ansehen. Ihre jeweiligen Absichten sind ganz und gar individueller Art, und – ich wähle den Ausdruck mit Bedacht – von der Absicht her nicht in glücklicher Weise miteinander verbunden. Ebensowenig stehen sie natürlich in jedem denkbaren Augenblick einander konträr gegenüber. Aber sie sind individuell, komplex, stimmen nicht gut überein, und sind, für den Beobachter ebenso wie für die Beteiligten, zwar vermutbar, aber doch unbekannt.

Ist das Systemmodell also von Nutzen, selbst wenn man die Verschiedenheit unterstellt? Jede Person (oder jedes System) des Paares würde, wie der Thermostat, manche Werte knapp um einen mittleren Einstellungspunkt regeln, andere jedoch möglichst niedrig halten (Enttäuschung? Furcht?), zyklisch verändern (Aktivation?) und ihnen höchste Werte verleihen (Anziehung?). Selbst wenn man die langfristigen Ziele so akzeptiert, wie ich sie eben umrissen habe, wie sehen die unmittelbaren, eng geregelten aus? ‹Ans Ziel kommen›? Orgasmus? Ein paar Minuten erregender Flirt? Ein paar Stunden körperlicher Intimität? Ein Jahr gemeinsames Leben? Ein Leben lang Treue? Eine Familie?

Und überlegen wir uns, was bewältigt werden muß, damit dieser komplizierte Tanz stattfinden kann. Sobald zwei Wesen aus irgendeinem Grund zusammentreffen, entsteht Furcht; sie kann rational sein oder irrational (ich habe mit dieser Unterscheidung Schwierigkeiten, weil das sehr oft Ansichtssache ist), aber eben Furcht. Bei der Werbung gehören zu den einigermaßen zu befürchtenden Dingen Vergewaltigung, körperliche Verletzung anderer Art, Geschlechts- und andere ansteckende Krankheiten, Demütigung durch unerwiderte Zuneigung, unerwünschte Schwangerschaft, Verführung und Verlassenwerden mit den Begleitern Schmerz und Kummer, und ganz schlicht, den schwersten Fehler seines Lebens zu machen – sein Schicksal mit dem des falschen Menschen zu verbinden.

Die Kompliziertheiten des Modells als System sind nicht mehr zu bewältigen. Komplexe innere Abläufe werden geregelt, ungewisse Ziele angesteuert, zahllose Ängste moduliert oder auf den niedrigsten Stand gebracht oder zumindest gegen die Furcht vor Einsamkeit abgewogen, während der Tanz weitergeht. Schon nach dem wenigen bisher Gesagten sieht man, wie überaus banal Begriffe von der Art Antrieb, Instinkt, Gewohnheit, Nachahmung, Ritual und andere angesichts dieser Komplexheiten subjektiver menschlicher Erfahrung sind. Und man wird ebenfalls erkennen, warum intelligente, empfindsame Menschen, die Verständnis für die menschlichen Gefühle haben, bei der schlichten Welt der Verhaltenswissenschaft enttäuscht die Hände heben, wo Marionetten an nur allzu sichtbaren Fäden tanzen.

Manches von der Tragik, die menschlichen Beziehungen innewohnt, zumal dann, wenn Begierde mitspielt, ist den Verhaltens- und

Sozialwissenschaftlern unzugänglich, weil diese entweder stillschweigend oder ausdrücklich an das Systemmodell glauben. Das heißt: Nach ihrer Ansicht ist der Verkehr unter Menschen auf glatten Ablauf angelegt. Daher die große erkennbare Lücke zwischen der Beurteilung menschlicher Beziehungen, die in der klassischen Literatur jeder Sprache zu finden ist, und der von Verhaltens- und Sozialwissenschaftlern in der Regel gelieferten. Literarische Künstler von Rang neigten fast durchwegs dazu, die ganz böse Unlogik des Systems (ich gebrauche das Wort hier im weiteren Sinn) zu erkennen und auszusprechen, gewöhnlich ohne einen Erklärungsversuch, während Verhaltens- und Sozialwissenschaftler – nicht alle, aber die meisten – lieber Modelle menschlicher Erfahrung aufzubauen versuchten, in denen alles gutgeht, und wenn das noch nicht der Fall war, es bald so weit sein wird. Das ist, wie ich meine, ebensosehr oder in noch stärkerem Maße die Folge ihrer Neigung zu Systemlogik wie zu einer überaus optimistischen Haltung. Systeme müssen funktionieren – ob sie individuelle Personen oder interaktive Paare oder kleine Gruppen oder große Massen oder sogar Gruppen aus diesen großen Massen sind. Wenn sie nicht funktionieren, ist mit ihnen etwas nicht in Ordnung; man muß sie reparieren, dann geht es. Wenn es noch nicht geht, muß man weiterarbeiten; am Ende wird es schließlich doch klappen.

Ich nenne diesen Standpunkt die ‹Bastler›-Theorie menschlichen Verhaltens. Ihre Praktiker jedoch, keineswegs Sektenprediger, besetzen wichtige Stellungen, und zwar auf allen Gebieten der Verhaltens- und Sozialwissenschaft. Von den Psychotherapeuten bis zu den Volkswissenschaftlern, von den Eheberatern bis zu den Sozialrevolutionären, die Bastlertheorie ist ihr täglich Brot. Sie arbeiten daran wie an einem schönen, komplizierten Puzzlespiel, fügen hier ein Stück und dort ein Stück ein und glauben wirklich, es sei nur eine Frage der Zeit, bis das riesige Bild vollständig ist.

Sie arbeiten an einem Puzzle, dessen Einzelteile nicht zusammenpassen. Oder wenn sie es doch tun, dann in einer dritten Dimension, von der Bastler fast nie etwas wahrnehmen. Diese Dimension ist die Evolutionszeit. Ein Puzzle ist logisch und zusammensetzbar, weil es von einem Verstand wie dem des hoffnungsfrohen Benutzers entworfen wurde. Ist der Erfinder kein Perverser, so werden alle Teile vorhanden sein und zusammenpassen. In der Evolutionszeit dagegen – ein Strom, in dem nicht nur Methusalems Lebensspanne, sondern sogar seine zeitliche Entfernung von uns nicht einmal ein Tropfen ist – gibt es keinen Erfinder. Es gibt nur das blinde Handeln natürlicher Auslese, die Gene aussortiert.

‹Eine Person ist nur die Methode eines Gens, ein anderes Gen zu erzeugen.› Ich weiß nicht einmal, wer das zuerst gesagt hat, aber darauf kommt es gar nicht an. Es ist ein Gedanke, der jeden befällt, wenn er Verständnis für die genetische Grundlage der Evolution erwirbt. Selbstverständlich ist er zu stark vereinfacht. Das Gen sogar in einem Virus handelt nicht allein; es ‹arbeitet zusammen› mit anderen Genen, zumindest zeitweise. Gemeinsam schaffen sie eine Person oder jedes beliebige andere Wesen. Dieses Wesen hat gewiß Nebenabsichten. Es will eine Mahlzeit verzehren, lernen, ein anderes Wesen umarmen, eine Maus zerreißen, an Senf riechen, sich vor Schaden sicher fühlen, einen Käfig verlassen, die Därme leeren, eine Stadt bombardieren, einen Sonnenuntergang sehen, im Himmel eine Belohnung erhalten, ejakulieren, den Nobelpreis erringen.

Dem Gen ist das recht. Es stört sich nicht am Vorhandensein solcher Zwecke, so wenig wie an der Ahnungslosigkeit der Personen gegenüber *seinen* Absichten, und sollte das Wesen sie doch wahrnehmen, nicht einmal an einer Ablehnung dieser Zwecke. Warum auch? Es besitzt selbst keine Wahrnehmungsmöglichkeit. Es weiß nichts. Es ordnet nur die chemischen Stoffe des Lebens um sich, organisiert Protoplasma einfach auf solche Art, daß es diese oder jene Art von Behälter bildet. Wenn dieser Behälter das Gen herumträgt, es vor Auflösung schützt und in kritischen Augenblicken das Bestreben des Gens fördert, einige der chemischen Stoffe rundum zu einer Nachbildung seiner selbst zu organisieren, bleibt das Gen Teil des DNS-Stroms – des Kanals für das Material des Lebens, seitdem Leben der Definition nach begonnen hat.

Der Strom hat natürlich zahllose Mäander, Wirbel, Zuflüsse, Deltas, Dämme, Verzweigungen. Er ist die zentrale Tatsache des Lebens in der Evolutionszeit, aber er verändert sich unaufhörlich. Die Veränderungen können Punktmutationen sein – Änderungen in der chemischen Struktur des Gens selbst. Oder sie können Umstellungen der Gene im Verhältnis zueinander sein, für die Formen, welche die ‹Genträger› – die Organismen – annehmen werden, mindestens so wichtig wie Punktmutationen. Aber der tiefgreifendste und mächtigste Veränderungsprozeß ist die Veränderung der Genfrequenz. Und der grundlegendste Beitrag zu dieser Veränderung ist die natürliche Auslese – das heißt, Veränderung in der Genfrequenz, die abhängig ist vom Anpassungserfolg des Gen-‹trägers›.

Oder, beim Menschen, von uns. Früher einmal geschah alle Fortpflanzung auf dem Planeten ungeschlechtlich. Das klingt langweilig, aber die Wesen, die das taten, bekümmerte das nicht. Sie waren Wirbellose, auf ihre Art eindrucksvoll und scheinbar erfolgreich durch Fortpflanzung ohne Geschlecht – eine Leistung, die bei einer Vielzahl heutiger Organismen weiterbesteht. Eigentlich gab es damals nur Weibchen. Sie waren die einzigen DNS-Träger und nahmen alle auf gleiche Weise und direkt an der Hervorbringung von Jungen teil. Die Frage – und es ist eine ungelöste, die heute einige der besten Theoretiker der Evolutionsbiologie beschäftigt – lautet: *Warum haben sie* Männchen *überhaupt erfunden?* Was eine ironisch überspitzte Formulierung der Frage ist: Zu welchem Zweck haben sich Männchen überhaupt entwickelt?

Auf den ersten Blick sind Männchen in hohem Maß unpraktisch. Hat man bei den Geschlechtern ein Gleichgewicht (und es läßt sich leicht nachweisen, daß sexuell reproduzierende Populationen zu gleichen Anteilen der Geschlechter neigen), und sind die Männchen etwa gleich groß wie die Frauen (häufig sind sie so groß oder größer), so wird die halbe Biomasse der Population mit Wesen vergeudet, die keine Eier hervorbringen können. Eine übliche Erklärung, sexuelle Fortpflanzung steigere die Varianz, scheint nicht zu berücksichtigen, daß ungeschlechtliche Arten andere Wege finden, die Varianz zu steigern. Eine andere, daß Männchen bei der Brutpflege helfen und zur gemeinsamen Verteidigung beitragen können, gerät in Konflikt mit der Tatsache, daß in vielen sexuell reproduzierenden Gattungen das Männchen nicht lange genug bleibt, um Danke zu sagen, geschweige denn, um zu helfen.

Ein anregender Vorschlag – er stammt von Iven DeVore, Robert Trivers und anderen – ist der, Männchen seien ein Zuchtexperiment gewesen. DeVore meinte sogar, die ganze Geschichte der Sexualität stelle ‹ein riesiges Zuchtexperiment› dar, bei dem die Weibchen die Züchter waren und Männchen die sich langsam ‹verbessernde› Zucht. Dieser Ansicht zufolge könnten die ersten sexuell reproduzierenden Organismen den Vorteil besessen haben, daß das Grundgeschlecht (die Weibchen) die Hälfte der DNS übertragen und in entbehrlichen Wesen, nämlich die Männchen, untergebracht hatten. Die Weibchen konnten dann den Wettbewerb untereinander verringern, während sie ihn bei den Männchen steigerten, mehr Männchen konnten geopfert werden, ohne die Kapazität der Eierproduktion zu schädigen, und eine relative Elite von ‹ausgewählten› Männchen mit wünschenswerten Merkmalen konnte die Nachkommen der Weibchen zeugen. Inzwischen konnten die Weibchen sich darauf konzentrieren, mehr Nachkommen hervorzubringen.

Diese letzte Version sexueller Selektionstheorie, die mit Darwin begann, ruht jetzt auf einer ziemlich starken Beweisgrundlage. Der ‹Geschlechtsursprung› wird stets Spekulation bleiben, aber soweit sich sinnvoll die Frage stellen läßt: Wozu sind die Geschlechter da? ist dieser Standpunkt nah daran, Antworten zu liefern.

Bei allen sexuell reproduzierenden Gattungen und vor allem unter Wirbeltieren können nach dem Ausmaß, in dem die Männchen an direkter Sorge für die Nachkommen des Weibchens teilnehmen oder sie unterlassen, mehrere Dinge über die Männchen gesagt werden. Bei sogenannten ‹Paarbindungs›-Arten, darunter etwa achttausend Vogelarten, die kleinen südamerikanischen Krallenaffen, die Gibbons oder niedrigere Menschenaffen, und ein paar Angehörige der Hundefamilie wie Kojoten und Fledermausohrenfüchse – neigen die Männchen dazu, stark zur Brutpflege der Jungen beizutragen. Bei diesen Gattungen haben Männchen und Weibchen oft annähernd die gleiche Größe, annähernd dieselbe Färbung ohne auffällige Unterschiede, und wachsen ungefähr im gleichen Maß. Sie begatten sich in Paarbindungen von langer Dauer, manchmal das ganze Leben. Männliche Krallenaffen tragen die Jungen, in der Regel Zwillinge, zu 79 Prozent der Zeit und geben sie ihren Müttern nur zum Säugen. Männchen von vielen Vogelarten mit Paarbindung – etwa die Ringeltaube – besitzen sorgfältig verfeinerte physiologische Einrichtungen für das Füttern der Jungen, die mit denen der Weibchen konkurrieren. Soviel zu dem einen Ende des Spektrums.

Am anderen Ende sieht die Geschichte völlig anders aus. Männchen unterscheiden sich von Weibchen deutlich. Sie zeigen wenig Interesse für Säuglinge und Jugendliche. Sie sind entweder größer als Weibchen oder farblich auffälliger oder besitzen gefährlichere Waffen oder reifen langsamer, oder es handelt sich um irgendeine Kombination dieser Dinge. Sie können, wie bei der Elefantenrobbe, das Dreifache des Weibchens wiegen, oder, wie beim Pfau, großartige Färbung beim Imponiergehabe, oder, wie beim Virginiahirsch, Geweihe für Imponieren und Rammen besitzen. Diese Gattungen werden oft ‹Turnierarten› genannt, weil der Wettbewerb unter Männchen um Weibchen von heftig bis wild ist und sich auf ein jährliches Zucht‹turnier› oder Lek konzentrieren kann, etwa beim Uganda-Wasserbock oder der Elefantenrobbe. Ein solcher Wettbewerb führt zu extremer Varianz in reproduktivem Erfolg unter Männchen, erzielt zum Teil durch eine weit höhere Sterberate bei Männchen als bei Weibchen, eine feststehende Tatsache bei den meisten bekannten Arten in allen Phasen des Lebens.

Bei Turniergattungen wird das durch Fortpflanzungskonkurrenz im Turnier noch gesteigert. In einer Fortpflanzungsperiode bei den Elefantenrobben vor der kalifornischen Küste, beobachtet von dem Ökologen Burney Le Bœuf, entfielen auf 4 Prozent der Männchen mehr als 85 Prozent der Kopulationen, und diese wenigen Männchen befruchteten fast sicher die große Mehrheit der Weibchen. Der Rest der Männchen in der Population hatte um die Gunst der wenigen verbleibenden Weibchen zu ringen. Sexuelle Selektion in höchster Vollendung.

Es ist charakteristisch für solche Gattungen, daß Männchen nichts oder wenig für die Brutpflege tun. Bei Elefantenrobben führen Kämpfe zwischen den riesigen, gefährlichen Männchen in der Paarungskolonie häufig zu Verletzungen und Tod bei den Neugeborenen. Der Theorie nach ‹wissen› nur bei Paarbindungs-Arten die Männchen, wo ihre Gene sind. Natürlich wissen sie das nicht in irgendeinem kognitiven Sinn, aber sie sind im Verlauf der Evolution selektiert worden, sich so zu verhalten, als wüßten sie es. In einer Paarbindungsgattung hat das Männchen sein Weibchen mehr oder weniger eingesperrt. Sie hat ihn ebenfalls am Zügel, aber für diese Nachkommen ist das Nebensache; kein Weibchen kann ‹im Zweifel› darüber sein, daß die Nachkommen, für die sie sorgt, ihre Gene tragen. Dagegen kann kein Männchen irgendeiner

Gattung mit innerer Befruchtung jemals ‹sicher› sein, daß es nicht gehört worden ist. Bei Turniergattungen, wo Männchen umherlaufen und kopulieren, wo sie können, wo Weibchen an fast jedem Ort gleich willig sein mögen, würde ein Männchen, das sich stark für Nachkommen irgendeines Weibchens einsetzt, ein hohes Risiko laufen, Energie für Gene aufzuwenden, die nicht die seinen sind. Und es würde wertvolle Zeit vergeuden, in der es nach Kopulationen hätte Ausschau halten können. So würden seine eigenen Gene – einschließlich derjenigen, die es dazu veranlaßt haben, diese fragwürdige Strategie zu wählen – in künftigen Generationen nicht vertreten sein. Keiner dieser Vorgänge unterstellt bewußte Erkenntnis der wirkenden Kräfte durch die Tiere; die Evolution hat sie lediglich so angelegt, daß sie, wie blind auch immer, zur Vergrößerung ihres Fortpflanzungserfolges beitragen.

All das erklärt natürlich nicht, wie Gattungen zu Paarbindung oder zu Turnierverhalten gelangen. Verhaltensökologen haben dazu einige interessante Ideen vorgebracht, aber sie gehen über das hinaus, was hier dargestellt werden soll. Festzustehen scheint, daß Paarbindungsgattungen dazu neigen, Geschlechter zu haben, die einander ähneln, relativ niedrige Varianz beim männlichen Fortpflanzungserfolg, relativ geringe Promiskuität und relativ unauffälligen Wettbewerb unter Männchen. Turniergattungen neigen zu großen, auffälligen Männchen, hoher Varianz im männlichen Fortpflanzungserfolg (manche bekommen alle Weibchen, manche gar keine), wenig oder keiner direkten Brutpflege, hoher Promiskuität oder polygamer Paarung und starkem Wettbewerb unter Männchen. Überdies ist das ein Fall, wo die Ausnahmen die Regel bestätigen. Bei Gattungen wie den Wassertretern, Vögel, bei denen die Weibchen größer sind als die Männchen, sind es Männchen, die den Hauptteil der Brutpflege übernehmen; sie werden demzufolge zu einer seltenen Ressource, um die bei den Weibchen konkurriert wird.

Aber das sind ganz seltene Ausnahmen. Bei der übergroßen Mehrheit der Vögel- und Säugergattungen sind die Männchen zumindest etwas größer oder auffälliger, es gibt stärkeren Wettbewerb, sie sind variabler im Fortpflanzungserfolg und weniger großzügig bei ihren Nachkommen als Weibchen. Bei Paarbindungsarten (zumeist Vögel) sind die Unterschiede gering; bei Turniergattungen (zumeist Säugetiere) sind sie groß. Fast immer sind sie vorhanden, und die meisten Gattungen stehen irgendwo zwischen den beiden Extremen.

Nehmen wir etwa die bescheidene Uferschwalbe, den Zoologen als *Riparia riparia* bekannt. Männchen und Weibchen gleichen einander in Größe, Form und Verhalten. Begattungspaare bilden und halten sich in großen Kolonien; jedes Paar gräbt und nistet in einem von Hunderten von Gängen in einem steilen Sandufer an einem natürlichen fließenden Gewässer. Beide Geschlechter ernähren sich durch Insektenjagd, aber in der ersten Woche nach der Paarbildung folgt das Männchen dem Weibchen bei jedem Verlassen des Nests. Es verfolgt sie und bleibt weniger als einen Meter von ihr entfernt, was es zu eindrucksvoller Akrobatik zwingt. Es tut das am Tag bis zu hundertmal. Es ist immer Jagd des Männchens hinter dem Weibchen her, nie umgekehrt. Das Weibchen darf nie wegfliegen, ohne verfolgt zu werden. Das Paar lockt oft einen dritten Verfolger an. In mehr als hundert solcher beobachteten Fällen war der Eindringling stets ein Männchen.

Es können bis zu fünf Vögel auf einmal sein. Mit den Worten der Wissenschaftler Michael Beecher und Inger Mornestam Beecher: ‹Alle Männchen folgen den verwickelten Manövern der Weibchen, was der Jagd ihr spektakuläres Aussehen verleiht.› Das mit dem Weibchen gepaarte Männchen ‹fliegt im Looping zurück und versucht die Verfolger zu verjagen, stößt oder greift sie an.› Wenn es schlecht für es steht, versucht es das Weibchen in den Bau zurückzujagen. Sowohl das Jagdverhalten der Eindringlinge als auch das Wachverhalten der gepaarten Männchen ist auf die fruchtbare Periode des betreffenden Weibchens beschränkt. Einige der Eindringlinge, die sich an der Jagd beteiligen, sind gepaart mit anderen Weibchen, die nicht in ihrer fruchtbaren Periode sind. Eindringlingen gelingt es manchmal, zur Kopulation zu kommen.

Oder nehmen wir als anderes Beispiel die Ringeltaube, *Streptopelia risoria*. Das Werbe- und Fortpflanzungsverhalten dieses wunderschönen Vogels ist Thema eines Teils der eindrucksvollsten Forschung in der Geschichte der Verhaltensbiologie gewesen, vor allem dank der Bemühungen des verstorbenen Daniel Lehrman von der Rutgers University und seinen Studenten. Unter natürlichen Bedingungen ein stark paargebundener, in Bäumen wohnender afrikanischer Vogel, wo das Männchen in hohem Maß an der Brutpflege teilnimmt – und für diesen Zweck physiologisch angepaßt ist – hat man die Ringeltaube in der Hauptsache im Labor studiert. Hier ist unter gesteuerten Bedingungen gezeigt worden, daß der Paarbildung eine komplizierte, längere Werbeperiode vorausgeht, in der das Männchen sich vor dem Weibchen verbeugt und girrt. Dieses Verhalten – oder auch einen Film davon – zu beobachten, stimuliert direkt die Hypophyse des Weibchens (über eine unbekannte Gehirnbahn) zur Abgabe eines Luteinisierungshormons, das seinerseits das Ovarium anregt, den Blutspiegel von Progesteron und Östradiol zu erhöhen, die Hormone, die sie körperlich und verhaltensmäßig auf die Fortpflanzung vorbereiten. Danach bauen sie gemeinsam ein Nest und kopulieren, und das Weibchen wird trächtig und legt die Eier.

Die anfänglichen Verhaltensgesten des Männchens sind eine Funktion seines eigenen Testosteronspiegels, der, wenn er steigt, mutmaßlich die Reaktionen von Nervenschaltungen für Verbeugen und Girren steuert. Die physiologischen Veränderungen des Weibchens hängen aber von den Bewegungen des Männchens ab. Leon Eisenberg, ein herausragender Psychiater, der starkes Interesse für ökologische Untersuchungen gezeigt hat, wies darauf hin, daß das Gewicht des weiblichen Eileiters als Funktion des männlichen Testosteronspiegels berechnet werden kann, eine starke physiologische Wirkung, bei der die einwirkenden Variablen verhaltensmäßiger Art sind. Auf den Eiern sitzen Männchen wie Weibchen, und diese Erfahrung stimuliert beide, ‹Kropfmilch› zu entwickeln, eine besondere Babynahrung, erzeugt im Kropf, einer Nebenkammer der Speiseröhre. Diese würgen sie als Reaktion auf die neu ausgeschlüpften Jungen heraus. Männchen investieren in ihre Nachkommen also beinahe ebensoviel wie Weibchen.

Carl Erickson, einer von Lehrmans Studenten, hat die Laboruntersuchung der Lachtaube in eine Richtung geführt, die von der Theorie sexueller Selektion angezeigt wurde. Er hat festgestellt, daß Männchen solche Weibchen erkennen können, die schon von anderen Männchen umworben wurden, und sie zurückweisen. Wird das Männchen eines Gattenpaares vom Weibchen getrennt und wieder zurückgebracht, zeigt sich wenig Wirkung, wird das Weibchen in der Zwischenzeit aber einem anderen Männchen zugeführt, überfällt der zurückkehrende Partner sein Weibchen mit wilden Schnabelhieben.

Oder der Sumpfhordenvogel, *Agelaius phoeneceus*. Wie viele sumpf- oder baumbewohnende Sperlingsvögel, ist diese Art in hohem Maß auf Territorialität festgelegt. Männchen nehmen nicht in größerem Ausmaß an der Brutpflege teil, aber sie legen das Territorium fest und verteidigen es, verkünden es mit einem artspezifischen Frühlingslied und locken ein Weibchen, dessen Junge von den Ressourcen des Territoriums ernährt werden. Männchen, die in ein festgelegtes Territorium eindringen, werden vom seßhaften Männchen angegriffen, und Untersuchungen von gefangenen wilden Männchen dieser Art haben ergeben, daß der Angriff schnelle und große Veränderungen im Spiegel des Luteinisierungshormons – des Hypophysenhormons, das die Produktion und Ausschüttung von Testosteron und anderen Androgenen stimuliert – ebenso hervorruft wie Veränderungen in den Werten der Androgene selbst. Dort, wo die Ressourcendichte bei Territorien sehr stark schwankt, kann es durchaus vorkommen, daß ein Männchen auf einem überlegenen Territorium mehr als ein Weibchen anlockt und behält, oder daß ein Männchen auf einem besonders kargen Territorium keines anlockt und behält. Bei Experimenten, wo bei Männchen eines Paares Vasektomie stattfand, gelang es dem Weibchen trotzdem oft, befruchtete Eier zu legen, was unter natürlichen Bedingungen die Bedrohung der Vaterschaft eines Männchens durch fremde Männchen beweist; daher der selektive Druck zur Territorialverteidigung.

Diese drei Abläufe sind für das Verhalten von Gattungen mit Paarbindung ziemlich typisch. Wie vorhin schon erwähnt, gibt es Ausnahmen. Drei Arten Wassertreter – schnepfenartige Ufervögel – haben Weibchen, die größer sind, ein prächtigeres, auffallenderes Federkleid und stärkeres aggressives Verhalten zeigen als die Männchen. Beim Wilson-Wassertreter *(Steganopus tricolor)* erscheint das Weibchen zuerst am Paarungsplatz, wo das Paar in Sumpfvegetation nisten wird. *Sie* sucht sich ein Männchen unter den Ankömmlingen aus und bewacht es eifersüchtig, während sie gemeinsam schwimmen und sich von der Wasseroberfläche ernähren. *Sie* bedroht andere Weibchen und vertreibt sie. Zwischen Männchen kann es zu Kämpfen kommen, aber sie sind weniger aggressiv als Weibchen. In dieser Gattung wie bei den beiden anderen Wassertretern wird die gesamte Sorge für gelegte Eier und ausgeschlüpfte Jungen vom Männchen geleistet. So sind die Männchen das Geschlecht, das am meisten für Nachkommen aufwendet, sie die Ressource, um die gekämpft werden muß.

Diese Ausnahmen sind wichtig, weil sie nachweisen, daß die beobachteten Abläufe nicht in irgendeinem obligatorischen phylogenetischen Sinn mit den beiden Geschlechtern verbunden sind. In einigen Fällen hat die Evolution die Rollen vertauscht. Man muß aber betonen, daß das drei von achttausend Vogelarten mit Paarbildung sind. Sie haben hier bereits ein Gewicht erhalten, das um ein Vielfaches größer ist als ihre Rolle in der Natur. Die drei oben genannten Beispiele – Uferschwalben, Ringeltauben und Sumpfhordenvögel – sind für das Verhalten von Männchen und Weibchen bei Vogelarten mit Paarbildung viel typischer. Männchen sind auf größere Aggressivität adaptiert, gleichgültig, ob Männchen oder Weibchen gegenüber, und die physiologischen Veränderungen bei sexuellem Verhalten steigern ihre Kampfneigung ebenfalls. Männchen nutzen diese Aggressivität, um das Weibchen, mit dem sie sich gepaart haben, daran zu hindern, daß es sie hörnt, und versuchen gleichzeitig, neben der Paarbildung zu kopulieren oder andere Weibchen auf ihre Seite zu locken. Sie verhalten sich so, als wollten sie beides auf einmal, und die Theorie verlangt das auch, weil sie Sperma mit viel geringerem Aufwand hervorbringen als Weibchen Eier, und weil sie nie sicher sein können, daß die Nachkommen des Weibchens, mit dem sie sich paaren, wirklich die ihrigen sind.

Das Weibchen hat viel weniger ‹Zweifel›, daß es die Mutter ist, und im Hinblick auf die Zahl der erzeugten Nachkommen wenig zu gewinnen, wenn es sich zu heimlichen Kopulationen vom Territorium entfernt. Es kann bessere Männchen finden und sich besser vor dem Verlassenwerden schützen, vor allem bei Arten, wo Paare in aufeinanderfolgenden Fortpflanzungsperioden sich unterschiedlich zusammentun können. Diese möglichen Gewinne genügen, um es zu einer, wenn auch viel weniger aktiven, Teilnehmerin an heimlichen Kopulationen zu machen, die in Abwesenheit des Gatten von eindringenden Männchen ausgeführt werden. Männchen haben verschiedene Mechanismen entwickelt, um sich davor zu schützen, darunter eine aggressive Abwehrhaltung, Bewachung des Weibchens, Entdeckung von Betrug, gefolgt von

Verlassen, und die indirekte Methode, ihren ‹Samen in den Wind zu streuen›. Weibchen, die durch Betrug der Männchen etwas weniger zu verlieren haben, entwickelten entsprechend weniger drastische Verhütungsmechanismen.

Hier muß außerdem noch festgestellt werden, daß das alles Beispiele für das artigere Ende des Kontinuums männlicher Sexualgewohnheiten bei Vögeln und Säugern sind – was ich das Paarbindungs-Ende genannt habe. Männchen in Arten ohne Paarbindung (bei den Vögeln eine Minder-, bei den Säugern aber eine Mehrheit) sind typischerweise aggressiver, brutaler und gleichgültiger zueinander, zu den Weibchen und zu den Jungen, als Männchen in Arten mit Paarbindung – obwohl sie freilich nicht alle so schlimm sind wie die Elefantenrobben.

Allen verfügbaren Nachweisen zufolge scheinen die Menschen in den Bereich zu gehören, der bei den Vögeln von Uferschwalben, Ringeltauben und Sumpfhordenvögeln besetzt wird. Wir sind eindeutig paarbildend und sind es ebenso deutlich nur unvollkommen. Männer und Frauen entwickeln sich mit leicht unterschiedlicher Geschwindigkeit, wobei die Mädchen ein, zwei Jahre früher die Reife erreichen. Männer sind etwas größer als Frauen und haben bei den meisten Populationen auffällige Behaarung an dem Organ, das Sitz der meisten menschlichen Sozialausdrucksmittel ist: im Gesicht. Frauen haben Brüste und andere sekundäre Geschlechtsmerkmale, aber was Säugetiere angeht, sind Männer und Frauen einander recht ähnlich.

Bei 849 menschlichen Gesellschaften der Ethnographie fand George Peter Murdock – einer der großen Systematiker der Anthropologie – die Polygynie genannte Eheform (ein Mann mit zwei oder mehr Frauen verheiratet) bei 708 (83 Prozent), diese ungefähr gleich verteilt zwischen gewohnheitsmäßiger und gelegentlicher Polygynie. Die meisten Wildbeutergesellschaften kennen gelegentliche Polygynie. Wie bei den Sumpfhordenvögeln haben Männer mit den besten Ressourcen Aussicht, zusätzliche Frauen zu bekommen. Monogamie ist charakteristisch für 137 (16 Prozent) der Gesellschaften, aber man muß daran denken, daß in den meisten davon ein einzelnes Individuum hintereinander mehr als einen Gatten haben kann, und wegen der stark unterschiedlichen Länge der reproduktiven Lebensspanne bei Männern und Frauen spricht bei Männern, die diese Möglichkeit wählen, viel mehr dafür als bei ihren weiblichen Gegenstücken, daß sie mehr als eine Familie haben werden. Polyandrie – eine Ehe zwischen einer Frau und mehr als einem Mann – kommt in vier Gesellschaften vor (weniger als ein halbes Prozent), und in allen diesen Fällen gibt es besondere Bedingungen, die das Muster weit weniger zu einem Spiegelbild der Polygynie machen. Von der menschlichen Gattung kann man also sagen, daß sie paarbildend mit einer bedeutsamen polygynen Wahlmöglichkeit und Tendenz ist.

Bei einer größeren Auswahl von 860 Gesellschaften berichtete

Murdock über den Austausch von Gütern oder Diensten bei der Ehe-schließung. In 553 (54 Prozent) der Gesellschaften gaben der Bräutigam oder seine Familie Güter oder Dienstleistungen an die Familie der Braut; in 27 (3 Prozent) wurden Frauen zwischen den Familien der beiden Bräutigame direkt ausgetauscht; in 258 (30 Prozent) gab es entweder keinen Austausch oder einen gleichwertigen Austausch von Geschenken zwischen Familie von Braut und Bräutigam; Mitgift, der Brauch, bei dem die Familie der Braut der Familie des Bräutigams Geschenke macht, gab es bei 22 (2,5 Prozent) der Gesellschaften oder bei weniger als einem Zwanzigstel der Zahl, wo das Umgekehrte galt. Diese Daten scheinen deutlich darauf hinzuweisen, daß bei den meisten menschlichen Heirats-vermittlungen Frauen das rare Gut sind, um das man konkurriert und wofür man oft bezahlt.

Der ‹doppelte Maßstab›, demzufolge Frauen und Mädchen für Untreue stärker bestraft werden als Männer und Jungen, ist in der menschlichen Gesellschaft weit verbreitet. In vielen Gesellschaften wer-den Ehebrecherinnen mit dem Tode bestraft. Den Kinsey-Reports über sexuelles Verhalten bei den Amerikanern während der vierziger Jahre zufolge war bei den Männern in den meisten Altersgruppen die Wahr-scheinlichkeit außerehelichen Geschlechtsverkehrs mindestens doppelt so hoch wie bei den Frauen. Es gibt eindeutige Nachweise dafür, daß seit dieser Zeit die Duldsamkeit merklich zugenommen hat und die sexuelle Revolution Wirklichkeit geworden ist; durch diese Veränderung ist der doppelte Maßstab vermutlich abgeschwächt, aber es gibt ihn noch, zu-mindest in den Vereinigten Staaten.

In allen Gesellschaften sind die Männer aggressiver als die Frauen, und die ersteren sind verantwortlich für die überwältigende Mehrheit von mörderischer Gewalt in allen menschlichen Gruppen. Solche Gewalt wird oft ausgelöst durch sexuelle Untreue. Unter den !Kung San, die für geschlechtliche Gleichberechtigung bekannt sind, kommt es vor, daß Männer wegen Ehebruchs Morde begehen; in einem Fall wurde die Ehefrau selbst getötet. Der Entdeckung von Ehebruch folgt oft Frauenmißhandlung von harter, aber nicht tödlicher Art, wäh-rend die Reaktion von Frauen auf Untreue des Ehemanns zwar ebenso zornig, aber viel weniger wirksam ist.

Bei den Yanomamo, den ‹wilden Leuten› des Hochlands von Venezuela, greifen Gruppen von Männern eines Dorfes andere Dörfer in der Absicht an, Land und Frauen zu erobern. Wenn sie erfolgreich sind, töten sie die Männer im Dorf und nehmen die Witwen zu Ehefrauen. Haben diese Frauen kleine Kinder, können auch diese getötet werden. Bei den Yanomamo und den Xavante-Indianern des Mato Grosso in Brasilien gibt es gute genetische Nachweise für enorme Varianz bei männlichem Fortpflanzungserfolg. Unter den Xavante hatte ein Mann dreiundzwanzig Kinder mit mehreren Frauen gezeugt, während sechzehn Männer in derselben Gruppe nur ein oder gar kein Kind hatten – eine Ungleichheit im Reproduktionserfolg, dreimal so groß wie bei Xavante-Frauen. Und in allen bekannten menschlichen Populationen ist die männliche Sterblichkeit höher als die von Frauen auf sämtlichen Altersstufen, was bedeutet, daß am Nullende der Skala bei Fortpflanzungserfolg Männer ebenso häufiger sind wie am extremen anderen Ende.

Nur Männer begehen Notzucht. Liegt nahe, aber ist das wirklich so? Könnten nicht homosexuelle Frauen Opfer, die sie reizvoll finden, überfallen? Sie tun es nicht, oder wenn doch, so selten, daß die Statistiken davon nicht betroffen sind. Was heterosexuelle Vergewaltigung angeht, die zur Befruchtung führen könnte (und das ist die Art, die am natürlichsten Stoff für die Mühle der natürlichen Selektion liefert), sind nur Männer fähig, sie zu erzwingen, ohne Rücksicht auf die relative Kraft von Vergewaltiger und Opfer. Der erfolgreiche Akt hängt ab von der Laune des Mannes; das ist ein physiologisches Resultat von Äonen einseitiger sexueller Selektion.

Nicht das einzige. Es gibt an der berühmten *différence* viel zu rühmen, aber die wohlbekannten Geschlechtsunterschiede bei der Latenz für Erregung und Orgasmus scheinen für Hochstimmung keinen Anlaß zu bieten. Bei den meisten Säugern gibt es keinen Nachweis dafür, daß Weibchen Orgasmen erleben. Neue Untersuchungen unserer engsten Verwandten, der höheren Primaten, lassen erkennen, daß ihre Weibchen sie kennen, aber das ist noch immer umstritten. Bei Männchen kann es eine solche Kontroverse nicht geben, weil Orgasmus in den meisten Beziehungen synonym mit Ejakulation ist und es ohne Ejakulation keine Fortpflanzung gibt. Die Gene von Männchen, die nicht ejakulieren, verschwinden sehr rasch aus dem DNS-Bestand.

Weibchen, die keinen Orgasmus haben, entgeht gewiß etwas. Vielleicht neigen sie weniger zur Kopulation; vielleicht spielt der Orgasmus bei der Förderung der Fortpflanzung sogar nur eine Nebenrolle. Weibchen können aber durchaus hohen Fortpflanzungserfolg ohne Orgasmus erzielen. Wenn sie widerstreben, können sie gedrängt werden; wenn sie (bei manchen Gattungen) sehr widerstreben, können sie gezwungen werden. Und es gibt bei vielen Arten – bei den meisten Vögeln und Säugern jährlich oder halbjährlich, bei Affen und Menschenaffen monatlich – einen Zeitpunkt, zu dem das Weibchen von einem Hormonstoß überwältigt wird, der wirksam zumindest Mitwirkung, im besten Fall Enthusiasmus hervorruft, das Hundebesitzern als Östrus oder Läufigkeit bekannte Verhalten.

Bei Frauen gibt es keine ‹Läufigkeit›, eines der auffälligsten Unterscheidungsmerkmale dieser Gattung. Der theoretische Gedanke, daß Frauen ständig empfänglich seien – sehr beliebt in Anthropologie-Lehrbüchern – ist sicherlich größtenteils eine Folge von männlichem

Optimismus. Immerhin trifft zu, daß die Augenblicke, in denen sie zu sexueller Empfänglichkeit neigen, über die Tage des Monats oder Jahres mehr oder weniger wahllos verstreut sind, mit der Ausnahme von in vielen Kulturen verringerter Empfänglichkeit während der Tage der Menstruation, und zwar aus einer Vielzahl von Gründen. Das ist, vor dem Hintergrund der Adaptation unserer Verwandten betrachtet, eine eindrucksvolle evolutionäre Veränderung. Bei den meisten Affen und Menschenaffen gibt es ein deutliches monatliches Ansteigen weiblicher Sexualdarbietung und einladenden Verhaltens gegenüber sexuell aktiven Männchen. Bei manchen, wie beim Savannenpavian *(Papio cynocephalu)* gibt es auch deutliche physische Zeichen – Farbveränderungen und/oder Anschwellen der Genitalregion. Viele Affen und Menschenaffen haben auch jährliche Fortpflanzungsrituale, und bei manchen, wie beim südamerikanischen Totenkopfäffchen *(Saimiri sciueus)*, ist die jährliche Sexualtätigkeit sogar beim Männchen von körperlichen Veränderungen begleitet.

Alle diese Zyklen werden von neuroendokrinen Uhren geregelt. Die jährlichen Zyklen bei den meisten Tieren scheinen abhängig zu sein von der Aktivität der Zirbeldrüse, einem kleinen Organ zwischen den Hirnhemisphären, das Descartes offenbar für den Sitz der Seele hielt. Die Aktivität der Zirbeldrüse wird, wie man feststellen konnte, teilweise durch Licht gesteuert. Bei manchen niederen Wirbeltieren liegt sie direkt unter einem dünnen Schädel, und Licht wirkt direkt auf sie ein – etwas, das auch für manche Säugetiere gelten mag. Bei anderen Primaten und Menschen liegt sie zu tief, unter zuviel Gewebe; aber indirekt reagiert sie auf Licht doch. Sie steht unter Kontrolle einer Nervenbahn, die an der Netzhaut des Auges beginnt und zum sympathetischen Nervensystem reicht. Seinerseits gibt es in das Blut ein Hormon namens Melatonin ab – mit einigen chemischen Veränderungen aus dem Neurotransmitter Serotonin erzeugt. Melatonin beeinflußt Keimdrüsentätigkeit auf eine Weise, die noch nicht völlig klar ist, und einige andere Ausschüttungen der Zirbeldrüse wirken ebenfalls auf die Keimdrüsen. Jedenfalls steht fest, daß die Zirbeldrüse in der Tat der Sitz von jährlichen Fortpflanzungsrhythmen ist oder damit zu tun hat. Sie erkennt die veränderte Lage des Tageslichts und übersetzt diese Information in veränderte reproduktive Physiologie.

Der monatliche Rhythmus von Affen und Menschenaffen scheint sehr viel komplexer zu sein. Nur Weibchen besitzen ihn (was für Jahresrhythmen nicht gilt), und er hängt zumindest von vielfachen Wechselwirkungen zwischen den Hormonen von Hypothalamus, Hypophyse und den Ovarien ab. Grundlage ist die Tatsache, daß der Hypothalamus winzige Mengen eines kleinen Peptidhormons – gewöhnlich LHRH genannt – in die winzige lokale, zur Zirbeldrüse hinabführende Zirkulation abgibt. Dort regt es die Sekretion und/oder Freigabe von zwei großen Proteinhormonen an: LH oder Luteinisierungshormon, und FSH oder follikelstimulierendes Hormon. Obwohl diese beiden Hormone nach ihrer Rolle bei der Veränderung der weiblichen Keimdrüsen benannt sind, gilt bis hierher dasselbe für die Männchen. Bei Männchen sind die reagierenden Keimdrüsenhormone jedoch Androgene – vor allem Testosteron und Dihydrotestosteron, die gemeinsam viele der physiologischen Effekte erklären, die wir als Männlichkeit kennen. Und bei Männchen ist die ‹Keimdrüsenachse Hypothalamus-Hypophyse› in ihrem Ablauf nicht zyklisch.

Bei Weibchen – und das gilt auch für Menschen – hat das System eine Uhr. Die Ovarien erzeugen keine konstanten oder willkürlich verteilten Mengen ihrer beiden Haupthormone Östradiol und Progesteron, ebensowenig gibt die Zirbeldrüse konstante Mengen von LH oder FSH ab. Beide Zirbeldrüsenhormonwerte, vor allem LH, steigen ungefähr vierzehn Tage nach dem Eintritt der Menstruation bei Frauen deutlich an. Vor dieser Zeit ist Östradiol im Blut stufenweise angestiegen und hat seine erste Monatsspitze mehrere Tage früher erreicht. Progesteron steigt nach dem vierzehnten Tag langsam an und erreicht seinen Spitzenwert ungefähr eine Woche später, ein Zeitraum, in dem Östradiol, das gesunken war, den zweiten Spitzenwert erreicht. (Die Zirbeldrüsenhormone sinken so rasch, wie sie gestiegen sind, so daß ihr hoher Spiegel eigentlich nur auf ein oder zwei Tage beschränkt ist.) Östradiol und Progesteron sinken beide während der vierten Woche nach Einsetzen der Menstruation.

Inzwischen verändern sich die Fortpflanzungsorgane sowohl als Ursache wie als Ergebnis dieses veränderlichen chemischen Cocktails im Blut. Im Ovarium wächst während der ersten beiden Wochen ein Follikel, das ein Ei enthält, und gibt Östradiol ab. Als Reaktion auf das Ansteigen von Zirbeldrüsenhormonen platzt das Follikel und gibt das Ei frei, und das führt innerhalb von zwei Tagen zu außerordentlicher Fruchtbarkeit. Das Ei hinterläßt ein kleines Organ, das als Corpus luteum bezeichnet wird (daher der Name ‹Luteinisierungshormon›), das Progesteron abgibt und zum 21-Tage-Gipfel dieses Hormons führt. Letzteres steigert (unter anderem) den Gefäßreichtum der Uteruswand als Vorbereitung auf die Einnistung eines befruchteten Eis. Finden Befruchtung und Einnistung nicht statt, kommt es bei Progesteron und Östradiol zum typischen monatlichen Absinken, und ihr Fehlen führt dazu, daß die Uteruswand sich teilweise ablöst; daher die Menstruation und der Beginn des Monatszyklus.

Die Achse Hypothalamus-Zirbeldrüse-Keimdrüsen ist hier von Interesse, weil bei allen hier erwähnten Hormonen nachgewiesen worden ist, daß sie irgendeinen Einfluß auf das Verhalten, vor allem auf das Sexualverhalten bei Tieren und/oder Menschen, ob männlich oder weiblich, haben. Zusätzlich zu seinem Einfluß auf Zirbeldrüsenhormone hat

LHRH seine eigene direkte Wirkung auf Hirngewebe. Wenn ins Gehirn angemessen übertragen, verstärkt es die weibliche Lordosereaktion bei Ratten, ein modaler Bewegungsablauf, bei dem der Körper als Reaktion auf das Männchen nach unten gedrückt und das Hinterteil hochgehoben wird. (Das ist ein typisches Labormodell für die Untersuchung von Verstärkung oder Unterdrückung von Sexualfunktionen.) LHRH ist auch (in Form eines Nasensprays) bei wenigen klinischen Erprobungen als Behandlungsmethode für männliche Impotenz verwendet worden, und es hat den Anschein, daß sie einen gewissen Erfolg haben könnte.

Es gibt auch Nachweise dafür, daß LH und FSH, die von LHRH gesteuerten Zirbeldrüsenhormone, direkte Wirkungen auf Sexualverhalten haben; sie verfügen über ‹Zielzellen› im Gehirn, und eine neuere, tiefgreifende Meinungsänderung zur Funktion der Blutgefäße zwischen Hirn und Zirbeldrüse deutet darauf hin, daß diese Gefäße in beide Richtungen übertragen. Die stärksten hormonalen Auslöser sexueller Funktion bei Wirbeltieren sind aber die Keimdrüsenhormone: Testosteron und andere Androgene bei Männchen, Östradiol und Progesteron bei Weibchen. Alle sind Steroidhormone, erbaut aus der grundlegenden Vierringe-Struktur von Cholesterol. Alle werden, zumindest im kleinen Maßstab, in anderen Organen neben den Keimdrüsen hergestellt und gesteuert, vor allem im äußeren Teil der Nebennierendrüse. Und alle sind in manchen Geweben bei beiden Geschlechtern in meßbaren Mengen vorhanden.

Die Wirkungen dieser Hormone sind bereits besprochen worden, aber es ist vielleicht von Nutzen, sie hier noch einmal kurz durchzugehen. Testosteronausfall durch Kastration führt zu einem raschen oder stufenweisen Absinken sexueller Tätigkeit bei den Männchen vieler Gattungen, obwohl ausgedehnte Erfahrung von chirurgischen Eingriffen und bei geduldigen Partnern danach gezeigt hat, daß das Absinken bei komplexen Tieren verlangsamt wird. Behandlung mit Testosteronersatz kehrt das Absinken um, und Testosteron verstärkt normales Sexualverhalten bei unoperierten Männchen mancher Gattungen. Östradiol verstärkt in entsprechender Weise weibliche Sexualtätigkeit bei verschiedenen Gattungen. Entfernung der Eierstöcke verringert sie, obwohl Erfahrung wie im Fall männlicher Kastration bei höheren Tieren eine wichtige Rolle spielt. Progesteron scheint die paradoxe Wirkung zu haben, sexuelle Betätigung zu manchen Zeiten oder bei geringen Dosen zu verstärken, während es sie zu anderen Zeiten oder bei hohen Dosen verringert. Seine verstärkenden Wirkungen scheinen vom Vorhandensein von Östradiol abzuhängen und sind bei niedrigen Östradiolwerten am deutlichsten. Schließlich gibt es kleine Hinweise darauf, daß Testosteron, das bei niedrigen, aber bedeutsamen Werten in Weibchen vorkommt, ebenfalls weibliche Sexualtätigkeit verstärkt.

Androgene bei Männchen und Östradiol und Progesteron bei

Weibchen steigen zur Zeit der Sexualreifung deutlich an und sind verantwortlich für viele Ereignisse, die wir mit der Pubertät in Zusammenhang bringen. Die oben beschriebene zyklische Aktivität der weiblichen Achse Hypothalamus-Zirbeldrüse-Keimdrüsen beginnt zu dieser Zeit bei allen Weibchen höherer Primaten, einschließlich der Menschen, wenn sie normal, nicht schwanger und nicht am Verhungern sind. Dieser zyklische Ablauf hängt ab von der Intaktheit des Hypothalamus. Es gibt guten Grund für die Annahme, daß das ein wesentlicher Teil des Körperplans aller Säuger (bei beiden Geschlechtern) ist, daß aber Testosteron, das um die Zeit der Geburt bei männlichen Säugerföten oder Säuglingen normal zirkuliert, auf Dauer das Zyklusvermögen des männlichen Hypothalamus beseitigt.

Da Frauen einen Hormonzyklus besitzen, der mit den Monatszyklen anderer höherer Primaten vergleichbar ist, und da die letzteren offenkundige Verhaltensfolgen im Zusammenhang mit den Veränderungen des Zyklus aufweisen, lag es für viele Wissenschaftler nahe, die Möglichkeit zu erforschen, daß auch Frauen solchen Konsequenzen unterliegen könnten. Um eine große Menge Information ganz kurz zusammenzufassen: Es gibt starke Hinweise auf eine schwache Wirkung. In Populationen, die so weit voneinander entfernt sind wie Amerikaner und !Kung San, ist eine Steigerung von sexueller Neigung oder Betätigung in der Mitte des Zyklus (zum Beispiel des Zirbeldrüsenhormonstoßes und der Ovulation) nachgewiesen worden. Das Beweismaterial beim Kulturvergleich erschwert es, diese Erscheinung kulturellen Faktoren zuzuschreiben. Nimmt man andere Nachweise dazu, so besteht jeder Anlaß zu der Meinung, sie sei zumindest zum Teil die Folge von Hormonveränderungen.

Allerdings, und das ist eine grundlegende Einschränkung, ist die Wirkung bei allen untersuchten Fällen klein. Es wurde nachgewiesen, daß sie äußeren kulturellen Einflüssen (wie dem Wochentag) und subjektiven psychologischen Einflüssen (wie falschen Ansichten darüber, in welchem Teil des Zyklus man sich befindet) unterworfen ist. Bleibt sonst alles unverändert, so könnten wir es mit einer wichtigen (statt nur statistisch ins Gewicht fallenden) Wirkung von hormonalen Veränderungen bei der sexuellen Betätigung von Frauen in der Zyklusmitte zu tun haben. Alles andere bleibt aber nicht unverändert, und äußere Kräfte wie kulturelle Ereignisse, ästhetische Erwägungen, Verfügbarkeit und Verhalten von Partnern und sogar das Wetter oder innere Kräfte wie Angst vor Schwangerschaft, Müdigkeit, Krankheit, Phantasie und Stimmung sind einflußreich genug, die kleineren Auswirkungen von Veränderungen in der Zyklusmitte oder anderer zyklischer Art in weiblichen Hormonen zu übertönen.

Wie üben dann diese anderen Kräfte ihren Einfluß aus? Äußere Wirkungen werden natürlich über die gewohnten Wege des sensorischen

Zugangs in Körper und Gehirn geleitet. Was aber dann als nächstes geschieht – ebenso wie viele selbstauslösende Komponenten der sexuellen Aktivität und Reaktion des Systems – liegt an Ereignissen in einer Anordnung von Nervenschaltungen, mit denen wir schon vertraut geworden sind.

Die Funktionen des limbischen Systems sind durch mindestens eine Generation Wissenschaftler, die sich mit Hirn und Verhalten beschäftigten, als Merkhilfen so benannt worden: Fressen, Flüchten, Kämpfen und . . . das Thema dieses Kapitels, Sex. In den Experimenten erscheinen immer wieder dieselben Regionen und Schaltungen: Hypothalamus, Amygdala, Hippocampus, das limbische Mittelhirn, der Septumbereich und die Regionen des mit diesen niedrigeren Strukturen in Zusammenhang stehenden Neocortex. Sie alle und ihre verbindenden Faserbündel sind bis zu einem gewissen Grad für die Motivation und Regelung sexueller Aktivität verantwortlich gemacht worden, ebenso wie bei der Leistung der drei anderen ‹F›. Stimulation des lateralen Hypothalamus kann sie unter den richtigen Bedingungen verstärken, so wie sie unter dem Einfluß anderer Umweltreize Fressen, Kämpfen, Flüchten, Horten und sogar mütterliches Verhalten verstärken kann, zumindest bei Ratten. Läsionen im vorderen Teil des Mittelhirns – einer wichtigen letzten gemeinsamen Bahn emotionellen Verhaltens – kann die Zeit zwischen Ejakulation und nachfolgender Erektion und Penetration bei männlichen Ratten verringern. Offenkundig ist bei dieser chirurgisch verringerten Sexualhemmung eine bedeutsame und selektive Abnahme des Vorderhirn-Neurotransmitters Noradrenalin beteiligt.

Läsionen in der Amygdala oder in der Stria terminalis – der Faserbahn, die Amygdala mit Hypothalamus verbindet – oder im hypothalamischen Bereich, der als Grundnucleus der Stria terminalis bekannt ist, wo diese Verbindung hergestellt wird, haben alle die Wirkung, bei männlichen Ratten Sexualtätigkeit zu verändern. Typischerweise steigern solche Läsionen die abgelaufene Zeit zwischen dem ersten Eindringen des Penis und der Ejakulation. Über die Amygdala-Hypothalamus-Schaltung ist darüber hinaus genug bekannt, um anzuzeigen, daß sie eine wichtige Rolle bei der Sexualtätigkeit spielen könnte – zum einen Teil über die Bahnen vom Hypothalamus zum Mittelhirn, zum anderen über die hormonalen Einflüsse des Hypothalamus auf die Zirbeldrüse und Keimdrüsen. Alle erwähnten Hirnstrukturen sind bekannt dafür, daß sie Sexual-Steroidhormone sammeln und konzentrieren, wie manche der Nerven außerhalb des Gehirns, die Empfindung oder Aktion bei Sex vermitteln. So ergibt sich ein Bild limbischer Systemschaltungen, die auf die Reproduktionshormone reagieren und sie auch beeinflussen können, während sie – über schneller wirkende Nervenbahnen – auf die Reiz- und motorischen Aktionsabläufe reagieren und sie beeinflussen, die sexuelles Verhalten darstellen.

Einige der interessantesten Ansichten zur Rolle limbischer Systemstrukturen in menschlichem Sexualverhalten stammen von Studien an Epileptikern, deren Anfallszentrum im Schläfenlappen nahe bei oder an Amygdala oder Hippocampus liegt. Obwohl eine systematische Untersuchung der Erscheinung neueren Datums ist, sind klinische Beobachter schon lange der Meinung, daß Schläfenlappen-Epileptiker oft ein verändertes Sexualverhalten aufweisen. In einer Untersuchung von Dietrich Blumer bei 50 solcher Patienten wurden 29 als hyposexuell erkannt: sie gaben niedrige Werte von Begehren, Phantasie und Aktivität an und teilten mit, daß sie weniger als einmal im Monat erregt werden würden (20 davon weniger als einmal im Jahr). Sie fanden es schwer oder unmöglich, einen Orgasmus zu erleben. Der naheliegende Einwand, allgemeine Einflüsse der Epilepsie oder der zur Behandlung verwendeten Drogen könnten die gedämpfte Sexualität erzeugt haben, wird leicht von der Tatsache widerlegt, daß Epileptiker mit Anfallszentren in anderen Hirnregionen nicht hyposexuell sind.

Vierundzwanzig von diesen Patienten wurden in einem gängigen Verfahren operiert, weil man versuchen wollte, das Anfallszentrum zu entfernen. Alle bis auf einen der acht Patienten, deren Anfälle erfolgreich unterbunden werden konnten, zeigten auch gesteigerte Sexualität; alle bis auf einen von den sechzehn Patienten, die weiterhin Anfälle hatten, zeigten fortdauernde Hyposexualität. Diese Studie zusammen mit einer großen Zahl anderer Nachweise über die Rolle der limbischen Strukturen im Schläfenlappen hebt ihre Schlüsselrolle bei emotionellem Verhalten hervor.

Oben wurde angedeutet, daß der Neurotransmitter Noradrenalin bei einem Experiment über gesteigerte Sexualität beseitigt wurde. Das ist nur ein kleiner Teil des Wissens über die Rolle von Hirnneurotransmitter-Molekülen bei sexuellem Verhalten, das wir uns schnell aneignen. Einer Theorie zufolge, die sowohl im Experiment als auch klinisch viel Unterstützung gefunden hat, steigert eine Zunahme an Dopaminübertragung in Gehirnschaltungen sexuelle Tätigkeit, während eine Zunahme an Serotoninübertragung sie dämpft. Forschung dieser Art ist mit Problemen beladen, von denen nicht das kleinste ist, daß es in der Regel sehr schwer fällt, eine Vorstellung vom anatomischen Ort der Hirnschaltungen zu erlangen, die durch die zugeführten Neurotransmitter beeinflußt werden; es ist aber äußerst wichtig, weil das zu Behandlungsmethoden mit Drogen führen kann, die viel weniger gefährlich sind als chirurgische Eingriffe.

Drogenmoleküle – jedenfalls solche, die ins Gehirn gelangen – können leichten Zugang zur Regelung neuraler Aktivität dadurch gewinnen, daß sie in den synaptischen Spalt eindringen, das Kommunikationsfenster zwischen zwei benachbarten Neuronen. Man hat beispielsweise beobachtet, daß viele an der Parkinsonschen Krankheit leidende Patienten gesteigertes Sexualbegehren erleben, wenn sie mit Dopamin behandelt werden, und daß diese gesteigerte Begierde einem Schema folgt, das andeutet, es gehe um mehr als ein besseres Allgemeinbefinden. Neurotransmitter-Stimulantien und -antagonisten könnten so eines Tages eine aktive Rolle bei der Modulierung unserer Sexualemotionen spielen. Überdies hat sich, obwohl bei keinen traditionellen Aphrodisiaka nachgewiesen werden konnte, daß sie *spezifisch* das Sexualbegehren erhöhen (manche nützen etwas, aber dadurch, daß sie Angst und Hemmung allgemein verringern), in letzter Zeit eine kleine Menge an Versuchsnachweisen ergeben, das die Ansicht zu stützen scheint, Nahrung könnte auf kurzfristiger Basis das Sexualbegehren beeinflussen.

Im Prinzip gibt es keinen Grund, warum das nicht so sein sollte; Nahrung besteht aus Molekülen, und manche davon finden den Weg ins Gehirn, so wie die Moleküle mancher Drogen. Erst im vergangenen Jahrzehnt ist die Hypothese gründlich untersucht worden, daß Neurotransmitterspiegel und -aktivitäten im Gehirn auf spezifische Weise durch die Aufnahme von Speisen verändert werden können, die große Mengen der chemischen Vorläufer von Gehirn-Neurotransmittern enthalten oder andere chemische Kombinationen, die in der Hirnchemie eine Rolle spielen. (Die heutige Glaubwürdigkeit dieser Hypothese verdankt am meisten der Arbeit von Richard Wurtman und seinen Kollegen am M.I.T.) Wenn man genug Eier ißt, die Cholin enthalten, steigt in Gehirnsynapsen die Menge an Azetylcholin; ißt man genug Kornfrüchte, die Tyrosin enthalten, kommt es zu einer Zunahme bei Hirn-Dopamin, das aus Tyrosin hergestellt wird.

Der Verzehr einer Mahlzeit mit viel Kohlehydraten steigert die Aufnahme der Aminosäure Tryptophan durch das Gehirn, indem das Gleichgewicht des Aminosäurewettbewerbs an der Blut-Hirn-Schranke verändert wird. Das hat Bedeutung für die Gehirnfunktion, weil die Zunahme von Hirn-Tryptophan das Hirn-Serotonin erhöht, den daraus erzeugten Neurotransmitter. Da viel dafür spricht, daß erhöhte Serotintätigkeit bei Versuchstieren Sexualverhalten hemmt, verleiht diese Feststellung über Kohlehydrate der alten Küchenweisheit Glaubwürdigkeit, wenn eine Frau wolle, daß ihr Mann Leistung zeige, dürfe sie ihn zum Abendessen nicht mit Stärke vollstopfen.

Das sind aber, soweit wir wissen, Nebensächlichkeiten. Die direkteste und auffälligste Steigerung von Sexualverhalten wird ausgelöst durch Signale von Sexualpartnern oder solchen, die es werden können. Werbe- und Paarungssignale, Schaustellungen und Rituale sind bei Hunderten von Tierarten untersucht worden. Bei der Fruchtfliege wird jetzt die Entwicklungsgenetik des Werbens enträtselt. Beim Stichling verursacht der Zickzacktanz des Männchens beim Weibchen Werbungsverhalten; dies veranlaßt das Männchen, sich zum Brutplatz zu begeben, wodurch das Weibchen ihm folgt, und so weiter, auf eine so automatische und ineinander verwickelte Weise, daß bei jedem Schritt die lebenden Fische durch ein Modell ersetzt werden können und der Ablauf stets gleich bleibt. Und bei der gewöhnlichen Laborratte tanzen Männchen und Weibchen zusammen auf eine ähnlich abwechselnde, aber viel weniger starr festgelegte Weise, für die ein großer Teil der Physiologie – etwa die Empfindlichkeitszunahme der sensorischen Backennerven des Weibchens, hervorgerufen durch Östradiol – schon bekannt ist. Bei Ratten sind die entscheidenden Signale nicht nur visueller und taktiler Art, sondern auch olfaktorisch, und den Geruchssinn einer Ratte zu beseitigen, bedeutet, ihre sexuelle Reaktion merklich zu verringern.

Das gilt auch für den Rhesusaffen *(Macaca mulatta)*, einen viel näheren Verwandten von uns. Dank einer eindrucksvollen Serie von Versuchen durch Richard Michael und seine Studenten und Kollegen wissen wir über die Erscheinung bei der genannten Gattung sehr viel. Verstopft man die Nase des Männches bei einem Paar, das sich umwirbt, so beseitigt man praktisch das Interesse des Männchens. Nimmt man dem Weibchen die Eierstöcke heraus und läßt die Nase des Männchens diesmal unverstopft, zeigt er noch immer kein Interesse. Nimmt man aber ein Weibchen, dem vor langer Zeit die Eierstöcke entfernt wurden – eines, das seit Monaten oder sogar Jahren kein männliches Interesse auf sich hat lenken können – und beschmiert man ihr Hinterteil mit Sekretionen von der Vagina eines zweiten, intakten Weibchens zum Zeitpunkt der Ovulation, dann wird ein erfahrenes Männchen (dessen Nase nicht blockiert ist), wieder Interesse an ihr zeigen. Die fraglichen Sekretionen sind analysiert worden, und das aktiv Wirkende daran ist ein Gemisch aus fünf einfachen, gerade geketteten Fettsäuren. Wenn diese Mischung künstlich hergestellt, in der richtigen Kombination gemischt und auf das Hinterteil eines Weibchens ohne Eierstöcke geschmiert wird, hat sie dieselbe Wirkung wie das echte Produkt: Das Männchen wird erregt.

Natürlich ist großes Interesse an der Möglichkeit bekundet worden, daß eine ähnliche Wirkung auch bei Menschen zu beobachten sein könnte. Drei Hinweise sind von Bedeutung. Erstens haben Frauen dieselben fünf Fettsäuren in ihren Vaginalsekretionen, wenngleich in verschiedener Mischung. Zweitens beurteilen Männer, wenn man sie (in einem Reagenzglas) an Vaginalsekretionen von Frauen zu verschiedenen Monatszeiten riechen läßt, die Sekretionen Mitte des Monats als ‹weniger unangenehm›. Drittens erhöhen und verringern sich die fünf Fettsäuren in menschlichen Vaginalsekretionen mit dem Monatszyklus genau wie bei Affen und erreichen den Höchstwert um die Zeit des Eisprungs. Angesichts der Tatsache, daß die Reagenzglas-Untersuchung mit Gewißheit *gegen* alles angelegt war, was Ähnlichkeit mit männlicher Erregung besitzt, besteht die Möglichkeit, daß hier ein Ablauf ähnlich dem bei Rhesusaffen vorliegt.

Ich neige aber in dieser Frage aus mehreren Gründen zur Skepsis.

Erstens spielen beim Stummelschwanzaffen *(Macaca arctoides)*, einem nahen Verwandten des Rhesusaffen, bei der Werbung Gerüche wenig oder keine Rolle. Zweitens ist eine der Haupttendenzen in der menschlichen Evolution die Reduzierung des Geruchsapparats im Gehirn und die entsprechende Zunahme des visuellen Systems gewesen. Drittens sind die meisten von uns sich im Alltagsleben subjektiv (und in psychologischen Experimenten objektiv) starker Reaktionen auf *visuelle* Reize sexueller Natur bewußt. Die Bilder im ‹Playboy› (oder übrigens auch die Anzeigen im ‹New York Times Magazine›) erregen durchaus, verbreiten aber keine Gerüche. Ich glaube also, daß das Werbemodell der Rhesusaffen in bestimmter Weise übertrieben worden ist.

Das könnte einer der Fälle sein, wo die Tatsache, daß ein Tier mit uns ziemlich eng verwandt ist, es nicht unbedingt zum besten Führer macht, unser eigenes Verhalten zu erkunden. So ist uns etwa die Ringeltaube, deren Werbe- und Fortpflanzungsverhalten vorher erwähnt wurde, in verschiedener Hinsicht ähnlich. Sie benützt bei der Werbung in erster Linie visuelle Reize, die stark zu Erregung beitragen; sie neigt (im Gegensatz zu Rhesusaffen) zur Bildung von Paaren, die zusammenbleiben; und das Männchen bleibt, um bei der Sorge für die Jungen mitzuwirken. Dieser Vogel, von uns durch vielleicht zweihundert Millionen Jahre Evolution getrennt, kann uns zu unserem eigenen Werbungs- und Sexualverhalten vielleicht mehr lehren als der viel enger verwandte Rhesusaffe.

Andere Studien wahrer Liebesgeschichten und unverhüllter Wollust im Labor reichen von ‹homosexueller Vergewaltigung› bei Plattwürmern bis zum ‹nachejakulatorischen Überschallgesang› der männlichen Ratte. Aber nichts ist unterhaltsamer (wie übrigens auch informativer) gewesen als die Untersuchungen der Sexualentwicklung von Rhesusaffen durch den Psychologen Harry Harlow und seine Kollegen. Sie laufen darauf hinaus, daß das Natürliche zu tun gar nicht so natürlich ist, sobald jemand unter abnormen sozialen Bedingungen aufgezogen wurde. Das gilt für beide Geschlechter, besonders aber für das männliche.

In einer Reihe anregender Aufsätze (einer trägt den Titel ‹Lust, Latenz und Liebe: Gelungene Geschlechtsbeziehungen gemeiner Großaffen›) wird die Ungeschicklichkeit von Männchen, die in früher Kindheit mutterlos oder von Ersatzmüttern oder sogar bei normalen Müttern aufgezogen worden waren, hier aber ohne Gelegenheit, mit Altersgenossen zu spielen, unbarmherzig im einzelnen geschildert. Im Gegensatz zu den meisten jugendlichen Rhesusaffen, die ziemlich rasch zu begreifen scheinen, versuchen Männchen, die als Junge sozial verarmt waren, mit der Seite des Weibchens (Harlow nennt das ‹konträr zur Realität tätig sein›) oder sogar mit ihrem Gesicht zu kopulieren (‹das Kopfprogramm›). Solche Schäden können bei einem außerordentlich geduldigen, sehr erfahrenen Weibchen behebbar sein, erfordern aber selbst dann lange Übung. Man kann sich leicht vorstellen, daß bei solchen Männchen der Fortpflanzungserfolg unter allen Bedingungen, die normalen Umständen der Wildnis entsprechen, auf Null zurückgehen. Man kann sogar leicht erkennen, daß ein so ernster Verhaltensschaden die Gene eines Männchens aus dem Bestand der nächsten Generation wirksam beseitigt.

Alles, was wir über höhere Primaten wissen, deutet in der Tat auf eine entscheidende Rolle für Erfahrung im Wachstum normalen Verhaltens, und das gilt für sexuelle Verhaltensformen nicht weniger als für andere. Jugendliches Sozialspiel, zu dem spielerisches Besteigen gehört, ist ein allgemeingültiges Merkmal von Affen- und Menschenaffengruppen und liefert offenkundig die sogenannte ‹normal zu erwartende Umwelt›, ohne welche die genetisch codierten angeborenen Reaktionen und modalen Bewegungsabläufe, selbst jene, die für die Fortpflanzung am wichtigsten sind, in normaler Form vielleicht nicht auftreten. Schimpansen, unsere engsten Tierverwandten, sind von Roger Davenport und anderen am Yerkes Regional Primate Center unter Bedingungen ähnlich denen aufgezogen worden, die Harlow Rhesusaffen auferlegt hatte. Die Ergebnisse:

Von den fünf Männchen, die sexuelle Reife erlangten und ausreichend Gelegenheit erhielten, sich im Kopulationsverhalten zu üben, haben bis auf einen alle es getan. Bei diesen Tieren schien in erheblichem Umfang Lernen beteiligt gewesen zu sein. Beispielsweise bestiegen Männchen mit Erektionen die Körperseite oder den Kopf des Weibchens und begannen dagegenzustoßen, aber mit Erfahrung, besonders durch die hilfreiche Unterstützung sexuell geschickter Weibchen, die bei Einnahme der Stellung und Penetration mitwirkten, haben diese Tiere sich in Häufigkeit und Stil so weit verbessert, daß sie an normal arttypisches Sozialverhalten herankommen, außer, daß die üblichen Signalisierungssysteme fehlen, die wildgeborene Männchen zeigen. Ein (jetzt voll erwachsenes) behindertes Männchen hat Kopulation weder versucht noch angeregt, und Weibchen nähern sich ihm selten. Er masturbiert häufig, manchmal bis zur Ejakulation, und benützt gelegentlich ein 200-Liter-Faß zum Stoßen.

Die Lektionen, die wir für unser eigenes Sexualwachstum daraus gewinnen können, sind mehrere. Erstens sind, damit normales Sexualverhalten sich entwickeln kann, im langen Verlauf des frühen Lebens bestimmte kritische Erfahrungen notwendig. Zweitens lassen sich Defizite in vielen Fällen beheben – gegen einen Preis. Das ist nicht so sehr der Flexibilität des Verhaltensprogramms zuzuschreiben (die übliche Erklärung), sondern der Tatsache, daß die gesuchten Verhaltensabläufe tief ‹kanalisiert› sind – durch die Gene ins Nervensystem eingeprägt. Drittens scheinen manche Individuen sich von früher Sozialeinschränkung nicht erholen zu können, zumindest nicht im komplexen Raum der Sexualität.

Alle diese Feststellungen werden nicht überraschend sein für jemand, der die psychoanalytische Literatur von früher und heute verfolgt hat. Tierstudien – und zwar nicht nur die oben dargestellten – verleihen dem Gedanken viel Glaubwürdigkeit, daß frühe Erfahrungen für die Entwicklung normalen Sexualverhaltens im Erwachsenendasein entscheidend sind, sogar auch der Idee, daß frühes psychologisches Trauma bei manchen Individuen ein unheilbares emotionelles und verhaltensmäßiges Unvermögen hinterlassen kann. Es ist aber entscheidend, daß wir eine neue, flexible und besser informierte Vorstellung der ‹normal zu erwartenden Umwelt› für die soziale Reifung unserer Gattung erwerben.

Tatsächlich gibt es Grund zu der Annahme, daß die mittelständische Kernfamilie der Jahrhundertwende in Europa, für Freud das ‹normal zu Erwartende›, für unsere Gattung insgesamt, vor allem im Verlauf des größten Teils der Geschichte, ganz unrepräsentativ war. Insgeheim, tief innen, beharrlich, dient sie uns weiter als Maßstab, und das muß aufhören, vor allem angesichts der drastischen Veränderungen, die in der Struktur der Familie in den Vereinigten Staaten jetzt im Gange sind. Verglichen mit der erweiterten Familie vieler nicht-industrieller Gesellschaften, einschließlich Jägern/Sammlern, war (und ist) die Freudsche ‹normal zu erwartende› Kernfamilie praktisch ein Dampfkessel von Emotionen. Isoliert von der erweiterten Familie und der weiteren sozialen Welt, war sie im Training von Kindern auf allen Gebieten ungewöhnlich streng, eingeschlossen orale Abhängigkeit, Sauberwerden, Bescheidenheitserziehung und andere typische Themen der frühen Kindheit. Väter waren von Kindern relativ distanziert, autoritärer als in vielen Gesellschaften, und verglichen mit Müttern viel mächtiger als in Wildbeutergesellschaften. (In einer Studie von 1940 über Mittelstandsfamilien, untersucht im Verhältnis zu einem weiten Bereich anderer Kulturen, war in der Tat der einzige Bereich der Kindheit, in der Väter und Mütter den Kindern gegenüber für nachsichtiger gelten konnten als in der durchschnittlichen nicht-industriellen Gesellschaft, aggressives Verhalten.)

Am wichtigsten aber für die Absichten hier ist, daß die Familie im Westen, einschließlich der Vereinigten Staaten, Mitte des Jahrhunderts ebenso wie die von Freuds Wien, Kindern viel weniger Erfahrung und Information über spielerischen oder ernsthaften Sex vermittelte als die durchschnittliche nicht-industrielle Gesellschaft. Es verwundert also kaum, daß die neueste Generation von Amerikanern sich eine sexuelle Revolution geschaffen hat, angeführt von Jung-Teenagern, die dahinterkamen, was man nach dem Küssen macht.

Kein Wunder auch, daß beispiellos viele Erwachsene wegen Beschwerden in Sexualfragen fachmännische Hilfe suchen. Das ist vielleicht zum Teil eine Mode, aber teilweise auch die Folge echter Probleme, die bis dahin unerkannt waren. Direkte Untersuchung von menschlichem Sex (im Gegensatz zu der Untersuchung dessen, was die Leute über Sex aussagen) war, was nicht überrascht, in unserer bis vor kurzem prüden Kultur eine sehr späte Entwicklung. Die verlorene Zeit ist aber teilweise aufgeholt worden. Der möglicherweise wichtigste Beitrag in diesem neu entwickelten Fach ist die Arbeit von William Masters und Virginia Johnson. Ihr erstes Buch ‹Die sexuelle Reaktion› ist eines der medizinischen Meisterwerke unserer Zeit und eine der mutigsten geistigen Bemühungen aller Zeiten. Es richtete schlicht und aufhellend die Scheinwerfer moderner Verhaltens- und physiologischer Forschung auf die dunklen, uralten Handlungen des Sexuellen, und was sie beleuchteten, besteht als relativ unangreifbares Gerüst.

Zu den Fakten, die klar nachgewiesen wurden, gehören: daß es trotz der Unterschiede von männlicher und weiblicher Sexualreaktion viele Ähnlichkeiten gibt, darunter ähnliche Muster und Abläufe von Hautrötung, Steigerung und Nachlassen von Muskelspannung, Beschleunigung von Atmung und Herzschlag und erhöhtem Blutdruck; daß Männer zwar schneller erregt sind und rascher zum Orgasmus gelangen, Frauen aber fähig sind, mehrere Orgasmen rasch hintereinander oder einen sehr langen zu erleben und damit größere sexuelle Lust zu empfinden; daß es keine erkennbaren physiologischen Unterschiede bei weiblichen Organismen durch klitorale gegenüber vaginaler Reizung gibt; daß keine bedeutsame Auswirkung der Penisgröße auf die sexuelle Befriedigung der Frau während des Verkehrs besteht und andere Faktoren männlicher und weiblicher Fähigkeit und Reaktionsbereitschaft viel wichtiger sind; daß die Gefahren von Sexualverkehr während dem Großteil normaler Schwangerschaft in der traditionellen medizinischen Sicht weit übertrieben wurden; und daß das Absinken von sexuellem Interesse und Vermögen im Alter (soweit es beobachtet wird), zum größten Teil die Folge einer sich selbst erfüllenden Prophezeiung ist.

Sie entwickelten im Anschluß daran mehrere Behandlungsmethoden im Zusammenhang mit problemorientierter Beratung und Techniken zur Konditionierung und Gefühlsabschwächung im Ehebett. Obwohl diese Methoden nicht immer erfolgreich sind, haben sie in genügend Fällen gewirkt, um heute weithin in Gebrauch zu sein, sogar bei früheren Kritikern. Ihr Erfolg widerspricht, so begrenzt er sein mag, früheren Fachmeinungen, wonach sexuelles Ungenügen stets Behandlung tiefreichender psychodynamischer Störungen durch langdauernde Psychotherapie erfordert. Ihre Erkenntnisse zu Schwangerschaft und hohem Lebensalter haben bei vielen Menschen eine zuträgliche Wirkung gehabt. Ihre Feststellungen zum klitoralen Orgasmus haben Millionen Frauen von (mindestens) Jahrhunderten phallischer Vorherrschaft im Schlafzimmer befreit. Und für viele Menschen, die an sexuellem Unvermögen leiden, haben Masters und Johnson die Hoffnung einer relativ einfachen Veränderung des Verhaltens eröffnet, ohne Scham und ohne ungeheure Kosten. Es besteht aller Anlaß zu der Vermutung, daß die wissenschaftliche Umwälzung, die sie ausgelöst haben, in diesem Bereich des emotionellen Verhaltens noch weitere Vorteile bringen wird.

Schließen müssen wir aber in einem ernsteren Ton. Es ist gesagt worden, eine Grundreaktion der Frauen auf Sex sei Furcht. Das sollte nicht verwundern, da eine Grundreaktion jedes Wesens auf die Annäherung eines anderen Furcht ist, vor allem dann, wenn (wie es bei Sex der Fall sein kann) der andere noch nicht Gegenstand engen Vertrauens ist. Die Verdrahtung des autonomen Nervensystems stützt die Sinnesdaten des täglichen Lebens: Bei sympathetischer Aktivierung (wie Angst sie fördert) wird die Ejakulation vorzeitig ausgelöst, und es ist der ruhige parasympathetische Zweig des Systems, der die Erektion von Penis oder Klitoris fördert. Von der natürlichen Auslese kann erwartet werden, daß sie ein System begünstigte, das Bedingungen erkennen konnte, die entweder das Überleben während der Kopulation oder das Überleben der daraus entstehenden Jungen gefährdete, um die sexuelle Betätigung angesichts solcher Bedingungen zu beenden. Dieser Mechanismus ist sogar als ein ‹Dichtestopper› vorgeschlagen worden – als ein Weg zur Bevölkerungsbegrenzung in überfüllten Gebieten.

Man muß aber über den generellen Antagonismus von Sex und Furcht hinausgehen, um den Gedanken vorzubringen, daß Frauen besonderen Grund haben, auf den ersteren mit der zweiten zu reagieren. In unserer Gattung wie bei den meisten Säugern und Vögeln sind Männer besser ausgerüstet, Schaden zuzufügen, als Frauen. Und Frauen riskieren natürlich bei jedem Sexualakt viel mehr als Männer, selbst wenn sie nur die reproduktiven Folgen auf sich nehmen. Aber darüber hinaus muß es für möglich gehalten werden, daß Männer ein System entwickelt haben, in dem aggressive und sexuelle Tendenzen vereinbar sind, wenn sie sich nicht sogar wechselseitig steigern.

Bei einer großen Zahl von Vogel- und Säugergattungen sind männliche Gesten von Werbung und sexueller Aufforderung denen von kämpferischer Bedrohung und Dominanz ähnlich oder mit ihnen identisch. Das ist besonders der Fall bei Arten ohne Paarbindung. Bei Totenkopfäffchen wirkt die Genitaldarstellung entweder als Drohung oder als sexuelle Klage. Bei Pavianen und Makaken zeigt ein Männchen seine Dominanz über ein rangniederes Männchen, indem es das andere von hinten besteigt wie ein Weibchen zur Kopulation. Bei Orang-Utans, die mit uns enger verwandt sind als solche Affen, sind Weibchen und Junge gewöhnlich allein, und die vorherrschende Art männlicher sexueller Annäherung während der unregelmäßigen, kurzen Besuche des Männchens besteht in Vergewaltigung.

Es gibt auch Hinweise dafür, daß einige von eben den Bedingungen, bei denen man erwarten könnte, daß sie Kampfverhalten auslösen, zu männlichem Sexualverhalten führen. Beispielsweise veranlaßt ein schmerzhafter Stromstoß eine männliche Ratte, zu kämpfen, wenn sie mit einem anderen Männchen zusammen ist, erhöht aber die sexuelle Aktivität, wenn ein Weibchen in der Nähe ist. Bedenkt man die vielen Situationen in der Natur, in denen Männchen um den gewünschten Sex kämpfen müssen, verwundert dieser Zusammenhang nicht. Aus einem anderen interessanten Experiment mit männlichen Mäusen ergibt sich, daß die Entfernung eines Weibchens, nachdem das Männchen eine Woche damit verbracht hat, und die Einführung eines fremden Weibchens zu einem starken, sofortigen Testosteronanstieg im Blut des Männchens führt – eine Hormonveränderung, die vermutlich entweder das Kampf- oder das Sexualverhalten steigern kann.

Bei Menschen sind es Männer, die vergewaltigen, Männer, die eine riesige Pornoindustrie tragen, wo es vielfach um Phantasievorstellungen von Gewalt oder Zwang geht, weit überwiegend Männer, die für Sex Geld bezahlen – einschließlich Sex mit Demütigung, Fesseln und Sadomasochismus. Obwohl es schwierig ist, zu diesem Thema klare Informationen zu erhalten, spricht manches dafür, daß männliche und weibliche Sexualphantasien in bedeutsamer Weise verschieden sind, und es gibt unabhängig davon Nachweise dafür, daß männliche Sexualphantasien – jedenfalls solche, die per Post an eine Schriftstellerin gelangten, bei der es sich nicht um eine Sozialwissenschaftlerin handelte – stark durchsetzt sind von den Themen Gewalt, Dominanz und Unterwerfung, und zwar stärker als bei Phantasien von Frauen, die in ähnlicher Weise freiwillig mitgeteilt wurden.

Man muß bedenken, daß die Menschen eine gemäßigt paarbildende Gattung sind. Bei solchen Gattungen umfassen Werberituale oft Demonstrationen durch das Männchen, daß es fähig ist, für die Jungen zu sorgen; es mag dem Weibchen eine Laube bauen oder ihm einen Bissen Nahrung bringen oder es füttern oder eine sehr demütige, unterwürfige Haltung zeigen. Aber das geschieht im Dienst der Paarbindung. Es ermöglicht dem Weibchen, einzuschätzen, was für ein Vater das Männchen sein wird. In anderen sexuellen Situationen in gemäßigt paarbildenden Gattungen wie der unseren können Angeberei, Bluff, Drohung oder sogar Gewalt die romantischen Gesten der Werbung verdrängen.

Es liegt mir völlig fern, damit anzudeuten, solche Tendenzen seien, gleichgültig, wie natürlich, bewundernswert, wünschenswert oder unveränderlich, aber ich muß hier meine in Kapitel 6 ausführlicher dargelegte Meinung wiederholen, daß Beharren auf dem Nichtvorhandensein bedeutsamer biologischer Grundlagen für die verschiedenen Verhaltensweisen, die wir bei den beiden Geschlechtern beobachten, den Weg zu Verständnis, Verbesserung und Gerechtigkeit nur verdunkeln können. Die Wahrheit mag nicht hilfreich sein, aber sie zu verbergen, ist es gewiß nicht.

13 Liebe

Die Seele sucht Gesellschaft sich allein
und schließt die Tür;
dring auf die Mehrheit du nicht ein,
die göttlich ihr.

Ohne Bewegung sieht den Wagen
am untern Tor sie stehn;
ein Kaiser harrt, ohne zu klagen,
dort auf den Knien.

Ich kannte sie von einem reichen Staat;
wähl aus dir ein';
dann schließ die Tore ihres wachen Seins
wie Stein.

Emily Dickinson
‹Gedichte›

Als meine erste Tochter sechs Wochen alt war, brachten wir sie zur regelmäßigen Untersuchung zum Kinderarzt. Mein allgemeiner Eindruck als Wissenschaftler – daß alle Neugeborenen gleich aussahen und recht wenig Gefallen erregten, viel weniger als etwa eine Barbiepuppe oder ein Pony – wurde durch meine Erfahrung als Vater bestätigt. Nicht nur das, die Kleine gehörte auch noch zu den Kindern, die nicht schlafen. (Ich gewann damals die Überzeugung, daß Babys mit Bauchschmerzen ein kleiner Verein außerweltlicher Geister sind, bestimmten neuen Vätern zugesandt, um sie für bis dahin unbekannte Sünden zu bestrafen.)

Jedenfalls befanden wir uns nun alle drei am Hort medizinischer Weisheit, und ich wollte Antwort auf eine Frage haben. Ich hob das Baby also ans Licht, sah den Arzt mit einem verkniffenen, geröteten Auge an und drückte mich klar und deutlich aus: «Hören Sie, Doktor» (sagte ich). «Sie sind schon lange im Beruf.» (Ich warf einen vielsagenden Blick auf das Baby.) «Sie macht mir mein Leben kaputt. Sie ruiniert meinen Schlaf, sie ruiniert meine Gesundheit, sie ruiniert meine Arbeit, sie ruiniert meine Beziehung zu meiner Frau, und ... und ... und sie ist häßlich.» (Hier kann sich der Leser wohl vorstellen, daß meine gewohnte berufliche Zurückhaltung mit anderen Einwirkungen auf den überbeanspruchten, winzigen Bereich der Stimmbänder im Widerstreit lag. Trotzdem aber gelang es mir, nachdem ich krampfhaft geschluckt hatte, mich zu meiner einen schlichten Anfrage zusammenzunehmen.)

«Warum habe ich sie lieb?»

Der Arzt, in unserer Stadt ein ebenso hervorragender wie weiser, alter und tugendreicher Mann, schien dem Problem alles andere denn verblüfft gegenüberzustehen.

«Wissen Sie» – er zuckte mit den Schultern – «Elternverhalten ist ein Instinkt, und das Baby ist der Auslöser.»

«Doktor», sagte ich. «Das ist eines der ärgsten Klischees aus einem meiner eigenen schwächsten Vorträge!» Ich unterdrückte ein Schaudern angesichts der Tatsache, daß die Sprache eines so neuen Fachs wie der Ethologie im Sprechzimmer schon gängige Münze war, verabschiedete mich vom Doktor (ohne irgendwelchen heftigen Gefühlen Ausdruck zu verleihen) und versank wieder in meinem Elend der Liebe: einer verzweifelten Zuneigung zu einem winzigen, heulenden Ungeheuer, das meine Nerven erbarmungslos strapazierte.

Die Adoptiveltern eines anderen Neugeborenen, Bekannte von uns (sie machten fast genau auf dieselbe Weise dieselben Gefühle durch), fanden einen wunderbaren Weg, das zu beschreiben. Es hätte, so sagten sie, mit nichts soviel Ähnlichkeit wie mit der benachteiligten Seite einer unglücklichen Jugendliebe. Du leidest, du starrst vor dich hin, du läufst ziellos herum, du erträumst dir Orgien von Zärtlichkeit, vor dem inneren Auge siehst du Jahrzehnte künftiger wechselseitiger Liebe; würdevoll, vornehm, der ganzen Öffentlichkeit bekannt. Inzwischen durchleidest du alle bekannten Abarten von Gefühlsmißbrauch, Vernachlässigung, Zurückweisung, Elend und Demütigung. Falls es dir auf irgendeine Weise gelingt, dich für eine Stunde zu ermannen, zu der Überzeugung zu gelangen, du könntest auf geradem Kiel bleiben, wird dir ein Brocken hingeworfen – hier ein Bäuerchen zur rechten Zeit, dort eine Sekunde Blickkontakt – und du stürzt wieder hinab in den tiefen Schacht mit den glatten Wänden und wirst weiter in den verdammten eigenen Gefühlssäften gesotten. Die beste Vorbereitung auf den nächsten Windelwechsel, bei dem dir fast im Wortsinn neuer Abfall aufs armselige Haupt gehäuft wird.

Die Frage, die der Arzt nicht beantworten konnte, hat faszinierende Weiterungen. Hier haben wir ein recht komplexes Wesen – einen erwachsenen Collegeprofessor über dreißig, ruhig und intelligent, voll Erfahrung, einschließlich diverser Liebesaffären, groß und klein, als Jugendlicher und als Mann. Er ist keine Mutter, die vor kurzem geboren hat, geschüttelt von Hormonveränderungen, die prall gefüllten Brüste von innen heraus drängend. Er ist kein winziges Baby mit einem ziemlich einfachen Gehirn, blind angeklammert, um Schutz und Trost zu finden. Er ist nicht einmal ein Halbwüchsiger, gequält von wilden Kräften, in zu vielen Richtungen auf einmal im Wachsen. Kurz gesagt, er ist kein leichtes Opfer für die Stoß-zieh-klick-klick-Erklärungen, die Verhaltens-biologen so gerne geben. Trotzdem gibt es auch hier wenig, was entschiedene Verfechter von Sozialdeterminismus trösten könnte. Können sie wirklich meinen, diese verrückten Emotionen seien die Folge kultureller Anstöße – er fühle diese Dinge, weil irgend jemand ihm gesagt hat, er solle ein guter Vater sein? Erkennen wir irgendeinen Nachweis für die Art von Training im frühen Leben, die durch einen Prozeß der Prägung nicht nur die Handlungen der Liebe, sondern die Liebe selbst hervorrufen würde?

Das glaube ich kaum. Jedenfalls nicht in dem Sinn, daß Tauben darauf dressiert werden, Pingpong zu spielen; eher vielleicht in dem, daß Hähne auf Kampf trainiert werden. Das heißt, mit größerer Leichtigkeit, durch schneller ablaufende Prozesse, und geschöpft aus einem tiefen Brunnen von uralter, stereotyp gewordener Emotion, von Denken und Handeln; einem Brunnen im Nervensystem, dessen Tiefen hinabreichen bis zum Gencode.

Da das menschliche Neugeborene zur Liebe unfähig ist, kommt es entscheidend darauf an, daß seine Eltern den Mangel ausgleichen; wenn sie es nicht tun, wird das Kind sein Leben und die Eltern werden ihren Fortpflanzungserfolg verlieren. Später nehmen die emotionellen Fähigkeiten des Kindes zu, und die Eltern haben von der Sache auch etwas. Diese Wartezeit gibt es aber keineswegs bei allen Tieren. Bei frühreifen (schnell reifenden) Vögeln wie Enten und Hühnern, wo die Küken das Nest fast sofort verlassen, hat die natürliche Auslese ein Junges hervorgebracht, das fast vom ersten Tag an die Bindung von seiner Seite her aufrechterhalten kann. Die Mutter muß freilich darauf angelegt sein, es zu verteidigen und zu schützen (und das natürlich auch zu wollen). Sie braucht aber ihre Nachkommen nicht durch die ganze Landschaft zu verfolgen, weil sie bald ihre aktive Gehfähigkeit dazu verwenden werden, nicht viel mehr zu tun, als neben ihr herzulaufen. Dieses Nachlaufen – und der heftige Protest gegen die Wegnahme der Mutter – ist nicht in erster Linie Folge der genetisch codierten Bilder von der Mutter, obwohl sie eine kleine Rolle spielen können. Es ist in erster Linie Folge der *Prägung*, eines Prozesses, durch den das einen Tag alte Hühnchen oder Entchen eine unauslöschliche Neigung zu irgendeinem Objekt in seiner Umwelt entwickelt. In der Regel ist das die Mutter.

Aber nicht immer. Der Mann, der die Prägung berühmt machte, weil er sie objektiv studierte, wurde in der Tat selbst dadurch berühmt, daß er das Prägungsobjekt für einige Enten wurde. Konrad Lorenz, der später den Nobelpreis für seine Arbeit auf dem Gebiet der Verhaltensbiologie erhielt, beschrieb die Prägung in einem 1935 veröffentlichten 150-Seiten-Buch mit dem Titel ‹Der Kumpan in der Umwelt des Vogels›. Eine großartige Arbeit, nicht nur informativ und überzeugend, sondern umfassend, tiefgreifend, wunderschön. Wenn man es liest, gewinnt man einen ganz ähnlichen Eindruck wie bei der Lektüre von Freuds frühen anatomischen Arbeiten – daß es ganz falsch war, Lorenz nur nach seinen letzten populären Schriften oder, was schlimmer ist, aus zweiter Hand nach den Meinungen seiner Kritiker zu beurteilen.

Die Arbeit führt Thema, Begriffe und Methoden ein und fährt fort mit einer geordneten und umfassenden Behandlung all der möglichen starken Beziehungen, die bis dahin zwischen Vögeln systematisch beobachtet worden waren. Diese sind organisiert nach der signifikanten Gestalt, wie der Vogel sie wohl sieht: elterlicher Begleiter, Kindbegleiter, Sexualbegleiter, Sozialbegleiter, geschwisterlicher Begleiter. In allen Fällen wird eine Reihe von Arten behandelt, die verschiedenen Erwartungen, zu denen ihre Nervensysteme offenbar ‹verdrahtet› sind, werden besprochen: wie ‹der Begleiter› aussehen mag, was er tun wird, worauf man sich bei ihm verlassen kann und was man für ihn tun soll. Wichtig sind hier nicht die aufregenden Details, sondern die Tatsache, daß solche Beziehungen real sind, überall vorhanden, verläßlich (bis zu einem gewissen Punkt), stark, in vielen Fällen von langer Dauer und in den meisten Fällen für Überleben oder Reproduktion als entscheidend leicht nachweisbar. Überdies sind sie in hohem Maß nach Mustern geordnet (‹stereotypisiert›), und obwohl die Erfahrung bei ihrem Vorkommen eine Schlüsselrolle spielt, gibt es bei jeder wichtige Komponenten, die in keiner Weise vom Lernen abhängig sind. Oder, um es wie Lorenz in einem anderen Buch auszudrücken: Zu sagen, sie wären angeboren, sei ebenso einseitig wie die Behauptung, der Eiffelturm sei aus Metall.

Nehmen wir die Prägung. Der Jungvogel steht unter einem gewissen Einfluß der Gene und der Erfahrungen vor dem Ausschlüpfen, und dieser Einfluß veranlaßt ihn dazu, den Muttervogel der eigenen Art auszuwählen, wenn dieser irgendwo in der Nähe ist. Fehlte die Mutter, fand bei einigen Enten jedoch eine Prägung auf Lorenz statt, bei anderen auf unbelebte Objekte, etwa einen großen, orangeroten Ball; bei noch anderen in späteren Experimenten von anderen Labors sogar auf Streifen an der Wand der Kiste, in der man sie nach dem Ausschlüpfen unterbrachte. Das ist eine machtvolle Wirkung der Erfahrung und kann, wie wir sehen werden, ein Leben lang anhalten. Und die Tatsache, daß sie durch abnorme Verhältnisse verursacht wird, verändert für mich die generelle Wichtigkeit dieser formativen Umwelteingabe kaum.

Der Rest der Erscheinung jedoch, und das ist entscheidend, ist fest verdrahtet. Das Hühnchen oder Entchen schlüpft aus dem Ei, stellt sich auf die Beine und beginnt umherzulaufen. Ein paar Stunden lang wird es dazu neigen, sich jedem Objekt zu nähern, das hervorsticht (im Verhältnis zum äußeren Hintergrund leicht erkennbar ist). Sticht ein solches Objekt besonders hervor, vor allem dann, wenn es bestimmte

Merkmale der Mutter hat – etwa einen gewissen Lockruf oder eine bestimmte Form oder Art der Bewegung – neigt der Nestling vorzugsweise dazu, sich ihm zu nähern und nachzufolgen. Je mehr er nachfolgt (das ist gründlich nachgewiesen worden), desto mehr will er nachfolgen, und nach einem bestimmten Punkt führt Bestrafung für Nachfolgen eher zur Verstärkung als zur Verringerung des Nachfolgeverhaltens – genau im Gegensatz zu den Vorhersagen der Lerntheorie. Inzwischen neigt der Nestling stufenweise immer weniger dazu, sich anderen Objekten in der Umwelt zu nähern, belebte eingeschlossen, und zeigt endlich deutliche Furcht vor ihnen.

Dieser Prozeß läuft in allenfalls einigen Tagen ab. Das Muster der Anbindung an die Mutter oder an ein anderes Prägeobjekt und Furcht vor anderen Objekten hält während dem größten Teil der Wachstumsperiode an. Wir brauchen uns für die meisten dieser Behauptungen nicht auf Lorenz zu stützen, weil viele Labors rund um die Welt seine Beobachtungen erweitert und bestätigt haben, vor allem die von Eckhard Hess an der University of Chicago und von Patrick Bateson an der Cambridge University. Dank diesen und anderen Wissenschaftlern ist klargeworden, daß die Erscheinung vielschichtiger ist, als man früher annahm; aber sie verläuft trotzdem sehr schnell und rätselhaft. Wir besitzen jetzt einige Informationen über ihre Grundlage im Gehirn aus neurochemischen, pharmakologischen und anatomischen Nachweisen. Es ist keine Frage, daß das Gehirn sich während der Prägung verändert, und wir werden vielleicht bald verstehen, wie es durch seine Struktur und sein Prägungsmuster darauf vorbereitet worden ist.

Aber ist das auch Liebe? Nein, natürlich nicht; ich für meine Person neige jedoch zu der Ansicht, daß es Bezug zur Liebe hat. Es fällt uns schwer genug, das Wort ‹Liebe› richtig zu verwenden, wenn wir unsere eigenen Emotionen und unser Verhalten oder das von anderen menschlichen und nicht-menschlichen Wesen beschreiben, die wir gut kennen. Das sollte bei jedem Versuch, die Vorstellung auf Enten anzuwenden, nachdenklich machen, aber andererseits verschafft uns gerade die Schwierigkeit, die wir haben, eine gewisse Freiheit. Alles, woran wir uns, außer bei Menschen, halten können, ist Verhalten; wenn Hunde ihre Herrchen lieben, dann Enten vielleicht auch ihre Mütter.

Das ist keine nebensächliche Frage und auch keine völlig unlösbare. Ich glaube, daß Erforschungen der Neurologie von Prägung, der Neurologie von Bindung bei Säugern und die vergleichende Hirnanatomie von Vögeln und Säugetieren eines Tages die Hypothese der Ähnlichkeit erproben und vielleicht bestätigen werden. Falls sie bestätigt wird, werden zwei Dinge folgen. Erstens werden wir ein elegantes und einfaches Labormodell für die Untersuchung von Bindung und ihren Störungen haben; zweitens werden wir wissen, was wir schon stark vermuten, nämlich, daß diese Emotion und das dazugehörige Verhalten in

einem hohen Maß aus einigen der ältesten Teile des menschlichen Gehirns stammen.

Aber wie steht es mit dem Rest des Lebens? Wieviel werden wir
der Bindung des Jungen an seinen ersten Kumpan zuschreiben, wenn es
allein in der Welt des Vogels mindestens vier andere Arten von Begleitern
gibt? Und woher wissen wir, daß diese erste Beziehung mit irgendeiner
der anderen irgend etwas zu tun hat?

Es gibt für das Vorhandensein allgemeiner Prozesse mehrere
sowohl theoretische als auch praktische Argumente. Mit den Worten
John Bowlbys, des großen modernen Theoretikers der Bindung, wird
alle Liebe als unauflöslich mit Furcht verknüpft gesehen:

*In der hier vorgelegten Theorie ist es natürlich eben das archaische Erbe, das den
zentralen Platz einnimmt. Man geht davon aus, daß eine Neigung, mit Furcht auf
jede dieser üblichen Situationen zu reagieren – Anwesenheit von Fremden oder
Tieren, rasche Annäherung, Dunkelheit, laute Geräusche und Alleinsein – sich
entwickelt als Folge genetisch bestimmter Anlagen, die in der Tat zu einer
‹Bereitschaft, echten Gefahren zu begegnen›, führen. Außerdem wird angenommen,
daß solche Tendenzen nicht nur bei Tieren, sondern auch beim Menschen selbst
vorkommen und nicht allein während der Kindheit, sondern auch das ganze Leben
hindurch vorhanden sind. Auf diese Weise gesehen ist Furcht davor, wider Willen
in irgendeiner Phase des Lebens von einer Bindungsfigur getrennt zu werden, kein
Rätsel mehr, und läßt sich statt dessen einstufen als instinktive Reaktion auf einen
der natürlich auftretenden Hinweise für ein erhöhtes Gefahrenrisiko.*

Nach dieser Definition gehört das Prägen von Nestlingen eindeutig zu
vielen anderen Formen der Liebe.

Harry Harlow, ein weiterer großer Erforscher von Liebe bei
Mensch und Tier, bezieht seine Theorie nicht in erster Linie aus der
Evolution, sondern aus beobachteten Ähnlichkeiten verschiedener Arten
von Bindungsverhalten während der Lebensspannen. Wie Lorenz beginnt er damit, daß er die verschiedenen Formen von Kumpanverhalten
aufzählt – er nennt sie ‹Zuneigungssysteme› – und sie wie Lorenz und
Bowlby durch einen durchgehenden Faden miteinander verbunden sieht:

*Das erste dieser Affektionssysteme ist mütterliche Liebe, die Liebe der Mutter zu
ihrem Kind. Das zweite ist Kleinkindliebe, die Liebe des Kleinkinds zur Mutter ... Das dritte ist Altersgenossenliebe, die Liebe von Kind zu Kind, von
Jugendlichem zu Jugendlichem und von Heranwachsendem zu Heranwachsendem ... Das vierte Liebessystem, heterosexuelle Liebe, ist eines, in dem Leidenschaft für den Altersgenossen durch Keimdrüsenwachstum gesteigert wird ... Das
fünfte Liebessystem ist das der väterlichen Liebe.*

*Unsere Darstellung von fünf getrennten und für sich bestehenden Liebes-
systemen soll nicht bedeuten, daß die Systeme physisch und zeitlich voneinander*

getrennt sind. In Wahrheit besteht jederzeit Überlappung . . . jedes Liebessystem
bereitet das Individuum auf das folgende vor, und das Versagen irgendeines Systems,
sich normal zu entwickeln, beraubt es der angemessenen Grundlage für nachfolgende
zunehmend komplexere Zuneigungsanpassungen.

Die Kategorien von Lorenz und Harlow können parallel genommen
werden, wenn man das Geschwistersystem Harlows und den väterlichen
Kumpan von Lorenz hinzufügt. Das ergibt sechs zentrale Beziehungen in
der Tierwelt. Man muß aber begreifen, daß die Haupttheoretiker der
Bindungstheorie die sechs Systeme nicht als funktionell verschieden
betrachten. Vielmehr haben sie vieles gemeinsam, und es sind verschiedene Misch- und Zwischenformen möglich, auch wenn diese in der Natur
nicht vorkommen mögen. Die Evolution des Gehirns müßte als wenig
sparsam angesehen werden, wenn es nicht fähig wäre, in den verschiedenen Handlungsräumen, dort, wo starke Bindung verlangt ist, dieselben
Grundfähigkeiten für Emotion und Handeln zu nutzen.

Klarer Nachweis für eine solche Kontinuität ist sogar im einfachen Fall der Prägung vorhanden. Einige der Vögel, die als Junge auf
Lorenz geprägt worden waren, zog man bis zu einem Alter auf, in dem
Werbung und Begattung möglich wurden. Zu dieser Zeit umwarben sie
beharrlich Lorenz. Diese Erscheinung tritt sogar gegenüber unbelebten
Objekten auf und jederzeit bei erwachsenen Vögeln der falschen Gattung. Die Prägung der Jungen einer Vielzahl von Vögeln tritt ja in der
Adoleszenz ein, auch bei denen, die sich langsam entwickeln und erst
beim Flüggewerden geprägt werden, während bei anderen die Prägung
in den ersten Tagen nach dem Ausschlüpfen stattfindet. Manche Vögel
– etwa die Zebrafinken –, die auf die falsche Gattung geprägt wurden,
umwerben im jungen Alter ihre eigene Art, wenn sie keine andere Wahl
haben, aber ein Zebrafink, der vom Weibchen einer anderen Finkenart
aufgezogen (und geprägt) wurde, sucht sich, wenn er die Wahl hat, lieber
einen Finken dieser, als einen seiner eigenen Art zum Partner aus – selbst
wenn er mit einem Weibchen seiner eigenen Art schon ein Nest voll Eier
hervorgebracht hat. Diese Erkenntnisse deuten darauf hin, daß die frühe
Bindungserfahrung, wie unpassend sie auch gewesen sein mag, auf die
für Zuneigung und Bindung zuständigen Gehirnsysteme einen unaus-
löschlichen Eindruck macht und Neigungen hervorruft, die zu einem viel
späteren, adaptiv entscheidenden Zeitpunkt wieder an die Oberfläche
kommen.

Diese Schlußfolgerung wäre keine Überraschung für den klinischen Psychologen, der ernsthaft bestrebt ist, Patienten dabei zu helfen,
eben solche Zusammenhänge zu finden, denen Fehlanpassungen romantischer oder anderer Art bei Zuneigung zugrunde liegen könnten. Aber
es wäre schön, wenn wir die Schlußfolgerung durch Untersuchungen bei
Tieren bestätigen könnten, die uns näherstehen als Vögel.

Die Arbeit Harlows liefert ein solches Modell. Sie betrifft Untersuchungen der normalen und abnormalen Entwicklung beim Rhesusaffen *(Macaca mulatta)* im Labor und befaßt sich besonders mit ihren Zuneigungssystemen. Harlow begann seine Arbeit in den fünfziger Jahren mit einem Versuch, ‹die Natur der Liebe› zu bestimmen. Für ihn und seine Mitarbeiter hieß das ungefähr: ‹Was sieht der Rhesusaffe tatsächlich in seiner Mutter?› Oder, um es anders auszudrücken, was sind die Mindestbedingungen, die es dem kleinen Affen ermöglichen, zuerst zur Bindung zu gelangen und dann normale Zuneigungsfähigkeit zu erreichen?

Der erste Teil führte zu einer enttäuschend dürftigen Antwort. Der Affensäugling entwickelte Bindung an einen konischen Drahtzylinder, der mit Frotteestoff bezogen und angewärmt wurde. Wies der Zylinder auch noch eine Zitze als Milchquelle auf, so nahm die Klammer- und Kontaktzeit des Affen gering zu. Bei der Wahl zwischen einem milchlosen Stoffsurrogat und einem Drahtzylinder mit milchspendender Zitze jedoch – beide ständig verfügbar – verbrachten die Affen fast ihre ganze Zeit auf dem Stoffmodell und suchten das andere nur auf, um zu trinken. Wurde ein abschreckendes Objekt in den Käfig getan, gingen sie unweigerlich zum Stoffmodell, nicht zu dem Drahtmodell mit der Zitze.

Das schien auf recht eindeutige Weise die Freudsche Vorstellung zu erledigen, Säugen und orale Befriedigung wären die Grundlagen für Bindungsentwicklung im Säuglingsalter (jedenfalls bei Rhesusaffen). Leonard Rosenblum in Harlows Labor wies ferner nach, daß, wenn man das Stoffmodell mit einer Einrichtung versah, die den Säugling in regelmäßigen Abständen mit kalter Luft anblies – eine negative Verstärkung oder Bestrafung –, das die Wirkung hatte, die Zeit, die der Säugling im Kontakt mit der ‹Mutter› verbrachte, zu steigern statt zu verringern; die Tatsache, daß ihm wehgetan wurde, war offensichtlich von größerer Bedeutung als die Quelle der Schädigung, und so suchte er paradoxerweise Schutz bei dieser Quelle, genauso wie Vögel in der Prägung es bei einer gleichartigen Situation getan hatten.

So die Bindungsentwicklung bei Affensäuglingen. Was den zweiten Teil der Frage betrifft – die Mindestanforderungen für normale *spätere* Entwicklung –, so entwickelten mit Stoffmodellen aufgezogene Affen weniger abnorme Verhaltensweisen – Hin- und Herschwanken, Umklammern des eigenen Körpers, Bisse in den eigenen Körper und so weiter – als Affen, die man ohne Surrogate in sozialer Isolierung aufgezogen hatte. Aber sie zeigten stärkere Ausformungen dieser Verhaltensweisen als Affen, die von normalen Müttern aufgezogen worden waren. Das galt besonders in Sozialsituationen, in denen sie starke Neigung zeigten, sich in derart ‹autistische› Zustände zurückzuziehen. In der Adoleszenz, der Zeit sexuellen Aufblühens bei normalen Rhesusaffen, waren Männchen wie Weibchen ungeschickt. In sozialen Situationen neigten Männchen als Erwachsene mehr dazu, andere Individuen zu bedrohen oder anzugreifen als normal aufgezogene Männchen. Und Weibchen, die zwangsweise künstlich befruchtet werden konnten, waren in ihrem Verhalten den Säuglingen gegenüber ungeschickt, nachlässig oder sogar brutal.

Das sind nur einige aus einer großen Zahl von Experimenten, in denen Bedingungen der sozialen Aufzucht bei Affen modifiziert wurden. Einige Studenten und Mitarbeiter von Harlow betreiben heute eigene Laboratorien, und viele haben wichtige Beiträge geleistet – Leonard Rosenblum, William Mason, Gene Sackett, Gary Mitchell und Stephen Suomi, um nur einige zu nennen. Beispielsweise wurde nachgewiesen, daß Gelegenheiten zu Kontakt und Spiel mit Altersgenossen für eine völlig normale Entwicklung gleich entscheidend sind – in mancher Beziehung so wichtig oder noch wichtiger als normales Bemuttern; daß es Artenunterschiede bei der Reaktion auf soziale Entbehrung sogar unter eng verwandten Arten innerhalb der Gattung *Macaca* gibt – Unterschiede, die uns veranlassen müssen, sehr vorsichtig zu sein, wenn wir verallgemeinerte Schlußfolgerungen für den Menschen ziehen wollen; daß bei genügender Ermunterung Männchen für isolierte Säuglinge ‹Mutterersatz› sein können; daß, wenn man das Stoffmodell schaukelt, die verhaltensmäßigen und emotionellen Defizite, die gewöhnlich mit Aufziehen durch Stoffmodelle in Verbindung stehen, bedeutsam verringert werden; und daß Junge, die bis zum Alter von sechs Monaten oder sogar einem Jahr in völliger sozialer Isolation aufgezogen wurden, dadurch, daß man sie für einige Monate mit einem *jüngeren* Affenkind zusammentut, zu sozial normalen Jugendlichen rehabilitiert werden können. Die Neigung, Bindungen herzustellen, ist so stark, daß sogar das Zusammenführen eines vorher isolierten Affenjungen mit einem Langhaarhund zu einer seltsamen, dauerhaften Beziehung führt, in der das Kleine sich an die ‹Surrogatmutter› klammert, darauf reitet und auf andere Weise mit ihr interaktiv ist.

Diese und viele andere Erkenntnisse können wie folgt zusammengefaßt werden: Starke neurale und neuroendokrine Kontrollfunktionen sichern die Entwicklung einiger Formen von Zuneigungsverhalten auch unter den abnormsten Umständen. Sogar ein Jahr völliger sozialer Isolierung, beginnend bei der Geburt – was bei Rhesusaffen Zuneigungsverhalten im Grunde beseitigt –, kann zum großen Teil behoben werden, wenngleich durch eine schwierige und kostspielige Methode. Die Affektivemotionen und das affektive Verhalten hängen offenbar von einer zugrundeliegenden Reihe gemeinsamer Strukturen ab, die trotz offenkundiger phänomenologischer Unterschiede auf einige Unterschiede in der damit verbundenen Physiologie hinweisen. Diese Strukturen sprechen auf Erfahrung sowohl dauerhaft wie auch vorübergehend an, und Zuneigungsfähigkeit hängt in jeder Lebensphase, in jeder Beziehung, bis zu einem gewissen Grad von vorheriger Affektiverfahrung ab.

Am Schluß gehen wir von der Betrachtung des Tieres zu der von menschlichen Bindungs- und Affektivsystemen über. Bedenkt man die Vielfältigkeit menschlicher Beziehungen in den Tausenden menschlicher Kulturen, so hat es den Anschein, es sei praktisch unmöglich, sie in irgendeiner sinnvollen Weise allgemein zu charakterisieren. Eine Betrachtung der Vielfalt zeigt aber im Gegenteil sowohl ein überraschendes Maß an Einheitlichkeit bei menschlichen Populationen als auch eine gesetzmäßige Eigenschaft der nach wie vor großen Varianz, die außerhalb der Einheitlichkeit besteht. Wie bei den Vögeln und Affen ist die einfachste Methode die, auf die Lebensspanne abzustellen, das heißt, mit den Fähigkeiten des Säuglings zu beginnen und die ineinander verschachtelten Affektivsysteme nach oben aufzubauen. Die Betonung wird auf zwei Fällen liegen, den !Kung-San-Wildbeutern und einer modernen Industriegesellschaft, den Vereinigten Staaten. Sie werden aber im Zusammenhang des weiten Spielraums menschlicher Varianz betrachtet. Da das vorangegangene Kapitel so viel über Sexual- und Liebesbeziehungen zu sagen hatte, wird diese Darstellung mehr den Beziehungen in Säuglingsalter und Kindheit gelten; das sind in jedem Fall die Grundlagen der anderen. Und in manchen steht natürlich am anderen Ende der Bindung ein Erwachsener, der, wie man in der Anekdote vom Kinderarzt sehen konnte, durchaus leidenschaftlich beteiligt sein kann.

Es gibt mehrere Gründe dafür, sich im Sinne einer Strategie der Verhaltenswissenschaft mit dem Säuglingsalter bei den !Kung zu befassen. Wie jede kulturvergleichende Untersuchung erweitert sie die für unsere Arbeit verfügbare Varianz. Sie hat die Wirkung, uns größere Vielfalt zu liefern, mit der wir jede theoretische Frage angehen können, und mag uns gelegentlich vor ausdrücklichen oder unausgesprochenen falschen Vorstellungen über die Allgemeingültigkeit mancher westlicher Verhaltensweisen bei Säuglingen oder Brutpflege bewahren. Im Gegensatz zum größten Teil kulturvergleichender Forschung steuert sie aber eine historische oder evolutionäre und (potentiell) kausale Dimension dahingehend bei, daß wir durch Fortschließen von modernen Jägern/ Sammlern Vermutungen darüber anstellen können, welche Adaptationen bei Brutpflege und -entwicklung *Ur*populationen von Jägern/Sammlern charakterisiert haben müssen. Das heißt, wir gehen von unserem Wissen über Soziologie und Subsistenzökologie von Wildbeutern und davon aus, wie sie sich auf das Säuglingsalter auszuwirken scheinen. Schließlich liefert es uns in einem angemessen weiten kulturvergleichenden Rahmen nachprüfbare Hinweise auf mögliche allgemeingültige Merkmale von Säuglingspflege, Säuglingsverhalten und -entwicklung beim Menschen. Und das wiederum liefert uns eine Grundlage für artvergleichende Untersuchungen.

Daten aus Beobachtungen und Experimenten bei !Kung-Säuglingen haben mehrere weitgefaßte Verallgemeinerungen im Hinblick auf *diese spezielle Gruppe* von Jäger-Sammler-Säuglingen ermöglicht.

Von den ersten Lebenstagen an (und mindestens das erste Jahr hindurch) werden Säuglinge in einer Schlinge seitlich am Körper der Mutter getragen. Diese Einrichtung stellt sie senkrecht und sorgt für ständige körperliche Berührung mit dem Körper der Mutter. In diesem Zusammenhang ist es möglich, natürlich vorkommende Beispiele von bestimmten Neugeborenenreflexen zu erkennen, etwa Aufricht-, Tret- und Kriechreaktionen der Beine, Verwendung der Arme, um den Kopf zu bewegen und zu befreien, und Greifreaktionen in den Händen. Dadurch paßt sich der Säugling den Bewegungen der Mutter an und schützt sich vielleicht sogar vor Atembehinderungen durch ihre Haut und Kleidung. Ebenso wichtig ist, daß diese Reflexbewegungen als Signale für die Zustandsveränderungen des Säuglings dienen und es der Mutter ermöglichen, Erwachen, Hunger oder Defäkation des Kindes rechtzeitig zu erkennen.

Durch die Schlingenlage an der Hüfte der Mutter haben Säuglinge ihre ganze soziale Welt zur Verfügung, die Welt der Objekte, die um den Hals der Mutter hängen, oder Dinge, die sie in den Händen hält, und die Brust; und die Mutter hat unmittelbaren manuellen und visuellen Zugang zum Kind. Steht die Mutter aufrecht, befindet sich das Gesicht des Säuglings genau in Augenhöhe von stark interessierten zehn- und zwölfjährigen Kindern, die oft herantreten und kurze, intensive Interaktionen von Gesicht zu Gesicht beginnen, einschließlich beidseitigem Lächeln und Lautgeben. Wenn die Säuglinge nicht in der Schlinge sind, werden sie an einem Lagerfeuer zu ähnlichen Interaktionen mit einem Erwachsenen oder Kind nach dem anderen herumgereicht. Sie werden auf Gesichter, Bäuche, Genitalien geküßt, man singt ihnen etwas vor, schaukelt, unterhält, ermuntert sie und führt lange, bevor sie Worte verstehen können, ausführliche Gespräche mit ihnen.

Die Nachsichtigkeit der Mutter für das hilflose Verhalten des Säuglings im ersten Lebensjahr ist absolut und nimmt im zweiten Jahr nur geringfügig ab. Gestillt wird praktisch ständig, den ganzen Tag über, auf Wunsch immer wieder, und jedes schwache Nörgeln kann als Hungersignal ausgelegt werden. (Es ist, als sei der Säugling eher gehalten, der Mutter mitzuteilen, wann er *keinen* Hunger hat, wenn er die Brustwarze losläßt, als daß er ihn hat, wenn er weint.)

Urinieren oder Defäkation auf die Mutter oder ihre Kleidung erzeugt während der frühen Monate keine Reaktion, außer daß der Säugling nach abgeschlossener Ausscheidung herausgehoben und gesäubert wird. Intensive körperliche Nähe während der beiden ersten Jahre ermöglicht eine viel feinere Reaktion der Mutter auf die Bedürfnisse des Säuglings, als sie in einer Situation erzielt werden kann, wo Mutter und

Säugling häufig durch beträchtliche Entfernungen getrennt sind. Beispielsweise betrug (beruhend auf den Daten in zeitlich festgelegten, codierten Beobachtungen) die Durchschnittszeit zwischen dem Einsetzen von Unruhe beim Säugling und der Stillreaktion der Mutter etwa sechs Sekunden.

Wenn die Säuglinge nicht schlafen oder in der Schlinge sind, werden sie typischerweise sitzend auf dem Schoß der Mutter oder eines anderen Kindes oder Erwachsenen gehalten, mit dem sie in nahem Austausch von Gesicht zu Gesicht Interaktion haben, oder die sie als Ausgangspunkt für Interaktion mit anderen Personen in der unmittelbaren Umgebung benützen. (Dank der Subsistenzökologie und der sich daraus ergebenden Struktur der Gruppe sind andere Personen fast immer verfügbar.) Die häufigen Stillgelegenheiten sind den Beobachtungen zufolge keine passiven Ereignisse, die nur mit der Sättigung des Hungers zu tun haben, sondern aktive Verhaltensweisen, bei denen mit dem Heranwachsen des Kindes Zeit, Lage, Wahl der Brust und Länge der Stillperiode zunehmend allein vom Kind bestimmt werden. Das bleibt so bis zum Abstillen, in der Regel irgendwann im vierten Jahr. Beim Stillen erfolgt oft gleichzeitig aktives Spiel mit der freien Brust (die Brüste sind ziemlich lang und beweglich) unter trägen Beuge-Streck-Bewegungen in Armen und Beinen, wechselseitigem Lautgeben, Interaktion von Gesicht zu Gesicht, und verschiedenen Formen der Selbstberührung, einschließlich gelegentlichem Masturbieren.

Der Prozeß der Trennung wird ausgelöst vom Kind und langsam über zwei oder mehr Jahre fortgeführt, bei sehr geringem Drängen von seiten der Mutter. Bemerkenswert beharrlich und aufnahmefähig, verläßt sie die unmittelbare Umgebung des Kindes bis zum späteren Teil des zweiten Jahres nur selten und auch dann nur gelegentlich bis zur Geburt ihres nächsten Kindes, gewöhnlich im vierten Jahr. Das Kind entfernt sich aber sofort, wenn es beweglich wird, von der Mutter, und benützt sie, die an ihrem Platz sitzenbleibt, als Ausgangspunkt für Erkundungen. Obwohl die Gefahr, sich im Busch zu verirren, außerordentlich groß ist, kommt das selten vor und wird verhindert sowohl durch die beharrliche Rückkehr des Kindes zur Mutter als auch durch die Stärke der Furcht vor Fremden und fremden Situationen – eine viel stärkere, als sie bei Kindern im Westen zu beobachten ist. Erneut besteht wegen der Subsistenzökologie und der Art der Gruppe in der Regel ein dichtes Geflecht möglicher Beziehungen zu Kindern jeden Alters; das Kind geht ganz graduell von einer intensiven Bindung an die Mutter in den aufnahmebereiten Zusammenhang einer Gruppe von Kindern über, die im Alter vom beinahe Gleichaltrigen bis zu heranwachsenden Pflegepersonen reichen, mit denen das Kind ebenso vertraut ist, wie es sich bei ihnen sicher fühlt.

Der Prozeß des Abstillens beginnt, wenn die Mutter wahrnimmt, daß sie erneut schwanger ist, und das Entwöhnen vom Getragenwerden (was bedeutet, daß das Kind, bis es alt genug ist, mit der Mutter Schritt halten zu können, sie bei ihren Sammelrunden nicht mehr begleitet) findet etwa zum Zeitpunkt der neuen Geburt statt. Keiner dieser Prozesse verläuft zwar besonders abrupt oder als Strafe, aber sie sind beide relativ deutlich und führen oft zu einer längeren Periode deprimierten und nörgelnden Verhaltens. Es bleibt aber die Tröstung durch eine ständig anwesende und aufnahmebereite Gruppe von Kindern, die ungefähr innerhalb eines Jahres nach der Entwöhnung des Kindes vom Getragenwerden ein wichtiger Brennpunkt eines Sozialverhaltens wird.

In den letzten Jahren hat man besondere Aufmerksamkeit dafür aufgewendet, die spezifischen Verhaltensmuster zu beschreiben, die Säuglingsbindung ausmachen. Diese Muster, die eine breite Spanne von Entwicklungsstufen und Stufen der Verhaltensbeschreibung umfassen, schließen Folgendes ein: visuell-haltungsmäßige Orientierung; Festhalten an der Brust und Saugen; Weinen und Aufhören von Weinen; Lächeln; Lautgeben ohne Schreien; Umklammern und Greifen; Trennungsangst; Annäherung; Nachfolgen; Grüßen; Klettern und Erforschen; Vergraben des Gesichts; Verwendung der Mutter als Ausgangspunkt für Erkundung; Flucht zur Mutter und Festhalten. Wenn diese Verhaltensweisen in Beziehung zur Mutter öfter vorkommen als bei jemand anderem, hat die Bindung begonnen.

All diese Muster sind während des zweiten Halbjahres bei !Kung-Säuglingen beobachtet worden. Sie alle aufzuführen und zu benennen, erklärt sie aber noch nicht. In diesem Zusammenhang ist es erfreulich, auf mindestens einen ernsthaften Versuch verweisen zu können, eine große Masse Forschungsdaten in einen theoretischen Rahmen einzubringen, der gleichzeitig sinnvoll, elegant und nachprüfbar ist – die Bände von John Bowlbys ‹Attachment and Loss› (Bindung und Verlust). Bowlbys großes Werk besitzt den zusätzlichen Vorteil, im Hinblick auf die Geschichte psychoanalytischer Entwicklungstheorien eine klare Haltung einzunehmen, und beruht außerdem auf großen Anstrengungen, konkrete Richtlinien für Kinderpflege zu erarbeiten.

Kurz gesagt, sieht er die Dinge so: Der menschliche Säugling wird wie Junge vieler Arten von Vögeln und Säugern mit einer Reihe reflexiver wahrnehmungsmotorischer Mechanismen geboren. Obwohl sie unter experimentellen Deprivationsbedingungen blockiert werden können, führen sie, die normale, zu erwartende Umwelt eines neugeborenen Angehörigen der Gattung vorausgesetzt, unweigerlich zur Bildung von Bindungen an Pflegefiguren und schließlich zu anderen Individuen. Die Betonung liegt für Bowlby im ersten Halbjahr auf Mechanismen, die Kommunikation durch distale Rezeptoren betreffen – Mechanismen wie visuell-haltungsmäßige Orientierung, Lächeln, Weinen, das Aufhören von Weinen und Lautgeben ohne Schreien. Die Wühl- und Saugreflexe im Zusammenhang mit dem Trinken und die Neigung zu verschiedenen Formen taktiler Reizung und/oder des Saugens, sehr wirksam darin, das Aufhören von Weinen und anderen Zeichen des Unbehagens herbeizuführen, werden als wichtig, nicht aber als überragend wichtig angesehen, Bestandteile der ursprünglichen Bindungsneigung.

Besonders kritisch befaßt Bowlby sich mit der ‹Sekundärtriebs›-Theorie (sie hebt die Rolle der Sättigung von Hunger und der Lust des Saugens als primäre Verstärker für Bindungsverhalten hervor), wie sie in vielen psychoanalytischen Vorstellungen, auch der von Freud, üblich ist. Im späteren ersten Lebensjahr kommen in Zusammenhang mit der Entwicklung wirksamer Beweglichkeit Mechanismen zur Aufrechterhaltung von Nähe und andere Bindungsverhaltensweisen ins Spiel. Dazu gehören Ergreifen, Festklammern, Kriechen und Klettern an der Mutter, später Nachfolgeverhalten und Verwendung der Mutter als Ausgangspunkt für Erkundung.

Anstelle von Lern- oder Antriebstheorien für das Wachstum der Liebe schlägt Bowlby eine ethologische Aufschlüsselung von Bindungsverhalten in Übereinstimmung mit einem unvollständig begriffenen genetischen Programm vor. Dieses Verhaltenssystem ‹sucht› gewissermaßen ein Objekt, etwa auf die gleiche Art, wie die Neuralmechanismen, die der Prägung bei Nestflüchtern zugrunde liegen, in einer bestimmten Periode ein geeignetes Objekt für das Nachfolgeverhalten suchen – mit dem wichtigen Unterschied, daß das bei den Menschen und unseren nahen Verwandten viel länger dauert (beim Kind rund sieben Monate) und viel gradueller verläuft. (Mit ‹suchen› ist gemeint, daß die betreffenden Verhaltensweisen – Bindungsverhaltensweisen – auf bestimmte vorhersagbare Weise vollständig auftreten, sich verändern und funktionieren, erst nachdem ein angemessenes Objekt gefunden ist, und der Organismus bis dahin erhebliches Unbehagen erlebt.) Durch die Bedürfnisse unreifer Organismen, enge körperliche Nähe zu reiferen Angehörigen der Gattung als Schutz gegen Tod durch Ausgesetztwerden oder Räuber zu suchen, sind diese grundlegenden Nervenmechanismen im Verlauf der Evolution starkem Selektionsdruck ausgesetzt gewesen.

Lohnend ist der Hinweis, daß Bowlby in seiner früheren Arbeit die Funktion der Bindung in erster Linie als Grundlage für gesundes erwachsenes Sozialverhalten betrachtete, das er als Folge einer gesunden frühen Bindung an eine Muttergestalt oder einen geeigneten Ersatz sah. Trotz dieser Verschiebung ist deutlich, daß Bowlby die Masse neuer Information über menschliche und tierische Verhaltensentwicklung im Prinzip als Stütze für seine frühere Ansicht mit einer evolutionären Rechtfertigung sieht: Infolge der während der menschlichen Evolution lange bestehenden Kausalbeziehung zwischen der Bedrohung durch Räuber und der Stärke der Bindung ist es für die geistige Gesundheit des Kindes erforderlich, daß Säuglinge in der frühen Phase eine dauerhafte und enge Beziehung zu einer Einzelmutter oder ‹dauerhaften Mutterersatz› haben.

Die Folgerungen aus den Erkenntnissen über die !Kung für Bowlbys Schlüsse und die Probleme, mit denen er sich beschäftigt, ergeben sich von selbst. Die Betonung früher Bindung an eine versorgende Brutpflegegestalt, Bowlby, Freud, Erik Erikson und anderen gemeinsam, ist vernünftig. Diese Ansicht wird durch die Fakten über !Kung-Säuglinge eher noch erhärtet. Sie zeigen eine Beziehung Mutter–Säugling, die viel enger, in der Reaktion viel feiner und viel hilfreicher ist als im Westen, eine Beziehung, die ‹proximale› (Kontakt-)Mechanismen für Bindung schon bei der Geburt, statt, wie Bowlby meint, erst im zweiten Halbjahr beansprucht.

Betrachten wir nun den amerikanischen Kontext für denselben Wachstumsprozeß. In der neuesten Auflage von ‹Säuglings- und Kinderpflege› rät Dr. Spock den Müttern, ihre Säuglinge im Alter von drei Monaten nicht zu ‹verzärteln› und ‹ein bißchen härter› gegen sie zu werden; wenn das Baby mit fünf oder sechs Monaten immer noch erwartet, jedesmal aufgehoben zu werden, sobald es schreit, wird der Mutter geraten, einem Programm des ‹Zurückführens auf das normale Maß› zu folgen, unter anderem so zu tun, als wäre sie beschäftigt, obwohl sie es nicht ist, um das Baby damit ‹zu beeindrucken›, daß auf seine Nörgelsucht keinesfalls eingegangen werden kann. Mit einer scheinbaren Umkehrung seiner Haltung in den früheren Ausgaben ermuntert Spock somit die Neigung amerikanischer Mütter, in den frühen Lebensmonaten Selbständigkeit zu fördern.

Sein Rat wurde für eine !Kung-Mutter getreu in ihre Sprache übersetzt; sie reagierte mit einer Mischung aus Erstaunen, Belustigung und Verachtung. «Begreift er denn nicht, daß das noch ein Baby ist?» fragte sie. «Es hat noch keinen Verstand, deshalb weint es. Man hebt es auf. Später, wenn es größer ist, bekommt es Verstand und weint nicht mehr so viel.» Mit anderen Worten: Sie hatte Vertrauen in den Prozeß des Wachstums und machte sich keine Gedanken wegen der Möglichkeit, das Baby könnte ‹verwöhnt› werden; überdies erschien ihr die Methode, das Verzogensein rückgängig zu machen, als ethisch unannehmbar.

Sollen wir auf Spock verzichten und uns an die !Kung halten? Wenn man diese Methoden der Kindererziehung betrachtet, müssen die soziale und ökologische Situation der !Kung beim Vergleich sorgfältig berücksichtigt werden. Eine amerikanische Mutter it nicht umgeben von einem Netz von Verwandten und Freunden, die mithelfen können, einige der praktischen und mehr noch der emotionellen Belastungen der Babypflege zu übernehmen. Und was vielleicht noch wichtiger ist: Ihr Kind ist nicht umgeben von einem Netz ständig verfügbarer Kinder jeden Alters, die eine angenehme Alternative zur Bindung an die Mutter darstellen, wenn die Notwendigkeit der Trennung sich unweigerlich ergibt. Mit anderen Worten: Die Gefahren des ‹Verwöhnens› mögen angesichts des sozialen Kontexts amerikanischer Babypflege in den letzten Jahrzehnten in der Tat größer sein.

Es gibt außerdem noch viele andere ethnographisch bekannte Gesellschaften, die ohne merkbaren Nachteil vom Modell der !Kung abweichen. Unter verschiedenen Bedingungen der Sozialökologie können sie eine Vielfalt von Formen der multiplen Muttersorge oder Brutpflege liefern. Wie Margaret Mead in einer überzeugenden Kritik an Bowlbys Meinung betont hat, konnten viele Untersuchungen der Mehrfachversorgung, von polygynischen traditionellen Kulturen bis zu modernen israelischen Kibbuzim, nicht nachweisen, daß Versorgung durch mehrere Personen irgendwelche objektiv erkennbaren nachteiligen Folgen hätte, vorausgesetzt, daß die zwei oder drei oder mehr Pflegepersonen eine angemessen hilfreiche und ununterbrochene menschliche Umwelt zur Verfügung stellen können. Dieselbe Schlußfolgerung wurde vor kurzem bei einem großen Überblick kulturvergleichender Untersuchungen zur kindlichen Entwicklung durch Robert LeVine gezogen.

Schließlich muß betont werden, daß es in Gesellschaften wie der unsrigen, wo das Risiko des Säuglingstods gering ist, keinen Nachweis dafür gibt, es sei biologisch doch von Vorteil, die Säuglingspflege ausschließlich den Frauen zu überlassen. Da Mütter zur Zeit der Geburt den Vätern gegenüber einen Vorsprung von mehreren Monaten haben, da Väter nie ganz sicher sind, daß ihre Nachkommen wirklich ihre biologischen Nachkommen sind, und da das Stillen immer noch bestimmte Vorteile besitzt, werden Mütter und Säuglinge im Prinzip stärker aufeinander eingestellt sein. Daß es aber in Einzelfällen nachteilig wäre, wenn ein Mann und eine Frau gleichermaßen (oder der Mann sogar stärker) an der Pflege eines Säuglings beteiligt sind – das heißt, nachteilig für die psychologische Gesundheit und das Wachstum des Kindes –, ist nie mit glaubhaften Nachweisen begründet worden.

Es sollte nun von Interesse sein, den sozialen Kontext der Säuglingszeit in einer weiter gefaßten Perspektive dadurch zu untersuchen, daß wir die relevanten Fakten zum Leben höherer Primaten unter natürlichen Bedingungen und zu anderen menschlichen Gesellschaften des ethnographischen Befunds als den !Kung erwähnen.

Nicholas Blurton Jones, ein (von Tinbergen) ausgebildeter Ethologe, der sich von Vögeln den Kindern zuwandte, analysierte Vergleichsdaten einer Reihe von Säugern über Muster der Säuglingspflege und kam zu dem Schluß, daß diejenigen, die ständig in der Nähe ihrer Jungen sind, sich von denen, die ihre Jungen in einem Bau oder Nest verstecken, auf bestimmte vorhersagbare Weise unterscheiden. Das Wichtigste ist, daß die ‹Verstecker› ihre Jungen in zeitlich großen Abständen füttern, ihre Milch hohen Protein- und Fettgehalt aufweist und hohe Saugwerte vorliegen, während ‹Träger› (einschließlich Nachfolger) mehr oder weniger fortlaufend füttern, Milch mit niedrigem Protein- und Fettgehalt und niedrige Saugwerte haben. Gemeinsam mit allen anderen untersuchten höheren Primaten besitzen Menschen die Milchzusammensetzung und Saugmerkmale von Gattungen mit ständiger Körpernähe oder ‹Träger›-Gattungen. Und um das Bild abzurunden: !Kung-Jäger/Sammler stillen ihre Säuglinge etwa viermal in der Stunde. Bedenkt man das Vergleichsbild, so erscheint die Meinung sinnvoll, ein solcher Kontakt sei während des größten Teils der menschlichen Evolution bei unserer Gattung ein enger gewesen.

Bei *nicht* zu den Wildbeutern gehörenden menschlichen Gesellschaften ist der Varianzbereich sehr groß. Der Schlüsseldeterminante scheint hier die Arbeitslast der Mutter zu sein. In vielen landwirtschaftlichen Gesellschaften führt die Organisation von Arbeit und Brutpflege zu mehrstündigen Trennungen von Mutter und Säugling, was die Möglichkeit eines Bindungsmusters im Sinne der !Kung ausschließt. In der typischen Situation arbeitet die Mutter vielleicht einen Teil des Tages im Garten, während ihr Säugling bei einem jungen Mädchen oder einer jungen Frau bleibt (oft bei einem älteren Geschwisterkind) auf dem Hauptplatz des Dorfes, fern von der Mutter.

Die Schlafentfernung Mutter–Säugling ist eines der am meisten vernachlässigten Merkmale der Brutpflege-Umwelt, obwohl Protest beim Schlafengehen und Wachwerden in der Nacht zwei der häufigsten Probleme der Säuglingspflege in den Vereinigten Staaten sind. Bei allen höheren Primaten und bei den !Kung schlafen Mutter und Säugling eng beieinander (wenn nicht in direktem körperlichem Kontakt) im selben Bett (oder Nest). Fast alle !Kung-Mütter geben an, daß ihre Säuglinge bis zur Entwöhnung während der Nacht regelmäßig zweimal bis viele Male aufwachen. Es ist wahrscheinlich, daß einige zusätzliche nächtliche Stillvorgänge stattfinden, während ein oder beide Partner des Stillvorgangs schläft oder nur halb wach ist. Für diesen Ablauf ist vermutlich schon früh in der Evolution höherer Primaten selektiert worden. Ein allein schlafender Säugling wäre sogar bei den meisten menschlichen Jägern/Sammlern fast mit Sicherheit zum Tod durch Räuber verurteilt.

Was andere menschliche Gesellschaften als Jäger/Sammler angeht, bestehen in dieser Dimension überraschend wenig Unterschiede im gesamten Bereich nicht-industrieller Gesellschaften (obschon erhebliche Unterschiede bei der Schlafentfernung Vater–Säugling). Von 90 Gesellschaften in einer weltweiten Untersuchung, für die Informationen verfügbar waren, schliefen bei 41 Mutter und Säugling im selben Bett, bei 40 im selben Zimmer ohne Angaben zu den Betten, und bei 19 im selben Zimmer in getrennten Betten. In keinem dieser 90 Fälle schliefen Mutter und Säugling in getrennten Zimmern. Dieses Merkmal der Bindung Mutter–Kind unterschied sich bis zum Aufkommen des Industriestaats nicht stark von andersartigen ökologischen Hintergründen.

Unsere eigene dominierende Kultur in den Vereinigten Staaten rührt von jener der landwirtschaftlichen Völker Nordeuropas her, für die der Gebrauch von Wiegen und Wickeln die Regel war. Verglichen mit !Kung-Wildbeutern und den Nachsichtigeren unter den Gesellschaften auf einer Zwischenstufe ist das Ausmaß der Berührung zwischen Mutter und Säugling gering, und ihre Regelung liegt in den modernen Vereinigten Staaten weit mehr bei der Mutter; das Kind hat sich anzupassen, so gut es geht. Das ist nirgends deutlicher als bei der Einteilung des Schlafens. Abweichend vom allgemeinen Muster für nichtindustrielle Gesellschaften haben wir oft Säuglinge, die in getrennten Zimmern von ihren Müttern (und Vätern) schlafen, allein oder mit Geschwistern, die zu klein sind, um sie zu pflegen. Es könnte sein, daß das ‹Syndrom› des Nichtschlafengehenwollens, das so viele Kleinst- und Kleinkinder befällt, und das ‹Syndrom› des nächtlichen Wachwerdens, das ein Drittel der englischen (und vermutlich auch amerikanischen) Einjährigen erfaßt hat, nur künstliche Folgen unserer Schlafregelungen sind – das heißt, ohne Trennung Mutter–Kind käme es vielleicht nicht zu Protesten beim Schlafengehen, während nächtliches Erwachen zwar vorkommen könnte, ohne aber zu einem ‹Problem› zu werden.

Westeuropäische und amerikanische Kulturen haben während ihrer ganzen Geschichte viel Energie dafür aufgewendet, das zu bekämpfen, was nach dem vorhin Geschilderten bei Kleinstkindern und Müttern als eine natürliche Neigung erscheinen würde, einander sozusagen in die Arme zu fallen. Das ist nicht leicht gewesen, und es ist keineswegs klar, was diese Kulturen eigentlich dazu veranlaßt hat. Neuere Untersuchungen zur Geschichte der Kindheit und Kinderpflege in Europa offenbaren gemeinsame Abläufe, die von strengem Liebesentzug bis zu Isolierung, Vernachlässigung und Brutalität reichen; diese Dinge sind ganz erstaunlich zu lesen. Wenn sie der Wahrheit entsprechen, dann war der Boden, auf dem in den Herzen unserer Vorfahren die Emotion der Liebe wachsen sollte, in der Tat hart und trocken. In diesem Zusammenhang wirken die Muster der Kinderpflege Europas und Amerikas im 20. Jahrhundert nachsichtig, liebevoll und ganz aufs Kind ausgerichtet. Verglichen jedoch mit den Kinderpflegemustern der Durchschnittsgesellschaft in der nichtindustriellen Ethnographie erscheinen unsere heutigen Gewohnheiten, Kinder aufzuziehen, im Gegenteil als bittere Pille für die Kinder.

Leser, die Dr. Spock und seinen Ruf kennen, werden vielleicht erstaunt sein, ihn hier als eine Art hartherzigen Menschen dargestellt zu finden, der die Eltern ermahnt, zu ihren Kindern ja nicht nachsichtig zu sein. Ein solcher Schurke ist er natürlich nicht. Er ist zu Recht bekannt dafür, die Ratschläge für Babypflege liberalisiert zu haben, die früher galten. Eine Zusammenfassung dieser Ratschläge ist hier nicht möglich, aber ein Auszug aus John B. Watsons Buch aus dem Jahr 1928 ‹Psychological Care of Infant and Child› (dt. etwa ‹Psychologische Pflege von Säugling und Kleinkind›), das großen Einfluß hatte, vermittelt eine Vorstellung davon:

Es gibt eine vernünftige Methode, Kinder zu behandeln. Behandeln Sie sie wie junge Erwachsene. Kleiden und baden Sie sie mit Sorgfalt und Bedacht. Seien Sie in Ihrem Verhalten stets objektiv und von gütiger Strenge. Umarmen und küssen Sie sie nie, nehmen Sie sie nie auf den Schoß. Wenn es sein muß, küssen Sie sie beim Gute-Nacht-Sagen einmal auf die Stirn. Drücken Sie ihnen morgens die Hand. Tätscheln Sie ihnen den Kopf, wenn sie eine schwierige Aufgabe besonders gut gelöst haben. Probieren Sie es aus. Nach einer Woche werden Sie feststellen, wie leicht es ist, zu Ihrem Kind gleichzeitig völlig objektiv und doch gütig zu sein. Sie werden sich der rührseligen, sentimentalen Weise, in der Sie das früher gehandhabt haben, zutiefst schämen ...

Wollen Sie zum Abschluß, wenn Sie versucht sind, Ihr Kind zu streicheln, nicht daran denken, daß Mutterliebe ein gefährliches Instrument ist? Ein Instrument, das eine niemals heilende Wunde zufügen kann, eine Wunde, die die Kindheit unglücklich, die Jugend zu einem Alptraum machen kann, ein Instrument, das die berufliche Zukunft Ihres erwachsenen Sohnes oder Ihrer Tochter und ihre Aussichten auf eheliches Glück zu zerstören vermag?

Man sollte darauf hinweisen, daß dieser Rat 1928 nicht von irgendeinem Extremisten aus den Randbezirken kam, sondern vom führenden Mann der amerikanischen Verhaltenspsychologie; von demselben Mann, der dem kleinen Albert beigebracht hatte, Pelztiere zu fürchten, und der später in der Werbung erfolgreich wurde. Man fragt sich, was er in einem Eheberatungsbuch empfohlen hätte.

Was die Liberalisierung betrifft, so hatte sie ihre Grenzen. Da jetzt weithin die Meinung vorherrscht, sie sei schon zu weit gegangen, lohnt sich ein Blick darauf, wie wenig nachsichtig sie im Kulturvergleich ist. Der übliche, ja praktisch allgemein geltende heutige kinderärztliche Rat in den Vereinigten Staaten bei ‹chronischem Widerstand gegen Schlaf im frühen Kindesalter› – ob vom ‹Bettgehtyp› oder vom ‹nächtlichen Aufwachtyp› – ist derselbe, wie Dr. Spock ihn bietet: Laß sie weinen. Bei manchen Säuglingen und Kleinkindern geht das leicht, aber bei anderen kann es mehrere Nächte kosten, in denen sie eine halbe Stunde oder länger weinen. Spocks Rat:

Solange das Weinen anhält, ist es schwer für gutherzige Eltern. Sie stellen sich das Schlimmste vor: das Baby steckt mit dem Kopf zwischen den Seitenstäben der Wiege oder es hat erbrochen und liegt im Schmutz, zumindest ist es in Panik, weil es sich verlassen fühlt. Durch die Schnelligkeit, mit der diese Schlafprobleme im ersten Jahr geheilt werden können, und dadurch, daß Kinder sofort viel glücklicher sind, sobald das bewältigt ist, bin ich überzeugt, daß sie in diesem Alter nur aus Zorn weinen ...

Weckt Weinen über mehrere Nächte hinweg andere Kinder oder stört es die Nachbarn, können Sie die Lautstärke dämpfen, indem Sie einen Teppich oder eine Decke auf den Boden legen und eine Decke vors Fenster hängen. Weiche Gegenstände dieser Art schlucken erstaunlich viel an Geräusch ...

Manche Säuglinge (und Kleinkinder) erbrechen leicht, wenn sie zornig sind. Die Eltern neigen zur Aufgeregtheit und zeigen das durch sorgenvollen Blick, durch Herbeistürzen, um sauberzumachen, durch größeres Mitgefühl nachher, dadurch, daß man beim nächsten Schrei schneller zu dem Kind eilt. Diese Lektion bleibt Kindern nicht verborgen, und beim nächstenmal, wenn sie einen Wutanfall bekommen, erbrechen sie um so eher ... Ich halte es für entscheidend, daß Eltern sich gegenüber dem Erbrechen abhärten, wenn das Baby es dazu benützt, sie unter Druck zu setzen. Wenn sie das Baby dazu bringen wollen, eine Weigerung, ins Bett zu gehen, zu überwinden, sollten sie sich an ihr Programm halten und nicht ins Zimmer gehen. Sie können später saubermachen, wenn das Baby eingeschlafen ist.

Dieser Rat findet sich in der neuesten Ausgabe (1976) eines Buches über Kinderpflege, das nach seinem Verlag das am meisten verkaufte, neu erschienene Buch seit 1895 ist, als Bestsellerlisten aufkamen. Vor der Ausgabe von 1976 waren bisherige Auflagen, die größtenteils dieselben Ratschläge enthielten, mit 28 Millionen Exemplaren verkauft worden.

Die meisten Eltern in der traditionellen nichtindustriellen Welt würden diesen Rat entschieden in die Kategorie öffentlichen Eintretens für Kindesmißhandlung und -vernachlässigung einstufen. Es gibt keine Grundlage für die Unterstellung, das Kind weine aus Zorn, und fast keine für die Behauptung, das Verfahren sei harmlos. Diese Dinge mögen sogar stimmen, andererseits aber, zumindest für manche Babys, auch nicht. Ich vermute, daß die Erfahrung nächtlichen Erwachens, ob in der fernen oder kürzlichen Vergangenheit, ähnlich derjenigen gewesen wäre, wie sie in Jill Hoffmanns Gedicht ‹Rendezvous› beschrieben wird:

Geholt aus einem Traum deines Rufens
durch deinen Schrei, schlüpfe ich aus dem Bett und verlasse
meinen liebevollen Ehemann taub für die Welt.
Wir treffen und paaren uns, aneinander geklammert im schwachen Licht –
dein weicher Mund zieht und füllt und leert mich.
Wir bleiben lange so, wie es scheint, bis ich
an deinem überfließenden Gesicht, wo milchige Tropfen gleiten,
meines Körpers Lust fließen sehe und gähne.
Wir lassen einander frei zum Schlaf. Dein Lächeln
der Unschuld lächelnd, kehre ich zurück
zum Bett deiner Zeugung und dem warmen Leib eines Mannes.

Die Behauptung von ‹Verzärtelungs›-Theoretikern, Produkte solcher Nachsicht wüchsen ‹an die Schürzenbänder der Mutter gefesselt› heran, ist leicht zu widerlegen, zumindest bei den !Kung. Vergleichende Studien von Kindern im Vorschulalter in London und unter den !Kung unter grob vergleichbaren Bedingungen – im Freien, Mütter und Spielkameraden verfügbar – zeigten, daß die !Kung-Kinder sich in bedeutsamer

Weise weiter von ihren Müttern entfernten als die Kinder in London; sie hatten auch mehr interaktive Beziehungen zu anderen Kindern und wurden weniger oft von ihren Müttern oder anderen Erwachsenen versorgt. Es kommt vor, daß mit vierzehn Jahren ein !Kung-Junge allein oder mit einem Freund fortgeht, Löwen mit einem Stock von einem Antilopenkadaver vertreibt und seinen Eltern das Fleisch bringt. Eine !Kung-Frau Anfang zwanzig geht vielleicht mit Wehen in die Wüste hinaus, allein oder mit einem Vierjährigen, bringt ihr Kind und die Nachgeburt ohne Hilfe zur Welt und trägt, nachdem sie die Nabelschnur durchtrennt hat, das Baby zurück ins Dorf. So wenig ratsam diese Dinge auch sein mögen, sie stellen kaum das dar, was man bei jungen Menschen erwartet, denen es an Unabhängigkeit mangelt. Wenn frühe Nachsichtigkeit spätere extreme Abhängigkeit fördert, muß das auf eine sehr unterschwellige Weise geschehen.

Diese Tatsachen wären nicht überraschend für John Bowlby oder auch für einen Psychoanalytiker wie Erik Erikson, der in traditionellerer Weise betonte, die Erzeugung von ‹Grundvertrauen› in der frühen Kindheit sei für das Wachstum der Unabhängigkeit notwendig. Diese behauptete Beziehung zwischen früher Duldung von Abhängigkeit und späterer verringerter Abhängigkeit läuft klassischen Vorstellungen von Verstärkungslernen (Reagieren auf Unlustsignale sollte theoretisch ihre Häufigkeit steigern) so zuwider, daß sie schwer zu glauben ist, gleichgültig, wieviel Beweismaterial dafür vorgebracht wird. In einer großen Zusammenfassung der Literatur aus dem Jahr 1970 durch Eleanor Maccoby und John Masters wurde diese Hypothese als durch zahlreiche Studien gestützt nachgewiesen. Ein neuerer Überblick durch Mary Ainsworth und ihre Kollegen stützt sie ebenfalls. Unter den Studien des letzten Jahrzehnts auf diesem Gebiet gibt es eine in Ainsworths Gruppe, die zeigt, daß Säuglinge, deren Mütter in den ersten drei Lebensmonaten stärker auf sie eingehen, im zweiten Vierteljahr weniger weinen als Säuglinge von Müttern, die in der frühen Zeit nicht auf sie eingegangen waren; und eine andere Studie von Alan Sroufe und Everett Waters zeigt, daß Kleinkinder, die enge Beziehungen zur Mutter hatten, auf Trennungen reifer zu reagieren pflegen als andere Kleinkinder.

Theoretische Anpassung an diese Feststellungen mag angebracht sein. Ein gewöhnliches Verstärkungsmodell würde vorhersagen, daß Duldung von Abhängigkeit – das heißt, Belohnung abhängiger Verhaltensweisen durch darauf eingehende Pflege – das Vorkommen der Verhaltensweisen steigert. In Wirklichkeit kann es umgekehrt kommen. Wenn wir, wie Bowlby zu zeigen versucht hat, davon ausgehen, daß Bindungsverhaltensweisen Teil des normalen *biologischen* Funktionierens des Kleinkinds sind – instinktiv, wenn man so will –, ist die Behauptung sinnvoll, sie würden sehr schwer auszulöschen sein, ohne die grundlegende Homöostasis des Organismus zu zerrütten. Anhänglichkeitsverhaltensweisen sind keine wahllos vorkommenden Verhaltens‹operanden› im Sinne Skinners. Zumindest manche, wie Weinen und Kontaktsuche, sind Verhaltensäußerungen eines bedrängten Organismus. Es mag so unangemessen sein, sie durch Ignorieren beseitigen zu wollen, wie es der Versuch wäre, von Kälte hervorgerufenes Schaudern durch Nichtbeachtung beseitigen zu wollen. Bindungssignale nicht zu beachten, steigert nur die Qual und damit die Äußerung der Qual.

Ich bin nicht völlig überzeugt von der Wahrhaftigkeit der ‹Grundvertrauens›-Theorie, aber es spricht mindestens ebensoviel dafür wie dagegen. Was die Verzärtelungstheorie angeht, liegt, wie ich meine, genug Beweismaterial vor, um ihr sehr skeptisch gegenüberzustehen, zumindest dort, wo es um Duldung von Abhängigkeit *im frühen Kindesalter* geht. Das hat keinen Bezug auf die Auswirkungen der Duldung von Abhängigkeit in später Kindheit oder Jugend, oder die Art von Verzärtelung, auf die wir uns in unserer Kultur so gut verstehen, nämlich die Duldung des Wunsches beim Kind (oder Jugendlichen), selbstsüchtig zu konsumieren, zu stören oder zu vernichten.

Ich muß auch erneut den Unterschied betonen, den der Kontext für die Beziehung Eltern–Säugling bedeutet. Soziale Unterstützung für die Mutter und die Lockung der Kindergruppe, wie bei den !Kung erkennbar, haben in unserer eigenen Kultur bei Paaren Mutter–Kleinkind keine Parallele – oder vielmehr, die Parallelen sind viel schwächer. Die Kindergruppe aus vielen Altersklassen fördert das Wachstum der Trennung von der Mutter und das Auftreten unzähliger Verhaltensweisen im Zusammenhang mit Unabhängigkeit. Vor allem fördert sie vielleicht das Wachstum von Zuneigungskompetenz in einer fürsorglichen und unterstützenden Umwelt. Das umfaßt teilweise Wettbewerb, teilweise echte Kämpfe, teilweise Balgereien. Aber zumindest in der frühen Kindheit gehört ein Muster dazu, das eigene Erwähnung verdient. Man könnte es ‹sanfte Balgerei› nennen. Es besteht aus gegenseitigem Berühren, Verschlingen von Beinen, Umklammern und am Boden Rollen. Falls es nicht zu ausdrücklicher Genitalbetätigung führt (was während dieser Altersperiode im Spiel ebenfalls vorkommt), wird dieses Verhalten von den !Kung-Erwachsenen nicht beachtet. Seine Ableitung von kindlichem Bindungsverhalten ergibt sich aus den gemeinsamen Elementen und aus der Tatsache, daß dieses Spiel eine Phantasieform annehmen kann, bei dem das ältere Kind die Elternrolle übernimmt.

Der Einfluß von Eltern als Modell erfaßt alles und reicht bis ins Sexuelle. !Kung-Eltern versuchen zwar, Geschlechtsverkehr vor Kindern zu verbergen, aber das gelingt nicht immer, und aus diesem und anderen Gründen haben Kinder in dieser Kultur ein deutlicheres Bewußtsein vom Sexuellen als in der unsrigen. Ihr Spiel schließt Rollenübernahmen in sexuellen Beziehungen ein, bis zu dem Punkt, daß Sexualverkehr nachgeahmt wird, aber fast mit Gewißheit ohne Penetration.

Interviewstudien der Ethnographin Marjorie Shostak bestätigen, daß solche Spiele stattfinden und bis zum Erwachsensein lebendig in Erinnerung bleiben. Zur Zeit der Pubertät können sie immer noch vorkommen, und der Übergang von solchem Spiel zu echtem Sex mag graduell sein (wenn auch nicht immer). Die hormonalen Veränderungen der Pubertät verwandeln die bei der heterosexuellen Zuneigungsbindung betroffenen Emotionen wie die Physiologie unter den !Kung zweifellos ebenso wie bei uns, aber die Bindung von Spielgenosse zu Spielgenosse bildet, wie schon Harlow meinte, eine natürliche Grundlage dafür.

Die Ehe bei den !Kung dagegen wird arrangiert, wie das meistens in der Geschichte bei den meisten menschlichen Gesellschaften der Fall gewesen ist. Empfinden die jungen Leute starke Neigungen, respektiert man diese vielleicht, aber die meisten Ehen werden ohne die angenehme Zutat romantischer Liebe geschlossen. Als ich einmal über die Entwicklung von Zuneigungskompetenz sprach, brachte ich Zweifel über die adaptive Funktion romantischer Liebe zum Ausdruck, weil sie in der Geschichte für die Menschen so selten der Weg zur Paarbildung gewesen ist. Nach der Vorlesung kam einer meiner zynisch gestimmten Studenten zu mir und erklärte (bedrückt, aber wohl zu recht), die naheliegende adaptive Funktion sei die, Menschen *aus* einer vorher etablierten Paarbildung zu befreien – um Verlassen oder Betrug zu ermöglichen. Die !Kung jedenfalls trennen sich bei diesen frühen Ehen oft, wenn auch nur noch selten, sobald ein Kind geboren worden ist. Auf diese Weise scheinen sie etwas zu haben, das der ‹Ehe auf Probe› nahekommt, wie Bertrand Russell sie früher einmal vorgeschlagen hat (dafür, wie für andere seiner ‹tollkühnen› Ideen, wurde ihm in jenen schüchternen Zeiten untersagt, am City College Mathematik und Logik zu lehren), und das läßt Raum dafür, daß romantisches und sexuelles Zusammenpassen bei der Paarbildung eine Rolle spielen.

Die Physiologie der Liebe wird, gelinde gesagt, nur schlecht verstanden. Wo es um romantische Liebe geht, ist seit dem, was Sappho im 5. Jahrhundert v. Chr. wußte, wenig Fortschritt erzielt worden:

> *Für mich ist einem Gott gleich dieser Mann,*
> *so, wie er vor dir sitzt und*
> *lauscht ganz nahe deiner süßen Stimme*
>
> *und lieblichem Gelächter – was das Herz*
> *in meiner Brust bedrückt. Denn nun,*
> *da ich dich anseh, stockt mir die Stimme,*
>
> *meine Zunge ist gelähmt und schmales Feuer*
> *rast wie ein Dieb durch meinen Körper.*
> *Mein Blick ist tot fürs Licht, meine Ohren*

toben, und Schweiß läuft über mich herab.
Ich schaudere, bin bleicher als das Gras,
und mit dem Sterben ganz vertraut ...

So barbarisch es erscheinen mag, hier darauf hinzuweisen: In der Hauptsache sind das Anzeichen von Unruhe im autonomen Nervensystem.
Sappho weist auch ausdrücklich auf die Emotion der Angst hin, die, wie
ich betont habe, einen Teil der Grundlage für die Liebe bildet, und die
übrigens für einige der autonomen Erregungen verantwortlich sein mag,
die sie beschreibt. Es ist ein Umstand, in dem die Angst mit der Abwesenheit einer bestimmten Person in Verbindung gebracht wird, und die
durch diese Person beschwichtigt werden kann. Als solcher erinnert er an
Kleinkind-Bindung, ist ihr aber darin unähnlich, daß die Herkunft des
geliebten Menschen bei romantischer Bindung Verwirrung stiftet.
Warum gerade er (oder sie)? Und warum soviel Erregung, soviel Angst,
soviel Trauer, wenn das Objekt verlorengeht?

Das autonome Nervensystem kann davon nicht viel erklären. Es
ist wahrscheinlich, daß einige Gründe im limbischen System zu finden
sind, in demselben System, das verschiedene andere Emotionen vermittelt; wird aber für so viele verschiedene Dinge eine einzige Erklärung
gegeben, kann sie automatisch nicht mehr überzeugen. Es muß etwas
Spezifisches an der Struktur oder Funktion dieses Systems oder anderer
Systeme im Gehirn sein, das Bindungs- und Zuneigungsverhalten, ob
stark oder gemäßigt, verständlicher macht. Arthur Kling und Horst
Steklis von der Rutgers University haben nachgewiesen, daß das Bindungsverhalten von Affen beseitigt werden kann durch Entfernung des
basalen Teils der Stirnlappen oder der Spitzen der Schläfenlappen des
Cortex, aber das ist ein krasser Eingriff mit einer sehr weitreichenden
Wirkung, der uns nicht viel verraten kann. Es ist schon festgestellt
worden, daß die Ablagerung von Myelin in den Hauptfaserbündeln des
limbischen Systems zu einem solchen Zeitpunkt stattfindet, daß sie zu
einer möglichen Grundlage für die Sozialängste in der frühen Kindheit
wird; eine davon ist die Furcht vor Trennung, die Umkehrung davon
Bindung. Es ist möglich, daß Untersuchungen solcher Strukturen bei
Tieren zu einem tieferen Verständnis dessen führen würden, was man die
Physiologie der Liebe nennen könnte; um die Dinge aber noch mehr zu
komplizieren, sind Zuneigung und Bindung natürlich verschiedene
Emotionen, und wir wissen wenig darüber, was die erstere sich zur
zweiten vertiefen läßt, deren Hauptmerkmal vielleicht die Stärke der
Trennungsfurcht ist. Klar ist auch, daß das Aufblühen der Keimdrüsenhormone und ihrer Hypothalamus- und Hypophysen-Steuersysteme in
der Adoleszenz die Zuneigungskompetenz beider Geschlechter verändert, sie in mancher Beziehung verstärkt und in anderer schädigt, aber es
ist nicht klar, was diese Veränderungen genau bewirken.

Viel eingehender hat man sich mit der Physiologie des Elternverhaltens in verschiedenen Gattungen befaßt. Wir wissen, daß der Hypothalamus betroffen ist, sowohl als Hormonregler wie als Teil von Neuralschaltungen, die Brutpflegeverhalten vermitteln wie Heimholen und Schutz der Jungen. Aber hier trennen sich die Wege der Geschlechter. Die einzige Gattung höherer Wirbeltiere, bei der Männchen nachgewiesenermaßen physiologische Anpassungen für Elternschaft von solchem Ausmaß besitzen, daß sie mit denen der Weibchen konkurrieren können, sind die Taubenvögel, eine Gruppe von Vögeln, zu denen Turtel- und Haustauben gehören. Es gibt wenig Hinweise auf besondere physiologische Anpassungen für Brutpflege bei Männchen in irgendeiner anderen Gattung von Vogel oder Säugetier; sie müssen vorhanden sein, weil die Brutpflege stattfindet und nicht durch Zauberei geschieht. Aber wir haben überhaupt keine Vorstellung davon, worin sie bestehen könnten.

Was mütterliches Verhalten angeht, ist es Brennpunkt für ein großes Ausmaß an Forschung gewesen. Man weiß viel, aber es gibt viel Varianz. Von Östradiol, Progesteron und Prolaktin weiß man, daß sie eine Rolle beim Nestbau- und Brutpflegeverhalten von Ratten, Mäusen, Hamstern, Ringeltauben und Kanarienvögeln spielen, einer ziemlich weiten Spanne von Gattungen, aber sie tun das in verschiedenen Kombinationen und entsprechend verschiedenen Zeitplänen im Reproduktionszyklus. Prolaktin, das Milchbildung bei Säugern und die Entsprechung – Kropf- und Bruttaschenbildung – bei Vögeln hervorruft, galt früher als entscheidend für mütterliches Verhalten in manchen Gattungen, aber das scheint nicht mehr der Fall zu sein. Zumindest bei Ratten scheinen alle drei Hormone eine Rolle zu spielen, und in einer Reihe von Experimenten, die Howard Moltz an der University of Chicago durchführte, wurde nachgewiesen, daß man eine unbefruchtete weibliche Ratte am besten zu einer positiven Reaktion auf Junge bewegt, indem man sie einer Hormonbehandlung unterzieht, wie sie stattgefunden hätte, wenn sie trächtig geworden wäre und Junge geboren hätte; das heißt eine stufenweise Steigerung von Östradiol und Progesteron, ein plötzlicher Abfall bei beiden (wie er normalerweise kurz vor der Geburt eintritt), und eine Erhöhung von Prolaktin.

Die Psychologen Joseph Terkel und Jay Rosenblatt von der Rutgers University wiesen dagegen nach, daß, wenn man die Kreislaufsysteme einer Ratte, die kurz vorher geboren hatte, und eines unbefruchteten Weibchens zusammenschloß, das unbefruchtete Weibchen dazu veranlaßt wurde, sich Jungen gegenüber mütterlich zu verhalten. Das legte die Möglichkeit nahe, daß das Durchlaufen der ganzen Hormonveränderungen in der Trächtigkeit schließlich doch unnötig war und die Veränderungen unmittelbar nach dem Werfen, dazu Kontakt mit Jungen, ausreichten. Später zeigten Michael Numan, ein Student von Moltz, und andere, daß die ‹mediale Regio praeoptica› des Hypothalamus entscheidend ist für mütterliches Verhalten bei Ratten, und daß Östradiol mütterliches Verhalten fördert, weil es diesen Bereich beeinflußt. Das ist dasselbe Gebiet des Hypothalamus, von dem man weiß, daß es bei Männchen und Weibchen strukturell verschieden ist.

Es gibt Gattungsunterschiede sogar bei Nagetieren, die nicht unbedeutend sind. Die vergleichende Psychologin Elaine Noirot stellte eine Folge von Untersuchungen an, die nachweisen, daß Kontakt mit Jungen allein (‹Auslösen›) bei unbefruchteten weiblichen Mäusen ohne hormonale oder neurologische Behandlung binnen Stunden mütterliches Verhalten auslösen kann. Ähnliche Auslösung bei Ratten, von Rosenblatt beobachtet, nahm sechs bis sieben Tage in Anspruch, und die Jungen mußten bis dahin künstlich am Leben erhalten werden. Bei Hamstern erforderte der Prozeß, mit dem sich der Ethologe Martin Richard befaßte, noch längeren und wiederholten Kontakt, in der Regel mußten mehrere von den Weibchen getötete Würfe ersetzt werden.

Testosteron, ob Weibchen um die Zeit der Geburt, während der Trächtigkeit oder nach der Geburt zugeführt, ist für mütterliches Verhalten bei verschiedenen Säugergattungen antagonistisch. Die Kastrierung von Männchen zu verschiedenen Zeitpunkten im Lebenszyklus fördert ihr Brutpflegeverhalten bei verschiedenen Gattungen. Die wenigen Säugergattungen, in denen Männchen unter natürlichen Bindungen eine bedeutsame Rolle in der Brutpflege spielen, sind aber nicht untersucht worden. Es ist möglich, daß eine solche Untersuchung aufregende neue physiologische Adaptionen offenbaren würde.

Was die Menschen angeht, durchlaufen Frauen bei Schwangerschaft, Geburt und Laktation eine Folge von Hormonveränderungen, die viel anhaltender, ansonsten der von Ratten aber ganz ähnlich ist: ein langsames Ansteigen von Östradiol und Progesteron, ein abruptes Absinken beider vor der Geburt (ebenso ein Anstieg im Verhältnis Östradiol zu Progesteron, das rascher absinkt), und ein Ansteigen von Prolaktin nach der Geburt. Wenn die Mutter stillt und das Kind an die Brust setzt, wird im Blut ein Anstieg von Prolaktin und Oxytocin hervorgerufen, die ihrerseits den Spiegel von Östradiol und Progesteron senken, so daß das gesamte Profil der Fortpflanzungshormone ebenso verändert wird wie die Wahrscheinlichkeit der Wiederaufnahme des Monatszyklus. Es ist durchaus möglich, daß diese weitgehenden Veränderungen Stimmung und Verhalten beeinflussen.

Nichts davon findet bei Adoptivmüttern statt, und trotzdem sind diese oft so gut wie biologische Mütter oder sogar besser. Warum den Hormonveränderungen dann Wichtigkeit beimessen? Einfach ausgedrückt: Die kulturelle und soziale Vorbereitung auf die Mutterschaft, die für jede Frau eine wichtige Rolle spielt, ist bei Adoptivmüttern viel größer, die oft lange Zeit begierig gewartet haben. Es ist wahrscheinlich, daß zumindest eine bedeutsame Minderheit von Erstgeburten während der menschlichen Geschichte zum jeweiligen Zeitpunkt unerwünscht waren; für diese zahllosen Beispiele während unserer Evolution mag die hormonale Vorbereitung entscheidend gewesen sein.

Männer erleben solche Veränderungen nicht, aber es ist trotzdem klar, daß sie als Gruppe beträchtliche Brutpflegefähigkeiten besitzen, sogar für Säuglinge. Abstrakt gesehen, könnte es sein, daß sie, entsprechende Umwelten der Kinderaufzucht unterstellt, ebensoviel natürliche Brutpflegefähigkeit besitzen wie die Frauen. Das ist eine haltbare Hypothese; ich persönlich würde nicht darauf setzen, aber das heißt nicht, daß sie falsch ist. Als Annahme jedoch – vor allem als eine, auf die man weitreichende Entscheidungen gründet – ist sie in diesem Augenblick der Verhaltenswissenschaft nicht akzeptabel. Die Wissenschaft kann aber nicht bestimmen, welche Regeln gelten sollen; ihre Gesetze wirken nicht durch den Sozialvertrag, sondern durch praktische Konsequenzen. Sollte beispielsweise im Jahr 1985 eine Stadt ein Gesetz erlassen, daß jeder Säugling und jedes Kind die Hälfte seiner Zeit mit dem Vater zu verbringen hat, oder daß die Hälfte der Kinder von Männern gepflegt werden müsse, wäre das vielleicht annehmbarer als das, was wir zur Zeit in irgendeiner beliebigen Stadt beobachten. Die Tatsachen des Verhaltens, wie wir sie jetzt verstehen, würden aber prophezeien, daß ein solches Gesetz die Interessen von Frauen und Kindern miteinander in Konflikt bringen müßte, und zwar viel stärker, als das jetzt der Fall ist. Das heißt, im Prinzip hätten die Kinder es bei den Frauen besser. Sollten die Frauen in der Stadt allerdings mit ihrem gewohnteren ungerechten Anteil an Kinderpflege entsprechend unzufrieden werden, könnte es für das Kind mehr oder weniger auf eins hinauslaufen, ob es eine murrende Mutter oder einen untüchtigen Vater hat.

Weder Lorenz noch Harlow noch auch Bowlby haben sich viel mit der Zuneigung beschäftigt, die wir Familienangehörigen außerhalb des engsten Kreises zuwenden. Sich auf Tiere zu konzentrieren, ist kein guter Weg, auf diese Zuneigung einzugehen, obwohl zunehmend deutlich wird, daß sie das nicht nur kennen, sondern auch praktizieren. Das Problem: Sie reden nicht darüber, und da sie das nicht tun, muß man, wenn das Tier eine längere Lebenszeit hat, viele Jahre beobachten, bevor man dahinterkommt, wer wessen Onkel oder Oma oder Vetter zweiten Grades ist. Die meisten *Menschen* dagegen sprechen zumindest in traditionellen Kreisen wie die Bücher über Verwandte, untereinander und mit jedem Anthropologen, der unklug genug ist, ihnen zuzuhören.

Verwandtschaftssysteme sind ein wesentlicher Punkt der Anthropologie gewesen, weil sie ein wesentlicher Punkt der meisten Kulturen sind, die Anthropologen zu begreifen versucht haben. Verwandtschaft erzeugt die meisten Regeln des Sozialsystems in solchen Kulturen, einschließlich der Regeln für Ehe, Gruppenzugehörigkeit, Austausch, Erbe, Autorität und Abstammung. Dabei ist nie völlig klar gewesen, was eigentlich die Grundlage der Verwandtschaftsbindung oder des Gefühls ist, ‹Blut ist dicker als Wasser›. Manche Theoretiker behaupten seit langem, es handle sich lediglich um eine verwässerte Form der Zuneigung zwischen Eltern und Kind, zwischen Geschwistern oder heterosexuellen Partnern. In letzter Zeit haben Strukturtheoretiker behauptet, Verwandtschaftssysteme seien lediglich eine Methode, die soziale Welt zu ordnen: Schließlich kann man nicht jedem Geschenke machen, nicht jeden heiraten, nicht von jedem Befehle annehmen. Beide Erklärungen haben gewiß einen Teil Wahrheit für sich. Kürzliche Fortschritte in der Sozialbiologie haben aber neue Erkenntnisse gebracht.

J. B. S. Haldane, der berühmte englische Genetiker, drückte das Problem so aus: Angenommen, ich habe einen Bruder, der am Ertrinken ist. Wie groß ist die Gefahr, die ich eingehen könnte, um ihn zu retten, bevor die natürliche Auslese gegen mich zu wirken beginnt? Oder vielmehr, gegen das ‹altruistische Gen›, das mich veranlaßt hat, ihm nachzuspringen? Nun, bei im übrigen sonst gleichen Verhältnissen könnte ich eine Gefahr von 50 Prozent eingehen, weil die Wahrscheinlichkeit, daß mein Bruder dasselbe Gen trägt, 50 Prozent beträgt. Das heißt, im sehr langen Verlauf der Evolution würde, wenn man viele solche heroischen Handlungen annimmt, die Häufigkeit des Gens für Altruismus bei diesem Risiko nicht abnehmen. Wenn der unglückliche Ertrinkende aber nur mein Neffe wäre, könnte ich nur eine 25prozentige Gefahr eingehen, mein Leben zu verlieren, ohne so zu handeln, daß ich die Häufigkeit des Altruismusgens vermindere. Und wäre er bedauerlicherweise nur mein Vetter, könnte ich es mir nur leisten, eine 12,5prozentige Gefahr des eigenen Todes auf mich zu nehmen, um ihn zu retten.

Man kommt mit dieser Theorie überraschend weit, sehr leicht zu weit, will man jede Handlung menschlichen oder tierischen Muts oder der Großzügigkeit damit wegerklären, sie stütze sich auf nicht mehr als die Förderung oder Verringerung des ‹Altruismus›-Gens. Bei komplexen Tieren gibt es natürlich kein solches Gen, aber das ist auch gar nicht nötig; alles, was wir brauchen, ist ein Gen, das den Altruismus auf die eine oder andere Art fördert, und das ist nicht schwer zu denken. Das Problem besteht hier aber darin, daß die Theorie uns etwas über den körpernahen Mechanismus mitzuteilen scheint, obwohl das gar nicht zutrifft; das heißt, sie verschleiert die Tatsache, daß es viele mögliche Wege zu dem Ziel gibt, die Verteilung großzügiger Handlungen zu bewirken, die von der Adaptation verlangt werden. Man stelle sich beispielsweise vor, ein Organismus in der Art eines menschlichen Wildbeuters sei durch die Natur darauf programmiert, Ertrinkende danach zu retten, wie stark er liebt; das würde zu einer Risikoverteilung auf Ertrinkungsopfer führen, die eine gute Annäherung dafür wäre, was die Adaptation entsprechend der Verwandtschafts-Auswahltheorie erfordert. Die Liebe, die seine Bestrebungen leitet, könne sich aber aus nichts anderem ergeben als aus den üblichen Prozessen von Zuneigungsreifung, Lernen und Verallgemeinerung.

Immerhin ist vor kurzem nachgewiesen worden, daß manche Insektenarten ein spezifisches chemisches Signal besitzen, das ihnen erlaubt, ihre Verwandten am Geruch zu erkennen. Es liegt nicht außerhalb des Bereichs der Möglichkeiten, daß ein einfaches Signal auch bei Menschen vorhanden ist – obwohl ich dazu neige, eher ein visuelles als ein Geruchssignal zu erwarten. Das könnte in der Tat die ursprüngliche adaptive Grundlage unseres starken Interesses an Gesichtern sein: die ‹Bist-du-mit-dem-Soundso-verwandt?›-Reaktion. Dasselbe starke Interesse und die feine Unterscheidungsfähigkeit können dazu gedient haben, Männern dabei zu helfen, in den Gesichtern ihrer angeblichen Nachkommen Ehebruch zu entdecken. Das könnte auch eine Rolle spielen bei unserer starken Empfindung für das, was Gesichter anziehend macht, und im negativen Sinn bei unserer Fähigkeit zum Fanatismus; aber das könnten auch zufällige Folgen statt adaptive Funktionen sein.

Weil wir schon bei Gesichtern sind: Es wäre unentschuldbar, das Thema der Zuneigungen zu verlassen, ohne die natürliche Ausstattung zu erwähnen, die erstere besitzen, um letztere zu vermitteln. Es gibt natürlich das Lächeln und das Lachen, vorausgesetzt, der Witz betrifft einen anderen oder anderes; es gibt das zeitlich stimmende Erröten; es gibt die Erweiterung der Pupillen, eine automatische Reaktion des sympathetischen Nervensystems auf das, was man sympathetische Aufmerksamkeit nennen könnte; und es gibt das zeitlich richtige Wegblicken. Der Anthropologe Irven DeVore pflegte zu sagen, wenn zwei Menschen einander länger als rund sechs Sekunden lang in die Augen sehen, werden sie einander entweder umbringen oder Liebe miteinander machen. (Ich würde nur noch hinzufügen, daß sie, wenn einer von ihnen sehr klein ist, vermutlich Mutter und Kleinkind sind.) Was die frühen Stufen der Werbung betrifft (sie pflegten länger zu dauern als sechs Sekunden), so hat der deutsche Ethologe Eibl-Eibesfeldt in einer Reihe weit auseinanderliegender Gesellschaften auf der ganzen Welt gefilmt, was er als ein universelles Flirtverhalten bei Menschen ansieht: Der Blick wechselt vom Gesicht der Person, mit der geflirtet wird, zur Seite und auf den Boden nach einem zu erwartenden Schema, ein klassisches Beispiel für eine Annäherungs-Vermeidungs-Haltung. Es ist möglich, daß dieser Punkt und alle anderen oben genannten Teil einer Folge von artspezifischen modalen Bewegungsabläufen für das Bekunden der Zuneigungsemotionen sind.

Aber das unbefriedigende Gefühl des allzusehr Vereinfachten bleibt. Um ihm zu entgehen, wenden wir uns wieder jenem Meister der Zuneigungsvermittlung, Henry James, zu. Wir befinden uns in einem Roman, der den Titel trägt ‹Der goldene Zweig›. Adam Verver, ein reicher, anständiger und großzügiger Kunstsammler in mittleren Jahren, seit langem verwitwet, hat sich in Charlotte Stant verliebt und um ihre Hand angehalten. Charlotte ist eine sehr schöne, reizende Person guter Herkunft, halb so alt wie er, zufällig die beste Freundin seiner Tochter. Charlotte hat geantwortet: «Ja, aber»; das Aber ist löschbar nur durch die Zustimmung der Tochter – der Freundin – und deren Ehemann. Charlotte will nicht gegen die Wünsche ihrer besten Freundin handeln. Wir sehen sie, als sie dabei sind, ein Telegramm der Tochter und ihres Mannes mit ihrer Antwort zu öffnen.

Was er, wie er nun glaubte, am besten hätte ertragen können, wäre gewesen, daß Charlotte ihm einfach gesagt hätte, sie schätze ihn nicht genug. Das hätte ihn zwar nicht erfreut, aber er hätte es durchaus verstanden und wäre fähig gewesen, sich reumütig zu unterwerfen. Sie schätzte ihn genug – nichts hatte sich ergeben, was dem widersprochen hätte; so war er unruhig um ihret- wie um seinetwillen. Sie sah ihn einen Augenblick scharf an, als er ihr sein Telegramm gab, und der Blick, in dem er eine schwache, scheue Furcht zu erkennen glaubte, verschaffte ihm vielleicht den besten Augenblick seiner Überzeugung, daß er ihr – sozusagen als Mann – angemessen gefalle. Er sagte nichts – die Wörter hatten das ausreichend für ihn getan und taten es noch besser, als Charlotte, die bei seinem Erscheinen aus dem Sessel aufgestanden war, sie murmelte. ‹Wir fahren heute und bringen euch unsere ganze Liebe und Freude und Sympathie.› Da waren sie, die Wörter, und was konnte sie mehr wollen? Als sie ihm das kleine, auseinandergefaltete Blatt zurückgab, sagte sie aber nicht, sie genügten – obwohl er im nächsten Augenblick sah, ihr Schweigen mochte wohl nicht ohne Zusammenhang damit sein, daß sie eben sichtlich blaß geworden war. Ihre ungewöhnlich schönen Augen, als die er sie nach seiner jetzigen Theorie immer schon betrachtet hatte, leuchteten ihn aus diesem Farbwechsel um so dunkler an, und sie hatte dazu wieder ihre scheinbare Art, sich aus entschiedener Ehrlichkeit und durch ihre Bereitwilligkeit, ihm gegenüberzutreten, jeder Ansicht zu unterwerfen, die er, ganz nach Belieben und sogar Willkürlichkeit, über den Zustand, den er in ihr hervorrief, vertreten mochte. Sofort, als er wahrnahm, daß die Empfindung sie wortlos machte, wußte er sich tief berührt, da es bewies, daß sie, so wenig sie davon gesprochen, in wunderschöner Hoffnung gelebt hatte. Sie standen eine Minute da, während er diesem Zeichen entnahm, daß sie ihn, ja, also doch, genug schätzte – ihn so schätzte, daß er, trotz seines Alters bereit, sich zu brandmarken, vor Freude errötete.

Hier haben wir, wie ich meine, eine so komplexe Darstellung der Zuneigungsbürden, die das menschliche Gesicht trägt, wie wir sie nur verlangen können. Trotz der Tatsache, daß die dreizehn Wörter (sie erweisen sich als unglücksbringend) des Telegramms in einem bestimmten Sinn der Mittelpunkt sind, haben Worte darin praktisch keinen Platz. Das Telegramm ist ein bloßes Zeichen, ein Bruchteil übertragener Information wie fast alles, was der Mensch äußert. Abgesehen davon spielt sich die ganze Kommunikation der Szene in den Gesichtern ab, und das

Fehlen von Worten steigert die Emotion sogar. Die Feinheit der Kommunikation ist in Worten kaum auszudrücken – bliebe es für die meisten Schriftsteller außer James. Die Szene könnte auf der Leinwand, aber nicht auf der Bühne gespielt werden; das Gesicht ist für private Kommunikation. Trotzdem scheint mir, daß manches vom Wichtigsten in allem menschlichen Ausdrucksvermögen genau auf diese Weise stattfindet, wo die Sprache genau diese trockene Rolle spielt – und sei sie noch so entscheidend.

Für Freud war das Ziel eines gesunden Geisteslebens ein zweifaches: zu lieben und zu arbeiten. Wenn man Freud kennt, ist diese Reihenfolge wohl nicht zufällig, und es ist sicherlich nicht psychologische Unfähigkeit zur Arbeit, die in unserer Zeit den größeren Kummer bereitet. Freud hatte jedoch auch, wie wir wissen, entschiedene Vorstellungen darüber, wie Liebe erreicht werden muß, die der Zeit nicht standgehalten haben und sinnvollerweise den Fesseln seiner eigenen Kultur um sein eigenes Seelenleben zugeschrieben werden. Wir sollten darauf achten, solche Fehler nicht in modernerer Verkleidung zu wiederholen.

Ich will deutlicher werden. Es ist nicht so leicht, Liebe zu finden, daß wir scheel auf jene blicken sollten, die sie dort finden, wo wir selbst nicht auf den Gedanken kämen, nach ihr zu suchen. Beispielsweise hat Adrienne Rich eine Reihe von romantischen und erotischen Gedichten geschrieben – ‹Twenty-One Love Poems› –, die, als ich sie kürzlich wieder las, mir als die schönsten Liebesgedichte erschienen, die Mitte des 20. Jahrhunderts in englischer Sprache verfaßt worden sind. Was sie aber vom Großteil früherer Werke solcher Art unterscheidet, ist, daß sie eine erotische Beziehung zwischen zwei Frauen nachzeichnen. Mit anderen Worten: eine Beziehung, die für fast jede Vorstellung von Ordentlichkeit bei Zuneigung zutiefst verwirrend ist, mit denen wir uns in einem recht langen Kapitel befaßt haben. Ich halte das für eine geeignete Art, ein Kapitel über Liebe zu beschließen, und muß mich beeilen, dem Leser zu versichern, daß ich nichts Nützliches dazu zu sagen habe, außer: So ist das. Und zu allen solchen Mysterien, zu allen solchen unbegreiflichen Möglichkeiten sage ich: bravo.

14 Trauer

Im allgemeinen nur wenig zu empfinden, scheint die einzige
Sicherheit dagegen zu sein, bei irgendeiner Gelegenheit zuviel
zu empfinden.
Mary Ann Evans (George Eliot), ‹Middlemarch›

In der Ausgabe der ‹New York Times› vom 15. August 1980 erschienen auf derselben Seite unter der Rubrik ‹Living› zwei Artikel, die mir über unsere Zeit viel zu verraten schienen. Der erste teilte mit, daß in Darien, Connecticut, ein Geistlicher der Episkopalkirche zusammen mit einem Klinikpsychologen von dort eine neue kirchliche Zeremonie für Scheidung geschrieben und angeboten hatte, komplett mit Originalliturgie. Der Artikel deutete an, der Gottesdienst sei in erster Linie für die Kinder gedacht, um die elterliche Liebe für sie erneut zu betonen, die vermutlich Bestand hat, und ihr tiefempfundenes Gefühl des Verlusts zu lindern. Sie haben schließlich einen Elternteil oder einander teilweise verloren, auf jeden Fall eine Familie, zumindest eine Illusion von der Zuneigung ihrer Eltern füreinander, und ein bestimmtes Gefühl von der grundsätzlichen Verläßlichkeit der Welt, das sie vielleicht besessen haben – wenngleich dieser letzte Verlust gewiß einer ist, den wir früher oder später alle erleben.

Gleich unter diesem Artikel über die Scheidungszeremonie stand ein Bericht über eine Organisation, die den Leuten erklärt, wie sie sich selbst das Leben nehmen können, so praktisch, so still und so schmerzlos wie möglich. Dieser recht armselige Klub, der sich in England rasch ausbreitete, hat nun auch in den Vereinigten Staaten viele Anhänger gefunden. Man billigt Selbstmord nur für unheilbar kranke Patienten, vor allem solche mit starken Schmerzen, und behauptet, Informationen zu liefern, die verhindern, daß die Menschen es verkehrt machen, aber offenkundig glaubt man an ein ‹Recht zu sterben›. Was diese Menschen tun, verstößt nach Ansicht mancher Kritiker gegen das Gesetz, aber sie scheinen zuversichtlich zu sein, daß das Gesetz mehr oder weniger undurchsetzbar oder zumindest eine Änderung in Aussicht ist.

Wir scheinen uns an mindestens diese beiden Arten von Verlusten zu gewöhnen: an den Verlust der Ehe und den Verlust des Lebens. Ein Hinweis auf die Abläufe bei gescheiterten Ehen: Seit 1950 hat sich der Prozentsatz aller Frauen, die derzeit geschieden sind, ungefähr verdreifacht. Nimmt man einen anderen statistischen Blickwinkel – geschiedene

Frauen als Prozentsatz aller je verheirateten – so haben Demographen von 1910 bis 1970 eine Zunahme von unter 1 bis fast 6 Prozent bei Frauen zwischen 30 und 35 beobachtet. Der auffallendste historische Trend ist bei dieser statistischen Erhebung in der Lebensalterkurve festzustellen: In höheren Altersgruppen der Frauen nimmt die Scheidungsrate viel stärker zu als bei jüngeren. Von allen diesen Tendenzen wird angenommen, daß sie sich im Lauf des nächsten Jahrzehnts fortsetzen.

Was den Verlust des Lebens betrifft, sterben immer weniger Menschen unerwartet oder vor den uns von der Bibel zugemessenen siebzig Jahren. Aus diesem und vielen anderen Gründen ist es für gebildete Menschen – vielleicht eine Mehrheit der Leser dieses Abschnitts – zunehmend üblich geworden, fast das ganze Leben ohne einen Glauben an die Unsterblichkeit der Seele zu verbringen. Ich möchte meinen, daß sich das, könnte es zuverlässig gemessen werden, seit der Jahrhundertwende als ebenso eindrucksvoller Wandel darstellen würde wie die Statistiken zu Scheidung und Sterblichkeit. Der Selbstmord als solcher ist derzeit im Anstieg, und das, vielleicht erschreckenderweise, vor allem bei Jugendlichen – es ist schrecklich, sich vorzustellen, daß sie ihrem Leben zu dem Zeitpunkt ein Ende machen, in dem sie sich zum erstenmal damit auseinandersetzen – aber im ganzen gesehen sind die Selbstmordziffern für die Vereinigten Staaten heute ungefähr die gleichen wie zur Jahrhundertwende. (Während der beiden Kriege gingen sie stark zurück, was aber durch anschließende Zunahmen wieder ausgeglichen wurde.) Trotzdem zeigt der Artikel in der ‹Times› eine Richtungsänderung, zumindest eine kulturelle Änderung an, die öffentliches Eintreten dafür zuläßt – nicht aus Melancholie oder geistiger Verwirrung, nicht, um nach einem Scheitern das Gesicht oder die Ehre zu wahren, sondern, um Würde und Anstand des Lebens zu bestätigen, die im Verlauf einer schrecklichen Krankheit zerstört worden sind. So, wie die Inschrift auf der japanischen Selbstmordklinge sagt: ‹Es ist besser, zu sterben, als ohne Ehre zu leben›, so glauben die heutigen Briten und Amerikaner, es sei besser, zu sterben, als in Schmerzen, ganz ohne Würde, zu leben; nach Charlotte Perkins Gilmans eigenen Worten in ihrem Abschiedsbrief ziehen sie ‹Chloroform dem Krebs vor.›

Zu sagen, wir hätten uns an diese zwei Arten von Verlusten und auch an andere gewöhnt – an die Trennung von Familienangehörigen, den Fortzug aus Nachbarschaften, den Verzicht auf Traditionen – heißt aber nicht, daß wir die dadurch hervorgerufenen Gefühle in den Griff bekommen hätten. Elisabeth Kübler-Ross, eine Psychiaterin, die Anfang der siebziger Jahre für ihre Fähigkeit berühmt wurde, dem Tod ins Gesicht zu sehen (ihre Charakterisierung der geistigen Prozesse des sterbenden Menschen und möglicher Behandlungsmethoden begründete praktisch ein neues Fach), wurde bis 1980 eine beinahe lächerliche Figur, als sie sich (sozusagen mit Körper und Seele) den Diensten eines typischen selbsternannten Hellsehers aus dem Mittelwesten verschrieb, mit Seancen-Hokuspokus von der Art, wie der verstorbene Harry Houdini sie gerne aufzudecken pflegte. So bestätigte (unter anderen) eine große Psychiaterin den alten Spruch, wonach es im Schützengraben keine Atheisten gibt.

Um ihr aber Gerechtigkeit widerfahren zu lassen, sollten wir einsehen, daß nur wenige Menschen den Versuch unternommen haben, sich auf so konzentrierte Weise wie sie mit dem Prozeß des Sterbens zu befassen; vielleicht hat noch niemand je zuvor sich so intensiv mit den Emotionen abgegeben, die Menschen durchleben, wenn sie sterben. Die Sterbenden tun es natürlich, aber nur einmal, und sie brauchen hernach nicht mehr weiterzuleben, Kübler-Ross hat es stellvertretend viele Male getan und endete letztlich beim Leugnen.

Wo die meisten von uns beginnen. Selbst wenn wir uns nicht an der typischen religiösen Art von Leugnen beteiligen, wie die meisten unserer Gattung sie den Großteil der Geschichte hindurch sich zu eigen gemacht haben, kommen wir in der Regel einfach dadurch zurecht, daß wir nicht darüber nachdenken. Ernest Beckers ‹The Denial of Death› (dt. etwa: Der abgelehnte Tod) schildert diesen Prozeß nicht nur im einzelnen, sondern stellt ihn in den Mittelpunkt einer Theorie menschlichen Verhaltens. Becker, ein Anthropologe, der in Berkeley lehrte und die Arbeit von Freuds ‹Das Unbehagen in der Kultur›, Norman O. Browns ‹Life Against Death› und Herbert Marcuses ‹Eros und Zivilisation› fortsetzte, versuchte einen großen Teil menschlichen Handelns als Reaktion auf die Gegenwart des Todes zu erklären; nicht allein in dem Sinn, daß es der Natur des Lebens entspricht, weiterleben zu wollen, sondern in dem spezifisch menschlicheren Sinn, das es dem Bewußtsein des Todes und der begleitenden Furcht und vorausahnenden Trauer den zentralen Platz verleiht. Für Freud und seine Anhänger war es der ‹Todestrieb›, für Søren Kierkegaard und einige spätere Existentialisten war es ‹Angst› oder ‹Die Krankheit zum Tode›. Da die Anerkennung der Möglichkeit des Todes in einem gewissen Sinn innerlich alle von der Natur zu seiner Vermeidung erdachten Handlungen begleitet, ist sie offenkundig adaptiv. Im menschlichen Dasein kann eine solche ‹Anerkennung› jedoch so gesteigert werden, daß sie das normale Funktionieren behindert. Um zu begreifen, wie es dazu kommen kann, wird es nützlich sein, die Reaktion eines Organismus auf die Möglichkeit des eigenen Todes im Verhältnis zu seiner Reaktion auf viele andere Verluste zu betrachten.

Viele Tiere reagieren auf Verluste mit ungewöhnlichem, für uns aber unverständlichem Verhalten. Lorenz und andere haben beobachtet, daß bei Enten und Gänsen der Tod eines Partners zu systematischer und wiederholter Suche führen kann, gefolgt von negativ adaptiver Verhaltensschädigung für mindestens einige Tage. In einem diesbezüglichen Beispiel verlor eine Gänsemutter eines ihrer vier Gänschen und suchte so beharrlich nach dem verlorenen Jungen, daß das Leben der drei anderen gefährdet wurde.

Bei frei lebenden Affen ist außerdem oft beobachtet worden, daß eine Mutter, deren Junges stirbt, es tagelang an sich preßt und damit vermutlich sich und andere in der Gruppe der Ansteckung aussetzt. Diese Erscheinung ist systematisch unter Laborbedingungen untersucht worden von Leonard Rosenblum, der entweder das Junge oder die Mutter eines Mutter-Kind-Paares narkotisierte. Es war völlig deutlich, daß trotz der extremen Anomalität der Situation und des völligen Mangels an verstärkender Reaktionsbereitschaft eines den anderen für geraume Zeit nicht alleinließ. Diese Situationen rufen die Erkenntnisse über Strafe und kindliche Bindung ins Gedächtnis, die im letzten Kapitel besprochen wurden, und deuten die Möglichkeit an, daß für ein Tier in bestimmten Situationen bloße körperliche Nähe zu einem bestimmten Individuum verstärkend sein kann. Sie stehen in deutlichem Gegensatz zu (ebenfalls nachgewiesenen) Berichten über Tiere, die ein eben gestorbenes Tier sofort verlassen oder sogar verzehren.

Sie erinnern auch an das mögliche Vorhandensein tierischer Trauer. Diese Möglichkeit ist bekannt seit Darwins ‹Expression of the Emotions in Man and Animals›, wo Nachweise für trauerähnliche Reaktionen bei Tieren (wie auch in einer Vielzahl menschlicher Kulturen) vorgelegt werden. Aber nirgends wird das deutlicher als in Jane Goodalls Beobachtungen von Schimpansen des Gombe-Reservats in Tansania. Ein altes Weibchen, Flo genannt, hatte schon mehrere Junge, als ihr letztes Kind Flame geboren wurde. Flames nächstälteres Geschwisterkind, ein Männchen namens Flint, war knapp unter fünf Jahre alt, als seine Mutter, sechs Monate trächtig mit Flo, ihn nicht mehr säugte, weil ihre Milch ausblieb. Flint jammerte, stöhnte, folgte ihr auf Schritt und Tritt, kletterte an ihr hoch und bekam Wutanfälle, wenn sie nicht reagierte. Nach Flames Geburt wurde Flints Verhalten besser, und er kümmerte sich sehr um seine jüngere Schwester, zeigte aber immer noch ab und zu das kollerhafte Verhalten des typischen Entwöhnten bei Schimpansen (oder Menschen).

Flame starb plötzlich mit sechs Monaten an einer mutmaßlichen Infektion. Ihr Tod wurde nicht beobachtet, ihr Kadaver nicht gefunden, aber aus vielen anderen Beobachtungen wilder Schimpansen lag nahe, daß sowohl ihre Mutter Flo als auch ihr älterer Bruder Flint eine emotionelle Auswirkung ihres Todes erlebten. Jedenfalls schienen sie beieinander Trost zu suchen, Flint wurde wieder gesäugt, obwohl seine Mutter nun schon gealtert und er sechs Jahre alt war, was ungefähr einem menschlichen Neunjährigen entsprach. Seine Mutter wurde nie mehr trächtig, und sie behandelte Flint weiter wie ein Baby, etwas, das ihm offenbar sehr angenehm war. In Goodalls Buch ‹In The Shadow of Man› von 1971 drückte sie die Sorge um seine Zukunft wie folgt aus:

Wie die Gründe für Flos Versäumnis, Flint zu entwöhnen, auch immer beschaffen sein mögen, es kann keinen Zweifel geben, daß Flint heute ein sehr abnormer Jugendlicher ist. Wird er, wenn er älter wird, mit der Zeit seine Eigenheiten verlieren oder werden ihn, wenn er erwachsen ist, Spuren von Kleinkindverhalten charakterisieren? Diese Frage . . . kann nur dadurch beantwortet werden, daß wir unsere Forschungsarbeit am Gombe fortsetzen.

Die Frage wurde in der Tat zwei Jahre später beantwortet. Als Flint acht Jahre alt war, immer noch ‹an den Schürzenbändern seiner Mutter›, wenngleich nicht mehr gesäugt, wurde sie krank und starb. Er blieb bei der Toten, hing in bedrückter Haltung herum und war unfähig, irgend etwas anderes zu tun. Als die Wissenschaftler den Kadaver entfernten, um ihn zu sezieren, kehrte Flint wiederholt zu der Stelle zurück, wo er gelegen hatte. Seine Handlungsfähigkeit war stark eingeschränkt, und obwohl er bis dahin gelernt hatte, sich mühelos selbst zu ernähren, sorgte er nicht für sich. Einige Tage später starb auch er, und eine Sektion ergab keine erkennbare Infektion oder andere körperliche Todesursachen. Den Wissenschaftlern erschien es notwendig, zumindest die Möglichkeit zu berücksichtigen, daß Flint an seinem Leid gestorben war.

Die Untersuchung ähnlicher Erscheinungen bei Menschenkindern hat eine lange Geschichte, aber was man die moderne Phase der Erforschung nennen könnte, begann mit René Spitz, einem Psychiater, der Kindheitsängste studierte. Spitz begann sich für die Reaktion von Kleinstkindern auf den Verlust eines Elternteils zu interessieren; seine Untersuchungspopulation waren Kleinstkinder, die aus einer Vielzahl von Gründen ausgesetzt und in Heimen aufgenommen worden waren. Er beobachtete, daß solche Verluste in den ersten Lebensmonaten zwar Anpassung von Seiten des Kindes erfordern, in der Regel aber, wenn die Pflege gut ist, keine ernsthaften Probleme aufwerfen. In deutlichem Gegensatz dazu stand jedoch die Reaktion von acht bis zehn Monate alten Kindern. Sie reagierten auf den Verlust ihrer Hauptpflegepersonen oft mit anhaltender Verhaltensdepression, die selbst der fleißigsten Ersatzpflege widerstand. Manche entwickelten einen Zustand, den er als ‹Marasmus› bezeichnete, ein stufenweise fortschreitendes, gleichmäßiges, lebensbedrohendes Dahinsiechen. Es war offenkundig, daß das mehrere körperliche Komplikationen umfaßte, aber es gab guten Grund für die Annahme, daß der ursprünglich auslösende Faktor der Verlust war.

Da frühere Kapitel die bedeutsamen Veränderungen in der emotionellen Kapazität geschildert haben, die im zweiten Lebenshalbjahr vor allem in den Bereichen Bindung und Furcht stattfinden, wird es keine Überraschung sein, wenn man erfährt, daß die Reaktion auf dauernden Verlust während dieser Wachstumsphase verändert wird. Spitz war jedoch der erste, der diese Zeit der frühen Kindheit als die des Auftretens der Fähigkeit zur Trauer deutlich erkannte. Da diese

Fähigkeit bei manchen Kleinstkindern lebensbedrohend sein konnte, empfahlen Spitz und seine Anhänger, wenn man wählen könne, wann eine wichtige oder dauerhafte Trennung von einer Hauptpflegeperson eintreten solle, sie lieber im ersten als im zweiten Lebenshalbjahr stattfinden zu lassen.

John Bowlby, der große moderne Theoretiker der Bindung, übernahm auch von Spitz die Rolle als Theoretiker für die Umkehrung der Bindung, den Verlust; und während ich diese Zeilen schreibe, ist der dritte Band seines Meisterwerks ‹Attachment and Loss› unter dem schlichten Titel ‹Loss› eben erschienen. Bowlby hat zusammen mit seinem Kollegen John Robertson und anderen mehr als dreißig Jahre lang die Reaktion von Kleinkindern und Kindern auf Trennung und Verlust untersucht. Einer der Hauptzusammenhänge dieser Studien war die Situation, in der Kleinstkinder und Kinder langen Krankenhausaufenthalt mit einer Trennung über sich ergehen lassen müssen. (Seit der Arbeit von Bowlby und seinen Kollegen haben manche Kliniken dafür gesorgt, daß die Mutter oder Hauptpflegeperson eines stationär behandelten Kindes dort mit aufgenommen werden.) Man kann eine Folge von vier Stufen in der Reaktion auf längere Trennung oder dauerhaften Verlust beschreiben, wie die meisten Kinder sie erleben. Eine sehr ähnliche Kette von Ereignissen folgt der umgekehrten Art von Trennung – zum Beispiel, wenn eine Mutter das Kind verlassen muß, um selbst ins Krankenhaus zu gehen – aber in diesem Fall kann der Ablauf durch die überlegte Anwendung eines gut geplanten, geschickt ausgeführten Systems von Ersatzpflege stark gelindert oder sogar verhindert werden.

Die erste Stufe ist die des Protests, der gewöhnlich eine Reihe von Tagen anhält. Der Eintritt wird in dem Experiment von Ainsworth, beschrieben in Kapitel 10, beobachtet, das dazu dient, Protest gegen eine Trennung von drei Minuten oder weniger zu beurteilen. Es handelt sich um die Phase aktiven Widerstands gegen die Trennung, aktives Suchen nach der verlorenen Mutter oder Pflegeperson, und totale Weigerung, die Dauerhaftigkeit des Verlustes hinzunehmen. In diesem Stadium muß die Trennung noch nicht von längerer Dauer *sein*, und der Protest kann sich in hohem Maß als funktionell erweisen. Zusätzlich ist er häufig kein abstraktes Widerspruchsjammern, sondern spezifische starke Feindseligkeit – der Mutter gegenüber, weil sie fortgeht oder ihr Fortgehen ankündigt, allen anderen gegenüber, die, während sie fort ist, an ihre Stelle treten wollen, und wieder der Mutter gegenüber, wenn sie zurückkommt. Feindselige Reaktionen sind so alltäglich, daß Bowlby den zweiten Band seines Werkes über Anhänglichkeit und Verlust ‹Separation: Anxiety and Anger› (Trennung: Angst und Zorn) betitelte und damit betonte, daß hinter der Angst als Grundreaktion des Kindes auf einen solchen Verlust gleich der Zorn kommt.

Die zweite Stufe ist eigentliche Trauer. Die Energie des Protests ist erschöpft, die Nutzlosigkeit des Suchens akzeptiert, die Verhaltenstätigkeit allgemein sehr eingeschränkt und die Stimmung stark bedrückt, wie Gesichtsausdruck, leises Wimmern, Unfähigkeit Freude zu empfinden und andere Anzeichen erkennen lassen.

Die dritte Stufe betrifft eine Art affektloser Anpassung. Die bedrückte Stimmung ist verschwunden, und es gibt oberflächliche Nachweise für eine Erholung; genauere Erfahrung mit dem Kind zeigt aber eine Unfähigkeit, Emotion, zumal Anhänglichkeitsemotion, zu erleben. Das Kind scheint deutlich in einem psychologischen Zustand des Selbstschutzes zu sein.

Die letzte Stufe ist die echter Gesundung. Der Verlust ist akzeptiert, die Fähigkeit für Anhänglichkeit und Bindung tritt wieder hervor.

Das ist freilich eine starke Vereinfachung dessen, was in einem Kind vorgeht, das diese vier Phasen mehr oder weniger deutlich durchläuft. Sie sind offenkundig nicht so klar unterscheidbar, Überschneidung und individuelle Varianz in starkem Maß möglich. Manche Kinder überspringen die eine oder andere Phase oder bleiben in der Trauerphase (wie die Säuglinge von Spitz) oder, vielleicht noch häufiger, in der Phase affektloser Anpassung stecken. Vermutlich gibt es kein Kind, dessen Gesundung, so vollständig sie auch sein mag, nicht ein Maß von mindestens gelegentlichem Protest, von Trauer und Affektlosigkeit umfaßt.

Die Auswirkungen anhaltender Trennung bei Affenjungen sind vielfach untersucht worden, um ein Tiermodell für die eben beschriebenen Erscheinungen (wie auch für andere Formen der Trauer) aufzustellen, und in der Hoffnung, geeignete Methoden der Verhütung und Behandlung zu finden. Die Mehrzahl dieser Untersuchungen wurde, was den Leser jetzt nicht mehr überraschen dürfte, von Harry Harlow angeregt. Es ist aber wichtig, eine klare Unterscheidung zwischen den Untersuchungen von Trennung und Verlust bei Affenjungen und den Untersuchungen von isolierter Aufzucht der Affenjungen zu treffen, die vorher geschildert wurden. Diese letzteren Eingriffe beginnen bei der Geburt. Der Affe hat keine Gelegenheit gehabt, mit Mutter, Pflegeperson oder anderen Individuen normale oder auch abnorme soziale Beziehungen zu entwickeln. Das Fehlen von sozialem Kontakt oder zumindest seine starke Verringerung ist der Eingriff, der untersucht wird, und das Ergebnis ist ein Syndrom sozialer, kommunikativer und emotioneller Unfähigkeit; die mildesten Formen davon sind Untüchtigkeit, während die strengsten mit Recht Autismus genannt werden. Zum Glück kommen solche Entbehrungen im menschlichen Leben nur selten vor, und die meisten Fälle von menschlichem Autismus – völlige soziale Abschließung und Unfähigkeit zur Kommunikation – folgen nicht aus früher Entbehrung.

Die Untersuchungen früher Trennung sind wieder ein anderer Fall. Hier hat der Säugling Gelegenheit erhalten, eine starke emotionelle

Bindung zu entwickeln, und diese Bindung wird bewußt zerbrochen. Die Fähigkeit des Kindes für die Affektemotionen hat sich bis zu diesem Punkt normal entwickelt und ist intakt. Die Reaktion auf das Auseinanderreißen hat zumindest bei manchen Gattungen viel Ähnlichkeit mit dem, was Bowlby und andere bei Menschenkindern beschrieben haben; typisch ist Protest, gefolgt von Trauer. Und die letztere Reaktion ist das Thema aktiver Untersuchungen von einigen Wissenschaftlern geworden, die sich für eine schwere und weitverbreitete psychiatrische Störung, die Depression, interessieren.

Die Gattungsunterschiede bei der Reaktion auf Mutterverlust sind nicht belanglos und müssen uns zur Vorsicht mahnen, wenn wir daraus Schlüsse auf menschliche Verluste sogar in der frühen Kindheit ziehen. Leonard Rosenblum, der sich als erster mit solchen Unterschieden ernsthaft befaßte, hat die Affektionssysteme von zwei mit den Rhesusaffen (und einander) eng verwandten Gattungen hervorgehoben, den Hutaffen (*Macaca radiata*) und den Schweinsaffen (*Macaca nemestria*). Hutaffen halten gewohnheitsmäßig engen körperlichen Kontakt zwischen Erwachsenen und Jugendlichen, und heranwachsende Säuglinge haben viele Gelegenheiten zur Interaktion mit anderen Erwachsenen neben der Mutter. Als Folge dieses Musters reagiert der Säugling auf das Fehlen der Mutter zwar mit Protest und Traurigkeit, aber auch mit der Aufnahme von Affektbeziehungen zu anderen Erwachsenen, von denen einer in der Regel zentrale Bedeutung erlangt und das Kind praktisch adoptiert.

Bei Schweinsaffen dagegen wird der Säugling nicht von einem fürsorglichen Erwachsenen übernommen. Erwachsene haben im Vergleich zu Hutaffen wenig direkten körperlichen Kontakt, und die Mutter-Kind-Paarung ist relativ isoliert. Das Junge, dem die Mutter genommen wird, rollt sich auf dem Käfigboden zusammen, ignoriert andere Individuen, wird von ihnen ignoriert und durchläuft einen Zyklus von Protest, Trauer und Wiederanpassung. Es erholt sich vielleicht, was aber kaum mit anderen Käfigbewohnern zusammenhängt, von denen man meinen möchte, sie hätten ihm eine große Hilfe sein können.

Weitere systematische Untersuchungen von Gattungsunterschieden bei einer Reihe anderer Affenarten haben zu der Ansicht geführt, es sei unangemessen, irgendeine bestimmte Gattung als Modell für menschliche Reaktionen auszuwählen. Was wir brauchen, ist ein weitgespannter Rahmen, der die Reaktionen verschiedener Gattungen, einschließlich der Menschen, in eine faßbare Perspektive von Ursache und Wirkung, genetisch wie umweltbedingt, stellt. Inzwischen wissen wir, daß bei menschlichen Kindern der Verlust der Mutter häufig Auswirkungen hat, vergleichbar jenen bei den Affengattungen, wo die Wirkung eher stärker als schwächer ist, und das sollte genügen, um unser Interesse an ihnen aufrechtzuerhalten. Wir sollten aber Arten wie die Hutaffen im Sinn behalten, die vielleicht passendere Modelle für das sein könnten, was geschieht, wenn ein menschliches Kind, das enge Beziehungen zu anderen Erwachsenen hat, seine Mutter verliert.

Woher wissen wir überhaupt, daß diese Reaktionen von Affenjungen in einem spezifischen Sinn Trauer darstellen – daß das Bild der verlorenen Mutter oder Pflegeperson *als spezifisches Individuum* eine wichtige Rolle spielt? Das ist eine berechtigte Frage, weil das Kind eine große Vielzahl von Dingen verliert, auf die es sich verläßt, und wir ihm vielleicht zuviel zutrauen, wenn wir glauben, es traure um eine verlorene geliebte Person. Man muß einsehen, daß dasselbe Problem für die Analyse von Trauerreaktionen bei sehr jungen Kindern gilt und, in einem viel geringerem Maß, für alle solchen Verluste. Rosenblum hat jedoch Nachweise dafür geliefert, daß es eine Spezifizität der Trauer bei Affenjungen geben könnte.

Sie besteht aus der Reaktion des Jungen auf die Rückkehr der Mutter nach abgeschlossener Gesundung. Es spielt glücklich, nachdem es Protest, Trauer und (vielleicht) eine Phase unterdrückten Affekts durchlaufen hat, und besitzt normale soziale Beziehungen zu anderen Käfiginsassen. Es hat ganz gewiß viel von dem nicht-spezifischen Verlust ersetzt bekommen, der durch den Weggang der Mutter eingetreten war. Wird es an diesem Punkt aber in den Käfig zurückgebracht, geht das Junge nicht zu ihr, sondern erlebt einen sofortigen Rückschlag zur Trauerphase der Verlustreaktion; es rollt sich mit bedrückter Miene und stark verringerter Verhaltenstätigkeit auf dem Käfigboden zusammen. Diese Reaktion ist in diesem Stadium der Gesundung so spezifisch an die Mutter gebunden, daß Rosenblum (wie ich selbst) das als klaren Nachweis dafür betrachtet, es sei *sie*, die das Kind vermißt hat, die dem Jungen den Trauerschmerz zufügte, kurz gesagt, sie, die das Junge liebt.

In den letzten Jahren wurde auch eine allgemeine Vorstellung von der Physiologie dieser Reaktionen gewonnen, also davon, was innerhalb des Organismus vor sich geht. Eine Gruppe von Wissenschaftlern unter Leitung des Psychiaters Martin Reite am Medical Center der University of Colorado hat die Trennungsstudie mit Jungen von Schweinsaffen wiederholt, wobei diesmal aber zusätzlich ausgedehnte physiologische Kontrollen erfolgten. Die Protest- und Trauerphasen der Trennungsreaktion, wie Rosenblum sie beobachtet hatte, wurden erneut bei vier Jungen festgestellt. Die Protestphase, die mehrere Stunden dauerte, umfaßte gesteigerte körperliche Betätigung, klagendes Schreien und auch Erhöhung von Herzschlag und Körpertemperatur, was anzeigte, daß die Erregung das Verhalten ebenso betraf wie die Physiologie.

In der ersten Nacht nach der Trennung hatten alle vier Jungen deutliche Schlafstörungen. Da Reite und seine Kollegen Elektroenzephalogramme von den Jungen herstellten, konnten sie die Schlafstadien mit Genauigkeit unterscheiden. Die Jungen zeigten eine deutliche Verringerung des REM-Schlafes (rapid eye movement) – bei Menschen Traumschlaf – auf weniger als ein Viertel der in normalen Nächten vor der Trennung beobachteten Werte (100 Minuten). Eines der Jungen ließ gar keinen REM-Schlaf erkennen. Inzwischen war in derselben Nacht die Körpertemperatur gegenüber den gewohnten nächtlichen Werten gesunken und auch der Herzschlag bei verschiedenen Schlafstadien gesenkt. Diese Herzschlag- und Körpertemperatur-Reaktionen standen genau im Gegensatz zu jenen, die während des Tages in den Stunden unmittelbar nach der Trennung gemessen worden waren.

Wie sich herausstellte, nahmen sie den Eintritt der depressiven Phase am nächsten Morgen vorweg. Die gesenkten Werte von Herzschlag und Körpertemperatur blieben bestehen, aber hinzu kamen nun einige Verhaltensmaßnahmen, die nur bei Tageslicht erkennbar waren. Von den vier Jungen zeigten die beiden älteren eine Verringerung des Spieltriebs und eine Zunahme an Interaktion mit unbelebten Gegenständen. Die beiden jüngeren zeigten alle Erscheinungen der klassischen Trauerphase, einschließlich hängender Schultern oder Zusammenrollen, gestörter Verhaltenstätigkeit, eingeschränkter motorischer Koordination und bedrückter Mimik.

Es ist von mehr als beiläufigem Interesse, daß alle vier dieselben physiologischen Reaktionen aufwiesen, obwohl die älteren Jungen nicht die auffälligsten Verhaltenserscheinungen zeigten. Es ist möglich, daß höhere Primaten mit dem Wachstum eine Abweichung zwischen physiologischen und verhaltensmäßigen Reaktionen auf Verluste zeigen, so daß selbst bei starken physiologischen Reaktionen Verstellung möglich ist. Bevor wir uns aber mit der möglichen Bedeutung dieser Erscheinung befassen, müssen wir uns jetzt der allgemeinen Erscheinung der Depression bei Menschen zuwenden.

Die erste große Abhandlung über das Thema und in mancher Beziehung noch immer die umfassendste ist Robert Burtons ‹Die Anatomie der Melancholie›, lange als Klassiker der englischen Literatur außerhalb der Belletristik angesehen, und von Sir William Osler, dem großen Kliniker des 20. Jahrhunderts, bezeichnet als ‹die bedeutendste medizinische Abhandlung, die je von einem Laien verfaßt wurde›. 1621 erschienen, erlebte das Buch viele Auflagen und Verbesserungen während der nachfolgenden Jahrzehnte, als es zu den am meisten verkauften aller Bücher gehörte. Es ist mehr als eine Abhandlung über die Melancholie; es liefert einen umfassenden Bericht über die damals vorhandenen Kenntnisse und Ansichten zu einem Großteil der Themen dieses Bandes. Die Abschnitte ‹Anatomie des Körpers›, ‹Anatomie der Seele› und ‹Krankheiten des Geistes› liefern, was man als eine Einführung in die Verhaltensbiologie aus dem 17. Jahrhundert bezeichnen könnte.

Der größte Teil des Buches befaßt sich jedoch mit dem Thema Melancholie, an der Burton manchmal litt. Er legt die gewohnte Definition vor, ‹eine Art Schwäche ohne Fieber, die als ihre gewöhnlichen Begleiter Angst und Traurigkeit hat, ohne erkennbaren Anlaß›. Aber er macht klar, daß er damit nicht völlig zufrieden ist und daß die Melancholie nur durch Aufzählung ganz genau definiert werden kann. Das tut er in einer großartigen vierseitigen synoptischen Aufstellung, die des fleißigsten modernen Lehrbuchverfassers würdig wäre. Unter den aufgeführten Symptomen: Angst und Leid ohne rechtfertigende Ursache, Argwohn, Eifersucht, Unzufriedenheit, Vereinsamung, Gereiztheit, fortwährendes Grübeln, ruhelose Gedanken, eitle Einbildungen. Körperliche Symptome umfassen häufiges Wachwerden, Herzschwere und -klopfen; und überschüssige Säfte unter vielen anderen ins einzelnere gehenden Symptomen. Die Ursachen können übernatürlich sein, entweder direkt oder durch Boten von Gott oder dem Teufel oder von Zauberern oder Hexen kommen; oder von allgemeinen natürlichen Ursachen wie hohem Alter, Vererbung, Gemüt, Kinderschwestern, Pflegern, Erziehung, Schrecknissen und Ängstigungen, Verspottungen, Verleumdungen und bitteren Scherzen, Verlust der Freiheit, Dienstbarkeit, Einschließung, Armut, Mangel, ‹ein Haufen› anderer Unglücksfälle, körperliche Krankheiten oder Übel, Tod von Freunden oder Verlust; oder von einer aus einer riesigen Zahl ‹bestimmterer› Ursachen, darunter ‹Liebe zum Lernen, übertriebenes Studium, mit einer Abschweifung zum Elend der Gelehrten›, ein Thema, das Burton nahegelegen haben muß.

Mit der Zeit wird klar, daß das, was Burton und sein Zeitalter mit Melancholie meinten, etwas Umfassenderes ist, als wir darin sehen, oder sogar als das, was wir mit Depression meinen. Es schließt geistige Symptome ein, die von Schizophrenie bis zur Trübsal eines Verliebten reichen; in Wahrheit ist das Buch eine allgemeine Abhandlung über geistige Erkrankung und ihre Verhütung und Behandlung. Erstens ist die oben erwähnte Liste der ‹allgemeinen natürlichen Ursachen› heute als Aufzählung möglicher Ursachen für Depression und andere geistige Erkrankungen völlig akzeptabel; man kann sie nur dafür bewundern, wie sie derart weitgespannt und aufgeschlossen die jetzt realistisch möglichen Ursachen durchgeht – in höherem Maß als bei manchen einseitigen modernen Autoren. Zweitens haben die meisten Ursachen, abgesehen von den anfällig machenden der Vererbung und des Gemüts, etwas mit Verlust zu tun.

Die Form geistiger Erkrankung in der heutigen Pathologie, die für uns am häufigsten mit Verlust, Trauer und dem allgemeinen modernen Sinn der Melancholie in Verbindung steht, ist die Depression. Das liegt zum Teil daran, daß schwere Depressionen durch Verluste ausgelöst werden können, zum Teil an der hohen Ziffer von Selbstmorden und Selbstmordversuchen bei depressiven Personen. Diese Gedankenverbindung ist aber wohl eine zu krasse Vereinfachung. Die Schizophrenie, die zweite große Psychose, umfaßt *nicht* typischerweise Depression, sondern vielmehr Denkstörungen; trotzdem ist auch sie ein Zustand erhöhter Selbstmordgefahr. Noch interessanter: Die akute Eintrittsform der Schizophrenie kann aus Lebensereignissen entstehen ganz ähnlich denen, die bei anderen Individuen Depressionen auslösen. Wie in einem kürzlichen Überblick über Schizophrenie von den Psychiatern Max Day und Elvin Semrad festgestellt wird: ‹Akuter Eintritt wird ausgelöst von einem Ereignis mit kritischem intrapsychischem Sinn für den Patienten. Nach unserer Erfahrung ist dieser Katalysator meistens ein Verlust, vor allem der einer Person, die dem Patienten nahestand.› Day und Semrad stellen versuchsweise die klassischen geltenden Kategorien geistiger Erkrankung in Frage und legen verschiedene Nachweise vor, um zu zeigen, daß sie voneinander nicht so verschieden sind, wie die meisten Psychiater glauben. Wenn sie recht haben, bedarf vielleicht Burtons Vorstellung des 17. Jahrhunderts von der ›Melancholie‹ als einer einzigen, riesigen, allgemeinen, umfassenden geistigen Störung einer Wiederbelebung.

Um uns aber auf gesicherte Fakten zu beschränken, sollten wir uns auf die psychiatrische Erscheinung der Depression und ihrer Beziehung zu normaler Trauer um Verlust konzentrieren. Depression liegt vor bei verschiedenen Neurosen (leichtere geistige Erkrankungen, die in der Regel ohne Krankenhausaufenthalt behandelt werden können) und in den Affektpsychosen. Die letzteren scheinen in zwei Gruppen zu zerfallen, unipolar affektive Psychose (auch Involutionspsychose genannt), charakterisiert durch anhaltende lähmende Depression, und bipolare affektive Störung (oder manisch-depressive Psychose) in der die Depression periodisch von einer kurzlebigen Phase (gewöhnlich übertriebener oder unangemessener) Hochstimmung unterbrochen ist.

Die Unterscheidung zwischen diesen Syndromen oder zwischen normaler und pathologischer Depression ist nicht immer leicht. Mit den Worten Gerald Klermans, einer anerkannten Autorität für affektive Störungen: ‹Gefühle von Traurigkeit, Enttäuschung und Frustration sind ein normaler Bestandteil des menschlichen Daseins.› Die Unterscheidung zwischen normaler Stimmung und abnormaler Depression ist nicht immer klar, und bei den Psychiatern bestehen Meinungsverschiedenheiten im Hinblick darauf, welche affektiven Erscheinungen als pathologisch anzusehen sind. Immerhin kann er die folgenden Züge eines psychopathologischen Zustands aufführen:

... Störungen der Körperfunktionen, angezeigt durch Störungen bei Schlaf, Appetit, Sexualtrieb, autonomem Nervensystem und Magen-Darm-Tätigkeit; verringertes Bedürfnis und Fähigkeit, die üblichen, erwarteten Sozialrollen in Familie, Beruf, Ehe oder Schule zu übernehmen; selbstmörderische Gedanken oder Handlungen; Störungen bei Realitätsprüfung, manifestiert durch Wahnvorstellungen, Halluzinationen oder Verwirrung.

Wenn wir uns aber dem weiter gefaßten Symptombild zuwenden, wird das Gesamtbild der normalen Erfahrung viel deutlicher:

... deprimierte Stimmung, charakterisiert durch Angaben, man fühle sich traurig, bedrückt, melancholisch, niedergeschlagen, hoffnungslos, düster und so weiter; Unfähigkeit, Freude zu empfinden (Anhedonie); Veränderungen im Appetit, gewöhnlich Gewichtsabnahme; Schlafstörungen, meistens Schlaflosigkeit; Verlust an Energie, Erschöpfung, Lethargie, Antriebslosigkeit; Erregung (gesteigerte motorische Aktivität, erlebt als Erregung); Störungen bei Sprache, Denken und Bewegung; Abnahme von sexuellem Interesse und Betätigung; Verlust des Interesses an Arbeit und gewohnten Betätigungen; Empfindungen von Wertlosigkeit, Selbstvorwürfe, Schuldbewußtsein und Scham; verminderte Fähigkeit, nachzudenken oder sich zu konzentrieren, mit Beschwerden über ‹verlangsamte Denkfähigkeit› oder ‹wirre Gedanken›; vermindertes Selbstwertgefühl; Empfindungen der Hilflosigkeit; Pessimismus und Hoffnungslosigkeit; Gedanken an Tod oder Selbstmordversuche; Angst; körperliche Beschwerden.

Menschen, die zu keiner Zeit irgendeines dieser Symptome – oder gar die meisten – durchmachen, sind sehr selten. Die meisten Menschen erleben sie nicht ständig, aber das tun auch bipolar Depressive nicht. Ronald Fieve, Psychiater an der Columbia University, unternimmt in seinem Buch ‹Moodswing› (dt. etwa ‹Stimmungsschaukel›) einen nicht sehr erfolgreichen, aber hochinteressanten Versuch, alle Stimmungsschwankungen als Symptome einer milden Form manisch-depressiver Störungen zu betrachten.

Vielleicht kann eines Tages dergleichen konkret nachgewiesen werden. Im Augenblick ist es nützlicher, die wahren Störungen als eine Sache für sich zu betrachten. Beide Kategorien affektiver Psychose kommen bei Frauen etwa doppelt so oft vor wie bei Männern: Bei 8 bis 10 Prozent der Männer und 16 bis 20 Prozent der Frauen kann man erwarten, daß sie irgendwann im Leben entwickeln, was Klerman eine ‹schwere Affektionsstörung› nennt. Verwendet man als Kriterium nur genau definierte psychotische Erkrankungen, so liegt das Vorkommen näher bei 1 Prozent für Männer und 2 Prozent für Frauen. Im Gegensatz dazu beträgt das Vorkommen diagnostizierter affektiver Psychotiker bei Verwandten ersten Grades (Eltern, Kinder, Geschwister) um 15 Prozent oder etwa das Zehnfache des Risikos für die Gesamtbevölkerung. Diese Tatsache, verbunden damit, daß die Übereinstimmungsrate bei eineiigen Zwillingen auf 68 Prozent und bei zweieiigen Zwillingen auf 23 Prozent geschätzt wird (Übereinstimmung ist die Aussicht, daß Zwilling B die Störung haben wird, wenn sie bei Zwilling A vorliegt), macht es notwendig, das Vorhandensein genetischer Determinanten der Störung anzunehmen. Und neuere Untersuchungen haben Depressionen, die in Familien häufig auftreten, mit einem Gen oder einer Gengruppe auf Chromosom 6 in Verbindung gebracht. Obwohl man nicht weiß, wie das Gen wirkt, und obwohl es sicherlich noch andere Gene gibt, die auf die Depression einwirken, ist die Entdeckung der Örtlichkeit von diesem ein wichtiger Hinweis auf seine Funktion. Gleichermaßen ist sie ein eindrucksvoller neuer Nachweis für die Rolle der Gene bei menschlichem Verhalten. Die Übereinstimmungsrate von 68 Prozent bei eineiigen Zwillingen erfordert aber auch, das Vorhandensein mächtiger Umwelteinwirkungen anzuerkennen. Wir haben es hier mit zwei Individuen mit identischen Genen zu tun, von denen eines eine affektive Psychose hat; das andere hat aber eine Aussicht von 23 Prozent, ihr zu entgehen. Warum?

In verschiedenen Untersuchungen ist nachgewiesen worden, daß streßerregende Lebensereignisse in der Lage sind, Depressionen auszulösen, vor allem dann, wenn der Streß im Verlust einer geliebten Person durch Tod oder Verlassen besteht. In einer Untersuchung hatten 25 Prozent der Depressiven und nur 5 Prozent der Kontrollpersonen solche Verluste unmittelbar oder kurz vor Eintritt der Krankheit erlebt. Es gibt außerdem Hinweise auf entfernte Umwelteinwirkungen ähnlicher Art; der Psychiater Aaron Beck, eine bekannte Autorität auf dem Gebiet der Depression, stellte fest, daß der Prozentsatz an Personen, die vor dem Alter von sechzehn Jahren einen Elternteil verloren hatten, bei depressiven Erwachsenen höher war als bei nicht-depressiven, und höher bei stark depressiven als bei mäßig depressiven Erwachsenen, trotz der Tatsache, daß zwischen dem Verlust des Elternteils und der Krankheit viele Jahre vergangen waren. Das spiegelte sich wider in späteren Untersuchungen bei Rhesusaffen. Hier wurde nachgewiesen, daß die Reaktion auf die Trennung von einem Altersgenossen in der Adoleszenz schlimmer war bei Individuen, die in der Kindheit Trennung von der Mutter erlebt hatten. Statt das Individuum gegen Trennung abzuhärten, scheint es möglich zu sein, daß frühe Trennung und Verlust die Schwere späterer Reaktionen auf Verlust steigern. (Da jüngere Kinder auf die Scheidung ihrer Eltern mit einem unterschiedlichen Maß an Depression und anderen Störungen reagieren können, besteht die Möglichkeit, daß die derzeit steigenden Scheidungsziffern auf das künftige Auftreten von Depression bei Erwachsenen eine unerfreuliche Spätwirkung haben werden.)

In den sechziger und frühen siebziger Jahren war die herrschende biochemische Theorie der depressiven Störungen die Katecholamintheorie. Ihr zufolge hatte der Neurotransmitter Noradrenalin (ein Katecholamin durch chemische Aufbaubezeichnung) hohe Werte und/oder starken Umsatz während manischer oder hochgestimmter Episoden und niedrige während der Depression. Es gab (und gibt) mehrere Forschungsrichtungen, die diese Ansicht stützen. Zum einen kommt es bei den Drogen, die in der Depressionsbehandlung wirksam sind, zu Wechselwirkung mit Noradrenalin im Gehirn. Einer früheren Reihe wirksamer Mittel war gemeinsam, daß sie die Aktivität von Monoaminooxydase hemmte, dem Enzym, das Noradrenalin aus der Umgebung der Synapse entfernt. Das steigerte vermutlich die Menge des Neurotransmitters, verfügbar, um die nächste Nervenzelle in der Schaltung anzuregen, eine Wirkung, die dazu führen würde, die depressive Stimmung aufzuhellen. Amphetamin und verwandte Verbindungen, die unter anderem Noradrenalin freisetzen, sind früher verwendet worden, waren aber weniger wirksam.

Wegen der Nebenwirkungen dieser anderen Medikamentenarten trägt die zur Zeit bevorzugte Medikamentengruppe nach ihrem chemischen Aufbau und ihrer Wirkung den Namen ‹trizyklische Antidepressiva›. Sie scheinen mindestens zum Teil dadurch zu wirken, daß sie die Wiederaufnahme von Noradrenalin von der Nervenzelle stören, die es zunächst abgesondert hatte. Da dies das normale Verfahren für die Entfernung von etwa 90 Prozent des Noradrenalins ist, das von Nervenzellen abgegeben wurde, steigert die Verlangsamung der Wiederaufnahme durch die genannten Medikamente – Amitryptilin und Imipramin sind gängige Beispiele – in deutlicher Weise die Menge an Noradrenalin in der Synapse und stimuliert die nächste Nervenzelle.

Auch andere Nachweise unterstreichen die mögliche Rolle von Noradrenalin. Beispielsweise ist gezeigt worden, daß Elektroschocktherapie, obwohl schlecht beleumundet, eine sehr wirksame Behandlung für schwere Depressionen (und auch erstaunlich ungefährlich), die Noradrenalinwerte bei Labortieren erhöht. Salze des Metalls Lithium, eine bemerkenswert einfache und wirksame medikamentöse Behandlung für die manische Phase der manisch-depressiven Psychose, könnten ihre Wirkung ebenfalls dadurch erzielen, daß sie den Noradrenalin-Stoffwechsel verändern. Schließlich ist nachgewiesen worden, daß Verbindungen, die Noradrenalin im Gehirn verringern oder seine Erzeugung beeinträchtigen oder die Neurone vergiften, die Noradrenalin herstellen, deutliche Symptome von Depression bei Affen, Ratten und anderen Labortieren hervorrufen.

In den letzten Jahren ist das Bild beträchtlich komplizierter geworden. Mehrere der genannten Mittel, die bekannte Auswirkungen auf Noradrenalin haben, wirken auch in ähnlicher oder anderer Weise auf den Neurotransmitter Serotonin. Eine der interessantesten Feststellungen im Hinblick auf Serotonin war die Entdeckung, daß die trizyklischen Mittel die Reaktionsbereitschaft bestimmter Gehirnneuronen auf diesen Neuronentransmitter erhöhen, und zwar mit einer Geschwindigkeit, die mit der ziemlich langsamen Reaktion vieler depressiver Patienten auf die Medikamente in Einklang steht – im Gegensatz zur Wirkung der Noradrenalin-Blockierung, die viel schneller vor sich geht. In den letzten Jahren ist es in der biochemischen Psychiatrie üblich geworden, von der Möglichkeit zu sprechen, an Depression leidende Patienten könnten aufgeteilt werden in eine Gruppe, die an einer Störung des Noradrenalin-Stoffwechsels leidet, und in eine zweite mit einer Störung des Serotonin-Stoffwechsels, zu behandeln mit zwei verschiedenen trizyklischen Medikamenten, die spezifisch die Wiederaufnahme des einen oder des anderen blockieren. Direkte Messung dieser Neurotransmitter und ihrer Metaboliten in der Hirn-Rückenmarksflüssigkeit, in Blut und Urin depressiver Patienten findet jetzt statt, was bald zu einem biochemischen Test führen könnte, der den Weg zu einer spezifischen wirksamen Behandlung des jeweiligen Patienten eröffnen mag.

Es ist aber nicht verwunderlich, wenn man feststellen muß, daß eine so komplexe Erscheinung wie die depressive Stimmung mehr betreffen mag als ein einziges Neurotransmitter-System, sogar bei ein und demselben Patienten. Da die lange Liste von Symptomen oder sogar die allgemeine Gemütsveränderung eine große Zahl von Neuralschaltungen betreffen muß, die ihren Mittelpunkt vermutlich im limbischen System haben, und da diese Neuralschaltungen ohne Zweifel in dem einen oder anderen Stadium mehr als einen Neurotransmitter verwenden, ergibt sich beinahe von selbst, daß Medikamente das Schaltnetz an verschiedenen Interventionspunkten verändern, indem es zur Wechselwirkung mit verschiedenen Neurotransmittern kommt. Es könnte sogar sein, daß neben Noradrenalin und Serotonin bei dieser Störung noch andere Stoffe beteiligt sind.

Direkte Eingriffe in diese Schaltungen durch psychiatrische Neurochirurgie sind in Fällen extremer und unheilbarer Depression ebenfalls versucht worden, so wie bei manchen Fällen unheilbarer gewaltsamer Anfälle und unheilbarer extremer Phobien. Diese Eingriffe betreffen zumeist die Unterbrechung der einen oder anderen limbischen Schaltung, sind aber in ihren Auswirkungen – positiv oder negativ, kurz- oder langfristig – sehr ungewiß, und ihre Anwendung verlangt größte Vorsicht. Der Neuroanatom Walle Nauta sagte bei einer Tagung der Neurowissenschaftlichen Gesellschaft, als dieses Thema besprochen wurde: «Unsere Werkzeuge sind so grob ... wir graben zwischen den Bulldozern mit einem kleinen Spaten und versuchen herauszubekommen, was die Bulldozer machen.» So wie ich ihn verstanden habe, meinte er, die Behandlungs- – oder sogar auch die Forschungsmethoden – der Gehirnwissenschaft seien so schwach, daß sie beinahe lächerlich erscheinen, wenn man sie mit den Kräften vergleicht, die auf das Gehirn einwirken und geistige Erkrankung hervorrufen.

Es ist möglich, daß die Zukunft Methoden bringt, die das Beste an der Steuerung von Neurotransmittern und anderen neurochemischen Stoffen mit einer stark verbesserten Version psychiatrischer Neurochirurgie vereinen. Man kann sich chirurgische Eingriffe vorstellen, um ein Medikament in einen kleinen Abschnitt von Nervenzellen in einem strategischen Teil einer Schaltung einzubringen – besser als Läsionen, weil damit nicht ein Teil einer Schaltung wahllos zerstört werden würde, und besser als systembezogene Medikamentbehandlung, weil damit nicht ein potentiell schädliches Mittel an nicht betroffene und unbeteiligte Teile von Gehirn und Körper gelangen würde.

Es könnte aber auch sein, daß manche Eingriffe bei Systemen außerhalb des Gehirns beginnen müssen. Um manche wichtigen Fälle und Aspekte der Depression verstehen zu können, ist es ganz gewiß erforderlich, das zu tun. Ein hier einschlägiger Fall ist die Depression nach der Entbindung.

Eine große Minderheit von Frauen, die vor kurzem entbunden haben, erlebt ein Syndrom von nervöser Unruhe oder Depression, die oft ‹Nachschwangerschafts-Blues› genannt wird. In einer guten Untersuchung des Psychiaters David Hamburg und seiner Kollegen hatten zwei Drittel der ausgewählten Frauen während der ersten zehn Tage nach der Geburt – oft ohne erkennbaren Grund – einen oder mehrere Weinkrämpfe (damit waren Episoden von mindestens fünf Minuten Dauer gemeint), und 28 Prozent erlebten Episoden von länger als einer Stunde. Das war ein viel häufigeres Auftreten als während der Schwangerschaften oder später in der Zeit nach der Entbindung bei denselben Frauen.

Allgemein weiß man aus epidomologischen Untersuchungen in Nervenheilanstalten, daß die Gefahr psychotischer und anderer geistiger Zusammenbrüche in den drei Monaten nach der Entbindung fünfmal so hoch oder noch höher ist als im letzten Vierteljahr der Schwangerschaft. Es gibt zwar eine große Zahl von sozialen und kulturellen Faktoren, die dazu beitragen könnten, diese Erscheinung zu erklären, aber die rund um die Entbindung stattfindenden Hormonveränderungen sollten Berücksichtigung finden. Progesteron im Blut der Mutter kann innerhalb von wenigen Tagen vom Höchstwert bei Ende der Schwangerschaft um 90 Prozent absinken. Von diesem Hormon weiß man aus Untersuchungen bei Labortieren, daß es die Erregbarkeit von Nerven- und Muskelgewebe herabsetzt. Das Absinken zu diesem Zeitpunkt verändert das Verhältnis Östradiol zu Progesteron auf eine Weise, daß Nerven- und Muskelerregbarkeit sowie die Reizbarkeit des Nervensystems allgemein gesteigert werden. Man muß ferner feststellen, daß ein ähnliches (obschon geringeres) Absinken in Progesteron und ein Anstieg im Verhältnis Östradiol-Progesteron bei einer menstruierenden Frau kurz vor Eintritt der Periode jeden Monat stattfinden. Sollte es zutreffen, daß Depression oder Reizbarkeit mit dieser Periode des Menstrualzyklus zusammenhängen, besteht die Möglichkeit, daß ähnliche, aber weniger extreme Hormonveränderungen sie teilweise erklären können.

Ein weiteres Hormon, das häufig in Beziehung zur Depression studiert wird, ist das Streßhormon Hydrocortison, ausgeschieden vom Cortex oder der Nebennierenrinde. Der Psychiater Edward Sachar vom New York State Psychiatric Institute befaßte sich ausführlich mit stark depressiven Patienten und kam zu dem Schluß, daß es eine Untergruppe gibt, die charakterisiert wird durch übermäßige Hydrocortisonausscheidung. Bei ihnen wurden fast während des ganzen Tages und der Nacht höhere Ausscheidungen als bei normalen Personen festgestellt, vor allem aber während der Nacht. Depressive Patienten erlebten ferner größere Schwankungen bei Hydrocortison, wobei ihre Ausscheidungen am Morgen fast auf die Werte der Kontrollgruppe herabsanken. Schließlich sank bei Patienten, die erfolgreich auf die Behandlung ansprachen, die Hydrocortisonausscheidung auf normale Werte.

Diese und andere Erkenntnisse weisen auf die Möglichkeit hin, daß bei manchen depressiven Patienten eine grundlegende Anomalie des hormonalen Gleichgewichts vorliegt, hervorgerufen durch eine innere genetische Ursache. Allerdings gibt es auch viele Nachweise für die Ansicht, daß diese hormonalen Unausgewogenheiten Folge von *Umwelt*ursachen sind, oder, mit den Worten des maßgebenden Fachmanns Edward Senay, daß ‹es angemessen wäre, von einer affektiven Theorie des Katecholamins statt vom Gegenteil zu sprechen›. Diese Vorstellung wird gewißlich gestützt durch viele Untersuchungen bei Affen, die zeigen, daß Trennung und andere Formen der Entbehrung bei diesen engen Verwandten von uns Syndrome auslösen können, die menschliche Depression nicht nur verhaltensmäßig, sondern auch physiologisch und biochemisch nachahmen. Dieselben Symptome, die mit Noradrenalin-Verringerung bei Affen hervorgerufen wurden, sind nämlich auch durch Trennung von einer Bindungsfigur bei ihnen bewirkt worden, und in beiden Fällen können dieselben psychoaktiven Medikamente verwendet werden. Schlafstörungen und Hydrocortisonsteigerung gehören zu den anderen Symptomen, die innerlich und äußerlich dafür sorgen, daß Affen Depressionen erleiden.

Eine der wesentlichen und interessantesten Informationsquellen zu den physiologischen Folgen des Verlusts ist die Forschung auf dem Gebiet psychosomatischer Medizin. Heute ist klar nachgewiesen, daß psychologische Streßbelastungen, darunter der Streß der Trauer zumindest bei der Verschlimmerung, wenn nicht der Verursachung einiger schwerer Erkrankungen eine Rolle spielen. Zu den Krankheiten, die in diesem Zusammenhang beträchtliche Aufmerksamkeit erfahren haben, gehören Magengeschwüre, essentieller Bluthochdruck, Bronchialasthma, die Basedow-Krankheit, rheumatische Arthritis und geschwürbildende Darmentzündung. Alle diese Erkrankungen sind wichtige Bestandteile des klinischen Krankenguts der Internisten. Bei allen liegt die Verursachung mehr oder weniger im dunkeln, obwohl man über die physiologischen und biochemischen Faktoren, die bei den Leiden eine Rolle spielen, viel weiß. Und für jeden dieser sechs Zustände gibt es Nachweise, die auf Verlustempfindung und andere psychologische Streßbelastungen weisen. Außerdem gibt es Beweise dafür, daß Verlustgefühle

Erscheinungen wie manchen Hautallergien, bestimmten Herzleiden und einer Anfälligkeit für bestimmte Infektionen wie die gewöhnliche Erkältung zugrunde liegen.

Es ist nicht vorstellbar, daß Leid oder irgendein psychologischer Streß allein alle diese Störungen erklären könnten. Trotzdem steht eine Rolle für solche Faktoren in völliger Übereinstimmung mit den bekannten Fakten über die physiologischen und biochemischen Auswirkungen des Verlusts, und die Skepsis mancher Ärzte hinsichtlich solcher Faktoren erscheint eher verwunderlich als glaubhaft. Wir dürfen damit rechnen, daß wir im Lauf der nächsten Jahre mehr darüber in Erfahrung bringen werden, und manche der Feststellungen werden von Tiermodellen stammen. Beispielsweise ist nachgewiesen worden, daß psychologische Streßbelastung bei Ratten Magengeschwüre hervorrufen kann, und obwohl es schwerfällt, hier etwas mit Gewißheit zu sagen, besteht die Möglichkeit, daß der jeweilige Streß eine Bedingung ist, die Ähnlichkeit hat mit der menschlichen Depression. Man nennt das ‹erlernte Hilflosigkeit.› Die ersten Experimente wurden angestellt von dem Experimentalpsychologen Martin Seligman, der sich mit Hunden beschäftigte; sie wurden, diesmal mit Ratten, fortgeführt von dem Physiologen und Psychologen Jay Weiss und seinen Kollegen.

Das Grundprinzip ist einfach. Versetzt man Hunden eine Reihe elektrischer Stromschläge, denen sie ohne Rücksicht darauf, was sie tun, nicht entgehen können, stellt sich bei der nachfolgenden Erfahrung mit solchen Gelegenheiten heraus, daß sie nur ganz langsam lernen. Sie haben praktisch aufgegeben. Sie sind davon überzeugt, daß sie nichts tun können, um ihre Umwelt zu beeinflussen, und unternehmen danach selbst dann nichts, wenn sie etwas tun könnten. Weiss hat nachgewiesen, daß deutliche physiologische Folgen eintreten, wenn man Ratten mit elektrischen Stromstößen behandelt, denen sie nicht entgehen können (verglichen mit Ratten, die ebensolche Schläge erhielten, sie aber abschalten konnten). Die ersteren zeigen mehr Magengeschwüre (was auf größeren Streß hindeutet) und auch verringerte Hirnwerte von Noradrenalin, so, wie man es bei menschlichen Depressiven vermutet. Es ist verlockend, zu unterstellen, daß das, was Affen oder Menschen in der ersten oder Protestphase der Trennung von der Mutter durchleben, ein Erlernen der Hilflosigkeit ist, vergleichbar mit jener, die bei Seligmans stärker kontrolliertem Lehrbeispiel mit seinen Hunden beobachtet wurde.

In der Tat steht beinahe fest, daß ‹erlernte Hilflosigkeit› eine Folge der Anpassung an jeden Verlust sein wird, sei es eine geliebte Person, eine Aufgabe oder manche eigene Fähigkeiten. In einer der bewegendsten und traurigsten Untersuchungen der gesamten Verhaltenswissenschaft berichtete David Hamburg über Eltern von Kindern, die an Leukämie starben. Er war beteiligt an einem der ersten systematischen Versuche, psychiatrische Sorge für solche Menschen zur Verfügung zu stellen, die ja weiterleben, für ihre anderen Kinder und sich selbst sorgen müssen und offenkundig Gefahr laufen, einen seelischen Zusammenbruch zu erleiden. Er stellte fest, daß ihre ersten Reaktionen generell schweren Schock betrafen, mit nachfolgender geistiger, aber nicht emotioneller Hinnahme der Fakten. Viele wollten der Diagnose keinen Glauben schenken, wollten an der Meinung des Arztes zum weiteren Verlauf der Erkrankung zweifeln und/oder hofften auf einen dramatischen medizinischen Durchbruch zur Heilung, von dem man ihnen gesagt hatte, sie dürften nicht damit rechnen. Viele erlebten ein erwachendes oder wieder entstehendes religiöses Empfinden, andere bestanden darauf, sich an zweifelhafte wissenschaftliche Erklärungen zu halten – von denen manche zur teilweisen Selbstbezichtigung führten – statt die Krankheit als zufällig oder sinnlos anzusehen.

Mit dem Fortschreiten der Krankheit ließ die Hoffnung nach . . . Als das Kind zunehmend krank wurde, hoffte man nur noch auf eine weitere Remission. Man stellte keine langfristigen Pläne mehr auf, sondern lebte von einem Tag zum anderen. Beispielsweise konzentrierte man sich darauf, ob das Kind an diesem Abend in der Verfassung sein würde, einen Film anzusehen . . .

Bei den einzelnen Eltern war das Maß an Trauer angesichts des bevorstehenden Verlusts sehr unterschiedlich . . . Trauer . . . entwickelte sich stufenweise, so wie der Zustand des Kindes sich verschlechterte. Der Tod eines anderen Kindes in der Station hatte eine verschlimmernde Wirkung auf das Empfinden des Verlusts bei anderen Eltern.

Der Prozeß, sich mit dem unvermeidlichen Ausgang abzufinden, war häufig begleitet von dem Wunsch, es möge alles vorbei sein. Das Schrumpfen der Hoffnung und die Vervollständigung eines großen Teils der Trauerarbeit wurden von einer Mutter so beschrieben: «Ich liebe meinen Jungen nach wie vor, will für ihn sorgen und bei ihm sein, soviel ich kann . . . aber ich fühle mich trotzdem gewissermaßen losgelöst von ihm.» Sie war aber weiterhin sehr tüchtig darin, das Kind zu pflegen und zu trösten. Dieses vorwegnehmende Trauern scheint bei der Vorbereitung auf den späteren Verlust sehr nützlich zu sein; die wenigen Eltern, die ein solches Verhalten nicht zeigten, machten nach dem Tod des Kindes viel mehr durch als Eltern, die den Verlust zum großen Teil schon im voraus bewältigt hatten.

Alle diese Eltern hatten hohe Ausscheidungswerte von 17-Hydroxycortisteroid, ein wesentliches, im Harn ausgeschiedenes Metabolit von Hydrocortison, was darauf hindeutet, daß sie unter anhaltendem, meßbarem physiologischem Streß standen. Diese physiologischen Hinweise wurden in Beziehung gebracht zur Stärke der ausgedrückten Trauer, und die Eltern, die vor allem im voraus getrauert hatten, wiesen während dieser frühen Zeit die höchsten Werte auf.

Mit Ausnahme vorwegnehmender Trauer, dort nicht anwendbar, traten alle diese psychologischen und physiologischen Indikationen auch bei vorangegangenen Untersuchungen Hamburgs und seiner Kollegen bei Opfern von Kinderlähmung und entstellenden Verbrennungen auf. So hat der Prozeß von Antwort und Anpassung (bis zu welchem Grad das immer möglich ist) auf den Verlust eines Teils der eigenen körperlichen Unversehrtheit oder des Aussehens viel gemeinsam mit dem Verlust einer sehr nahestehenden geliebten Person wie des eigenen Kindes.

Es überrascht nicht, daß solche Prozesse auch viel mit der Reaktion und (teilweisen) Anpassung an die eigene tödliche Krankheit gemeinsam haben. Kübler-Ross unterschied fünf Phasen oder Stufen der Reaktion bei unheilbar kranken Menschen, die wußten, daß sie sterben mußten. Diese Stufen sind *Schock und Leugnen* («Nein, nicht ich»); *Zorn* («Das ist nicht gerecht, warum gerade ich?»); *Feilschen* (»Ja, ich bin betroffen, aber wenn ich wenigstens dies holen, jenes tun oder zuerst noch X sprechen kann»); *Depression* (gekennzeichnet durch Weinen, Brüllen, Rückzug aus der Umwelt, Verzweiflung und Selbstmordgedanken); schließlich *Sichabfinden* (eine ruhevolle Erschöpfungsperiode fast ohne Empfindungen).

Diese Phasen sind kürzlich in einem Film («All That Jazz») satirisch dargestellt worden, was ganz angemessen ist, wenn sie zu wörtlich genommen werden. Es hat Nachweise für plumpe Versuche von Krankenhauspersonal gegeben, Patienten der Reihe nach durch diese Phasen zu führen, so, als stünden sie an den Himmel geschrieben und jeder sterbende Mensch müßte sie alle hintereinander durchlaufen. Trotzdem stellt ihre Charakterisierung einen bedeutsamen Beitrag dar. Ihre Ähnlichkeit mit den Abläufen, die vorher von David Hamburg bei Eltern sterbender Kinder und Opfern von Kinderlähmung und entstellenden Verbrennungen beschrieben worden waren, ist unverkennbar, ebenso ihre Ähnlichkeit mit dem Reaktionsprozeß von Kleinaffen und Kleinkindern auf den Verlust der Mutter.

Es ist vermutlich durchaus berechtigt, sie sich als Aspekte des Prozesses der Anpassung an Verlust vorzustellen, ob kurz bevorstehend oder knapp zurückliegend, und damit zu rechnen, daß sie in einem Wirrwarr von Zyklen, Folgen und Kombinationen auftreten, wobei für viele Menschen manche ausbleiben. Viele sterben in einer Verfassung des Leugnens oder des Zorns oder der Depression, obwohl das Sterben lange dauert und dazwischen Perioden scheinbaren Sichabfindens liegen. Es ist nicht einmal klar, daß das Sichabfinden für jeden Menschen das Idealziel wäre. Untersuchungen zeigen, daß die meisten Todeskandidaten wissen wollen, daß sie sterben, manche aber nicht. Wieder andere, darunter sehr intelligente, bestehen praktisch darauf, in einem Zustand völligen Leugnens zu sterben. Der Dichter Dylan Thomas lobte praktisch den Todeszorn seines Vaters in dem lyrischen Gedicht, das mit den Worten endet:

Geh sanft in diese gute Nacht du nicht.
Wüte, so wüte, wenn denn erstirbt das Licht.

Bei all diesen individuellen Empfindungen kann man es kaum psychiatrischen Autoritäten überlassen, eine hochgeistige Methode des Sterbens vorzuschreiben. Aber sie können für uns manche gemeinsamen oder sogar allgemeinen Züge des Prozesses erkennbar machen, die für unser Verständnis menschlichen Verhaltens von entscheidender Wichtigkeit sind.

Denn schließlich sterben wir alle. Jeder von uns ist auf lange Sicht ein Todeskandidat. Wir zeigen in verschiedenen Augenblicken des Lebens alle die bekannten Symptome: Schock, Leugnen, Zorn, Feilschen, Empfindungslosigkeit, Sichabfinden. Wie der sterbende Krebspatient oder die Eltern dieses Patienten sind wir, wenn auch viel langsamer, in einem siebzig oder achtzig Jahre dauernden Wirrwarr oder Wiederholungszyklus von Auftreten und Wiederauftreten dieser Erscheinungen befangen. Und genau wie bei diesen Patienten steigert der Tod oder die Krankheit eines anderen die Konflikte, die zu diesen Ausdrucksweisen führen.

In allen bekannten Gesellschaften gibt es Leid und Trauer irgendeiner Art als Antwort auf den Tod einer geliebten Person und wird sie immer geben. Mit den Worten Paul Rosenblatts und seiner Kollegen, die eine umfassende kulturvergleichende Studie ethnographischer Erkenntnisse angestellt haben, ist das in der Ethnologie eine der wenigen Situationen, wo ‹eine ethnozentrische Perspektive oft produktiv gewesen ist . . . Überall erleben die Menschen Leid . . . überall erleben die Menschen den Tod enger Verwandter als einen Verlust und trauern um diesen Verlust›. Unter ihren Erkenntnissen, gewonnen aus sorgfältigen Gewichtungen und statistischer Analyse ethnographischen Materials über siebenundachtzig repräsentative nicht-industriellen Gesellschaften: Neigungen zu Zorn und Aggression ebenso wie Leid sind allgemeine oder fast allgemeine Bestandteile des Trauerns; in den meisten Fällen reagieren Männer und Frauen ähnlich, aber wo es beim Trauerverhalten einen Geschlechtsunterschied gibt, neigen Frauen dazu, mehr zu weinen und sich zu verstümmeln, die Männer dazu, Zorn und Aggression nach außen zu richten; Geisterglaube und -wahrnehmungen sind ‹vermutlich allgemein› und ‹ergeben sich aus den normalen psychologischen Restbeständen, die verbleiben, sobald eine enge soziale Beziehung beendet wird› (und überdies ist das Vorkommen solcher Überzeugungen in den modernen Vereinigten Staaten wohl unterschätzt worden); Gesellschaften neigen dazu, *entweder* Personen zu besitzen, die berufsmäßig und rituell trauernden Personen helfen, ihren Zorn zu beherrschen, *oder* anerkannte rituelle Methoden, diesen Zorn auszudrücken; Gesellschaften neigen zu Ritualen, die den Ausdruck der Trauer billigen, ihn aber begrenzen, und die den Riß im sozialen Gefüge heilen; manche Gesellschaften haben ‹abschließende Begräbniszeremonien› Wochen oder Monate nach dem Todesfall, und diejenigen, die nicht dazu neigen, trauern länger als die anderen.

Überzeugungen zu Krankheit und Heilung betreffen in vielen Gesellschaften nicht eine rationale oder wissenschaftliche Analyse des Krankheitsprozesses, sondern ein Befassen und Feilschen mit dem Tod. Bei den !Kung San verlangt das Heilungsritual vom Heilenden, daß er in einen Zustand eintritt, genannt ‹wie der Tod›, und der vielleicht sogar erfordert, daß er seinen Körper verläßt, in die Welt der Geister eintritt und die Seele der kranken Person durch beharrliches Eintreten für sie zurückgewinnt. Der Trancetanz, das zentrale Heilungsereignis, umfaßt aktive Darstellung von Feindseligkeit gegen die Geister, von denen angenommen wird, daß sie am Rande zuschauen. Sogar die höchsten Götter sind vor Beschimpfung nicht gefeit. Die Feindseligkeit, die in der Trance zutagetritt, ist vielmehr so gefährlich, daß sie sich manchmal gegen Menschen richten kann, und die Beherrschung dieser Tendenz ist ein Hauptziel bei der Ausbildung der Heilkundigen. Auch die fortgeschrittensten Heilenden greifen sich manchmal praktisch selbst an, wenn sie im Dunkeln durch den Busch laufen oder auf ihre Köpfe glühende Kohlen sammeln.

In unserer eigenen Tradition haben wir wenig Vorkehrungen für solch offenkundig feindseligen Ausdruck der Unzufriedenheit mit den Göttern, und wenn Hiob Gott flucht, ist das zwar begreiflich, vom Kulturideal jedoch weit entfernt. In Augenblicken bevorstehenden oder tatsächlichen Verlusts und Leids sollen wir (wenn wir religiös sind) uns an den alten hebräischen Spruch erinnern: ‹Der Herr hat gegeben, der Herr hat genommen›, oder (wenn wir es nicht sind) an die Unausweichlichkeit und Geordnetheit aller Ereignisse im Universum. Wenn es wahr ist, daß Leid fast immer Zorn umfaßt, muß man sich fragen, was wir damit machen – mit dem Zorn.

Die Beziehung zwischen Zorn und Leid ist in der ganzen modernen Geschichte der Psychologie ein zentrales, ungelöstes Problem gewesen. Freud identifizierte sie spät in seiner Laufbahn als Ausdruck ein und desselben ‹Todestriebs›, eines unausweichlichen Bestandteils fundamentaler menschlicher und tierischer Biologie. Andere heutige Tiefenpsychologien verschiedener Färbung scheinen eine Version des Glaubens zu akzeptieren, daß die beiden Emotionen eng miteinander verknüpft sind; beispielsweise, indem sie unterstellen, neurotische Depression könnte in Wahrheit ‹nach innen gewandter Zorn› sein, oder sie sei zu behandeln, indem man die Identifizierung und den Ausdruck unterdrückten Zorns anregt. Welche Grundlagen gibt es für diese Meinungen in Nachweisen und Ausblicken der Verhaltensbiologie?

Das Kapitel über den Zorn befaßte sich mit Beispielen von Zorn, der durch Verlust ausgelöst wird, sowohl im Experiment als auch anhand von konkreten Fällen. Die dramatischsten Beispiele dort waren die der beiden jungen Männer, die ihre jungen weiblichen Begleiterinnen umbrachten oder schwer verletzten; bei ihren Tötungsaffekten war Leid gewiß mit Zorn vermischt. Die erste Phase der Reaktion auf Verlust sogar bei kleinen Kindern ist Protest, ein Erregungszustand; der Impuls, *irgend etwas* Konkretes zu tun, ist häufig sehr stark, und das Gefühl der Hilflosigkeit, das die Verzweiflung steigert, kann durch Nichtstun nur verstärkt werden.

‹Sich wehren› heißt gewiß, etwas zu tun, und man kommt sehr rasch darauf, sogar in Lagen, wo es ganz unangemessen ist. Der Grund, warum das so rasch in den Sinn kommt, muß seinerseits mit den Umständen zusammenhängen, unter denen wir und auch die meisten Tiere uns entwickelt haben. Im Tierleben hat es stets Situationen gegeben – beispielsweise Räuber oder aggressive Konkurrenz – die manchmal jenen Individuen konkrete Vorteile verliehen, die während oder unmittelbar nach der Erfahrung eines Verlusts kämpften. Und bei Menschen ist Blutrache stets eine dunkle Wahlmöglichkeit im Zusammenhang von Verlust durch Gewalt gewesen und den Gesetzessystemen in vielen Gesellschaften parallel gelaufen. Bei den !Kung ist sie ein Hauptpfeiler der sozialen Steuerung, und viele der dort bekannten Tötungen von Menschen haben als Hauptmotiv Rache für eine andere Tötung.

Weshalb solche Gewalt ein Heilmittel für Depression oder Leid sein könnte, ist eine andere Frage, und die Antwort betrifft bislang unbekannte Mechanismen. Gewalt erregt und umfaßt die totale Systemmobilisierung eines Organismus, Verstoß gegen soziale Gesetze und vielleicht einen Triumph über Gefahr. In der Regel liegen mindestens die Ausscheidung von Adrenalin und die Aktivierung des sympathetischen Nervensystems vor, ein Zufluß von Blut und Nährstoffen zu den Muskeln, eine Rötung der Haut – jeder physiologische Grund spricht dafür, daß das belebend wirkt. Es handelt sich um einen der von Natur aus einfacheren Wege, Menschen zu aktivieren: Volkswirtschaften sind oft dann am lebendigsten, wenn man sich auf einen Krieg vorbereitet, und *wirtschaftliche* Depressionen sind durch solche Vorbereitungen manchmal beendet worden.

So fällt es leicht, zu glauben, eine depressive oder traurige Person könnte sich besser fühlen, nachdem sie angeregt wurde, Zorn zu empfinden und ihn offen auszudrücken. Das beweist aber nicht, daß Depression wirklich aus ‹nach innen gerichtetem Zorn› besteht oder daß sie in den meisten Fällen kausal mit Zorn verbunden ist. Es könnte sein, daß viele potentiell depressiven Individuen, die nicht zu Psychiatern in die Praxis kommen, sich dadurch selbst behandeln, daß sie im falschen Augenblick am falschen Ort Zorn gegenüber den falschen Zielen zum Ausdruck bringen; das mag für sie belebend sein, aber es ist auch schädigend und gefährlich.

Jedenfalls müssen wir alle auf irgendeine Weise mit dem Leid fertigwerden; wir haben es nicht nur mit all den großen und kleinen Verlusten des normalen Lebensverlaufs zu tun, wir befassen uns als bewußte Wesen auch mit dem Verlust unseres eigenen Ichs, unseres eigenen Lebens, stufenweise, aber unausweichlich. So friedlich unser Dasein auch sein mag, wir flirten ständig, wenn auch unbewußt, mit Tod und Verlust, die jederzeit eintreten können und das, zumindest in gewisser Beziehung, auch dauernd tun. Die meisten Gesellschaften zeigen ständiges Bewußtsein des Todes und seiner Beziehung zum Leben. Beispielsweise kann das Heilungsritual der !Kung, in dem die Götter getadelt werden, den Heilenden aus seinem Körper in den Tod schicken und wieder zurückholen.

Gleichermaßen ist bei den australischen Ureinwohnern das Leben einer Person eine fortdauernde Beziehung mit der ‹Himmelswelt› oder ‹heiligen Traumzeit›, die er oder sie im spirituellen Augenblick der Zeugung vorübergehend verlassen hat. Bei der Jugendweihe, zum Zeitpunkt seiner oder ihrer Elternschaft, und während verschiedener Rituale wird die Beziehung zur heiligen Traumzeit ebenso neu bestätigt wie die rein vorübergehende Eigenschaft der profanen Existenz. Beim Tod erlaubt schließlich das Begräbnisritual eine Rückkehr zur Himmelswelt, natürlicher als das Leben selbst.

Unter den Bororo von Zentralbrasilien, die Claude Lévi-Strauss studiert hat, folgen einem Todesfall mehrere Wochen Begräbniszeremonien; während dieser Zeit ‹ist jeder Tag der Vorwand für Verhandlungen zwischen Gesellschaft und dem physikalischen Universum›, womit sie in Wahrheit das *geistige* Universum meinen.

Die feindseligen Kräfte, die das physikalische Universum ausmachen, haben der Gesellschaft geschadet, und dieser Schaden muß auf irgendeine Weise gutgemacht werden: das ist die Rolle der Begräbnisjagd. Sobald der Tote von den Jägern als Gruppe gleichzeitig gerächt und erlöst worden ist, muß er in die Gesellschaft der Geister aufgenommen werden. Das ist die Funktion des Roiakuriluo, des großen Totenmarsches.

Und in manchen Gesellschaften verlangt die Förderung der grundlegendsten Lebensereignisse einen intimen Umgang mit dem Tod. Bei den Ndembu, einem Landwirtschaft treibenden Volk in Nordwest-Sambia, muß eine Frau, die unfruchtbar ist oder mehrmals Totgeburten auf die Welt bringt, durch ein Ritual namens *Isoma* geheilt werden. Mit großartiger Genauigkeit studiert von dem berühmten Ethnologen Victor Turner, wird von der Patientin verlangt, daß sie von einer blockierten Stelle in der Erde nahe bei einem Feuer, die dem Grab ähnelt, durch einen Tunnel zu einem kühleren Ort nahe beim Fluß geht, das für das Leben steht. Das Vorhandensein solcher Rituale in vielen Gesellschaften deutet darauf hin, daß die meisten Völker die Grenze zwischen Leben und Tod als unendlich betrachten, und daß der Fortgang durch das Leben erfordert, in Abständen oder sogar ständig sich mit dem Tod auseinanderzusetzen.

Kindern gelingt das, zumindest in unserer Gesellschaft, nur langsam. Mehrere Untersuchungen zeigen, daß sie im Alter von drei bis fünf Jahren den Tod als umkehrbar betrachten, ähnlich einer Reise oder dem Schlaf. Nach sechs Jahren betrachten sie ihn als eine unausweichliche Tatsache des Lebens, aber eine sehr entfernte, und sie bewältigen ihn vielleicht, indem sie ihn als Person oder Geist personifizieren. Mit ungefähr zehn Jahren haben sie die Endgültigkeit und Allgemeinheit mit einer etwas düsteren Endgültigkeit anerkannt, die echtem Begreifen entspricht.

Mit fünfzehn Jahren besteht ein bedeutsames Selbstmordrisiko, was zweifellos auch eine Methode ist, mit dem Tod fertigzuwerden. Das durchschnittliche Jahresrisiko für diesen Vorgang scheint während des ganzen Lebens abzunehmen, aber die stärkste Alterszunahme tritt vor dem fünfundzwanzigsten Lebensjahr ein. So steigt es am stärksten während der Formung des erwachsenen menschlichen Bewußtseins und der ersten unabhängigen Begegnung mit den Realitäten des Lebens. Flirt mit dem Selbstmord wie Flirt mit Gewalt ist eine Art, von Tag zu Tag die dünne Grenze zwischen Leben und Tod anzuerkennen.

Selbstmord steht gewiß in Beziehung zu Leid und Depression. Trauer enthält in vielen Gesellschaften ein Selbstmordrisiko, und manche ermutigen die betroffene Person sogar, dem geliebten Menschen zu folgen. Viele, obschon keine Mehrheit, der klinischen Depressionen, die Psychiatern zur Kenntnis gelangen, betreffen ein stark erhöhtes Selbstmordrisiko. Jedenfalls wird der Akt, diesen äußersten Verlust sich selbst zuzufügen, häufig ausgelöst in einem Versuch, auf andere Verluste zu antworten oder sie auszugleichen. Und es geht stets um eine Erforschung der Grenze zwischen Leben und Tod. Kritiker von Selbstmord bei unheilbar Krebskranken sagen, der Unterschied zwischen ihnen und uns anderen könne nie klar genug sein, um eine glaubhafte Grenze zu ziehen. Bis zu einem gewissen Grad muß das zutreffen. Gewiß kann das Leiden des schwer depressiven Patienten überaus groß sein. Es ist kein Wunder, daß unter ihnen die Selbstmordrate ungewöhnlich hoch ist, zumal da Selbstmordgedanken ein Teil dessen sind, was zur Diagnose der Depression führt. Mit den Worten Robert Burtons aus dem 17. Jahrhundert: ‹Auf solche Weise quälen Schmerz und höchste Not des Elends den Melancholiker, daß er in seinem Leben keine Freude mehr finden kann, sondern in gewisser Weise gezwungen ist, sich selbst Gewalt anzudrohen, um von seinen jetzigen unerträglichen Schmerzen erlöst zu werden.› Oder in den einfacheren und modernen Worten Isaiah Berlins: ‹Die logische Zuspitzung des Prozesses, alles zu zerstören, durch das ich jemals geschädigt werden kann, ist der Selbstmord.›

Die Erscheinung ist nicht leicht zu verstehen, wenn man nicht alle darüber bekannten Tatsachen ernstnimmt. Sie fügen sich einfach nicht zu einem einfachen Muster zusammen. Sie trotzen allen Klischees. Trotzdem kann es nützlich sein, sich kurz darauf zu konzentrieren. Manche bilden ein verständliches Muster im Zusammenhang mit dem Argument dieses Kapitels, nämlich, daß Leid fundamental, unausweichlich und risikoreich ist. Was die anderen, nicht so naheliegenden Teile des Musters betrifft, nun, wenigstens zeigen sie uns, wie wenig wir wissen.

In einer beliebig ausgewählten Gruppe von zehntausend Erwachsenen in den Vereinigten Staaten wird in jedem Jahr ungefähr einer durch eigene Hand sterben, wenn man die üblichste Definition des Selbstmords unterstellt – vermutlich ist das erheblich zu niedrig geschätzt. Das setzt uns einem lebenslangen Risiko von ungefähr einem halben Prozent aus – bei manchen Gruppen niedriger, bei anderen viel höher. Die üblichsten Methoden, erneut in den Vereinigten Staaten, sind Schußwaffen und Sprengstoffe, Gifte und Gase, Erhängen und Ersticken, in dieser Reihenfolge.

Bei Männern ist er viel häufiger als bei Frauen, trotz der Tatsache, daß bei Frauen sowohl Depression als auch Selbstmord*versuche* häufiger sind. Durkheim wußte 1912, daß verheiratete Personen mit einem viel geringeren Selbstmordrisiko leben als ledige, geschiedene oder verwitwete, und das gilt in einer Vielzahl von Kulturen noch immer. Amerikaner chinesischer und japanischer Abstammung haben bei den älteren Leuten stark ansteigende Raten, während Amerikaner europäischer Herkunft mäßigere Anstiege zeigen. Selbstmord bei den Skandinaviern wird oft erklärt als Folge ihrer niedrigen Rate von Tötungsdelikten, aber ihr Überschuß von Selbstmorden gegenüber unseren Tötungsdelikten kommt nicht einmal in die Nähe, unseren Überschuß an Tötungsdelikten gegenüber den ihren auszugleichen. Im Verlauf dieses Jahrhunderts unterlagen die Selbstmordziffern beträchtlichen Schwankungen, vor allem bei Männern; es gab starke Rückgänge während der beiden Weltkriege und einen Gipfel während der Weltwirtschaftskrise. Die Rate hat in den letzten Jahren zugenommen, reicht aber nicht an die Ziffern während der Krise heran. Es gibt wenig Hinweise dafür, daß Methoden zur Selbstmordverhütung von Wirksamkeit sind, aber man sollte noch keine endgültigen Schlüsse ziehen.

Vielleicht erscheint das Ganze weniger rätselhaft, wenn wir einen anderen Standpunkt wählen: Angesichts der Leiden des menschlichen Daseins, angesichts unseres Bewußtseins vom unausweichlichen Ende, angesichts der relativ leicht verfügbaren Gelegenheiten, sich davon zu befreien, warum gibt es nicht noch mehr Selbstmorde? ‹Welche jugendliche Mutter›, schrieb William Butler Yeats in ‹Unter Schulkindern›

würd glauben ihren Sohn, sähe sie nur die Form
mit sechzig und mehr Wintern auf dem Haupt,

als Ausgleich für den Schmerz seiner Geburt,
oder die Ungewißheit seines Weges in der Welt?

Mit anderen Worten, um T. S. Eliot abzuwandeln, am Ende könnte es sich vielleicht doch nicht gelohnt haben.

Die meisten von uns leisten sich ähnliche Zweifel zu unserer Zukunft, wenigstens bei manchen Gelegenheiten. Und wir denken sie vielleicht auch, selbst wenn wir etwas ganz anderes sagen. Alle die lahmen Bemerkungen zu den unerbittlichen Geburtstagen: Vierteljahrhundert, Mann! Na, jetzt die Hälfte von den biblischen Siebzig! Vierzig, eine große Sache. Hätte nie gedacht, daß ich es schaffe. Da hätten wir das halbe Jahrhundert. Wie ist das passiert? Zwei Drittel. Immer noch tüchtig im Bett? Klar. Du hast dich überhaupt nicht verändert. Hab mich in meinem Leben nie besser gefühlt. Genieße den und noch viele. Immerhin, man wird nicht jünger.

Das allerdings nicht. Jeder Geburtstag ein kleiner Tod, jede *rite de passage* ein Stück näher. Es gibt einen Sinn, in dem das Leben aus einer fortwährenden Bedingung von Leid und Traurigkeit besteht, während der wir den Verlust von uns selbst beklagen. Denk an den Zorn; denk an das affektlose Sichabfinden; denk an das Leugnen; denk an den Schock; denk an die kolossale, unaussprechliche Traurigkeit. Ist es ein Wunder, daß der junge Mensch, der sich nicht das eigene Leben nimmt, mit zunehmendem Alter immer egoistischer wird, bestimmte jugendliche Ideale aufgibt und den Glauben annimmt, gut zu leben sei in der Tat die beste Rache? Ist es ein Wunder, daß die Religionen der Welt, groß und klein, mit ihren verehrten, gegenseitig widersprüchlichen Erfindungen und ihrem unersättlichen Durst nach heiligen Kriegen so viele ausgezeichnete Gehirne derart fest im Griff haben?

Natürlich übertreibe ich hier. Die Geburtstage sind auch Feiern. Man muß auch an das Wachsen denken, an die Gewinne, die Stärken, das Lernen, die bestandenen Prüfungen, die gemeisterten Herausforderungen. Der Kreis der geliebten Personen kann im Lauf des Lebens größer werden, und sogar der Tod wird durch einen Durchgangsritus markiert, der, was immer er sonst leisten mag, die Funktion hat, den Riß im sozialen Gefüge zu heilen, diejenigen, die zusammenbleiben, dazu zu bringen, daß sie einander trösten.

Und Religion ist mehr als Erfindungen und heilige Kriege. Sogar die großen, organisierten und häufig gefährlichen Religionen haben viel gemein mit den oben erwähnten ‹primitiven› Religionen kleinen Maßstabs. Ihre Funktionen für individuelle Emotionen sind vielfältig. Zumindest bieten sie Trost angesichts großer Qual, bestenfalls können sie zu Demut und zu einer begleitenden Sorge für etwas außerhalb der eigenen Person führen, das größer ist als man selbst.

In seinem großartigen Gedicht ‹Sunday Morning› versucht Wallace Stevens noch einen anderen Standpunkt zur Beziehung zwischen Leben und Tod und dazu einzunehmen, wie wir im Schatten des Todes durch das Leben gehen können. Das Gedicht will sagen, das Leben habe beim Fehlen eines Glaubens an Gott oder einen Himmel seine eigene Gültigkeit, und diese Gültigkeit werde paradoxerweise durch unser Wissen um den Verlust erhöht.

> *Tod ist die Mutter der Schönheit; so kann von*
> *ihr allein Erfüllung unsrer Träume kommen wie*
> *auch unsrer Wünsche. Obschon sie auf die Wege uns*
> *das Laub der sicheren Vernichtung streut,*
> . . . .
> *Durch sie häufen Junge Birn' und Pflaumen neu*
> *auf Teller nicht beachtet. Die Mädchen probieren*
> *sie und irren ohne Leidenschaft in das verstreute Laub.*

Dieses Gedicht macht klar, daß es die Geburt einer neuen Religion anzeigt. Es ist Sonntagmorgen, und die Heldin, ohne Scham keiner Kirche angehörig, macht es sich im Nachthemd bequem mit ‹spätem Kaffee und Orangen in einem Sonnenstuhl›! ‹Warum›, fragt der Erzähler, ‹sollte sie ihre Beute den Toten überlassen?›

> *Soll sie nicht finden in Tröstungen der Sonne,*
> *in duftend heller Frucht und grünen Schwingen, oder*
> *auch in jedem Trost und Schönem auf der Erde,*
> *Dinge, zu preisen wie das Denken an den Himmel?*
> *Gottheit muß nun in sich alleine leben:*
> *Passion des Regens, oder Launen in fallendem Schnee;*
> *Trauer in Einsamkeit oder ungezähmte*
> *Freuden auch, sobald der Wald erblüht; wehende*
> *Gefühle auf nassen Straßen in Herbstnächten;*
> *Alle Freude und aller Schmerz, Erinnerung*
> *an den Zweig des Sommers und den Winterast.*
> *Das sind die Maße, bestimmt für ihre Seele.*

Dann folgt eine wunderbare, etwas spöttische Meditation darüber, wie schrecklich langweilig das Leben im Himmel ohne Tod sein muß:

> *Im Paradies kein Wandel durch den Tod?*
> *Reife Früchte fallen nie? Oder hängen die*
> *Zweige stets schwer in dem perfekten Himmel,*
> *unveränderlich, doch ganz wie unsre Erde, die vergeht,*
> *mit Flüssen wie den unsern, die nach Meeren suchen,*

und sie niemals finden, Ufer, stets entweichend,
die nie mit ungesprochenem Schmerz berühren?

Und dann nimmt die vorgeschlagene ‹Religion› Form an:

Biegsam und wirbelnd, ein Ring von Menschen
soll singen orgienhaft am Sommermorgen
ihre ungestüme Andacht an die Sonne,
nicht ein Gott, sondern wie ein Gott sein kann,
nackt unter ihnen, wie eine wilde Quelle.
. . . .
Gut sie sollen kennen die himmlische Verbrüderung
von Menschen, die untergehen, und vom Sommermorgen.
Und woher sie kamen und wohin sie werden gehen,
der Tau an ihren Füßen wird es zeigen.

Eine primitve, sogar eine ‹barbarische› Religion, aber eine ohne Erfindungen. Eine Religion, die als genügend für ein ordentliches, anständiges
menschliches Leben die Einzelheiten des Lebens selbst nimmt: das Erlebnis der Natur in ihren Veränderungen, menschliche Stimmungen, die
menschlichen Empfindungen – ja, sogar die Anerkennung von Verlust
und schließlich Tod wird Teil dessen, was das Leben so ungeheuer
lebenswert macht. In diesem Zusammenhang kann man die Risiken von
Liebe, Handeln, Verlieren und Vorwärtsschreiten auf sich nehmen, auch
wenn Überzeugungen zum Himmel fehlen.

Aber die Anerkennung des endgültigen Verlusts ist gefährlich.
Wie wir gesehen haben, gelangte Freud zu dem Glauben, Tod und
Gewalt wären dasselbe, beide entsprängen aus dem Todestrieb, Gewalt,
nach innen gewandt. Die wahre Beziehung zwischen ihnen ist, wie ich
meine, gleichzeitig weniger wirklich und schrecklicher: Gewalt ist etwas,
was wir aus unserem praktisch bodenlosen Zorn gegen den Tod heraus
tun. Wenn wir jemand anderen töten oder schädigen können, vor allem
bei Gefahr für uns selbst, holt uns das für eine Weile aus unserem Ich
heraus, und für diese kleine Zeit brauchen wir nicht zu trauern.

Was wir, zusammen mit Stevens, erhoffen müssen, ist eine Art
von Erkenntnis, daß das Trauern Teil dessen ist, was das Leben kostbar
macht, daß wir ohne es das Leben bei weitem nicht so lieben würden. Wir
könnten vielleicht weniger zornig darauf sein. Wir könnten zumindest
versuchen, es nicht gegenseitig an uns selbst auszulassen. Vielleicht
könnten wir uns bei Gelegenheit zusammenfinden und wirbelnd das Lob
der Sonne singen.

15 Völlerei

Ihr Bürger pflegtet Ciacco mich zu taufen; jetzt muß ich für
die schlimme Schuld der Kehle hier, wie du siehst, von diesem
Regen saufen.

Dante, Inferno, VI. Gesang

Körpergewicht kann man nur auf eine Weise verlieren, nämlich dadurch, daß man sich an das Hungergefühl gewöhnt. Diese schlichte Tatsache, jedem bekannt, der schon einmal gegen Übergewicht gekämpft hat (in den zivilisierten Ländern also die meisten Menschen), scheint aus irgendeinem Grund den Autoren aller Modediäten, allen Schlankheits- oder Gymnastikkuren zu entgehen, die ihren lukrativen Weg in die Bücherabteilungen von Kaufhäusern finden. Die beiden Fragen, die sich sofort stellen, lauten: Warum sprechen sie nicht davon? und Warum ist das so?

Die erste Frage ist leicht zu beantworten. In der Regel kann man sich weder Geld noch Ruf erwerben, wenn man den Menschen simple Dinge erzählt, die sie schon wissen. Da es beim Schlankwerden wenig Neues gibt, geht es bei der Kunst, darüber zu schreiben, darum, das, was alt ist, neu, oder das, was neu und banal ist, neu und wichtig erscheinen zu lassen. Nachdem jahrzehntelang solche Bücher geschrieben, aber auch ernsthafte Forschungen angestellt wurden, sind die Amerikaner Anfang der achtziger Jahre dicker denn je, und das Problem hat sich in den letzten zehn oder zwanzig Jahren merklich verschlimmert. Beim einzelnen folgen auf erfolgreiche Attacken gegen Körperfett oft sogenannte ‹Gewichtsrückfälle›, und das Problem ist genauso schlimm oder noch schlimmer als nach Beginn der Diät. Landesweit sind wir in jeder Altersgruppe fetter, als wir es vor zwanzig Jahren waren; in manchen Altersgruppen beträgt die Zunahme um zehn Pfund. Dies trotz aller Forschungen, aller Moden und Maschen, trotz Tennis und Jogging, trotz Diätschulen und Yogaunterricht und Fettsucht-Encountergruppen, trotz Zuckerersatz, Appetitzüglern und der großen Entschlossenheit der verschiedenen staatlichen Behörden, die dafür verantwortlich sind, ein Auge auf unsere Gesundheit zu haben. Man kann beinahe hören, wie die Fettmoleküle sich ins Fäustchen lachen; man hat fast den Eindruck, jeder Versuch, sie aufzulösen, bewirke nur, daß sie sich immer mehr ausdehnen und vermehren.

Das ist natürlich nicht der Fall. Es trifft auch nicht zu, daß alle diese Lösungen illusorisch sind; in den meisten steckt ein Kern von

Wahrheit. Um zu verstehen, wo sie erfolgreich sind und wo sie scheitern, müssen wir Teile unseres Wissens über den Appetit vornehmen, was ihn auslöst und abstellt und wie der Weg der Nährstoffe im Körper verläuft.

Irgend etwas signalisiert lebenden Körpern, daß sie mit dem Essen anfangen sollen; etwas anderes gibt ihnen das Signal, aufzuhören. Wir gebrauchen die Wörter ‹Hunger› und ‹Sättigung›, aber sie sind mehrdeutig geworden, weil wir sagen können: «Ich habe das gegessen, obwohl ich keinen Hunger hatte.» Ein großer Teil der Erforschung von Übergewicht zielt darauf ab, diesem Satz wissenschaftlichen Sinn zu verleihen. Oder, um es anders auszudrücken: Warum essen wir, wenn wir keine Nahrung brauchen?

Ein Organismus, der mit dem Essen zu früh aufhört, würde nicht lange genug bestehen, um auf dem Weg der Evolution auch nur ein Stolpern hervorzurufen. Trotzdem, ein Tier muß irgendwann mit dem Fressen aufhören, und jedes Tier tut es, ohne Rücksicht auf Überfluß. Das Eßverhalten ist wie alle Verhaltensweisen ein Gehirnprodukt, und das Gehirn muß ein klares Signal erhalten, daß genug gegessen worden ist, bevor das Verhalten zum Stillstand kommt. Woher kommt das Signal, und warum wirkt es nicht zuverlässiger?

Während der Nahrungsaufnahme geht ein Strom von Botschaften vom Mund zum Gehirn. Theoretisch könnte jede von ihnen daran teilhaben, dem Gehirn mitzuteilen, wieviel gegessen worden ist; tatsächlich tun das die meisten. Ein wichtiger Hinweis ist der, daß wir uns satt fühlen und mit dem Essen aufhören, lange bevor eine Mahlzeit verdaut ist. So gehört es sich auch, weil die Verdauung Stunden dauert und wir sehr rasch abscheulich fett werden würden, wenn wir diese ganze Zeit äßen. Das regt dazu an, im Labor nach Signalen zu suchen, die während und nach der Nahrungsaufnahme kurzfristig wirken können, und nicht nach Signalen, die vom gesamten Ernährungsbedürfnis des Körpers abhängen. Ein zweiter Hinweis ist der, daß wir uns nach einer großen Mahlzeit vollgestopft fühlen und der Gedanke an noch eine Scheibe Roastbeef uns betäubt, wir aber trotzdem von einer Nachspeise verlockt werden und sie essen, die so viele Kalorien hat wie die eine zusätzliche Scheibe Roastbeef. Das deutet darauf hin, daß, gleichgültig, welcher Art die Sättigungssignale sind, sie vom richtigen Reiz außer Kraft gesetzt werden können, oder, anders ausgedrückt, für verschiedene Teile des Gehirns Sättigung verschiedenes bedeuten kann.

Einige der Tierexperimente, die Licht auf die Mechanismen von Hunger und Sättigung geworfen haben, sind nicht sehr appetitlich, aber wenn sie zu möglichen Lösungen für Probleme wie extreme Fettleibigkeit oder Anexoria nervosa – eine psychologische Unfähigkeit, zu essen, die manche (in der Regel junge) Frauen befällt – beitragen, dann werden sie mitgeholfen haben, Bedingungen zu bekämpfen, die für das Leben der davon Betroffenen eine echte und gegenwärtige Gefahr bedeuten. Daß solche Versuche zu Behandlungsmethoden und Lösungen für das viel weiter verbreitete Problem mäßiger Fettleibigkeit führen können, liegt nahe, aber weniger naheliegend und interessanter ist die Möglichkeit, daß sie Licht auf den ganzen Mechanismus menschlicher Motivation im allgemeinen werfen könnten.

Faktoren, die Beginn und Ende des Essens steuern, finden sich vom Mund bis zum Dünndarm und darüber hinaus im chemischen Gleichgewicht des Körpers, wie es sich im Blut darstellt. Diese Faktoren senden ihrerseits Signale über Nerven oder Chemikalien, welche die Blut-Hirnschranke überschreiten. Ein Tier, das einen Hebel drückt, um Nahrung ins Maul zu bekommen, wird länger drücken als bei Nahrung, die direkt in den Magen gelangt; das stimmt mit der Tatsache überein, daß vor allem in den Anfangsstadien einer Mahlzeit Faktoren von Geruch und Geschmack die Neigung, zu essen, steigern. Auf der anderen Seite kann ein Tier auf solche Weise präpariert sein, daß die Nahrung, die es zu sich nimmt, nicht in den Magen gelangt; ein aus der Speiseröhre führender Schlauch entzieht die Nahrung dem Körper, sobald sie auf normale Weise gekaut und hinuntergeschluckt worden ist. Ein solches Tier – man spricht hier von ‹vorgetäuschtem Fressen› – wird eine größere Mahlzeit als normal zu sich nehmen, aber nicht pausenlos fressen. Es wird aufhören und seine Nahrungsaufnahme in Mahlzeiten einteilen, aber mit kürzeren Pausen dazwischen. Diese Untersuchungen zeigen, daß Sinneseingaben vom Gehirn zu Mund und Schlund den Hunger unter manchen Bedingungen steigern und unter anderen beenden können, daß jedoch die Sättigung, die sich aus solchen Signalen allein ergibt, von kurzer Dauer und ungeeignet ist, das Essen für längere Zeit zu unterbinden.

Da ein Tier, das einen Hebel drückt, um Nahrung direkt in den Magen zu befördern, früher zu fressen aufhört als eines, das normal frißt, hat es den Anschein, daß es starke Sättigungssignale geben muß, die vom Magen selbst, vielleicht auch vom Dünndarmanfang stammen. Diese Vermutungen erweisen sich als zutreffend. Der ‹nagende› Hunger, den wir im Magen verspüren, wenn er leer ist, beruht nicht auf Einbildung; das sind dreißig Sekunden anhaltende Kontraktionen, viel stärker als die üblichen Bewegungen der Magenwand. Injektionen und Flüssigkeit ohne Nährwert oder sogar das Aufpumpen eines Ballons im Magen verhindern, daß ein Tier frißt. Das deutet darauf hin, daß mechanische Füllung allein schon das subjektive Gefühl der Sättigung hervorrufen kann. Trotzdem ist eine größere Menge nicht nahrhafter Flüssigkeit als von Nährflüssigkeit erforderlich, um das Fressen zu unterbinden, und das Ballonexperiment ruft ein Ausmaß an Magenerweiterung hervor, das beim Essen nur dann eintritt, wenn wir uns richtig vollstopfen. Deshalb können die mechanischen Signale nicht alles sein, was vorhanden ist – eine Schlußfolgerung, unterstrichen durch die Tatsache, daß Menschen, denen der gesamte Magen entfernt wurde, um die Ausdehnung von

Krebs zu verhindern, nach wie vor hungrig werden können und auch nicht ewig essen, ohne einmal aufzuhören.

Den Rest erklären fast vollständig chemische Signale. Die Kandidaten sind direkter wie indirekter Art. Im Magen findet vergleichsweise wenig Verdauung und Absorption statt, da er in erster Linie ein Behälter ist (daher können manche krebskranke Menschen ganz ohne Magen leben). Im Dünndarm, wo der Großteil der Verdauungsvorgänge stattfindet, werden die wichtigsten Nährstoffe in kleine, absorbierbare Moleküle aufgespalten – Kohlehydrate in Glukose und andere einfache Zucker, Proteine in Aminosäuren, Fette in Fettsäuren –, die ihrerseits in den Blutkreislauf geleitet werden, zuerst und vor allem in die Leber. Es schien und scheint mit Vorbehalten weiterhin möglich zu sein, daß das Gehirn den Spiegel dieser Aufspaltungsprodukte direkt im Blut erkennt, wenn sie die Blut-Hirnschranke überschreiten.

Die erste Theorie dieser Art wurde vorgelegt von Jean Mayer, einer Physiologin und Autorität auf dem Gebiet der Ernährung. Bezeichnet als ‹glukostatische› Theorie (in Anlehnung an das Wort ‹Thermostat›), ging sie davon aus, daß es im Gehirn Rezeptoren gibt, die den Blutspiegel von Glukose erkennen und, sobald der Glukosewert hoch genug ist, die Beendigung der Nahrungsaufnahme signalisieren können. Mayer meinte, der Hauptteil des Hypothalamus an der Hirnbasis könne *hohe* Glukosewerte feststellen und Neuralsignale aussenden, die Sättigung anzeigten, und später wurde unterstellt, daß der laterale (seitliche) Teil des Hypothalamus beiderseits auf *niedrige* Glukosewerte mit Signalen reagieren könne, die Hunger anzeigen. Diese Theorie stand in Übereinstimmung mit bereits vorliegenden Hinweisen, daß die Zerstörung des Mittelteils zu einer Ratte führen würde, die durch Überfütterung stetig und in krasser Weise verfettete (ein Zustand, wie er bei manchen Menschen mit Tumoren im zentralen Hypothalamus besteht), während Zerstörung des lateralen Hypothalamus zu einem Tier führte, das Nahrung nicht beachtete und abmagerte, so, als hätte es die Fähigkeit verloren, Hunger zu empfinden.

Man konnte sogar nachweisen, daß der zentrale Hypothalamus eigene Rezeptoren für Glukose besaß, aber damit es nicht zu einfach wurde, zerstörte die Vergiftung dieser Rezeptoren die Fähigkeit zur Sättigung nicht auf dieselbe Weise wie die totale Zerstörung des Hypothalamus. Für die Glukosetheorie noch nachteiliger: Die Abweichungen im Verhalten von Fressen und Aufhörenkönnen zeigen wenig Beziehung zum Glukosewert im Blut oder seiner Verfügbarkeit im Gehirn. Das schien auszuschließen, daß die Regulierung hauptsächlich auf Glukosesensoren im Gehirn beruht, zumindest in der kurzfristigen Regulierung des Mahlzeitenumfangs. Eine ziemlich gleichlaufende Theorie, gestützt auf Fetterkennung durch das Gehirn (‹lipostatisch› genannt wegen der Steuerung von Lipiden), wurde später von anderen Wissenschaftlern

hinzugefügt. Mäuse scheinen demnach in der Lage zu sein, ihre Gesamtmenge an Körperfett in verschiedenen Organspeichern zu erkennen und
ihre Nahrungsaufnahme anzupassen, wenn die Gesamtfettmenge zu klein
oder zu groß ist. Wird ein Stück Fett von einer Maus zur anderen
übertragen, verkümmert es schließlich, wird aber vom Eigenfett des
Empfängers vorher etwas entfernt, dann nimmt der Körper es an. Eine
Maus mit Schädigung des zentralen Hypothalamus dagegen – mit einem
stark eingeschränkten Sättigungsmechanismus – wird die Fettüberpflan-
zung annehmen und trotzdem Gewicht zulegen. Das läßt die Möglichkeit
offen, daß dieser Teil des Hypothalamus an der Feststellung der Gesamtfettmenge im Körper und an der ‹lipostatischen› Wirkung beteiligt ist.

Schließlich gibt es noch bestimmte Nachweise für eine ‹aminosta-
tische› Theorie – eine behauptete Überwachung der Proteinaufnahme.
Eine eiweißreiche Mahlzeit, reich an Aminosäuren, ruft trotz niedriger
Werte von Fett und Kohlehydraten Sättigung hervor. Interessanter ist:
Es spricht einiges dafür, daß bestimmte Aminosäure-Mangelerscheinun-
gen gesteigerte Aufnahme von Nahrung hervorrufen, die diese Aminosäuren enthält – die Anfänge experimenteller Bestätigung für die Vorstellung spezifischer Hungererscheinungen. Es gibt genügend direkte Nachweise für die Meinung, daß das Gehirn die Werte bestimmter Aminosäuren im Blut feststellen kann. Sie stammen unter anderem aus dem Labor
von Richard Wurtman am Massachusetts Institute of Technology, wo
gezeigt wurde, daß, wenn ein Tier Nahrung erhält, angereichert mit
einigen Aminosäuren, die Vorläufer bei der Synthese von Neurotransmittern sind, das Maß an Aktivität dieser speziellen Neurotransmitter
sowohl innerhalb als auch außerhalb des Gehirns gesteigert wird. Solche
Wirkungen könnten leicht Teil des Mechanismus von Hungererscheinungen nach bestimmten Aminosäuren oder sogar der Steuerung von
Nahrungsaufnahme im allgemeinen sein. Nimmt man dazu die Tatsache,
daß manche Neurotransmitter im Säuger- (und menschlichen) Gehirn
Aminosäuren sein *könnten*, so wird die Reaktion des Gehirns auf Eiweiß-
aufnahme noch plausibler und noch komplizierter.

Es ist aber deutlich geworden, daß die meisten der chemischen
Signale von Sättigung und Hunger vermutlich indirekt wirken. Man hat
zwei übergreifende Mechanismen für diese indirekten Vorgänge gefunden. Der erste, unter anderem untersucht von Mauricio Russek, betrifft
Glukosemessung durch die Leber. Wegen der bevorzugten Zirkulation
nährstoffreichen Bluts von Dünndarm und Magen zur Leber, ‹weiß› das
letztgenannte Organ als erstes, daß eine Mahlzeit verzehrt wird, und
auch, daß sie beendet ist. Eine Vielzahl von Experimenten mit Labortieren zeigt jetzt, daß die Leber selbst fähig ist, Glukose zu erkennen, die
von Magen und Dünndarm kommt, und daß sie auf diesen Glukosespie-
gel damit reagiert, daß sie die Dichte der Nervenimpulsübertragung
entlang den Nerven, die von der Leber zum Gehirn führen, verändert.

Diese Nerven werden häufiger aktiviert, wenn der Glukosewert *niedrig* ist, und scheinen so, wenn sie häufig in Aktion treten, Hunger hervorzurufen. Sie zu durchtrennen, führt zu einer lang anhaltenden Verringerung von Nahrungsaufnahme auf etwa ein Drittel der normalen Menge, während die Injektion einer Droge in den Leberkreislauf, die Glukoseaktivität verringert, eine sofortige Verdreifachung der Nahrungsaufnahme bewirkt. Solange die Nerven intakt sind und Glukose die Leber erreicht, bleibt das Gefühl der Sättigung offenbar bestehen.

Der zweite indirekte Mechanimus, heute Ziel sehr eingehender und aufregender Untersuchungen, betrifft die Eingeweidehormone. Von diesen Hormonen, in der Hauptsache Peptiden, nahm man lange Zeit an, sie wären lediglich daran beteiligt, die Verdauung anzuregen – entweder direkt oder indirekt durch die Veränderung anderer Eingeweideausscheidungen. Heute weiß man, daß sie eine Rolle bei der Steuerung der Nahrungsaufnahme insoweit spielen, als sie auf das Vorhandensein von Nahrung reagieren und ihrerseits Signale zum Gehirn schicken. Ein solches Hormon, Enterogastron, hemmt die Magensäureausschüttung; seine Struktur ist unbekannt, aber man weiß von ihm, daß es die Nahrungsaufnahme durch einen unklar bleibenden Mechanismus hemmt. Ein anderes, Cholezystokinin (CCK), ist ein Eingeweide-Peptidhormon, das direkte Wirkung auf das Gehirn ebenso wie vermutlich indirekte Wirkungen hat. Neue Nachweise deuten darauf hin, daß es dazu beitragen könnte, die Nahrungsaufnahme über Nerven aus den Eingeweiden zu beenden, die schließlich den zentralen Teil des Hypothalamus hemmen. Die Rolle dieser Eingeweidehormone bei Sättigung und Nahrungsaufnahme stellt eine ganz neue Forschungsrichtung dar; aus den Labors von Gerard Smith und James Gibbs an der Cornell University School of Medicine, denen von R. D. Myers an der University of North Carolina und anderen kommen dazu aufregende Erkenntnisse.

Das Ziel dieser Bemühung bisher bestand darin, die Feststellungen zu überprüfen, die die Regulierung eines Motivationssystems bei Säugetieren betreffen. Von allen Motiven, die in diesem Buch behandelt werden, ist der Drang, zu essen, im Hinblick auf Verhalten, Physiologie und Evolution der bei weitem am besten begriffene. Die Geschichte der Steuerung von Nahrungsaufnahme, wie man sie heute sieht, gehört zu den elegantesten in der Verhaltensbiologie. Überdies ist klar, daß die Mechanismen, die dazu dienen, auf ausreichende Nahrungsaufnahme damit zu reagieren, daß sie Sättigung und das Aufhören der Nahrungsaufnahme bewirken, hoch entwickelt und ‹überdeterminiert› sind, das heißt, der Körper besitzt eine Reihe verschiedener Möglichkeiten, die Steuerung der Nahrungsaufnahme zu erreichen, und selbst wenn bei einer etwas nicht klappt, können andere oft einspringen. Dieses elegante, überdeterminierte System stellt uns also vor das verwirrende Rätsel, warum es so oft zu versagen scheint.

Erstens ist evident, daß verschiedene Faktoren die von den besten Bemühungen des Systems hervorgerufene Sättigung außer Kraft setzen können. Einer davon ist der Drang nach Abwechslung; bei einem gewöhnlichen Speiseplan von nur einer Geschmacksrichtung für Ratten reguliert die Ratte ihr Körpergewicht; gibt man ihr aber das gleiche Futter in vier verschiedenen künstlichen Geschmacksarten, dann nimmt die Nahrungsaufnahme merklich zu; in manchen Fällen wird doppelt soviel verzehrt als üblich. Zweitens hat man zeigen können, daß Sozialfaktoren wie der, ein anderes Tier fressen zu sehen, das Fressen nach normaler Sättigung bei verschiedenen Gattungen steigert. Eine Runde von Einladungen zum Essen ist damit der ideale Fall, einen Diätplan zu ruinieren, und zwar mindestens auf zweierlei Art.

Ein anderer Faktor, der mehr Interesse beanspruchen darf als die genannten, ist Streß; bei verschiedenen Experimenten an Labortieren wurde nachgewiesen, daß er bei mehreren Gattungen die Nahrungsaufnahme abnorm steigert. Diese faszinierende Entdeckung läßt an die im Kapitel über die Freude schon besprochene Möglichkeit denken, daß Säugetiere von der Evolution ein Motivationssystem mitbekommen haben, das nicht in vollem Umfang spezifisch ist; das heißt, wir wissen nicht immer, was wir wollen. Im besonderen scheinen verschiedene Motivationen zum Teil durch ein allgemeines Aktivationssystem im lateralen Teil des Hypothalamus bewältigt zu werden. Streß ruft Aktivation hervor, also ist es kein großes Wunder, daß manche Arten von Streß das motivierte Eßverhalten anregen können, auch wenn starker Streß wie Leid es verringern kann. Auf eine Art, die mit vom Zusammenhang bedingt ist, können andere hochmotivierte Verhaltensweisen wie etwa das Horten durch Streß ebenfalls verstärkt werden. Und da Angst eine Form der Aktivation ist, die von verschwommen wahrgenommenen oder eingebildeten Streßfaktoren herrührt, wird völlig begreiflich, warum Menschen sich zum Essen gedrängt fühlen, wenn sie Angst haben.

Es ist nicht klar, ob Untersuchungen bei besonders Fettleibigen uns viel über gewöhnliches Übergewicht verraten; interessant sind diese Studien auf jeden Fall. Stanley Schachter von der Columbia University hat eine Reihe von Ähnlichkeiten zwischen Menschen, die an Fettleibigkeit leiden, und den Ratten festgestellt, die fettleibig werden nach Läsionen im zentralen Teil des Hypothalamus. Zum einen sind sowohl fettleibige Menschen als auch hypothalamisch geschädigte Ratten wählerischer als normal. Sie essen viel mehr von wohlschmeckender Nahrung, aber viel weniger von Nahrung, die mit einer kleinen Spur Chinin versetzt ist als üblich. Zum zweiten essen fettleibige Menschen wie Ratten weniger als normal, wenn sie etwas tun müssen, um zu ihrer Nahrung zu kommen, aber viel mehr, wenn das nicht der Fall ist. Es gibt bei Menschen ein bekanntes Syndrom hypothalamischer Schädigung, das Fröhlich-Syndrom, zu dessen Erscheinungen gesteigerter Appetit und Fettleibigkeit gehören. Dieses Syndrom entspricht wohl auf eine durchaus reale, anatomische Weise dem Syndrom von Ratten mit hypothalamischer Schädigung, ist aber sehr selten, und es spricht wenig dafür, daß bei mehr als einem winzigen Bruchteil der übergewichtigen Bevölkerung irgendeine Abnormalität des Hypothalamus vorliegt.

Die Streßexperimente bei Tieren stehen wohl eher in einer sinnvollen Beziehung zum menschlichen Übergewicht. Es ist eine seltsame Tatsache in der Epidomologie der Fettleibigkeit, daß in den Vereinigten Staaten und anderen modernen Industriestaaten reiche Leute zur Schlankheit neigen und arme zur Fettleibigkeit, während in den armen Ländern der Dritten Welt genau das Gegenteil der Fall ist. Die Erklärung für diese paradoxe Umkehrung könnte mutmaßlich ein Schnittpunkt zwischen Streß- und Überernährung auf der einen und einer scheinbar naheliegenden Tatsache auf der anderen sein. Letztere wird angemessen erfaßt vom ersten Satz des Abschnitts ‹Fettleibigkeit› im ‹Merck Manual of Diagnosis and Therapy›, einem verbreiteten Lehrbuch der Ärzte: «Das Vorkommen von Fettleibigkeit fällt zusammen mit der Verfügbarkeit von Nahrung, und bei Hungersnöten fehlt Fettleibigkeit in auffälliger Weise.» Das erscheint naheliegend, ist es aber nicht ganz. Wäre Fettleibigkeit die Folge eines überwältigend starken Triebs, müßte man erwarten, daß es zumindest einigen fettleibigen Personen gelänge, es zu bleiben, indem sie bei einer Hungersnot zusätzliche Nahrung beschaffen. Oder, wenn der Zustand die Folge eines physiologischen Defekts wäre – zuviel Fett erzeugt aus wenig Nahrung, verglichen mit der Durchschnittsperson –, würden wir auch bei Nahrungsknappheit teilweise Fettleibigkeit finden. Wenn aber Stanley Schachter recht hat, was die besonderen Paradoxien der Fettleibigen angeht, dann werden diese noch weniger als normale Leute geneigt sein, heroische Anstrengungen zur Nahrungsbeschaffung zu unternehmen; und da sie wählerischer sind als nicht fettleibige Menschen, werden sie wohl weniger von der mutmaßlich nicht so wohlschmeckenden Nahrung mögen, als zur Verfügung steht.

Arme Menschen in den ärmsten Ländern werden demnach natürlicherweise nicht übergewichtig sein, jedenfalls nicht sehr lange, weil sie in regelmäßigen Abständen Hungersnöte erleben. Ich vermute, daß zwei von drei verbleibenden Gruppen – reiche Leute in armen Ländern und arme Leute in reichen Ländern – zum Teil durch ganz ähnliche Ängste zum Essen motiviert werden. Die Nahrung ist reichlich verfügbar, aber vielleicht unbewußt sind sie nicht sicher, wie lange das der Fall sein wird. Andere Streßbelastungen, die in dem einen Fall von der allgemeinen wirtschaftlichen Unsicherheit und im anderen von der Bedingung der Unterlegenheit herrühren, verstärken vermutlich das Syndrom des angstbedingten Zuvielessens.

Freilich muß es sich hier um eine zu starke Vereinfachung handeln. Die Qualität des Speiseplans muß in beiden Fällen eine Rolle spielen. Beide genannten Gruppen essen sehr stärkereiche Speisen – stärkereiche Kornprodukte oder Wurzeln, die in vielen Fällen durch Alkohol und Imbißkettenkost ergänzt werden. Außerdem enthalten im Gegensatz zu den Armen in den armen Ländern ihre Speisepläne wenig Ballast- und Faserstoffe. Sie mögen sich bemühen, genug Eiweiß, Vitamine oder andere bestimmte Nährstoffe zu sich zu nehmen, um den Mindestanforderungen gerecht zu werden, und bei diesem Bestreben genug faserlose Stärke zu sich zu nehmen, um fettleibig zu werden. Es hat aber wenige oder gar keine überzeugenden Nachweise für derart spezielle Hungererscheinungen gegeben, so daß auch noch andere Faktoren mitwirken müssen.

Außerdem trifft zu, daß es kulturelle Faktoren gibt, welche die allgemeinen Regeln zu sozialer Stufe und Fettleibigkeit verstärken oder aufheben. Man hat nachgewiesen, daß in den meisten westlichen Industriestaaten die Armen dicker sind als die Reichen, aber in Westdeutschland gilt das nur bei den Frauen. Reiche westdeutsche Männer sind dicker als arme. In Westafrika, in bestimmten alten Reichen, wurde das Ideal ‹fett ist schön› für Frauen von Stammesadel auf die höchsten Gipfel körperbehindernder Fettleibigkeit getrieben. Solange bessere und spezifisch prophetische Erklärungen aber fehlen, erscheint es vernünftig, die Angsttheorie als vorläufiges Modell für die Fettleibigkeit der Armen in den Industriestaaten und der Reichen in den agrarischen zugrunde zu legen.

Reiche Leute in reichen Ländern entgehen der Fettleibigkeit nicht vollkommen, haben sie aber erfolgreicher im Griff. Sie leiden gewiß unter Ängsten, aber diese sind vielleicht weniger stark oder werden auf andere Weise befriedigt. Und im Gegensatz zum westafrikanischen Adel sehen diese Reichen sich zwei widersprüchlichen kulturellen Kräften gegenüber. Erstens, und darauf kommt es vielleicht weniger an, wird ihnen heutzutage ständig zum Bewußtsein gebracht, welche Risiken von Krankheit und Tod mit Fettleibigkeit, vor allem starker Fettleibigkeit, verbunden sind. Zweitens ist, sobald die Armen sich leisten können, dick zu sein, ‹gesunde Molligkeit› kein Zeichen sozialer Unterscheidung; ein reicher Mensch fällt besser auf, wenn er abnimmt.

Kann das jeder? Offenkundig nicht. In einer Untersuchung in England, ausgeführt von D. S. Miller und Sally Parsonage, veröffentlicht im renommierten Ärzteblatt ‹The Lancet›, wurden 29 Frauen, die behaupteten, sie könnten nicht abnehmen, in einem Haus auf dem Land isoliert und hatten sich an strenge Diät zu halten. Sie aßen drei Wochen lang täglich nur 1500 Kalorien, so wenig, daß auf der Grundlage von Vorhersagen nach ihrem Körpergewicht und ihrer Aktivität jede hätte abnehmen müssen. Neun von ihnen verloren kein Gewicht.

Die Personen, die nicht abnehmen konnten, hatten eine lange Vorgeschichte von Diäternährung, einen niedrigen Grundumsatz (der

Verbrennung von Nährstoffen durch den Körper bei geringster Aktivität) und täglich geringen Stoffwechselumsatz während normaler Aktivität gemeinsam. Mit anderen Worten: Bei einer bedeutsamen Minderheit dieser Auswahl mag die typische Behauptung, der Körper scheine seinen Metabolismus anzupassen, um den stärksten Bemühungen des Diätplaners zu widerstehen, richtig zu sein. Die Verfasser kommen zu dem Schluß, ‹daß in einer Gruppe von Abnahmewilligen, die behaupten, kein Körpergewicht verlieren zu können, einige sein werden, die vom Metabolismus her an eine energiearme Diät gewöhnt sind, und andere, deren Unfähigkeit, abzunehmen, illusorisch ist›. Und schon der Titel ihres Aufsatzes, ‹Widerstand gegen Abnehmen: Anpassung oder Illusion?›, erfaßte die beiden Hauptmöglichkeiten, von denen beide nachgewiesenermaßen konkret vorhanden waren.

In neuerer Zeit berichteten Mario DeLuise, George Blackburn und Jeffrey Flier vom Beth Israel Hospital in Boston im ‹New England Journal of Medicine›, fettleibige Personen zeigten auf Zellebene eine verringerte Energienutzung. Gemessen nach der Ionentransport-Pumpfähigkeit der roten Blutkörperchen – mutmaßlich repräsentativ für alle Zellen im Körper – nutzten die Zellen der 21 fettleibigen Prüflinge Energie zu weniger als 80 Prozent im Verhältnis zu den nicht fettleibigen Kontrollpersonen. Anders ausgedrückt: Sie verbrannten weniger und speicherten mehr. Das legte für diese bestimmten Fettleibigen die Möglichkeit nahe, daß sie dieselben Mengen aßen wie die Kontrollpersonen und trotzdem dicker wurden, während die Kontrollpersonen normales Körpergewicht beibehielten. Das zusammen mit anderen Untersuchungen hat den Stoffwechsel-Theorien der Fettleibigkeit, zumindest als teilweise Erklärung, mehr Glaubwürdigkeit verliehen.

So liegt die Schwierigkeit bei manchen von uns, die nicht schlank werden können, vor allem im Verhalten, während sie bei anderen vom Verhalten und vom Stoffwechsel bedingt ist. Der Leser wird mich nun aber gewiß zur Rede stellen. Nach so vielen Seiten über Verhaltensbiologie erwartet er doch von uns wohl nicht, daß wir eine solche Unterscheidung schlucken? Nein, das tue ich nicht; gewiß keine Unterscheidung zwischen Verhalten und Biologie. Trotzdem gibt es hier doch einen realen Unterschied: Bei vielen, die abzuspecken versuchen, liegt ein physiologisches System vor, das ihre größten Bemühungen zunichte macht, indem es sie motiviert zum Essen, wenn Nahrung überflüssig ist; bei manchen gibt es stattdessen oder zusätzlich ein physiologisches System, das die Brennstoffnutzung ihres Körpers bremst und verhindert, daß eine Diät zum Tragen kommt. Diejenigen, die mit beiden Problemen nichts zu schaffen haben, gehören, wie ich vermute, einer kleinen Minderheit an – sie können inmitten von Überfluß leben, ohne bewußt Diät zu halten und ohne eine Neigung zur Fettleibigkeit zu entwickeln. Diejenigen, die beide Probleme haben, sitzen in einer Art physiologischer Zwickmühle.

Jemand, der in Evolutionsbiologie ausgebildet worden ist, muß hier die Stirne kraus ziehen. Auf die eine oder andere Weise – vermutlich in mehrerlei Hinsicht – erscheint das System als Fehlentwurf. Hier haben wir eine Gattung – bis jetzt eine sehr erfolgreiche –, bei der eines der grundlegenden Steuersysteme in der Regel versagt; es regelt das Körpergewicht nicht, oder, um genauer zu sein, es reguliert auf einer Stufe, die zu hoch ist, um mit idealer Gesundheit und idealer Bereitschaft zur Aktion verträglich zu sein. Nicht bereit, ein Fehlverhalten in so großem Rahmen außer als letzte Zuflucht anzuerkennen, beginnt unsere Evolutionsbiologie sich das Gehirn nach einer logischen adaptiven Erklärung zu zermartern: Irgend etwas muß vor langer, langer Zeit dieses angreifbare System vorteilhaft gemacht haben.

Man braucht nicht lange zu suchen. Es ist viel die Rede gewesen von ‹natürlicher› Diät, zumeist bei Leuten, die keine Ahnung davon haben, was Anthropologen damit meinen. Es gibt aber in Wahrheit ein recht beträchtliches Maß an Information, das diese Vorstellung über das Banale hinausbefördern kann. Das sind die ethnographischen Erkenntnisse darüber, was Menschen in Hunderten von nicht-industriellen Gesellschaften gegessen haben (und noch essen) – Jäger, Sammler, Fischer, Gärtner, Hirten und Betreiber von Landwirtschaft im großen Maßstab. In einer repräsentativen Auswahl von 186 dieser Gesellschaften auf der ganzen Welt (aus etwa 1200, bei denen man unterstellt, daß sie durch Anthropologen oder Historiker angemessen dargestellt worden sind) lebten 13 hauptsächlich vom Sammeln (Beschaffung von Wildpflanzennahrung), 14 in erster Linie von der Jagd (einschließlich Schießen, Fallenstellen, Vogelfang und berittener Jagd), 17 in erster Linie vom Fischen (einschließlich Fischen mit Schnur, Netz und Speer, Muschelsammeln und Jagd von Meeressäugetieren), 15 von Schäferei (Haustierhaltung für Fleisch oder Milch oder beides), 51 von einfacher Kultivierung (Roden und Niederbrennen oder wandernde Landwirtschaft mit jährlichem Roden und Brachliegenlassen), 19 von Gartenbau (teilintensive Garten- oder Obstgartenhaltung), 56 von fortgeschrittener Landwirtschaft (mit Bewässerung, Düngung, Fruchtwechsel etc., um Brachliegen zu vermeiden) und eine von Warentausch.

Mit Ausnahme der letzten Gesellschaft stellt die Subsistenzart in allen diesen vorindustriellen Gesellschaftswelten auch ihre Nahrungsgrundlage dar, obwohl das Tauschhandel oder Verkauf von selbsterzeugter oder gesammelter Nahrung als Teil der Wirtschaft nicht ausschließt. 92 Prozent dieser Wirtschaften wurden von Ethnographen zwischen 1800 und 1965 dargestellt, so daß die obige Verteilung von Wirtschaftstypen als repräsentativ für die weltweiten Abarten in nicht-industriellen Volkswirtschaften während dieser Zeitspanne gelten darf. Sie ist natürlich nicht repräsentativ für die menschliche Wirtschaftstätigkeit während des größten Teils der Evolution; vor meinetwegen fünfzehntausend

Jahren hätte eine vergleichbare Auswahl von Gesellschaften auf der Erde mindestens 99 Prozent Sammeln, Jagen und Fischen umfaßt, vor fünfundzwanzigtausend Jahren wären es 100 Prozent gewesen. Die größere Auswahl ist aber aus zwei Gründen von Interesse: Erstens genügen zehn- bis fünfzehntausend Jahre nicht-sammelnder, wandernder Subsistenztätigkeit, um in unserer Gattung zumindest ein Maß an deutlicher adaptiver Veränderung hervorzurufen; zweitens ergeben sich für die Zwecke der Diskussion hier in den Wirkungen der verschiedenen Subsistenzarten Gemeinsamkeiten.

Marjorie Whiting, Ernährungswissenschaftlerin mit Ausbildung in Anthropologie, untersuchte 118 nicht-industrielle Gesellschaften, für die ausreichende Erkenntnisse über Kost und Ernährung vorlagen; 69 von diesen Gesellschaften waren wirklich Ziel von ernährungswissenschaftlichen Untersuchungen gewesen, die anderen ethnographisch allgemein erfaßt, wobei es über die Ernährung gute Erkenntnisse gab. Nachdem man sich mit Whitings Material befaßt hat, kann man über die Zulänglichkeit der Kost ‹primitiver› Völker nicht so erschrocken sein, wie manche Ernährungsfachleute es früher und noch heute nahelegen; man verspürt aber auch keine große Neigung, unkritisch die gelassene Ansicht zu übernehmen, die von manchen Anthropologen vertreten wird. Von den 116 Gesellschaften, für die Angaben zur Verfügbarkeit von Nahrung vorhanden waren, wurden nur 4 (3,4 Prozent) eingestuft mit ‹Nahrungsminimum›, der einzigen Stufe in ihrer Skala, die unter der Subsistenz liegt. Wie zu erwarten, wird die Kindergesundheit bei allen 4 als ‹schlecht› bezeichnet, bei 3 der 4 auch die Erwachsenengesundheit. Vierzehn weitere (12,1 Prozent) werden eingestuft mit einer für die Subsistenz ‹ausreichenden› Menge an Nahrungsmitteln, mit anderen Worten, es gab gerade genug für alle. Läßt man diese beiden Kategorien aber weg, bleiben immer noch 98 Gesellschaften (84,5 Prozent), bei denen die Nahrungsversorgung als ausreichend oder reichlich betrachtet wird.

Die Kost*qualität* bei der Auswahl ist, jedenfalls, was die drei großen Hauptbestandteile angeht, außerordentlich hoch; die Mittelwerte für Fett und Kohlehydrate fallen in die empfohlenen Bereiche, und der Eiweißprozentsatz übertrifft die Empfehlungen ungefähr um das Doppelte. Man beachte vor allem, daß der Prozentsatz an Fett im US-Mittel (ebenso wie der Auswahlmittelwert) die Empfehlungen weit übersteigt, während der Eiweißanteil in den USA den Empfehlungen entspricht und erheblich unter dem Mittel für die ausgewählten Gesellschaften liegt. In den 84 Prozent der Gesellschaften, deren Nahrungsversorgung ausreichend oder reichlich ist, scheint die Kost also derjenigen in den USA überlegen zu sein. Andere Aspekte der Kost in den USA (etwa hoher Verbrauch von raffinierten Kohlehydraten, überhöhter Nahrungsmenge und geringe Aufnahme von Ballaststoffen) unterstreichen die Überlegenheit der Kost bei ‹primitiven› Gesellschaften. Fragen nach lebenswichtigen Nebenstoffen und Spurenelementen stellen ein ernsteres Problem zur Gültigkeit der Daten dar, aber einige Daten stehen zur Verfügung, und wir werden uns in Kürze damit befassen.

Richten wir unsere Aufmerksamkeit zunächst auf die Frage von Knappheiten, Hauptmakel bei der Zulänglichkeit ‹primitiver› Kost. Bei allen 115 Gesellschaften, über die Angaben zu dieser Frage vorliegen, gibt es Knappheiten. Bei 33 (28,7 Prozent) sind sie selten (alle 10 bis 15 Jahre); bei 28 (24,3 Prozent) kommen sie gelegentlich vor (alle 2 bis 3 Jahre); bei 27 (23,5 Prozent) jährlich (‹einige Wochen vor der Ernte, vorausgesehen und erwartet, als vorübergehend erkannt›); und bei 27 öfter als jährlich einmal. Jährliche und häufige Knappheiten sind gemäßigt, gelegentliche und seltene Knappheiten, allgemein gesprochen, stärker. Für die 113 Gesellschaften, bei denen größere Knappheiten abgestuft werden konnten, hatten 33 (29,2 Prozent) starke Knappheiten (‹vergleichbar mit einer Hungersnot, es gibt Todesfälle … viele Menschen suchen verzweifelt nach Nahrung, Notvorräte sind erschöpft›), 39 (34,5 Prozent) gemäßigte Knappheiten (‹ernste Leiden und Entbehrung, einige Menschen sind hungrig und arbeitsunfähig … weniger Tätigkeit, keine großen Strapazen, die Menschen verlieren Gewicht, man greift Vorräte an›).

Wenn wir uns die Angaben zu Knappheiten ansehen, würden wir gut daran tun, daran zu denken, daß die stärkeren seltener sind und daß zweimal in diesem Jahrhundert mehrere europäische Länder gemäßigte oder große Knappheiten erlebt haben. Trotzdem zeigen die Daten, was bei ‹primitiven› Gesellschaften grundsätzlich nicht in Ordnung ist: Sie sind starken Knappheiten unterworfen. Diese Knappheiten heben die Vorteile der Zeiten mit Überfluß nicht auf, aber sie dämpfen doch die Romantik, mit der diese Dinge manchmal angegangen werden.

Die Knappheitsdaten erlauben uns auch den ersten Blick auf die Evolution der Fettleibigkeit. Da Knappheiten von milder bis starker Form unter natürlichen Bedingungen eindeutig allgegenwärtig waren, begünstigt die natürliche Auslese offenkundig Individuen, die in Zeiten des Überflusses wirksam Kalorien speichern können. Für drei Viertel der Gesellschaften wurden solche Speicherungen alle drei bis drei Jahre oder häufiger, bis zu mehrmals jährlich, verbraucht oder zumindest beansprucht. Die natürliche Auslese konnte nicht die Möglichkeit ständigen Überflusses berücksichtigen, weil, da es ihn nie gegeben hatte, es keine Fettleibigkeit und keine adaptiven Nachteile für diejenigen geben konnte, die zur Fettleibigkeit neigten. Die ‹Steuerzentren› für Sättigung bei Menschen in Industriegesellschaften ‹glauben›, der Überfluß werde ein Ende haben, und speichern im Hinblick auf diese Möglichkeit. Sie tritt nie ein, daher weitverbreitete Fettleibigkeit. Wir richten uns ein auf eine Hungersnot, die nie kommt.

Damit ragen zwei Dinge im Zusammenhang mit diesen Subsistenzwirtschaften als gültige Verallgemeinerungen heraus, wenn man ihre Kost mit der unseren vergleicht. Erstens ist ihre Nahrung schwerer zu beschaffen und zumeist schwerer zu essen und zu verdauen als die unsere. Zweitens wird ihre Kost von regelmäßigen Knappheiten betroffen, die fast immer stark genug sind, um Gewichtsabnahmen zu bewirken; in vielen Gesellschaften ist es sogar schlimmer.

Die !Kung San sind keine Ausnahmen für diese Verallgemeinerungen, sondern eher Beispiele dafür. Es hat über die Zulänglichkeit ihrer Kost große Kontroversen gegeben. Anfang der sechziger Jahre machte der Wirtschaftsanthropologe Marshall Sahlins (heute an der University of Chicago) es sich zur Gewohnheit, sie als das ‹Urbild der wohlhabenden Gesellschaft› zu bezeichnen, eine eher fragwürdige Art und Weise, eine Bevölkerung zu benennen, die eine Kindersterblichkeit von 50 Prozent und bei der Geburt eine Lebenserwartung von etwa dreißig Jahren hat. Um Sahlins gegenüber aber gerecht zu sein: Was er meinte, war ihre scheinbare Zulänglichkeit der Kost, ihre scheinbare Zulänglichkeit von Freizeit und, vor allem, ihre scheinbare Zufriedenheit mit dem Dasein.

Untersuchungen von Richard Lee und Iven DeVore Mitte und Ende der sechziger Jahre schienen diese Feststellungen zu bestätigen. Sie zeigten, daß die !Kung am Tag nur wenige Stunden und in der Woche nur wenige Tage für die Nahrungssuche aufwandten und viele Freizeitbeschäftigungen hatten, daß ihre Kost gut ausgewogen war, daß sie das Potential ihrer Umgebung zur Nahrungsversorgung nicht ausschöpften, daß ihre Kalorienaufnahme knapp über dem Minimum für Menschen ihrer Größe und ihres Gewichts lag, wie die Vereinten Nationen es empfohlen hatten, und daß sie nicht das wohlhabende Hirten- und Bauernleben ihrer Bantu-Nachbarn anstrebten.

Andere Untersuchungen haben diese Feststellungen inzwischen in Zweifel gezogen. Nur ein paar Stunden täglich und einige Tage in der Woche für Nahrungssuche aufzuwenden, ist eindrucksvoll, aber viel mehr Stunden und Tage werden damit zugebracht, Werkzeuge und Waffen herzustellen, Häute zu gerben, Essen vorzubereiten und zu kochen, Kleidung herzustellen und künftige Jagd- und Sammelexpeditionen gründlich zu planen. Nichts davon war in den Untersuchungen über !Kung-Tätigkeit enthalten, die sie so müßiggängerisch erscheinen ließen. Man könnte noch andere Tätigkeiten nennen, die nach meiner Meinung nicht zu Recht als Müßiggang betrachtet werden. Wenn Arbeit ist, was Rechtsanwälte und Richter tun, dann ist auch Arbeit, wenn die !Kung die ganze Nacht bei einer Versammlung sitzen und eine heiß umstrittene Scheidung besprechen. Wenn Arbeit ist, was Psychotherapeuten und Geistliche leisten, dann ist auch Arbeit, wenn ein Mann oder eine Frau bei den !Kung Stunden in einer nervenzerrenden Trance verbringen, um

Menschen heilen zu wollen. Die frühen Untersuchungen lieferten Zahlen, nach denen die !Kung im Vergleich mit uns müßiggängerisch erschienen, aber nur dadurch, daß vieles von dem, was sie tun, aus der Kategorie ‹Arbeit› fortgelassen wird, während man dieselben Tätigkeiten einschließt, sobald es um unsere eigene Gesellschaft geht.

Wir müssen ferner die Tatsache berücksichtigen, daß die !Kung häufig krank sind; ihre körperlichen Beschwerden können keinem Anthropologen entgehen, der mehr als einige Tage bei ihnen verbringt. Sie leiden an verbreiteten Infektionskrankheiten von Malaria über Magen-Darm-Erkrankungen bis zur Tuberkulose und vielen anderen ohne klinische Erscheinungen, und bei den meisten Personen tritt eines dieser Leiden irgendwann mit kompletten klinischen Erscheinungen auf. Die !Kung scheinen den ‹Zivilisationskrankheiten› zu entgehen – zum Beispiel Magengeschwüren oder hohem Blutdruck –, aber es gibt genug andere Leiden, denen sie nicht entkommen.

Um die Krankheit beiseite zu lassen: Die meisten !Kung-Frauen verbringen die ganze Zeit vom neunzehnten bis zum fünfundvierzigsten Lebensjahr damit, entweder schwanger zu sein oder Kinder zu stillen, was sie zusätzlich dauernd und in beträchtlicher Weise körperlich belastet. Zieht man alle diese Tatsachen zum körperlichen Zustand in Betracht (ohne Rücksicht auf die Sterblichkeit), dann müssen wir nicht nur einsehen, wie tiefgreifend ihre Lebensqualität durch derartig körperliche Belastungen geschädigt wird; wir müssen uns auch fragen, ob ein Teil dessen, was früheren Untersuchern als Müßiggang erschien, nicht in Wahrheit Morbidität war. Wenn Menschen sich krank fühlen, arbeiten sie vielleicht nichts, aber das gibt uns nicht das Recht, sie für Müßiggänger zu halten.

Ihre Kost *ist* gut ausgewogen, aber inzwischen ist erneut in Frage gestellt worden, ob sie ausreicht. Stewart Trusswell und John Hansen, zwei Ärzte, die sie studiert haben, betrachteten ihre Kost als ausreichend bei fast allen Spurenelementen und als gut ausgewogen zwischen den Hauptelementen Kohlehydrate, Eiweiß und Fett, aber sie hielten die !Kung im Sinn der Gesamt-Kalorienaufnahme für leicht unterernährt. Außerdem betrachteten sie die geringe Körpergröße der !Kung als Folge früher Unterernährung, hervorgerufen durch die das Stillen ergänzende Ernährung nach dem Alter von sechs Monaten. (Meine eigenen Beobachtungen bestätigten ihren Eindruck, daß eine solche Ergänzung unzureichend war, vermutlich mindestens bis zum Alter von achtzehn Monaten.)

Neuere Erkenntnisse legen nahe, daß die Unterernährung, die sie bei Erwachsenen beobachteten, vermutlich jahreszeitlich begrenzt ist. Edwin Wilmsen von der Boston University hat die Ernährung der !Kung während der siebziger Jahre beobachtet und ist zu dem Schluß gekommen, daß es jährliche Knappheiten gibt, die zu deutlichem Gewichtsverlust (vier bis acht Pfund) führen. Wenn Wilmsen recht haben sollte (es wäre möglich, daß seine Beobachtung die Folge von Kulturübertragung ist), werden die !Kung in diesem Punkt eher dem großen Bereich nicht-industrieller Gesellschaften gleichen und weniger dem ‹Urbild wohl-habender Gesellschaft› früherer Beurteilungen.

Was die Nahrung angeht, die nicht genutzt wird, in der Umwelt aber verfügbar ist, läßt dieser Einwand viel zu wünschen übrig. Wir haben gesehen, daß Schmackhaftigkeit und Mühelosigkeit des Zugangs die Eßlust fördern, vor allem bei den Fettleibigen, aber auch bei norma-len Personen. Mongongonüsse – das Hauptnahrungsmittel der !Kung – schmecken sehr gut und sind nahrhaft, aber sogar ein !Kung kann nur eine bestimmte Menge davon essen. Wenn eine !Kung-Frau, die eine Woche lang kaum anderes gegessen hat, auf die Gelegenheit verzichtet, noch einen Marsch von zehn Meilen in der Hitze zu den ferngelegenen Mongongohainen zu unternehmen, sondern es lieber vorzieht, an diesem Tag sogar hungrig zu bleiben, würde ich für meine Person das nicht als Nachweis dafür ansehen wollen, daß sie wohlhabend sei; sie hat lediglich eine Kosten-Nutzen-Analyse angestellt, die dazu führt, daß die Nüsse am Boden liegen bleiben und verfaulen.

Nancy Howell, eine herausragende Demographin, jetzt an der University of Toronto, hat vor kurzem ihre Analyse der !Kung fertigge-stellt und vertritt die Ansicht, Nahrungsmittelknappheiten seien zum Teil verantwortlich für das langsame Bevölkerungswachstum der !Kung. In ihrem 1979 erschienenen Buch ‹Demography der Dobe !Kung› präsen-tiert sie eine Analyse, gegründet auf einer Unfruchtbarkeitstheorie, am engsten verbunden mit Namen und Ruf von Rose Frisch an der Harvard School of Public Health. Dieser Theorie zufolge, die weithin anerkannt ist, finden fruchtbare Ovarialzyklen unter einem bestimmten Mindest-wert von Körperfett kaum statt. Obwohl das Bild bei den !Kung vermut-lich vielschichtiger ist, spricht einiges dafür, daß Kalorieninsuffizienz – zusammen mit sehr häufigem Stillen und später Entwöhnung – eine gewisse Rolle dabei spielt, die Fruchtbarkeit der betroffenen Bevölke-rung dadurch zu senken, daß die Zeitspanne zwischen Geburten auf bis zu vier Jahre verlängert wird.

Und dann diese schrecklichen Sterblichkeitsziffern. Auch sie sind von Howell und Richard Lee ausführlich und über jeden Zweifel hinaus nachgewiesen worden. Wie jemand eine solche Gesellschaft wohlhabend nennen kann, dürfte schwer zu verstehen sein, aber vorgetragen wird ungefähr folgendes: Die !Kung leben seit Jahrtausenden in denselben Verhältnissen; ihre Kultur und Gesellschaft sind an den Tod gewöhnt; ja, ihr weiteres Dasein in ihrer jetzigen sozialen und ökologischen Lage wäre ohne diese hohe Sterblichkeit unmöglich; und außerdem wären sie daran gewöhnt.

Ich stimme da nicht zu, und die !Kung tun es, wie ich hinzufügen möchte, auch nicht. Ein kürzlich erschienenes Buch von Marjorie Shostak belegt das Leben einer !Kung-Frau nach ihrer eigenen Schilderung, gegeben im Alter von fünfundfünfzig Jahren, ergänzt durch Shostaks Anmerkungen. Es trägt den Titel ‹Nisa: The Life and Words of a !Kung Woman› und ist wohl die bewegendste und intimste Lebensdarstellung, die je von einem ‹primitiven› Menschen in irgendeiner Gesellschaft gegeben worden ist; sie verrät über die !Kung vieles, was in anderer Form nie ans Licht gekommen ist. Es macht klar, daß die !Kung mit ihrem Schicksal nicht zufrieden sind, daß sie weder friedlich leben noch den vielen Verlusten gegenüber abgehärtet sind, die diese traurigen Sterblichkeitskurven ihnen auferlegen; und daß sie mehr oder weniger ständigen Neid auf Menschen empfinden, denen es besser geht, sowohl innerhalb als auch außerhalb ihrer Gesellschaft.

Trotzdem sind sie zähe, gutgelaunte, widerstandsfähige, selbstsichere und großzügige Menschen. Sie kennen kein Selbstmitleid und lassen nicht zu, daß ihre Armut oder die schweren Bedingungen, unter denen sie leiden müssen, ihre Freude am Leben zerstören. So weit kann ich Sahlins folgen: Die !Kung, die nichts besitzen, klagen und stöhnen viel weniger als der durchschnittliche Amerikaner der oberen Mittelklasse während der Inflation von 1979 und der Rezession von 1981. Um eine Vorstellung von den absoluten Unterschieden unter diesen Umständen zu geben: Für mich gibt es kaum Zweifel, daß vielleicht nicht die ärmsten 5 Prozent der Amerikaner, aber die nächstärmsten 5 Prozent den !Kung als Besitzer von Reichtum, Bequemlichkeit und Sicherheit in unvorstellbarem Ausmaß erscheinen würden. Die durchschnittliche !Kung-Familie würde, wenn sie die Gelegenheit dazu erhielte, ohne Zögern sich dieser Klasse anschließen; so arm sind sie und noch ärmer.

Man stelle sich vor, in einem Bett zu schlafen! Obst zu essen, bei dem das Fruchtfleisch größer ist als der Kern! Eine Chance von 95 Prozent oder mehr zu haben, daß dein Kind am Leben bleibt! In den ersten Monaten, nachdem ich von den !Kung zurückkam, ging mir ab und zu ein Satz in der !Kung-Sprache durch den Kopf, der ganz gewiß oft einem !Kung eingefallen wäre, hätte ich einen bei mir gehabt: «Reiche Leute, überall reiche Leute!» Ich erinnere mich an eine bestimmte Gelegenheit auf den Harvard Square an einem ganz normalen Tag – das ist eine der belebtesten Gegenden der Welt –, als ich beobachtete, wie jemand in ganz gewöhnlicher Kleidung aus einem ganz gewöhnlichen Auto stieg. Ich stand da, gaffte, schüttelte den Kopf und murmelte: «Reiche Leute, überall reiche Leute!» Jahrelang hörte ich jedesmal, wenn ich Reste von einem Teller in die Abfalltonne schabte – von einer ganz bescheidenen Mahlzeit, noch dazu von einer, wo alles aufgegessen wurde –, einen meiner !Kung-Freunde in einem Winkel meines Gehirns sagen: «Bist du einer, der Nahrung vernichtet?» Mit zu den schwersten Dingen gehörte, Apfelsinenschalen wegzuwerfen; !Kung-Frauen heben sie auf, um ein Duftwasser daraus zu machen.

Und trotzdem: Wenn sie mit den amerikanischen Armen oder übrigens auch mit den amerikanischen Reichen tauschen sollten, hat der Gedanke, daß sie nicht wüßten, was sie aufgeben, mehr als ein Körnchen Wahrheit für sich. Sie würden ein Leben von Widerstandsfähigkeit und gegenseitiger Hilfe unter dem Druck der umweltbedingten Not tauschen gegen ein Dasein relativer Sicherheit und relativer menschlicher Isolierung, wo der entscheidende soziale Akt darin besteht, sich mit irgend jemand anderem zu vergleichen. Was die Vorstellung angeht, sie würden wegen ihrer kulturellen Herkunft und Erziehung durch die wirtschaftliche Umstellung nicht völlig verändert werden, so glaube ich keinen Augenblick daran. So, wie die völlig friedlichen Semai in Malaysia im Dienst der Überseearmy Ihrer Majestät blutdürstige Killer werden konnten, so würde die !Kung-Familie, nach Cambridge versetzt, fähig sein, den Unterschied zwischen neuem und altem Leben zu vergessen, ihre Hoffnungen und Träume stattdessen auf den Unterschied zwischen sich und dem Leben von Filmstars richten, ja, sogar darauf, ‹so zu sein wie der Nachbar›.

Mein Grund für diese Gewißheit ist der, daß die !Kung in ihren eigenen traditionellen Kulturumständen eine solche Fähigkeit durchaus verrieten. Eigensucht, Arroganz, Geiz, Habsucht, Wut, Begierde, alle diese Formen der Völlerei werden in ihrer traditionellen Situation auf dieselbe Weise gezügelt wie schlichte Essensvöllerei: Nämlich, sie kommen nicht vor, weil die Situation es nicht zuläßt. Nicht, wie manche glauben, weil die Menschen oder ihre Kultur in irgendeiner Weise besser wären. Ich werde nie vergessen, wie ein !Kung-Mann – der Vater einer Familie, ungefähr vierzig Jahre alt, in der Gemeinschaft hochgeachtet, in jeder Beziehung ein guter und stattlicher Mann – mich bat, die Keule einer Antilope aufzubewahren, die er getötet hatte. Das meiste davon hatte er hergegeben, wie man es tun mußte. Aber er sah die Gelegenheit, einen Teil für später, für sich und seine eigene Familie, zu verstecken. Normalerweise gäbe es natürlich in der ganzen Kalahari keinen Ort, wo man Fleisch verstecken könnte; es wäre gefährdet entweder von Aasfressern oder von räuberischen entfernten Verwandten. Die Anwesenheit von Fremden lieferte jedoch eine Verbindungsfläche zu einer anderen Welt, und er wollte das Fleisch zeitweilig durch einen Spalt in dieser Fläche schieben, in das einzig vorstellbare Versteck. Ich ließ ihn merken, daß ich es nicht billigte, aber abweisen konnte ich ihn nicht, trotz all meiner Kenntnisse, trotz der Tatsache, daß ich mich so schuldig fühlte wie er sich selbst.

Ich glaube, dieses Erlebnis bei den !Kung verrät uns viel über Völlerei, sowohl wörtlich wie bildlich genommen. Die natürliche Auslese konnte uns nicht mit einem wirksamen Mechanismus ausstatten, in Zeiten des Überflusses unser Gewicht niedrig zu halten, aus dem einfachen Grund, weil sie uns sorgsam mit dem Gegenteil versorgte – mit einem Mechanismus, während Zeiten des Überflusses beträchtliche Mengen überschüssigen Gewichts zuzulegen, damit man in Zeiten der Not davon zehren konnte. Da es im gesamten Verlauf der menschlichen Entwicklung vermutlich fast niemals Bedingungen fortwährenden Überflusses gegeben hat – und gewiß nicht verbunden mit der Gelegenheit für körperliche Faulheit –, kann von der natürlichen Auslese nicht erwartet werden, daß sie uns auf solche Bedingungen vorbereitete.

Ähnlich ist es mit allen bildlichen Formen der Völlerei; wir sind von der Evolution darauf angelegt worden, Ziele der günstigen Gelegenheit zu verfolgen – unsere ‹Es-Kathexis›, unsere instinkthaften Seelenwünsche, als das zu erkennen, was sie waren: in neunundneunzig von hundert Fällen gefährlich und unmöglich, aber alle heiligen Zeiten einmal vielleicht erfüllbar. Und was können wir erwarten, wenn sie in zehn oder zwanzig oder dreißig von hundert Fällen erfüllbar sind? Genau das, was wir jetzt vor uns haben: die stärkste Blüte des Narzißmus seit den Zeiten des kaiserlichen Roms. Die Fettleibigkeitsepidemie ist bloß die augenfälligste Folge des Sichvollstopfens; deine Wunscherfüllungen häufen Fleisch auf deinen Körper. Als ein Typ von instinkthafter Wunscherfüllung erscheint mir das noch am wenigsten gefährlich. Die gefährlichen Vielfresser sind natürlich diejenigen, die sich blindlings vollstopfen mit Land, mit Geld, mit Macht, mit Glück und Sicherheit anderer Menschen.

Robert Coles' Buch ‹Privileged Ones› (Die Bevorrechtigten), fünfter Band seines umfassenden Werkes ‹Children of Crisis› (Kinder der Krise), zu lesen, ist in mehrerlei Beziehung lehrreich. Es verschafft Einblicke in das kindliche Seelenleben der Sprößlinge von einigen der reichsten Familien Amerikas. Coles ist ein tiefblickender Mann, ein mitfühlender Psychiater, ein feinfühliger Beobachter und dazu ein großartiger Stilist; die Einblicke sind also echt und bedeutsam. Vielleicht verwundern sie nicht; wir sehen, wie die reichsten Kinder in den Vereinigten Staaten sich Dinge wünschen, die sie nicht haben; wir sehen, wie sie in schwierigen Augenblicken sich mit einer unvorstellbaren Vielzahl von Spielzeug und dem Gefühl trösten, daß sie eines Tages noch besseres bekommen; wir sehen, wie sie sich mit anderen vergleichen, von denen sie vermuten, sie könnten noch reicher sein als sie und dabei Qualen leiden; wir sehen – wie zu erwarten war, und doch fassungslos –, daß sie unglücklich sind; und wir sehen, wie sie in das tiefsitzende, eingewurzelte Gefühl der Überlegenheit hineinwachsen – Coles nennt es ‹Anspruchsdenken› –, das es ihnen am Ende ermöglicht, äußere Anzeichen von Habsucht zu unterdrücken. Vor allem sehen wir, wie sie immer mehr wollen und dazu ermuntert werden.

Coles zitiert ein schwarzes Dienstmädchen in einer der Familien, das Mitleid mit seinen Arbeitgebern hat; Coles hat es offenbar auch und möchte es dem Leser vermitteln. Bei mir stellt es sich nicht ein, und ich wundere mich über Coles. Wie man in Hollywood sagt: Lieber unglücklich und reich als unglücklich und arm. Coles hatte als Arzt eine Verantwortung diesen Kindern gegenüber, die ihn verpflichtete, für sie Mitgefühl auszudrücken, ja, sogar zu empfinden, aber der Sozialkritiker bestürzt nach vier Bänden über Kinder, die von Armut gequält und manchmal vernichtet werden, mit einem Band über die sehr Reichen durch seine Wandlung, zumal, da er zu glauben scheint, der Reichtum der wenigen sei Teil der Erklärung für die Armut der vielen. Als Kindern wird ihnen der Glaube beigebracht, sie wären etwas Besseres. Man bringt ihnen bei, sie verdienten alles, was sie haben. Man lehrt sie, mehr zu wollen. Und man lehrt sie, wie man es bekommt.

Man bringt ihnen Mitgefühl für andere Menschen bei wie Mitgefühl für Tiere. Die Äußerung eines zwölfjährigen Mädchens über eine Bedienstete ihrer Familie ist typisch:

Wir hatten ein Dienstmädchen, und sie sagte, wir verbrächten mehr Zeit mit den Tieren als sie mit ihren Kindern. Sie hat kein Verständnis dafür, was ein Tier braucht. Sie war diejenige, die dauernd zu mir sagte, ich sei schön und brauchte deshalb keine Hautlotion. Ich wollte ihr die Lotion geben. Sie braucht sie. Ihre Haut ist in einem schrecklichen Zustand. So trocken und rissig. Meine Mutter sagt, man kann arm sein und sich trotzdem pflegen. Wenn unser Dienstmädchen nicht soviel Süßigkeiten und Kartoffelchips kaufen würde, könnte sie sich Hautlotion leisten. Und sie wäre nicht so dick!

Das mag sich anhören wie aus dem Drehbuch zu einer billigen Neuverfilmung von ‹Vom Winde verweht›, aber es ist die Äußerung einer Zwölfjährigen im ‹neuen› Süden des letzten Jahrzehnts. Natürlich ist sie erst zwölf und wohl der Liebling ihrer Mutter, und diese Art zu reden, mag Nachahmung sein. Sie könnte das überwinden. Aber Coles’ spätere Erkundigungen über einige dieser Kinder deutet darauf hin, daß ihr Anspruchsdenken, weit davon entfernt, sich zu verringern, mit den Debütantinnenbällen und den sicheren Plätzen in vornehmen Colleges und den längst bereitstehenden richtigen Arbeitsplätzen und den richtigen Ehen zunimmt. Wenn sie sich vom Busen der Familie entfernen, werden sie in stärkerem Maße die Kinder ihrer Eltern, nicht in geringerem.

Der riesige amerikanische Mittelstand liefert jetzt eine recht gute Nachahmung dieser Kindererziehungsmethoden der Superreichen. Alle sind vom Anspruchsdenken befallen, und viele Eltern, die es ihren Kindern nicht direkt beibringen, übertragen es durch das Beispiel ihres eigenen narzißtischen Verhaltens. Mit Billigung unserer Ärzte können wir uns nach Belieben scheiden lassen, Pflege rund um die Uhr für unsere Kinder fordern (durch andere Leute, während wir unseren Interessen und Ambitionen nachgehen), kleinen Kindern aus Sorge, sie zu ‹verzärteln›, körperlichen Trost, Eingehen auf Kummer, ja, sogar Liebe vorenthalten. Wenn diese Kinder acht oder zehn Jahre alt sind, treiben wir ihnen jeden Verstand aus mit einer Flut von Vorrechten und Dingen; wir zerstören das Gefühl für die Proportion, ohne welches das Leben ein bloßes Chaos von verzweifelten Wünschen ist. Und wenn sie dann fünfzehn sind und schwanger oder Diebe oder betrunken oder angetörnt oder an Selbstmord denken oder sich einfach um gar nichts scheren, betrachten wir ihr Verhalten als bizarr.

Die Natur hat sie mit einem System ausgestattet, den Unterschied zwischen Wunsch und Bedürfnis, zwischen Angst und Bedürfnis, zwischen Zorn und Bedürfnis zu erkennen, aber diese Systeme können aus Gründen, die mit den Umständen der menschlichen Evolution zusammenhängen, versagen. Wenn wir Vorrechte, Anspruchsdenken und Dinge geben statt Liebe und Logik der menschlichen Anständigkeit, wenn wir Kinder ermuntern, mehr haben zu wollen, indem wir ihnen alles geben, was sie wollen, indem wir sie zu dem Glauben verleiten, sie wären überlegen und für das, was sie wollen, gäbe es keine Grenze, beseitigen wir fast jede Hoffnung darauf, daß sie fähig sein werden, solche feinen Motivationsunterscheidungen zu erlernen. Und so lassen wir sie ewig wie Ciacco im Regen sich quälen; ein auffallend danteskes Schicksal, in dem die Quelle der Lebensfülle selbst zu einem ewigen Marterinstrument wird.

Teil Drei
Die Veränderung
des Verhaltens

Nicht in der geträumten Unabhängigkeit von den Naturgesetzen liegt die Freiheit, sondern in der Erkenntnis dieser Gesetze und in der damit gegebenen Möglichkeit, sie planmäßig zu bestimmten Zwecken wirken zu lassen . . . Freiheit besteht also in der auf Erkenntnis der Naturnotwendigkeiten gegründeten Herrschaft über uns selbst und über die äußere Natur.

Friedrich Engels
‹Anti-Dühring›

Die Wirkungen verändern sich mit den Bedingungen, die sie hervorbringen, aber Gesetze verändern sich nicht. Physiologische und pathologische Zustände werden von denselben Kräften beherrscht; sie unterscheiden sich nur wegen der besonderen Bedingungen, unter denen die Lebensgesetze sich manifestieren.

Claude Bernard
‹Einführung in die Experimentalmedizin›

16 Veränderung

... Verhalten kann verändert werden, wenn man die Bedin-
gungen ändert, deren Funktion es ist.

B. F. Skinner
‹Beyond Freedom and Dignity›

Man nehme ein System, das sich nach bekannten wie unbekannten
Gesetzen, aus inneren wie äußeren Ursachen, auf zyklische wie fortschrei-
tende Art, durch umkehrbare wie nichtumkehrbare Prozesse ständig
verändert. Man lasse es eine unendliche Zahl von Zuständen, Teilzustän-
den und Zustandskombinationen durchlaufen und in vielen für unterschiedliche Zeiträume zum Stillstand kommen. Man verleihe ihm eine
Vielzahl möglicher Reaktionen auf eine bestimmte Eingabe einschließlich der Modulierung und Beendigung von Eingaben. Es sei fähig, sich
durch bestimmte Funktionen zu reproduzieren, die ausschließlich deshalb auftreten, weil sie diesen Zweck wirksam, wenngleich oft indirekt,
erfüllen. Man gebe ihm ferner eine Bahn von feststehender höchster
Zeitlänge (sagen wir, neunzig Jahre), die das System durch eine mehr
oder weniger festgelegte Folge möglicher oder wirklicher Zustände vom
Nichtvorhandensein bis zum endgültigen Aufhören der Funktion trägt,
ein abruptes Aufhören der Funktion aber schon zu einem früheren
Zeitpunkt ermöglicht. Schließlich füge man in das Ganze einen Sensor
ein, der den Punkt feststellen kann, den das System in der Bahn erreicht
hat, die Wahrscheinlichkeit fortgesetzten ausreichenden Funktionierens
einschätzen und, soweit möglich, so reagieren kann, daß er diese Wahrscheinlichkeit zum Besseren hin verändert; ausgenommen – und das ist
eine entscheidende Einschränkung – dort, wo dieses Ziel mit dem der
Reproduktion in Konflikt gerät.

Wir haben nun etwas vor uns, das in der Komplexität zumindest
in groben Umrissen dem menschlichen Verhaltenssystem entspricht. Natürlich müssen wir das Potential für ein Versagen hinzufügen, das allen
Systemen gemeinsam ist, ob das an Konstruktionsfehlern liegt oder an
nicht vorausgesehenen Belastungen; allerdings kann eine richtige Auffassung vom Konstruktionsprozeß – und der entsprechenden realen Ziele
des Systems – das Versagen als eine viel seltener notwendige Erklärung
erscheinen lassen wie für viele frühere Beobachter.

Hinzufügen müssen wir freilich auch die ausdehnungsfähige Seite
der Veränderung. Wenn ich nicht an Veränderung glaubte, würde ich

keine Bücher schreiben – schon gar keine schwierigen mit leidenschaftlichen Ermahnungen. Ich würde mir eine lukrativere, weniger anstrengende Arbeit suchen. Dieses Buch ist natürlich tendenziös; ich halte das für zulässig, weil der Standpunkt, den es vertritt, bis jetzt noch nicht ernsthaft zu Gehör gekommen ist – jedenfalls im heutigen Denkklima nicht in seinem vollständigen Sinn. Trotzdem ist das Buch nicht einseitig. Ich halte es für unmöglich, daß man auch nur ein einziges Kapitel lesen kann, ohne einen starken Eindruck von der Anpassungsfähigkeit und Wandelbarkeit menschlichen Verhaltens mitzunehmen.

Die Frage ist: Wie? ‹Verhalten kann verändert werden, wenn man die Bedingungen verändert, deren Funktion es ist.› Schön und auch wahr. Im Gegensatz jedoch zu dem enggefaßten Glaubensbekenntnis in Skinners Buch reichen in der Verhaltenswissenschaft diese ‹Bedingungen› weit über den winzigen Punkt der Verstärkungskonditionierung hinaus. Es ist nämlich nicht bloß das portionsweise Zuteilen zeitlich angemessen berechneter Belohnungen, das Verhalten beeinflußt, sondern auch eine ganze Reihe anderer Kräfte, die im Nu und unter den richtigen ‹Bedingungen› die Folgen von Jahren sorgfältiger Konditionierung hinfällig machen können.

Die von Skinner und seinen Kollegen, Lehrern und Schülern von Pawlow bis in die Gegenwart umrissenen Prozesse sind real, weitverbreitet und machtvoll. Der grundlegende ist vielleicht assoziatives oder Wahrnehmungslernen; in der einfachsten Laborsituation verlangt ein Tier eine Reihe von Reizelementen, die häufig gemeinsam geboten werden – es setzt sie gewissermaßen in seinem Gehirn zusammen. So wird uns eine Melodie erkennbar oder ein Duft, der Erinnerung an eine bestimmte Frau auslöst. Ein zweiter ist klassische Konditionierung, der Prozeß, den wir beiläufig jedesmal dann meinen, wenn wir Pawlows Hunde erwähnen; bei diesem Experiment wurde ein instinktiver oder zumindest sehr gut etablierter Reflex – die Absonderung von Speichel als Reaktion auf den Geruch von Nahrung – durch assoziatives Lernen so abgewandelt, daß Speichel als Reaktion auf den Ton einer Glocke abgesondert wurde, jener Glocke, die ursprünglich nur geläutet hatte, wenn Nahrung geboten wurde. Das ist derselbe Konditionierungsprozeß, der eine Frau dazu bringt, nach einigen Tagen des Stillens festzustellen, daß ihre Bluse von Muttermilch feucht geworden ist, nur weil sie den Säugling hat schreien hören, oder der Prozeß, der einen Mann dazu bringt, daß er bloß auf Phantasievorstellungen hin zu ejakulieren vermag. Oder, um ein weniger ausgefallenes Beispiel zu nehmen: Wenn eine Person uns stets mit Zärtlichkeit entgegengekommen ist, mag die bloße Annäherung dieser Person mit der Zeit ausreichen, um uns das empfinden zu lassen, was anfangs nur die Zärtlichkeit in uns hervorrufen konnte.

Eine andere Art von Lernen – von Skinner besonders genau untersucht – ist der riesige Bereich der operanten Konditionierung. Hier beginnen wir nicht mit einem Reiz oder auch mit einer durch Reiz ausgelösten Reaktion, sondern mit einem natürlich eintretenden Vorgang. Von den Skinnerianern ‹operant› genannt, handelt es sich schlicht um das, was das Tier jeweils tut. Eine Ratte in einer Kiste wird herumlaufen, den Kopf heben, schnuppern, sich ab und zu auf die Hinterbeine stellen – alles Operanten. Wenn ein Hebel da ist, wird sie ihn früher oder später betätigen. Was über jeden Zweifel hinaus nachgewiesen wurde, ist, daß jede dieser Verhaltensweisen, falls ihrem Auftreten bestimmte Reize, ‹Verstärker› genannt, folgen, allein durch diese Einwirkung in ihrer Häufigkeit gesteigert oder verringert werden können. Solche, mit denen die Häufigkeit von Operanten gesteigert wird, nennt man positive, jene, die sie verringern, negative Verstärker. Darüber hinaus ist vieles, und zwar mit großartiger Präzision, darüber bekannt, wie verschiedene Anwendungen der Verstärkung die Dauerhaftigkeit des Lernens beeinflussen. Manche dieser Erkenntnisse sind relativ naheliegend, so die Tatsache, daß beständigere Verstärkung zu einem rascheren Erlernen der Reaktion führt. Einige davon sind aber nicht so naheliegend, etwa jene, daß eine weniger beständige Verstärkung ein Verhaltensmuster hervorruft, das viel schwerer zu beseitigen ist – es hält länger an, nachdem die Verstärkung nicht mehr gegeben wird. Psychologen benutzen diese letztgenannte Tatsache oft als Modell für das Verhalten zwanghafter Glücksspieler.

Viele Nachweise zeigen, daß solche Prozesse für Menschen ebenso gelten wie für Ratten und Tauben. Einige der ersten wirklich erfolgreichen Behandlungsprogramme für geistig stark Zurückgebliebene stützten sich auf solches Wissen. Die Patienten werden geistig zwar nicht normal, erlangen aber die Fähigkeit, sich oft erstmals auf der Toilette sauberzuhalten und allein zu essen. Verhaltens-Psychotherapie, die von Skinnerschen Prinzipien herrührt (obschon in der Regel flexibler und eklektischer als die beim Training von Tauben verwendeten), ist zu einer legitimen und weithin anerkannten Behandlungsform geworden; sie mag nicht wirksam sein, aber die Hinweise darauf, daß sie es doch ist, sind dafür ungefähr so von Gültigkeit wie für andere Formen der Psychotherapie.

Es gibt keinen einzigen mit dem sozialen Ausdruck der Emotionen verbundenen Prozeß – und kein einziges in diesem Buch behandeltes Verhalten –, die nicht in einem gewissen Maß operanter Konditionierung unterworfen wären. Unter den meisten Umständen gehen wir, wenn Menschen, an die wir herantreten, uns auf irgendeine Weise belohnen, immer wieder zu ihnen, und falls Menschen, an die wir herantreten, uns bestrafen, meiden wir sie.

Im tierischen Verhalten gibt es viele andere Lernprozesse, die ebenfalls auf Menschen anwendbar sind. Gewöhnung, Thema ethologischer Forschung und in neuerer Zeit der Neurophysiologie, besteht aus dem stufenweisen Abklingen eines unkonditionierten Reflexes oder, genauer, aus einer Verengung der Kategorie von Reizen, die zur reflexiven Reaktion führen. Ein Frosch läßt seine Zunge zunächst nach jedem schwarzen Objekt schnellen, das vorbeikommt, läßt mit der Zeit vom Wind verwehte, nicht eßbare Objekte jedoch unbeachtet. Ein Mensch erschrickt zu Beginn eines Gewitters bei Donner, aber die Reaktion wird langsam angewöhnt und läßt nach. Eine Frau heutzutage mag wohl vorsichtig sein gegenüber einem Mann, der sich ihr mit offenkundigem sexuellen Interesse nähert, aber bloßes Zusammensein mit ihm ohne ein unerwünschtes Ereignis kann viel dazu beitragen, eine Furcht zu beseitigen, die sich, wie die Froschzunge, irregeleitet sieht. Ich vermute, daß vieles von dem, was in den Anfängen der Partnerwerbung vorgeht, nicht viel mehr sein dürfte als eben das. Gewöhnung, praktisch die Umkehrung klassischer oder pawlowscher Konditionierung, beseitigt instinktive Reaktionskomponenten, die sich beim Umgang mit der Wirklichkeit als überflüssig erweisen; das ist vielleicht der allgemeinste und häufigste Prozeß von Verhaltensmodifikation.

Gebrauch, Spiel und Übung betreffen die Stärkung von Wahrnehmungsassoziationen oder Reiz-Reaktionsfolgen, die schon vorhanden sind, ob aus genetischen oder umweltbedingten Gründen. In einem gewissen Sinn ist der interessante neue Prozeß hier die Assoziation, die innerhalb des Organismus stattfindet – das Verketten von Reaktionen miteinander statt mit äußeren Reizen. Glättung aller komplexen Verhaltensfolgen kann eintreten durch Gebrauch, die mutmaßlich neurale Verbindungen von Reaktion zu Reaktion, von Reaktion zu Reiz zu Reaktion, und, am interessantesten, über die häufig komplizierten neuralen Schaltungen stärkt, welche die Folge vom zentralen Nervensystem aus steuern.

Ein Beispiel: Wenn die neu gereifte Gehfähigkeit eines Kleinkinds ausgeübt wird, stellt sie eine Reihe von Verbindungen zwischen Anblick und Empfindung des Bodens in bestimmten Augenblicken und der Aktion der Beine und Füße im nächsten her, aber auch Verbindungen zwischen der Bewegung des Knöchels und der nächsten Bewegung der Hüfte, und, besonders eindrucksvoll, fördert und stärkt die Nervenschaltung, die das Gehen von Rückenmark und Gehirn her organisiert, das Zentralsystem, das die Befehle gibt. Etwas Ähnliches findet statt, wenn wir lernen, eine neue Sonate zu spielen, oder übrigens auch, wenn wir uns verbessern bei Kinderpflege, beim Infanteriedienst oder bei der körperlichen Liebe.

Beobachtungslernen ist bei einer großen Vielzahl von Säugetieren nachgewiesen worden und wird wohl auch bei Vögeln vorkommen. Es besteht aus einer Verringerung der Zeitspanne, die erforderlich ist, eine Reaktion dadurch zu erwerben, daß das Subjekt Gelegenheit bekommen hat, einen Angehörigen der eigenen Gattung (bevorzugt einen schon bekannten) bei eben dieser Reaktion zu beobachten. Bei Menschen ist es Grundlage eines Großteils der Erziehung und besonders der Ausbildung, in vielen formellen Zusammenhängen bei vielen Gesellschaften und in vielen formlosen Zusammenhängen bei allen. Wie viele andere Lernprozesse kann Beobachtungslernen natürlich unerwünschte oder ungelegene Ergebnisse zeitigen. In manchen Fällen ist es schwierig, echtes Beobachtungslernen von dem zu unterscheiden, was die Ethologen sozialen Druck nennen – etwa die Grundlage für eine Welle von Gähnen oder Husten, die durch ein Theaterpublikum geht –, wobei von vornherein eine starke Motivationstendenz vorhanden zu sein scheint und die Beobachtung ihr Aufkommen bewirkt, statt auszulösen, was man richtigerweise Nachahmung nennen könnte. In manchen gut untersuchten Fällen, wie der sozialen Förderung des übermäßigen Essens oder der Neigung von Kindern, auf eine große Puppe einzuschlagen, wenn sie einen Film gesehen haben, in dem ein Erwachsener solche Aggression an einer ähnlichen Puppe ausläßt, haben wir es unzweifelhaft mit Zwischenzuständen in einem Kontinuum zwischen sozialem Druck und Nachahmung zu tun.

In diesem Kontinuum findet sich weiterhin das echte Beobachtungslernen, das charakterisiert, wie die Tänzerin Suzanne Farrell einen neuen Tanz von George Balanchine lernt oder ein Medizinstudent Augenkunde. Laut Tinbergen und seinen Mitarbeitern hängt ein so einfaches Tier wie der Austernfischer – ein besonders schöner Strandvogel – für seine Nahrungsversorgung von einem solchen Prozeß ab; zwei Jahre lang müssen die Jungen geschicktere Erwachsene dabei beobachten, wie sie auf komplizierte Art Austern öffnen; mit der Zeit passen sie ihr Verhalten an, bis es den strengen Anforderungen genügt, das Überleben ermöglicht.

Die meisten dieser Lernformen sind klar und prosaisch – scheinbar sogar naheliegend. Das Labor hat sie aber sehr genau quantifiziert und Gesetze aufgestellt. Was noch wichtiger ist: Es hat ein Verständnis für Erscheinungen hervorgebracht, die keineswegs naheliegend sind, und viele der daraus entstandenen Feinheiten haben ihren Weg in dieses Buch gefunden, das eine Abhandlung über die *Biologie* der Emotionen ist. Beispielsweise kennen wir Jay Weiss' Hilflosigkeitsstudien bei Ratten. Zwei Ratten in benachbarten Kammern werden gleichzeitig mit derselben Stärke für denselben Zeitraum elektrisch geschockt. Eine von ihnen sieht aber vor dem Stromstoß ein Licht aufleuchten und kann den Stromstoß abschalten. (Dieselbe Handlung schaltet gleichzeitig den Stromstoß für die benachbarte Ratte ab; die Ratte, die zu handeln vermag, erwirbt also die Kontrollreaktion, aber beide Ratten werden gleich geschockt.) Das Verhalten der Ratte, die Steuerung lernt, wird geformt durch eine komplexe Art von operanter Konditionierung, bekannt als aktive Vermeidung: Das Tier erhält ein Signal und zeigt ein Verhalten, das Strafreize vermeidet. Inzwischen lernt die zweite Ratte Hilflosigkeit. Ihre natürliche Neigung, etwas zu tun, stirbt ab, als sie begreift, daß mit einem Tun nichts bewirkt wird.

Das Interessante jedoch: Diese zweite Ratte entwickelt während des Verlaufs eines für sie unangenehmen Experiments bedeutend mehr Magengeschwüre, verliert mehr an Gewicht, hat einen höheren Spiegel des Streßhormons Kortikosteron im Blut und zeigt danach größere Furchtsamkeit. Daß die kontrollierende Ratte alle diese Folgen – zumindest zu einem Teil – vermeiden konnte, zwingt uns, den Gedanken aufzugeben, eine Folge von Stromstößen müsse unweigerlich und stets diesen komplexen bioverhaltensmäßigen Zoll fordern. Vielmehr veranlaßt uns das zu der Vermutung, daß die relativ ungeschoren gebliebene Ratte die klassische (pawlowsche) Konditionierung einer Folge unbekannter physiologischer Reaktionen auf das Warnlicht erlebt hat, so, wie die Hunde auf das Glockenzeichen hin Speichel absonderten, und daß diese konditionierten physiologischen Reaktionen einen komplexen Schutzeffekt ausübten, zumindest auf die Magenwand. Vorhergehend oder gleichlaufend mit diesem klassischen Konditionierungsprozeß muß ein einfacherer Prozeß assoziativer Konditionierung stattgefunden haben, der den äußeren Reiz des Warnlichts mit dem äußeren Reiz des Stromstoßes in Verbindung brachte. Und wenn die Ratte, die ihren Stromstoß nicht steuern konnte, Gelegenheit gehabt hätte, ihren Genossen zu beobachten, könnten wir voraussagen, daß wir zumindest für eine Weile eine eifrige Form von Beobachtungslernen sehen würden.

So liefert ein einziges einfaches Experiment mit gewöhnlichen Laborratten ein Beispiel für alle bei Tieren bekannten wichtigen Lernformen, die Menschen eingeschlossen. Um aber diese Vorstellungen durch Beispiele aus unserer eigenen Gattung zu erhärten: Schlichte Gewöhnung ist zumindest ein Teil dessen, was vorgeht, wenn ein Kleinstkind den Übergang vom fröhlichen Anlächeln aller Personen im Alter von vier Monaten bis zum Anlächeln nur ganz weniger Personen mit sieben Monaten leistet; wenn ein Kind endlich aufhört, nach einem Elternteil zu schreien, der nie reagiert, und wenn ein Mann nach der Methode von Masters und Johnson zur Verzögerung vorzeitiger Ejakulation ein Desensibilisierungstraining mitmacht.

Einfaches assoziatives Lernen ist zumindest Bestandteil dessen, was stattfindet, wenn wir lernen, bei einer Person mit einer gewissen Haltung von Kopf und Schultern eine hochmütige Miene in der Öffentlichkeit zu erwarten; wenn Muhammad Ali lernt, daß ein Gesichtsausdruck von Leon Spinks gemeinsam mit einigen anderen Signalen einigermaßen zuverlässig das unmittelbare Bevorstehen eines harten rechten Hakens ankündigt; und wenn jemand, den wir sehr gut kennen, uns unabsichtlich mitteilt, daß eine typische Veränderung im Atemrhythmus fast immer nach einigen Sekunden den Beginn eines Orgasmus ankündigt.

Klassische oder pawlowsche Konditionierung ist zumindest ein Teil dessen, was vorgegangen sein muß, bevor ein Kleinkind zuverlässig die Toilette benützt oder bevor ein Kind Magenknurren bekommen kann, wenn es vom Essen nur spricht – eine natürliche Abart von Pawlows berühmter Hundestudie. Operante Konditionierung ist zumindest Teil der Erklärung dafür, warum jemand in der Schule tüchtig ist oder morgens zur Arbeit geht. Und Beobachtungslernen ist mindestens teilweise verantwortlich, wenn ein Teenagerpaar, das zu einem Abend mit voraussehbarem Verlauf ausgeht, wie die blanke Karikatur des nordamerikanischen ‹maskulin› und ‹feminin› aussieht. Solche Prozesse, die menschlichem Verhalten zugrunde liegen, sind kaum ohne Bedeutung, und mir fällt kein einziges in diesem Buch erwähntes Verhalten ein, das ihnen gegenüber immun wäre.

Das sind aber nur die Anfänge der Liste von Prozessen, durch welche die Umwelt Verhaltensmuster verändern kann. Angelehnt an die Skinnerschen Lerngesetze besteht eine Vielzahl von Formen des ‹speziellen Lernens›. Beispielsweise gibt es die ‹One-trial-Lerntechnik› des ‹Sauce-béarnaise-Syndroms› – der Erwerb einer starken Neigung, eine bestimmte Speise zu meiden, die schon nach nur ein oder zwei Erlebnissen mit Übelkeit, durch sie verursacht (oder scheinbar verursacht), eintreten kann. Außerdem gibt es modalspezifisches Lernen – die voraussagbaren Unterschiede in der Geschwindigkeit, eine Assoziation zu erlernen, etwa zwischen einem Hörsignal und Übelkeit, im Gegensatz zu einer Assoziation zwischen einem Geschmack und Übelkeit. Schließlich gibt es Prozesse wie die Prägung, ein Ausdruck, der oft verwendet worden ist, um Lernvorgänge zu bezeichnen, von der raschen Entwicklung der Reaktion beim Küken, innerhalb der ersten drei Tage der Mutter zu folgen – durch Geruch innerhalb von fünf Minuten –, bis zu einer Ziegenmutter, die genaue Identität ihres neugeborenen Sprößlings zu erkennen. Vorgänge wie diese mögen nicht viel Ähnlichkeit haben mit dem, was in einem Skinner-Apparat mit einer Ratte oder Taube geschieht, aber sie sind Lernen – Erwerb von Information aus der Umwelt –, auch wenn sie eigenen Gesetzen folgen.

Eine völlig getrennte und besondere Kategorie von Lernprozessen fällt unter die Rubrik früher Erfahrungswirkungen. Obwohl deren Bedeutung in letzter Zeit zu einer sehr umstrittenen Frage geworden ist, haben die meisten nachdenklichen Menschen sie während der Geschichte der westlichen Zivilisation für selbstverständlich gehalten. Gib mir ein Kind, bis es sieben Jahre alt ist, und es wird für immer mein sein. Das hat Kierkegaard in Anlehnung an die Jesuiten gesagt, aber sie waren wenige unter vielen. Dieser Glaube an das, was Jerome Kagan als eine Art Tonband-Metapher für das Gehirn bezeichnet hat – die Vorstellung, das Gehirn zeichne getreu Sinneseindrücke für spätere Begünstigung oder Benachteiligung auf, das heißt, ihm entgehe gewissermaßen nichts –, ist

Grundlage für die meisten Formen der Psychotherapie ebenso gewesen wie für beinahe das gesamte moderne Denken zur Erziehung.

Die Tier-Laborstudien sprechen zu diesem Thema mit einer Stimme. Viele davon sind in diesem Buch gestreift worden. Sie zeigen nicht nur unzweideutige und starke Erfahrungswirkungen auf Verhalten bei verschiedenen Tieren; sie zeigen ähnlich eindrucksvolle Wirkungen auf die Hirn- und Hormonsysteme, die diesem Verhalten zugrunde liegen oder wenigstens zugrunde liegen könnten. Und dazu zeigen sie, daß diese Effekte von Dauer sind. Wenn man bei einem Rhesusaffen in der Entwicklung vor dem Alter von sechs Monaten ein Auge für einige Tage schließt, erhält man einen erwachsenen Affen mit schlechtem oder nicht vorhandenem räumlichem Sehen; das liegt daran, daß das räumliche Sehen von bestimmten Zellen im visuellen Teil der Großhirnrinde abhängt – von Zellen, die bei einem normalen Tier auf Lichteinfall in beide Augen reagieren. Es erweist sich, daß diese ‹binokulär reaktiven Zellen› durch Schaltungen mit beiden Augen verbunden sind, die sich in den ersten sechs Lebensmonaten entwickeln (*nach* diesem Alter kann man ein Auge jahrelang verschließen, ohne große Wirkung zu erzielen), und das Seltsame ist, daß die beiden Augen aktiv um diese Verbindungen konkurrieren – zieht man eines auch nur für wenige Tage aus dem Wettbewerb, so übernimmt das andere Auge die visuelle Cortexzelle vollständig und beendet für immer die Aussicht, sie könne auf beide Augen reagieren, ihre gering verschiedenen Informationen integrieren und dem Affen räumliches Sehen ermöglichen.

Das sind die elegantesten Experimente, aber bei weitem nicht die einzigen. Im ganzen Buch habe ich auf die vielen Laboruntersuchungen früher sozialer Entbehrung bei Affen hingewiesen. Rhesusaffen, die man in den ersten sechs Lebensmonaten in sozialer Isolierung aufzieht, werden fast unausweichlich mit krassen Verhaltensabweichungen aufwachsen. Sie werden sozial und sexuell untüchtig sein, in sich zurückgezogen, und eine Neigung haben, unangemessen furchtsam und aggressiv zu sein. Wenn die Weibchen zwangsweise befruchtet werden und Junge werfen, sind sie in der Regel bestenfalls nachlässige Mütter, im schlimmsten Fall tödlich brutale. Beinahe – nicht ganz – jeder Versuch, dieses Syndrom durch Wiedereinführung verschiedener Formen sozialen Kontakts nach der ursprünglichen Entbehrung zu beheben, ist völlig gescheitert.

Das ist freilich eine extreme Form sozialer Verarmung, aber weniger extreme Formen – teilweise Isolierung, Aufziehen nur mit Altersgenossen, Aufziehen nur mit der Mutter und Isolierung für kürzere Zeiträume – haben nachgewiesenermaßen ebenfalls wichtige und dauerhafte Auswirkungen. Sogar ein relativ kleiner Eingriff wie zwei Trennungen von der Mutter mit sechs Tagen Dauer während der frühen Kindheit hat meßbare Auswirkungen auf das Emotionsverhalten des Affen im Alter von zwei Jahren.

Obwohl die physiologischen Mechanismen, durch welche diese anhaltenden psychologischen Wirkungen auftreten, keinesfalls begriffen werden, gibt es jetzt Nachweise dafür, daß die länger anhaltenden und strengeren Formen früher sozialer Entbehrung die Anlage der Dendritenverzweigung in den Nervenzellen der Kleinhirnrinde verändern – obschon nicht klar ist, ob die Ursache in diesem Fall tatsächlich emotionelle Entbehrung sei, weil das Kleinhirn gewöhnlich als ein Organ motorischer Steuerung angesehen wird und die betroffenen Versuchstiere auch viel weniger körperliche Bewegung haben. Auf jeden Fall ist aber klar nachgewiesen, daß diese Veränderungen der Aufzuchtsbedingungen das Gehirn verändern, durch welchen Mechanismus auch immer. Es gibt außerdem Hinweise darauf, daß bei diesen Tieren dauerhafte Hormonveränderungen stattfinden könnten.

Bis heute ist oft nachgewiesen worden, daß Anreicherung der Umwelt, ob sozial oder unbelebt, und/oder ihr Gegenteil, die Verarmung, das Gehirn einer Ratte verändern können. Die Veränderungen sind am deutlichsten im Okzipitalcortex, entsprechend dem hinteren Teil der Hirnhemisphäre. Bei diesem Gebiet geht man in der Regel davon aus, daß es mit dem Sehen zu tun hat – nur erleben auch blinde Ratten Veränderungen in diesem ‹visuellen› Bereich, wenn sie unter angereicherten Bedingungen aufgezogen werden. Die letztgenannte Feststellung hat ernsthafte Neuüberlegungen zu den Funktionen dieses Cortexteils veranlaßt – Teile davon könnten umfassendere intellektive Funktionen mit bedienen. Unter den Hirnveränderungen, die bei diesen Untersuchungen festgestellt wurden, waren Veränderungen in Gewicht, Dicke, Zahl der synaptischen Verbindungen zwischen Nervenzellen, Größe dieser Synapsen, Kompliziertheit in der Verzweigung der Dendriten, die eingehende Nervenimpulse aufnehmen, Dichte der Stacheln an diesen Dendriten (die Stellen, wo die meisten Verbindungen vorkommen – wo die meisten Synapsen sind) und die Tätigkeit der Enzyme in Zusammenhang mit der Verarbeitung des wichtigen Neurotransmitters Azetylcholin; und schließlich finden alle diese Veränderungen in der Hirnhemisphärenrinde statt, dem fortgeschrittensten Teil des Nervensystems bei der Ratte.

Damit man aber nicht meint, ein Tier benötige ein derart hochentwickeltes Gehirn, um solche Veränderungen zu erleben, gibt es jetzt gute Nachweise dafür, daß im Gehirn des bescheidenen Zweifleckenbuntbarschs Pyramidenneuronen (die gleichen, die bei Ratten die stärksten Veränderungen durchmachen) sich als Reaktion auf Bedingungen der Aufzucht ebenfalls verändern, in diesem Fall durch soziale Isolierung. Die ‹Lausch›-Stellen an diesen Neuronen – die Dendritenstacheln oder -dornen – verändern sich zahlenmäßig, in der Verteilung und sogar in der Form auf soziale Isolierung hin. Diese Veränderungen lassen sich leicht als individuelle Adaptationen an Erfahrung erkennen; beispielsweise macht wiederholte Reizung der Nervenzelle durch soziale Erfahrung den Stachel kürzer und dicker, so daß er eingehenden elektrischen Impulsen weniger Widerstand bietet. Die Buntbarsch-Neuronen hier befinden sich in einem Teil des Gehirns, das Deckschicht genannt wird, bei Fischen ein hochentwickeltes Gehirnzentrum, bei einer Ratte wie bei uns aber ein primitives; die Folgerung ist die, daß unbekannte untere Regionen des Gehirns bei Mensch und Ratte – nicht nur die fortgeschrittensten Regionen – sich möglicherweise als Reaktion auf Erfahrung verändern, eine Möglichkeit, die noch kaum untersucht ist.

Beim Küken verändert die Erfahrung der Prägung – Anbindung an die Mutterhenne – während der ersten Lebenstage rasch auf dauerhafte Weise nicht nur das Verhalten, sondern auch das Maß an Proteinproduktion im Dach des Vorderhirns, der Struktur von Nervenzellen im Vorderhirnbereich, der als ‹Hyperstriatum› bekannt ist, und den Grad des Metabolismus in verschiedenen, hochspezifischen Hirnregionen, gemessen am Grad der Nutzung des allgegenwärtigen Zellnährstoffs Glukose. Diese Forschungsrichtung, zur Zeit sehr aktiv, beweist, daß die physische Grundlage der Emotionen bei Vögeln in Reaktion auf bestimmte Erfahrungen in starkem Maß formbar ist und deutlich auf die Möglichkeit hinweist, daß die dauerhaften Verhaltensfolgen der Prägung – nicht nur das Nachfolgen bei der Mutter während der Kindheit, sondern auch die daraus entstehende beschränkte Partnerwahl im Erwachsenenalter – genau durch diese Gehirnveränderungen erklärt werden.

Und das Gehirn ist nicht das einzige Organ der Verhaltensmodifikation. Ausführliches Material über experimentelle Arbeit an Ratten in vielen verschiedenen Laboratorien zeigt, daß wenige Minuten Reizung oder Streß am Tag in den ersten drei Lebenswochen (ungefähr die Hälfte der Ratten-‹Kindheit›) dauerhafte Veränderungen im Verhalten hervorrufen. Der Eingriff kann bestehen aus leichten Stromstößen oder kurzer Abkühlung oder Hineinsetzen in eine Blechdose mit Nestmaterial, die dann sanft geschüttelt wird, oder sogar aus Streicheln und zärtlichem Tätscheln durch einen Tierpfleger (dieser angeblich zarte Eingriff wird vom Rattenjungen offenbar ähnlich empfunden wie die anderen). Der Erwachsene, der daraus entsteht, wird in einer Testsituation des offenen Felds weniger furchtsam sein: Er wird herumlaufen, die Umgebung stärker erkunden und weniger und seltener den Darm entleeren. Er wird auch schneller wachsen, als Erwachsener länger und schwerer sein, schwerer zu töten durch Hunger, Ertränken, eingespritzte Krebstumoren und verschiedene andere Mittel und in bestimmten Situationen größere Lernfähigkeit beweisen.

Physiologische Studien haben Licht auf die möglichen Mechanismen geworfen, die bei einigen dieser Veränderungen betroffen sind. Bei denselben frühen Eingriffen wurde nachgewiesen, daß sie eine Reihe von Folgen haben, die vor allem das Steuerungssystem betreffen – einschließlich Hypothalamus, Hypophyse und Nebennierenrinde, des auf Streß reagierenden Außenteils der Nebenniere. Erstens wurde gezeigt, daß die Nebenniere nach Streß im Erwachsenenalter mehr wog, wenn die Ratte in der Kindheit *nicht* gestreßt worden war, als wenn das der Fall gewesen war. Das wies auf die Möglichkeit hin, daß die Streß-Reaktionsbereitschaft der Drüse bei den in der Kindheit gestreßten Tieren während dieser frühen Erfahrungen in einem gewissen Maß erschöpft («abgehärtet?») worden war und sich daher während der Streßbelastung im Erwachsenenalter weniger verstärkte. Wenn das zuträfe, könnte es mit dazu beitragen, die relative Ruhe von in der Kindheit stimulierten Ratten zu erklären, wenn sie als Erwachsene vor neue und möglicherweise furchterregende Situationen gestellt werden.

Später wurde nachgewiesen, daß die Absonderungstätigkeit der Nebenniere bei früh stimulierten Ratten schneller reift. Das stützt die Theorie, daß Aktivierung der Drüse in früher Kindheit höher war und später verringerte Reaktionsbereitschaft dieses Gewebes hervorrief. Als es technisch möglich wurde, die Menge an Kortikosteron – dem wichtigsten Nebennierenrinden-Streßhormon bei Ratten – direkt durch chemische Untersuchung zu messen, wurde nachgewiesen, daß im Erwachsenenalter jene Ratten, die in der Kindheit gestreßt worden waren, bei dem leicht streßbetonten, eigentlich aber nur neuartigen Test im offenen Feld *weniger* Kortikosteron absonderten als nicht frühzeitig stimulierte Ratten, jedoch *mehr* als diese, falls beide Gruppen einem wirklich starken Streß, wie etwa einem Stromstoß, ausgesetzt wurden. Das deutete darauf hin, daß die früh gestreßten Ratten nicht *durchwegs* weniger auf Streß reagierten, sondern vielmehr, daß sie ihre Hormonreserven nicht vollständig mobilisierten, bis sie wirklich gebraucht wurden.

In neuester Zeit wurde nachgewiesen, daß Kortikotropin (ACTH – das Hormon aus der Hirnanhangdrüse, das Produktion und Ausschüttung von Kortikosteron in der Nebenniere steuert) und sogar das auslösende Hormon aus dem Hypothalamus, das seinerseits die ACTH-Ausschüttung der Hypophyse steuert, durch frühe Beeinflussung und Streß verändert werden können, obwohl nicht klar ist, ob die Veränderungen dieser beiden Steuerhormone im System direkter oder indirekter Art sind. Andere interessante Feststellungen: Mäuse können als Junge mit ähnlichen Folgen behandelt werden wie die Ratten, und, noch erstaunlicher, dieselbe Wirkung bei Mäusen kann erzielt werden, wenn man sie mit Ratten-‹Tanten› aufzieht; das Ausmaß der Unterscheidung zwischen den beiden Hälften des Rattengehirns (‹Lateralisierung›) kann durch die frühen Eingriffsprozeduren verändert werden, und der Unterschied in Wachstumsgrad und erwachsener Körpergröße mag zurückzuführen sein auf komplizierte Wechselbeziehungen zwischen Kortikosteron und Wachstumshormon.

Schließlich zeigt eine der anregendsten Forschungsrichtungen in der Psychopharmakologie – dem Gebiet für die Entwicklung und Untersuchung von Drogen, die Verhalten und seelisches Dasein beeinflussen können –, daß in vielen Stämmen von Labormäusen die Produktivität und Nutzung jener wichtigsten Verhaltensmoleküle, der Neurotransmitter, deutlich verändert werden kann, wenn man die Maus nach der Entwöhnung drei Wochen in soziale Isolierung verbringt. Es treten auch Verhaltensfolgen auf wie die stärkere Neigung zur Aggressivität bei den sozial isolierten Männchen, aber die Beziehung zwischen ihnen und den Veränderungen der Neurotransmitter ist bestenfalls sehr unklar. Mit Sicherheit kann nur gesagt werden, daß die Isolierung von Mäusen nach dem Absetzen Spiegel, Umsatz, Produktion, Nutzung, Beseitigung und/oder andere Enzymtätigkeiten von vielen der wichtigen Neurotransmitter beeinflußt, die nachgewiesenermaßen in den Gehirnen von Säugetieren am Werk sind.

Es gibt viele andere experimentelle Beispiele, mit denen Früherfahrungsfolgen nachgewiesen werden können, aber das sind die bekanntesten, und sie überzeugen durchaus. In manchen Fällen ist der Bezug zum Menschen klar, in anderen undeutlich. Beispielsweise besteht eine direkte menschliche Entsprechung zu dem Experiment mit visueller Einschränkung bei Affen von der Art, wo ein Auge geschlossen wird. Das ist der Zustand des kindlichen Schielens, das die Augen daran hindert, sich beide auf denselben Punkt einzustellen. Der Zustand kann korrigiert werden, aber wenn das nicht früh genug geschieht, wird das Kind zwar beide Augen auf einen Punkt richten können – es wird über die erforderliche Muskelstruktur verfügen –, aber nicht fähig sein, den Hauptvorteil binokulärer Akkomodation zu genießen: das räumliche Sehen. Es ist sehr wahrscheinlich, daß der Grund für diesen dauerhaften Verlust derselbe ist wie bei den Affen, nämlich, daß es für die normale Entwicklung von Zellen im visuellen Cortex, die gemeinsam auf beide Augen reagieren sollen, eine kritische Periode gibt und daß der Zustand der Abweichung die Entwicklung verhindert, beinahe so, als wäre ein Auge geschlossen. Läuft die kritische Periode ab, während die beiden Augen voneinander abweichen, kann das räumliche Sehen nicht wieder erworben werden.

Bei früher sozialer Entbehrung im Fall der Affen gibt es einen offenkundigen Bezug zum Menschen, aber er ist zum Glück selten, zumindest in seiner extremen Form. Das ist der Zustand totaler kindlicher Sozialverarmung in den Händen kriminell nachlässiger Eltern. Kinder – ganz wenige – sind eingesperrt in winzigen Kammern aufgewachsen, und die Folgen sind psychiatrisch sehr düster. Darüber hinaus fällt es schwer, genaue Vergleiche zwischen Bedingungen bei Mensch und Affe zu ziehen. Gibt es menschliche Entsprechungen zu gemäßigteren Formen sozialer Entbehrung im frühen Leben mit parallel verlaufenden Folgen? Möglicherweise, und einige der mutmaßlichen Ergebnisse werden in dem Kapitel über Liebe und Trauer besprochen, aber über sie muß viel mehr in Erfahrung gebracht werden; leichthin getroffenen Verallgemeinerungen sind viele Fallgruppen ausgesetzt. Gibt es bei Menschen Gehirnveränderungen oder Hormonveränderungen als Folge früher sozialer Entbehrung? Vermutlich, aber es wird lange dauern, bevor wir wissen, worin sie bestehen. Was Kükenprägung und ihre verschiedenen Folgen betrifft, ist nicht ausgeschlossen, daß es menschliche Entsprechungen gibt, aber sie werden noch unauffälliger und schwerer zu entdecken sein.

Die Entsprechungen zu den Frühstimulierungsexperimenten bei Ratten sind ebenfalls schwer nachzuweisen gewesen. Die ersten Experimente erfolgten mit Tätscheln und Streichen durch den menschlichen Pfleger in einem Versuch, Rattenjungen zusätzlich ‹zarte, liebevolle Pflege› zu gewähren. Als die Jungen schneller wuchsen und größer wurden, brachte man das begrüßenswerte Ergebnis in Zusammenhang mit dem frühen Bedürfnis nach Liebe und Körperkontakt. Als man sie jedoch auf einen Eisblock stellte oder in einer Blechdose schüttelte und das zu ähnlichen Ergebnissen führte, entstand der Eindruck, das Junge erlebe es als Streß und nicht als Liebe, wenn Menschen sie häufig anfaßten. Bei Indianergruppen in der Prärie herrschte der Glaube, einen Säugling schreien zu lassen, härte ihn ab und mache ihn stark; mit den Erkenntnissen bei den Ratten stimmt das gewiß überein.

Heute gibt es aber viel bessere Nachweise als diesen Volksglauben. Der Psychologe Thomas Landauer und der Anthropologe John Whiting stellten eine Reihe von kulturvergleichenden Untersuchungen an, in denen sie statistisch nachwiesen, daß Kulturen mit Kinderpflegemethoden, die streßbelastend sind – Kopfumwickeln, Beschneidung, Eiswasserbäder und dergleichen –, zu Erwachsenen führten, die im Durchschnitt volle fünf Zentimeter größer waren als in Kulturen ohne solche Kinderpflegemethoden. Whiting wies zusammen mit Sarah Gunders später nach, daß in Kulturen mit streßbelastenden Methoden in früher Kindheit auch die erste Menstruation früher auftritt (zwei Jahre früher, wenn zusätzlich zu den oben erwähnten Streßbelastungen noch Trennung von der Mutter vorkommt) als bei solchen ohne derartige Methoden, ein Hinweis darauf, daß im Wachstumsgrad von Mädchen ein bedeutsamer und großer Unterschied besteht.

Alle diese von Whiting angeregten Studien sind Vergleichsuntersuchungen, keine Experimente – das heißt, sie sind keine kontrollierten, vorgeplanten Laboruntersuchungen –, und durch Vergleiche können Behauptungen zur Verursachung nie wirklich bestätigt werden, weil zu viele andere Erklärungen für dieselben Entsprechungen möglich sind. Sie deuten aber doch auf eine Richtung für die künftige Forschung, vor allem die experimentelle Forschung, die möglicherweise ein neues Fenster nicht nur zur Entwicklung menschlicher Verhaltensphysiologie, sondern auch zum Prozeß des strukturellen Körperwachstums überhaupt öffnen könnte.

Schließlich gibt es auch für die Untersuchungen von Neurotransmitter-Veränderung durch soziale Isolierung von Mäusen nach dem Absetzen keine klaren menschlichen Entsprechungen. Trotzdem weiß man, daß die beiden Hauptformen schwerer geistiger Erkrankung – Schizophrenie und manisch-depressive Psychose – zum Teil Abartigkeiten des Neurotransmitter-Stoffwechsels betreffen. Es ist klar, daß solche Abartigkeiten durch Gene verursacht werden können, aber die Psychopharmakologie bei isolierten Mäusen beweist, daß ähnliche Neurotransmitter-Veränderungen durch Erfahrung hervorgerufen werden können und daß überdies solche Veränderungen auch mit Verhaltensänderungen in Beziehung zu bringen sind. Sie weisen deutlich auf die Möglichkeit hin, daß manche Fälle geistiger Erkrankung und seelischer Abweichungen innerhalb des Normbereichs (ebenso wie irgendeine Dimension der meisten Fälle) durchaus von der Einwirkung früher Erfahrung auf die Mechanismen des Neurotransmitter-Stoffwechsels erzeugt werden könnten. Diese Möglichkeit verdient viel mehr Aufmerksamkeit, als sie bislang erfahren hat.

Das Vorhandensein weit verbreiteter, üblicher und wichtiger Folgen früher Erfahrung bei Menschen ist trotz der gängigen gegenteiligen Meinungen nicht schlüssig nachgewiesen worden, jedenfalls nicht in dem Ausmaß wie bei Tieren im Labor. Einige Gründe liegen auf der Hand. Man kann Kinder nicht zu Experimentierzwecken einsetzen; sie werden deshalb in der Regel in Vergleichsstudien untersucht, die unterschiedliche Erklärungen zulassen – Erklärungen, die auszuschließen wären nur durch eine experimentelle Situation, wo alle Variablen bis auf die zu untersuchenden kontrolliert werden. Andere Gründe liegen weniger nahe. Beispielsweise könnten dieselben Erfahrungen verschiedene Kinder auf ganz unterschiedliche Weise beeinflussen. So mag die Erfahrung, die Mutter entbehren zu müssen, auf das eine Kind überhaupt keine Wirkung haben, auf das zweite geringe, auf das dritte verheerende. Das gilt vor allem dann, wenn wir die Möglichkeit bedenken, daß verhältnismäßig seltene Empfindlichkeiten mit bestimmten Genen in Zusammenhang gebracht werden könnten.

Zum anderen können einige Folgen früher Erfahrung sehr unauffällig sein – so unauffällig, daß man sie mit den üblichen Meßmethoden nicht feststellen kann. Bei einer Untersuchung von Zwillingen in den dreißiger Jahren durch Myrtle McGraw wurde einer der Zwillinge eines Paares in den ersten Lebensjahren bei den motorischen Fähigkeiten stark gefördert, während der andere nur zusah. In der ganzen Periode früher Kindheit gab es bedeutende Unterschiede in motorischer Entwicklung und Kapazität, die den geförderten Zwilling begünstigten. Als McGraw sie in ihrem 22. Lebensjahr besuchte, unterschieden sich die Zwillinge in

Beruf oder Freizeitbetätigung nicht so, daß die Vorstellung einer dauernden Wirkung des frühen Trainings bestätigt worden wäre. Bevor man jedoch voreilig die Schlußfolgerung zieht, frühe Erfahrung sei für spätere motorische Kapazität ohne Bedeutung, muß man sich erst den Film ansehen, den sie von den beiden erwachsenen Zwillingen drehte, wenn sie ganz einfache Dinge tun, etwa auf einem schmalen Balken gehen. Jedem Beobachter ist völlig klar, daß die Zwillinge sich bemerkenswert in einem Punkt unterschieden, den man nur Anmut der Bewegung nennen kann – wobei der anmutige Zwilling jener war, den man in der Kindheit trainiert hatte. Aber wie mißt man Anmut der Bewegung? Gewiß nicht mit irgendeinem der heute verfügbaren psychologischen Tests. Es erscheint durchaus möglich, daß in den kognitiven und emotionellen Bereichen des menschlichen Lebens auch Unterschiede von Anmut und Spannkraft bestehen, durch die üblichen Messungen geistiger Kapazität und Persönlichkeit nicht meßbar, die den meisten Beobachtern auf irgendeine Weise deutlich auffielen.

Es fällt leicht, keinen Unterschied zu erkennen, so leicht, daß wir, wenn man Auswahlgruppen mit verschiedenen frühen Erfahrungen vergleicht, die Schlußfolgerung ‹keine Wirkung› mit Skepsis aufnehmen dürfen. Unter den verschiedenen Möglichkeiten, keinen Unterschied zu finden, obwohl es ihn gibt: Das Versäumnis, das relevante Ergebnis zu messen; das Versäumnis, sich mit Situationen – vor allem streßbetonten – zu befassen, die am ehesten eine latente Wirkung offenbaren können, die vorher nicht konkret geprüft worden ist. Das gilt besonders für menschliche Wesen, die so geschickt zu verheimlichen vermögen, daß wichtige Schwierigkeiten – Angst, Selbstmordgedanken, Schlafprobleme, manche Phobien, manche sexuellen Probleme – fast niemandem außer (im Glücksfall) einem Psychiater bekanntwerden.

Viele Mechanismen der Veränderung im physiologischen Fundament des Verhaltens sind *in vitro* – ‹im Glas› – im Labor untersucht worden. Bei diesen Untersuchungen wird ein Mikroschnitt vom Gehirn oder ein präparierter Nerv oder Teil einer endokrinen Tierdrüse isoliert und am Leben erhalten, damit sie chemisch und strukturell unter dem Mikroskop untersucht werden können. Solche Studien beseitigen jeden Zweifel an der Formbarkeit dieser Systeme, und sie weisen ganz besonders auf jene Art von Mechanismen, die vermutlich in größerem Maßstab in den oben beschriebenen Untersuchungen an Tier und Mensch am Werk sind.

Nervenzellen können auf wiederholte Stimulierung mit strukturellen, funktionellen und chemischen Veränderungen reagieren; viele davon sind erwähnt worden. Es wachsen neue Verbindungen, alte werden auf vielerlei Art modifiziert einschließlich Veränderungen in Größe und Form von Dendritendornen und Größe und Struktur der Synapsen. Sie steigern ihre Produktion von Schlüsselenzymen, die ihrerseits mit der

Produktion von Neurotransmittern befaßt sind. Sie verändern die Chemie ihrer Membranen, von denen die gesamte elektrische Leitung über sie hinweg abhängt – und darin besteht die Aktivität des Nervensystems. Sie verändern sogar in vielerlei Beziehung die Eigenschaften dieser elektrischen Aktivität, gemessen mit den fortgeschrittensten und empfindlichsten elektronischen Geräten. Und sie verändern die Art ihrer chemischen Beziehung zu nichtneuralen Zellen ringsum einschließlich jener, die notwendig sind, damit sie sich am Leben erhalten können – die Glia. Auch diese könnten beim Lernen eine Rolle spielen.

Und zuletzt: Nervenzellen sterben und werden, leider, nicht wiedergeboren. Im Gegensatz zu den meisten Körperzellen, die alle paar Tage, alle paar Wochen oder zumindest alle paar Monate ‹wechseln› – sterben und ersetzt werden –, können Nervenzellen nach der Geburt im Menschen nicht ersetzt werden, und es entstehen keine neuen durch Zellteilung, mit der möglichen Ausnahme von einer oder zwei Gruppen ganz winziger ‹Körnchen›-Zellen. Vielleicht ist das der Grund, warum wir Erfahrung festhalten und nutzen, sie unserer Umwelt anpassen können; wie wenige andere Zellen im Körper begleiten uns die Nervenzellen durch das ganze Leben und sind genauso alt wie wir, dahintickend wie eine alte Standuhr. Aber nicht alle. Jeden Tag sterben schätzungsweise fünfzehntausend von ihnen, um nie ersetzt zu werden. Wenn man bedenkt, daß es zehn bis hundert Milliarden gibt, ist das eine kleine Zahl, aber wie der Neuroanatom Walle Nauta bei Vorträgen oft sagt, nach einem gewissen Alter fragt man sich, ob sich das nicht addiert. Jeden Tag ein winziger Tod des Gehirns, ein unendlich kleiner ‹Schlaganfall›, ein unbekannter Verlust an Struktur, vielleicht an Funktion. Der Gedanke ist erschreckend.

Ein anderer Neuroanatom, Paul Yakovlev, sieht darin jedoch eine Hoffnung. Er nimmt an, daß der Tod von Nervenzellen nicht beliebig erfolgt, sondern daß jene sterben, die am wenigsten genutzt werden. So gestaltet das Nervensystem durch das Mittel eines langsamen Todes das Leben selbst, paßt sich täglich dem an, was er ‹das Pathos der Lebenserfahrung› genannt hat. Aus diesem Grund vielleicht läuft unser Handeln glatter ab, wird Schwieriges leichter – bis wir zuviel verlieren. Deswegen auch mögen wir eine gewisse Starrheit erwerben. Eine Vorstellung, die nachdenklich macht und mehr Aufmerksamkeit von Leuten verdient, die sich mit der neuralen Grundlage des Lernens und der individuellen Anpassung befassen; diese Forscher, von einer viel jüngeren Generation als Yakovlev, haben sich fast ausschließlich der Physiologie einzelner Nervenzellen gewidmet und häufig den Wald aus den Augen verloren, den das Nervensystem darstellt. Und dieses größere Bild kann nur verstanden werden mit Hilfe des schwierigen, klassischen Verfahrens, die Anatomie dieses Systems zu studieren.

Nervenzellen sind nicht die einzigen Zellen, die sich verändern.

Drüsen, einschließlich derjenigen, die Verhaltensmoleküle ausschütten, können als Reaktion auf die Nutzung größer oder kleiner werden und haben ein Mittel zur Verfügung, das dem Nervensystem fehlt: das Potential, durch Zellteilung neue Zellen hervorzubringen. Sie mögen von der Struktur her nicht so elegant sein wie das Nervensystem, sind aber gewiß genauso aktiv, und ihre Ausschüttungsprodukte können manche Aspekte der Nervensystemfunktion steuern. Überdies sind auch die funktionellen und chemischen Eigenschaften der Zelle einer individuellen Drüse durch Nutzung zu verändern.

Solche Fähigkeiten zur Adaptation gehen weit über die endokrinen Drüsen hinaus. Die Haut bildet auf Reibungsdruck Schwielen, und an den Darmwänden könnten ähnliche Prozesse ablaufen. Sogar der Knochen – der langweilige, zuverlässige, schlichte Knochen – reagiert auf Belastung durch Gebrauch mit einer bedeutsamen, verwickelten funktionellen und strukturellen Blüte, so daß unter dem Mikroskop ein Knochensplitter vom Bein eines Joggers in seinem lebendigen Aufbau und der Blutversorgung auffällig komplexer ist als der Knochen eines Nicht-Joggers vom selben Alter und Geschlecht – ein Hinweis auf die Formbarkeit nicht nur des Nervensystems, sondern des ganzen Körpers.

Wie steht es dann mit den berühmten Genen? Sind sie in Vergessenheit geraten? Was ist mit den zahllosen Studien, die ihre machtvollen Wirkungen nachweisen?

Manche dieser Untersuchungen sind gut, aber sogar die guten könnten einer Neuauslegung bedürfen. Eine der Hauptursachen für die Schwierigkeit bei verhaltensgenetischen Studien (übrigens bei genetischen Studien überhaupt) ist die Erscheinung des statistischen Interaktionseffekts. Das hat nichts zu tun mit dem gebräuchlichen Sinn der Interaktion Gen–Umwelt, also der Vorstellung, daß Gen und Umwelt einander beeinflussen; das ist gewiß wahr, aber der statistische Interaktionseffekt ist eine viel subtilere, etwas schwieriger zu erfassende Vorstellung, wohl wert, daß man ihr etwas Aufmerksamkeit widmet.

Nehmen wir an, wir haben es mit der einfachsten Mendelschen Situation zu tun, etwa mit der Steuerung der Größe von Erbsenpflanzen durch ein Einzelgen. Sagen wir, das Gen ‹Hoch› produziert Pflanzen mit einer Durchschnittsgröße von 30 cm, das Gen ‹Niedrig› solche, die zehn Zentimeter kürzer sind. Nehmen wir weiter an, wir hätten ein neues Düngemittel und erhalten, wenn wir es bei ‹Niedrig› anwenden, 30 cm hohe Pflanzen – wir haben ‹Niedrig› aufgehoben. Wir wagen dann die Voraussage, ‹Hoch› werde auf das Düngemittel so reagieren, daß es eine Höhe von 40 cm erreicht. Oder, wenn wir sehr schlau sind, gehen wir davon aus, das Düngemittel werde nicht so wirken, daß es die Pflanzenhöhe um einen bestimmten Wert erhöht, sondern um einen bestimmten Prozentsatz, in diesem Fall um 50 Prozent. Wir sagen listig für ‹Hoch› eine Steigerung zwischen 10 und 15 cm auf eine Höhe zwischen 40 und 45 cm voraus und beraten die Landwirte entsprechend.

Leider hätten wir lieber das nächste Experiment anstellen sollen, statt Theorien aufzustellen. Wir haben uns nicht umgesehen, bevor wir lossprangen. Nicht berücksichtigt wurde die Möglichkeit, daß dieselben Gene ‹Hoch› und ‹Niedrig›, die bei der ursprünglichen Höhe solche Unterschiede bewirkten, auf das neue Düngemittel vielleicht auch ganz verschieden reagieren. Die Landwirte, die das Düngemittel kaufen und bei ihren ‹Hoch›-Pflanzen verwenden, erhalten 25 cm hohe Pflanzen – die kürzesten überhaupt –, und wir sind unseren Posten im landwirtschaftlichen Amt los.

Diese erfundene Episode einmal beiseite gelassen, gibt es viele Hinweise, daß solche Interaktionsfolgen Gen–Umwelt in der Natur wichtig sind. Klar gesprochen: Die Folgen eines Eingriffs der Umwelt in ein Gen oder eine Gengruppe können oft nicht dazu benützt werden, die Folgen desselben Umwelteingriffs in einem anderen genetischen Hintergrund vorherzusagen, und die Wirkungen von Genen und Umwelt addieren sich nicht. Ebenso wichtig ist, daß wir aus unserem traurigen Erlebnis nicht den Schluß ziehen, ‹Hoch› sei gesteigertem Höhenwachstum durch Düngemittel nicht zugänglich, damit wir unsere nächste Stellung nicht auch noch verlieren und sie einem Mitbewerber überlassen müssen, der, in der Meinung, für ‹Hoch› müsse das nächste neue Düngemittel nach seiner eigenen Leistung genutzt werden, am Ende mit einer 7 cm hohen Erbsenpflanze dasteht.

Es gibt viele wirkliche Beispiele für diese Erscheinung. Eines, auf das sich Richard Lewontin oft bezieht, ein strenger Kritiker der Verhaltensgenetik, ist ein Experiment im Labor des großen Genetikers Theodosius Dobschansky. Man inkubierte Taufliegen bei $16,5°$ C, $21°$ C und $25°$ C im Brutofen und maß die Zeitdauer ihres Überlebens. Der genetische Stamm, dem die Fliegen angehörten, erwies sich für die Vorhersage der Überlebensdauer als genauso wichtig wie die Temperatur.

Was es aber nicht gab, waren Stämme, die andere bei allen Temperaturen überlebten. Im Gegenteil, drei Stämme überlebten am besten bei der hohen Temperatur, weniger gut bei der mittleren und am schlechtesten bei der niedrigen; sieben Stämme taten das Gegenteil, die Wahrscheinlichkeit des Überlebens nahm mit der Temperaturzunahme ab; sieben Stämme reagierten auf Temperaturveränderungen überhaupt nicht, sondern überlebten bei allen Temperaturen gleich gut; vier Stämme überlebten besser bei den niedrigen und hohen Temperaturen als bei den mittleren, und zwei Stämme überlebten am besten bei den mittleren Temperaturen und schlechter bei den extremen. Mit anderen Worten: Die scheinbar vernünftige Frage ‹Wie reagieren Taufliegen auf Temperaturveränderungen und welche Temperatur ist für sie am besten?› ist dem Experiment zufolge töricht. Wegen des großen statistischen

Interaktionseffekts darf die Voraussage nicht für Taufliegen allgemein erfolgen, sondern nur für jeden Stamm einzeln.

Das scheint eine belanglose Feinheit zu sein, bis uns klar wird, daß das meiste von dem, was über menschliche Verhaltensgenetik geschrieben worden ist, vor allem über die Genetik der Intelligenz, das Nichtvorhandensein solcher Interaktionseffekte unterstellt. Alle Berechnungen, die zu Schätzungen der Vererbbarkeit von Intelligenz führen, die meisten aus Zwillingsstudien, sind diesem möglichen Fehler ausgesetzt. Das ungeheuerlichste Beispiel wurde jedoch, wie Lewontin hervorhebt, am Schluß von Arthur Jensens Abhandlung aus dem Jahr 1968 geliefert, die Rassenunterschiede in der Intelligenz nachweisen sollte.

Jensen, der behauptete, nachgewiesen zu haben, daß bekannte Rassenunterschiede der Intelligenz genetisch begründet seien (er hatte das nicht nachgewiesen), fuhr neben der Sache und in gefährlicher Art fort und gelangte zu dem Schluß, Interventionsprogramme für Schulen und Vorschulen seien ziemlich nutzlos. Schon der Titel der Abhandlung, ‹Wie stark können wir IQ und schulische Leistung steigern?›, deutete diese unbegründete Schlußfolgerung an. Das schlimmste: Er zeichnete ein Diagramm (Diagramme sind manchmal schlimmer als Worte, weil die Leute leichter daran glauben), das die Rassen durch verschiedene Linien darstellte, wobei die Intelligenz als Reaktion auf Umweltanreicherung anstieg. Am Ausgang des Schaubilds waren die Linien beisammen, um anzudeuten, daß unter Bedingungen totaler Umweltverarmung die Rassen in der Intelligenz gleich niedrig liegen würden. Mit der Anreicherung strebten die Linien jedoch auseinander; beide stiegen in dieser Phantasiewelt mit der Verbesserung der Umwelt an, aber eine der Linien tat das viel schneller, so daß der Unterschied zwischen beiden um so größer war, je reicher die Umwelt wurde.

Jensen erfand so willkürlich, ohne irgendeinen Beweis zu zitieren, einen spezifischen Interaktionseffekt Gen–Umwelt, demzufolge Farbige in reicheren Umwelten der Zukunft im Vergleich zu den Weißen noch weiter zurückbleiben würden, als sie es in den armen und mittleren Umwelten der Jetztzeit tun. So unternahm Jensen bewußt einen Frontalangriff auf die Bemühungen anständiger Leute, einzugreifen, um die schulischen Leistungen von Farbigen zu verbessern. Was an Nachweisen heute vorliegt, führt zu einem ganz anderen Schaubild; seit 1968 haben Farbige in praktisch jeder reicheren Umwelt, in die sie gestellt wurden und von denen sie vorher zumeist ausgeschlossen waren, sich ausgezeichnet, und das schon in den ersten Jahren von mehr oder weniger großer Gleichbehandlung. Es ist sogar durchaus wahrscheinlich, daß die echten Kurven für die beiden Rassen sich eines Tages decken.

Und die Evolution? Können wir uns wenigstens auf die Beziehung der evolutionären Veränderung zu den Genen verlassen? Nicht ganz. Vielmehr gibt es jetzt deutliche Hinweise darauf, daß wichtige Eigenschaften von Individuen, vor allem, aber nicht ausschließlich, im Bereich des Verhaltens, auf eine sehr stabile Weise außerhalb der Gene von Generation zu Generation weitergegeben werden können. Mehrere Beispiele für diesen Mechanismus – Singspatzendialekte in Kalifornien, Kartoffelwaschen bei japanischen Affen und Rangordnung bei Rhesusaffengruppen – sind in einem früheren Kapitel besprochen worden. Die in diesem Kapitel erwähnten Austernfischer sind ein weiteres Beispiel, die Werkzeugherstellung bei wilden Schimpansen, ebenfalls schon erwähnt, noch eines. Im Labor hat Victor Denenberg, berühmt für seine Arbeit am Streß bei Rattenjungen, gezeigt, daß das Verhalten dieser Tiere beeinflußt wird durch die Erfahrung, die ihre Großeltern als Junge hatten, sogar dann, wenn es nur Pflege-Großeltern waren. Seine Abhandlung darüber, ‹Nongenetic Transmission of Behavior› (Nichtgenetische Übertragung von Verhalten), sollte Pflichtlektüre für jeden sein, der sich Verhaltensevolution nur durch Gene vorstellen kann.

Ich kenne zufällig einen weiblichen Nachkommen von Charles Darwin. Sie bewundert ihn, weiß aber über das, was er zu sagen hatte, nicht viel mehr als der intelligente Durchschnittsmensch. Ich dagegen lehre seine Gedanken und schreibe jahrein, jahraus über sie. Zufällig kenne ich auch eine Frau, die von Ralph Emerson abstammt. Sie findet ihn unlesbar, während ich seine Essays manchmal in den düstersten Zeiten meines Lebens gelesen und darin Trost gefunden habe. Wer sind die wahren Nachkommen von Darwin und Emerson? *Sie* natürlich, wenn man nach Haarfarbe oder Antigenen auf der Oberfläche roter Blutkörperchen fragt oder auch nach angeborener Intelligenz. Bedenkt man aber eine andere Seite ihres Phänotyps, die Dinge, die sie gesagt und geschrieben und für sehr wichtig gehalten haben, dann bin ich derjenige, der mehr als hundert Jahre danach sie wiederholt und zusätzlich Vorteile daraus zieht; verschiedene Nachkommen und auch verschiedene Arten der Erblichkeit verschiedener Eigenschaften von Individuen.

In der Frühzeit dessen, was man heute Soziobiologie nennt, als es erstmals üblich wurde, von ‹Genen für Altruismus› zu sprechen, versuchte ich Studenten mit der folgenden Gegentheorie zu unterhalten. Ich erfand ein Hormon ‹Altruin›, dem ich die Verursachung altruistischen Verhaltens bei einer erfundenen Vogelgattung durch Überschreiten der Blut-Hirnschranke in das limbische System zuschrieb. (Das war unsinnig, aber mindestens so plausibel wie ‹Gene für Altruismus›.) Meiner Theorie zufolge war in bestimmten Nahrungsmitteln eine Verbindung mit dem Namen Proaltruin enthalten; es wurde von dem Vogel gefressen und dann durch das Enzym Proaltruinhydrolase in Altruin verwandelt. Erst dann konnte es die Blut-Hirnschranke überwinden und seine Arbeit tun. Aus dem Gehirn wurde es entfernt durch Umwandlung in Altruinsäure (das erforderte das Enzym Altruinoxidase) und dann im Urin ausgeschieden.

Daraus ergab sich nun, daß ein Gen altruistisches Verhalten beeinflussen konnte, indem es die Struktur eines der beiden Enzyme (Proaltruinhydrolase oder Altruinoxidase) veränderte, genau das, was Gene am besten können. Nehmen wir an, durch eine DNS-Falschkopierung entstehe eine Genmutation, und das für die Codierung von Proaltruinhydrolase zuständige Gen erzeuge nun ein leicht verändertes Enzym. Nehmen wir ferner an, das betroffene Individuum erlebe eine zehnprozentige Steigerung in Proaltruinhydrolase-Aktivität, eine siebenprozentige Zunahme von Altruin im Gehirn und eine entsprechende siebenprozentige Zunahme an Altruismus, was von Vorteil sein kann oder auch nicht.

Damit es nicht zu einfach wurde, kolonisiert aber leider kurz nach Auftreten der Mutation ein neuer früchtetragender Strauch die ökologische Nische des Vogels. Diese Beere zu fressen, was einige der Vögel tun, erweist sich als ungewollt vorteilhaft, weil sie den Geschlechtstrieb anregende Eigenschaften besitzt, die den Fortpflanzungserfolg erhöhen. Sie enthält allerdings kein Proaltruin, verdrängt aber rasch die frühere Beere, die ausreichende Mengen von Proaltruin enthalten hatte. Die daraus entstehende Abnahme im verfügbaren Vorgänger der Altruinsynthese führt zu einer Senkung des Altruinspiegels im Blut, trotz der Gene, die das Gegenteil bewirken. Dieses Gen ist aber nach wie vor leicht begünstigt und hat im Verlauf von mehreren hundert Generationen das frühere Gen verdrängt, das für weniger aktive Proaltruinhydrolase codierte. Die neue Beere ersetzt aber auch die alte, nur viel schneller, und unter dem Strich beträgt die Senkung des Altruinspiegels im Blut (und des altruistischen Verhaltens) fünfzehn Prozent, und das trotz einer Mutation zu erhöhtem Altruismus, die durch natürliche Auslese begünstigt wurde.

Inzwischen findet am selben Genort eine weitere Mutation statt, die zu einer enormen 5oprozentigen Steigerung in der Aktivität des Altruin erzeugenden Enzyms führt. Wie die erste ruft sie Altruismus hervor, der spezifisch auf genetische Verwandte verteilt wird, vorzugsweise entsprechend dem Verwandtschaftsgrad, und so entsprechend der üblichen Mechanismen für die Selektion bei Blutsverwandtschaft selektiert wird. Bedauerlicherweise wird die Eleganz der Theorie dadurch gestört, daß sich der Nische ein Gletscher nähert. Die Umgebungstemperatur sinkt um drei Grad (im Verlauf vieler Generationen). Diese Abkühlung hat die Wirkung, die Wärmeregulationsphysiologie der Vögel so zu verändern, daß die Ionisierung von Altruin im Blut erhöht wird und seine Fähigkeit, die Blut-Hirnschranke zu überschreiten, um 30 Prozent sinkt. Diese Ionisierung fördert zufällig auch eine wirksamere Beseitigung von Altruin durch Altruinoxidase – und zwar vorzeitig –, was das Gesamtaltruin im Gehirn um weitere fünf Prozent verringert. Die Veränderung unter dem Strich seit der ersten Mutation in der

Gesamtmenge altruistischen Verhaltens, das bei der Vogelpopulation beobachtet werden kann, beträgt Null.

Der Sinn dieser Übung war nicht der, den möglichen Einfluß von Genen auf komplexes Verhalten zu bestreiten – sie schreibt ihnen sogar mächtigere Einflüsse zu, als viele nachdenkliche Menschen zulassen würden. Ebensowenig will sie darauf hinaus, die natürliche Auslese – und ihr Unterprozeß, die Selektion von Verwandten – könne das Vorkommen von Genen, die komplexes Verhalten bei einer gegebenen höheren Gattung steuern, nicht verändern; im genannten Beispiel tritt das sogar ein. Sie meint etwas viel Subtileres und ganz anderes, nämlich, daß in der wirklichen Welt die nichtgenetischen Variationsquellen im Verhalten so bedeutend sein können, daß sie jede Wirkung der Gene überspielen.

Das heißt nicht, daß die genetische Veränderung nicht stattfindet oder ohne Wirkung wäre. Es bedeutet nur, daß sie im Vergleich mit anderen Kräften langsam und klein ist und bei unserem Bestreben, zu erklären, was wir sehen, und vorauszusagen, wie es weitergehen wird, nicht nutzvoll sein kann. In diesem Beispiel waren die nichtgenetischen Wirkungen groß genug, um die Wirkungen der Genveränderungen auszugleichen und aufzuheben. Nehmen wir jedoch an, die echten nichtgenetischen Kräfte wären viel größer? Zehnmal, hundertmal, tausendmal größer? Welchen Sinn hätte es dann, die genetische Veränderung zu berücksichtigen? Welche Aussicht wäre vorhanden, sie auch nur zu bemerken? Mit den privaten Worten eines berühmten Genetikers: Wenn die nichtgenetischen Kräfte im Vergleich zu den genetischen für den untersuchten Zeitraum groß genug sind, würde man die genetischen so wenig berücksichtigen, wie man die durch das Schwerefeld eines fernen Sterns auf eine von Kap Canaveral abgeschossene Rakete ausgeübte Kraft messen und berücksichtigen würde. Mit anderen Worten: eine reale Kraft, eine voraussagbare Kraft, aber eine völlig zu vernachlässigende.

Das ist keine beiläufige Frage. Man bedenke die mutmaßliche Tatsache, daß im Jahr 1900 vielleicht zehn Prozent der menschlichen Gattung (ich schätze hier) die Verhaltensweisen von Lesen und Schreiben zeigten, während im Jahr 2000 vielleicht 90 Prozent der Gattung dieselben Verhaltensweisen zeigen werden; das heißt, in einem Jahrhundert (drei Generationen) wird die Gattung ihre Art der Verhaltensadaptation wesentlich verändert haben. Oder man nehme die Tatsache, daß die Durchschnittszahl der Kinder pro weiblicher Lebensspanne in derselben Gattung derzeit ungefähr bei vier liegt, während sie in hundert Jahren irgendwo bei zwei halten dürfte; eine weitere wesentliche Veränderung der Adaptation in drei Generationen.

Nun kann man die Gene zur Sprache bringen. Man kann abwinkend etwa erklären: «Es sind die Gene, die Menschen veranlassen, den durch Lesen und Schreiben gebotenen Vorteil zu erwerben», und «Es sind die Gene, die es einer Population gestatten, ihre Fortpflanzungsrate zu senken, wenn die Bedingungen es erfordern». Diese Sätze sind wahr, aber sie sagen praktisch nichts über die intimen Einzelheiten der beiden erwähnten, sehr bedenkenswerten Prozesse aus. Man kann sich auf Gene sogar in spezifischerer Weise beziehen – beispielsweise für Menschen, die aus genetischen Gründen an Dyslexie (Störung des Lesens) leiden, oder für Menschen, die im Reproduktionswettbewerb weiterhin siegen, indem sie zwanzig Kinder in die Welt setzen, während die Gattung ihre Geburtenrate senkt. Das sind reale Wirkungen von abstraktem Interesse, aber für praktische Zwecke, in Beziehung zu den hier gestellten Fragen, in der untersuchten Zeitspanne, völlig nebensächlich – wie ein Ausdruck, der aus einer mathematischen Ableitung herausgenommen wird, weil er die Dinge mehr kompliziert, als sich lohnt, und in Wahrheit so klein ist, daß man ihn ohne Gefahr vernachlässigen kann.

Auf die Frage ‹Wie konnten diese beiden Veränderungen im Phänotyp der Gattung innerhalb von nur hundert Jahren stattfinden?› haben die Gene nichts zu erwidern. Diese Frage kann beantwortet werden nur in Begriffen des konventionellen und sich rasch entwickelnden Wissens der Verhaltens- und Sozialwissenschaft: nach den Gesetzen des Lernens, des Erkennens, der Sozialpsychologie, der Wirtschaft, der kulturellen Veränderung. Daß die Gene hinter all diesen Gesetzen stehen, ist eine hochgesinnte, nutzlose soziobiologische Binsenwahrheit; bei dieser Frage wird uns jene Binsenwahrheit überhaupt nichts nützen. Was heißen soll: Sie kann uns nicht in bedeutsamer Weise helfen, zwei der großen Herausforderungen zu bewältigen, der sich die menschliche Gattung zur Zeit gegenübersieht.

Die Biologie kann uns aber vielleicht trotzdem vieles darüber mitteilen, wie man sie und viele andere Probleme *nicht* anpacken soll. Sie mag dazu dienen, uns bei unseren Eingriffen ein bißchen vorsichtiger zu machen. Und sie mag uns fortlenken von bestimmten katastrophalen Abarten ‹menschlicher Eingriffe›, einfach dadurch, daß sie uns eine gewisse Vorstellung von dem Rohmaterial liefert, mit dem wir arbeiten.

Bedenken Sie die folgende Parabel: Wir sind ungefähr hundert Jahre zurückgegangen, und ein Mann der Praxis steht im Begriff, die größte Brücke der Welt aus Stahl zu konstruieren. Er hat das große Glück, eine Seereise mit einem Metallurgen zu machen, der ausgezeichnet davon lebt, die Eigenschaften von Stahl zu untersuchen. Der Konstrukteur stellt sich sonnenreiche Tage auf dem Oberdeck vor, wo man Spiele macht, sich in Liegestühlen räkelt und Zigarren raucht, während er die ganze Zeit die Kenntnisse seines Gesprächspartners über Stahl in sich aufnimmt und am Abend in seine Kabine an den Zeichentisch zurückkehrt.

Er stellt jedoch fest, daß er nicht weiterkommt. Alle seine Erkundigungen führen zu begeisterten Vorträgen darüber, daß Stahl immer besser wird, daß frühere Verächter seine Möglichkeiten unterschätzt hätten, daß das karge, derzeitige Wissen über die Physik der festen Stoffe die Zugfestigkeit und Härtbarkeit von Stahl einschränkten; daß im Labor des Sprechers Experimente abliefen, die eines Tages die Trag-Stützfähigkeit heutiger Stahlträger um acht Prozent steigern könnten. Die Bemühungen des Konstrukteurs, praktische Information zu erhalten, die ihm nützt, enden in enttäuschendem Durcheinander. Schließlich schreit er: «Aber Stahl, Mann! Heutiger Stahl! Ich werde eine Brücke bauen, begreifen Sie nicht? Ich muß die Eigenschaften des Stahls kennen!»

Viele moderne Gespräche zwischen Sozialplanern auf der einen und Verhaltens- oder Sozialwissenschaftlern auf der anderen Seite nehmen einen ähnlichen Verlauf und ein ähnlich unerfreuliches Ende. Die Letztgenannten wollen sich einfach nicht zu den Begrenzungen des menschlichen Potentials äußern, nicht einmal im Hinblick auf einen kurzfristigen Verlauf. Aber die Planer können ihre Arbeit nicht tun, ohne über diese Grenzen etwas zu wissen, zumindest auf kurze Sicht. Während wir darauf warten, daß menschliche Wesen durch irgendeine Kombination von Wissenschaft und Magie und dem allerbesten Willen in das schöne Rohmaterial verwandelt werden, das sie nach unserem Wunsch sein sollen, verlieren wir vielleicht unsere letzten Chancen, Maßnahmen von jenem praktischen Wert zu ergreifen, die dafür sorgen, daß es die Menschen lange genug gibt, damit sie die letzte Verwandlung erleben können. Die Grenzen der menschlichen Natur und das Böse darin zu erkennen, ist eine notwendige Voraussetzung für den Entwurf eines Sozialsystems, das die Auswirkungen dieser Grenzen, den Ausdruck dieses Bösen, möglichst gering hält. Paradoxerweise ist auch das ein Mittel zur Modifikation allen menschlichen Verhaltens.

Teil Vier
Menschliche Natur
und die Zukunft
des Menschen

Weh denen, die Böses gut und Gutes böse heißen, die aus Finsternis Licht und aus Licht Finsternis machen, die aus sauer süß und aus süß sauer machen!

Weh denen, die bei sich selbst weise sind, und halten sich selbst für klug!

Weh denen, so Helden sind, Wein zu saufen, und Krieger in Völlerei;

Die den Gottlosen gerecht sprechen um Geschenke willen, und das Recht der Gerechten von ihnen wenden!

Darum, wie des Feuers Flamme Stroh verzehrt, und die Lohe Stoppeln hinnimmt, also wird ihre Wurzel verfaulen, und ihre Blüte auffliegen wie Staub . . .

Darum ist der Zorn des Herrn ergrimmet über sein Volk, und recket seine Hand über sie, und schlägt sie, daß die Berge beben, und ihre Leichname sind wie Kot in den Gassen. Und in dem allen lässet sein Zorn nicht ab, sondern seine Hand ist noch ausgerecket.

Jesaja, 5, 20–25

17 Die Erwartung

Das ist ein Geschenk von einer kleinen, fernen Welt, ein
Zeichen unserer Geräusche, unserer Wissenschaft, unserer Bil-
der, unserer Musik, unserer Gedanken und unserer Gefühle.
Wir versuchen, unsere Zeit zu überleben, damit wir eure
erleben. Wir hoffen, eines Tages, wenn wir die Probleme gelöst
haben, vor denen wir stehen, einer Gemeinschaft galaktischer
Zivilisationen beizutreten. Diese Aufzeichnung stellt unsere
Hoffnung und unsere Entschlossenheit dar und unseren guten
Willen in einem ungeheuren und ehrfurchterregenden Univer-
sum.

Präsident Jimmy Carter
Raumsonde Voyager 2
Botschaft, 1977

Leitartikel

Heute morgen erfuhr die ‹Galaxis-Times› über Interstellar Lasernews
von einer weiteren ‹Flaschenbotschaft› eines fernen Inselplaneten. Ihr,
die sich im Inneren eines einfallsreichen, wenn auch primitiven Fahrzeugs
befand, gelang es, halb durch die Galaktische Föderation zu treiben,
bevor sie von der Säuberungspatrouille aufgefischt wurde. Sie war rund
zweihunderttausend Jahre alt.

Die geographische Abteilung der Blasenspeicher-Bibliothek bei
der ‹Times› berichtete über den primitiven Planeten mehr, als wir eigentlich wissen wollten, aber bei der dritten Anforderung war der Bericht auf
ein erträgliches Maß geschrumpft. Der Planet, von den frühen Geographen mit ihrem feinen Sprachgefühl ‹Der Blaue Stromer› genannt, folgte
einem inzwischen bekannten Ablauf der Planetenentstehung. Intelligentes Leben auf dem Blauen Stromer trat ungefähr eine Lebenszeit vor der
Flaschenbotschaft in seine Lichtgeschwindigkeits-Signalphase der Entwicklung ein. Intelligentes Leben dort löschte sich ungefähr drei Lebenszeiten später aus, durch einen Prozeß, der völlig typisch war – schon
damals gut begriffen –, und neben anderen Beispielen in allen Historik-
aufzeichnungen für Kinder berichtet wird.

Wie gewohnt wurden Lichtgeschwindigkeitssignale über der
Oberfläche des Blauen Stromers von unseren frühen Geographen mit
unermüdlichem Fleiß aufgezeichnet. Diese Milliarden Signale, maschi-
nengefiltert, katalogisiert und zu Lautstärke und Wiederholung überar-

beitet, wurden zum Material für eine große Zahl archäologischer und geographischer Dissertationen. Eine davon, Stolz und Hoffnung eines längst verstorbenen jungen Gelehrten, trug den Titel «Die erste interstellare Botschaft bei Unterlichtgeschwindigkeit vom ‹Blauen Stromer›, dem dritten Planeten des Sterns 868-2893-41162-33. Eine Studie in Gegensätzen».

Die ‹Gegensätze› sind kaum neu und waren es selbst damals nicht. Aber sie sind so lebendig und packend, daß sie scheinbar endlose Untersuchungen verdienen. Manche davon sind banal. Beispielsweise gab es da intelligente Wesen, die eine Botschaft bei einem winzigen Bruchteil der Lichtgeschwindigkeit zu einer interstellaren Gemeinschaft von Zivilisationen mit einer in ungeheurem Maß fortschrittlicheren Technologie sandten. Ein wenig Überlegung hätte ihnen klargemacht, daß wir, wenn wir so fortgeschritten waren, ihre Lichtgeschwindigkeitssignale entdecken und entziffern würden und daß wir in etwa neunzig Jahren die Botschaft schon aus ihren Beschreibungen füreinander erhalten würden; und das zweihunderttausend Jahre, bevor ihr Weltraumkarren die Galaxis durchqueren konnte. Was würde sie, einmal in der Galaktischen Föderation (die von den Absendern dieser ‹Flasche› mit erstaunlicher Genauigkeit vorausgesehen wurde), anderes sein als eine kleine, ungewollte Bedrohung für Raumverkehrsschiffe in Interstellarkorridoren? So stark ist offenbar der Drang, «Hier bin ich!» zu rufen, daß die Nutzlosigkeit von Botschaften in uraltem Gerät mit Unterlichtgeschwindigkeit dabei unerkannt bleibt.

Aber es gibt stärkere Gegensätze. Die Dissertation folgt dem Brauch und untersucht systematisch den Inhalt der Botschaft als einer Auswahl von der Welt des Blauen Stromers. Nichts war neu darin, schon damals nicht. Geräusche von atmosphärischen Bedingungen und nichtintelligenten Geschöpfen, den seinerzeitigen Geographen wohlbekannt, waren mit enthalten und harmlos genug. Die Darstellungen der Intelligenz jedoch, einschließlich der ‹Botschaft› als solcher, bestanden nur aus Halbwahrheiten und Lügen. Der Verfasser stellt am Schluß fest:

Diese Wesen erwarten von uns, daß wir ihre Äußerungen von gutem Willen und heiterer Begrüßung für bare Münze nehmen. Angehörige einer Gemeinschaft, die vor den Qualen der Ausrottung steht, berichten sie nicht von dem fast unaufhörlichen gegenseitigen Gemetzel, das sie in immer größerem Maßstab verüben; nichts von weitverbreiteten Hungersnöten auf einem üppigen Planeten, nichts von der fortwährenden Verseuchung des kleinen Globus mit chemischen Abfällen; nichts vom unaufhörlichen Zusammenraffen der Reichtümer durch wenige, die sie in erster Linie dazu benützen, ihr gegenseitiges Gemetzel vorzubereiten und auszuführen. Das politische Gebilde, das für die Botschaft verantwortlich ist, existiert in einer Welt völliger Unwirklichkeit. Dieses Gebilde mit fünf Prozent der gesamten Bevölkerung verbraucht mehr als die Hälfte der Ressourcen auf dem Planeten. Die

Hoffnungen seiner Angehörigen auf materielle Bequemlichkeit stehen in keinem Verhältnis zu dem, was der Planet zu dieser Zeit zu bieten hat; daher die Unvermeidbarkeit weiterer Konflikte. Ihre Selbstverwöhnung, Unverantwortlichkeit und Dekadenz spotten jeder Beschreibung. Damit man aber nicht meine, diese Tendenz sei auf ein politisches Gebilde beschränkt, muß darauf hingewiesen werden, daß fast alle anderen auf dem Planeten ähnliche Neigungen zeigen, vor allem unter den dominierenden Teilen ihrer Bevölkerung.

Wir mögen die arge Übertreibung des jungen Gelehrten mit Kritik bedenken. Wäre er älter gewesen, hätte er ohne Zweifel mehr Mitgefühl gezeigt; diese Wesen befanden sich schließlich auf dem Weg zu einem traurigen Ende und taten ihr Bestes, so gut sie es vermochten. Aber wir müssen mit ihm fragen: Wie kamen diese Wesen dazu, Raketen in den Weltraum zu schicken? Dies war ein Augenblick, in dem alle Energien den Wissenschaften von Erziehung, geistiger Erkrankung, zwischenpersönlichem Konflikt, Bevölkerungsreduzierung, Meereskultivierung, Photonenernte und Bewältigung von Abfallstoffen hätten zugewandt werden müssen. Sie flogen in einer unfruchtbaren interplanetarischen Ödnis herum und versäumten es, die anderen, näherliegenden Forschungen ernst genug zu nehmen, die sie hätten retten können.

Auf der Grundlage früherer Erfahrungen mit solchen Planeten und seiner Analyse aller belangvollen LG-Signale vom Blauen Stromer sagte der Gelehrte ‹Protozivilisations-Ende in ungefähr 2,2 Lebenszeiten› voraus. Er war um fast eine Lebenszeit zu pessimistisch, hatte sonst aber auf entmutigende Weise recht. Und das Erschütterndste, wie in solchen Fällen immer, war, daß sie so nah herankamen; es sind immer nur die letzten drei oder vier Lebenszeiten, die den Unterschied zwischen Exodus und Exitus ausmachen.

Eine bekannte Geschichte, auf allen Unterrichtsbändern, inzwischen so gewiß wie Tod, Steuern und mürrisches Gehabe von Halbwüchsigen. Aber vielleicht können wir aus der primitiven Geste des Blauen Stromers eine Botschaft von tieferem Sinn herauslesen – über die Grenzen dessen, was wir Intelligenz zu nennen belieben. Statt das Dilemma dieser Wesen einfach zu verhöhnen oder unbeachtet zu lassen, sollten wir die Gelegenheit nutzen, innezuhalten und mögliche Makel in unserem eigenen geistigen Zustand zu prüfen. Selbstzufriedenheit ist damals wie heute der Feind des Überlebens.

In der Regel ist der Philosoph eine Art Mischlingswesen, eine Kreuzung zwischen Wissenschaft und Dichter, auf beide neidisch.

Gustave Flaubert

Flaubert schrieb diese Worte 1846 in einem Brief an die Dichterin Louise Colet. Seine Meinung über Philosophen entspricht dem, was ich oft bei vielen (nicht allen) Verhaltens- und Sozialtheoretikern empfunden habe. Sie sind gegen Kritik immun: Greift man ihre Fakten oder ihre Logik an, so verstecken sie sich hinter einem Mantel des Humanismus und erwarten trotzdem, viel ernster genommen zu werden als Dichter (wenigstens in den Vereinigten Staaten), weil sie schließlich nicht bloße Meinungen, gefaßt in hübsche Worte, äußern, sondern vorgeben, sich einer großen Sammlung wissenschaftlicher Information zu bedienen. Das ist recht schwankender Grund. Freilich haben manche Verhaltens- und Sozialtheoretiker die seichten Stellen dort gut bewältigt und werden zu Recht dafür bewundert, auch – wie viele Stellen dieses Buches zeigen – von mir und von anderen, die sich mit dem Verhalten vom Biologischen her befassen.

Trotzdem haben die letzten Jahre Augenblicke harter Konfrontation zwischen biologischen und Verhaltens- oder Sozialwissenschaftlern zu bestimmten Fragen in der Verhaltensbiologie erlebt. Die Sozial- und Verhaltenswissenschaft der letzten hundert Jahre hat große Fortschritte bei Datensammlung und -analyse gemacht, aber der theoretische Fortschritt war im Vergleich dazu dürftig. Es gibt bescheidene Theorien, die begrenzte Mengen von Verhaltens- und Sozialdaten erklären – etwa das Gesetz gestreuter gegenüber massierter Übung beim Lernen oder die Theorie demographischen Übergangs –, aber es gibt keine großen Konzeptionen. Oder, genauer gesagt, die großen Konzeptionen sind aus dem 19. Jahrhundert übriggeblieben.

Biologische Ansätze werden aus mehreren Gründen für bedrohlich gehalten. Erstens hat sich gezeigt, daß sie in manchen Gesellschaften politisch mißbraucht werden und gefährlich sind. Zweitens erfordert ihre richtige Auswertung eine große Menge schwierigen Wissens, und nur wenige Verhaltens- und Sozialwissenschaftler sind bereit, es sich anzueignen. Drittens könnten sie die Art großer Konzeptionen liefern, von denen Sozialwissenschaftler trotz ihrer gegenteiligen Behauptungen wissen, daß sie fehlen.

Das sollte uns bei der Einsicht helfen, warum derzeit Verhaltens- und Sozialwissenschaftler mit größter Lebhaftigkeit gegen die Bemühungen von Ethologen, Verhaltensgenetikern, Soziobiologen und anderen Verhaltensbiologen protestieren, für unser gemeinsames Verständnis von menschlichem und tierischem Verhalten etwas Wichtiges beizutragen. Für den Zusammenstoß gibt es aber einen noch bedeutsameren Grund: Die heutigen Beiträge von Biologen untergraben den philosophischen Aufbau der Verhaltens- und Sozialwissenschaft, wie er seit mindestens hundert Jahren bestanden hat. Dieser Aufbau ruht auf zwei Säulen, von denen keine festen Boden unter sich hat. Vielmehr sind beide eher Glaubens- als Wissenssache, eher Dichtung als Wissenschaft. Schön sind beide, aber auch falsch.

Die erste ist eine Metapher, nach welcher die Gesellschaft ein

Organismus sei. (Dieser Gedanke reicht viel weiter zurück als bis ins 19. Jahrhundert.) Die Einheiten sind Individuen und wie die Zellen des Körpers aufgebaut zu Geweben, Organen, schließlich dem Ganzen selbst, ausgerichtet alle auf einen Zweck: Überleben. Anzeichen von Entgleisung dürfen als pathologisch gelten und können behoben werden, indem man das System wieder ins Gleichgewicht bringt. In der alltäglichen Funktion unterscheidet sich die gesunde Gesellschaft nicht vom gesunden Individuum; beide sind ein Gebilde zusammenwirkender Einheiten mit einem gemeinsamen Ziel. Diese Metapher ist ganz schlicht und nachweisbar falsch, weil sie verlangt, daß die Gesellschaft eine plausible Einheit der natürlichen Auslese sei, zumindest bei Tieren, wie uns bis jetzt niemals nachgewiesen worden ist. Genau im Gegensatz zu den Zwecken der Zelle, der die Evolution ihre Unabhängigkeit genommen hat und die demzufolge allein dem Überleben und der Fortpflanzung des Organismus dient, von dem sie ein Teil ist, sind die Zwecke des Individuums mit dem Überleben und Fortbestand der Gesellschaft nur vorübergehend und in skeptischer Weise verbunden; derselbe Prozeß der Evolution hat vielmehr das Individuum mit dem vollen Umfang von Unabhängigkeit und einer klugen Fähigkeit ausgestattet, die Zwecke der Gesellschaft in seine eigenen zu verkehren oder das wenigstens zu versuchen. Jedesmal, wenn ein Mensch seine Gesellschaft oder Kirche oder den Klub oder auch seine Familie satt hat und aus eigenem Antrieb die Bindung wechselt, haben wir eine neue faktische Widerlegung der zentralen Metapher von Sozial- und Politikwissenschaft.

Die zweite Säule ist nicht mehr als ein schlichter Glaubensartikel, den ich, eher unfreundlich, bezeichnen möchte als die ‹Bastlertheorie› menschlichen Verhaltens und menschlicher Erfahrung. Der Bastlertheorie zufolge sind menschliches Verhalten und Erfahrung im Grunde gut und anständig und gesund und herzlich und kooperativ und intelligent, nur ist irgendwo eine Kleinigkeit schiefgegangen. Bei der Kindererziehung ist eine Sicherung durchgebrannt, in der Psyche eine Röhre ausgefallen, oder ein böser Irrer hat die Herrschaft übernommen oder ein Pfuscher den falschen Betonhärtegrad für das Fundament der Wirtschaft bestellt (oder zumindest das falsche Glas für die Fenster): Alles, was wir tun müssen, ist, ein bißchen herumzubasteln: Den Lehrapparat ändern oder die richtige Psychotherapie anwenden oder den König oder die Königin verjagen oder den Sozialismus einführen oder wenigstens nicht mehr so viel Geld drucken, dann wird alles in bester Ordnung sein. Wenn man mehr als eines davon tun und, falls möglich, gleichzeitig seine jetzige Ehefrau loswerden kann, hat man es nicht nur gut, sondern man wird in das Paradies auf Erden hineinstolpern.

Mir geht es nicht darum, irgendeine dieser schätzenswerten Abarten von Bastelei zu diskreditieren. Ich habe überzeugende Nachweise dafür gesehen, daß jede von ihnen in manchen Fällen etwas bessern kann.

Was ich in Zweifel ziehen möchte, ist der doppelte Glaubensakt, der die Menschen veranlaßt, fortwährend sowohl den Prozentsatz von Gelegenheiten zu überschätzen, bei denen diese strategischen Methoden etwas bessern, als auch den Grad der Besserung, die daraus entstehen wird. Diese Fehlbeurteilungen sind gefährlich, weil sie die Genauigkeit der Risiko-Vorteils-Analyse zerstören, die Grundlage allen intelligenten Handelns sein muß. Verhaltens- und Sozialwissenschaftler verschiedener Bereiche und Denkrichtungen ermutigen die Menschen zu solchen Fehleinschätzungen und verwenden sehr ähnliche Mittel aus sehr ähnlichen Gründen und mit ähnlich enttäuschenden Ergebnissen, wie sie die kommerzielle Werbung liefert. Ich rede jetzt nicht von Scharlatanerie – sie ist nur zu leicht aufzudecken; ich rede von der alltäglichen, allgegenwärtigen, oft bösartigen Übertreibung, zu der sich beinahe jeder verleiten läßt, der auf eine mögliche Lösung für ein menschliches Problem stößt.

Alles wird eben nicht gut. Nachdem wir die Veränderung herbeiführen, werden wir, selbst wenn sie unsere Lage verbessert, weiterhin voll der Schwächen des menschlichen Zustands sein. Wir werden weiterhin auf die Bedürfnisse anderer ringsum kaum reagieren. Wir werden weiterhin von Motiven getrieben sein, die nicht immer notwendig sind, die wir nicht richtig begreifen, und die manchmal gefährlich sind. Wir werden nach wie vor äußeren Gefahren gegenüber argwöhnisch sein. Wir werden nach wie vor Dinge tun müssen, die wir nicht gerne tun. Wir werden uns weiterhin zu leicht bei Dingen langweilen, die uns glücklich machen sollten. Und natürlich werden wir weiterhin sterben.

Kein Verhaltens- oder Sozialbastler unternimmt Anstrengungen, irgendeine dieser Wahrheiten zu bestreiten. Sie erwähnen sie aber auch kaum. Sie brauchen es nicht zu tun. Sie wissen sehr genau, daß sie sich auf die inneren Leugnungsmechanismen ihrer Zuhörer verlassen können, die solche Dinge unter den Teppich kehren. Sie verkaufen Hoffnung, und die Menschen ziehen ihre Geldbörsen; die Marktregel heißt: Möge der Käufer sich vorsehen.

Um gerecht zu den Leuten zu sein: Sie sind in der Regel keine Zyniker, sondern sehen diesen Dingen nur widerwillig ins Gesicht, wie es der Durchschnittsmensch auch tut. Das ist der Grund, warum sie keine guten Dichter sind. Gute Dichter sehen den Dingen nicht nur ins Gesicht, sie gehen ausführlich darauf ein, um uns zu zeigen, wie man trotzdem leben kann. Angesichts einer Neigung bei den meisten Menschen, die Ansicht von der menschlichen Natur bei den Biologen einzuschätzen als eine relativ neue Abweichung von der ehrwürdigen Tradition der Sozialtheorie, täten wir gut daran, uns zu erinnern, daß es noch eine andere Tradition gibt, die Tradition der klassischen Literatur, die mit der biologischen Sicht weit stärker übereinstimmt.

Beispielsweise haben wir in den griechischen Tragödien eine solch klare, stimmige Sicht der dunklen Seite des menschlichen Daseins, daß, wenn der Chor sagt, es sei besser, zu sterben als zu leben, und am besten, nie geboren zu sein, in unseren Emotionen kaum etwas in Bewegung gerät. Ja, wir fangen natürlich an zu denken. Bei Shakespeare wird diese Tradition fortgeführt und weiterentwickelt. In dem berühmten Hamlet-Monolog, in Macbeths ‹Klang und Wut›-Rede, in den Zeilen über die Menschenalter in ‹Wie es euch gefällt›, in König Lears Wüten und in den klaren Äußerungen seines Narren haben wir dieselbe Geschichte von menschlichem Chaos und Torheit und Verzweiflung, wiederholt von vielen verschiedenen Mündern, alles miteinander gänzlich unvereinbar mit dem Grundglauben all der Pfuscher. Und wir haben den Hinweis der ‹Sonette›, wo der Dichter mit eigener Stimme spricht:

All dessen müd, schrei ich nach Todesrast;
Seht hin! Verdienst zum Bettelstab geboren,
Und hohles Nichts in goldnen Glanz gefaßt,
Und reinste Treue Schlechtem zugeschworen,
Und blanke Würde, die den Falschen krönt,
Und Mädchentugend frevelhaft geschändet,
Und rechte Ehre rechtlos und verpönt,
Und Kraft durch schlappen Einfluß abgewendet,
Und Kunst durch Machtspruch zungenlahm gemacht,
Und Narrheit (doktorgleich) verkündend Recht,
Und Einfalt als Einfältigkeit verlacht,
Und alles Gute alles Bösen Knecht:
Müd alles dessen, wünscht ich tot zu sein,
Ließ ich dann nicht den Liebsten hier allein.

Für Henry James war das Leben ‹ein langsames Vordringen in feindliches Gebiet›. Er schrieb:

Das Leben ist in der Tat ein Kampf. Das Böse ist frech und stark, die Schönheit bezaubernd, aber selten, Güte neigt zur Schwachheit, Torheit sehr zum Trotz, Gemeinheit zum Sieg des Tages, Schwachköpfe sitzen an hoher Stelle, Leute von Vernunft an niedriger, und die Menschheit allgemein fühlt sich zumeist unglücklich. Aber die Welt, wie sie dasteht, ist keine Illusion, kein Trugbild, kein böser Nachttraum; wir wachen immer und immer wieder in ihr auf, wir können sie weder vergessen noch leugnen noch wegschieben.

Und Goethe spricht durch die Feder des armen Werther:

Daß die Kinder nicht wissen, warum sie wollen, darin sind sich alle hochgelahrten Schul- und Hofmeister einig; daß aber auch Erwachsene gleich Kindern auf diesem Erdboden herumtaumeln und gleich wie jene nicht wissen, woher sie kommen und wohin sie gehen, ebensowenig nach wahren Zwecken handeln, ebenso durch Biskuit und Kuchen und Birkenreiser regiert werden, das will niemand gern glauben, und mich dünkt, man kann es mit Händen greifen.

Und für André Malraux ‹gibt es keine Erwachsenen›. Auf der ersten Seite seiner ‹Antimemoiren› erzählt er die Geschichte, wie er einem alten Freund begegnete, mit dem er den Krieg durchlebt hatte. Der Freund war fünfzehn Jahre lang Landpfarrer gewesen. Der Schriftsteller fragte den Geistlichen in ernster Bescheidenheit, was er in fünfzehn Jahren als Beichtvater gelernt hätte, und der andere erwiderte nach einiger Überlegung, er hätte zwei Dinge gelernt:

«... Erstens, die Menschen sind viel unglücklicher, als man glaubt, und dann ...»
Er hob seine Holzfällerarme in die Nacht voller Sterne.
«Und dann ist das Wesentliche, daß es keine Erwachsenen gibt.»

Laden wir alle diese Künstler der Seele, wie man sie nennen könnte, zu einer Cocktailparty ein. In einer Ecke streitet eine Gruppe von Bastlern fröhlich über verschiedene strategische Methoden, alles genau richtig zu machen. Auf der anderen Seite bespricht eine Gruppe von Biologen mit großer Düsterkeit die unveränderbaren Fakten der menschlichen Natur. Zu welcher Gruppe würden sie gehen?

Man könnte mit solchen Zitaten beinahe endlos fortfahren. Meine Absicht ist nicht die, den Leser mit einer Litanei berühmter literarischer Aussprüche einzudecken, sondern so lange bei ihnen zu verweilen, bis der Nebel des Allzuvertrauten sich lichtet und wir wieder wirklich sehen, was sie sagen. Dann gewinnen wir den deutlichen Eindruck, daß die großen literarischen Gestalten damals und heute mit der Sicht der menschlichen Natur durch moderne Biologen viel mehr gemeinsam hatten als mit der Sicht des menschlichen Potentials, wie die meisten modernen Verhaltens- und Sozialwissenschaftler sie vertreten. So ist es beinahe ebenso belustigend wie ungerecht, wenn die Letzteren Biologen als Techniker entlarven, während sie sich hinter dem Mantel des Humanismus zu verstecken versuchen; für sie ist er ein zerfetzter Mantel, der kaum Schutz bietet und auf lange Sicht kein sicheres Versteck sein kann.

Damit wir nicht wieder auf den alten Spruch verfallen, Künstler seien im Grunde Reaktionäre, sollte man rasch hinzufügen, daß trotz ihres Mangels an Optimismus gegenüber der menschlichen Natur die meisten (gewiß nicht alle) der Menschen, die diese Dinge geschrieben haben, mit ernsthafter – manchmal gefährlicher – Kritik an den Gesellschaften befaßt waren, in denen sie lebten, oft sogar an ihren Regierungen. Sie standen den meisten Vorschlägen zu einer Veränderung einfach skeptisch gegenüber. Ihr natürlicher Einblick in den menschlichen Charakter ließ sie den Gedanken, wieviel Veränderung möglich sei, weniger hoffnungsfreudig erwägen als manche von uns – so daß sie für die Bastlertheorie nicht sehr empfänglich waren.

‹Erwachsene taumeln gleich Kindern umher . . .›, ‹Erwachsene gibt es nicht›. In der Tat, wie die Kinder, in unseren Motiven, in unseren wirren und doch zielbewußten Erregungen, darin, daß wir wissentlich unser persönliches Chaos auf die Welt übertragen. Aber im Gegensatz zu Kindern, die auf liebenswerte Weise über sich selbst stolpern, bevor sie viel Schaden anrichten, leisten wir die wirkliche Arbeit unserer trunkenen, verborgenen Emotionen nach längerer Überlegung, voll Hochmut, auf raffinierteren Umwegen, aus einer tieferliegenden, rachsüchtigeren Ader der Eigensucht heraus und mit mehr Macht.

Der Traum der Vernunft bringt Ungeheuer hervor.

Goya, ‹Caprichos›

Die menschliche Verhaltensgenetik ist, wie es sich gehört, die am ärgsten umstrittene Beschäftigung in der Verhaltensbiologie. Skeptiker haben ein Recht, erschrocken zu sein. Erst gestern führte eine ausdrücklich genetische Theorie menschlichen Verhaltens zu oder stützte jedenfalls in starkem Maße Gettoisierung, Deportation, Konzentrierung, Versklavung und schließlich Massenausrottung von Millionen hilfloser Opfer, die überhaupt nichts getan hatten, was dem theoretischen verhaltensgenetischen Makel entsprach, den man ihnen vorwarf. Jeder nachdenkliche Mensch muß bei diesem Gespenst innehalten, das aus Jahrzehnten verhaltensgenetischer Märchen hervorgekrochen war, und die Möglichkeit eines weiteren, ähnlichen Ablaufs zugeben, zu einer unbekannten Zeit irgendwann in der Zukunft. Sollte diese Möglichkeit allein nicht schon genügen, um uns daran zu hindern, daß wir an solchen Theorien herumbasteln?

Bedauerlicherweise für die Menschen im letzten Teil des düsteren 20. Jahrhunderts hat sich die Ablehnung verhaltensgenetischer Theorien nicht als echter Schutz gegen die Schrecknisse autoritärer Gewalt erwiesen. Deportation, Einsperren, praktische Versklavung und direktes oder indirektes Hinschlachten von Millionen sowjetischer Bürger im Verlauf mehrerer Jahrzehnte wurde gestützt auf eine völlige Ablehnung der Generationen überdauernden stabilen Wirkungen von Genen nicht nur auf das Denken, sondern auch auf den Körper. So, wie man die jüdischen Opfer Hitlers wegen ihrer angeblichen geistigen Defekte infolge von unveränderbaren Genen verschleppte, mit Arbeit zu Tode marterte oder ermordete, so wurden die sowjetischen Opfer Stalins verschleppt, mit Arbeit zu Tode geschunden oder ermordet, um sie durch ‹Umerziehung› zu ändern oder wenigstens andere Leute ringsum zu ändern. So, wie die Lügen der antisemitischen ‹Verhaltensgenetiker› (die in Wahrheit von Verhaltensgenetik überhaupt nichts verstanden) das eine rechtfertigten, taten es die Lügen von Lysenko und anderen Antigenetikern (die von der wahren geistigen Grundlage der Umwelttheorie nichts wußten) beim anderen. Das judenfreie Europa und der Neue Sowjetmensch erwiesen sich als erreichbar durch nicht sehr verschiedenartige Mittel, trotz der Tatsache ihrer unvereinbaren Herkunft.

Und um unsere verschiedenen Ängste auf das neueste Datum zu bringen: Wir haben in den siebziger Jahren einige Versuche erlebt, mit Hilfe der Verhaltensgenetik die intellektuelle Minderwertigkeit der amerikanischen Farbigen nachzuweisen, mit dem Erfolg, daß man noch mit weniger Schuldgefühl darüber hinweggehen konnte, wie sehr die Ordnung der Dinge sie zu Opfern machte; und im früher friedlichen Königreich Kambodscha gab es, ebenfalls in den siebziger Jahren, ein Programm zur Verschleppung und Massenausrottung, das nach manchen Schätzungen ein Drittel dessen leistete, was die Nazis fertigbrachten – für ein technologisch rückständiges Land eine besondere Leistung –, allein gestützt auf eine Theorie von der extremen Formbarkeit menschlichen Verhaltens.

Leider gibt es also keinen moralisch sicheren Hafen, falls es ihn je gegeben hat. Die politische Erfahrung dieses Jahrhunderts beweist überzeugend, daß fast jede wissenschaftliche Theorie über das Verhalten für Zwecke des Bösen mißbraucht und von anderen dazu benützt werden kann, seine gemeinen, eigensüchtigen, gelegentlich psychotischen Handlungen zu begründen, bis hin zu und eingeschlossen Massenmord. Diese Erfahrung entspricht genau dem überall vorgekommenen Mißbrauch religiöser Ideologien zu ähnlich bösartigen Zwecken für Dutzende von Jahrhunderten vor unserem eigenen. Die Antwort muß lauten, daß der Ursprung von Bösartigkeit großen Maßstabs *nicht* im Denken von Sozialtheoretikern der einen oder anderen Färbung liegt – so irregeleitet sie auch sein mögen, so sehr sie sich manchmal bewußt oder unbewußt für böse Zwecke mißbrauchen lassen.

Es ist einfach nicht wahr, daß die Erkenntnis wichtiger genetischer Einflüsse auf menschliches Verhalten Veränderung ausschließen muß. Und darauf zu bestehen, Soziobiologie, Ethologie und Verhaltensgenetik wären von Grund auf reaktionär oder in einem politischen Sinne konservativ, heißt, Tausende von Wissenschaftlern, die sich ihrer Sache verschrieben haben, einen Makel anzuhängen, den nur einige von ihnen verdienen. Das ist die schlimmste Art von Schuldzuweisung durch Klatsch und Verallgemeinerung.

In vielen Fällen ist die Entdeckung einer genetischen Grundlage für ein menschliches Problem vereinbar mit der Korrektur dieses Problems oder sogar entscheidend dafür. Wenn ich meine Brille trage, sehe ich trotz meiner Kurzsichtigkeitsgene sehr gut. Diabetes ist zum Teil genetisch bedingt, aber Insulin, angemessen angewendet, kann den Schaden, den diese Gene zu verursachen vermögen, im Rahmen halten. Und geistige Minderentwicklung, die durch Phenylketonurie entsteht, ist ein Zustand, hervorgerufen durch einen einfachen genetischen Defekt, ein einziges Enzym betreffend, für den es eine *Umwelt*lösung gibt – die Entfernung von Phenylalanin aus den Speisen. Trotzdem wäre man auf diese *Umwelt*lösung nie gekommen, hätte man nicht zuerst Erkenntnisse zur genetischen Bestimmung des Enzymdefekts erlangt.

Man bedenke die folgenden drei Argumente. Jedes entstammt einem spezifisch biologisch-deterministischen Standpunkt, jedes führt zu einer Empfehlung, wie man verfahren sollte.

1. Frauen und Männer unterscheiden sich in ihrer Neigung, Gewalttaten zu verüben, aus biologischen Gründen, die letzten Endes den Genen zuzuschreiben sind, wie auch aus anderen Gründen. Es sollte möglich, dürfte aber recht schwer sein, diesen Unterschied dadurch zu beseitigen, daß die Aggressivität der Männer verringert wird (es gibt keinen Grund, warum das nicht versucht werden sollte), und vielleicht einfacher, aber vermutlich weniger wünschenswert, ihn durch Steigerung bei den Frauen aufzuheben. Inzwischen wäre eine einfache, praktische Methode, die weltweit regierende Gewalt zu verringern, diejenige, Männer in Stellungen von militärischer und diplomatischer Macht durch Frauen zu ersetzen, in dem strategischen Bemühen, einige der irrationalen Quellen gewaltsamen Konflikts zu schwächen.

2. Manche, nicht alle, vielleicht nicht einmal viele, aber manche Individuen von niedriger Normalintelligenz sind aus genetischen Gründen in ihrer Leistung in der Schule und bei der Arbeit stark behindert. Sie haben Genvarianten, die vielleicht nicht eigentlich als Gendefekte angesehen werden, nichtsdestoweniger aber ihre Möglichkeiten einschränken. Nur Forschungen zur Genetik der Intelligenz können ihnen die Hoffnung bieten, eines Tages von diesen Einschränkungen frei zu sein. Trotzdem sind viele wohlmeinende, liberale Intellektuelle der Ansicht, Forschungen zur Genetik der Intelligenz sollten aufhören. Sie würden nie auf den Gedanken kommen, die Einstellung von Forschungen zur Genetik der Kurzsichtigkeit oder der Diabetes zu fordern, aber der bloße Ausdruck ‹Genetik der Intelligenz› deutet auf Eingriffe in den menschlichen Geist und ist für sie nicht akzeptabel. Solche Kritiker würden genetisch unintelligente Individuen eines Forschungsprogramms berauben, das entschieden eine Lösung ihres Problems anstrebt; gleichgültig, wie hochsinnig die Sprache beschaffen sein mag, hier handelt es sich um ein Verfahren, dem es an Voraussicht und Mitgefühl mangelt. In Wahrheit ist das gegenteilige Verfahren angebracht; wenn wir ein Nationalinstitut haben, das sich dem Alkoholismus oder dem Drogenmißbrauch oder seelischer Gesundheit oder Kommunikationsstörungen widmet, können wir auch eines haben, das sich mit Lernunfähigkeit befaßt, und man darf ihm erlauben, die manchmal kritische Rolle der menschlichen Gene zu erkennen.

3. In allen Gesellschaften mit hierarchischen Sozialstrukturen steigen manche Leute zu Stellungen von Reichtum und Macht über andere wegen ihrer eigenen Fähigkeiten und Charaktereigenschaften auf. Manche dieser Züge, wie Intellekt, Bereitschaft zur Zusammenarbeit und Mitgefühl, mögen gut sein, während andere, wie eine Neigung zu autoritärer Gewalt, unbestreitbar schlecht sind. In diesem oder jenem Grad wird die Grundlage für die Charaktereigenschaften, die zum Aufstieg an die Spitze geführt haben, genetisch sein, aber nicht allein. Trotzdem wissen wir aus vielen Daten und Theoriegrundlagen, daß Individuen bemüht sein werden, Reichtum und Macht ihren Familien auch dann zu erhalten, wenn ihre Nachkommen keinen der Züge aufweisen, die ihre Eltern erfolgreich gemacht haben, oder, schlimmer, nur die negativen besitzen. Aus diesem Grund sollten starke Anstrengungen unternommen werden, die mit Reichtum und Macht ausgestatteten Menschen daran zu hindern, daß sie ihre Kinder vor dem normalen Verlauf genetischen Wettbewerbs schützen. Eine logische Lösung in einer Gesellschaft wie der unseren zum heutigen Zeitpunkt wäre eine beinahe völlig konfiskatorische Erbschaftssteuer. Wenn die Kinder der Reichen nicht auf der Grundlage all der Vorteile erfolgreich sein können, die sie zu Lebzeiten ihrer Eltern besitzen, ist das Beweis genug, daß sie die Fähigkeiten ihrer Eltern nicht geerbt haben; sie sollten auf ihre eigenen Ressourcen verwiesen werden und die Macht den Fähigeren überlassen, wenn es sein muß.

Ob ich diese Argumente befürworte oder nicht, ist hier nicht die Frage, so wenig wie die Überlegung, wie überzeugend sie für andere sein mögen. Es geht darum, daß die Argumente sich aus den Fakten und Theorien des biologischen Determinismus ergeben, aber kaum politisch konservativ genannt werden können. Die bisherigen in Ethologie, Soziobiologie und sogar Verhaltensgenetik tätigen Leute haben in ihrer überwältigenden Mehrheit wenig oder nichts getan, was den Vorwurf rechtfertigen könnte, sie wären politisch reaktionär. Mit wenigen Ausnahmen versuchen sie die Wahrheit zu finden. Diese Wahrheit ist nicht nur nutzbar von progressiven Ansichten, sondern für den Erfolg dieser Ansichten absolut notwendig.

Trotzdem darf man neu vorgeschlagenen Lösungen gegenüber nicht zu hoffnungsvoll sein, woher sie auch kommen mögen. In Goyas Radierfolge *Les Caprichos* gibt es eine wunderbar seltsame Radierung, die einen Mann – offensichtlich einen Intellektuellen – schlafend über seinem Schreibtisch zeigt. In einer wirbelwindförmigen Wolke, die aus seinem Kopf heraustritt, erscheint eine so grauenhaft anzusehende Ansammlung von bizarren und erschreckenden Figuren, wie sie nur je auf Papier gebannt wurde. Und die Unterschrift lautet: ‹El sueno de la razón produce monstruos.› Der Traum der Vernunft bringt Ungeheuer hervor.

Dieser rätselhafte Satz hat mindestens drei Sinnbedeutungen. In der ersten ist die Vernunft allegorisch, in dem Mann personifiziert, und sie schläft manchmal, und ihr Traum erzeugt Ungeheuer. In einer zweiten ist Vernunftdenken als Prozeß eine Art Träumen, und diese Art Traum ist stets alptraumhaft. In der dritten Bedeutung ist es der Sinn ‹Hoffnung› oder ‹Wunsch› oder ‹Gebet› des Wortes ‹Traum›; hier die Möglichkeit der Vernunft, ein Traum zu sein, eine vergebliche Hoffnung, die in ihrem unausweichlichen Scheitern Ungeheuer erzeugt, schrecklicher vielleicht als all jene, die von bloßer Leidenschaft hervorgebracht wurden.

Joan Didion lenkte in der kürzlichen Kritik eines Buches von N. S. Naipaul die Aufmerksamkeit auf das, was sie als ihren gemeinsamen Argwohn ansah, Ideen würden von den meisten von uns die meiste Zeit überschätzt: ‹diese Auffassung der Welt›, so schreibt sie, ‹als eine physische Tatsache ohne Bedauern oder Hoffnung, ein Ort von strahlendem Glanz, wo Gedanken Fieberanfälle sein können, die vergehen.› Und Leo Tolstoi schrieb in seinem privaten Notizbuch, wo er die Einzelheiten seines Lebens genau festhielt: ‹Sobald der Mensch seine Intelligenz und nur seine Intelligenz irgendeinem Objekt zuwendet, zerstört er es unweigerlich.›

Mir scheint, daß wir bisher unsere Intelligenz und nur unsere Intelligenz der Ordnung menschlichen Lebens auf der Erde zugewendet haben. Es ist nicht so, daß ich an die reine Macht der Intelligenz nicht glaubte; das tue ich, wohl in stärkerem Maße als Goya, Tolstoi oder Didion. Aber überall, wohin ich mich in der Welt der Wissenschaft und Gelehrsamkeit wende, stoße ich auf Leute, die viel stärker daran glauben als ich, auf Leute, die ihr dienen, als wäre sie ein Gott. Ich muß an die Worte denken, die Brecht für seinen Galilei gefunden hat, als er von der Wissenschaft spricht: «Es ist nicht ihr Ziel, der unendlichen Weisheit eine Tür zu öffnen, sondern eine Grenze zu setzen dem ewigen Irrtum.»

Wir, Sie und ich, werden eine fast endlose Folge von Ideen über die Natur der menschlichen Erfahrung und die Lösungen für menschliche Probleme zu hören bekommen, Ideen, die Produkte menschlicher Intelligenz sind. In seinem großartigen Buch ‹Eine Einführung in die Experimentalmedizin› schrieb Claude Bernard: ‹Der Mensch ist von Natur metaphysisch und stolz. Er ist so weit gegangen, zu glauben, die idealistischen Schöpfungen seines Denkens, die seinen Gefühlen entsprechen, stellten auch die Wirklichkeit dar.› Wenn das für Ideen zur Physiologie galt, wie sehr muß es erst für Ideen über Verhalten gelten? Und wie einfach wäre es, wenn ich Ihnen mit Zuversicht sagen könnte, daß die Ideen, die wir in den nächsten zwei Jahrzehnten über menschliches Verhalten und Erfahrung zu hören bekommen, alle falsch sein werden. Das wird nicht der Fall sein. Manche werden zutreffen; diese werden wir brauchen, und ich hoffe, wir werden sie erkennen, wenn wir sie sehen.

Und wenn Sie mich inzwischen fragen, wie Sie im Sturm von Behauptung und Gegenbehauptung, von Faktum und Lüge und Theorie, von Warnung, Prophezeiung, Urteil und Ermahnung, Ihr Segel setzen sollen, habe ich doch einen kleinen Rat, an den ich ernsthaft glaube, der sich mit einem einzigen Wort ausdrücken läßt: Zweifel.

Auf diesen Isthmus eines Mittelstaats gestellt,
ein Wesen dunkel weis' und gröblich groß
. . . .
Hängt er dazwischen . . .
Im Zweifel, sich zu nennen Gott oder ein Tier . . .

Alexander Pope
‹Ein Versuch über den Menschen›

Im Affenhaus des Tierparks Bronx in New York ist unter den höchsten Primaten, wo es im größeren Bereich der Säugetiere hingehört – taxonomisch hingehört –, ein Schild angebracht mit der Aufschrift ‹Das gefährlichste Tier der Welt›. Da er schon erfahren hat, daß der erschreckend aussehende Gorilla nicht sehr gefährlich ist, vom Schimpansen oder Orang-Utan ganz zu schweigen, beugt der verwirrte Zoobesucher sich vor, um herauszufinden, welcher Vetter dieser relativ gutmütigen Geschöpfe eine derart unheilvolle Bezeichnung verdient. Über dem Schild sind ganz gewöhnliche Käfigstäbe angebracht, hinter den Käfigstäben ein Spiegel.

Das ist zu naheliegend und zu klischeehaft, um einen großen Schreck des Erkennens auszulösen. Natürlich, sagt man sich. Trotzdem raffiniert. Ungeachtet dessen hat der Anblick des vertrauten Spiegelbilds über eben diesem Schild und – wenn auch noch so illusorisch – hinter Gittern etwas an sich, das aus irgendeinem Grund doch stutzig macht.

Das am häufigsten wiederkehrende Thema in diesem Buch war das Problem des Zerstörerischen im Menschen einschließlich der Selbstzerstörung und seiner sehr entmutigenden Unbeeinflußbarkeit. Wenn ich zu Zeiten den Eindruck erweckt habe, es mit dem einfacheren ‹Schwester›-Problem menschlicher Gewalttätigkeit gleichzusetzen, dann geben Sie mir jetzt Gelegenheit, zwischen beiden zu unterscheiden. Die menschliche Neigung zur Gewalt ist da, ist angeboren, ist – bis zu einem gewissen Punkt – durch Erfahrung zu erhöhen oder zu verringern, ist eine ernste Sache und, mit einem Wort, schlecht. Aber sie ist nur ein Teil und vermutlich ein kleiner Teil des Zerstörerischen im Menschen, das daneben noch aus vielem anderen besteht.

Am Ende des Abschnitts mit dem Titel ‹Die Modifikation des Verhaltens› habe ich betont, biologische Erklärungen verschiedener Art hätten wenig zu besagen über bestimmte große Umwandlungen, die jetzt in unserer Gattung im Gange sind, beispielsweise der bemerkenswerte Fortschritt von fast allgemeinem Alphabetentum zu fast allgemeiner Beherrschung von Lesen und Schreiben, eine der raschesten und tiefstgreifenden Verhaltensänderungen, die je eine Gattung in einer so geringen Zahl von Generationen durchgemacht hat. Das erweckt den Anschein, es werde die Bedeutung solcher Erklärungen für die menschliche Zukunft herabsetzen.

Wir stehen aber noch vor anderen Herausforderungen, und zu einigen davon haben Soziobiologie und Verhaltensgenetik viel beizutragen. Zum Beispiel wird, obwohl mit ziemlicher Sicherheit vorausgesagt werden kann, daß die Weltbevölkerung sich innerhalb eines Jahrhunderts stabilisiert – eine Schlußfolgerung, beruhend auf der «demographischen Übergangstheorie», obwohl das in Wahrheit weniger eine Theorie ist als eine Verallgemeinerung aus der bisherigen Erfahrung in Ländern, die sich industrialisieren und modernisieren –, diese gute Nachricht nicht früh genug kommen. In der Zwischenzeit werden wir durch ein- oder zweifache weitere Verdoppelung der Weltbevölkerung mit begleitender Wanderung von Völkern und dem unausweichlichen Ringen um Ressourcen ständig in der Gefahr internationaler und interner Konflikte schweben.

Noch wichtiger, dauerhafter und von den Möglichkeiten her noch schädigender als einfaches Bevölkerungswachstum sind jedoch die ständig zunehmenden Wünsche oder Bedürfnisse (die Grenze zwischen diesen beiden Kategorien menschlicher Motive erlebt während der Modernisierung einen grundlegenden Wandel) der schon vorhandenen Bevölkerung. Obwohl das für die Millionen, die im kommenden Jahrhundert verhungern müssen, ein schwacher Trost ist, besteht Grund zu der Vermutung, die Nahrungsmittelproduktion an sich werde kein Problem von Dauer sein.

Die Vorstellung jedoch, daß Völker in einer hungernden Welt um Nahrungsreste in bewaffnete Konflikte geraten, ist gleichzeitig naiv und optimistisch; naiv, weil sie eine Möglichkeit vorsieht, die in dieser Form vermutlich nicht auftreten wird, und optimistisch, weil sie davon ausgeht, daß Menschen die Nahrung genommen werden muß, damit sie bereit sind, in eine kriegerische Konfrontation einzutreten. Es ist tatsächlich sehr selten vorgekommen, daß hungernde Völker Krieg führen. Die Menschen führen Krieg nicht, weil sie hungern, sondern weil sie mehr für Benzin bezahlen oder weil ihre nationale Ehre beleidigt ist oder sie das glauben, oder weil sie verhindern wollen, daß ein anderer gegen sie Krieg führt. Und was das Verhungern betrifft: In Speichersilos verrottet Getreide, während Millionen verhungern in … irgendwo. Dürfen wir davon ausgehen, daß, wenn die grüne Revolution es zustande bringt, uns Überfülle zu bescheren, wir ihn automatisch wirksam an jene zu verteilen vermögen, die ihn brauchen? Wenn der Krieg kommt, o gewiß, da werden Männer Männer sein und Frauen Frauen, wir werden uns der Situation gewachsen zeigen und uns mit Ruhm bedecken. Haben wir das nicht immer getan? Die Geschichte bietet uns eine endlose Bestätigung solcher Tapferkeit inmitten der Flut, mitten im Auge des Orkans.

Aber können wir uns dem Ruf menschlicher Anständigkeit gewachsen zeigen, wenn dieser Ruf sehr schwach scheint und wir ihn jeden Tag hören, wenn schon das Innehalten und Hinhören die Gefahr heraufzubeschwören scheint, auf jener Leiter abzurutschen, die wir gerade besteigen? Können wir aufhören, auch nur so lange an uns selbst zu denken, um zu hören, daß der Ruf von einer Masse kommt und voller Qual ist?

Am Strand von Malibu stehen meilenweit Flitterkram-Villen, die genauso aussehen, wie wir sie uns vorgestellt haben, genauso, wie sie in den Schaukelstuhlphantasien einer englischen Schullehrerin erscheinen mögen. Bis sie gebaut wurden, hatten die Franzosen, wie ich meine, keine ideale Zielscheibe für ihren alten, abgenutzten Ausdruck ‹neureich›. Die Verandas ragen hoch auf Stelzen über den Strand, um dem Wasser zu entgehen. Die meisten stehen leer, sogar im Sommer, weil ihre Bewohner andere Häuser haben, in Nizza, in Manhattan, in Riad, in Beverly Hills. Man kann durch manche Fenster hineinspähen – aus angemessener Entfernung, versteht sich – und das Geglitzer sehen. Die Inneneinrichtung ist Prachtplastik. Es heißt, in einem der Häuser hänge in einem Badezimmer ein Rembrandt.

Die Möwen am Strand sind fleckig und grau, als sollten sie den Gegensatz zur Pracht bilden. Ein halbwüchsiges Liebespaar läuft zornig durch die Abenddämmerung, schreit sich an, steht vielleicht vor dem Bruch, ist auf jeden Fall tief zerstritten. Die leere Flasche am Strand ist keine Colaflasche, sondern Mumm-Champagner.

Ab und zu – vor ein paar Jahren kam es vor – steigt die See und klatscht sie nieder, diese Häuser. Keine vernünftige Person würde ein solches Ereignis als die Reaktion des Meeres auf menschliche Arroganz sehen, so wenig wie ein anständiger Mensch aus solcher Zerstörung Trost beziehen würde. Trotzdem kann man sich der Metapher kaum entziehen: Hier sind Bauten, die in einer vergegenständlichten realen Welt das ganze mühevolle Chaos menschlicher Motive, von menschlicher Gier und Erregung und Begehren und Angst im Exzeß verkörpern, in eine irdische Form gegossen und der Welt vorgeführt, damit alle hinsehen und hoffen und wünschen und vor Sehnsucht sich vielleicht sogar quälen können, damit auch die sehr Begüterten Vergleiche ziehen und sich arm vorkommen können und der Kleinbürger sich vor Neid zerfrißt. Und was die Armen angeht, ob in Brooklyn oder Nairobi oder Laredo oder Kalkutta, so können sie ins Kino gehen und davon träumen, mit einem Lieblingsstar in einem der Häuser von Malibu ins Bett zu gehen, oder sich Bilder in einer Zeitschrift ansehen, die sie sich nicht leisten können, und sich denken . . . nun, was auch immer.

Was die Leute angeht, die, selbst nur gelegentlich, in Malibu wohnen, mögen sie sich schuldbewußt fühlen oder wenigstens schämen; vielleicht tun sie es. Aber sie wissen, daß sogar ihr ganzer Reichtum, aufgeteilt unter die träumenden Millionen, an den Problemen der Welt nichts ändern würde. Und wenn sie sich so schämen sollten, daß sie darunter leiden, haben sie besondere Ärzte, die ihnen die Welt so zurückgeben, wie sie wirklich sein muß, so, wie Könige ihre Priester für einen ähnlichen Dienst hatten. Und die meisten von uns, glaube ich, würden an ihrer Stelle genauso sein; sie sind nur unser eigenes verwirrtes Ich, groß geschrieben.

Das ist aber keine Predigt über globale Innenpolitik, sondern eine Meditation am Ende einer langen, schwierigen Unternehmung zu dem Versuch, die menschliche Natur zu verstehen. Die gibt es, und sie ist nicht völlig lenkbar. Ihre unheilvollsten Elemente sind eine tiefreichende Ader der Gewalt, abhängig vielleicht von einem zu starken Angstgefühl; eine schwach entwickelte Fähigkeit zu materieller Befriedigung, vielleicht ebenfalls zum Teil von diesem Angstgefühl abhängig; eine Neigung, die Schwierigkeiten des Lebens als solche mißzuverstehen, die sich aus einer bestimmten Ursache ergeben; und eine Art liebevoller Trägheit, die Großzügigkeit außerhalb eines kleinen Kreises von Freunden und Verwandten dämpft.

Wir leben inmitten von energievollem Nehmen und Ausgeben, und das nicht nur im Reich der käuflichen Dinge. Unsere Motive sind durchmischt mit einem Schaum des Zorns, der leicht ins Wallen und Brodeln gerät. Wenn jemand, der fern ist, leidet, empfinden wir etwas, das Mitleid genannt wird; nur wenn es nah kommt, ist das Gefühl Trauer. ‹Das ist nur natürlich›, sagt der weise Gemeinplatz. Aber in den meisten Menschenleben gibt es offenbar Leid genug, so daß Mitleid ein schwaches Signal zum Handeln ist. Diese Situation, obschon nie geradezu bewunderungswürdig, war während des größten Teils der menschlichen Geschichte tragbar, als wir alle in kleinen Gruppen von Angesicht zu Angesicht lebten. Im Lauf der letzten zehntausend Jahre haben wir uns aber zu riesigen Aggregaten zusammengefügt, und dieselben Motive und Beschränkungen haben uns in einen Zustand gebracht, in dem wir mit Regelmäßigkeit die abscheulichsten Dinge in der ganzen langen Folge des Lebens auf der Erde tun und uns in den Pausen vom gegenseitigen Abschlachten, ohne rot zu werden, darauf vorbereiten, noch mehr desgleichen zu tun.

In Chaim Grades wunderschönem Roman ‹The Yeshiva› über die Talmudtradition der polnischen Juden und die Menschen, die sich daran zu halten versuchten, heißt es in der ersten Predigt des Helden: «Der Mensch ist böse von Geburt. Aber seine Natur hindert ihn daran, das Böse in seinen angeblich guten Taten zu finden. Deshalb wurde uns die Thora gegeben – um uns zu lehren, wie man ein sittliches Leben führt.» Dieser Gedanke in der einen oder anderen Form steckt im Kern der jüdischen und christlichen Traditionen und vieler anderer Glaubenssysteme auch. Sie ist mit den neuen Entdeckungen über menschliche

Verhaltensbiologie leichter vereinbar als mit dem, was die Sozialwissenschaft seit den letzten hundert Jahren weiß.

Ich möchte es so ausdrücken: Menschliche Wesen sind biologisch unwiderruflich mit starken Neigungen ausgestattet, auf eine Art zu fühlen und zu handeln, die zu tadeln ihr eigenes gutes Urteil ihnen nahelegt – das heißt, wenn sie auch nur im mindesten fähig sind, das Leid anderer menschlicher Geschöpfe mitzuempfinden, oder wenn sie irgendein Gefühl haben für die Freude und Ordnung und Schönheit des Lebens. Das Urteil, das Mitgefühl, das Gefühl von Freude und Ordnung und Schönheit – alle haben sich zu anderen Zwecken entwickelt, als die menschliche Gattung vor einer anhaltenden, auflösenden Vernichtung zu bewahren. Aber sie sind da. Können wir sie jetzt nicht diesem letzteren Zweck zulenken?

Nach ‹The Hollow Men› ist das die Art und Weise, wie die Welt zu Ende geht, nicht mit einem Knall, sondern mit Gewinsel. Aber angenommen, sie würde in naher Zeit nicht enden, weder in Feuer noch in Eis, weder plötzlich noch auf morbide Weise. Angenommen, ich würde Ihnen sagen, ich hätte eben ein Orakel befragt und die Welt sollte weitergehen, wie sie es die letzten paar hundert Jahre getan hat, eine ununterbrochene Fortsetzung der Vergangenheit in die Zukunft, für ewig, oder solange wir wollen. Wäre das nicht für sich schon Grund genug, zu verzweifeln?

Der Held von Grades Roman gerät wegen seiner Unfähigkeit, einzusehen, daß das menschliche Herz und die menschliche Natur nicht durch und durch böse sind, daß der Mensch von Geburt sowohl gut als auch böse ist, in größte Schwierigkeiten. Sein Gegenspieler im Roman, ein nach dem Patriarchen Abraham benannter Rabbi, versucht ihn zu lehren, das Böse dadurch zu bekämpfen, daß das Gute herausgeholt wird. Der Schüler scheitert, weil er das Gute nicht beachtet, während er auf einem erbarmungslosen Kampf gegen das Böse besteht.

Der englische Genetiker C. H. Waddington schrieb einige Jahre vor seinem Tod:

Es ist eingewendet worden, die Wahl eines ethischen Systems ähnele der Wahl einer Folge von Axiomen als Grundlage für Mathematik. Daran ist etwas Wahres. Obwohl wir in der Mathematik aber die Freiheit haben zu wählen, ob wir unsere Geometrie auf Euklidschen Lehrsätzen oder auf einer Folge nicht-euklidischer Axiome begründen wollen, stellen wir, wenn wir uns mit der Welt von Objekten befassen müssen, die ungefähr die Größe unserer eigenen Körper haben, fest, daß es die Euklidischen Lehrsätze sind, die am besten passen. Sie passen sogar so gut, daß wir fast mit Sicherheit irgendeine genetische Veranlagung zu ihrer Aufnahme in unseren Genotyp eingebaut haben – beispielsweise die Fähigkeit des menschlichen Auges, eine gerade Linie zu erkennen.

Etwas Ähnliches gilt vermutlich auch für sittliche Lehrsätze. Wenn wir
ein ethisches System entwickeln wollen, das wir auf das menschliche Leben anwenden
können, wie wir es kennen, gibt es vermutlich manche sittlichen Grundsätze, die mit
aufzunehmen wir beinahe gezwungen sind. Sie wären der gemeinsame Boden, den wir
bei allen großen ethischen Systemen verschiedener Religionen und Menschheitsgrup-
pierungen finden – Werte wie Wahrheit, Selbstachtung, Achtung vor anderen und
Achtung vor etwas Größerem und Umfassenderem als der eigenen unmittelbaren
Erfahrung . . . eine eingewurzelte Veranlagung für bestimmte ethische Werte, die
für die menschliche Gesellschaft dasselbe Maß an allgemeiner Gültigkeit besitzen
wie die geometrischen Lehrsätze Euklids für die materielle Welt.

Und dabei wollen wir es belassen. Wer weiß, was in den Herzen
der Menschen an Gutem noch verborgen sein mag? In der Hoffnung, es
zu entdecken, in der Hoffnung, es ans Licht zu bringen, in der Hoffnung,
irgendein Mechanismus weltlicher Fürsorge führe vielleicht doch dazu,
daß es wächst und gedeiht, können wir Herz und Verstand wohl einer
höchst bedeutsamen Aufgabe widmen. Und als eine Art Amulett, einen
Talisman der Tradition, damit wir auf unserem schwierigen Weg voran-
kommen, können wir mit dem Psalter wiederholen: ‹Zerbrich den Arm
des Gottlosen, und suche heim das Böse, so wird man sein gottloses
Wesen nimmer finden . . . Das Verlangen der Elenden hörest Du, Herr;
ihr Herz ist gewiß, daß dein Ohr darauf merket; Daß du Recht schaffest
den Waisen und Armen, daß der Mensch nicht mehr trotze auf Erden.›
Amen. Sela.

Teil Fünf
Die gefesselte
Schwinge

Denn das Schöne ist nichts
als des Schrecklichen Anfang,
den wir noch gerade ertragen,
und wir bewundern es so,
weil es gelassen verschmäht,
uns zu zerstören.
Rainer Maria Rilke
‹Die erste Elegie›

18 Das Staunen beginnt

Die schönste Erfahrung, die wir haben können, ist das Geheimnisvolle. Es ist das Grundempfinden, das an der Wiege wahrer Kunst und wahrer Wissenschaft steht.

Albert Einstein
‹Mein Weltbild›

Eine der faszinierendsten und am wenigsten diskutierten Entdeckungen beim Studium der wilden Schimpansen wurde in einer kurzen Abhandlung von Harold Bauer dargestellt. Er folgte einem gut bekannten männlichen Schimpansen durch den Wald des Gombe-Reservats in Tansania, als das Tier an einem Wasserfall stehenblieb. Es bestand die Möglichkeit, daß der Schimpanse absichtlich zum Wasserfall gegangen war, statt zufällig daran vorbeizukommen, aber das war nicht eindeutig klar. Jedenfalls war es eine eindrucksvolle Stelle: Ein Wasserstrom, der aus acht Meter Höhe herabstürzte, ungefähr eine Meile vom See entfernt, hinabdonnernd in den Teich und auf zwanzig, fünfundzwanzig Meter Sprühnebel verbreitend; ein überwältigender Anblick mitten im tropischen Urwald.

Das Tier schien in die Betrachtung versunken zu sein. Es trat näher heran und begann hin- und herzuschwanken, während es eine charakteristische Folge von ‹Keuch-Johl›-Rufen ausstieß. Es wurde aufgeregter, begann während des Rufens schließlich hin- und herzulaufen, zu springen, lauter zu rufen, mit den Fäusten an Bäume zu trommeln, zurückzustürmen. Das Verhalten erinnerte am deutlichsten an das von Jane Goodall bei Schimpansengruppen zu Beginn eines Gewitters beschriebene – an den sogenannten ‹Regentanz›. Aber hier stand ein Tier allein, nicht überrascht, wie die Tiere es bei plötzlichem Regen sind – selbst wenn es den Wasserfall nicht absichtlich aufgesucht hatte, wußte es gewiß, wo er war und wann es auf ihn stoßen würde.

Es setzte das Verhalten lange genug fort, daß es einer Erklärung bedürftig erschien, und wiederholte es an anderen Tagen an derselben Stelle. Auch andere Tiere wurden dabei beobachtet. Sie hatten kein praktisches Interesse am Wasserfall. Sie brauchten nicht aus dem Fluß zu trinken oder an dieser Stelle hindurchzugehen. In dem Maß, als sie gefährlich sein mochte, war sie leicht zu meiden, und sie interessierte gewiß nicht jedes Tier. Aber für die anderen war es etwas, das sie betrachten, wohin sie zurückkehren mußten, um zu studieren, zu beobachten, sich zu erregen: Etwas Schönes, etwas, das Neugierde erregte, ein

Fetisch, ein eingebildetes Wesen, eine Herausforderung, eine Mitteilung? Wir werden es niemals wissen.

Bei einem sehr ähnlichen Tier jedoch, vor vielleicht zehn Millionen Jahren, in der frühesten Kindheit des menschlichen Geistes, muß etwas in der natürlichen Welt eine solche Reaktion hervorgerufen haben – ein Wasserfall, ein Bergzug, ein Sonnenuntergang, ein Vulkankrater, das Meeresufer –, etwas, bei dem es wie angewurzelt stehenblieb und es betrachten mußte und sich bewegen und betrachten und bewegen und wieder betrachten; etwas, das es zwang, zu der Stelle zurückzukehren, obwohl dort nichts Gewinnbringendes stattfinden konnte, kein Ernähren, Trinken, Fortpflanzen, Schlafen, Kämpfen, Flüchten, nichts *Animalisches*. In genau einer solchen Reaktion, in eben einem solchen Augenblick, bei eben einem solchen Tier dürfen wir, glaube ich, vermuten, fand das Aufdämmern der Ehrfurcht, der heiligen Aufmerksamkeit, des Staunens statt.

Der menschliche Säugling besteht in den ersten Lebensmonaten nur aus Augen, auf eine Art, wie das bei keinem anderen Tierjungen der Fall ist. Nicht nur, daß seine Augen gut sind, daß er viel schaut; er tut eigentlich so wenig anderes. Freilich kann er saugen und schlucken, aber der Rest dessen, was er tut, ist sehr primitiv, abgesehen von den Funktionen der Aufmerksamkeit. Sogar im erwachsenen Gehirn gelangt ein Drittel aller eingehenden Signale durch die Augen. Beim Säugling sind Blick und Sehen den meisten anderen Funktionen in der Entwicklung weit voraus, mit der möglichen Ausnahme von Lauschen und Hören. Der Säugling ist keine passive Gestalt, zwar auch keine aktive, sondern das, was man eine aktiv aufnahmefähige nennen könnte – eifrig, gierig aufnahmefähig, begierig auf Bilder und Töne, keine vage, verschwommene Intelligenz in aufblühender, summender Wirrnis, sondern ein hochgeordneter, wenn auch einfacher Geist mit einem feinen Gefühl für Neuheit, für Muster, sogar für Schönheit. Das Licht auf einem Laubblatt vor dem Fenster, der rote Klecks auf dem Kleid einer Frau, der Schatten an der Decke, das Geräusch des Regens – alles kann eine verzückte Aufmerksamkeit erwecken, die der des Schimpansen am Wasserfall vielleicht nicht unähnlich ist.

Bei den meisten Menschen nimmt dieses Gefühl des Staunens in der Häufigkeit ab, wenn sie größer werden, und wird bestenfalls für die Dinge des alltäglichen Lebens zur Nebensache. Für manche wird es zum zentralen Punkt des Daseins. Sie folgen zwei verschiedenen Wegen: Entweder führt das Gefühl des Staunens sie auf einen analytischen Weg oder zur schlichten Kontemplation. In beiden Fällen ist die Empfindung des Staunens das erste Faktum des Lebens, aber in jeder anderen Beziehung unterscheiden sich die Wege völlig. Der Analytiker oder Wissenschaftler, gedrängt, durch Erklärung zu offenbaren, zerlegt das Bild und das Gefühl des Staunens und befaßt sich der Reihe nach mit den verschiedenen Teilen. Der Betrachter oder Künstler, gedrängt, durch einfaches Sehen zu offenbaren, behält das Bild und das Gefühl des Staunens ganz. Dem Künstler gelingt es, die Aufmerksamkeit ohne Zerlegung, durch hohes Geschick, aufrechtzuerhalten. Dieses Geschick meint die Verwandlung des Bildes in menschliche Sprache – ob eine literarische, plastische oder musikalische Form der Sprache – und bannt das Gefühl des Staunens dort für immer fest.

Es gibt eine Fotografie, die inzwischen fast alle Menschen in zivilisierten Ländern gesehen haben. Sie wurde aufgenommen von einem einfallsreichen, wenn auch primitiven Fahrzeug mit Besatzung, das einen riesigen Raum ohne Luft mit vielen tausend Meilen in der Stunde durcheilte; die Männer hatten ihre Leben voller Mut und unter hohen persönlichen Opfern der Beherrschung der Natur durch Maschinen gewidmet. Diese Aufnahme kostete vielleicht eine Milliarde Dollar, und in einem bestimmten Sinn war sie jeden Cent wert.

Sie zeigt ein fast kugelrundes Objekt vor einem schwarzen Hintergrund. Das Objekt ist teilweise von dunklem, warmem, schönem Blau, mit vielen weißlichen Spiralfetzen davor. Auf den ersten Blick sieht es aus wie ein Mandala, ein fremdes Symbol, in schwarzen Stoff eingewoben. Es sieht auf irgendeine Weise vollendet aus und ziemlich klein. Aber wenn wir es genauer untersuchen (es zieht uns beinahe geheimnisvoll in seinen Bann), nehmen rötlich-braune Umrisse unter den weißen Streifen vor unseren Augen die unverwechselbaren Umrisse an, die wir das erstemal als Kinder sahen und uns einprägten, als wir der Geographie der Kontinente begegneten. Wenn das Weltraumprogramm nichts sonst geleistet hat (und ich habe oft Mühe, zu erkennen, was es beigesteuert hat), müssen wir ihm dankbar dafür sein, daß es diese Fotografie hervorbrachte.

«Haben die Erde direkt vor dem Fenster», sagte Buzz Aldrin. Ein mäßig großes Säugetier von einem mäßig großen Planeten eines Sterns mittleren Alters im Spiralarm einer durchschnittlichen Galaxis, auf die Heimat blickend. Bei dieser Mission gab es nicht übertrieben viel Poetisches. Da war natürlich die eigene Poesie des Astronauten-Jargons und das gekünstelte, wohlvorbereitete, historische Wort Neil Armstrongs, als er das Meer der Ruhe betrat, aber «Schön, wunderschön», «Großartiger Anblick hier» und «Haben die Erde direkt vor dem Fenster» war so ungefähr die Stufe, auf der diese einzigartigen ersten Blicke auf die natürliche Welt in menschliche Sprache umgewandelt wurden. Dafür konnten Armstrong oder Aldrin nichts; sie wurden ausgewählt anderer Talente wegen, die sie in vollem Maß besaßen. Aber es ist nachdenkenswert, daß, was an spontaner Poesie vorkam, von den Maschinen stammte. «Der Adler hat Flügel», sagte einer von ihnen, als die Mondlandekapsel sich nach einigen Schwierigkeiten von der umlaufenden Kommandokapsel trennte. *Der Adler,* kühnes Symbol menschlicher Hoffnung auf dem nordamerikanischen Kontinent und darüber hinaus für die Hoffnung der Menschheit auf die Mission, *hat Flügel*, hat die Mittel, die technischen Schwierigkeiten zu transzendieren und hinauszutreten, das Naturgesetz der Herrschaft unterworfen.

Aber dieses Verlassen der Erde ist eine Illusion. Die Beherrschung des Naturgesetzes ging nicht weiter als bis zum Verständnis einiger elementarer physikalischer Gesetze. Verglichen mit den unerforschten, unendlich komplizierteren Gesetzen von Biologie und Verhalten, die den menschlichen Geist beherrschen, ist diese Beherrschung banal, nicht mehr als ein Kunststück. Die Beherrschung des physikalischen Gesetzes kann uns nicht mehr retten, solange wir in einem Gewirr von Unwissenheit über die natürlichen Gesetze, die unser Verhalten lenken, am Boden gefangen sind. In diesem Sinn hat der Adler keine Flügel.

Als ich ein junger Mann auf dem College war, nahm mich ein Professor in das Amerikanische Museum für Naturgeschichte mit, nicht zu den Exponaten, die ich oft gesehen hatte, sondern in die unteren Etagen, in die Labyrinthe von Lagerschränken mit Knochen und Fellen und Steinen und unfaßbar alten Fossilien. Ich war von dieser Gelegenheit, das Museum so zu sehen, wie Eingeweihte, wie Professionals es taten, hoch beeindruckt.

Dort begegnete ich einem Mann, der den Großteil seines Lebens dem Studium der Skelettüberreste des Archäopteryx gewidmet hatte – dem frühesten Vierfüßer mit gefiederten Flügeln –, eingebettet in mesozoisches Gestein. Ich wurde ihm vorgestellt, empfand Ehrfurcht, war beeindruckt von seiner Intelligenz und Weisheit. Es war offenkundig, daß er mir ein Stück echten, nützlichen Wissens mitteilen wollte, gewonnen aus den zahllosen Stunden, die er mit diesem Gewirr von Knochen und Gestein verbracht hatte.

Schließlich sagte er, nach seiner Meinung besitze der Archäopteryx viel Ähnlichkeit mit dem Menschen. Das verwirrte mich natürlich, wie beabsichtigt, und als ich auf eine Erklärung drängte, sagte er: «Tja, wissen Sie, eigentlich ist er ein Zwitterwesen. Als Reptil ein bekotztes Exemplar, und auch kein richtiger Vogel.» Abgesehen von dem Schreck, in den relativ heiligen Hallen derartige Kraftausdrücke zu hören, erlitt mein junger Verstand einen geistigen Schock, der mir diese Sätze dauerhaft einprägte.

Die Dinosaurier herrschten länger als hundert Millionen Jahre auf diesem Planeten, mindestens hundertmal länger als die kurze, ungewisse Zeit menschlicher Wesen, sind beinahe spurlos verschwunden und haben als Erinnerung nichts als zersplitterte Knochen hinterlassen. Wir können dasselbe viel leichter erreichen und würden in einem ökologischen Sinn noch weniger vermißt werden. Wo ist der Unterschied? scheint eine unvermeidliche Frage zu sein, und die beste Antwort, die mir einfällt, ist die: Wir *wissen*, daß wir fähig sind, zu sehen, was geschieht. Wir sind die einzigen Wesen, die Evolution verstehen, die denkbarerweise sogar ihren Verlauf ändern können. Es wäre zu verächtlich von uns, auf diese Möglichkeit wegen Stolz oder Unwissenheit oder Trägheit einfach zu verzichten.

Mir scheint, wir verlieren das Gefühl des Staunens, Merkzeichen unserer Gattung und wesentlicher Zug des menschlichen Geistes. Vielleicht liegt das an den Attacken von Wissenschaft und Technologie gegen die Künste und die humanistische Bildung, aber ich bezweifle es – obschon das gewiß ein Anlaß zur Sorge ist. Ich vermute, es liegt einfach daran, daß der menschliche Geist in diesem Augenblick der Evolution unzureichend entwickelt ist, ganz wie der Flügel des Archäopteryx. Ob wir ihn zur weiteren Entwicklung befreien können, wird, wie ich meine, abhängig sein von der vollständigen Wiederkehr des Vermögens, zu staunen. Es muß wieder seinen alten Platz erhalten, in Beziehung nicht nur zur natürlichen, sondern auch zur menschlichen Welt. Zum Abschluß all unserer Untersuchungen müssen wir erneut versuchen, die menschliche Seele als Seele zu erfahren und nicht einfach als ein Summen von Bioelektrizität; den menschlichen Willen als Wollen und nicht einfach als Aufwallung von Hormonen; das menschliche Herz nicht als klebrige Pumpe aus Fasern, sondern als das metaphorische Organ des Verstehens. Wir brauchen an sie nicht wie an metaphysische Wesenheiten zu glauben – sie sind so wirklich wie das Fleisch und Blut, aus denen sie bestehen. Aber wir müssen sie als Wesenheiten sehen, nicht als analysierte Bruchstücke, sondern als Ganzheiten, wirklich geworden durch unsere Betrachtung, durch die Worte, mit denen wir über sie reden, durch die Art, wie wir sie in Sprache verwandelt haben. Wir müssen in Ehrfurcht vor ihnen stehen und sie als unangreifbar erkennen, obwohl sie vor unseren Augen zerlegt werden.

Was die natürliche Welt angeht, müssen wir auch dort versuchen, das Staunen wiederherzustellen. Wir könnten mit jener Aufnahme der Erde beginnen. Es könnte unsere letzte Chance sein. Schon jetzt wird sie im Geographieunterricht verwendet und von kleinen Kindern für eine Selbstverständlichkeit gehalten. Wir sind die erste Generation, die das Bild gesehen hat, die letzte, die es nicht für selbstverständlich hält. Werden wir in Erinnerung behalten, was es uns bedeutet hat? Wie großartig die Erde aussah, schwebend im Raum? Wie schön vor dem unendlichen Schwarz? Wie rund? Wie zerbrechlich? Wie klein? Es hängt von uns ab, ein Gefühl des Staunens zu erleben, das sie rettet, bevor es zu spät ist. Wenn wir es nicht können, richten wir den endgültigen Schaden vielleicht noch zu unseren Lebzeiten an. Wenn wir es können, ändern wir vielleicht den Verlauf der Geschichte und damit den Verlauf der Evolution und leiten die menschliche Abstammung fest auf den Weg zu einer neuen evolutionären Hochebene.

Wir müssen uns entscheiden, und zwar bald, für oder gegen die weitere Evolution des menschlichen Geistes. Es ist unsere Sache, in der Generation, die in das neue Jahrhundert eintritt, das Wissen, das wir besitzen, in aller Demut, aber mit aller gebotenen Schnelligkeit, anzuwenden und den Versuch zu unternehmen, so rasch wie möglich mehr zu lernen. Es ist, mehr als bei jeder früheren Generation, unsere Aufgabe, mit der menschlichen Zukunft ernst zu machen und Entscheidungen zu treffen, die nicht in einem Jahrzehnt oder einem Jahrhundert gewogen werden, sondern auf der Waage geologischer Zeit. Es ist bei all unserem Stolpern und trotz unserer schrecklichen Verwirrung unsere Aufgabe, die hilflose Schwinge zu befreien.

Anmerkungen
und Quellen

Die Gefahren der Verhaltensbiologie

Warnung: Der Inhalt dieses Buches ist als gefährlich bekannt.

Ich meine das nicht in dem Sinn, daß alle wichtigen Ideen potentiell gefährlich sind; das wäre nichts als eine Sentenz und Eigenreklame. Ich will damit etwas viel Präziseres ausdrücken. Im Gegensatz zu den meisten anderen Ideen in Biologie und Psychologie hat sich bei denen zur biologischen Grundlage des Verhaltens herausgestellt, daß sie politische und soziale Tendenzen und Bewegungen zumindest ermuntern oder sogar an ihrer Verursachung beteiligt sind, die später, als sie vorbei waren, von allen anständigen Menschen bedauert und in fachhistorischen Werken allgemein verurteilt wurden. Wozu also solche Ideen liefern?

Weil *manche* Ideen in der Verhaltensbiologie wahr sind. Wenigstens sind es nach meinem besten Wissen die in diesem Buch geschilderten; und für logisches Handeln ist die Wahrheit unentbehrlich. Das bedeutet aber nicht, daß diese Ideen nicht mit Leichtigkeit verdreht werden können, so daß sie noch immer wahr klingen, aber falsch sind; ebensowenig bedeutet es, daß aus ihnen nicht falsche und böse Handlungen entstehen können, selbst wenn man sie nicht verdreht. Ich bezweifle sogar, daß das, was ich sage, solche Möglichkeiten verhindern kann, und vermute stark, daß politische und soziale Bewegungen in erster Linie aus politischen und sozialen Ursachen entstehen und dann an kongenialen Ideen übernehmen, was sich anbietet. Dessenungeachtet fühle ich mich in der Gesellschaft von Wissenschaftlern nicht wohl, die sich damit begnügen, nach der Wahrheit zu suchen, ohne die Folgen zu bedenken. Ich berichte hier deshalb ein paar Einzelheiten aus der traurigen, ja beschämend zu nennenden Geschichte des Mißbrauchs der Verhaltensbiologie; zumindest bei einigen davon haben Wissenschaftler bereitwillig mitgemacht.

Die erste auffällige Episode wird geschildert in William Stantons ‹The Leopard's Spot: Scientific Attitudes Toward Race in America, 1815–59›, Chicago 1960 (dt. etwa: ‹Kann man aus seiner Haut heraus? Wissenschaftliche Standpunkte zu Rassefragen in Amerika›). Namen wie Samuel George Morton, George Robins Gliddon und Josiah Clark Nott sagen den heutigen Anthropologiestudenten wenig, aber in den politisch ungestümen Jahrzehnten zwischen Jeffersons Tod und dem Beginn des Bürgerkriegs begründeten sie die American School of Anthropology (Amerikanische Anthropologie), die sich der Aufgabe widmete, die unvermeidliche Trennung der Rassen zu beweisen und weiße Suprematie auf eine Grundlage wissenschaftlicher Untersuchungen von Schädeln und ihrem inneren Fassungsvermögen zu stellen, zusammen mit einigen ‹offenkundigen›, feststellbaren Tatsachen von Verhalten und Brauch; ‹Niggerologie›, wie einer von ihnen das privat nannte (Stanton, ‹The Leopard's Spot›, S. 161). In ihrer würdigeren Verkleidung wurde sie mit Bezug auf die angeblich getrennten Evolutionsursprünge verschiedener Rassen ‹Polygenismus› genannt. Zwei von den drei

Genannten (Morton und Nott) waren Ärzte, aber ihre Mutmaßungen beruhten auf so wenigen und so albernen ‹Beweisen›, daß man sich ihren Erfolg nicht erklären kann. Sie hatten ihn jedoch. Als sie Anfang des Jahrhunderts auf den Plan traten, hatten die Ideen von Samuel Stanhope Smith Geltung, wonach die Menschheit einen einzigen Ursprung und einen biologischen Grundplan besitze. In der Mitte des 19. Jahrhunderts war die Einheit der Menschheit als Idee wirksam verdrängt und mit atavistischer, religiöser, anti-wissenschaftlicher Empfindelei verbunden. Rassenmischung wurde als Bedrohung der Zivilisation und Sklaverei als natürliches Los des Negers betrachtet. Heutzutage würde niemand annehmen, der Bürgerkrieg sei von ein paar Anthropologen ausgelöst worden; sie waren aber hoch angesehene und populäre Autoren und Redner, und es kann keinen Zweifel daran geben, daß sie viele Menschen getäuscht haben. Inzwischen legten ihre Gesinnungsgenossen in England, Frankreich und Deutschland ein Fundament für wissenschaftlichen Rassismus, der sich ungefähr hundert Jahre lang halten sollte (Marvin Harris, ‹The Rise of Anthropological Theory›, New York 1968, Kap. 4).

Die zweite Episode hängt mit dem Sozialdarwinismus zusammen, von dem ein Teil in Wahrheit bis vor Darwin zurückreicht. Geschildert wird sie von George Stocking in Kapitel 6, ‹The Dark-Skinned Savage: The Image of Primitive Man in Evolutionary Anthropology› (Der dunkelhäutige Wilde: Das Bild des Primitiven in der Evolutionsanthropologie) von ‹Race, Culture and Evolution: Essays in the History of Anthropology›, New York 1968 (Rasse, Kultur und Evolution: Essays zur Geschichte der Anthropologie), und von Marvin Harris in Kapitel 5, ‹Spencerismus› in ‹The Rise of Anthropological Theory›. Am Ende des 19. Jahrhunderts war das meiste an Sozialtheorie evolutionär, aber auf eine Weise, die mit der modernen Evolutionstheorie wenig zu tun hat. Die führenden Vertreter von Sozial- und Kulturanthropologie, Lewis Henry Morgan und Edward Tylor, sahen die ‹primitiven› Stämme und Rassen, obwohl sie ihnen große Bewunderung zollten, trotzdem hierarchisch, wobei die ‹weniger entwickelten› oder ‹weniger komplexen› Gruppen im Grunde erstarrte Überbleibsel vergangener Epochen waren. Marx und Engels übernahmen diese Sicht von Morgan und gaben sich wenig Mühe, ihre herablassende Einstellung zu den ‹Überbleibseln› zu verbergen. Darwin (siehe Stocking, ‹Race, Culture and Evolution›, S. 113) und sein Vorgänger als Vertreter der Entwicklungslehre, Charles Lyell (siehe Harris, ‹Anthropological Theory›, S. 113), sagten beide die Ausrottung der ‹wilden› Rassen durch die zivilisierten voraus und schienen darüber keine Tränen zu vergießen; das in einer Zeit, als manche ihrer Leser zweifellos versuchten, eben diese Ausrottung ins Werk zu setzen. Morgans und Tylors hierarchische Anordnungen sozialer und kultureller Formen waren begleitet von ausdrücklichen Annahmen einer entsprechenden Hierarchie geistiger Kapazität; je komplexer die Zivilisation, desto größer die angeborene Intelligenz ihrer Angehörigen. Fortschritt durch Vervollkommnung war die unerbittliche Motivkraft und der Gipfel des Fortschritts die Zivilisation des viktorianischen England.

Wie trostreich diese Gedanken für die hervorragenden Vertreter dieser (und verwandter) Zivilisationen gewesen sein müssen, die gerade mit der schwierigen Aufgabe befaßt waren, diese ‹primitiven› Völker zu unterdrücken, zu versklaven und, wo notwendig, auszurotten. Kann man es ihnen verdenken, daß sie leicht überzeugt waren, obwohl überzeugende Beweise fehlten? Herbert Spencer, der führende Vertreter der sozialen Entwicklungslehre, erscheint vor diesem Hintergrund als durchaus tragische Gestalt. Spencer, der stets behauptete, ein Freund der Armen zu sein, den Krieg und die habgierige Vergewaltigung der unterentwickelten Welt zu verabscheuen, wurde von vielen Zeitgenossen ebenso wie von späteren Gelehrten als Ehrenretter für die schlimmsten Dinge betrachtet, die sich abspielten. Er – nicht Darwin – erfand den Ausdruck ‹Überleben des

Tüchtigsten> und rechtfertigte die Ausbeutung der Schwachen durch die Starken mit der Begründung, der unvermeidliche Lauf des Fortschritts werde durch humanes Eingreifen in den Kampf ums Dasein nur gestört. Spencer fand ausdrückliche Entschuldigungen für die ungezügeltsten Formen des Kapitalismus und war gegen Sozialismus und alle Formen sozialer Fürsorge. Es fällt nicht schwer, sich seine Worte in den Hirnen der Schlotbarone oder der Parlamentarier vorzustellen, die gegen Gesetze über Kinderarbeit stimmten. Der Fortschritt der menschlichen Anständigkeit im 19. Jahrhundert war zweifellos eine komplexe Angelegenheit, aber es ist nicht weit hergeholt, zu behaupten, Gedanken über die Biologie des Verhaltens hätten diesen Fortschritt aufgehalten. (Harris schildert die Einzelheiten der späteren sozialen Entwicklungstheorie in seiner ‹Anthropological Theory›, Kap. 6 und 7.) Eine ergänzende Kritik von Entwicklungstheorien sozialen Verhaltens und ihrer Folgen im 19. und 20. Jahrhundert findet man bei Stephen Chorover, ‹From Genesis to Genocide› (Von der Schöpfung bis zum Völkermord), Cambridge, Mass., 1979, Kap. 5.

Die dritte Episode spielt sich zwischen Beginn des Ersten und Ende des Zweiten Weltkriegs auf beiden Seiten des Atlantik ab. Die amerikanische Seite des Vorgangs wird dargestellt in den beiden ersten Kapiteln von Leon Kamins ‹The Science and Politics of I.Q.›, Potomac, Md., 1974 (Wissenschaft und Politik des Intelligenzquotienten), in Chorovers ‹Genesis›, Kap. 3, und in Stockings ‹Race, Culture and Evolution›, Kap. 11. Obwohl Alfred Binet, der 1905 die IQ-Prüfung erfand, sie eigentlich als Mittel zur Erkennung von Kindern vorgesehen hatte, die geistige Förderung durch Übung brauchten, begann man sie ungefähr ein Jahrzehnt später in den Vereinigten Staaten für ganz andere Zwecke einzusetzen. Unter der Schutzherrschaft von Lewis Terman an der Stanford- und Robert Yerkes an der Harvard-Universität – zwei der Doyens in der amerikanischen Psychologie – wurde sie ausdrücklich dazu benützt, um sozusagen genetisches Gold von genetischem Sand zu trennen. Die beiden Männer glaubten auf der Grundlage von geringem Beweismaterial, die Ursache des IQ sei zum großen Teil genetisch, und sahen Gelegenheit, einen damals stark begehrten sozialen Dienst zu leisten – nämlich der amerikanischen Regierung eine gute Ausrede zur Eindämmung der Einwanderungsflut zu liefern, die immer höher schwappte. Zusätzlich hatten sich die verhaltensgenetischen Vorstellungen des 19. Jahrhunderts damals kurz zuvor in der Bildung einer eindeutigen Eugenikbewegung in den Vereinigten Staaten herauskristallisiert. Mit der Zustimmung, ja, der Ermunterung hervorragender Psychologen, wurden von den Lokalparlamenten in Pennsylvania, Indiana, New Jersey, Iowa, Kalifornien und Washington Gesetze zur Zwangssterilisierung verabschiedet, die für einen erstaunlich großen Bereich von unerwünschten Personen die Möglichkeit lieferten, sie ‹geschlechtslos› zu machen. Der Justizminister von Kalifornien benützte, als er die Gültigkeit des kalifornischen Gesetzes bestätigte, die Sprache der Verhaltensbiologie: ‹Entartung bedeutet, daß bestimmte Bereiche von Gehirnzellen oder Nervenzentren des Individuums höher oder unvollkommen entwickelt sind als andere Gehirnzellen; das führt zu einem labilen Zustand des Nervensystems und kann sich ausdrücken in Wahnsinn, Kriminalität, Idiotie, sexueller Perversion oder Trunkenheit›; und er nahm ‹viele der erwiesenen Trunksüchtigen, Prostituierten, Landstreicher und Kriminellen ebenso wie gewohnheitsmäßigen Armen› ebenfalls in diese Klasse auf, deren Angehörige für legale Kastrierung in Frage kamen. Der ‹Harvard Law Review› vom Dezember 1912, zu welchem Zeitpunkt alle diese einzelstaatlichen Gesetze schon verabschiedet waren, behauptete, sie entsprächen der Verfassung, allerdings nur bei ‹geborenen Verbrechern› (Kamin, ‹I.Q.›, S. 11/12).

Rückblickend wurde mit vollem Recht in hohem Maß Schimpf und Schande auf diese Juristen und Regierungsbeamten gehäuft, aber man sollte sich darüber im klaren sein, daß sie in gewissem Maß der Gnade von Psychologen,

Anthropologen, Biologen und Ärzten ausgeliefert waren, die ihnen von den Tatsachen ein völlig falsches Bild lieferten. Diese ‹Experten› steuerten in einem Zusammenhang vollkommener Ungewißheit bei, was eindeutige Äußerungen zu sein schienen. Sie boten falsche Hoffnungen auf große Verbesserungen im menschlichen Wohl durch Eugenik und betätigten lärmend die falschen Alarmglocken rassischer Entartung und eugenischer Katastrophe für den Fall, daß man ihren Ratschlägen nicht folgen sollte.

Angesichts dieser bemerkenswerten geistigen und gesetzlichen Entwicklung in den Vereinigten Staaten erscheint das Vorhandensein parallel laufender Bewegungen in Deutschland und anderswo in Europa nicht ganz so atemberaubend unnatürlich. Die Ideen von Eugenik und Rassenhygiene erlangten in der deutschen akademischen und ärztlichen Diskussion Achtung und festen Stand, als Hitler noch ein Kind war. 1895 schrieb der Arzt Alfred Ploetz ‹Die Vorzüglichkeit unserer Rasse und der Schutz der Schwachen›; 1903 errang Wilhelm Schallmayer einen (von der Kanonenfabrik Krupp gestifteten) Nationalpreis für sein ‹Vererbung und Selektion in der Lebensgeschichte von Nationalitäten: eine soziopolitische Untersuchung, beruhend auf der neueren Biologie›; zwei wichtige Fachzeitschriften, die sich mit Eugenik und Rassenreinheit befaßten, die ‹Politisch-Anthropologische Revue› und das ‹Archiv für Rassen- und Gesellschaftsbiologie› erschienen erstmals 1902 beziehungsweise 1904; 1920 veröffentlichten ein bekannter Jurist, Karl Binding, und ein herausragender Psychiater, Alfred Hoche, ‹Freisetzung und Beseitigung von wertlosem Leben›, in dem eugenisch motivierte Euthanasie in großem Maßstab empfohlen wurde.

Es ist von entscheidender Wichtigkeit, sich darüber klarzuwerden, wie geachtet diese Ideen waren. Sie haben nichts zu tun mit Braunhemden, zerschlagenen Fensterscheiben, Stechschritt oder diabolisch aufgeheizten Massenveranstaltungen. Sie haben nur zu tun mit geachteten Wissenschaftlern, Ärzten und Juristen, die auf dem üblichen Weg zur Diskussion nüchtern miteinander sprechen. Lange vor der Gründung der Nazipartei bestand weiterhin Einigkeit darüber, daß Zivilisation das Ergebnis genetischer Determinanten sei und ihr Fortbestand von rassischer Reinheit und der erbarmungslosen Beseitigung der psychologisch Ungeeigneten aus dem Gen-Pool abhänge. Überdies war das keine nationale, sondern eine internationale Erscheinung. 1923, ein Jahr vor dem Erscheinen von ‹Mein Kampf›, schrieb ein Gesundheitsdirektor in Zwickau an den deutschen Innenminister und drängte auf Durchsetzung eines Programms für eugenische Sterilisierung: ‹Was wir Rassenhygieniker empfehlen, ist durchaus nichts Neues oder Unerhörtes. In einer Kulturnation ersten Ranges, den Vereinigten Staaten von Amerika, wurde, was wir anstreben, vor langer Zeit eingeführt und erprobt.› Der Innenminister, immer noch skeptisch, ging der Sache über das deutsche Auswärtige Amt nach und war nach Erhalt eines ausführlichen Berichts überzeugt. Durch das Beispiel der Vereinigten Staaten wurde Eugenik im Deutschland von Weimar zu gültiger staatlicher Politik (Chorover, ‹Genesis›, S. 98).

Gedanken zur Rolle der Juden in, wie man es nennen könnte, einer ‹Genetikgeschichte› waren in der internationalen Diskussion ebenfalls gängig. Der englische Historiker Houston Stuart Chamberlain hatte in Werken wie ‹Grundlagen des 19. Jahrhunderts› und ‹Rasse und Nation› (das erste Buch wurde zur Jahrhundertwende erstmals in Deutschland veröffentlicht) behauptet, Untergang und Aufstieg der Nationen ließen sich am besten begreifen durch Bezug auf Zugang oder Beseitigung von Juden. Chamberlains Werk wurde vom Zeitpunkt des ersten Erscheinens an unter den deutschen Studenten weithin diskutiert. (Siehe Lucy S. Dawidowicz, ‹The War Against the Jews, 1933–1945› (Der Krieg gegen die Juden), New York 1975, wo der Einfluß Chamberlains besprochen und auf ihn hingewiesen wird. Alfred Rosenberg, in der Frühzeit der Nazibewegung ein wichtiger Berater Hitlers, nannte Chamberlains Werk ‹den stärksten positiven Anstoß in meiner Jugend›, und bearbeitete Auszüge von ‹Grundlagen des 19. Jahrhunderts› für die leichtere Lektüre durch Hitler (Dawidowicz, ‹War›, S. 20). Heinrich Himmler, später und den Krieg hindurch Chef der SS und eine Schlüsselgestalt bei allen KZ- und Tötungsunternehmungen, las ‹Rasse und Nation› Ende 1921 und schrieb darüber in seinem Tagebuch: ‹Es ist wahr, man hat den Eindruck, daß es objektiv ist, nicht einfach haßerfüllter Antisemitismus. Deshalb hat es größere Wirkung. Diese schrecklichen Juden› (Dawidowicz, ‹War›, S. 95). Der letzte Satz erschüttert; nach meiner Auffassung macht er klar, daß die Lektüre Chamberlains Himmler ein zusätzliches Maß an echter Überzeugung lieferte. Sind Dinge wie das Geschreibsel von Intellektuellen über Verhaltensbiologie für die Verursachung großer sozialer Bewegungen wirklich von Bedeutung? Wir wissen es nicht; aber wir wissen, wie ich meine, genug, um sagen zu können, daß der Mehrheit schlecht gedient wird, wenn wir uns selbstzufrieden einreden, sie wären es nicht, und das, was wir hier haben, lange Zeit Mahlgut für die Mühlen vernünftig denkender Historiker ist.

Viele Menschen fragen sich, warum die Juden nicht versucht haben, die Flucht zu ergreifen. Natürlich haben sie das getan, in viel größerer Zahl, als ihnen Erfolg beschieden war. Die anschwellende Einwanderungsflut zu den Vereinigten Staaten nach dem Ersten Weltkrieg entstammte teilweise der Erkenntnis von Juden und anderen Europäern, daß am Horizont unheilvolle Anzeichen aufgetaucht waren. Amerikanische Verhaltensbiologen, vor allem Psychologen, spielten, wie schon erwähnt, eine entscheidende Rolle bei der Eindämmung dieser Flut. Terman, Yerkes und andere, die sich auf lächerlich dürftige Forschungsergebnisse beriefen, beteiligten sich an der Verbreitung von Unwahrheiten, die als Grundlage für eine viel strengere Einwanderungspolitik dienten, wie sie im Einwanderungsgesetz von 1924 und anderen Gesetzen ihren Niederschlag fand. Zu den häufig zitierten Feststellungen gehörte Henry Goddards auf IQ-Prüfung bei Einwanderern auf Ellis Island beruhender Bericht, daß 83 Prozent der Juden, 80 Prozent der Ungarn, 79 Prozent der Italiener und 87 Prozent der Russen ‹geistesschwach› seien (Kamin, ‹I.Q.›, S. 16), Feststellungen, die in der Hauptsache zurückzuführen waren auf schlampige Tests und enorme Verständigungsschwierigkeiten. Robert Yerkes veröffentlichte die Ergebnisse ähnlich dürftiger, ‹bestätigender› Forschung 1921 unter der Schirmherrschaft der Nationalen Akademie der Wissenschaften der Vereinigten Staaten. Die eigentliche Arbeit, Kongreßabgeordnete zu überzeugen, wurde von anderen geleistet, die Folgen für die Einwanderungspolitik waren jedoch enorm. Wegen der Ansichten amerikanischer Psychologen und anderer Verhaltensbiologen zur Genetik geistiger Kompetenz saßen viele Juden und andere potentielle Einwanderer in Europa in der Falle und wurden später zu Opfern der Nazis. (Das definitive Werk zu diesen Vorgängen in Europa bleibt Raul Hilberg, ‹The Destruction of the European Jews›.)

Übrigens wurde nach 1920 die Rolle der amerikanischen Anthropologie in diesen geistigen Strömungen eine völlig andere, ja, heroische. (Einzelheiten in Stockings ‹Race, Culture and Evolution›, Kap. 11.) Franz Boas hatte eine neue und gänzlich andere ‹Amerikanische Schule› der Anthropologie gegründet, deren Hauptanstoß darin bestand, mit der rassistischen und evolutionistischen Vergangenheit eindeutig zu brechen. Er und seine Studenten (darunter Alfred Kroeber, Ruth Benedict und Margaret Mead) lehnten alle Vorstellungen von einer kulturellen und sozialen Hierarchie ab, und Boas' Buch ‹The Mind of Primitive Man› begrub den Gedanken, die geistige Funktion stünde in Zusammenhang mit zivilisatorischer Vielschichtigkeit. Die Boas-Schule stellte in einer beispielhaften Umstellung die Konzeptionen von Kultur und kulturellem Relativismus in den Mittelpunkt der Anthropologie und hob die Würde und unabhängige Gültigkeit aller bekannten Kulturen hervor. Bei den Auseinandersetzungen um IQ, Rasse und Eugenik, die während der zwanziger und dreißiger Jahre tobten, standen sie in entschiedener Gegnerschaft zu den psychologischen Testern und Eugenikern und betonten ihr wachsendes Beweismaterial für die Bedeutung kultureller Konditionierung in allen Bereichen des Ethnischen und der universellen Gültigkeit der wichtigsten geistigen Funktionen des Menschen. Sie reisten in alle Gegenden der Erde, um Beweismaterial zu beschaffen, siebten und organisierten es zu einer neuen Wissenschaft, die sie gegen große Schwierigkeiten und in einer kurzen Zeitperiode schufen, und trugen den Sieg davon. ‹Auf lange Sicht war es die Boassche Anthropologie – statt der radikalen Autoren im Zusammenhang mit der Eugenikbewegung –, die in allen Fragen von Rasse, Kultur und Evolution als die Stimme der Wissenschaft zu den Amerikanern sprechen konnte – eine Tatsache, deren Bedeutung für die neueste amerikanische Geschichte zweifellos weitere Erforschung verdient› (Stocking, ‹Race, Culture and Evolution›, S. 307). Wenn die heutigen amerikanischen Anthropologen, alle von Boas stark beeinflußt, sich den neuen Strömungen des biologischen Determinismus entgegenstellen, ist das nicht nur verständlich, sondern nach meiner Ansicht auch gesund.

Wie steht es um diese neuen Strömungen? Spricht etwas dafür, daß sie zu weiteren Desastern der Gesellschaftspolitik führen oder dabei zumindest eine Rolle spielen werden? Konrad Lorenz, der 1973 für seine Arbeit in der Verhaltensbiologie mit dem Nobelpreis für Medizin und Physiologie erhielt, stellt eine unbehagliche Verbindung mit der Vergangenheit dar. Wie Leon Eisenberg (in ‹The *Human* Nature of Human Nature›, Science 176, 1972, S. 123–128) und Chorover (‹Genesis›, S. 104/105) bemerken, schrieb Lorenz 1940 – zu einer ziemlich späten Zeit also – in einer Fachzeitschrift einen Artikel, der Rassenmischung und Rassenunreinheit beklagte, weil sie zur Entartung bei den genetisch bestimmten Aspekten von Verhalten und Charakter führten, und pries ausdrücklich den Nazistaat für seine Leistungen gegen diese Gefahr. Lorenz hat diese Äußerungen natürlich tief bedauert und zurückgenommen, und man sollte ihn ihretwegen nicht bis ins Grab verfolgen, wenn anderen, die viel schlimmere Dinge getan haben, mehr oder weniger verziehen worden ist. Die Parole sollte aber nicht lauten ‹vergeben und vergessen›, sondern ‹vergeben und daran denken›.

Äußerungen von Arthur Jensen, William Stockley und anderen Forschern Ende der sechziger und Anfang der siebziger Jahre über Rasse und IQ oder soziale Klasse und IQ wurden in der Diskussion rasch gängig. Manche dieser Äußerungen erwiesen sich später als falsch, aber sie hatten einige Entscheidungsträger schon beeinflußt, und dieser Einfluß ist sehr schwer rückgängig zu machen. Es handelt sich um eine Erscheinung, die viel gründlicher untersucht werden muß.

In den letzten Jahren zeigten sich Ansätze zu einem Versuch, die Gedanken der Soziobiologie Ende der siebziger Jahre als Stütze für neofaschistische Bewegungen zu nutzen. Man muß sagen, daß an diesen Ideen nichts Besonderes oder Neues ist, was von Neofaschisten als nützlich betrachtet wurde, lediglich die deutlich hervorgehobene Behauptung, Gene beeinflußten das Verhalten, verbunden mit einer erneuerten Betonung des strikt evolutionären Sinnes der ‹Ertüchtigung›. Die nationalsozialistische Jugendbewegung in Großbritannien hat eine Art quasisoziobiologisches Kauderwelsch übernommen; man bezieht sich auf oder zitiert E. O. Wilson, Richard Dawkins und andere. Gewiß begreift man wenig von dem, was man gelesen hat, aber nützlich findet man es doch. Ein Briefwechsel vor kurzer Zeit in der Zeitschrift ‹Nature› zu diesem Thema zwischen Steven Rose und Richard Dawkins, englischen Erzrivalen in der soziobiologischen Kontroverse, ist von Interesse (S. Rose, ‹Nature› 1981, Nr. 289, S. 335; R. Dawkins, ebda., S. 528). Rose verweist mit unübersehbarer Selbstzufriedenheit auf den Mißbrauch von Dawkins' Ansichten durch die Neofaschisten und fordert Dawkins auf, sich öffentlich von ihnen zu distanzieren; er erklärt ziemlich deutlich, das hätte er doch gleich gewußt. Dawkins antwortet, indem er sich distanziert und sein Erstaunen darüber ausdrückt, irgend jemand könnte seine Ansichten so mißverstanden haben, daß er sie für neofaschistische Zwecke nutzt; er stellt ganz eindeutig fest, es sei ihm nicht im Traum eingefallen, daß es dazu kommen könnte. Nun sind Rose gewiß schlechte Manieren vorzuwerfen, und man fragt sich, ob er von anderen Wissenschaftlern erwartet, daß sie ihre Feststellungen geheimhalten, wenn sich herausstellt, daß damit Mißbrauch getrieben werden könnte. Betroffen macht aber ebenso Dawkins' naive Verblüffung.

Vor einigen Jahren erschien im Nachrichtenmagazin ‹Time› ein Artikel über Soziobiologie. Er enthielt unter vielen anderen Zitaten ein kurzes, harmloses, ziemlich positives Zitat von mir. Ich wies lediglich darauf hin, daß nicht nur schlechte menschliche Charakterzüge, sondern auch gute wie Altruismus Teil unserer evolutionären Ausstattung seien. Ich sprach nicht von Rasse oder individuellen Unterschieden, und im Artikel war auch sonst wenig oder gar nicht die Rede von beiden. Bald danach erhielt ich einen langen, scharfen Brief von einer Dame, die sich als Farbige zu erkennen gab; obwohl sie sich sehr gut ausdrücken konnte, war sie belastet von einer Vielzahl von Gedanken und Gefühlen, welche die Notwendigkeit psychiatrischer Behandlung nahelegten. Unter anderem äußerte sie sich ausführlich über die genetische und moralische Minderwertigkeit von Farbigen und führte viele ihrer eigenen und der Probleme anderer Farbiger auf diese ‹Theorie› zurück. Ich will damit sagen, daß ich nichts von mir gegeben hatte, was ich mir in irgendeiner naheliegenden Beziehung als Veranlassung für ihren Brief vorstellen konnte; trotzdem hatte sie meine Äußerung zum Altruismus als Stütze für ihre Theorie ausgelegt. Sie schrieb in einem Geist kollegialer und wechselseitiger Gratulation.

Nach meiner Meinung ist jeder, der sich mit Verhaltensbiologie befaßt oder darüber schreibt, ohne die Möglichkeit schweren Mißbrauchs zu erkennen, entweder ein gefährlicher Scharlatan oder ein gefährlicher Narr, wie die letzten beiden Jahrhunderte oft genug bewiesen haben. Denen, die der Ansicht sind, solche Forschungen sollten aufhören, möchte ich aber folgendes sagen: Die Augen vor der Wahrheit zu verschließen, beseitigt sie nicht und hindert andere Menschen auch nicht daran, sie zu verdrehen. Eine solche Unterdrückung verstärkt vielmehr ihre Bemühungen, sie zu verdrehen.

Ich halte die moderne Verhaltensbiologie für ein mächtiges, gefährliches Arzneimittel, das, vernünftig angewendet, heilend wirken, im anderen Fall aber Gift sein kann. Das meiste davon hat keinen Bezug zu den großen Fragen von Rasse und sozialer Klasse, außer insoweit, als es uns helfen kann, das irrationale Verhalten von Unterdrückern zu verstehen und bloßzustellen. Dabei weiß ich, daß man andere, falsche Behauptungen darüber aufstellen wird – Behauptungen, die an die schlimmsten Fehler des 19. und 20. Jahrhunderts erinnern können. Daher diese Warnung, die gewissermaßen das ganze Buch durchzieht, Warnung vor den bekannten Gefahren unangemessenen Gebrauchs dieser Art von Wissen. Ich würde solche Medizin nicht verabreichen, wenn ich nicht der Auffassung wäre, daß die menschliche Gattung sich in einem Zustand kritischer Erkrankung befindet und jede Art von Wissen benötigt, die sie bekommen kann. Schwere Leiden erfordern vernünftig angewendete starke Heilmittel.

Seite

15   BBC-TV-Wissenschaftsprogramme. 1978 produziert unter dem Titel ‹Spaceships of the Mind›. Siehe den Begleitband von Nigel Calder, London, BBC, 1978.

18   ‹Die Wahrheit ist das Kind ...›, Bertolt Brecht, Stücke, Band VIII, Berlin 1957.

18   ‹Eine der Hauptursachen ...›, Brecht, ebda.

1. Kapitel: Die Suche nach dem Natürlichen

Dieses Kapitel verwendet die !Kung San als ein Beispiel der Jäger/Sammler-Adaptation, von der man weiß, daß sie in der menschlichen Evolution eine zentrale Rolle gespielt hat. Übertriebene Hervorhebung der !Kung ist von manchen Anthropologen kritisiert worden, und zwar zu Recht: Es gab und gibt noch viele andere Jäger/Sammler-Adaptationen, und manche unterscheiden sich von jener der !Kung grundsätzlich. Keine andere ist aber auch nur annähernd so gründlich studiert worden. Die Kritiker täten daher gut daran, ihre Energie der Untersuchung vergleichbarer Vortrefflichkeit bei anderen Jäger/Sammler-Gruppen zuzuwenden, solange es diese noch gibt. Das Kapitel bezieht sich vorwiegend auf die Arbeit von Lee und DeVore (‹Kalahari Hunter-Gatherers›), Marshall (‹The !Kung of Nyae Nyae›), Lee (‹The !Kung San›), Howell (‹Demography of the Dobe !Kung›) und Shostak (‹Nisa: The Life and Words of a !Kung Woman›) sowie auf die eigene Erfahrung und Forschungsarbeit des Verfassers. Diese und andere relevante Bücher und Abhandlungen werden im folgenden ausführlich zitiert.

    Keine Veröffentlichung über die !Kung darf darauf verzichten, ihre heutige Lage zu erwähnen. Nach jahrhundertelanger Unterdrückung vor allem durch die Weißen, aber auch die Schwarzen im südlichen Afrika, sehen sie sich jetzt gezwungen, zwischen Beinahe-Sklaverei auf Bantu-Farmen oder Abhängigkeit mit eingeschränkter Freiheit auf von Weißen geleiteten Rassenreservaten in Namibia oder Beinahe-Unterdrückung in der südafrikanischen Armee zu wählen, um in einem Krieg zu töten und zu sterben, den sie nicht verstehen, während ihre überkommene Weise der Lebensführung durch die Eigensucht und Gewalttätigkeit anderer Menschen rings um sie unmöglich gemacht wird. Wir, die wir sie benützen, um die menschliche Natur verstehen zu lernen, dürfen nicht vergessen, daß sie menschliche Wesen in den Qualen einer schweren historischen Krise sind. Die genaueste Information findet sich in Lees ‹The !Kung San›, und bei Willcox, ‹The Story of a !Kung Woman›, wie unten zitiert. John Marshalls Dokumentarfilm ‹N!ai: The Story of a !Kung Woman›, im nationalen Public-Fernsehen mehrmals gezeigt, illustriert die Ereignisse Ende der siebziger Jahre auf dramatische Weise. Lee, Professor für Anthropologie an der University of Toronto, hält sich, was die derzeitige Entwicklung angeht, auf dem laufenden. Wem das Elend der !Kung und anderer San-Stämme am Herzen liegt, sollte sich an ihn wenden.

Seite

20   Rousseau war nicht der erste: Jean Jacques Rousseau, ‹Staat und Gesellschaft, München 1959.

21   Die archäologischen Nachweise: Eine vollständige Grundlage für die Verwendung von Jäger/Sammler-Studien als Hilfsmittel zur archäologischen Interpretation siehe Richard B. Lee und Iven DeVore, Hsgb., ‹Man the Hunter›, Chicago 1968. Eine interessante ergänzende (und aktuellere) Darstellung bei Frances Dahlberg, Hsgb. ‹Woman the Gatherer›, New Haven 1981. Sie enthält ein Kapitel über die Agta auf den Philippinen, der einzige bekannte Fall systematischen Jagens durch Frauen. Es könnte noch andere geben.

22   Familie Marshall: Siehe Lorna Marshall, ‹The !Kung of Nyae Nyae›, Cambridge, Mass., 1976; Elizabeth Marshall Thomas, ‹The Harmless People›, New York 1959; und John Marshalls verschiedene Filme, darunter ‹The Hunters›, ‹Bitter Melons› und ‹N!ai, The Story of a !Kung Woman›.

22   Expeditionen von Lee und DeVore: Siehe Richard B. Lee und Iven DeVore, Hsgb.; ‹Kalahari Hunter-Gatherers›, Cambridge, Mass., 1976; Richard B. Lee, ‹The !Kung San: Men, Women and Work in a Foraging Society›, Cambridge, Engl., 1969; Nancy Howell, ‹Demography of the Dobe !Kung›, New York 1979, und Marjorie Shostak, ‹Nisa: The Life and Works of a !Kung Woman›, Cambridge, Mass., 1981. Diese vier Werke stellen die große ethnographische Leistung der Lee-DeVore-Expeditionen in Buchform dar. Zusammen mit Lorna Marshalls Buch werden sie zweifellos den Kern der dauerhaften, endgültigen Darstellung des !Kung-Lebens sein, ergänzt durch zahlreiche Abhandlungen in Vergangenheit und Zukunft.
      Ich hatte den Vorzug, an den Lee-DeVore-Expeditionen teilnehmen zu dürfen und lebte und lernte bei den !Kung 1969–1971 zwanzig Monate und 1975 fünf Monate lang. Eine Reihe von Abhandlungen, die einen Teil meiner Forschungen während dieser Zeiträume schildern, sind in Fachzeitschriften wie ‹Ethological Studies of Child Behaviour›, ‹Social Science Information›, ‹Science›, ‹Ethology and Psychiatry› und in Handbüchern erschienen.

22–24 Darstellung der !Kung-San: Ausführliche ethnographische Beschreibung des !Kung San-Lebens bei Marshall, ‹The !Kung of Nyae Nyae›, Lee, ‹The !Kung San!›, und Shostak, ‹Nisa›.
      Ein historischer Überblick über die San im südlichen Afrika findet sich bei A. Willcox, ‹The Bushmen in History›, R. Inskeep, ‹The Bushmen› in Prehistory›, und P. Tobias, ‹Introduction to the Bushmen or San› in ‹The Bushmen›, Kapstadt 1978. Eine ins Einzelnere gehende archäologische Sicht liefert John Yellen in ‹Archaeological Approaches to the Present: Models for Reconstructing the Past›, New York 1977. Dieser Band enthält auch wertvolle Information über die materielle !Kung-Kultur und die Landnutzung in der Gegenwart (von 1970).

25   ‹einsam, arm› ... Thomas Hobbes, ‹Leviathan oder Stoff, Form und Gewalt eines bürgerlichen und kirchlichen Staates›, Neuwied/Bln. 1966.

27   ‹... ich dachte, man müßte zur Natur ...› Guillaume Appolinaire in seinem Vorwort zu ‹Die Brüste des Teiresias› in ‹Œuvres Complètes›, Paris 1966.

2. Kapitel: Anpassung

Eine leicht lesbare Einführung in neue Konzeptionen der Adaptation vor allem im Bereich des Verhaltens ist Richard Dawkins' ‹The Selfish Gene›, New York 1976, eine anspruchsvollere, kurze Darstellung Williams' ‹Adaptation and Natural Selection›, unten zitiert. E. O. Wilsons ‹Sociobiology›, unten zitiert, ist das bekannteste umfassende Werk von Anspruch, wurde aber wegen bestimmter schwach begründeter Spekulationen weithin kritisiert; trotzdem lohnt sich die Lektüre durchaus. Ein mehr nüchterner Text im selben Bereich, aber mit etwas anderer Betonung erschien gleichzeitig: Jerram Brown, ‹The Evolution of Behaviour›, New York 1975. Ich vermute, das Buch hätte mehr Aufmerksamkeit erweckt (und verdient), wenn es nicht beinahe gleichzeitig mit ‹Sociobiology› erschienen wäre.

Niemand sollte sich unterfangen, einen neuen wissenschaftlichen Weg zu kritisieren, ohne mit den Originalwerken vertraut zu sein, die seine Anhänger von der Gültigkeit überzeugt haben. Auf diesem Gebiet sind sie gesammelt in T. Clutton Brock und P. Harvey, Hsgb., ‹Readings in Sociobiology›, San Francisco 1978. Auf die Aufsätze von W. D. Hamilton und Robert L. Trivers wird besonders hingewiesen.

Darwins ‹Ursprung der Arten› ist vielleicht das einzige bedeutende Werk der Wissenschaft im 19. Jahrhundert, das weiterhin von mehr als historischem Interesse ist.

Eine wertvolle Kritik der Exzesse mancher Adaptationstheorien bei Richard Lewontin, ‹Adaptation›, in ‹Scientific American›, Sept. 1978. Diese ganze Ausgabe der Zeitschrift war der Evolution gewidmet und ist eine maßgebende, aktuelle Einführung in viele Aspekte des Themas, mit lesbaren Aufsätzen von einer Reihe führender Gestalten. Das definitive Werk zur Berührungsfläche zwischen Adaptations- und Lerntheorien ist Martin Seligmans und Joanne Hagers ‹Biological Boundaries of Learning›, New York 1972.

Eine kurze und überzeugende Darstellung der Rolle evolutionärer Sicht für das Verständnis menschlichen Verhaltens ist David A. Hamburgs ‹Emotions in the Perspective of Human Evolution› in ‹Expressions of the Emotions in Man›, New York 1963. Diese und andere Schriften Hamburgs, eines herausragenden Psychiaters, waren mit tonangebend für eine Generation interdisziplinärer Forschung in Anthropologie, Psychiatrie, Psychologie, Evolutionsbiologie und Gehirnforschung und eine wichtige Quelle für dieses Buch.

Die aktuellste Darstellung von Theorie und Methode der Ethologie bietet Konrad Lorenz in ‹Über tierisches und menschliches Verhalten›.

Seite

28–29 Vordarwinsches und darwinsches Denken: Loren Eiseley, ‹Darwin's Century›, New York 1958; Ernst Mayr, Einführung zu Charles Darwin, ‹The Origin of Species: A Facsimile of the First Edition›, Cambridge, Mass., 1966.

30 ‹Ursprung›: Darwin, ebda. Stuttgart 1963.

30 Lösung des Gattungsproblems: Ernst Mayr, ‹Animal Species and Evolution›, Cambridge, Mass., 1963. Die Lösung betraf die Erklärung des notwendigen Übergangs zweier gekreuzter Populationen einer Art zu zwei verschiedenen Arten, bei denen lebensfähige Nachkommen nicht wahrscheinlich sind; das erfordert fast immer das Auftreten einer geographischen Barriere für den Genfluß.

30 Angriff auf Gruppenselektionstheorie: George C. Williams, ‹Adaptation and Natural Selection: A Critique of Some Current Evolution Thought›, Princeton 1966. Eine ausgezeichnete, anspruchsvolle Einführung in den

Prozeß der natürlichen Auslese, wie er heute von den meisten Evolutionsbiologen gesehen wird.

31   ‹ein paar Worte über . . . sexuelle Selektion›: Darwin, ‹Ursprung›.

31   Trivers zu sexueller Selektion: Robert L. Trivers, ‹Parental Investment and Sexual Selection›, in ‹Sexual Selection and the Descent of Man, 1871–1971›, Hsgb. Bernhard G. Campbell, Chicago 1974. Diese Aktualisierung der sexuellen Selektionstheorie ist eine der am häufigsten zitierten' Abhandlungen in der modernen Verhaltensökologie, von beispielhafter Klarheit und für den Laien erstaunlich leicht zugänglich.

32   Wilsons Buch: E. O. Wilson, ‹Sociobiology›, Cambridge, Mass., 1975. Dieses vielgeschmähte Buch ist in Wahrheit ein außerordentlich gründliches, gut geschriebenes und herrlich illustriertes Lehrbuch über Tierverhalten und seine Evolution, voll neuer Dinge.

34   ‹Was immer die Ursache sein mag . . .›, Darwin, ‹Ursprung›.

34   Adaptation als Prokrustesbett: Richard C. Lewontin, ‹Adaptation›. Lewontin ist ein lebhafter und herausragender Kritiker der Soziobiologie in allen ihren Erscheinungsformen gewesen. Wie viele ihrer Kritiker ist er auf seinem eigenen Gebiet (Populationsgenetik) hochgeachtet, hat aber selbst keine Forschungen zur Verhaltensbiologie angestellt.

34   Ausgefallene Ideen: Desmond Morris, ‹Der nackte Affe›, München 1968, zu Brüsten und Gesäßbacken; A. Zahavi ‹Mate Selection – A Selection for a Handicap› in Journal of Theoretical Biology 53, 1975, S. 205–214, und Wilson ‹Sociobiology› zur Nicht-Reproduktion.

35–36 !Kung-San-Säuglinge: Melvin J. Konner, ‹Aspects of the Developmental Ethology of a Foraging People› in ‹Ethological Studies of Child Behaviour›, Cambridge, Mass., 1972.

36   Darwins Reise: Siehe Eiseley, ‹Darwin's Century›.

37   Lamarcks Theorie und Darwins Eingehen darauf: Eiseley, ‹Darwin's Century›. Siehe auch Ernst Mayrs Einführung zur Faksimileausgabe von ‹Ursprung›.

39   Baldwin-Effekt: Zur Diskussion siehe Ernst Mayr, ‹Behaviour and Systematics› in ‹Behaviour and Evolution›, Hsgb. A. Roe und G. G. Simpson, New Haven 1958; aber Mayr äußert sich in seinen späteren Arbeiten skeptisch zum Baldwin-Effekt.

41   ‹. . . die Fähigkeit zu lernen . . .›: Aus Julian Huxley, ‹Essays of a Humanist›, New York 1965.

41   Skinners frühe wichtige Arbeit: B. F. Skinner, ‹The Behaviour of Organisms›, New York 1938.

3. Kapitel: Der Schmelztiegel

Meine Lieblingsbücher über menschliche Evolution sind von Bernard G. Campbell, ‹Humankind Emerging›, Boston 1979 (‹Die Menschheit tritt auf den Plan›), ein einführender Bericht zum fossilen und archäologischen Beweismaterial, und ‹Human Evolution›, 2. Aufl., Chicago 1974, ein mehr theoretisches, aber sehr lesbares Buch, das sich vor allem mit der funktionellen Bedeutung der anatomischen Veränderungen im Verlauf der Anatomie befaßt (dadurch ist das Werk für mich geistig besonders befriedigend). Eine neue, moderne Darstellung der Fossilbeweise ist G. E. Kennedys ‹Paleoanthropology›, New York 1980. Zwei populäre, wenn auch etwas einseitige und widersprüchliche Berichte über neuere

Funde stammen von Richard Leaky und Roger Lewin, ‹Origins›, New York 1979, sowie von Donald J. Johanson und Maitland A. Edey, ‹Lucy: The Beginnings of Humankind›, New York 1981. John E. Pfeiffers Buch ‹The Emergence of Culture›, New York 1982, über die großen kulturellen Fortschritte der Spätsteinzeit ist eine wertvolle und lesbare Zusammenfassung.

Seite
48   Allgemeine Grundlagen über Jäger/Sammler: Richard B. Lee und Irven DeVore, Hsgb., ‹Man the Hunter›, Chicago 1968, und M. G. Bicchierie, ‹Hunters and Gatherers Today: A Socio-Economic Study of Eleven Such Cultures in the Twentieth Century›, New York 1972.

49   Die ‹Substantia nigra›: Harvey B. Sarnat und Martin G. Netsky, ‹Evolution of the Nervous System›, Oxford 1974.

50   Vergleichende Untersuchung höherer Primaten: Irven DeVore, Hsgb., ‹Primate Behavior: Field Studies of Monkeys and Apes›, New York 1965; Alison Jolly, ‹The Evolution of Primate Behavior›, New York 1972; and Hans Kommer, ‹Primate Societies: Group Techniques of Ecological Adaptations›, Chicago 1971.

57   Entwicklung der Frauen: Eine der ersten modernen Arbeiten zu diesem Thema ist Sarah Blaffer Hrdy's ‹The Woman That never Evolved›, Cambridge, Mass., 1981.

60   Angedeutet von Darwin: Charles Darwin ‹Die Abstammung des Menschen›, Stuttgart 1884–1887.

62   Der Rest der Geschichte: Eine gute Zusammenfassung der letzten Jahrmillion in William W. Jowells ‹Evolution of the Genus Homo›, Reading, Mass., 1973.

64   Feuer unter menschlicher Herrschaft: D. R. Black, P. Teilhard de Chardin, C. C. Young, W. C. Pei, ‹Fossil Man in China: The Choukoutien Cave Deposits . . .›, zit. bei Campbell, ‹Humankind Emerging›.

65   ‹Schau nicht zu lang . . .›, Herman Melville, ‹Moby Dick›, Kap. 96, Reinbek 1956.

65–66 Brutale Großwildjagd: F. Clark Howell, ‹Early Man›, Chicago 1973.

66   Früheste Exemplare des Homo sapiens: Howells, ‹Evolution of the Genus Homo›.

66   Der erste Neandertaler: Eigentlich gab es schon 1829 und 1843 erste Funde von Neandertaler-Überresten, die aber nicht beachtet wurden. Zur Diskussion siehe G. E. Kennedy, ‹Paleoanthropology›, New York 1980.

66   Neandertaler des Nahen Ostens: Eine maßgebliche Behandlung der Skelettüberreste von Neandertalern in den Werken von Erik Trinkaus, etwa ‹Hard Times among the Neandertals› in ‹Natural History› 87, 1978.

70–71 Altamira, Font de Gaume, Trois Frères: Abbé H. Breuil, ‹Four Hundred Centuries of Cave Art›, Montignac 1953.

71–72 Andere Erklärungen für Höhlenmalerei: Ann Sieveking, ‹The Cave Artists›, London 1979.

4. Kapitel: Sinn als Gefüge

Gute Bücher über das Nervensystem gibt es jetzt zu Hunderten, und ich kann nicht mehr tun, als ein paar bedeutende kurze Arbeiten über verschiedene Seiten des Themas zu erwähnen: Raymond Carpenter, ‹Human Neuroanatomy›, 7. Aufl.,

Baltimore 1976, eine maßgebliche Einführung in die Struktur; Gordon Shepherd, ‹The Synaptic Organization of the Brain›, 2. Aufl., New York 1979, eine kurze und überzeugende Darstellung von Nervenzellen- und Schaltungsfunktion; und Jack R. Cooper, Floyd E. Bloom und Robert H. Roth, ‹The Biochemical Basis of Neuropharmacology›, 3. Aufl., New York 1978. Andere Arbeiten sind viel theoretischer, aber sogar die eben erwähnten dürften für Leser ohne vertiefte biologische Kenntnisse mühsam zu lesen sein. Es gibt keinen Weg, sich auf einfache Weise mit dem Nervensystem vertraut zu machen, aber andererseits ist es jedem durchaus zugänglich, der viel Zeit dafür aufwendet. Am besten beginnt man wohl mit dem Heft von ‹Scientific American› im September 1979, das sich ausschließlich mit Hirnstruktur und -funktion beschäftigt.

Seite

74   Rattenjunge bei Entbehrung: Mark R. Rosenzweig, ‹Effects of Environment on Development of Brain and Behavior› in ‹The Biopsychology of Development›, New York 1971; und Mark R. Rosenzweig, Edward Bennett und Marian C. Diamond, ‹Brain Changes in Response to Experience› in Scientific American 226, 1972.

76   Nicht einfach passiv zusehen: Rosenzweig u. a., ‹Brain Changes›. Außerdem müssen die Ratten sowohl soziale Stimulation als auch Interaktion mit unbelebten Gegenständen haben, damit bedeutsame Hirnveränderungen eintreten können. Rosenzweig, ‹Effects of Environment›.

80   Fakten über das menschliche Gehirn: Siehe auch Raymond Carpenter, ‹Human Neuroanatomy›.

81   ‹... eine sündige Orchidee ...›: Private Mitteilung an den Verfasser, aber er drückte sich auch anderen gegenüber so aus. Mit 86 Jahren verbringt er seine Tage (und viele Abende) mit der Sammlung, die er selbst aufgebaut hat und die mehr als eine Viertelmillion Mikroschnitte von menschlichen Gehirnen umfaßt.

82   Embryologie zur Jahrhundertwende: Siehe Stephen Jay Gould, ‹Ontogeny and Phylogeny›, Cambridge, Mass., 1977. Ein ausgezeichneter historischer Überblick.

82   Fortgesetzte Beschreibung durch das Lichtmikroskop: Paul Flechsig, ‹Meine myelogenetische Hirnlehre mit biographischer Einleitung›, Berlin 1927; J. Leroy Conel, ‹The Postnatal Development of the Human Cerebral Cortex›, 6 Bände, Cambridge, Mass., 1939–1963; Paul Yakovlev und André Roch-Lecours, ‹Myelogenetic Cycles of the Regional Maturation of the Brain› in ‹Regional Maturation of the Brain in Early Life›, A. Minkowski, Hsgb., Oxford 1967.

83   Bedenken, was geleistet werden muß: Marcus Jacobsons ‹Developmental Neurobiology›, New York 1978, ist das gängige Lehrbuch zur Neuroembryologie.

84   Funktionen der Myelinscheide: Stephen G. Waxman, ‹Conduction in Myelinated, Unmyelinated and Demyelinated Fibers›, ‹Archives of Neurology› 34, 1977.

84–85 Tritierte Thymidinmethode: Die Verfolgung der Zellteilung durch schweren Wasserstoff oder Tritium. Tritium ist lediglich die radiochemische Markierung, ein radioaktives Isotop von Wasserstoff, das beim Thymidin eine Rolle spielt, genauso, als wäre es Wasserstoff selbst. Thymidin, einer der Grundstoffe von DNS, und damit ein entscheidender Baustein des Gens, ist das Interessante dabei. Es geht darum, das markierte Thymidin einzuspritzen und das in Entwicklung befindliche Nervensystem des Embryos danach zu untersuchen. Die Markierung findet sich konzentriert in den DNS-gefüllten Kernen mancher Zellen, und es sind diese Zellen, die sich während des Zeitraums kurz nach der Injektion teilen. Der Grund für diese Gewißheit ist ein doppelter: Erstens enthält nur DNS und nicht RNS, der zweite Hauptbestandteil des Zellkerns, Thymidin; zweitens kann ein äußerlich zugeführtes, markiertes Thymidinmolekül nur dann in die DNS – das Gen – gelangen, wenn es von einem DNS-Molekül aufgenommen wird, das entlang seiner Längsachse aufgeplatzt und im Begriff der Reproduktion ist – Basen von der unmittelbaren chemischen Umgebung aufnimmt, um die lange Spirale von Basenpaaren zu bilden. Dieser Prozeß findet nur während der Zellteilung statt; eine Suche nach markierten Nervenzellen einige Monate nach der Injektion erbringt deshalb nur diejenigen, die im Zeitraum unmittelbar nach der Injektion geboren wurden.

88 Amöbenartige, wandernde Nervenzellen: Solche Bewegungen sind das Ureigentliche am Immunsystem im Körper – etwa die Lymphozyten –, ebenso wie bei den Amöben, so daß ihr Anblick also keine totale Verwunderung hervorruft, sieht man davon ab, daß im Embryo das viel mehr Zellarten leisten können und sie *in toto* kompliziertere Größenordnungen sind als das Zusammenströmen von Lymphozyten an einer Wunde oder die Annäherung einer Amöbe an ein bedauernswertes Stückchen Einzellerbeute.

89 Erforschung der chemischen Gradienten: Beispielsweise wurden im Labor von Perry Karfunkel (früher an der biologischen Abteilung am Amherst College, heute praktizierender Mediziner in New York) Zellkulturen dazu benützt, wandernde Zellen mit chemischen Gradienten zu versorgen. Es war bekannt, daß verschiedene Embryozellen an ihren Oberflächen verschiedene Zuckerstoffwechselenzyme haben – ein Beispiel für die vorhin erwähnten genetisch codierten Moleküle der Zelloberfläche. Karfunkel ging davon aus, daß Gradienten komplexer Zucker, die für diese Zelloberflächenenzyme verschiedene Grundlagen liefern, für frühe Zellenwanderung von Bedeutung sein könnten. Er wies tatsächlich nach, daß verschiedene Embryozellen (Herz- und Nervenzellen) verschiedene Wanderungsabläufe über verschiedene darunterliegende Zellschichten in der Petrischale zeigen (die Schichten bestanden aus Nerven-, Herz- oder Gliedmaßzellen, die ebenfalls aus Kükenembryos stammten). Noch wichtiger: Diese Abläufe ließen sich dadurch verändern, daß der darunterliegenden Zellschicht verschiedene komplexe Zucker hinzugefügt wurden.

89 Wie sich das wachsende Axon bewegt: Diese erste Frage ist provisorisch in einer Reihe von Experimenten und in einem eleganten theoretischen Modell von Dennis Bray am Laboratory of Molecular Biology an der Cambridge University beantwortet worden. Seine Arbeit konzentrierte sich auf den Wachstumskegel, eine komplexe, mikroskopisch kleine Struktur an der Spitze des wachsenden Axons. Er hat eine Reihe von Ähnlichkeiten zwischen der Art, wie der Wachstumskegel hinausgeschoben wird, und der Art, wie Zellen eine Anzahl grundlegender Funktionen ausführen, nachgewiesen oder behauptet. Beispielsweise scheint die Wachstumskegelausdehnung im Prinzip der Bewegung der Zelle ähnlich zu sein. Letztere kann anscheinend konkretes neues Wachstum der Zelle auf einer Seite umfassen, wobei die alten Zellstrukturen auf der anderen Seite absorbiert werden; eine scheinbar unzulängliche, aber trotzdem erfolgreiche Art der Bewegung. Damit der Prozeß sich von Bewegung in Ausdehnung verwandeln kann, ist lediglich erforderlich, daß die Absorption unmittelbar hinter dem Wachstumskegel stattfindet, langsamer als das Wachstum an der Spitze. Der Unterschied kann wettgemacht

werden durch den Zellkörper selbst, der Energie und Material für den Bau liefert und sie am Axon entlang zum Wachstumskegel schickt. Ein Teil dieses Materials sind Bläschen – kleine, kugelige Strukturen innerhalb der Zelle, die ähnliche Oberflächen besitzen wie Zellmembranen. Diese werden an der Innenseite der Zellmembran in einem Ablauf entlanggezogen, nicht unähnlich der Anziehung komplexer Proteine, die Grundlage der Muskelkontraktion sind. Wenn die Bläschen die wachsende Spitze erreichen, verschmelzen sie mit der Zellmembran und verlängern die Spitze. Das Axon dehnt sich nicht in der Mitte aus oder fügt dort etwas an, sondern wird langsam an der Spitze verlängert wie eine Eisenbahnstrecke. Dennis Bray, ‹Model for Membrane Movements in the Neural Growth Cone›, ‹Nature› 244, 1973.

89 Kräfte waren mechanisch: Zu einer Diskussion über diese Theorie, ‹Kontaktleitung› genannt, und des Streits darüber, vergleiche Marcus Jacobson, ‹Developmental Neurobiology›, New York 1978.

89–90 Chemische Affinitäten: R. W. Sperry, ‹Chemoaffinity in the Orderly Growth of Nerve Fiber Patterns and Connections›, ‹Proceedings of the National Academy of Sciences›, 50, 1963.
Man muß betonen, daß Chemospezifität nicht auf einer Grundlage Zelle für Zelle stattfindet. Kürzliche Erweiterungen von Sperrys Experimenten über Monate statt Wochen hinweg zeigen beispielsweise folgendes: Wird bei diesen Tieren die Hälfte der Netzhaut entfernt, dann fächert die verbleibende Hälfte ihre Verbindungen schließlich auseinander, um das von der fehlenden Hälfte freigegebene Gebiet im Zentralgehirn zu übernehmen. Das sind falsche Verbindungen im Sinne Sperrys. Die Situation ist offenbar sehr kompliziert. Siehe M. Edds, Jr., Hsgb., ‹Specificity and Plasticity of Retinotectal Connections›, ‹Neuroscience Research Program Bulletin›, 17:2, 1979.

90 Nachweise zu Gunsten chemischer Markierungen: Solche Regenerationsexperimente bewiesen natürlich nicht, daß der Prozeß, mit dem Axonen im sich normal entwickelnden Embryo ihren Weg finden, ähnlich ist. Vielmehr besteht die Möglichkeit, daß die von Sperry beobachtete Spezifität wechselseitigen Erkennens an zweiter Stelle hinter der Etablierung von Schaltungen steht. Das heißt, Schaltungen stellen sich ursprünglich mechanisch her, beeinflussen einander danach aber chemisch, so daß sie, voneinander getrennt, sich durch Chemospezifität wiederfinden. Neue Untersuchungen von Zellkulturen haben jedoch gezeigt, daß chemische Gefälle sogar in frühen Stadien eine Rolle spielen können. Zum Beispiel ist beim Nervenwachstumsfaktor (‹NGF›), von dem man seit langem wußte, daß er das Wachstum von Nerven durch erhöhte Wachstumsgeschwindigkeit fördert, nachgewiesen worden, daß er auch eine ‹chemotaxische› Wirkung besitzt; das heißt, wenn alle Nervenzellen in einer Kultur mit einem Hintergrundpegel von NGF ausgestattet werden, schicken alle Zellprozesse ihre Wachstumskegel ungefähr mit derselben Geschwindigkeit hinaus, diejenigen in der Nachbarschaft des zusätzlichen NGF zielen jedoch darauf. Wie bei Karfunkels Experimenten über Zellwanderung auf Gradienten komplexer Zucker bringt uns dieser Forschungsweg über die chemische Richtung des Axon-Wachstumsverkehrs einem Verständnis für die Art und Weise näher, wie Gene den Bau von Nervenschaltungen steuern. R. W. Gunderson und J. N. Barrett, ‹Neuronal Chemotaxis: Chick Dorsal-Root Axons Turn Toward High Concentrations of Nerve Growth Factor›, ‹Science› 206, 1979.

5. Kapitel: Die Körpersäfte

Verhaltensgenetik ist eines der wenigen Gebiete der Verhaltensbiologie, das in den letzten Jahren in Wirklichkeit mehr Wärme als Licht erzeugt hat. Es ist viel leichter, auf beiden Seiten der Kontroverse Literatur zu finden, die tendenziös und nutzlos ist, als unter der Spreu ein paar Weizenkörner zu entdecken. Eine verantwortungsbewußte Zusammenfassung zu dem Gebiet ist Lee Ehrmans und Peter Parson's ‹The Genetics of Behavior›, Sunderland, Mass., 1976. Richard Lewontin faßt in ‹Genetic Aspects of Intelligence›, ‹Annual Review of Genetics›, 9, 1975 die Fallstricke bei diesen Überlegungen zusammen. Der moralische Aspekt, in Beziehung zu den denkerischen Leistungen und Fallstricken, aber von ihnen trennbar, wird in Kapitel 18 und in dem Abschnitt zu Beginn der Bemerkungen mit dem Titel ‹Die Gefahren der Verhaltensbiologie› besprochen, die sich stark auf Leon Kamins ‹The Science and Politics of I.Q.› und Stephan Corovers ‹From Genesis to Genocide› stützen.

Seite

94   ‹In einem Zeitraum von fünfunddreißig Jahren . . .›: John McCormick und Mario Sevilla Mascorenas, ‹The Complete Aficionado›, Cleveland 1967. Weitere Information zu Zucht und Ausbildung von *Toros bravos* bei José Maria de Cossio, ‹Los Toros: Tratado Técnico e Histórico›, Tomo I, Madrid 1943, dem definitiven, ja, enzyklopädischen Werk. Das nützlichste Buch im Englischen bleibt Ernest Hemingways ‹Tod am Nachmittag›, Hamburg 1957.

97–99 Verhaltensgenetik von Hunden: John Paul Scott und John L. Fuller, ‹Genetics and the Social Behavior of the Dog›, Chicago 1965. Es ist wahr, daß die Methoden von Scott und Fuller den strengsten Maßstäben der heutigen Verhaltensgenetik nicht genügten und einige ihrer Schlußfolgerungen reichlich naiv waren. Trotzdem waren sie die Bahnbrecher für die Untersuchung dieses höchstinteressanten und verständlichen Tieres, und ihre Arbeit ist Teil des Lehrgebäudes für die verhaltensgenetische Forschung.

98   Zwei Gene, die spielerische Aggression steuern: Scott und Fuller, ‹Social Behavior of the Dog›, S. 270.

100   Phenylketonurie: Charles R. Scriver und Carol L. Clow, ‹Phenylketonuria: Epitome of Human Biochemical Genetics›, ‹New England Journal of Medicine› 303, 1980.

100   Phenylalaninoxydase: Dieses Enzym erfüllt, wenn normal, seine Funktion dadurch, daß es ein Hydroxylradikal – eine Sauerstoff-Wasserstoffgruppe – auf ein Phenylalanin-Molekül setzt, speziell auf den 6-Kohlenstoffring neben einer anderen, schon vorhandenen Hydroxylgruppe. Das verwandelt das Phenylalanin in Tyrosin, eine Verbindung, die danach in andere für neurale und endrine Funktion entscheidende Verbindungen umgewandelt wird. Zwei davon – Dopamin und Noradrenalin – dienen als Neurotransmitter, beide im zentralen, das zweite auch im peripheren Nervensystem. Epinephrin (Adrenalin), ein weiteres Produkt von Phenylalanin über Tyrosin, ist ein von der Nebenniere ausgeschüttetes Streßhormon, und ein anderes, das Schilddrüsenhormon, ist die Ausschüttung der Schilddrüse, die in vielen Teilen des Körpers Wachstum fördert und normalen Stoffwechsel aufrechterhält. Man vermutete zunächst, daß alle obengenannten Neurotransmitter und Hormone bei einem Individuum mit der Anomalie von Phenylalaninhydroxylase fehlen könnten. Das ist aber glücklicherweise nicht der Fall, weil Tyrosin nicht nur von Phenylalanin erzeugt wird – es ist auch

eine Aminosäure, und wir können uns in Speisen genug davon zuführen.

103   ‹alles im Gehirn . . .›: Benzer schilderte diese Erfahrung in einem Vortrag am MIT bei einem Symposium mit dem Titel ‹The Neurosciences: Paths of Discovery› (29. und 30. Oktober 1973), der später Thema eines Buches mit demselben Titel von Frederick G. Worden, Judith P. Swazey und George Adelman, Cambridge, Mass., 1975, wurde.

104   Unter den anderen Einzelgen-Mutanten: In manchen Fällen ist es möglich gewesen, das Auftreten des Verhaltensdefekts im anatomischen und physiologischen Detail vom frühen Embryo bis zur endgültigen erwachsenen Form zu verfolgen und sogar den Ausdruck des Defekts zu steuern. Am besten untersucht ist wohl der *hyperkinetische* Mutant. Nicht verwandt mit dem Syndrom gleichen Namens bei Kindern, wird er erkannt, wenn die Taufliege narkotisiert wird und im Gegensatz zur normalen Fliege heftig mit den Beinen zuckt. Komposit- oder Mosaikfliegen können erzeugt werden, bei denen nur einige der Beine betroffen sind, und die Verfolgung der Eigenschaft beim frühen Embryo zeigt, daß der Defekt in den Zellen auftritt, die zum ventralen (bauchseitigen) Nervensystem werden sollen. Untersuchungen der elektrischen Funktion von Zellen in diesem System beim Erwachsenen bestätigen, daß sie die Ursache des Zuckens sind.

106   Unterscheiden sich . . . nur in ihren Genen: Eine kurze Zusammenfassung der Literatur bis 1970 schloß mit den Worten: ‹Bisherige Untersuchungen haben mit monotoner Regelmäßigkeit die Vererbbarkeit vieler Formen emotionellen Verhaltens bestätigt, Beweise für das Gegenteil sind nicht gefunden worden.› In ‹Physiological Correlates of Emotion›, Hsgb. Perry Black, New York 1970 (Aufsatz von Jan H. Bruell).

107   Zwillingsstudien . . . durch Zufall: John C. Loehlin und Robert C. Nichols, ‹Heredity, Environment and Personality: A Study of 850 Sets of Twins›, Austin 1976.

107   Einige berühmte Untersuchungen: S. Scarr-Salapatek, ‹Environmental Bias in Twin Studies›, ‹Eugenics Quarterly› 15, 1968, und Leon Kamin, ‹The Science and Politics of I.Q.›, Potomac 1974.

107   Literatur über Vererbbarkeit: Zusätzlich zu der von Scarr-Salapatek, der feststellte, daß Zwillings-Übereinstimmungen – und damit Vererbbarkeit – in verschiedenen sozialen Klassen verschieden sind, wurden zwei wichtige statistische Erkenntnisse zur IQ-Vererbbarkeit erzielt. Erstens führt die Unfähigkeit, die Verteilung von Genotypen in Beziehung zur Umwelt zu einem Verhältnis Genotyp–Umwelt, dessen Größenordnung nicht geschätzt werden kann. Zweitens ist es wegen derselben methodologischen Beschränkung von Untersuchungen am Menschen unmöglich, die Größenordnung des Interaktionswerts Genotyp–Umwelt in der Zusammenfassung der Varianz zu schätzen. Darüber kann hier nicht im einzelnen gesprochen werden, aber die Punkte sind wichtig und stellen eine entscheidende und mathematisch komplizierte Herausforderung für alle Verallgemeinerungen dar, die auf Zwillingsstudien gestützt werden.

111   DBH-Aktivität erhöht oder gesenkt? Die Patienten bei der ersten Untersuchung waren chronisch Schizophrene, so daß der scheinbare Unterschied zwischen ihr und der zweiten Untersuchung wahrscheinlich nicht vorhanden ist. Man kann sich eine Situation vorstellen, in der chronisch Schizophrene ihre DBH-Aktivität ‹erschöpfen›, so daß sie, nach dem Tod gemessen, niedrig ist, während akut erkrankte Patienten sich auf einer Art Berg- und Talbahn der damit verbundenen DBH-Tätigkeit befinden und ihre psychotischen Schübe vielleicht daher kommen. (Bei den akut

erkrankten Patienten wurde das DBH im peripheren Nervensystem gemessen und könnte möglicherweise nur eine Streßfolge sein.) Man muß betonen, daß manche Forscher die behaupteten Veränderungen in Hirnenzymspiegeln nicht festzustellen vermochten, während andere Nachweise dafür gefunden haben, wonach solche Veränderungen auf Drogen zurückzuführen sein mögen, die von den Patienten ständig genommen wurden, statt von der Krankheit selbst. Diese Frage bedarf gründlicher Prüfung.

112 Ein rezessiver Einzelgen-Defekt, der ein Enzym verändert: Dieses Enzym, Steroid 21-Hydroxylase, fügt dem im gewohnten, willkürlich gewählten Numerierungssystem für die Kohlenstoffatome im Steroidmolekül lediglich eine Sauerstoff-Wasserstoffgruppe hinzu. Hier können wie bei der Neurotransmitter-Synthese kleine Veränderungen viel bewirken. Das Adrenogenital-Syndrom bei Frauen mit einem Defekt in diesem Enzym wird im folgenden Kapitel besprochen.

6. Kapitel: Das Tier mit den zwei Rücken

Die definitive Darstellung der Verhaltensdimensionen bei den Geschlechtern findet sich in Eleanor Emmons Maccobys und Carol Nagy Jacklins ‹The Psychology of Sex Differences›, Stanford 1974. Margaret Meads ‹Mann und Weib›, Reinbek 1958, bleibt ein wichtiges Dokument der anthropologischen Seite, ergänzt durch neuere Werke über Status und Rollen der Frauen im Kulturvergleich: M. Z. Rosaldo und L. Lamphere, Hsgb., ‹Woman, Culture and Society›, Stanford 1974, Naomi Quinn, ‹Anthropological Studies on Women's Status› in ‹Annual Review of Anthropology› 6, 1977; und Carol Ember, ‹A Cross-Cultural Perspective in Sex-Differences›, Judith K. Brown, ‹Cross-Cultural Perspectives on the Female Life Cycle›, und R. L. Monroe, R. H. Monroe und J. W. M. Whiting, ‹Male Sex-Role Resolutions›, alle in ‹Handbook of Cross-Cultural Developments›, Hsgb. Robert L. Monroe, Ruth H. Monroe und Beatrice B. Whiting, New York 1981. Von allen anthropologischen Untersuchungen, die ich gesehen habe, unternimmt Embers Arbeit den ernsthaftesten Versuch, die kulturvergleichenden Feststellungen mit dem heutigen Wissen über Psychologie und Biologie der Geschlechtsunterschiede in Einklang zu bringen.

Während ich das schreibe, ist die maßgeblichste und aktuellste Information zu biologischen Aspekten der Geschlechtunterscheidung, einschließlich derjenigen von Gehirn und Verhalten, enthalten in einer dieser Frage gewidmeten Ausgabe von ‹Science› (20. März 1981).

Seite
119–120 Sieben exotische, ferne Gesellschaften: Mead, ‹Mann und Weib›.
120 ‹Die Tschambuli›: Ebda.
120 ‹Dieses robuste, ruhelose Volk›: Ebda.
121 Totschlag bei den !Kung: Richard B. Lee, ‹The !Kung San›, Cambridge, Engl., 1979.
121 Modernes Israel oder Dahomey des 19. Jahrhunderts: Roy D'Andrade, ‹Sex Differences and Cultural Institutions› in ‹The Development of Sex Differences›, Hsgb. Eleanor Emmons Maccoby, Stanford 1966.
122 Ein wichtiges Buch: Maccoby and Jacklin, ‹Psychology of Sex Differences›.

129	Durkheims Feststellung: Siehe Marvin Harris, ‹The Rise of Anthropological Theory›, New York 1968.
130	Wenn zwei Affengruppen miteinander kämpfen: Robert Rose, Irwin Bernstein und Thomas Gordon, ‹Psychosomatic Medicine› 34:1, 1975. Die verwickelten Beziehungen zwischen Testosteron und Aggressivität werden in Kapitel 9 näher behandelt.
137	Übergreifende Schlußfolgerung: Es wäre naiv zu meinen, daß es nicht Leute gäbe, die aus den oben geschilderten Tatsachen völlig andere Schlüsse ziehen würden. Man muß ihnen Widerstand leisten auf der Grundlage vernünftigen Vorgehens und einem Gerechtigkeitsgefühl bezüglich der Verteilung der Gelegenheiten. Auf der Grundlage der Unwahrheit kann man sich nicht gegen sie stellen, und der Gedanke innerlich verwurzelter, vollständiger gleicher Fähigkeiten im psychologischen Bereich wird – wenn das nicht schon geschehen ist – bald in diese Kategorie fallen.

7. Kapitel: Die Quelle des Gefühls

Eine ausgezeichnete, lesbare und gut illustrierte Einführung in die Neurobiologie der Emotion findet man bei Neil C. Carson, ‹The Physiology of Behavior›, Boston 1979; dort wird auch Material behandelt, das für Lernen und Erinnerung von Bedeutung ist. J. R. Smythies liefert in ‹Brain Mechanism and Behavior›, New York 1970, eine speziellere Darstellung mit dem Ziel, die Psychiatrie auf ein neurologisches Fundament zu stellen. Karl H. Pribam, Hsgb., sammelt in ‹Brain and Behavior›, Bd. 4., ‹Adaptation›, Baltimore 1969, viele der klassischen Aufsätze, auf die in diesem Kapitel Bezug genommen wird. Zusammenfassungen herausragender Neuroanatomen, die sich zur Zeit mit diesen Strukturen und Funktionen beschäftigen, bei Walle Nauta und V. B. Domesick, ‹Neural Associations of the Limbic System› in ‹Neural Substrates of Behavior›, Hsgb. A. Beckman, New York 1980, und Paul D. MacLean, ‹A Triune Concept of Brain and Behavior›, Toronto 1974.

Seite

139	Philosophen dieses Jahrhunderts: Bertrand Russell, ‹Philosophy›, New York 1927, ‹Das menschliche Wissen›, Darmstadt 1952; G. E. Moore, ‹Principia Ethica›, Cambridge, Engl., 1903; A. J. Ayer, ‹The Central Questions of Philosophy›, New York 1973; Gilbert Ryle, ‹The Concept of Mind›, London 1949.
139	Aristoteles zu Geist und Seele: Bertrand Russell, ‹A History of Western Philosophy›, New York 1964.
139	‹Die Seele erlebt Empfindung . . .›, Epikur, ‹Von der Überwindung der Furcht›, Zürich 1949.
139	Lukrez: Russell, ‹History›, und Lukrez, ‹De Rerum Natura›, Frankfurt 1960.
141	Freuds Neuropsychologie: Karl H. Pribam, ‹The Foundation of Phychoanalytic Theory: Freud's Neuropsychical Model› in ‹Brain and Behavior›, Bd. 4. Karl H. Pribram, ein Neurophysiologe, hat zu unserem Verständnis von Freuds neurologischen Schriften einen wichtigen Beitrag geleistet.
141	Freud zur Aphasie: ‹Zur Auffassung der Aphasien›, Leipzig und Wien

1891. Freuds Kompetenz und Sicherheit auf diesem schwierigen Teilge-
biet der Neurologie sind unübersehbar. Im Gegensatz zu den meisten
psychoanalytischen Schriften Freuds, die jedem intelligenten Leser zugänglich sind, läßt sich diese Abhandlung ohne neurowissenschaftliche
Kenntnisse nicht verstehen.

141   Lokalisierung der Sprache: Carl Wernicke, ‹Die neueren Arbeiten über
Aphasie›, ‹Fortschritt der Medizin› 1886.

143   Die Lehre des reifen Freud: ‹Gesammelte Werke›, London 1955. Eine
kurze Erklärung der Persönlichkeitstheorie bei Sigmund Freud: ‹Vorle-
sungen zur Einführung in die Psychoanalyse› in GS. Eine neuere Fach-
studie zu Freud als biologischem Denker bei Frank Sulloway, ‹Freud:
The Mind of a Biologist›, New York 1979. Sulloways Standpunkt ist in
erster Linie evolutionär und ergänzt den hier eingenommenen, der
Pribram nähersteht.

143–146 Vier Jahre später: Siegmund Freud, ‹Vorschlag für eine wissenschaftliche Psychologie›, ‹Aus den Anfängen der Psychoanalyse, Briefe an
Wilhelm Fließ›, Frankfurt 1962.

144   Die Neuronenlehre und die Rolle der Synapse: Eine Geschichte des
Denkens dieser Zeit bei Judith P. Swazey, ‹Reflexes and Motor Integration, Sherrington's Concept of Integrative Action›, Cambridge, Mass.,
1969.

147–148 Freuds Arztkollege: William James, ‹Principles of Psychology›, 2 Bde.,
New York 1890.

150   ‹Ich finde erstaunlich wenig . . .› W. R. Adey, persönliche Mitteilung,
zitiert in J. R. Smythies, ‹Brain Mechanism and Behavior›, New York
1970. Die Betonung der subcorticalen Strukturen ist insoweit angemessen, als sie darauf hinweist, daß es etwas mehr Nachweise für eine
spezifische Lokalisierung der Funktion im Cortex selbst gibt; aber auf
diesen höheren Ebenen ist die Interaktion zwischen Zentren durch
Faserbündel sowohl auf der corticalen Stufe wie darüber hinaus zu
subcorticalen Hirnorganen für das Verständnis der Funktion entscheidend.

151   Ein ziemlich unbekannter Arzt und Neuroanatom: James W. Papez, ‹A
Proposed Mechanism of Emotion›, ‹Archives of Neurological Psychiatry› 38, 1937.

156   ‹das dreigegliederte Gehirn›: MacLean, ‹A Triune Concept of Brain and
Behavior›.

157   MacLeans Hamster-Studien: M. R. Murphy. P. D. MacLean und S. C.
Hamilton, ‹Species-Typical Behavior of Hamsters Deprived from Birth
of the Neocortex› in ‹Science› 213, 1981.

159   Begrüßungslächeln: Ausführliche Darstellung bei Melvin J. Konner,
‹Biological Aspects of the Mother–Infant Bond› in ‹Development of
Attachment and Affiliation Processes›, Hsgb. Robert Emde und Robert
Harmon, New York 1982.

8. Kapitel: Logos

Von den vielen Büchern über die Natur der Sprache ist nach meiner Einschätzung
das einflußreichste Eric Lennebergs ‹Biological Foundations of Language›, New
York 1967, gewesen, ein Werk, das die umfassendste und begründetste Äußerung

der biologischen Seite bleibt. Norman Geschwinds ‹Language and Brain› in ‹Scientific American› 226, 1972, ist eine knapp gefaßte, lesbare Darstellung der anatomischen Grundlagen.

Roger Browns ‹A First Language: The Early Stages›, Cambridge, Mass., 1973, ist ein klassischer Bericht über Spracherwerb. Die Arbeiten von Noam Chomsky, darunter ‹Syntaktische Strukturen›, Zürich 1973, sind zu einem wichtigen Teil der Grundlage für das Denken der meisten Forscher zur Sprache geworden, und Charles Hocketts Artikel ‹The Origin of Speech› in ‹Scientific American› 203, 1960, hat die Ansichten der meisten Anthropologen beeinflußt. Eine nach wie vor wertvolle traditionelle Darstellung der Ansicht anthropologischer Linguistik ist Edward Sapirs ‹Language›, New York 1949.

Seite

161   ‹Die Entwicklung der menschlichen Sprache . . .›: E. O. Wilson, ‹Sociobiology›, Cambridge, Mass., 1975.

162   ‹Sprache ist rein menschlich . . .›: Sapir, ‹Language›.

164   Farblose grüne Ideen: Noam Chomsky, ‹Syntaktische Strukturen›.

166–167 Der erste konkrete Nachweis: Paul Broca, ‹Bulletin of the Society of Anatomists›, 33, Paris 1961. Eine kurze Zusammenfassung dieser Geschichte bei Geschwind ‹Language and Brain›.

166–167 Wernickes Aphasie: Carl Wernicke, ‹Der aphasische Symptomkomplex. Eine psychologische Studie auf anatomischer Basis›, Breslau 1874.

169   Brown gibt einen Überblick über kulturvergleichende Nachweise: Roger Brown, ‹A First Language: The Early Stages›, Cambridge, Mass., 1973.

169   Taubstumme Kinder beim Zeichenerwerb: E. Klima und U. Bellugi, ‹The Signs of Language›, Cambridge, Mass., 1979. Bemerkenswerterweise ist auch nachgewiesen worden, daß taubstumme Kinder, die *nicht* mit der Zeichensprache bekanntgemacht werden, eine Handzeichensprache entwickeln und sie ihren Eltern während der Altersperiode aufdrängen, die jener des normalen Spracherwerbs entspricht. Das ist einer der überzeugendsten neuen Nachweise zur biologischen Grundlage der Sprachentwicklung.

169   Normal hörende Kinder mit taubstummen Eltern: Lenneberg, ‹Biological Foundations›.

170   Deutliche Merkmale: Stephen Jay Gould, ‹Ontogeny and Phylogeny›, Cambridge, Mass., 1977.

171   Anfang des Jahrhunderts: Paul Flechsig, ‹Anatomie des menschlichen Gehirns und Rückenmarks auf myelogenetischer Grundlage›, Leipzig 1920.

172–173 Neandertaler zu bestimmten Vokallauten nicht fähig: Philip Lieberman, ‹On the Origins of Language›, New York 1975.

173–174 Film von Schimpansen: Peter Marler, ‹Communication in Wild Chimpanzees›, Rockefeller University Films 1968.

174   Sherman und Austin im Gespräch: E. Sue Savage-Rumbaugh, Duane M. Rumbaugh and Sally Boysen, ‹Symbolic Communication between Two Chimpanzees› in Science 201, 1978. Ein späterer Versuch, ein Gespräch zwischen zwei Tauben als Nachahmung zu bewirken, war amüsant, aber nicht überzeugender als das Sprechen von Papageien. Trotzdem verweise ich auf Robert Epstein, Robert Lanza und B. F. Skinner, ‹Symbolic Communication between Two Pigeons›, in Science 207, 1980.

175   Nim Chimpsky: H. S. Terrace, L. A. Pettito, R. J. Sanders und T. G. Bever, ‹Can an Ape Create a Sentence?› in Science 206, 1979. Eine populärere Darstellung in Terraces ‹Nim›, New York 1979.

176–177   Affe, der Mensch geworden: Franz Kafka, ‹Ein Bericht für eine Akademie›, Darmstadt 1959.
178   Die ästhetische Leistung ist ähnlich: Eine umfassende und wunderschöne Darstellung der mündlichen Überlieferung bei den !Kung San bei Marguerite Anne Biesele, ‹Folklore and Ritual of !Kung Hunter/Gatherers', 2 Bde., Diss., Harvard University 1975. Eine kürzere Fassung ist ihr ‹Aspects of !Kung Folklore› in ‹Kalahari Hunter/Gatherers›, Hsgb. Richard B. Lee und Irven DeVore, Cambridge, Mass., 1976.

9. Kapitel: Zorn

Ein wichtiger Beitrag zum Verständnis der Evolution menschlicher Aggression stammt von David Hamburg, einem herausragenden Psychiater, der sich für die evolutionäre und anthropologische Seite des Problems zu interessieren begann. Seine Folge von Aufsätzen über Aggressivität bei wilden Schimpansen und Pavianen und ihre Beziehung zu Problemen menschlicher Aggressivität sind Klassiker auf diesem Gebiet. Sie erschienen in den siebziger Jahren und werden unten zitiert.

Zwei nützliche Vortragssammlungen sind Charles H. Southwick, Hsgb., ‹Animal Aggression›, New York 1970, und Ralph H. Holloway, Hsgb., ‹Primate Aggression, Territoriality and Xenophobia›, New York 1975. Vernon H. Marks und Frank R. Ervins ‹Violence and the Brain› war eine einseitige Darstellung eines Psychochirurgen und seines psychiatrischen Mitarbeiters, hauptsächlich von Interesse für die Extreme, bis zu denen angeblich verantwortliche Kommentare auf diesem Gebiet reichen können (zur Kritik siehe Stephan Chorover, ‹From Genesis to Genocide› und Elliot S. Valenstein, ‹Brain Control›, beide unten zitiert).

Eine einführende ethologische Darstellung des Themas ist Konrad Lorenz, ‹Das sogenannte Böse›, Wien 1968.

Obwohl sie nicht dem in diesem Band eingenommenen Standpunkt entspricht, bleibt die These, menschliche Aggression sei lediglich angelernt oder dem Ursprung nach umweltbedingt, völlig achtbar. Eine beredte neue Verteidigung dieser These findet man bei Ashley Montague, ‹The Nature of Human Aggression›, New York 1976.

Seite
182–183   Prozeß gegen Richard Herrin: The New York Times, 6. Juni 1978 bis 28. Juli 1978.
183–184   Prozeß gegen Wang Yungtai: Alle Zitate aus Barrie A. Chi und Emile C. Chi, ‹Trial of Wang Yungtai›, The New York Times Magazine, 7. Oktober 1979
187   Als Gerald Ford Präsident wurde, schrieben viele Leute diesen Satz Lyndon Johnson zu. Er soll einige Jahre zuvor gefallen sein.
188   Die Ströme von Handeln, Fühlen und Denken: James W. Papez, ‹A Proposed Mechanism of Emotion›.
189   Der anatomische Sitz des Bewußtseins: Wilder Penfield, ‹The Mystery of the Mind: A Critical Study of Consciousness and the Human Brain›, Princeton 1975.
192   Was verursacht … Verhalten?: Niko Tinbergen, ‹Über Ziele und Methoden der Ethologie› in Zeitschrift für Tierpsychologie 20, 1963.

194   Gewalttätige epileptische Anfälle: Eine neuere Beurteilung solcher Vor-
        fälle, die sehr selten sind, bei Antonio V. Delgado-Escueta u. a., ‹The
        Nature of Aggression During Epileptic Seizures›, New England Jour-
        nal of Medicine 305, 1981.

197   Die Gefahr des Mißbrauchs: Stephan Chorover hat sich seit Jahren
        überlegt und deutlich zur Phychochirurgie geäußert und ist wohl per-
        sönlich für die Verhinderung eines großen Teils möglichen Mißbrauchs
        verantwortlich. Seine ausgezeichnete Darstellung der früheren Verstöße
        in seinem ‹From Genesis to Genocide› regt nicht zu der Meinung an,
        man sollte den Psychochirurgen die Entscheidung selbst überlassen.

198   ‹Kampf oder Flucht›: Walter B. Cannon, ‹Bodily Changes in Pain,
        Hunger, Fear and Rage›, New York 1963; urspr. 1915.

199   Testosteroninjektionen: Robert M. Rose, Irwin S. Bernstein, Thomas B.
        Gordon, Sharon F. Catlin, ‹Androgens and Aggression: A Review of
        Recent Findings in Primates› in ‹Primate Aggression, Territoriality and
        Xenophobia›, Hsgb. Ralph L. Holloway, New York 1975. Die meisten
        dieser Untersuchungen befaßten sich mit kastrierten Männchen, denen
        später Testosteron eingespritzt wurde. Es fällt schwer, durch Injektion
        des Hormons das aggressive Verhalten eines normalen Männchens zu
        steigern. Testosteron könnte somit eine notwendige, aber nicht ausrei-
        chende Bedingung für andauerndes aggressives Handeln sein.

202–203 Schmerz, Gereiztheit, Frustration und Furcht: J. Dollard, L. W. Doob,
        N. E. Miller, O. H. Mowrer und R. R. Sears, ‹Frustration and Aggres-
        sion›, New Haven 1939.

203–204 Aggressionstraining von Tieren im Labor: Howard Rachlin, ‹Behavior
        and Learning›, San Francisco 1976.

204–205 !Kung San: Richard B. Lee, ‹The !Kung San›, Cambridge, Engl., 1979;
        und Melvin J. Konner, ‹Aspects of the Developmental Ethology of a
        Foraging People› in Nicholas Blurton Jones, ‹Ethological Studies of
        Child Behaviour›, Cambridge, Engl., 1972.

206–207 Paviane und Töten: E. O. Wilson, ‹Sociobiology: The New Synthesis›,
        Cambridge, Mass., 1975.

207   ‹Konkurrenztötung der Jungen›: Sarah Blaffer Hrdy, ‹The Langurs of
        Abu›, Cambridge, Mass., 1977. Eine ausgezeichnete Zusammenfassung
        der Nachweise für Konkurrenztötung der Jungen nicht nur bei Langu-
        ren, sondern auch bei einer großen Zahl von Primaten und anderen
        Tieren bei Hrdys ‹Infanticide Among Animals›, in ‹Ethology and Socio-
        biology› 1, 1979.

207   Aggression für das Individuum, nicht die Gruppe: George C. Williams,
        ‹Adaptation and Natural Selection›, Princeton 1966.

209–210 Das am wenigsten gewalttätige Ende des menschlichen Spektrums:
        Elizabeth Marshall Thomas, ‹The Harmless People›, New York 1959.

209   ‹. . . nicht ein Fall von Mord . . .›: Robert Knox Dentan, ‹The Semai: A
        Nonviolent People of Malaysia›, New York 1968.

210   Wenn Männer zusammenkommen: Lionel Tiger, ‹Men in Groups›, New
        York 1969.

211   Keine kulturelle Übung: Die Ansicht, die ich hier zum Ausdruck
        bringe, ist keinesfalls allgemein anerkannt. Eine diametral entgegenge-
        setzte und gut begründete Meinung findet man bei Montagu, ‹The
        Nature of Human Aggression›.

10. Kapitel: Furcht

Die umfassendste Gesamtdarstellung dieses Themas, die ich kenne, ist Jeffrey A. Grays ‹The Psychology of Fear and Stress›, New York 1971. In einigen Vorstellungen der Evolutionsbiologie ist das Werk überholt, besitzt aber den großen Vorzug, eine Großsynthese aller Aspekte der Biologie und Verhaltenswissenschaft im Hinblick auf die Furcht zu versuchen. Als solche ist es ein guter Probelauf für das, was nach meinem Dafürhalten bei allen wichtigen Kategorien von Emotion und Verhalten des Menschen unternommen werden sollte. Ein besonders einfühlsames und umfassendes Eingehen auf die Ängste der Kindheit findet man bei John Bowlby, ‹Attachment and Loss›, 3 Bde., New York 1970–1980.

11. Kapitel: Freude

Die Freude bleibt die am dürftigsten untersuchte aller menschlichen Emotionen; vielleicht heißt das nur, daß sie sich Forschern ebenso entzieht wie allen anderen Menschen. Spezielle Ansichten dazu, wie sie beschaffen sein könnte, finden sich in Sigmund Freuds ‹Jenseits des Lustprinzips› und in den ‹Wirtschaftlichen und philosophischen Schriften von 1844› von Karl Marx. Beide sind nützlich, aber mit Makeln behaftet, die den meisten Lesern auffallen dürften.

Robert Sagan hat einen hervorragenden Überblick des Themas Spiel bei Tieren mit einer Analyse seiner evolutionären Bedeutung geliefert: ‹Animal Play

Behavior›, New York 1981. Die moderne Psychologie ist mit der Erklärung eines anderen Aspekts der Freude weit gekommen – Selbststimulierung des Gehirns und neurologische Belohnungssysteme; James Olds, dessen Arbeit unten zitiert wird, hat eine maßgebende Zusammenfassung geliefert.

Seite

239 Neuralschaltung: Eine gute Darstellung dieses Konzepts bei Robert A. Hinde, ‹Animal Behavior›: A Synthesis of Ethology and Comparative Psychology›, New York 1966; und Elliot S. Valenstein, ‹Brain Stimulation and Motivation›, Chicago 1973.

240 ‹In der Theorie der Psychoanalyse . . .›: Sigmund Freud, ‹Jenseits des Lustprinzips›, GW, Bd. XIII.

241 Freuds Vorstellung von Humor: Sigmund Freud, ‹Der Witz und seine Beziehung zum Unbewußten›, GW, Bd. VI.

242 ‹Dann ist die Schönheit nichts . . .›, Rainer Maria Rilke, ‹Duineser Elegien›, Ffm. 1963.

243 ‹Lächeln der Erkennungsassimilation›: Jean Piaget, GW, Stuttgart 1969.

247–248 Spiel und Intelligenz bei Säugetieren: R. F. Ewer, ‹Ethology of Mammals›, London 1968.

248 Homo ludens: Johan Huizinga, ‹Homo Ludens: Vom Ursprung der Kultur im Spiel›, Reinbek 1956.

256–257 Wie wir die Zukunft sehen: Lionel Tiger, ‹Optimism: The Biology of Hope›, New York 1979.

258–259 Lebenszeitstudie bei diesen Männern: George E. Vaillant, ‹Adaptation to Life›, Boston 1977.

12. Kapitel: Wollust

Die Emotion der Wollust hat sich wissenschaftlicher Untersuchung in erstaunlicher Weise zugänglich gezeigt, und es gibt zu allen Facetten eine reichhaltige Literatur. Eine ausgezeichnete Einführung in die evolutionären Dimensionen des Themas ist Martin Dalys und Margo Wilsons ‹Sex, Evolution and Behavior›, North Scituate, Mass., 1978. Die physiologische Psychologie des Sexuellen ist zusammengefaßt in G. Bermants und J. Davidsons ‹Biological Basis of Sexual Behaviour›, New York 1974. Eine neuere kulturvergleichende Sicht bietet Gwen J. Broude mit ‹The Cultural Management of Sexuality› in ‹Handbook of Cross-Cultural Development›, New York 1981. Die Berichte von Alfred Kinsey und seinen Mitarbeitern über das sexuelle Verhalten von Mann und Frau, Bln./Ffm. 1955, bleiben die am besten dokumentierten Darstellungen durchschnittlicher Sexualbetätigung in den Vereinigten Staaten. Sie gelten natürlich für die USA der vierziger Jahre, aber wir warten noch immer auf gleichermaßen solide Arbeit zu neueren Sexualgewohnheiten – eine große Lücke in unserem derzeitigen Wissen. Schließlich sollte kein belesener Mensch, der Interesse für das Sexuelle aufbringt, es versäumen, sich mit Masters' und Johnsons ‹Die sexuelle Reaktion›, Reinbek 1970, zu befassen, einer kostbaren Quelle überaus wichtiger Information und ein Wendepunkt in der Geschichte der Sexualforschung.

Seite

261–263 Kontrollsystemtheorie für Sozialverhalten: Die Anwendung eines solchen Modells auf den spezifischen Fall von Mutter-Kind-Beziehungen schildert John Bowlby in ‹Attachment and Loss›, Bd. 1, London 1969. Obwohl es mich nicht überzeugt hat, ist es sehr elegant und liefert viel Nützliches zur Anwendung der Kontrolltheorie auf das Verhalten. (Ich bespreche meine Probleme mit der Kontrolltheorie in Kapitel 15.) Bowlbys Kontrolltheorie ist für sein evolutionäres Modell der Mutter-Kind-Beziehungen, das ich im Grunde für richtig halte, eigentlich nicht notwendig.

272–273 Polygynie: Daly and Wilson, ‹Evolution and Behavior›, gestützt auf Daten in George Peter Murdock, ‹Ethnographic Atlas›, Pittsburgh 1967.

273–274 Unter den Yanomamo: Napoleon A. Chagnon, ‹Yanomamo: The Fierce People›, New York 1968.

275 Zirbeldrüse: René Descartes, ‹Über die Leidenschaften der Seele›, Leipzig 1911.

277–278 Testosteron rund um die Geburtszeit: Siehe dazu Kapitel 6.

280–281 Parkinsonsche Krankheit: M. Sandler und G. L. Gessa, Hsgb., ‹Sexual Behavior: Pharmacology and Biochemistry›, New York 1975.

285 Mittelstandsfamilien in Chicago: Diese Studie bleibt der beste systematische Vergleich amerikanischer Kindheitstrainingsmethoden mit einer vollständig repräsentativen Auswahl anderer Kulturen. John W. M. Whiting und Irvin L. Child, ‹Child Training and Personality›, New Haven 1953.

285–288 Masters und Johnson: William H. Masters und Virginia E. Johnson, ‹Die sexuelle Reaktion›. Ihre Arbeit über die Behandlung von Impotenz und Frigidität ist in der letzten Zeit kritisiert worden, aber es steht außer Frage, daß sie einen neuen Weg zur Untersuchung und Besserung dieser und anderer Sexualstörungen eröffnet haben.

287 Männliche Werbungsgesten: Niko Tinbergen, ‹Einige Gedanken über Beschwichtigungsgebärden›, in ‹Zeitschrift für Tierpsychologie› 16, 1959.

288 Entfernung eines Weibchens: M. P. Rathbone, P. A. Stewart und F. Vetrano, ‹Strange Females Increase Plasma Testosterone Levels in Male Mice›, Science 189, 1975. Eine neuere Untersuchung zeigte, daß das Luteinisierungshormon (LH) demselben Ablauf folgt: Es steigt als Reaktion auf Weibchen, aber nicht mehr, wenn dasselbe Weibchen erneut eingeführt wird. Das Angebot eines fremden Weibchens läßt es wieder steigen. Da LH die Testosteronausschüttung steuert, könnte diese zweite Studie eine Verbindung in der Kette vom Gehirn zu den Keimdrüsen liefern.

290 Männliche Sexualphantasien mit Gewalt: Robert May, ‹Sex and Fantasy: Patterns of Male and Female Development›, New York 1980. Nancy Friday, ‹Men in Love: Men's Sexual Fantasies: The Triumph of Love over Rage›, New York 1980.

13. Kapitel: Liebe

Wie sich aus dem Wesentlichen des Kapitels ergibt, versteht man zur Zeit jene Liebe am besten, die auf beiden Seiten der Bindung Eltern–Nachkommen auftritt; was auch gut ist, wenn sich herausstellen sollte, daß, wie manche Beobachter glauben, diese Beziehung der Prototyp für alle anderen ist. Besonders wichtige Beiträge für unser Verständnis dieser Beziehung stammen aus den Federn von Konrad Lorenz, Harry F. Harlow und John Bowlby.

Die Evolutionstheorie hat bedeutsame Beiträge zur Erklärung dieser Erscheinung mit dem Versuch beigesteuert, zu erklären, wie ein beliebiges Individuum durch die natürliche Auslese begünstigt werden kann, zu Gunsten eines anderen Energie aufzuwenden. Das Theoretisieren in diesem Bereich fällt in einer Welt, wo unbarmherziger Kampf aller gegen alle zu herrschen scheint, im allgemeinen unter die Rubrik ‹Altruismus› und ‹Kooperation›. Der erste wesentliche Beitrag stammte von W. D. Hamilton, ‹The Genetical Evolution of Social Behavior›, I, II in ‹Journal of Theoretical Biology› 7, 1964. Eine neue, elegante Erweiterung dieser Methode unter Einschluß der Entwicklung von Kooperation unter Nichtverwandten, die, wie sich ergibt, manchmal mehr zu gewinnen haben, wenn sie nicht kämpfen, findet sich bei R. Axelrod und W. D. Hamilton, ‹The Evolution of Cooperation› in Science 211, 1981. Mit diesem Aufsatz vollendet Hamilton in einem gewissen Sinn die Arbeit, mit der er 1964 begonnen hatte – die bekannten Formen von Tieraltruismus und Kooperation zu erklären, ohne von der theoretischen Grundlage individueller Selektion durch individuellen Vorteil abzuweichen, das heißt, ohne sich auf Gruppenselektionstheorie zu stützen.

Seite

291–292 ‹Der Kumpan in der Umwelt des Vogels›, Journal für Ornithologie 83, 1935.

292–293 Je mehr es folgt . . . desto mehr will es folgen: Eckhardt Hess, ‹Imprinting›, Chicago 1974.

295 Parnerwahl beim Zebrafinken: K. Immelmann, ‹Zur Irreversibilität der Prägung› in Naturwissenschaft 53, 1966.

298–301 !Kung-Kleinstkinder: Die nächsten Seiten fassen die Arbeit des Autors zu diesem Thema zusammen. Weitere Information liefern die in Kapitel 1 genannten Arbeiten.

303–304 ‹nicht verzärteln›: Dr. Benjamin Spock, ‹Säuglings- und Kinderpflege›, Frankfurt–Berlin–Wien 1970.

305 Viermal Stillen in der Stunde: Melvin J. Konner und Carol Worthman, ‹Nursing Frequency, Gonadal Function and Birth Spacing Among !Kung Hunter-Gatherers›, in Science 207, 1980.

306 Erstaunlich zu lesende Kinderpflegemethoden: Lloyd deMause, Hsgb., ‹The History of Childhood›, New York 1974, und David Hunt, ‹Parents and Children› in ‹History: The Psychology of Family Life in Early Modern France›, New York 1970.

307–308 ‹. . . eine vernünftige Art, Kinder zu behandeln . . .›: John B. Watson, ‹Psychological Care of Infant and Child›, New York 1928.

308 ‹Geholt aus einem Traum . . .›: Jill Hofman, ‹Rendez-vous› in ‹Mink Coat›, New York 1973.

310–311 Erinnerungen an sexuelle Spiele in der Kindheit: Marjorie Shostak, ‹Nisa: The Life and Words of a !Kung Woman›, Cambridge, Mass., 1981. Dieses Buch ist der intimste Blick auf das Leben der !Kung, den wir haben, und einer der aufschlußreichsten persönlichen Berichte aus allen nicht-industriellen Gesellschaften.

311 ‹Probeehe›: Bertrand Russell, ‹Autobiography›, Bd. 2, Boston 1968; ‹Marriage and Morals›, New York 1929.

314 Testosteron antagonistisch für mütterliches Verhalten: M. X. Zarrow, Victor H. Denenberg und Benjamin D. Sachs, ‹Hormones and Maternal Behavior in Mammals', in ‹Hormones and Behavior›, Hsgb. Seymour Levine, New York 1972.

315–316 Eine verwässerte Form von . . . Zuneigung: Diese Ansicht liegt den Inzestverbots-Theorien von Lewis Henry Morgan und Edward Westermarck zugrunde (besprochen in Marvin Harris, ‹The Rise of Anthropological Theory›, New York 1968). Eine viel tiefgründigere und derzeit weithin anerkannte Meinung zu diesen Funktionen der menschlichen Verwandtschaftssysteme bei Claude Lévi-Strauss, ‹Les Structures Elémentaires de la Parenté›, Paris 1949, das wichtigste Werk über das Thema der menschlichen Verwandtschaft in diesem Jahrhundert.

316   Strukturtheoretiker: Eine radikale Äußerung dieser Methode, Sozialorganisation zu untersuchen, findet man bei Edmund R. Leach, ‹Rethinking Anthropology›, New York 1966. Eine maßgebliche Ansicht zu menschlichen Verwandtschafts- und Ehesystemen, mit der Biologie eher vereinbar (und für mein Gefühl viel konkreter) enthält Robin Fox, ‹Kinship and Marriage: An Anthropological Perspective›, Baltimore 1967, ebenso die Kapitel 3, 4 und 5 seines ‹Encounter with Anthropology›, New York 1973, und vor allem sein neuestes Buch ‹The Red Lamp of Incest›, New York 1980, der faszinierende Versuch einer Autorität für menschliche Verwandtschaft und Ehe, sein Wissen mit neuen Entwicklungen in der Evolutionstheorie zu vereinen.

316   Haldane: Siehe Richard Dawkins, ‹The Selfish Gene›, New York 1976.

317   Wenn zwei Menschen einander in die Augen sehen: Persönliche Mitteilung von Iven DeVore 1969.

318   Was er am leichtesten hätte ertragen können . . .›: Henry James, ‹Die goldene Schale›, Köln/Bln. 1963.

319   ‹Twenty-One Love Poems›: Adrienne Rich, ‹The Dream of a Common Language›, New York 1978.

14. Kapitel: Trauer

‹The Harvard Guide to Modern Psychiatry›, herausgegeben von Armand M. Nicholi (Cambridge, Mass., 1978) enthält mehrere Kapitel über die Ursachen und Folgen von Gefühlen des Verlusts und der Depression. Robert Burtons ‹The Anatomy of Melancholy› (dt. nur eine Auswahl unter dem Titel ‹Die Schwermut der Liebe›), eines der am meisten verkauften Bücher im 17. Jahrhundert, ist, obschon thematisch weitreichender, als der Titel anzeigt, von großem historischem Interesse und zeigt, wie lange die Menschen sich schon bemühen, die Depression zu erklären. John Bowlbys ‹Attachment and Loss›, in diesem und dem vorigen Kapitel wiederholt zitiert, liefert eine bedeutsame moderne Perspektive und dient gleichzeitig als Führer durch einen großen Teil der älteren psychoanalytischen Literatur. In ‹The Savage God› (New York 1970) bietet A. Alvarez eine stilistisch außergewöhnliche und einfühlsame Sicht des Selbstmords.

320–321   Prozentsatz geschiedener Frauen: George Masnick und Mary Jo Bane, ‹The Nation's Families›, Cambridge, Mass., 1980.

321   Selbstmordziffern: Morton Kramer, Earl S. Pollack, Richard W. Redick und Ben Z. Locke, ‹Mental Disorders and Suicide›, Cambridge, Mass., 1972.

321–322   Dem Tod ins Auge sehen: Elisabeth Kübler-Ross, ‹Interviews mit Sterbenden›, Stuttgart 1974.

322   Eine Theorie menschlichen Verhaltens: Ernest Becker, ‹The Denial of Death›, New York 1973. Außerdem Sigmund Freud, ‹Das Unbehagen in der Kultur›, GW, Band XIV; Norman O. Brown, ‹Life Against Death:

The Psychoanalytical Meaning of History›, New York 1959; Herbert Marcuse, ‹Eros und Kultur›, Stuttgart 1957.

322 ‹die Krankheit zum Tode›: Søren Kierkegaard, ‹Die Krankheit zum Tode›, Reinbek 1962.

322–323 Tod eines Angehörigen: Konrad Lorenz, ‹Über tierisches und menschliches Verhalten›, München 1965.

323 Trauer bei Tieren: Charles Darwin, ‹The Expression of the Emotions in Man and Animals›, Chicago 1965.

324 ‹Was immer auch die Gründe . . .›: Jane van Lawick Goodall, ‹In The Shadow of Man›, New York 1971.

325–326 Bowlby zum Verlust: John Bowlby, ‹Attachment and Loss›, Bände 1–3, London 1969, New York 1973, 1980.

326–327 Trauerreaktionen bei Kindern: Bowlby, Bd. 2 und 3; James Robertson, ‹Young Children in Hospital›, London 1958.

329 ‹die größte medizinische Abhandlung . . .›: Sir William Osler, zitiert in Richard Burton, ‹The Anatomy of Melancholy›, New York 1977.

332 Alle Stimmungsschwankungen als Symptome: Ronald Fieve, ‹Moodswing: The Third Revolution in Psychiatry›, New York 1975.

340 All that Jazz: Bob Fosse, ‹All That Jazz›, Los Angeles, 20th Century Fox, 1979.

341 ‹Geh du nicht sanft . . .›: Dylan Thomas, ‹Collected Poems›, New York 1953.

342 ‹Todestrieb›: Auch ‹Thanatos› genannt; Freud, ‹Das Unbehagen in der Kultur›.

343 !Kung-Racheakte: Richard B. Lee, ‹The !Kung Sang›, Cambridge, Engl., 1979.

344 Heilige Traumzeit: A. P. Elkin, ‹The Australian Aborigines›, Garden City, N. Y., 1946.

346 Durkheim wußte: Emil Durkheim, ‹Le Suicide›, Paris 1912.

346 Selbstmord in Skandinavien: H. Hendrin, ‹Suicide and Scandinavia›, New York 1965.

346–347 ‹Welch jugendliche Mutter . . .›: von William Butler Yeats, ‹Among School Children› in ‹The Variorum Edition of the Poems of W. B. Yeats›, New York 1940.

347 Um Eliot abzuwandeln: T. S. Eliot, ‹J. Alfred Prufrocks Liebesgesang› in ‹Gedichte›, Ffm. 1964.

348–349 ‹Tod ist die Mutter der Schönheit . . .›: Wallace Stevens, ‹Sunday Morning› in ‹The Palm at the End of the Mind›, New York 1972.

15. Kapitel: Völlerei

Eine bedeutende Sammlung von Aufsätzen über die Physiologie von Hunger und Sättigung ist zu finden bei D. Novin, W. Wyrwicka und G. Bray, Hsgb., ‹Hunger: Basic Mechanism and Clinical Implications›, New York 1976. Eine ausgezeichnete neuere Darstellung des Problems, was ein Tier (oder eine Person veranlaßt, mit der Nahrungszufuhr aufzuhören, liefern Gerard Smith und James Gibbs mit ‹Postprandial Satiety› in ‹Progress in Psychobiology and Physiological Psychology›, Bd. 8, New York 1979.

Die Psychologie der Fettleibigkeit wird behandelt von Stanley Schachter und Judith Rodin, Hsgb., ‹Obese Humans and Rats›, Potomac, Md., 1974, die

klinischen Aspekte des Problems von George Bray, ‹The Obese Patient›, Phila-
delphia 1976.
   Eine Darstellung des Lebens in Gesellschaften, wo die Maximierung des
Reichtums nicht das Hauptziel ist, findet man bei Marshall Sahlins, ‹Stone Age
Economics›, Chicago 1972.

16. Kapitel: Veränderung

Eine Darstellung der Lerngesetze und der Faktoren, die sie stützen, findet sich bei
Howard Rachlin, ‹Behavior and Learning›, San Francisco 1976. Eine hervorragende kurze Zusammenfassung der Fragen, wie diese Grundsätze auf die Forschung und Praxis beim Lernen junger Kinder anwendbar sind, ist Michael

Howes ‹Learning in Infants and Young Children›, Stanford 1975. Die neue Betonung von Kognition und Linguistik in Psychologie und Evolution, Genetik und modalen Bewegungsabläufen bei Tierverhaltensstudien hat zu einem entsprechenden Abnehmen der Betonung von traditionellen und klassischen Lernstudien geführt, wie sie unter der Führerschaft von Pawlow und Skinner entstanden. Diese Verschiebung ist ohne Zweifel größtenteils eine Modefrage und rührt zum Teil auch von früheren übertriebenen Behauptungen über die Erklärungskraft der Lernpsychologie her. Man kann nur hoffen, daß in naher Zukunft der fruchtlose Streit von einer wesentlich nützlicheren und sinnvollen synthetischen Methode abgelöst wird. Ein wertvoller erster Versuch, Ethologie und Lernpsychologie zu integrieren, ist Robert A. Hindes ‹Animal Behavior: A Synthesis of Ethology and Comparative Psychology›, 2. Ausg., New York 1976.

In hohem Maß stellt die Untersuchung der Folgen früher Erfahrung auf Verhalten und Entwicklung eine Teildisziplin abseits der traditionellen Lerntheorie dar, ist aber ebenso der Sicht verpflichtet, daß von der Umwelt wichtigere Einflüsse kommen als von den Genen. Victor H. Denenbergs ‹The Development of Behavior›, Stamford, Conn., 1972, ist eine unverzichtbare Sammlung von fünfundsechzig wichtigen Aufsätzen zu diesem Gebiet, eingeleitet von einem führenden Praktiker. Wegen der Beiträge der Anthropologie zu verschiedenen Fragen über die Folgen von Erfahrung für Entwicklung siehe das umfassende ‹Handbook of Cross-Cultural Development›, New York 1981.

Seite

373–374 Pawlows Hunde: I. P. Pawlow, ‹Die bedingten Reflexe›, München 1972.

373–374 Operante Konditionierung: B. F. Skinner, ‹The Behavior of Organism›, New York 1938. Siehe auch sein ‹Verbal Behavior›, New York 1957, das Sprachenlernen nach denselben Prinzipien zu verstehen versucht. Übrigens erschien im selben Jahr Noam Chomskys ‹Syntactic Structures›, The Hague 1957, als Beitrag zur Linguistik ein Meilenstein, exakt auf den Aspekt der Sprache gerichtet, der sich der Skinnerschen Analyse am wenigsten beugte. Chomskys rezensierte später Skinners Buch und wies auf die Schwierigkeiten hin, die durch Fortschritte in der Linguistik für die Lerntheorie entstehen.

374 Gewöhnung: W. H. Thorpe, ‹Learning and Instinct in Animals›, London 1956.

375 Glättung komplexer Verhaltensfolgen: Eine theoretische Auseinandersetzung mit zoologischen Beispielen – etwa der Erwerbung des Schwimmenkönnens bei Robben und Seelöwen – findet sich bei Konrad Lorenz, ‹Über tierisches und menschliches Verhalten›, München 1965.

376 Auf eine große Puppe einschlagen: Albert Bandura und R. H. Walters, ‹Social Learning and Personality Development›, New York 1963.

378 Gib mir ein Kind, bis es sieben Jahre alt ist: Abgewandelt nach einem Satz in seinem Tagebuch.

378 Tonbandgerät-Metapher für das Gehirn: Jerome Kagan, ‹The Growth of the Child›, New York 1978.

383 Isolierung nach dem Entwöhnen und Neurotransmitter: L. Valzelli, ‹Psychopharmacology›, New York 1978.

384 Volle fünf Zentimeter größer: Thomas K. Landauer und John W. M. Whiting, ‹Infantile Stimulation and Adult Stature of Human Males›, in American Antropologist 66, 1964. Später wurde eine gleichlaufende Wirkung nachgewiesen beim Vergleich der Körpergröße von Personen, die im Säuglingsalter geimpft worden waren, mit solchen, bei denen das später stattfand (die Impfung von Säuglingen und das damit verbundene Unbehagen gelten als streßbelastend). Ferner wurde gezeigt, daß

eine Trennung Mutter–Kind eine Wirkung ähnlich der anderen Streßbelastungen hervorruft.

385–386 Ein Zwilling gründlich zur Bewegung angehalten: Myrtle McGraw,
‹Growth: A Study of Johnny and Jimmy›, New York 1935. 1975 führte
die Verfasserin einen Film über das Verhalten der beiden im Alter von
zweiundzwanzig Jahren vor.

390–391 Ratten, von den Erfahrungen ihrer Großmütter beeinflußt: Victor H.
Denenberg und Kenneth M. Rosenberg, ‹Nongenetic Transmission of
Information› in Nature 216, 1967. Übertragung von Erfahrungseffekten
in *einer* Generation ist sowohl für verhaltensmäßige wie auch physiologische Merkmale ebenfalls nachgewiesen worden: Victor H. Denenberg
und Arthur E. Whimbey, ‹Behavior of Rats Is Modified by the Expe-
riences Their Mothers Had as Infants› in Science 142, 1963, und N.
Skolnick, S. Ackerman, M. Hofer und H. Weiner, ‹Vertical Transmission of Acquired Ulcer Susceptibility in the Rat› in Science 208, 1980.
Der letztgenannte Aufsatz beschwört deutlich das Gespenst von fami-
lienbedingten Wirkungen in bestimmten Krankheitsumständen herauf,
die nicht genetisch bestimmt sein müssen. Der Leser mag auch erraten
haben, daß diese Feststellungen in den Reihen der Evolutionsbiologen
zu Unbehagen hätten führen sollen, für welche die Vererbung erworbener Eigenschaften praktisch kraft Dekrets verboten ist. In Wahrheit
haben sie davon noch wenig Notiz genommen, vermutlich deshalb, weil
es keine Evolutionsmodelle für die Behandlung solcher Erscheinungen
gibt.

17. Kapitel: Die Erwartung

Inmitten hitziger Auseinandersetzungen während des letzten Jahrzehnts veröffentlichte die Zeitschrift ‹Scientific American› drei ausgeglichene und maßgebliche Aufsatzsammlungen, verfaßt jeweils von mehreren Autoren, über die
menschliche Bevölkerung in Relation zu den verfügbaren Ressourcen dieses
Planeten: ‹The Human Population›, Ausgabe September 1974, ‹Food and Agri-
culture›, September 1976, und ‹Economic Development›, September 1980. Ein
wichtiger zusätzlicher Punkt wird betont von Nathan Keyfitz in ‹World Resour-
ces and the World Middle Class›, Scientific American 235, 1976, wo das Augen-
merk nicht nur auf die bloße Zahl der Menschen, sondern auch auf ihre Bestrebungen gerichtet wird. Diese drei Hefte und der Aufsatz von Keyfitz sind
unentbehrliche Lektüre für jeden, der sich anschickt, ernsthaft über die Grund-
determinanten der menschlichen Zukunft nachzudenken.

Seite
400   Louise Colet: Gustav Flaubert, ‹Briefe›.
404   ‹All dessen müd . . .›, William Shakespeare, ‹Sonette›, München 1968.
404   ‹Leben *ist* . . . ein Kampf . . .›: Henry James, zitiert in ‹The Portable
       Henry James›, New York 1951.
404   ‹All die hochgelahrten Schulmeister . . .›: Goethe, ‹Die Leiden des jun-
       gen Werther›.
405   ‹gibt keine Erwachsenen . . .›: André Malraux, ‹Antimémoires›, Paris
       1967.

410 ‹diese Auffassung der Welt . . .›: Joan Didion, ‹Without Regret or Hope›, Rezension zu Naipaul, New York Review of Books 27, 12. Juni 1980.

410 ‹Sobald der Mensch seine Intelligenz . . .›: Leo Tolstoi, 1865, zitiert in Henry Troyat, ‹Tolstoi›.

410 ‹Der Mensch ist von Natur metaphysisch und stolz›: Claude Bernard, ‹An Introduction to the Study of Experimental Medicine›, New York 1927.

414 Talmudtradition in Polen: Chaim Grade, ‹The Yeshiva›, Übers. Curt Leviant, New York 1976.

415 ‹Es ist eingewendet worden . . .›: Conrad H. Waddington, ‹Biology, Purpose and Ethics›, Worcester, Mass., 1971.

416 ‹Zerbrich den Arm des Gottlosen . . .›: Psalter 10: 15–18.

18. Kapitel: Das Staunen beginnt

Seite

418 Schimpansenzeremonie am Wasserfall: Harold Bauer war so freundlich, mir ein unveröffentlichtes Manuskript zu überlassen, das diesen Vorgang schildert. Er ist außerdem von anderen Beobachtern im Gombe-Reservat gesehen worden, zusätzliche Information entstammt persönlichen Mitteilungen von Barbara Smuts und Irven DeVore. Die hier gegebene Interpretation ist nicht unbedingt die der genannten Forscher.

420 Bemerkungen der Astronauten von Apollo 11: Norman Mailer, ‹Auf dem Mond ein Feuer›.

Index

Ein weiterer Beitrag zur Frage: Was ist angeboren, was ist erlernt?

Stephen Jay Gould

Der falsch vermessene Mensch
Irrwege der Bestimmung von Intelligenz

Aus dem Amerikanischen
von Günter Seib

392 Seiten, 35 Schwarzweißabbildungen,
7 Tabellen, Gebunden
(Reihe ‹Offene Wissenschaft›)

Die Verdinglichung der Intelligenz, die im 19. Jahrhundert mit der buchstäblichen Schädelmessung begann, endete vorerst bei einer der einflußreichsten Ideen der heutigen Welt, der Messung des Intelligenzquotienten. Diese Theorie führt die Unterschiede zwischen den Menschen hauptsächlich auf ihr Erbgut zurück. Die Entstehungsgeschichte dieser Theorie und eine erneute Datenanalyse zeigt ihren Kardinalfehler. Eine spannende wissenschaftliche Detektivarbeit und ein bemerkenswerter Beitrag zur aktuellen Frage: Was ist angeboren, was ist erlernt?